Buchner

Buchführung und Jahresabschluss

Buchführung und Jahresabschluss

von

Dr. Robert Buchner

o. Professor für Betriebswirtschaftslehre em.
an der Universität Mannheim

unter Mitarbeit von

Dr. Martin Wenz

Wissenschaftlicher Assistent
an der Ludwig-Maximilians-Universität München

7., überarbeitete Auflage

Verlag Franz Vahlen München

ISBN 3 8006 3181 4

© 2005 Verlag Franz Vahlen GmbH, Wilhelmstraße 9, 80801 München
Satz: DTP-Vorlagen des Autors
Druck und Bindung: Druckhaus „Thomas Müntzer" GmbH
Neustädter Str. 1–4, 99947 Bad Langensalza
Umschlag: simmel-artwork, Offenbach
Gedruckt auf säurefreiem, alterungsbeständigem Papier
(hergestellt aus chlorfrei gebleichtem Zellstoff)

Vorwort

Zielsetzung dieses Lehrbuches ist es, das Grundwissen der doppelten Buchführung und die Technik der Erstellung des handelsrechtlichen Jahresabschlusses verständlich und mit praktischem Bezug darzustellen. Hierbei wird das didaktische Konzept verfolgt, neben der Erörterung der Buchführungstechnik Kenntnisse für die wissenschaftliche Durchdringung der Probleme des Jahresabschlusses zu vermitteln. Im Mittelpunkt der Darlegungen stehen die verrechnungstechnischen Grundlagen und die Technik der Jahresabschlusserstellung bei Handels- und Industriebetrieben. Wegen ihrer Bedeutung werden die handelsrechtlichen Vorschriften zur Führung von Büchern und zur Aufstellung des Jahresabschlusses sowie die handelsrechtlichen Grundsätze ordnungsmäßiger Bilanzierung und Buchführung herangezogen. Da die Darstellung der Rechnungslegungstechnik das beabsichtigte Ziel ist, werden unterschiedliche Rechtskreise – Abschluss nach HGB oder IAS – nicht behandelt bzw. miteinander verglichen.

Das Buch wendet sich an Studierende der Wirtschafts-, Sozial- und Rechtswissenschaften, an Studierende von Fachhochschulen sowie an Teilnehmer von Lehrgängen zur beruflichen Weiterbildung und an kaufmännische Praktiker, die ihre Kenntnisse auch im Hinblick auf Änderungen im Bereich des Bilanzrechts aktualisieren wollen.

Für die vorliegende siebte Auflage wurde das Buch überarbeitet und an die in der Zwischenzeit eingetretenen Gesetzesänderungen angepasst.

Die Zitierweise erfolgt in der Weise, dass im Text (bzw. in der Fußnote) anstelle eines selbstständigen Quellenhinweises nur der Name des betreffenden Verfassers (bzw. Herausgebers) und das Erscheinungsjahr angegeben werden. Die vollständigen Quellenangaben sind aus dem Literaturverzeichnis ersichtlich.

Die Fertigstellung des Buches wäre nicht möglich gewesen ohne Anregungen und Mitarbeit aus dem beruflichen und privaten Bereich. Allen, die auf ihre Weise hierzu beigetragen haben, möchte ich an dieser Stelle danken, insbesondere Herrn Dr. M. Wenz für seine Mitarbeit, meinem Sohn Jürgen für die Unterstützung bei der Anfertigung des offsetfähigen Manuskripts und dem Verlag Vahlen, Herrn Dr. J. Schechler, für die Betreuung von Buch und Autor.

Neustadt/Wstr., im Oktober 2004   Robert Buchner

Inhaltsverzeichnis

Abkürzungsverzeichnis

a.A.	andere Auffassung	GenG	Gesetz betreffend die Erwerbs- und Wirtschaftsgenossenschaften (Genossenschaftsgesetz)
AB	Anfangsbestand		
Abschn.	Abschnitt		
Ag	Abgang		
AG	Aktiengesellschaft	ggf.	gegebenenfalls
AktG	Aktiengesetz	GKR	Gemeinschaftskontenrahmen
AO	Abgabenordnung	GKZ	Gemeinkostenzuschlag
Aufl.	Auflage	GmbH	Gesellschaft mit beschränkter Haftung
BAB	Betriebsabrechnungsbogen		
BB	Betriebs-Berater	GmbHG	Gesetz betreffend die Gesellschaften mit beschränkter Haftung (GmbH-Gesetz)
Bd.	Band		
BDI	Bundesverband der Deutschen Industrie		
		GoB	Grundsätze ordnungsmäßiger Buchführung
BewG	Bewertungsgesetz		
BFH	Bundesfinanzhof	GoBil	Grundsätze ordnungsmäßiger Bilanzierung
BfuP	Betriebswirtschaftliche Forschung und Praxis		
		GoD	Grundsätze ordnungsmäßiger Dokumentation
BGB	Bürgerliches Gesetzbuch		
BGBl	Bundesgesetzblatt	GoI	Grundsätze ordnungsmäßiger Inventur
BMF	Bundesministerium der Finanzen		
		GVK	Gewinn- und Verlustkonto
bspw.	beispielsweise	GVR	Gewinn- und Verlustrechnung
BStBl	Bundessteuerblatt	H	Hinweis
bzw.	beziehungsweise	HdJ	Handbuch des Jahresabschlusses
DB	Der Betrieb		
DBW	Die Betriebswirtschaft	HE	Halberzeugnisse
d.h.	das heißt	HFA	Hauptfachausschuss des Instituts der Wirtschaftsprüfer in Deutschland e.V.
E	Mengeneinheit		
EB	Endbestand		
EBK	Eröffnungsbilanzkonto	HGB	Handelsgesetzbuch
EDV	Elektronische Datenverarbeitung	HKSt	Hilfskostenstelle
		h.M.	herrschende Meinung
EFG	Entscheidungen der Finanzgerichte	HWB	Handwörterbuch der Betriebswirtschaft
EGHGB	Einführungsgesetz zum Handelsgesetzbuch	HWR	Handbuch des Rechnungswesens
EstDV	Einkommensteuer-Durchführungsverordnung	IAS	International Accounting Standards
EStG	Einkommensteuergesetz	IASC	International Accounting Standards Committee
EStR	Einkommensteuerrichtlinien		
evtl.	eventuell	IdW	Institut der Wirtschaftsprüfer in Deutschland e.V.
FAMA	Fachausschuss für moderne Abrechnungssysteme des Instituts der Wirtschaftsprüfer in Deutschland e.V.		
		IKR	Industriekontenrahmen
		incl.	inclusive
		Insbes.	insbesondere
FG	Finanzgericht	i.S.	im Sinne
FGK	Fertigungsgemeinkosten	i.V.m.	in Verbindung mit
Fn.	Fußnote	i.w.s.	im weiteren Sinne
FR	Finanz-Rundschau	KapG	Kapitalgesellschaft
FS	Festschrift	KG	Kommanditgesellschaft
GE	Geldeinheit	KGaA	Kommanditgesellschaft auf Aktien
gem.	gemäß		
		KSt	Kostenstelle

KStG	Körperschaftsteuergesetz	u.	und
KWG	Gesetz über das Kreditwesen	u.a.	und andere
lt.	laut	USt	Umsatzsteuer
MGK	Materialgemeinkosten	UStG	Umsatzsteuergesetz
MWSt	Mehrwertsteuer	UStDV	Umsatzsteuer-Durchführungsverordnung
N.F.	Neue Folge		
OHG	Offene Handelsgesellschaft	UStR	Allgemeine Verwaltungsvorschrift zur Ausführung des Umsatzsteuergesetzes (Umsatzsteuer-Richtlinien)
o.Jg.	ohne Jahrgang		
PHG	Personenhandelsgesellschaft		
PublG	Gesetz über die Rechnungslegung von bestimmten Unternehmen und Konzernen (Publizitätsgesetz)		
		VAG	Gesetz über die Beaufsichtigung der privaten Versicherungsunternehmen (Versicherungsaufsichtsgesetz)
R	Richtlinie		
RAP	Rechnungsabgrenzungsposten	VtGK	Vertriebsgemeinkosten
		VwGK	Verwaltungsgemeinkosten
Rn.	Randnummer	WEK	Wareneinkaufskonto
Rz.	Randziffer	WG	Wechselgesetz
s.	siehe	WPg	Die Wirtschaftsprüfung
S.	Seite	WVK	Warenverkaufskonto
SBK	Schlussbilanzkonto	ZfB	Zeitschrift für Betriebswirtschaft
sog.	so genannte(r)		
SoPo	Sonderposten mit Rücklageanteil	ZfbF	Schmalenbachs Zeitschrift für betriebswirtschaftliche Forschung
StBp	Die Steuerliche Betriebsprüfung		
		ZfhF	Zeitschrift für handelswissenschaftliche Forschung
StGB	Strafgesetzbuch		
StuW	Steuer und Wirtschaft	z.Zt.	zur Zeit
T	Tausend	Zg	Zugang

Die Buchführung im Rahmen des Rechnungswesens der Unternehmung

A. Aufgaben und Aufbau des unternehmerischen Rechnungswesens

Das Rechnungswesen einer Unternehmung ist ein Informationssystem. Es ist in der Praxis im Laufe der Jahrhunderte entstanden, jedoch wenig systematisch, weil für die Bewältigung sich im Zeitablauf stellender Aufgaben meist erst geeignete Rechenverfahren entwickelt werden mussten. Der Begriff „Rechnungswesen" umschließt sämtliche Rechenwerke, die das Geschehen einer Unternehmung erfassen, auswerten, steuern und überwachen.

Die Entwicklungsgeschichte des Rechnungswesens erklärt, dass in der betriebswirtschaftlichen Literatur unterschiedliche Systematisierungen des Rechnungswesens dargeboten werden. Bedenkt man, dass das Rechnungswesen einmal das Unternehmensgeschehen dokumentiert (= **Dokumentarcharakter des Rechnungswesens**) und zum anderen zahlenmäßige Unterlagen für die unternehmerischen Entscheidungen zu liefern hat (= **Instrumentalcharakter des Rechnungswesens**), liegt es nahe, wie folgt zu systematisieren:

Unternehmerisches Rechnungswesen	
Dokumentarisches Rechnungswesen	Instrumentales Rechnungswesen

Mittelbar dem Unternehmungszweck dienende Rechnungen:
1. Informationsrechnungen aufgrund allgemeiner Rechtspflichten (wie: Buchführung und Jahresabschluss)
	Unmittelbar dem Unternehmungszweck dienende Rechnungen:
	1. Planungsrechnungen (ex ante)
	   a. Alternativkalküle (Investitionsrechnungen)
	   b. Zielkalküle (wie: Aufstellung von Budgets in Form von Investitions- und Finanzierungsplänen, Standards für Kostenrechnungen)

2. Informationsrechnungen aufgrund einzelner unternehmungspolitischer Ziele (wie: Kalkulation für öffentliche Aufträge, Liquiditätsstatus bei Kreditverhandlungen u.a.)	2. Kontrollrechnungen (ex post)
	   a. Kontrolle der marktwirtschaftlichen Produktivität (wie: Perioden- und Stückerlösrechnung)
	   b. Kontrolle der betrieblichen Produktivität (wie: Kostenstellenrechnung)
	   c. Kontrolle der technischen Produktivität (wie: Ermittlung technischer Koeffizienten)

B. Wesen und Zweck der Buchführung

Die Buchführung ist der älteste Zweig des unternehmerischen Rechnungswesens.[1] Der Beginn der systematischen Buchführung wird in das 13. Jahrhundert gelegt. Damals waren bereits zwei Hauptprinzipien der Buchführung bekannt: das Prinzip der chronologisch geordneten Aufzeichnung und das Prinzip der sachlichen Gliederung der gebuchten Geschäftsvorfälle. Aus der kombinierten Anwendung dieser beiden Prinzipien entstand das System der Doppik mit geschlossenem Kontensystem.[2] Unter einer modernen Buchführung ist eine laufende, systematisch und in Geldgrößen vorgenommene belegmäßige Erfassung buchungspflichtiger Ereignisse (= buchungspflichtige Geschäftsvorfälle) zu verstehen. Die Buchführung ist eine Zeitrechnung. Sie kann Finanzbuchführung (= Geschäftsbuchführung) oder Betriebsbuchführung sein.

I. Die Finanzbuchführung

Die Finanzbuchführung ist sowohl an Güterbewegungen als auch an Zahlungsvorgängen orientiert und erstreckt sich auf die gesamte Unternehmenstätigkeit.[3] Sie bezweckt, alle Zahlungen und mit Zahlungen verbundene Vorgänge, den Abgang und Zugang von Leistungswerten (Aufwand und Ertrag) sowie den Bestand des Vermögens und der Schulden und deren Veränderung in Höhe und Struktur übersichtlich und nachprüfbar zu dokumentieren.

Am Anfang der zahlenmäßigen Erfassung des Unternehmensgeschehens steht die laufende chronologisch geordnete Fixierung (Buchung) der buchungspflichtigen Geschäftsvorfälle im **Grundbuch (Journal)**. Diese Fixierungen sind - ohne weitere Bearbeitung - reine Merkgrößen, so dass man auch sagen kann: Die chronologische Erfassung der buchungspflichtigen Geschäftsvorfälle im Grundbuch ist die Geschichtsschreibung des Unternehmensgeschehens. Die systematische zahlenmäßige Erfassung der buchungspflichtigen Vorgänge geschieht im **Hauptbuch** auf den anzusprechenden Kapital-, Vermögens-, Aufwands- und Er-

---

[1]   Die Begriffe **„Buchführung"** und **„Buchhaltung"** werden mitunter synonym gebraucht. Hier soll - gemäß dem Wortsinn - unterschieden werden: Der Terminus „Buchführung" kennzeichnet die Funktion des Buchführens und der Terminus „Buchhaltung" den geografischen Ort, an dem Bücher geführt - also gehalten - werden.

[2]   Das erste systematische Werk über die doppelte Buchführung ist das des Franziskanermönches Luca *Pacioli* (*Pacioli* [1494]). Vgl. in dem Zusammenhang *Schneider* [1993].

[3]   Aufgrund dieser Ausrichtung an Zahlungsvorgängen wird die Finanzbuchführung auch als „pagatorische Buchführung" bzw. „pagatorische Rechnung" bezeichnet (ital. pagare = zahlen). Vgl. *Menrad* [1978], S. 49.

tragskonten, so dass jeder buchungspflichtige Geschäftsvorfall mindestens zweimal aufzuzeichnen ist.

Bei den regelmäßigen jährlichen Abschlüssen werden die Vermögens- und Kapitalkonten zu der Bilanz und die Aufwands- und Ertragskonten zur Gewinn- und Verlustrechnung verdichtet. Bilanz und Gewinn- und Verlustrechnung bilden nach § 242,3 HGB den Jahresabschluss einer Unternehmung.[4]

II. Die Betriebsbuchführung

Die Betriebsbuchführung (bzw. Kosten- und Leistungsrechnung) ist im Gegensatz zur Finanzbuchführung eine (kurzfristige) Teilabrechnung, die nur den Leistungsprozess einer Unternehmung zahlenmäßig erfasst. Im Gegensatz zur Finanzbuchführung ist die Betriebsbuchführung weniger stark an Zahlungsvorgänge gebunden. Sie löst sich von Zahlungsvorgängen und ist unmittelbar an dem „bewerteten" leistungsbezogenen Güterverbrauch orientiert. Der durch die Betriebsbuchführung errechnete Erfolg - der Betriebserfolg - ist das Ergebnis einer kalkulatorischen Rechnung.[5] Die zahlenmäßige Abbildung des Leistungsprozesses durch die Betriebsbuchführung erfolgt in drei Rechenwerken, und zwar der Kostenarten-, der Kostenstellen- und der Kostenträgerrechnung:

- **Die Kostenartenrechnung.** Sie dient der wertmäßigen Erfassung des Verbrauchs an Produktionsfaktoren des Abrechnungszeitraumes. Ihre Fragestellung lautet also: **Welche Kosten sind in welcher Höhe angefallen?**

- **Die Kostenstellenrechnung.** In ihr werden die Kosten den Entstehungsorten oder Funktionsbereichen (= Kostenstellen) belastet. Das gilt insbesondere für solche Kosten, die nicht unmittelbar für einzelne Produkte, sondern für bestimmte örtlich oder funktional abgegrenzte Abteilungen oder Prozesse anfallen. Diese Zurechnung wird meist mit Hilfe des Betriebsabrechnungsbogens vorgenommen und verfolgt u.a. auch den Zweck, Informationen für die Kostenkontrolle und Kostenbeeinflussung zu liefern. Die Kostenstellenrechnung fragt: **Wo sind welche Kosten in welcher Höhe angefallen?**

---

4   § 264 HGB erweitert den Jahresabschluss der Kapitalgesellschaft um den Anhang (§§ 284-288 HGB) und die Rechnungslegungspflicht großer und mittelgroßer Kapitalgesellschaften um den Lagebericht (§ 289 HGB).

5   Die Betriebsbuchführung wird daher als „kalkulatorische Buchführung" bzw. „kalkulatorische Rechnung" bezeichnet (vgl. *Menrad* [1978], S. 49). Da die Betriebsbuchführung eigene Rechenelemente für verbrauchte Nominal- und Realgütermengen verwendet, kann sie andere Zielsetzungen als die pagatorisch gebundene Finanzbuchführung verfolgen. Sie kann so als Vorrechnung (Plankostenrechnung), als Nachrechnung (Istkostenrechnung) oder als Vorgaberechnung (Sollkostenrechnung) eingerichtet werden.

- **Die Kostenträgerrechnung** (= Selbstkostenrechnung, Stückkostenrechnung, Kalkulation). Sie hat die Aufgabe, für alle erstellten Güter und Dienstleistungen (= Kostenträger bzw. Kalkulationsobjekte) die Kosten zu ermitteln. Sie kann in zwei Formen durchgeführt werden: (1) als Zeitrechnung, in der die Kosten und Leistungen einer Periode gegenübergestellt und der Betriebsgewinn ermittelt oder (2) als Stückrechnung, bei der Stückkosten und Stückerträge gesammelt und verglichen werden (Kalkulation). Ihre Fragestellung lautet: **Wofür sind welche Kosten in welcher Höhe angefallen?**

Die Verrechnung der Kosten innerhalb der genannten Rechenwerke der Betriebsbuchführung erfolgt nach bestimmten Grundprinzipien, die sich im Laufe der Zeit in Theorie und Praxis herausgebildet haben. Zu nennen sind das Prinzip der Kostenverursachung (= Kausalitätsprinzip), das Prinzip der Kostentragfähigkeit (= Belastbarkeits- oder Deckungsprinzip) und das Prinzip der Durchschnittsbildung.[6] Verfolgt die Kostenträgerrechnung das Ziel, den Produkten alle angefallenen Kosten zuzurechnen, so spricht man von dem System der Vollkostenrechnung. Im Gegensatz hierzu steht das System der Teilkostenrechnung. In diesem System werden den verschiedenen Kalkulationsobjekten nur Teile der Gesamtkosten zugeordnet, und zwar im Allgemeinen nur jene Kosten, die sich direkt für die betreffenden Kalkulationsobjekte erfassen lassen. Für beide Kostenrechnungssysteme existieren unterschiedliche Ausprägungsformen.

Zwischen der Finanzbuchführung (und dem Jahresabschluss) einerseits und der Betriebsbuchführung andererseits bestehen enge Wechselbeziehungen. So werden in der Finanzbuchführung Bestandskonten für die Gebrauchs- und Verbrauchsfaktoren geführt. Die Finanzbuchführung zeichnet daher die in einem Abrechnungszeitraum entstehenden Veränderungen auf diesen Konten und damit Aufwandsarten (so für Roh-, Hilfs- und Betriebsstoffe) auf, sie verteilt sie aber nicht auf die einzelnen Kostenträger. Das ist Aufgabe der Betriebsabrechnung. Sind im Jahresabschluss Bestände an Halb- und Fertigfabrikaten sowie selbsterstellten Anlagen, Werkzeugen und Maschinen aufzunehmen, so bietet die Betriebsbuchführung die Grundlage bei der Ermittlung der bilanziellen Herstellungskosten dieser Vermögensgegenstände. Für die Zwecke der bilanziellen Bestandsbewertung dienen vor allem die Formen der Vollkostenrechnung.

---

[6]   Vgl. *Kilger* [1987], S. 75-77.

C. Die Rechenelemente der Buchführung

I. Die Rechenelemente der Finanzbuchführung

Die Finanzbuchführung erfasst die gesamte Unternehmungstätigkeit. Sie knüpft an Zahlungsvorgänge an. Grundlegende Begriffe der Finanzbuchführung sind daher Ausgaben und Einnahmen. Daneben werden in der Finanzbuchführung auch die Begriffspaare Auszahlung und Einzahlung sowie Aufwand und Ertrag verwendet. Die genannten Begriffe werden aber sowohl in den Wirtschaftswissenschaften als auch in der Praxis nicht immer einheitlich gebraucht, so dass eine Klarstellung der Begriffe geboten erscheint.

a. Auszahlung - Einzahlung

Die Begriffe Auszahlung und Einzahlung kennzeichnen die Bewegung von liquiden Mitteln (Bargeld und Sichtguthaben, letztere sind Bundesbankguthaben, Postgiroguthaben, Guthaben bei Kreditinstituten, soweit täglich fällig) zwischen Wirtschaftssubjekten.[7] Es bedeuten:

Auszahlung	=	Abgang liquider Mittel;
Einzahlung	=	Zugang liquider Mittel.

Beim Vorliegen einer Auszahlung bzw. Einzahlung muss also immer auf einem Zahlungsmittelkonto gebucht werden.

b. Ausgabe - Einnahme

Das Begriffspaar Ausgabe und Einnahme betrifft Bewegungen des Geldvermögens. Es umfasst neben den Veränderungen der Finanzmittel die Finanzbewegungsgrößen aus Kreditvorgängen. Daher gilt:

Ausgabe	=	Auszahlung und/oder Forderungsabgang und/oder Schuldenzugang;
Einnahme	=	Einzahlung und/oder Forderungszugang und/oder Schuldenabgang.

Ausgaben und Einnahmen können uno actu mit Aus- und Einzahlungen anfallen, wie im Beispiel eines Barkaufs oder eines Barverkaufs. Es kann aber auch der Fall eintreten, dass das monetäre Äquivalent nicht mit einer Zahlung gekoppelt ist, wie bei einem Kauf bzw. Verkauf gegen Verrechnung bestehender Forderungen bzw. Schulden. Schließlich ist auch

---

[7] Zur Problematik der Definition „Geld" bzw. „Zahlungsmittel" siehe *Deppe* [1973], S. 219-229.

denkbar, dass die Zahlung zeitlich später liegt, wie etwa bei einem Zielkauf oder -verkauf.[8]

Die Änderungen des Geldvermögens lassen sich in ihrem Verhältnis zu den Rechengrößen Aufwand - Ertrag in erfolgswirksame und erfolgsunwirksame Einnahmen und Ausgaben systematisieren. Die erfolgsunwirksamen Ausgaben und Einnahmen können in kompensatorische oder einseitige Ausgaben und Einnahmen unterschieden werden. Kompensatorische Finanzbewegungsgrößen entstehen bei dem gleichen Kreditvorgang aus der Begründung und Tilgung von Forderungen und Verbindlichkeiten. Sie sind erfolgsunwirksam, wenn die Gewährleistungsbeträge bestimmungsgemäß durch gleich hohe Tilgungsbeträge ausgeglichen werden. Einseitige erfolgsunwirksame Geldvermögensänderungen betreffen einmal den Bereich Unternehmung und Anteilseigner. Es handelt sich hier um Eigenkapitalminderungen in Form von Gewinn- und Eigenkapitalausschüttungen sowie um Eigenkapitalmehrungen in Form von Eigenkapitaleinlagen. Zum anderen zählen zu den nicht erfolgswirksamen Geldvermögenstransfers auch einseitige Bewegungen zwischen der Unternehmung und anderen Wirtschaftseinheiten. Hierunter fallen beispielsweise Ausgaben für die Beschaffung nicht abnutzbarer Vermögensgegenstände (wie unbebaute Grundstücke, die keiner nutzungsbedingten Wertminderung unterliegen und daher keinen Abschreibungsaufwand verursachen) oder Einnahmen aus dem Verkauf

---

[8]   Dieser Vorgang beinhaltet die Gefahr der Mehrfachzählung. Verkauft ein Unternehmen z.B. gegen Ziel, so entsteht mit der Kundenforderung eine Einnahme. Wird die Forderung später bar beglichen, so fällt im Sinne der obigen Definition mit der Einzahlung nochmals eine Einnahme an. Diese Einnahme wird zwar durch den Forderungsabgang - also eine Ausgabe - kompensiert, so dass der Saldo aus Einnahmen und Ausgaben gleich bleibt, aber die Einnahmen- und Ausgabenseite für sich genommen werden bei Anwendung obiger Definition aufgebläht. *Weber/Rogler* schlagen daher folgende Definitionen vor:

Einnahmen	=	Einzahlungen, die nicht von Forderungsabgängen oder Schuldenzugängen begleitet werden,
	+	Forderungszunahmen, die nicht von Auszahlungen begleitet werden,
	+	Schuldenabnahmen, die nicht von Auszahlungen begleitet werden;
Ausgaben	=	Auszahlungen, die nicht von Forderungszugängen oder Schuldenabgängen begleitet werden,
	+	Schuldenzunahmen, die nicht von Einzahlungen begleitet werden,
	+	Forderungsabnahmen, die nicht von Einzahlungen begleitet werden.

Vgl. *Weber/Rogler* [2004], S. 39-42.

von Vermögensgegenständen in Höhe der bilanzierten Anschaffungsausgaben.

Gleichen sich Geldvermögensänderungen eines Geschäftsvorfalles nicht aus und führen diese zu Netto-Vermögensabgängen bzw. Netto-Vermögenszugängen[9], werden die mit den Geldvermögensänderungen verbundenen Geldmittelabflüsse als erfolgswirksame Ausgaben und die Geldmittelzuflüsse als erfolgswirksame Einnahmen bezeichnet. Erfolgswirksame Finanzbewegungen lassen sich in drei Kategorien einteilen:

1. In solche Zahlungsakte zwischen dem Unternehmen und anderen Wirtschaftssubjekten, die Entgelte (monetäre Äquivalente) für gekaufte bzw. verkaufte Güter und Leistungen oder unternehmensbedingte Zwangsausgaben an den Staat (Steuerzahlungen) darstellen.

2. Nicht kompensierte wechselseitige Ausgaben und Einnahmen aus dem gleichen Kreditvorgang. Bei Kreditvorgängen können Gewährleistungs- und Tilgungsbetrag differieren, und zwar dann, wenn

   • der Kreditnehmer nur einen Teil oder gar nichts zurückzahlt,

   • von vornherein ein vom Gewährleistungsbetrag abweichender Tilgungsbetrag (Agio oder Disagio) vereinbart wurde,

   • der Tilgungsbetrag von Wechselkursschwankungen betroffen wird.

   Die so entstehenden Differenzen stellen erfolgswirksame Einnahmen bzw. erfolgswirksame Ausgaben dar.

3. Nicht umsatzinduzierte Ausgaben und Einnahmen, die dispositionsbedingt sind (z.B. Bürgschaft für eine verbundene Unternehmung oder eine Spende) oder durch bestimmte Ereignisse (z.B. Ausgaben für Feuerbekämpfung) entstehen.

c. Aufwand - Ertrag

Entscheidender Rechnungszweck der Finanzbuchführung ist die Ermittlung des Periodenerfolges einer Unternehmung. Erfolgswirksame Zahlungsvorgänge (Netto-Vermögensänderungen) müssen daher nach den Prinzipien der Rechnungslegung (das sind insbesondere das Realisations- und Imparitätsprinzip) einer bestimmten Abrechnungsperiode zugeordnet, d.h. „periodisiert" werden. Mit diesem Problem der Periodisierung ist das Begriffspaar Aufwand und Ertrag verbunden. Dabei ist:

---

[9] Das **Netto- oder Reinvermögen** ist die Summe aus Geld- und Sachvermögen (bewertet mit den Wertansätzen der Finanzbuchführung), wobei das Geldvermögen aus den liquiden Mitteln und den Forderungen abzüglich der Schulden besteht. Der Begriff „Nettovermögen" ist also ein Synonym für den Begriff „bilanziertes Eigenkapital".

Aufwand	= erfolgswirksame, periodisierte Ausgabe,
	= Negativkomponente der Netto-Vermögensänderung;
Ertrag	= erfolgswirksame, periodisierte Einnahme,
	= Positivkomponente der Netto-Vermögensänderung.

Die Begriffe Aufwand und Ertrag sind scharf zu trennen von den Begriffen Ausgabe und Einnahme. Ausgabe und Einnahme sind - wie erwähnt - Begriffe, die zunächst nichts über die Erfolgswirksamkeit eines Vorganges sagen. Sie machen nur Aussagen über die Veränderung des Geldvermögens eines Unternehmens. So ist beispielsweise ein aufgenommener Kredit ein Schuldenzugang, der zwar eine Ausgabe darstellt, aber als Kreditbetrag nicht die Erfolgsrechnung berührt. Dagegen berührt das Begriffspaar Aufwand und Ertrag unmittelbar den Erfolg eines Unternehmens in einer Rechnungsperiode. Bezieht z.B. eine Unternehmung in der ersten Periode Roh-, Hilfs- und Betriebsstoffe für die Produktion und den Verkauf eines Erzeugnisses in der zweiten Periode, so entsteht in der ersten Periode eine Ausgabe, der Aufwand fällt aber erst in der zweiten Periode an. Andererseits ist nicht jede erfolgswirksame Einnahme einer Periode auch ein Ertrag dieser Periode. Wird beispielsweise bei Abschluss eines Kaufvertrages eine Anzahlung vereinbart und geleistet, erfolgt jedoch die Lieferung in der zweiten Periode, so entstehen der verkaufenden Unternehmung in der ersten Periode Einnahmen, die erst in der zweiten Periode zu einem Ertrag führen. Schließlich gibt es Aufwand- bzw. Ertragverrechnungen, die nie zu effektiven Ausgaben oder Einnahmen führen. Zu nennen ist die Antizipation zukünftiger erfolgswirksamer Ausgaben durch die Bildung von Rückstellungen (so z.B. für ein Prozessrisiko) in einer Periode und deren Auflösung in einer späteren Periode, weil der Rückstellungsgrund entfallen ist (der Prozess wurde gewonnen), oder die Verbuchung einer Forderung aus Warenlieferungen und deren spätere Abschreibung wegen Nichteingangs. Auch ist der atypische Fall möglich, dass Vermögenszu- bzw. -abgänge unentgeltlich durch Tausch, Diebstahl, Schwund, Sacheinlage oder Schenkung eintreten. In diesen Fällen sind die Veränderungen im Sachvermögen nicht korreliert mit den Veränderungen im Geldvermögen, d.h. es fallen keine effektiven Ausgaben oder Einnahmen an. Ähnlich ist der Sachverhalt der Zuschreibung auf Buchwerte von Vermögensgegenständen oder der Abschreibung des Buchwertes unentgeltlich erworbener Vermögensgegenstände. Hier sind Zuschreibung bzw. Abschreibung nicht mit effektiven Einnahmen bzw. Ausgaben verbunden.

Diese Ausführungen verdeutlichen, dass Aufwand und Ertrag einer Periode mit Veränderungen des Geldvermögens korrespondieren können (aber nicht müssen), die in derselben Periode bzw. einer früheren oder späteren Periode stattgefunden haben. Der Zusammenhang zwischen der Liquiditätsrechnung und der buchhalterischen Erfolgsrechnung soll durch nachstehende Abbildung verdeutlicht werden:

Ausgaben / Einnahmen der Periode				
Erfolgs-unwirksame Ausgaben / Einnahmen	Erfolgswirksame Ausgaben / Einnahmen			
Ausgabe / Einnahme jetzt - Aufwand / Ertrag nie	Ausgabe / Einnahme jetzt - Aufwand / Ertrag später / früher	Ausgabe / Einnahme jetzt - Aufwand / Ertrag jetzt	Aufwand / Ertrag jetzt - Ausgabe / Einnahme später/früher	Aufwand / Ertrag jetzt - Ausgabe / Einnahme nie
		Aufwand / Ertrag der Periode		

Die erörterten Beziehungen der Rechenelemente der Finanzbuchführung und die damit verbundenen Bestandsveränderungen lassen sich durch nachfolgendes Schaubild zusammenfassend wiedergeben:

Rechenelemente		Bestandsrechnung	
positiv	**negativ**		
Einzahlung	Auszahlung	+	Bargeld Sichtguthaben
		=	Zahlungsmittelbestand
Einnahme	Ausgabe	+ ./.	Zahlungsmittelbestand alle übrigen Forderungen alle übrigen Verbindlichkeiten
		=	Geldvermögen
Ertrag	Aufwand	+	Geldvermögen Sachvermögen
		=	Netto- oder Reinvermögen

II. Die Rechenelemente der Betriebsbuchführung

Die Betriebsbuchführung ist - gemessen an der Finanzbuchführung - eine Teilabrechnung, die nur den eigentlichen Leistungsprozess einer Unternehmung erfasst. Sie knüpft nicht wie die Finanzbuchführung an Geldvermögensänderungen, sondern an den leistungsbezogenen Güterverbrauch an. Das führt zu den Rechenelementen

Kosten = der in Geld ausgedrückte Wert des leistungsbezogenen Güterverbrauchs, und zwar des Verbrauchs an Real- wie Nominalgütern;[10]

---

[10] Der Terminus „**Kosten**" wird im betriebswirtschaftlichen Schrifttum nicht einheitlich interpretiert. Der hier definierte Kostenbegriff wird als „wertmäßiger" Kostenbegriff bezeichnet und steht im Gegensatz zum „pagatorischen" Kostenbegriff. Nach dem pagatorischen Kostenbegriff sind Kosten Ausgaben, die für die in den betrieblichen Leistungserstellungsprozess eingehenden Verbrauchsmengen gezahlt werden. Die Divergenzen der beiden konträren Auffassungen liegen darin begründet, dass nach dem pagatorischen Kostenbegriff nur solche Verbrauchsmengen in den Kostenbegriff

Leistung =   der in Geld ausgedrückte Wert der bezweckten Güterentstehung.

Gegenüber den Rechenelementen Aufwand und Ertrag können Kosten und Leistung aus drei verschiedenen Gründen differieren; und zwar hinsichtlich der Sache, des Wertansatzes und des Zeitraums der Verrechnung:

a. Differenzierung nach der Sache

Solche Differenzen führen zu den Begriffen „Zusatzkosten", „Zusatzleistung", „neutraler Aufwand" und „neutraler Ertrag". Sie bedeuten im Einzelnen:

- **Zusatzkosten.** Man spricht dann von Zusatzkosten, wenn der leistungsbezogene Güterverbrauch nicht mit Aufwänden verbunden ist. Beispiele hierfür sind der durch die Rechtsform bedingte kalkulatorische Unternehmerlohn für den Unternehmer-Geschäftsführer oder die durch die Finanzierungsweise bedingten kalkulatorischen Zinsen für das Eigenkapital.

- **Neutraler Aufwand.** Der Aufwand lässt sich in leistungsbezogenen Aufwand (= **Zweckaufwand**) und neutralen Aufwand unterscheiden. Der Zweckaufwand wird umfangs- und wertgleich in die Betriebsbuchführung übernommen und bildet hier den Block der **Grundkosten** bzw. **aufwandsgleichen Kosten.** Der neutrale Aufwand resultiert aus Sonderfällen bzw. Ausnahmen. Er stellt in der Finanzbuchführung zwar Aufwand dar, ist aber für die Betriebsbuchführung nicht als Kosten zu betrachten. Der neutrale Aufwand setzt sich zusammen aus dem **betriebsfremden** Aufwand (z.B. Spende für eine Partei), dem **periodenfremden** Aufwand (z.B. Gewerbesteuernachzahlung für eine frühere Periode) oder dem **außerordentlichen** Aufwand (leistungsbedingter Aufwand, der aber so außergewöhnlich ist, dass er nicht in die Kosten einbezogen werden kann - wie z.B. Katastrophenschäden u.ä.).

- **Zusatzleistungen.** Ertraglose bzw. einnahmelose Leistungen sind denkbar, da der Begriff „Leistung" nicht an erfolgswirksamen Einnahmen, sondern an der Leistungsentstehung gemessen wird. Es kann daher, analog zum Begriff Zusatzkosten, dann von einer Zusatzleistung gesprochen werden, wenn erstellte Güter nicht abgesetzt werden, d.h. zu keinen Einnahmen führen (z.B. unverkäufliche Ausstellungsstücke).

- **Neutraler Ertrag.** Für die Finanzbuchführung ist der Ertrag aufzuspalten in den leistungsbezogenen Ertrag (= **Zweckertrag**) und den neutra-

---

eingehen, die mit Ausgaben verbunden sind, und zum anderen die Bewertung dieser Verbrauchsmengen nur aus realen oder fiktiven Verbrauchsmengen hergeleitet werden darf. Fiktive Ausgaben - wie sie etwa für den Terminus der Opportunitätskosten maßgebend sind - haben nach dem pagatorischen Kostenbegriff keine Bedeutung für die Bewertung der leistungsbezogenen Verbrauchsmengen. Vgl. *Koch* [1958] sowie *Buchner* [1967].

len Ertrag. Der Zweckertrag ist umfangs- und wertgleich zu der **Grundleistung** der Betriebsbuchführung. Zu den neutralen Erträgen zählen Erträge, bei denen keine aus dem Produktionsprozess hervorgehende Leistungen (= **betriebsfremder** Ertrag) - so Erträge aus Beteiligungen bei Nicht-Banken - vorliegen, sowie **periodenfremde** Erträge (wie Erträge aus dem Eingang einer ausgebuchten Forderung oder aus der Zuschreibung zu Vermögensgegenständen des Anlage- oder Umlaufvermögens). Die periodenfremden Erträge werden mitunter auch als **außerordentliche** Erträge bezeichnet.

b. Differenzierung nach dem Wertansatz

Kosten und Leistung sowie Aufwand und Ertrag weichen dann voneinander ab, wenn der Güterverbrauch und die Leistung nicht mit den korrespondierenden Ausgaben und Einnahmen bewertet werden. Von den Ausgaben abweichende Kosten werden auch **Anderskosten** genannt.[11] Als Beispiel können die in der Finanzbuchführung verrechnete bilanzielle Abschreibung und die in der Betriebsbuchführung davon abweichend verrechnete kalkulatorische Abschreibung dienen. Anderskosten sind also Aufwände, die der Sache nach Kostencharakter haben, die aber in der Betriebsbuchführung nicht mit den Beträgen erfasst werden, mit denen sie in der Finanzbuchführung aufgrund von periodisierten Ausgaben in Erscheinung treten. Da Anderskosten als Zusatzkosten in der Betriebsbuchführung gebucht werden, stellen sie bewertungsverschiedene Zusatzkosten (im Gegensatz zu den ausgabenlosen Zusatzkosten) dar.

Bewertungsverschiedene Erträge entstehen durch Abweichungen in der kalkulatorischen und pagatorischen Bewertung. Denkbar wäre der Fall, dass statt der tatsächlichen Preise in der Betriebsbuchführung feste Verrechnungspreise angesetzt werden, die unter den tatsächlichen Preisen der Finanzbuchführung liegen.

c. Differenzierung nach dem Zeitraum der Verrechnung

Außer den sachlichen und wertmäßigen Differenzen treten auch zeitliche Differenzen auf, und zwar dann, wenn die Aufwandsbuchungen nicht zeit- oder periodengleich in die Betriebsbuchführung übernommen werden. Ein Beispiel hierfür kann der **Zufallsaufwand** sein. Bei diesem handelt es sich um Aufwand, der der Zeit und der Höhe nach unerwartet, d.h. zufällig, auftritt, wie durch einen Ausfall von Anlagen, Ausschussarbeiten, Forderungsausfälle u.ä. Dieser Zufallsaufwand wird auch **Wagnisaufwand** genannt. Er ist zwar leistungsbedingt, wird aber in der Betriebsbuchführung, abweichend vom zeitlichen Anfall in der Finanzbuchführung, durch kalkulatorische Posten - die **Wagniskosten** - erfasst.

---

[11] Der Begriff stammt von Erich *Kosiol*. Vgl. *Kosiol* [1979], S. 118-123.

Die vorstehenden Begriffe lassen sich durch nachfolgendes Schema verdeutlichen:

Aufwand (Ertrag)		
Neutraler Aufwand (Ertrag)	Zweckaufwand (-ertrag)	
	Grundkosten (-leistung)	Zusatzkosten (-leistung)
	Kosten (Leistung)	

D. Handels- und steuerrechtliche Vorschriften zu Buchführung und Jahresabschluss

Das öffentliche Interesse an der Rechenschaftslegungs-, Informations- und Beweissicherungsfunktion der Finanzbuchführung hat schon frühzeitig dazu geführt, dass zur Sicherung der Ansprüche der Rechnungslegungsadressaten gesetzliche Rechnungslegungsnormen festgelegt wurden.[12] Solche Regelungen, die im Laufe der Zeit ständig weiterentwickelt worden sind, finden sich in unterschiedlichen Gesetzen, insbesondere aber im Handels- und Steuerrecht.

I. Die handelsrechtlichen Buchführungsvorschriften

Die grundlegenden Vorschriften zur Dokumentation sind im HGB in den §§ 238, 239 und 257 des Ersten Abschnittes des Dritten Buches niedergelegt. Nach § 238 ist jeder Kaufmann verpflichtet, Bücher zu führen und in diesen seine Handelsgeschäfte und die Lage seines Vermögens nach den Grundsätzen ordnungsmäßiger Buchführung ersichtlich zu machen. Weiterhin fordern die §§ 240 und 242 HGB die Aufstellung eines Bestandsverzeichnisses (Inventar) sowie einer Bilanz und einer Gewinn- und Verlustrechnung zu Beginn des Handelsgewerbes und am Ende eines jeden Geschäftsjahres.

Diese Regelungen gelten für Kaufleute i.S. der §§ 1-3 und 6 HGB. Die handelsrechtliche Verpflichtung zur Buchführung ist somit eng an die Kaufmannseigenschaft geknüpft. Kaufmann i.S. des § 1 HGB ist, wer ein Handelsgewerbe betreibt. Das Gesetz definiert jeden Gewerbebetrieb zu einem Handelsbetrieb, es sei denn, der Betrieb erfordert keinen in kaufmännischer Weise eingerichteten Geschäftsbetrieb. Buchführungspflichtig sind demnach:

- Der **Istkaufmann**, der ein Handelsgewerbe nach § 1,2 HGB betreibt, und zwar mit Beginn seiner Tätigkeit – also unabhängig von der Eintragung in das Handelsregister;

---

[12]   Zur Entwicklung vgl. *Barth* [1953 / 1955].

- der **Kannkaufmann** (§ 2 HGB), dessen Gewerbebetrieb zwar keinen in kaufmännischer Weise eingerichteten Geschäftsbetrieb erfordert, der aber die Eintragung in das Handelsregister vornimmt, und zwar ab dem Zeitpunkt der Eintragung;

- der **Kannkaufmann in der Land- und Forstwirtschaft** (§ 3 HGB), dessen land- und forstwirtschaftliche Unternehmung bzw. ein hiermit verbundenes Nebengewerbe einen nach Art und Umfang eingerichteten kaufmännischen Geschäftsbetrieb erfordert, der von seinem Recht der Eintragung des Haupt- bzw. Nebenbetriebs in das Handelsregister Gebrauch macht, und zwar ab dem Zeitpunkt der Eintragung;

- der **Formkaufmann** (§ 6 HGB), der die Kaufmannseigenschaft aufgrund der Rechtsform und der Eintragung in das Handelsregister erwirbt. Hierzu zählen die Personenhandels- und Kapitalgesellschaften (OHG, KG, AG, KGaA, und GmbH – die Genossenschaften sind keine Handelsgesellschaften und daher nicht Formkaufleute i.S.d. § 6,1 HGB; gemäß § 17,2 gelten sie jedoch als Kaufleute).

Das HGB regelt auch, wie Bücher zu führen sind:

➢ Allgemeine Anforderungen an die Buchführung

• Der sachverständige Dritte

§ 238,1:　Die Buchführung ist nur dann ordnungsgemäß, wenn sich ein „sachverständiger Dritter" (i.d.R. Buchhalter, Wirtschaftsprüfer, vereidigte Buchprüfer, Steuerberater) in angemessener Zeit darin zurechtfinden kann.

• Überblick über die Geschäftsvorfälle und über die Lage des Unternehmens

§ 238,1:　Die Geschäftsvorfälle müssen sich in ihrer Entstehung und Abwicklung verfolgen lassen. Mit dieser Forderung wird die Beweissicherungs- und Ordnungsfunktion der Buchführung angesprochen.

➢ Besondere Anforderungen an die Buchführung

• Lebende Sprache, Abkürzungen, Ziffern, Buchstaben und Symbole

§ 239,1:　Buchungen und Aufzeichnungen sind in einer lebenden Sprache vorzunehmen, um einem sachverständigen Dritten - ggf. mit Hilfe jederzeit erreichbarer Übersetzer oder Dolmetscher - in angemessener Zeit einen Überblick zu verschaffen. Keine lebenden Sprachen sind z.B. die lateinische und altgriechische Sprache sowie Kunstsprachen (Esperanto). Die in der Wirtschaftspraxis üblichen Abkürzungen, Ziffern, Buchstaben oder Symbole sind zulässig. Soweit unternehmensspezifische Kodierungen verwendet werden, ist deren Eindeutigkeit durch Schlüsselverzeichnisse nachzuweisen.

- **Vollständigkeit, Richtigkeit, Zeitnähe, Ordnung**

  § 239,2: Buchungen und Aufzeichnungen müssen **vollständig** (= lückenlose Erfassung aller Geschäftsvorfälle), **richtig** (= zutreffende Bezeichnung der Geschäftsvorfälle und Verbot der Verbuchung fiktiver Geschäftsvorfälle), **zeitgerecht** (= strengere Anforderungen bezüglich des zeitlichen Zusammenhanges zwischen Geschäftsvorfall und Verbuchung bei der Aufzeichnung im Grundbuch - insbesondere bei Kassenvorgängen - als bei den Buchungen im Hauptbuch) und **geordnet** (= zur Sicherung der Nachprüfbarkeit heißt das: sachgerechte Kontierung, Belegnummerierung, Datierung, sinnvoll und planmäßig gegliedertes Kontensystem) vorgenommen werden.

- **Unveränderlichkeit**

  § 239,3: Eintragungen sind in einer dauerhaften Form vorzunehmen. Sie dürfen nicht überschrieben oder radiert werden, und ihr ursprünglicher Inhalt muss feststellbar bleiben. Korrekturen fehlerhafter Eintragungen haben durch belegmäßig nachgewiesene Stornobuchungen zu erfolgen.

- **Anforderungen an bestimmte Buchführungsformen**

  § 239,4: Handelsbücher und Aufzeichnungen können auch in der geordneten Ablage von Belegen (= **Offene-Posten-Buchführung**) oder auf Datenträgern (= **Speicherbuchführung**) geführt werden, soweit diese Formen der Buchführung den Grundsätzen ordnungsmäßiger Buchführung entsprechen.

Diese handelsrechtlichen Ordnungsvorschriften werden ergänzt durch im § 257 HGB geregelte **Aufbewahrungsfristen**. Nach § 257,1 und 4 HGB ist jeder Kaufmann verpflichtet, die folgenden Unterlagen geordnet aufzubewahren:

10 Jahre: Handelsbücher, Inventare, Eröffnungsbilanzen, Jahresabschlüsse, Lageberichte, Konzernabschlüsse, Konzernlageberichte sowie die zu ihrem Verständnis erforderlichen Arbeitsanweisungen und sonstigen Organisationsunterlagen;

6 Jahre: Empfangene Handelsbriefe und Kopien abgesandter Handelsbriefe, Buchungsbelege.

Inventare, Handelsbriefe, Handelsbücher und Buchungsbelege (nicht aber Eröffnungsbilanzen, Jahresabschlüsse und Konzernabschlüsse) können nach § 257,3 HGB auch auf Bildträgern oder anderen Datenträgern aufbewahrt werden. Die Aufbewahrungsfrist beginnt nach § 257,5 HGB mit dem Schluss des Kalenderjahres, in dem die letzte Eintragung gemacht wurde bzw. der Beleg entstanden ist oder der Handelsbrief versendet wurde oder eingegangen ist.

Die Vorschriften über die Aufbewahrung stehen im Zusammenhang mit den Verpflichtungen zur Vorlage der Handelsbücher und Aufzeichnungen bzw. von Unterlagen auf Bild- oder Datenträgern im Rechtsstreit oder in Vermögensauseinandersetzungen (so Erbschafts-, Gütergemeinschafts- und Gesellschaftsteilungssachen) der §§ 258 bis 261 HGB.

II. Die steuerrechtlichen Buchführungsvorschriften

Die grundlegenden steuerrechtlichen Aufzeichnungsvorschriften stehen in der Abgabenordnung (AO). Der § 140 AO bestimmt, dass jeder, der nach anderen Gesetzen als den Steuergesetzen Bücher und Aufzeichnungen zu führen hat, die für die Besteuerung von Bedeutung sind, die Verpflichtungen, die ihm nach diesen Gesetzen obliegen, auch im Interesse der Besteuerung zu erfüllen hat. Damit werden die handelsrechtlichen Buchführungspflichten in das Steuerrecht übernommen (= sog. **allgemeine Buchführungspflicht**).

Daneben erweitert die Abgabenordnung im § 141 den Kreis der Buchführungspflichtigen unabhängig von deren Kaufmannseigenschaft aus Gründen der Gleichmäßigkeit und Verhältnismäßigkeit der Besteuerung um solche gewerblichen Unternehmer sowie Land- und Forstwirte, deren Betriebe im Veranlagungszeitraum eines der folgenden Größenmerkmale erfüllen (= sog. **besondere** oder **originäre Buchführungspflicht**):

- Gesamtumsatz im Kalenderjahr von mehr als € 350.000,-,
- Wirtschaftswert (Einheitswert der selbstbewirtschafteten land- und forstwirtschaftlichen Flächen ohne Wohngebäude - § 46 Bewertungsgesetz) von mehr als € 25.000,-,
- Gewinn aus Gewerbebetrieb im Wirtschaftsjahr von mehr als € 30.000,-,
- Gewinn aus Land- und Forstwirtschaft im Kalenderjahr von mehr als € 30.000,-.[13]

Die Buchführungspflichten des Handels- und Steuerrechts lassen sich wie folgt zusammenfassen:

---

[13] Weitere steuerliche Aufzeichnungspflichten ergeben sich für den Steuerpflichtigen aus dem Umsatzsteuergesetz, den Verbrauchssteuergesetzen, aus der Lohn- und Kapitalertragsteuer, der Abgabeordnung (Aufzeichnungspflichten über den Warenverkehr) und den §§ 4 und 5 Einkommensteuergesetz (bes. Aufzeichnungspflichten für Geschenke, Bewirtungen u.a.). Diese Aufzeichnungspflichten führen oft zu erheblichen Belastungen. Vgl. *Wöhe* [1992], S. 61-65.

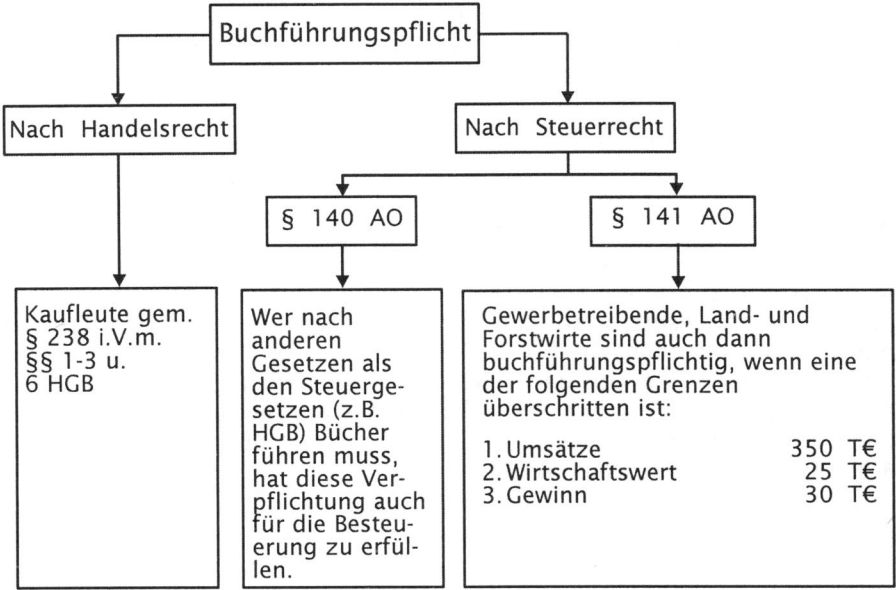

III. Die handelsrechtlichen Vorschriften über Inventur und Inventar

§ 240 HGB sieht vor, dass jeder Kaufmann zu Beginn seines Handelsgewerbes und danach für den Schluss eines jeden Geschäftsjahres ein Inventar aufzustellen hat. Diese im Handelsrecht verankerte Verpflichtung gilt gem. § 140 AO auch in steuerlicher Hinsicht.

Mit dem Terminus **Inventar** wird ein unabhängig von der Buchführung zu erstellendes, detailliertes art-, mengen- und wertmäßiges Verzeichnis aller Vermögensgegenstände und Schulden eines Kaufmannes zu einem Stichtag bezeichnet. Die zur Erstellung des Inventars erforderliche Tätigkeit wird **Inventur** genannt.

Das Inventar ist eine Voraussetzung für eine ordnungsgemäße Buchführung und die Grundlage für die Gründungsbilanz und die darauf folgenden Jahresbilanzen. Im Inventar ist hauptsächlich ein Instrument zur Vermögensfeststellung zum Schutze der Gläubiger zu sehen. Mit Hilfe des Inventars soll geprüft werden, ob die tatsächlich vorhandenen Vermögensgegenstände (= Istbestand) mit den sich aus den Büchern ergebenden Beständen (= Sollbestand) nach Art, Menge und Wert übereinstimmen. Sind Abweichungen feststellbar, so wird durch die Klärung des Zustandekommens der Differenzen auch ein Urteil über die Qualität der Bestandsverwaltung ermöglicht. Schließlich dient die Inventur der Ermittlung des Verbrauchs, wenn in der Bestandsbuchführung die Abgänge nicht fortlaufend erfasst werden. Ist das der Fall, so kann durch Umformung der sog. **Fortschreibungsformel**

in
Anfangsbestand + Zugang ./. Abgang = (gesuchter) Endbestand

(gesuchter) Abgang = Anfangsbestand + Zugang ./. Endbestand

mit Hilfe der Inventur der Abgang ermittelt werden.[14]

Die aufgrund des § 240 HGB aufzustellenden **Bestandsnachweise** werden z.B. für nachstehende Bereiche wie folgt erbracht:

- für das Vorratsvermögen durch Inventurliste,

- für Forderungen für das Anlagevermögen durch Anlagekartei oder ein Anlageverzeichnis,

- für Schulden durch **Saldenbestätigungen**.

Die Vielfalt der in der Praxis vorzufindenden Bestände und Bestandsverwaltungssysteme - insbesondere im Bereich des Vorratsvermögens - hat zu einer Vielfalt von **Inventurverfahren** (= Art der Bestandsaufnahme) und **Inventursystemen** (= Zuordnung der Inventur zu einem Zeitpunkt oder -raum) geführt. Mit dieser Entwicklung war die Absicht verbunden, Inventurerleichterungen zu ermöglichen.[15] Das trifft insbesondere für die einzelnen Inventursysteme zu, die eine Verteilung der Aufnahmearbeiten über einen größeren Zeitraum (äußerstenfalls auf das ganze Geschäftsjahr) erlauben. Neben dieser Möglichkeit der zeitlichen Verteilung der Aufnahmearbeiten sind Inventurerleichterungen möglich, die auf eine Reduzierung der Aufnahmearbeiten hinzielen. Inventurverfahren, Inventursysteme und die weiteren Inventurerleichterungen müssen jeweils den gesetzlichen Vorschriften und den daraus abgeleiteten Grundsätzen ordnungsmäßiger Inventur entsprechen.

Im Folgenden soll unter dem Blickwinkel der handelsrechtlichen Vorschriften (a) auf die Inventurverfahren, (b) auf die Inventursysteme und (c) auf die weiteren Inventurerleichterungen näher eingegangen werden.

a. Die Inventurverfahren

Nach der Art der Bestandsaufnahme unterscheidet man zwischen der körperlichen und buchmäßigen Bestandsaufnahme und der Bestandsaufnahme anhand von Urkunden.

1. Körperliche Bestandsaufnahme

Sie ist der Regelfall. Bei der körperlichen Bestandsaufnahme wird das Vorhandensein der materiellen Vermögensgegenstände durch tatsächli-

---

14 Neben der **Fortschreibung** ist im Zusammenhang mit der Inventur der Begriff **Rückrechnung** von Bedeutung. Die Rückrechnungsformel lautet: Endbestand . / . Zugang + Abgang = (gesuchter) Anfangsbestand.

15 Vgl. hinsichtlich Inventurvereinfachungen *Quick* [2000], S. 37-200.

che Inaugenscheinnahme festgestellt. Bei gewissen materiellen Vermögensgegenständen - wie Grundstücken und bebauten Grundstücken - tritt zur körperlichen Inaugenscheinnahme die Einsicht in Urkunden (Grundbuchauszüge) ergänzend hinzu. Dabei werden gleichartige Vermögensgegenstände unter Angabe der Art und der durch Zählen, Messen, Wiegen (ggf. Schätzen) ermittelten Menge zusammengefasst. § 241,1 HGB lässt dabei die Wahl, ob eine **Vollinventur** (= Aufnahme aller Vermögensgegenstände) oder eine **Stichprobeninventur** (= Teilerhebung und Hochrechnung auf die jeweilige Grundgesamtheit) durchgeführt wird.

2. Buchmäßige Bestandsaufnahme

Man spricht hier auch von der Beleg- oder Buchinventur. Hauptanwendungsfälle der buchmäßigen Bestandsaufnahme sind immaterielle Vermögensgegenstände, Forderungen und Schulden und als Ausnahme bewegliche Anlagegegenstände, die in einer ordnungsgemäß geführten Anlagekartei erfasst sind.[16] In das Verzeichnis der Gegenstände des beweglichen Anlagevermögens sind auch Anlagegüter aufzunehmen, die bereits auf ihren Erinnerungswert abgeschrieben worden sind. Ausgenommen hiervon sind geringwertige Anlagegüter, die im Jahre der Anschaffung oder Herstellung in voller Höhe als Aufwand verrechnet werden.

Für die buchmäßige Aufnahme von Forderungen und Schulden werden aufgrund der für die einzelnen Kunden und Lieferanten geführten Kontokorrentkonten sog. Saldenlisten erstellt. Die jeweiligen Salden sind anhand der bei den einzelnen Geschäftsvorfällen angefallenen Belege, durch Kontenabstimmungen und ggf. durch Saldenbestätigungen nachzuweisen.

3. Bestandsaufnahme anhand von Urkunden

Eine Aufnahme anhand von Urkunden erfolgt insbesondere bei immateriellen Vermögensgegenständen sowie bei sich im Besitz von Dritten befindenden Vermögensgegenständen bzw. nicht zugänglichen Vermögensgegenständen (z.B. unterwegs befindlichen Waren). Diese Bestände werden z.B. durch Patenturkunden, Lizenzverträge, Lagerscheine und Versandpapiere, Vertragsunterlagen u.ä. nachgewiesen.

b. Die Inventursysteme

Bestände können ganz oder teilweise körperlich zu unterschiedlichen Zeiten aufgenommen werden. Nach dem Zeitpunkt bzw. Zeitraum der

---

16   Voraussetzung hierfür ist, dass mindestens folgende Angaben vorhanden sind: genaue Bezeichnung des Gegenstandes, Tag der Beschaffung (Herstellung), Höhe der Anschaffungs- oder Herstellungsausgaben, Bilanzwert am Bilanzstichtag, Tag des Abgangs.

Aufnahme lassen sich daher unterschiedliche Inventursysteme voneinander unterscheiden. Grundsätzlich zulässig sind nach § 240,2 HGB die Stichtagsinventur zum Bilanzstichtag, nach § 241,2 HGB die permanente Inventur und nach § 241,3 HGB die vor- oder nachverlegte Stichtagsinventur.

1. Stichtagsinventur

Findet die Aufnahme am oder um den Bilanzstichtag statt, so bezeichnet man sie als Stichtagsinventur. Man unterscheidet nach dem Zeitpunkt der Aufnahme zwei Verfahren der Stichtagsinventur: die **klassische Stichtagsinventur** und die **ausgeweitete Stichtagsinventur**.

α. Klassische Stichtagsinventur

Hier erfolgt die Bestandsaufnahme am Bilanzstichtag oder am direkt davor oder danach liegenden Tag, falls der Bilanzstichtag auf einen arbeitsfreien Tag fällt bzw. die Zeit von nur einem Tag für die Durchführung der Bestandsaufnahme nicht ausreicht. Die klassische Stichtagsinventur ist meist auf kleinere Unternehmen beschränkt, da sie für größere Unternehmen mit entsprechend größeren Beständen aus organisatorischen und personellen Gründen in der knappen Zeit nicht durchführbar ist.

β. Ausgeweitete Stichtagsinventur

Findet die Inventur eine gewisse Zeit (ca. 10 Tage) vor oder nach dem Bilanzstichtag statt, so liegt eine ausgeweitete Stichtagsinventur vor. Die ausgeweitete Stichtagsinventur ist rechtlich zulässig, da es nach den gesetzlichen Vorschriften nicht so sehr darauf ankommt, wann die Bestandsaufnahme vorgenommen wird, sondern vielmehr darauf, dass das Inventar bilanzstichtagsbezogen ist. In dieser Bilanzstichtagsbezogenheit unterscheidet sich die ausgeweitete Stichtagsinventur von der vor- oder nachverlegten Stichtagsinventur, die nicht bilanzstichtagsbezogen ist. Hieraus folgt, dass mengenmäßige Änderungen zwischen dem Tag der Aufnahme und dem Bilanzstichtag zu berücksichtigen, d.h. durch Belege und Aufzeichnungen ordnungsgemäß nachzuweisen sind. Da es Ziel der ausgeweiteten Stichtagsinventur ist, die tatsächlich zum Bilanzstichtag vorhandenen Bestände auszuweisen, müssen die dokumentierten Bestandsveränderungen zwischen Aufnahmetag und Bilanzstichtag durch mengen- und wertmäßige Fortschreibung oder Rückrechnung bücherlich berücksichtigt werden.

2. Vor- oder nachverlegte Stichtagsinventur

Das Inventursystem der vor- oder nachverlegten Stichtagsinventur ähnelt dem der ausgeweiteten Stichtagsinventur, aber auch dem der permanenten Inventur. Auch hier werden die Bestandsverwaltungen einer Unternehmung in verschiedene Inventurbezirke aufgeteilt. Die Bestandsaufnahme erfolgt hier differenziert nach Inventurbezirken innerhalb der letzten drei Monate vor oder der ersten beiden Monate nach dem Bilanzstichtag. Die so erfassten Bestände der einzelnen Inventurbezirke werden in einem **besonderen Inventar** erfasst. Der § 241,3 HGB lässt es nun zu, dass in dem Inventar für den Schluss eines Geschäftsjahres Vermögensgegenstände nicht verzeichnet zu werden brauchen, die nach Art, Menge und Wert in ein besonderes Inventar aufgenommen worden sind, wenn durch ein den Grundsätzen ordnungsmäßiger Buchführung entsprechendes Fortschreibungs- oder Rückrechnungsverfahren sichergestellt ist, dass der am Schluss des Geschäftsjahres vorhandene Bestand ordnungsgemäß bewertet werden kann. Das bedeutet, dass die Bestandsänderungen in den einzelnen Rechnungen nur wertmäßig dokumentiert zu werden brauchen. Das Besondere dieses Verfahrens liegt also in der Möglichkeit, den Zeitpunkt der körperlichen Bestandsaufnahme vom Bilanzstichtag zu trennen, ohne eine mengenmäßige Beschreibung der Bestandsveränderungen durchführen zu müssen.

Das Inventursystem der vor- oder nachverlegten Stichtagsinventur ist wie das der permanenten Inventur - handels- wie steuerrechtlich gesehen - nicht so universell anwendbar wie das der Stichtagsinventur. Da zum Bilanzstichtag eine bücherliche Bestandsaufnahme zu Grunde gelegt wird, muss bei Anwendung der vor- oder nachverlegten Inventur ebenso wie bei der permanenten Inventur unterstellt werden, dass die Bestandsbuchführung im wesentlichen „richtige" Bestände ausweist.[17] Ist diese Unterstellung fragwürdig, dann ist die vor- oder nachverlegte Stichtagsinventur sowohl handels- als auch steuerrechtlich nicht zulässig (s. R 30,3 und 4 EStR). Das ist insbesondere der Fall, wenn

- Bestände durch Schwund, Verdunsten, Verderb, leichte Zerbrechlichkeit oder ähnliche Vorgänge von ins Gewicht fallenden unkontrollierbaren Abgängen bedroht sind, es sei denn, dass diese Abgänge aufgrund von Erfahrungssätzen schätzungsweise zutreffend berücksichtigt werden können;

- Bestände - abgestellt auf die Verhältnisse der rechnungslegenden Unternehmung - besonders wertvoll sind;

- Bestände starken Preisveränderungen unterliegen, so dass der Arbeitsaufwand für die Wertfortschreibung und die Bilanzbewertung (nach dem Niederstwertprinzip) unverhältnismäßig hoch ist;

- bestimmte steuerliche Vergünstigungen, wie z.B. bei der Bewertung nach § 6,1 Nr. 2a EStG (Lifo-Verfahren) [oder beim Bewertungsabschlag für bestimmte Importwaren nach § 80 EStDV a.F.], in An-

---

[17]   Man spricht in dem Zusammenhang von der „**Bestandszuverlässigkeit**" einer Buchführung. Bestandszuverlässig (= ordnungsgemäß) ist eine Buchführung dann, wenn in ihr die Bestände art-, mengen- und erforderlichenfalls wertmäßig zutreffend erfasst und fortgeschrieben sind.

spruch genommen werden, bei denen der Nachweis der Bestände nach Art und Menge zum Bilanzstichtag vorausgesetzt wird.

3. Permanente Inventur

Die permanente Inventur und die vor- und nachverlegte Inventur stellen Inventurerleichterungen dar, die primär nicht eine Minderung der aufzunehmenden Inventurobjekte bei gegebenem Bestand zum Ziel haben, sondern es ermöglichen, die meist zeitaufwendige Bestandsaufnahme in beschäftigungsschwache Zeiten oder in Zeiten geringerer Bestände zu legen. § 241,2 HGB gestattet die permanente Inventur unter der Bedingung, dass der Bestand zum Bilanzstichtag auch ohne eine körperliche Aufnahme festgestellt werden kann. Das bedeutet, dass bei der permanenten Inventur die körperliche Aufnahme entsprechend den betrieblichen Verhältnissen auf das Geschäftsjahr verteilt und zum Bilanzstichtag selbst eine buchmäßige Bestandsaufnahme vorgenommen wird. Die handels- und steuerrechtliche Zulässigkeit der permanenten Inventur setzt daher voraus, dass in der Bestandsbuchführung alle Bestände und alle Zu- und Abgänge einzeln nach Art, Menge und Zeitpunkt belegmäßig erfasst werden. Bei der permanenten Inventur erfolgen die körperlichen Bestandsaufnahmen in den einzelnen Inventurbezirken (Inventurkollektiven) in der Weise, dass jeder Inventurbezirk mindestens einmal im Geschäftsjahr lückenlos oder stichprobenweise körperlich erfasst (und ggf. korrigiert) wird.[18][19] Über die Durchführung und das Ergebnis der körperlichen Bestandsaufnahme sind Aufzeichnungen (Protokolle) anzufertigen, die unter Angabe des Zeitpunktes der Aufnahme von den aufnehmenden Personen zu unterzeichnen und wie Handelsbücher (10 Jahre) aufzubewahren sind.

Auch die Anwendung der permanenten Inventur unterstellt - da zum Bilanzstichtag eine bücherliche Bestandsaufnahme vorgenommen wird -, dass die Bestandsbuchführung im Wesentlichen richtige Bestände ausweist. Ist diese Unterstellung fragwürdig, dann ist eine permanente Inventur handels- wie auch steuerrechtlich nicht erlaubt. Ebenso wie die

---

[18]   Eine Kombination der permanenten Inventur mit den Verfahren der Stichprobeninventur ist dann zulässig, wenn die Anwendungsvoraussetzungen der Stichprobeninventur erfüllt sind. (Vgl. *Quick* [2000], S. 50)

[19]   Es bestehen jedoch Meinungsverschiedenheiten bezüglich der handels- und steuerrechtlichen Zulässigkeit der stichprobenweisen körperlichen Bestandsaufnahme. Diese Uneinheitlichkeit der Auffassungen ist insbesondere auf den unklaren Wortlaut der EStR zurückzuführen., wonach die körperliche Bestandsaufnahme sich nicht nur auf Stichproben oder die Verprobung eines repräsentativen Querschnitts beschränken darf (vgl. H 30 EStR. – Zur Frage der Rechtsqualität und Bedeutung der EStR für die GoB s. FG Berlin: Urteil v. 8.1.1970 V 211/67. In: EFG, 24. Jg [**1970**], S. 344-346). Das hat zur Konsequenz, dass in der kommentierenden Literatur mitunter eine lückenlose körperliche Bestandsaufnahme gefordert wird. (** ner* [1996], S. 78-79; *IdW* [1990], S. 333; *Mathiak* [1991], S. 35).

vor- oder nachverlegte Stichtagsinventur ist auch die permanente Inventur auf Bestände mit ins Gewicht fallenden unkontrollierbaren Abgängen und auf relativ wertvolle Bestände nicht anwendbar. Zudem ist die permanente Inventur für unfertige Erzeugnisse im Allgemeinen nicht anwendbar, da sich der Zustand der Vermögensgegenstände durch den Fertigungsprozess ständig ändert.[20]

c. Die Stichprobeninventur und weitere Inventurvereinfachungen

Das HGB sieht - neben den Erleichterungen durch die Inventursysteme - in § 240,3 HGB im Festwertverfahren und in § 241,1 HGB in der Stichprobeninventur Erleichterungen vor, die hauptsächlich auf eine Reduzierung der Aufnahmearbeiten hinzielen. In § 240,4 HGB wird mit dem Gruppenbewertungsverfahren eine Bewertungserleichterung ermöglicht, die es erlaubt, gleichartige und annähernd gleichwertige bewegliche Vermögensgegenstände zu einer Bewertungsgruppe zusammenzufassen und diese Gruppe mit einem gewogenen Durchschnittswert zu bewerten.

1. Stichprobeninventur

Die Einführung der Stichprobeninventur durch den § 39,2a HGB im Jahre 1976 wurde damit begründet, dass der Gesetzgeber neben den für die Vereinfachung zulässigen Inventursystemen eine weitere Vereinfachung schaffen und damit dem Wunsch nach Rationalisierung der aufwendigen Inventurarbeiten entgegenkommen wollte. Bei der Stichprobeninventur treten anstelle der Vollaufnahme - differenziert nach den unterschiedlichen Inventurbezirken - nach dem Zufallsprinzip vorgenommene Teilerhebungen, deren beobachtete Ergebnisse nach den Regeln der Wahrscheinlichkeitsrechnung auf die jeweiligen Grundgesamtheiten hochgerechnet werden. Da lediglich die in der Stichprobe einbezogenen Inventurobjekte inventurmäßig bearbeitet werden, ergeben sich gegenüber der Vollaufnahme geringere Aufnahmekosten. Daneben reduzieren sich die Aufnahmezeiten. Auch können sich durch Verminderung der Zahl der aufzunehmenden Inventurobjekte Erhebungsfehler (wie Doppelermittlung, Übersehen u.ä.) im Vergleich zur Vollerhebung reduzieren.

Die Regelung des § 39,2a HGB wurde bei der Novellierung des HGB durch das Bilanzrichtliniengesetz vom 19.12.1985 übernommen. Danach darf gem. § 241,1 HGB bei Aufstellung des Inventars der Bestand der Vermögensgegenstände nach Art, Menge und Wert auch mit Hilfe

---

[20] Ausnahmen von dieser Einschränkung stellen die permanenten Inventuren bei den computergestützten Produktionsplanungssystemen und die Einlagerungsinventur bei computergestützten Großlagerhallen dar. Vgl. *Buchner* [1996], S. 79; *Quick* [2000], S. 56-61; *Adler/Düring/Schmaltz* [1995], Teilband 6 (1998), § 241 HGB, Rn. 29-31.

anerkannter mathematisch-statistischer Methoden aufgrund von Stichproben ermittelt werden. Damit ein Stichprobenverfahren zulässig ist, muss es nach § 241,1 HGB

- ein anerkanntes mathematisch-statistisches Verfahren sein,
- den Grundsätzen ordnungsmäßiger Buchführung entsprechen,
- im Aussagewert einer Vollinventur gleichwertig sein.

2. Festwertverfahren

Zweck des Festwertverfahrens ist die Vereinfachung der Aufnahmearbeiten, und zwar sowohl der buchmäßigen wie der körperlichen Bestandsaufnahme. Hiermit verbunden ist eine Vereinfachung der Bewertung, so dass im Festwertverfahren auch eine der Ausnahmen vom im § 252,1 Nr. 3 HGB ansonsten zwingend vorgeschriebenen Grundsatz der Einzelerfassung und Einzelbewertung gesehen werden kann.[21]

Beim Festwertverfahren wird nach § 240,3 HGB für einen bestimmten Bestand an Vermögensgegenständen (Sachanlagevermögen - nicht aber immaterielles Anlagevermögen und Finanzanlagevermögen - sowie Roh-, Hilfs- und Betriebsstoffe) eine Festmenge zu Festpreisen angesetzt. Dieser Festwert wird in die Bilanz übernommen und unter gleich bleibenden Voraussetzungen für mehrere Geschäftsjahre unverändert fortgeführt.

Das Festwertverfahren unterstellt, dass sich bei den in einem Festwert zusammengefassten Vermögensgegenständen im Zeitablauf Zugänge einerseits und Abgänge sowie planmäßige Abschreibungen oder Verbrauch andererseits in etwa ausgleichen. Das Festwertverfahren ist unter folgenden Voraussetzungen erlaubt:

- Der Abgang an Vermögensgegenständen ist regelmäßig zu ersetzen.
- Der Gesamtwert der Vermögensgegenstände, die zu einem Festwert zusammengefasst werden, muss für das Unternehmen von nachrangiger Bedeutung sein.
- Der Bestand darf seiner Größe, seinem Wert und seiner Zusammensetzung nach im Laufe der Zeit nur geringen Veränderungen unterliegen.
- In der Regel ist alle drei Jahre eine körperliche Bestandsaufnahme durchzuführen.

3. Gruppenbewertung

Die Gruppenbewertung nach § 240,4 HGB ist eine Vereinfachungsregelung, die sich insbesondere auf die Bewertung bezieht. Sie stellt ebenso

---

[21]   Umfassend zur Festwertproblematik vgl. *Buchner* [1995a] und *Buchner* [1995b].

wie das Festwertverfahren eine Ausnahme vom in § 252,1 Nr. 3 HGB verankerten Grundsatz der Einzelbewertung dar, da die zu einer Gruppe zusammengefassten Vermögensgegenstände und Schulden mit einem gewogenen Durchschnittswert bewertet werden. So gesehen ist das Gruppenbewertungsverfahren auch ein Verfahren zur Ermittlung der Anschaffungs- und Herstellungskosten. Die Gruppenbewertung darf nach dem Wortlaut des § 240,4 HGB auf gleichartige Vermögensgegenstände des Vorratsvermögens und andere gleichartige oder annähernd gleichwertige bewegliche Gegenstände des Anlagevermögens oder des Umlaufvermögens (Forderungen, Wechsel, Wertpapiere) und Schulden angewendet werden.

IV. Die handelsrechtlichen Abschlussvorschriften

a. Vorschriften für alle Kaufleute

Die für alle Kaufleute geltenden Vorschriften für den Jahresabschluss sind im Ersten Abschnitt des Dritten Buches des HGB (§§ 238 bis 263) enthalten, und zwar mit der Maßgabe, dass aufgrund des Zweiten, Dritten und Vierten Abschnittes des Dritten Buches des HGB sowie aufgrund des AktG, GmbHG, PublG, KWG, VAG zusätzliche oder abweichende Vorschriften zu beachten sind.

Für Einzelkaufleute, Personenhandelsgesellschaften mit mindestens einer natürlichen Person als Vollhafter und Personenhandelsgesellschaften unterhalb der Größenmerkmale des § 1 i.V.m. § 3 PublG regelt der Erste Abschnitt den Jahresabschluss abschließend.[22] Der Jahresabschluss ist für die Kategorie dieser Einzelkaufleute oder Personenhandelsgesellschaften weder offenlegungs- noch prüfungspflichtig. Gemäß § 242,1 HGB haben die betroffenen Unternehmen einen das Verhältnis von Vermögen und Schulden darstellenden Abschluss (= **Eröffnungsbilanz, Bilanz**) zu Beginn des Handelsgewerbes und für den Schluss jeden Geschäftsjahres und nach § 242,2 HGB eine Gegenüberstellung der Aufwendungen und Erträge eines jeden Geschäftsjahres (= **Gewinn- und Verlustrechnung**) aufzustellen. Dieser Jahresabschluss ist innerhalb einer einem ordnungsgemäßen Geschäftsgang entsprechenden Zeit fertig zu stellen (§ 243,3 HGB), muss klar und übersichtlich sein (§ 243,2 HGB) und den Grundsätzen ordnungsmäßiger Buchführung entsprechen (§ 243,1 HGB).[23] Er ist in deutscher Sprache (auch wenn die zu Grunde

---

[22]   Bezüglich der Aufstellung des Jahresabschlusses bei Einzelkaufleuten und Personenhandelsgesellschaften, die die Größenmerkmale des PublG erfüllen, vgl. § 5 und bezüglich der Offenlegung § 9 PublG.

[23]   Die Regelungen des § 243,1 und 2 HGB werden auch **Generalnorm I** im Unterschied zur in § 264,2 HGB enthaltenen **Generalnorm II** bezeichnet. Die Generalnorm II verlangt, dass der Jahresabschluss der Kapitalgesellschaft ein den tatsächlichen Verhältnissen entsprechendes Bild der Vermögens-,

liegende Buchführung im Einklang mit § 239,1 HGB in einer anderen lebenden Sprache geführt wird) und in Deutscher Mark (letztmals für die Geschäftsjahre, die im Jahr 2001 enden) oder Euro aufzustellen (§ 244 HGB i.V.m. Art. 42,1 EGHGB) und von allen persönlich haftenden Geschäftsinhabern unter Angabe des Datums zu unterzeichnen (§ 245 HGB).

Das HGB enthält im Ersten Abschnitt die für alle Kaufleute geltenden Bilanzansatz- und Abgrenzungsvorschriften (§§ 246 bis 251) sowie die Bewertungsvorschriften (§§ 252 bis 256).

1. Bilanzansatz- und Abgrenzungsvorschriften

Da der Jahresabschluss aus den Konten der Finanzbuchführung hergeleitet wird, bestimmen die Bilanzansatz- und Abgrenzungsvorschriften die Verbuchung von Geschäftsvorfällen auf den aktiven und passiven Bestandskonten sowie auf den Erfolgskonten der laufenden Buchführung. Neben den Abgrenzungsgrundsätzen entscheiden die Ansatzregelungen bei der Abschlusserstellung auch über die Überleitung der saldierten Konteninhalte in die jeweiligen Positionen der Bilanz und Gewinn- und Verlustrechnung (GVR).

Die Ansatz- und Abgrenzungsregelungen werden daher auch als **Aktivierungs-** und **Passivierungsgrundsätze** bzw. Bilanzierungsgrundsätze bezeichnet. Diese Grundsätze gehen von der Eigenschaft der Bilanzierungsfähigkeit aus. Hierunter wird die Fähigkeit verstanden, als Aktiva (= Aktivierungsfähigkeit) oder als Passiva (= Passivierungsfähigkeit) in die Bilanz aufgenommen zu werden. Steht der Aufnahme in die Bilanz kein Bilanzierungsverbot entgegen, wird die Bilanzierungsfähigkeit zu einer Bilanzierungspflicht. Für bilanzierungsfähige Aktiva und Passiva können gesetzlich auch nur Ansatzwahlrechte bestehen.

Die wichtigsten Bilanzansatz- und Abgrenzungsvorschriften sind:

§ 246,1: **Vollständigkeitsgebot** für Vermögensgegenstände, Schulden, Rechnungsabgrenzungsposten, Aufwendungen und Erträge, soweit gesetzlich nichts anderes bestimmt ist, d.h. ein Ansatzverbot bzw. ein Ansatzwahlrecht besteht.

Finanz- und Ertragslage vermittelt. Das wird erreicht durch die „richtige" Anwendung der Rechnungslegungsnormen. Sollte dies im Ausnahmefall nicht möglich sein, so sind im Anhang entsprechende Angaben zu machen. Die Generalnormen sind also immer heranzuziehen, wenn Zweifel bei der Auslegung einzelner Rechnungslegungsvorschriften bestehen oder Lücken in der gesetzlichen Regelung zu schließen sind. Sie sollen durch Vermeidung einer missbräuchlichen Ausnutzung von Ermessensspielräumen bzw. von Wahlrechten eine den Zielen des Jahresabschlusses entsprechende Rechnungslegung sichern helfen. Die Generalnorm II gilt auch für die haftungsbeschränkte Personenhandelsgesellschaft.

§ 246,2:   **Verrechnungsverbot**: Posten der Aktivseite dürfen nicht mit Posten der Passivseite, Aufwendungen nicht mit Erträgen, Grundstücksrechte nicht mit Grundstückslasten verrechnet werden.

§ 248:   **Aktivierungsverbot** für selbst geschaffene immaterielle Vermögensgegenstände des Anlagevermögens, Aufwendungen für die Gründung des Unternehmens und für die Beschaffung des Eigenkapitals sowie Aufwendungen aus dem Abschluss von Versicherungsverträgen.

Aktivierungsverbote stellen ebenso wie Ansatzwahlrechte Ausnahmen vom Vollständigkeitsgebot dar. Ansatzwahlrechte legen die Bilanzansatzentscheidung in das Ermessen des Bilanzierenden. So bestehen Aktivierungswahlrechte für das Disagio (§ 250,3), für als Aufwand berücksichtigte Zölle und Verbrauchsteuern, soweit sie auf am Abschlussstichtag auszuweisende Vermögensgegenstände entfallen, und für als Aufwand berücksichtigte Umsatzsteuer auf am Abschlussstichtag auszuweisende oder von den Vorräten offen abgesetzte Anzahlungen (§ 250,1 Nr. 1 und 2) sowie für den derivativen Geschäfts- oder Firmenwert (§ 255,4).

§ 249,1:   **Passivierungspflicht** für Pensionsverpflichtungen aufgrund unmittelbarer Zusagen (Satz 1).

§ 249,1:   **Passivierungspflicht** für im Geschäftsjahr unterlassene Instandhaltungen, die im folgenden Geschäftsjahr innerhalb von drei Monaten nachgeholt werden und für Abraumbeseitigung, soweit die Nachholung innerhalb des folgenden Geschäftsjahres erfolgt (S. 2, Nr. 1).

§ 249,1:   **Passivierungswahlrecht** für unterlassene Instandhaltungsaufwendungen, soweit die Nachholung innerhalb des folgenden Geschäftsjahres, aber außerhalb der Drei-Monatsfrist erfolgt (Satz 3).

§ 249,1:   **Passivierungspflicht** für Gewährleistungen ohne rechtliche Verpflichtung (Satz 2, Nr. 2).

§ 249,2:   **Passivierungswahlrecht** für ihrer Eigenart nach genau umschriebene, dem Geschäftsjahr oder einem früheren Geschäftsjahr zuordnende Aufwendungen, die am Abschlussstichtag wahrscheinlich oder sicher, aber hinsichtlich ihrer Höhe oder des Zeitpunkts ihres Eintritts unbestimmt sind (z.B. Rückstellungen für Großreparaturen).

§ 250:   **Abgrenzungsregelung** für vor dem Bilanzstichtag angefallene erfolgswirksame Ausgaben (Abs. 1) und Einnahmen (Abs. 2), soweit sie Aufwand und Ertrag für eine bestimmte Zeit nach dem Bilanzstichtag darstellen.

Art. 28:   EGHGB: **Passivierungswahlrecht** für eine laufende Pension oder eine Anwartschaft auf eine Pension, wenn der Pensionsberechtigte seinen Rechtsanspruch vor dem 1.1.1987 erworben hat oder sich ein vor diesem Zeitpunkt erworbener Rechtsanspruch nach dem 31.12.1986 erhöht (sog. Altzusage von Pensionen).

2. Bewertungsvorschriften

Den für alle Kaufleute geltenden Bewertungsvorschriften der §§ 253 bis 256 HGB sind in § 252 HGB allgemeine Bewertungsvorschriften vorangestellt, von denen nach § 252,2 HGB nur in begründeten Fällen abgewichen werden darf. Im Einzelnen sind folgende wichtige Bewertungsgrundsätze kodifiziert:

α. Allgemeine Bewertungsgrundsätze (§ 252 HGB)

In § 252,1 sind die wichtigsten Grundsätze ordnungsmäßiger Buchführung als „Allgemeine Bewertungsgrundsätze" niedergelegt. Das sind im Einzelnen:[24]

- **Grundsatz der Bilanzidentität** (= Übereinstimmung der Wertansätze in der Eröffnungsbilanz mit denen der Schlussbilanz des vorangegangenen Geschäftsjahres).

- **Going-Concern-Prinzip** (= Unterstellung der Unternehmensfortführung, sofern dem nicht tatsächliche oder rechtliche Gegebenheiten entgegenstehen).

- Grundsatz der Einzelbewertung von Vermögensgegenständen und Schulden.

- **Vorsichtsprinzip, Realisations- und Imparitätsprinzip** (= unrealisierte Aufwendungen sind auszuweisen, unrealisierte Erträge dürfen nicht ausgewiesen werden).

- **Grundsatz der Periodenabgrenzung** (= Aufwendungen und Erträge sind unabhängig von den entsprechenden Zahlungszeitpunkten zu berücksichtigen).

- **Stetigkeitsprinzip** (= Beibehaltung der auf den vorhergehenden Jahresabschluss angewandten Bewertungsmethoden).

Die Konkretisierung dieser Grundsätze und die Bestimmung ihrer Rangfolge sind zum einen Sache der (nicht kodifizierten) Grundsätze ordnungsmäßiger Buchführung, sie ergeben sich zum anderen auch aus den kodifizierten Einzelvorschriften des HGB. So geht z.B. das Imparitätsprinzip dem Stetigkeitsprinzip vor; Abweichungen vom Grundsatz der Einzelbewertung folgen aus den Vorschriften über die Gruppen- und Festbewertung.

β. Wertansätze der Vermögensgegenstände und Schulden (§ 253 HGB)

Wertobergrenze für Vermögensgegenstände sind die Anschaffungs- oder Herstellungskosten, vermindert um evtl. erforderliche Abschreibun-

---

[24]   Ausführlicher hierzu *Buchner* [1986].

gen (§ 253,1 Satz 1).[25] Verbindlichkeiten sind mit Ausnahme der Rentenverbindlichkeiten zu ihrem Rückzahlungsbetrag anzusetzen. Rentenverbindlichkeiten, für die eine Gegenleistung nicht mehr zu erwarten ist, sind mit ihrem Barwert zu bilanzieren; Rückstellungen dürfen nur in Höhe des Betrags angesetzt werden, der nach vernünftiger kaufmännischer Beurteilung notwendig ist (§ 253,1 Satz 2); Rückstellungen dürfen nur abgezinst werden, soweit die ihnen zu Grunde liegenden Verbindlichkeiten einen Zinsanteil enthalten.

Hinsichtlich der **Abschreibungen** ist im Einzelnen geregelt:

§ 253,2: Vermögensgegenstände des abnutzbaren Anlagevermögens sind planmäßig auf die Dauer ihrer voraussichtlichen Nutzung abzuschreiben. Ohne Rücksicht darauf sind bei allen Vermögensgegenständen des Anlagevermögens außerplanmäßige Abschreibungen vorzunehmen, um diese mit dem niedrigeren Wert anzusetzen, der ihnen am Abschlussstichtag beizulegen ist. Diese Abschreibung ist jedoch nur zwingend, wenn es sich um eine voraussichtlich dauernde Wertminderung handelt (= **gemilderte Niederstwertvorschrift**).

§ 253,3: Die Vermögensgegenstände des Umlaufvermögens sind auf einen niedrigeren Wert abzuschreiben, der sich aus einem Börsen- oder Marktpreis am Abschlussstichtag ergibt oder dem Vermögensgegenstand beizulegen ist (Satz 1 und 2 = **strenge Niederstwertvorschrift**).

§ 253,3: Abschreibungen dürfen vorgenommen werden, soweit diese nach vernünftiger kaufmännischer Beurteilung notwendig sind, um zu verhindern, dass in der nächsten Zukunft der Wertansatz dieser Vermögensgegenstände aufgrund von Wertschwankungen geändert werden muss (Satz 3 = **Abschreibungs-** bzw. **Abwertungswahlrecht** wegen **zukünftiger Wertschwankungen**).

§ 253,4: Abschreibungen sind außerdem im Rahmen vernünftiger kaufmännischer Beurteilung zulässig (= **Ermessensabschreibung**).[26]

§ 253,5: **Beibehaltungswahlrecht** für Einzelkaufleute und nicht beschränkt haftende Personengesellschaften, wenn die Gründe für die Vornahme einer außerplanmäßigen Abschreibung des Anlagevermögens (Abs. 2, S. 3), einer Abschreibung des Umlaufvermögens gem. Abs. 3, einer Abschreibung nach kaufmännischer Beur-

---

[25] Im Zusammenhang mit diesem Verbot der Berücksichtigung der über die Anschaffungs- oder Herstellungskosten gestiegenen Marktpreise oder Verkehrswerte wird auch von der Bildung **gesetzlicher stiller Zwangsrücklagen** gesprochen.

[26] Dies gilt nach § 279,1 HGB nicht für Kapitalgesellschaften und Personenhandelsgesellschaften i.S.d. § 264a HGB.

teilung (Abs. 4) oder einer steuerlichen Abschreibung gem. § 254 in einem späteren Geschäftsjahr nicht mehr bestehen.[27]

γ. Steuerrechtliche Abschreibungen (§ 254 HGB)

Obwohl die handelsrechtlichen Abschlussvorschriften der steuerlichen Gewinnermittlung zu Grunde zu legen sind (§ 5,1 EStG), kann es aufgrund des steuerlichen Vorbehaltes der vom Handelsrecht unabhängigen Bewertung (§ 5,6 EStG) zu niedrigeren steuerlichen Wertansätzen kommen. Die Ursache für Abweichungen kann u.a. in niedrigeren steuerlichen Wertansätzen infolge der besonderen steuerlichen Abschreibungsbestimmungen - insbesondere steuerliche Sonderabschreibungen und erhöhte Abschreibungen - liegen.[28] § 254 erlaubt Einzelunternehmen und nicht vom § 264a HGB betroffenen Personenhandelsgesellschaften ein Abschreibungswahlrecht zur Übernahme von unter den handelsrechtlichen Werten liegenden steuerrechtlichen Wertansätzen, die auf einer **nur** steuerrechtlich zulässigen Abschreibung beruhen. Das Abschreibungswahlrecht des § 254 HGB ist von besonderer Bedeutung für Kapitalgesellschaften und Personenhandelsgesellschaften i.S.d. 264a HGB, da diese die Abschreibungen im Rahmen vernünftiger kaufmännischer Beurteilung (§ 253,4 HGB) nicht vornehmen dürfen. Für sie ergibt sich aus § 254 S.1 HGB i.V.m. § 279,2 HGB ein handelsrechtliches Abschreibungswahlrecht, Wertansätze der Handelsbilanz an die niedrigeren steuerrechtlich zulässigen Werte anzupassen.

δ. Anschaffungs- und Herstellungskosten (§ 255 HGB)

Bei den Begriffen Anschaffungs- und Herstellungskosten handelt es sich um zentrale Bewertungsmaßstäbe des Bewertungsrechts. Sie bilden die absoluten Wertobergrenzen und dienen als Zugangswerte, mit denen ein angeschaffter oder hergestellter Vermögensgegenstand erstmals bilanziert wird (= **Anschaffungswertprinzip**).

➤ Anschaffungskosten

Der § 255,1 HGB definiert den Bewertungsbegriff „Anschaffungskosten". Grundsätzlich gilt für diesen Begriff, und zwar abweichend vom Herstellungskostenbegriff, das sog. **Fixwertprinzip**, d.h. es gibt im Rahmen der Bemessung der Anschaffungskosten keine Bewertungswahlrechte und es existiert nur ein Wertansatz. Nach dem Wortlaut des Gesetzes sind Anschaffungskosten Aufwendungen, die geleistet wer-

---

27 Für Kapitalgesellschaften und Personenhandelsgesellschaften i.S.d. § 264a HGB besteht im Wertaufholungsgebot des § 280 HGB eine Einschränkung hinsichtlich des Beibehaltungswahlrechts.

28 Steuerliche Sonderabschreibungen stehen nicht in Beziehung zum Wertminderungsverlauf, sondern sie dienen in erster Linie der Beeinflussung der Steuerbemessungsgrundlage.

den, um einen Vermögensgegenstand zu erwerben (= Kosten des Erwerbs) und in einen betriebsbereiten Zustand zu versetzen (= Kosten der Erlangung der Betriebsbereitschaft), soweit sie dem Vermögensgegenstand einzeln zugerechnet werden können. Sog. **Anschaffungsgemeinkosten** - also Kosten, die sich dem Vermögensgegenstand nicht eindeutig zurechnen lassen - dürfen nach diesem Wortlaut nicht in die Anschaffungskosten eingerechnet werden.

Nach § 255,1 Satz 2 gehören auch die Anschaffungsnebenkosten und die nachträglichen Anschaffungskosten zwingend zu den Anschaffungskosten. **Anschaffungsnebenkosten** sind alle Aufwendungen, die in unmittelbarem Zusammenhang mit dem Erwerb und der Versetzung des Vermögensgegenstandes in einen betriebsbereiten Zustand stehen und nach der Forderung des Abs. 1, Satz 1 dem Vermögensgegenstand direkt zugemessen werden können. Das Aktivierungsverbot von (echten) Gemeinkosten bezieht sich so vor allem auf innerbetrieblich anfallende Anschaffungsnebenkosten.[29] Zu den Anschaffungsnebenkosten zählen u.a. Kosten der Anlieferung, Steuern und öffentliche Abgaben, Provisionen sowie Montagekosten zur Herstellung der Betriebsbereitschaft.

Grundsätzlich sind die Anschaffungsnebenkosten individuell, d.h. einzeln zu erfassen. Fallen jedoch Anschaffungsnebenkosten üblicherweise bei vielen Beschaffungsvorgängen in etwa gleicher Weise an oder sind diese im Verhältnis zum Warenwert geringfügig, so kann aus Gründen der Wirtschaftlichkeit eine **Pauschalierung der Anschaffungsnebenkosten** vorgenommen werden (z.B. bei Verpackungskosten, Eingangsfrachten u.ä.), falls deren Einzelzurechnungen mit erheblichem Arbeitsaufwand verbunden ist. Es muss hierbei allerdings darauf geachtet werden, dass die Summe der Pauschalzurechnungen nicht höher ist als die Summe der tatsächlich gezahlten Anschaffungsnebenkosten, da sonst ein Verstoß gegen das Anschaffungswertprinzip gegeben wäre.

Der in § 255,1 Satz 2 HGB erwähnte Begriff „**nachträgliche Anschaffungskosten**" umfasst bereits bei der Bemessung des Kaufpreises berücksichtigte „nachträgliche Aufwendungen" (z.B. Straßenanliegerbeiträge, Reparaturaufwand) sowie „nachträgliche Erhöhungen" des ursprünglichen Anschaffungspreises oder der Nebenkosten. Keine nachträglichen Anschaffungskosten sind nach Einbuchung des Erwerbs eintretende Werterhöhungen von mit dem Kauf eingegangenen Verbindlichkeiten, wie es beim Rentenkauf oder beim Kauf in fremder Währung der Fall sein kann. Im Einzelfall sind nachträgliche Anschaffungsaufwendungen von dem aktivierungsfähigen Herstellungsaufwand, der eine

---

[29]   „Echte" **Gemeinkosten** sind nicht unmittelbar, sondern nur indirekt dem Kostenträger zurechenbar. Daher nennt man Gemeinkosten auch „indirekte" Kosten. Bei „unechten" Gemeinkosten spricht man von Kosten, die den Leistungen zwar direkt zurechenbar - also Einzelkosten - sind, die aber aus Gründen der abrechnungstechnischen Vereinfachung wie Gemeinkosten behandelt werden.

andere Nutzung des Vermögensgegenstands als die bisherige ermöglicht, und den nicht aktivierbaren beschaffungszeitnahen Aufwendungen (wie z.b. die Beseitigung nachträglich erkannter Mängel) abzugrenzen.

Zu den Anschaffungskosten gehören somit:

- der **Anschaffungspreis** (= Rechnungsbetrag), vermindert um die nach § 255,1 S. 3 HGB vorzunehmenden **Preisminderungen** (Rabatte, Skonti, Boni) und eine vom Verkäufer in Rechnung gestellte abziehbare Vorsteuer nach § 15 UStG. Bemessungsprobleme entstehen insbesondere bei gestundetem Kaufpreis und bei Ratenzahlungen. Bei Ratenzahlungen entspricht der Anschaffungspreis grundsätzlich dem Barwert der noch zu zahlenden Raten. Wird für den Erwerb ein längerfristiger zinsloser Lieferantenkredit eingeräumt, so entspricht der Anschaffungswert nicht dem vereinbarten Kaufpreis, sondern dem Barwert der Verpflichtung, wobei Abzinsungsbeträge nach § 250,3 HGB aktiviert werden dürfen;

- die **Anschaffungsnebenkosten** und evtl. nachträgliche Anschaffungskosten.

Die Höhe der Anschaffungskosten ist verknüpft mit dem „Wert des Hingegebenen". Der Anschaffungsvorgang ist im Grundsatz also eine erfolgsneutrale Vermögensumschichtung (= **Prinzip der Maßgeblichkeit der Gegenleistung**). Ausnahmen von der erfolgsneutralen Umschichtung sind die Erfolgsbestandteile in **Forderungen aus Lieferungen und Leistungen**. Hier gelten nach der Konvention Erfolgsbestandteile bei Lieferungen von Sachgütern im Zeitpunkt der Lieferung und bei Diensten bei Beendigung der Dienstleistung als realisiert, vorausgesetzt, Lieferung und Leistung erfolgen aufgrund einer festen vertraglichen Vereinbarung, und der Wille des Empfängers, die Lieferung und Leistung abzunehmen, ist objektiv erkennbar.

➤ Herstellungskosten

§ 255,2 HGB definiert den Begriff „Herstellungskosten" als Aufwendungen, die durch den Verbrauch von Gütern und die Inanspruchnahme von Diensten für die Herstellung eines Vermögensgegenstandes, seine Erweiterung oder für eine über seinen ursprünglichen Zustand hinausgehende wesentliche Verbesserung entstehen. Dieser Definition liegt eine pagatorische Abgrenzung zu Grunde, die eine Einbeziehung von kalkulatorischen Kosten in die Herstellungskosten ausschließt.[30]

Das Gesetz regelt nicht nur den Begriff, sondern auch den Umfang der jeweils einzubeziehenden Kosten. Im Bereich der Herstellungskosten bestehen Bewertungswahlrechte, die im Einzelnen in den Sätzen 3 bis 5

---

[30] Umfassend zur Herstellungskostenproblematik vgl. *Wohlgemuth* [1991]; *Ordelheide* [1992]; *Multerer* [1995]; *Oestreicher* [2003].

in Abs. 2 geregelt sind. Abs. 3 bezieht sich auf die **Einbeziehung von Zinsen für Fremdkapital** in die Herstellungskosten. Zinsen für Fremdkapital gehören nach Abs. 3 nicht zu den Herstellungskosten. Eine Ausnahme gilt (als Bilanzierungs- bzw. Bewertungshilfe) hinsichtlich der Zinsen für Fremdkapital, das zur Finanzierung der Herstellung eines Vermögensgegenstandes verwendet wird. Sie dürfen angesetzt werden, soweit sie auf den Zeitraum der Herstellung entfallen.

Der Regelungsinhalt des § 255,2 Sätze 2 bis 4 lässt sich in drei Stufen unterscheiden:

1. Stufe: Abs. 2, Satz 2
= Handelsrechtliche Herstellungskostenuntergrenze

> „Dazu (d.h. zu den Herstellungskosten) gehören die Materialkosten, die Fertigungskosten und die Sonderkosten der Fertigung."

Hiermit sind Einzelkosten gemeint, die dem Kostenträger, d.h. dem zu aktivierenden Vermögensgegenstand, direkt zurechenbar sind. Für sie besteht eine Aktivierungspflicht. Damit wird der handelsrechtliche Mindestumfang der Herstellungskosten - die Herstellungskostenuntergrenze - gesetzlich fixiert.

2. Stufe: Abs. 2, Satz 3
= Steuerrechtliche Herstellungskostenuntergrenze

> „Bei der Berechnung der Herstellungskosten dürfen auch angemessene Teile der notwendigen Materialgemeinkosten, der notwendigen Fertigungsgemeinkosten und des Werteverzehrs des Anlagevermögens, soweit er durch die Fertigung veranlasst ist, eingerechnet werden."

Diese im Satz 3 angeführten Kostenbestandteile bilden zusammen mit den Einzelkosten nach Abs. 2, Satz 1 die von der steuerlichen Rechtsprechung und der Finanzverwaltung entwickelte Herstellungskostenuntergrenze für die steuerlich nach § 6 EStG anzusetzenden Herstellungskosten (s. R 33 EStR).

Handelsrechtlich besteht für die vorgenannten Kostenbestandteile lediglich ein Einbeziehungswahlrecht.[31]

---

[31] Im neueren Schrifttum wird zunehmend die Meinung vertreten, dass für oben genannte Kostenbestandteile auch steuerrechtlich nur ein Einrechnungswahlrecht besteht, so dass die steuerrechtliche Herstellungskostenuntergrenze mit der im Handelsrecht übereinstimmt. Dies wird im wesentlichen damit begründet, dass R 33 EStR lediglich eine Verwaltungsanweisung und kein für alle Steuerpflichtigen bindendes materielles Recht darstellt. Deshalb greift der steuerliche Bewertungsvorbehalt (§ 5,6 EStG) nicht und die handelsrechtlich nach § 255,2 und 3 HGB vorgenommene Bewertung erhält über den Maßgeblichkeitsgrundsatz (§ 5,1 EStG) Bin-

3. Stufe: Abs. 2, Satz 4
= Handels- und steuerrechtliche Herstellungskostenobergrenze

„Kosten der allgemeinen Verwaltung sowie Aufwendungen für soziale Einrichtungen des Betriebs, für freiwillige soziale Leistungen und für betriebliche Altersversorgung brauchen nicht eingerechnet zu werden."

Damit sind die steuerrechtlichen und die weiteren handelsrechtlichen Einbeziehungswahlrechte angesprochen. Durch die Festschreibung dieser Einbeziehungswahlrechte in das HGB hat der Gesetzgeber diesen Bereich klar abgegrenzt.

Die Regelungen der drei Stufen werden ergänzt durch:

1. Die zeitliche Abgrenzungsregelung des § 255,2 Satz 5:

   „Aufwendungen im Sinne der Sätze 3 und 4 dürfen nur insoweit berücksichtigt werden, als sie auf den Zeitraum der Herstellung entfallen."

2. Das Verbot der **Aktivierung von Vertriebskosten** des § 255,2 Satz 6:

   „Vertriebskosten dürfen nicht in die Herstellungskosten einbezogen werden."

ε. Bewertungsvereinfachungen (§ 256 HGB)

Nach § 252,1 Nr. 3 HGB sind die Vermögensgegenstände und Schulden einzeln zu bewerten. Aus Vereinfachungsgründen sind unter bestimmten Voraussetzungen auch pauschale Bewertungsverfahren möglich. Zu diesen zählt die Bewertung mit Hilfe fiktiver Verbrauchsfolgen nach § 256, Satz 1 sowie die in § 240,3 und 4 HGB als Inventurvereinfachungsverfahren geregelte Festwertrechnung und Gruppenbewertung. Nach § 256, Satz 2 ist der § 240,3 und 4 HGB auch auf den Jahresabschluss anwendbar.

Die Vorschrift des § 256 Satz 1 HGB regelt die Anwendung **fiktiver Verbrauchsfolgeverfahren** für die Bewertung gleichartiger Vermögensgegenstände des Vorratsvermögens. Diese Verfahren dienen der vereinfachten Ermittlung der Anschaffungs- oder Herstellungskosten gleichartiger Vermögensgegenstände, sie sind aber keine Verfahren der Inventurvereinfachung. Die Bestände sind bei der Verbrauchsfolgebewertung mengenmäßig nach den Verfahren der körperlichen Bestandsaufnahme zu erfassen. Auch stellt die Verbrauchsfolgebewertung keine Gruppenbewertung i.S. des § 240,4 HGB dar, selbst wenn die gleichartigen Vermögensgegenstände bei der Inventarisierung zu Gruppen zusammengefasst werden.

---

dungswirkung für die Steuerbilanz. Vgl. *Küting* [1987]; *Stobbe* [1991], S. 150-155.

Nach dem Gesetzeswortlaut darf für den Wertansatz gleichartiger Vermögensgegenstände des Vorratsvermögens unterstellt werden, dass die zuerst oder zuletzt angeschafften oder hergestellten Vermögensgegenstände zuerst oder in einer sonstigen bestimmten Folge verbraucht oder veräußert worden sind. Das bedeutet, dass die dem Verfahren zu Grunde gelegte Verbrauchsfolge nicht der tatsächlichen Verbrauchsfolge zu entsprechen hat, d.h. die Wirklichkeit darf von der angenommenen Verbrauchsfolge abweichen, sofern die Unterstellung der fiktiven Verbrauchsfolge den GoB entspricht.[32] Ein Verstoß gegen die GoB liegt vor, wenn

- die angenommene Verbrauchsfolge wegen der Eigenart des Betriebs nicht dem tatsächlichen Verbrauch entsprechen kann (so z.B. die Lifo-Methode bei verderblichen Gütern, welche wegen ihrer Verderblichkeit am Bilanzstichtag nicht mehr im Bestand vorhanden sein können),
- bei gleichartigen Gütern ohne sachliche Begründung unterschiedliche Verbrauchsfolgeunterstellungen zu Grunde gelegt werden.

Zur Bestimmung der Anschaffungswerte bieten sich insbesondere vier Möglichkeiten der Verbrauchsfolgebewertung an:

➤ Lifo-Methode (Last in - first out)

Es handelt sich hier - neben dem Fifo-Verfahren - um ein **beschaffungszeitbestimmtes Verfahren**, bei dem unterstellt wird, dass die zuletzt beschafften Vermögensgegenstände zuerst veräußert oder verbraucht wurden. Dabei kann der Bestand entweder nur am Bilanzstichtag (sog. Perioden-Lifo) oder im Zeitpunkt jeden Abgangs (sog. permanentes Lifo) bewertet werden.

Permanentes Lifo. Beim permanenten Lifo wird der Abgang fortlaufend während des ganzen Jahres erfasst und nach der Fiktion last in - first out bewertet. Das Verfahren setzt eine laufende Erfassung der Zu- und Abgänge voraus.

---

[32]   Vgl. im Einzelnen *Buchner* [1972].

Beispiel:

1.1.	AB:	1000 E	zu je €	100,-	=	€	100.000,-
1.4.	Zg:	1000 E	zu je €	90,-	=	€	90.000,-
						€	190.000,-
1.5.	Ag:	1500 E					
		1000 E	zu je €	90,-			
		500 E	zu je €	100,-	=	€	140.000,-
						€	50.000,-
1.7.	Zg:	1000 E	zu je €	110,-	=	€	110.000,-
1.10.	Zg:	800 E	zu je €	100,-	=	€	80.000,-
						€	240.000,-
1.11.	Ag:	1000 E					
		800 E	zu je €	100,-			
		200 E	zu je €	110,-	=	€	102.000,-
31.12.	EB:					€	138.000,-

(Verbrauch = AB + Zg ./. EB = € 380.000,- ./. € 138.000,- = € 242.000,-)

Perioden-Lifo. Das Perioden-Lifo bewertet lediglich den Bestand zum Ende des jeweiligen Geschäftsjahres. Dieser Bestand wird mengenmäßig durch Inventur ermittelt. Ist der Endbestand mengenmäßig kleiner als der Anfangsbestand oder gleich dem Anfangsbestand, so wird er mit den Werten des Anfangsbestandes bewertet. Ist er größer als der Anfangsbestand, so sind die Anschaffungskosten des Anfangsbestandes und die überschießende Differenz mit den Anschaffungskosten in der zeitlichen Reihenfolge des Erwerbs seit Beginn des Geschäftsjahres anzusetzen. Die der Bewertung des Endbestandes zu Grunde liegenden Wertansätze können im Anfangsbestandwert des Folgejahres gesondert fortgeführt oder zu einem neuen Durchschnittswert zusammengefasst werden. Im ersten Fall spricht man auch vom **Layer-Verfahren**.[33]

Beispiel:

Es wird vom vorhergehenden Beispiel ausgegangen. Lt. Inventur wurde ein Endbestand von 1300 E festgestellt. Da man bei der Lifo-Methode unterstellt, dass die zuletzt eingegangenen Materialien zuerst verbraucht bzw. verkauft werden, bevor auf ältere Bestände zurückgegriffen wird, ergibt sich bei Anwendung des Perioden-Lifo für den Bilanzansatz des Endbestandes folgende Rechnung:

1000 E	zu je	€	100,-	= €	100.000,-	(aus AB)
300 E	zu je	€	90,-	= €	27.000,-	(aus Zg per 1.4.)
1300 E				€	127.000,-	

(Verbrauch: € 380.000,- ./. € 127.000,- = € 253.000,-)

> **Fifo-Methode (First in - first out)**

Bei diesem weiteren beschaffungszeitbestimmten Verbrauchsfolgeverfahren wird unterstellt, dass der Bestand, der zuerst hereingekommen ist, auch als erster verbraucht bzw. veräußert wird. Es muss also der Endbestand mit

---

[33] Vgl. *Siegel* [1991].

den Anschaffungskosten der zuletzt beschafften Bestände bewertet werden. Die Durchführung des Verfahrens als Perioden- oder als permanentes Fifo führt zu identischen Ergebnissen.

Beispiel (Ausgangsdaten s. permanentes Lifo):

Für den Ansatz des Endbestandes von 1300 E ergibt sich folgende Rechnung:

```
   800 E  zu je €    100,- = €      80.000,-  (aus Zg per 1.10.)
   500 E  zu je €    110,- = €      55.000,-  (aus Zg per 1. 7.)
  1300 E                     €     135.000,-
```
(Verbrauch: € 380.000,- ./. € 135.000,- = € 245.000,-)

➤ **Hifo-Methode (Highest in - first out)**

Diesem Verfahren liegt eine Ordnung des Anfangsbestandes und der einzelnen Zugänge nach der Höhe der Anschaffungspreise, d.h. der Anschaffungskosten zu Grunde. Es wird unterstellt, dass die Vermögensgegenstände mit den höchsten Anschaffungskosten zuerst verbraucht oder veräußert wurden. Der Endbestand wird also mit den niedrigsten Anschaffungskosten bewertet. Ähnlich wie bei der Lifo-Methode unterscheidet man bei der Hifo-Methode zwischen dem permanenten Hifo und dem Perioden-Hifo. Beide Methoden führen zu unterschiedlichen Ergebnissen. Die permanente Hifo-Methode setzt voraus, dass sämtliche Lagerveränderungen mengen- und wertmäßig aufgezeichnet werden.

Beispiel zur Perioden-Hifo-Methode (Ausgangsdaten s. permanentes Lifo).

Für den Ansatz des Endbestandes von 1300 E ergibt sich folgende Rechnung:

```
  1000 E  zu je  €    90,- = €      90.000,-  (aus Zg per 1. 4.)
   300 E  zu je  €   100,- = €      30.000,-  (aus Zg per 1.10. bzw. AB)
  1300 E                     €     120.000,-
```
(Verbrauch: € 380.000,- ./. € 120.000,- = € 260.000,-)

➤ **Lofo-Methode (Lowest in - first out)**

Ziel dieses weiteren **beschaffungspreisbestimmten Verfahrens** ist es, den Endbestand mit den Anschaffungskosten der am teuersten beschafften Bestände zu bewerten. Man geht daher von der Unterstellung aus, dass die am billigsten eingekauften Bestände zuerst verbraucht bzw. veräußert wurden. Man kann auch bei der Lofo-Methode zwischen einer permanenten und einer periodenweisen Berechnung unterscheiden.

Beispiel zur Perioden-Lofo-Methode (Ausgangsdaten s. permanentes Lifo):

Für den Ansatz des Endbestandes von 1300 E ergibt sich folgende Rechnung:

```
1000 E  zu je €    110,- = €    110.000,-  (aus Zg per 1. 7.)
 300 E  zu je €    100,- = €     30.000,-  (aus Zg per 1.10. bzw. AB)
1300 E                   €    140.000,-
(Verbrauch: € 380.000,- ./. € 140.000,- = € 240.000,-)
```

Diese Ausführungen lassen sich zu nachstehender Tabelle zusammenfassen:

Verbrauchsfolgebewertung	Methoden	Fiktion über Verbrauch	Fiktion über Endbestand
Beschaffungs**preis**bestimmte Methoden	Hifo	Aus teuersten Lieferungen	Aus billigsten Lieferungen
	Lofo	Aus billigsten Lieferungen	Aus teuersten Lieferungen
Beschaffungs**zeit**bestimmte Methoden	Lifo	Aus letzten Lieferungen	Aus AB und ersten Lieferungen
	Fifo	Aus AB und ersten Lieferungen	Aus letzten Lieferungen

Abschließend ist darauf zu verweisen, dass die Verbrauchsfolgebewertungsverfahren auch Methoden zur Ermittlung fiktiver Einstandswerte darstellen. Die so ermittelten Anschaffungskosten kommen nur dann als Bilanzwerte zum Ansatz, wenn das die Niederstwertregelung des § 253,3 HGB zulässt.

b. Ergänzende Vorschriften für Kapitalgesellschaften und bestimmte Personenhandelsgesellschaften

Die für alle Kaufleute geltenden Vorschriften des Ersten Abschnittes des Dritten Buches des HGB sind auch auf den Jahresabschluss der Kapitalgesellschaften sowie der Personenhandelsgesellschaften i.S.d. § 264a HGB[34] (und der Genossenschaften[35]) anzuwenden. Ergänzend sind dabei jedoch die Vorschriften des Ersten Unterabschnittes des

---

[34] Es handelt sich hier um bestimmte Offene Handelsgesellschaften und Kommanditgesellschaften, bei denen die Stellung des Vollhafters ausschließlich durch eine oder mehrere haftende Kapitalgesellschaften übernommen und die Haftung durch natürliche Personen vermieden wird. Man spricht in dem Zusammenhang auch von der **Kapitalgesellschaft und Co. KG**. Nicht in den Anwendungsbereich des § 264a HGB fallen Personenhandelsgesellschaften, bei denen eine natürliche Person – evtl. neben einer oder mehreren juristischen Personen – die Stellung eines Vollhafters hat. Vgl. *Beck*'scher Bilanzkommentar [2001], § 264a HGB, Rn. 10-40.

[35] Genossenschaften gelten nach § 17,2 GenG als Kaufleute im Sinne des HGB. Da sie weder Personenhandels- noch Kapitalgesellschaften sind, konnten sie weder in den Ersten noch in den Zweiten Abschnitt einbezogen werden. Sie wurden jedoch in das Dritte Buch eingeordnet und gleichberechtigt neben die Kapitalgesellschaften gestellt. Auf die Rechnungslegung von Genossenschaften sind §§ 264 ff. vorbehaltlich einzelner Sonderregelungen (s. §§ 336 –338 HGB) anzuwenden.

Zweiten Abschnittes zu beachten.[36] Dabei sind hinsichtlich der Rechnungslegungspflichten drei Kategorien von Kapitalgesellschaften (und Personenhandelsgesellschaften i.S.d § 264a HGB) zu unterscheiden:

- Kleine und nur offenlegungspflichtige Gesellschaften (K),
- Mittelgroße offenlegungs- und prüfungspflichtige Gesellschaften (M),
- offenlegungs- und prüfungspflichtige Gesellschaften (G).

Für diese Unterscheidung nach Größenklassen, deren Merkmale am Abschlussstichtag und am vorhergehenden Abschlussstichtag mindestens in zwei Kategorien erfüllt sein müssen, gilt gem. § 267 HGB:

	K	M	G
Bilanzsumme (Mio. €)	≤ 3,438	> 3,438 ≤ 13,750	> 13.750
Umsatz (Mio. €)	≤ 6,875	> 6,875 ≤ 27,500	> 27.500
∅ Mitarbeiter	≤ 50	> 50 ≤ 250	> 250

Kapitalgesellschaften gelten darüber hinaus nach § 267,3 HGB stets als groß, wenn sie einen organisierten Markt i.S.d. § 2,5 des Wertpapierhandelsgesetzes durch von ihnen ausgegebene Wertpapiere i.S.d. § 2,1 Satz 1 des Wertpapierhandelsgesetzes in Anspruch nehmen oder die Zulassung zum Handel an einem organisierten Markt beantragt worden ist.

Unabhängig von der Größe setzt sich nach § 264 HGB der Jahresabschluss der Kapitalgesellschaften und der Personengesellschaften i.S.d. § 264a HGB aus

Bilanz · Gewinn- und Verlustrechnung · Anhang

zusammen. Darüber hinaus ist von großen und mittelgroßen Kapitalgesellschaften sowie von haftungsbeschränkten Pesonenhandelsgesellschaften nach § 289 HGB ein Lagebericht zu erstellen.

---

[36] Aufgrund von Verweisungsnormen (§§ 340a, 341a HGB und § 5 PublG) sind spezielle Vorschriften der Ergänzenden Vorschriften für Kapitalgesellschaften und Personenhandelsgesellschaften i.S.d. § 264a HGB auch geschäftszweigspezifisch von Kredit- und Finanzdienstleistungsinstituten, von Versicherungsunternehmen und von solchen Unternehmen anzuwenden, die unter das Publizitätsgesetz fallen, soweit nicht die weiteren Abschnitte des Dritten Buches ergänzende oder abweichende Bestimmungen enthalten. So sind für Kreditinstitute i.S.d. § 1,1 KWG rechtsformunabhängig die Vorschriften des Vierten Abschnittes, erster Unterabschnitt (§§ 340-340o HGB) maßgeblich. Unternehmen, die den Betrieb von Versicherungsgeschäften zum Gegenstand haben und nicht Träger der Sozialversicherung sind (Versicherungsunternehmen), haben rechtsformabhängig die Ergänzenden Vorschriften im Zweiten Unterabschnitt des Vierten Abschnitts des Dritten Buches (§§ 341-341o HGB) anzuwenden. – Eine entsprechende Anwendung dieser Regelungen kann aber auch statuarisch oder im Wege der Vereinbarung (z.B. mit der Hausbank) geschehen.

Anhang und Lagebericht stellen spezifische rechtsformabhängige Rechnungslegungsinstrumente dar, die insbesondere (neben zahlenmäßigen Angaben) auch durch verbale Berichtspflichten geprägt sind. In diesem Zusammenhang kommt dem Anhang als Bestandteil des Jahresabschlusses eine doppelte Aufgabenstellung zu:

- Die Verbesserung der Interpretationsfähigkeit von Bilanz und Gewinn- und Verlustrechnung durch die Bereitstellung von Zusatzinformationen (**Interpretations- und Ergänzungsfunktion**). Die Vermittlung von Zusatzinformationen erfolgt dabei neben, zusätzlich oder ohne unmittelbaren Zusammenhang zu den beiden anderen Bestandteilen des Jahresabschlusses.

- Die Verbesserung der Klarheit und Übersichtlichkeit von Bilanz- und Gewinn- und Verlustrechnung durch die Auslagerung von im Gesetz geforderten Zusatzinformationen in den Anhang (**Entlastungsfunktion**). Diese Aufgabe rührt aus der Gleichstellung des Anhangs mit der Bilanz und der Gewinn- und Verlustrechnung. Diese erlaubt es, ohne Informationsverlust Angaben in den Anhang zu übernehmen, die sonst in der Bilanz oder in der Gewinn- und Verlustrechnung zu machen wären.

Im Gegensatz zum Anhang bildet der Lagebericht einen eigenständigen Teil der Rechnungslegung, der den Jahresabschluss ergänzt und so eine zusätzliche Informations- und Rechenschaftsfunktion erfüllt. Seine Aufgabe besteht in der Vermittlung eines Bildes der gegenwärtigen und künftigen Verhältnisse der Gesellschaft. Hierzu soll er dem Jahresabschluss ergänzend diejenigen Informationen hinzufügen, die dieser aufgrund seiner Periodenbezogenheit nicht erbringen kann. Der konkrete Inhalt des Lageberichts ist gesetzlich nicht begrenzt. Die Vorschrift des § 289 HGB gibt lediglich einen Mindestumfang vor. Danach hat der Lagebericht folgende Mindestangaben zu beinhalten:

- Die Darstellung des Geschäftsverlaufs und der Lage der Gesellschaft (§ 289,1 HGB). Vermittelt werden soll, wie sich die Geschäfte im abgelaufenen Geschäftsjahr entwickelt haben und welche Umstände hierfür ursächlich waren.

- Angaben über Vorgänge im neuen Geschäftsjahr, deren Kenntnis für die Beurteilung der Lage der Gesellschaft bedeutsam sind (sog. **Nachtragsbericht**, § 289,2 Nr. 1 HGB).

- Angaben über die voraussichtliche Entwicklung der Gesellschaft (sog. **Prognosebericht**, § 289,2 Nr. 2 HGB).

- Angaben über den Bereich Forschung und Entwicklung (§ 289,2 Nr. 3 HGB).

- Angaben über bestehende Zweigniederlassungen der Gesellschaft (§ 289,2 Nr. 4 HGB).

Das HGB sieht für die durch die Größenmerkmale geschaffenen Unternehmenskategorien unterschiedlich strenge Rechnungslegungs-, Offenlegungs- und Prüfungsvorschriften vor, wobei die großen Gesellschaften die strengeren Regeln zu beachten haben.[37] Die entsprechenden von Kapitalgesellschaften und Personengesellschaften i.S.d. § 264a HGB zu beachtenden Regelungen des Zweiten Abschnittes des Dritten Buches finden sich in folgenden Paragraphen:

---

[37]   Im Vergleich zu den großen Gesellschaften bestehen für **mittelgroße** Kapitalgesellschaften und Personengesellschaften i.S.d. § 264a HGB folgende Erleichterungen:

- Verkürztes Gliederungsschema der GVR - Zusammenfassung zur Position „Rohergebnis" (§ 276 HGB).

- Im Anhang kann die Aufgliederung der Umsatzerlöse (nach Tätigkeitsbereichen sowie nach geographisch bestimmten Märkten) entfallen (§ 288 Satz 2 HGB).

- Neben den sonstigen offenlegungspflichtigen Unterlagen können zum Handelsregister die Bilanz nur in verkürzter Form und der Anhang nach weiteren Kürzungen eingereicht werden (§ 327 HGB).

- Für mittelgroße GmbH besteht die Möglichkeit, Jahresabschluss und Lagebericht von einem vereidigten Buchprüfer oder einer Buchprüfungsgesellschaft prüfen zu lassen (§ 319,1 HGB).

Für **kleine** Kapitalgesellschaften und Personengesellschaften i.S.d. § 264a HGB **sind** noch weitergehende Erleichterungen vorgesehen:

- Sie haben ihren Jahresabschluss innerhalb von sechs Monaten nach dem Bilanzstichtag aufzustellen (§ 264,1 Satz 3 HGB).

- Sie brauchen keinen Lagebericht zu erstellen (§ 264,1 Satz 3 HGB).

- Sowohl die Bilanz als auch die GVR können nach verkürzten Gliederungsschemata erstellt werden (§§ 266,1 Satz 3, 276 HGB).

- Weder Jahresabschluss noch Lagebericht sind prüfungspflichtig (§ 316,1 Satz 1 HGB).

- Zum Handelsregister brauchen nur Bilanz und Anhang (dieser ohne Angaben zur GVR) bis spätestens vor Ablauf des zwölften Monats des dem Bilanzstichtag nachfolgenden Geschäftsjahres eingereicht zu werden (§ 326 HGB).

- Es entfallen Erläuterungspflichten im Anhang (nach § 274a Nr. 2 HGB zu rechtlich nicht entstandenen Forderungen und nach § 274a Nr. 3 HGB zu rechtlich nicht entstandenen Verbindlichkeiten).

- Es entfallen Erläuterungen zu aktivierten Aufwendungen für Ingangsetzung und Erweiterung des Geschäftsbetriebs im Anhang (§ 274a Nr. 5 HGB).

- Es braucht kein Anlagegitter erstellt zu werden (§ 274a Nr. 1 HGB).

- Es entfällt die gesonderte Ausweispflicht nach § 268,6 HGB für ein aktiviertes Disagio (§ 274a Nr. 4 HGB).

- Sie brauchen die in § 277,4 Satz 2 und 3 HGB verlangten Erläuterungen zu den Posten „außerordentliche Erträge" und „außerordentlichen Aufwände" nicht zu machen (§ 276 HGB).

- Jahresabschluss und Lagebericht (§§ 264 bis 289),

- . Konzernabschluss und Konzernlagebericht (§§ 290 bis 315),

- Prüfung (§§ 316 bis 324),

- Offenlegung, Veröffentlichung, Vervielfältigung und Prüfung durch das Registergericht (§§ 325 bis 329),

- Verordnungsermächtigung für Formblätter und andere Vorschriften (§ 330),

- Straf- und Bußgeldvorschriften, Zwangsgelder (§§ 331 bis 335).[38]

E. Die Grundsätze ordnungsmäßiger Buchführung (GoB)

I. Bestimmung und Rechtsnatur der GoB

Viele Vorschriften des HGB verweisen auf die GoB; so der § 238 (Führung von Handelsbüchern), der § 241 (Inventurvereinfachungsverfahren) und der § 243 (Aufstellungsgrundsätze für Jahresabschlüsse). Der Gesetzgeber spricht bei seinen Verweisen stets unspezifiziert von den „Grundsätzen ordnungsmäßiger Buchführung". Das Gesetz kennt dabei zwei Formen der Bezugnahme auf die GoB:

- Verweise auf nicht spezifizierte GoB, wie z.B. in § 243,1 (= Generalklausel),

- Verweise auf spezifizierte, jedoch inhaltlich nicht konkretisierte GoB, wie z.B. in § 252.

Der Begriff umfasst aber als Oberbegriff alle Normen (Ordnungsregeln) der Buchführung und der Jahresabschlusserstellung. Das HGB definiert weder den Begriff GoB, noch legt es den Inhalt fest. Die GoB sind so „Stücke offengelassener Gesetzgebung" bzw. „Lücken im Gesetz".[39] Man spricht in dem Zusammenhang auch von „unbestimmten Gesetzesbegriffen", „unbestimmten Rechtsbegriffen" oder „allgemeinen Generalklauseln". Diese Lücken sind durch Rechtsfortbildung zu schließen.[40]

---

[38] Für die beschränkt haftenden Personenhandelsgesellschaften existieren in § 264c HGB spezifische Ansatz- und Ausweisregelungen .

[39] In der Literatur wird der Terminus „Gesetzeslücke" mitunter auch nur für sog. „planwidrige" Mängel im Gesetz verwendet. Die Hinweise auf die Erkenntnisquelle GoB werden aber als planvoller Verweis des Gesetzgebers verstanden und nicht als Gesetzeslücke aufgefasst. Vgl. *Larenz* [1991], S. 370-381.

[40] Rechtsfortbildung geschieht durch von Richtern geschaffenes Recht, d.h. durch Richterrecht. Das **Richterrecht** konkretisiert (interpretiert) und ergänzt das positive Recht. Das geschieht durch:

Der Gesetzgeber nimmt mit den unbestimmten Gesetzesbegriffen somit Schwierigkeiten der Rechtsanwendung in Kauf, um den Spielraum für die Anpassung von Rechnungslegungsnormen an veränderte wirtschaftliche und technische Möglichkeiten der Buchführung und des Abschlusses (z.B. Einsatz von EDV) offenzulassen.

Die Entwicklung und Interpretation der GoB vollzog sich nicht einheitlich. Über deren Rechtsnatur und Bestimmung bestehen Meinungsverschiedenheiten. Diese lassen sich durch Konfrontation der Auffassungen zweier hervorstechender Autoren - des Betriebswirts Ulrich *Leffson* und des Juristen Heinrich W. *Kruse* - veranschaulichen, die sich um die Rechtsnatur und Bestimmung der GoB intensiv bemühten.

Leffson wendet sich in seiner erstmals im Jahre 1964 erschienenen Schrift gegen die traditionelle Auffassung, wonach die GoB aus den Gepflogenheiten und Ansichten ordentlicher und ehrenwerter Kaufleute zu ermitteln sind.[41] Diese Vorgehensweise bei der Ermittlung der GoB wird üblicherweise auch als **induktive Methode** bezeichnet.[42]

Leffson tritt daher dafür ein, die GoB allein aus den Zwecken der Rechnungslegung nachprüfbar abzuleiten. Er geht davon aus, dass die unbe-

---

(1) Auslegung von unbestimmten Rechtsbegriffen durch Grundsatzentscheidungen in strittigen Rechtsfragen durch oberste Gerichte und

(2) Fortentwicklung oder Überprüfung bereits bestehender Auslegungen. Diese erfolgt durch Analogie oder durch „freie Rechtsfindung". Die freie Rechtsfindung darf aber grundsätzlich nicht zur Schaffung neuer, dem Sinne eines Gesetzes widersprechender Rechtssätze führen, weil Gesetzesänderungen den Gesetzgebungsorganen vorbehalten sind.

[41]　Vgl. *Leffson* [1964]; [1987].

[42]　Die traditionelle Ansicht zur Ermittlung der GoB wurde bereits 1933 von *Schmalenbach* (vgl. *Schmalenbach* [1933]) kritisiert. Die wichtigsten Einwendungen gegen die induktive Ableitung der GoB beruhen auf folgenden Überlegungen:

(1) Kaufleute sind bei der Gewinnung von GoB keine neutralen Sachverständigen. Leitet man die GoB aus ihren Gepflogenheiten und Ansichten her, macht man die Kaufleute zu Richtern in eigener Sache. Auch ist die Frage offen, wie die Ordnungsmäßigkeit und Ehrenhaftigkeit von Kaufleuten festzustellen ist bzw. wer diese feststellt.

(2) Kaufleute haben mitunter Meinungsverschiedenheiten über Bilanzierungsfragen. Man kommt daher zu widersprüchlichen GoB, wenn man den Inhalt eines Rechnungslegungsgrundsatzes allein von der Existenz der Meinungen ordentlicher und ehrenwerter Kaufleute her bestimmt sieht.

(3) Kaufleute haben auch neuartige Rechnungslegungsprobleme, über deren Handhabung sich innerhalb der Kaufmannschaft noch kein Konsens herausgebildet hat.

Diese Einwände zeigen, dass das Verhalten bzw. die Ansichten der kaufmännischen Praxis allenfalls nur eine von mehreren Quellen zur Gewinnung der GoB sein können. (Zur Kritik an der traditionellen Ansicht vgl. auch *Wöhe* [1992], S. 185-188; *Heinen* [1986], S. 154-155.)

strittenen Hauptzwecke der Buchführung Dokumentation und Rechenschaft sind. Aus diesen Hauptzwecken sei der Inhalt der GoB abzuleiten. Diese Art der Ermittlung kennzeichnet er durch die Begriffe „**teleologisch**" und „**deduktiv**".[43]

Die auf deduktivem Wege als zielorientierte Ordnungsregeln zu gewinnenden GoB sind nach der Auffassung *Leffsons* nicht ohne weiteres GoB. Die Bildung gewisser GoB setze über die logisch einwandfreie Deduktion hinaus einen Konsens voraus, der durch die Kommunikation und wissenschaftliche Argumentation unter Fachleuten zustande kommen müsse.[44]

Über die Rechtsnatur der GoB sagt *Leffson*, sie seien Normbefehle in der Form eines unbestimmten Rechtsbegriffes, das Gesetz ergänzende Rechtssätze und damit zwingendes Recht. Die GoB stellten eine **Rechtsquelle mit abgeleiteter Rechtssatzwirkung** dar und seien für den Kaufmann auch dann gültig, wenn sie im Gesetz nicht erwähnt wären. Aus ihrem Charakter als Rechtsquelle mit abgeleiteter Rechtssatzwirkung ergibt sich aber, dass die GoB dem Rang nach unter dem Gesetz stehen und im Konfliktfalle mit den Gesetzesvorschriften diesen weichen müssen.[45]

Gegen diese Auffassung *Leffsons*, die GoB seien in toto Rechtsnormen mit Rechtssatzwirkung, wendet sich *Kruse*. Für ihn ist der Begriff „Rechtsquelle mit Rechtssatzwirkung" überholt und die Gleichsetzung von „Rechtsquelle" und „Rechtsnorm" falsch.[46] Auch sei es verfehlt, die GoB als „abgeleitete Rechtsnorm" zu bezeichnen. Denn wenn die Rechtsprechung sich auf die Regeln der Baukunst, der Technik und der Medizin berufe, ist noch niemand auf die Idee gekommen, diese Regeln als Rechtsnormen zu bezeichnen. Die Regeln der Baukunst, der Technik

---

[43] Die Begriffe Deduktion und Induktion sind nicht gleichzusetzen mit den gleichlautenden Begriffen im mathematisch-logischen Sinn. Diese Begriffe werden in der Bilanzlehre dazu verwendet, die Vorgehensweise bei der Ermittlung der GoB zu charakterisieren. Bei der Deduktion wird der Versuch unternommen, allein aus den Bilanzzwecken geeignete GoB abzuleiten. Die deduktive Vorgehensweise setzt widerspruchsfreie und allgemein anerkannte Bilanzzwecke als Deduktionsbasis voraus. Über die Bilanzzwecke und darüber, welche Zwecke dominant sind, besteht in der Literatur keine Einhelligkeit (vgl. *Baetge* [1976]). Bei der Induktion wird das Entstehen der GoB auf das Ordnungsempfinden ehrenwerter Kaufleute in der Buchführungs- und Bilanzierungspraxis zurückgeführt und folglich von den Gepflogenheiten der Praxis ausgegangen.

[44] Vgl. *Leffson* [1987], S. 147-150. Die Auffassung, nach der ein deduktiv hergeleiteter GoB in bestimmten Fällen des Konsenses bedarf, um „Gültigkeit" zu erlangen, ist kritisierbar bzw. kritisiert worden. Vgl. *Boelke* [1970], S. 55-57; *Jacobs* [1971], S. 46; *Adam* [1975], S. 58-70.

[45] Vgl. *Leffson* [1987], S. 21-26.

[46] Vgl. *Kruse* [1970], S. 13-20.

und der Medizin böten Maßstäbe für die im Verkehr übliche Sorgfalt. Mit den GoB sei es nichts anderes.[47]

Kruse stellt im Gegensatz zu *Leffson* eine Stufenfolge der Rechtsnormentstehung anhand der GoB dar. Danach können - je nach Entwicklungsstadium - GoB sein: Verkehrsanschauung - Verkehrssitte (sie wird im kaufmännischen Bereich Handelsbrauch genannt) - Gewohnheitsrecht - kodifiziertes Recht.[48]

Aus der so beschriebenen Gesamtheit der GoB bilden zunächst jene Grundsätze eine Untermenge, denen die Qualität von Rechtsnormen zukommt. Das sind einmal die in Gesetzen und Verordnungen enthaltenen kodifizierten Rechnungslegungsnormen und zum anderen die sich unter bestimmten Voraussetzungen bildenden GoB als Sätze des **Gewohnheitsrechtes**. Die Voraussetzungen hierfür sind:

- eine stetige, dauernde Übung, die auf Freiwilligkeit basiert,

- manifestierter Rechtsgeltungswille der Gemeinschaft, insbesondere durch Gerichte.

Das Gewohnheitsrecht hat Rechtskraft wie ein Gesetz und kann daher ältere Gesetzesvorschriften aufheben, abändern oder ergänzen. Ein Beispiel für die Aufhebung einer Gesetzesvorschrift durch Gewohnheitsrecht ist die Zulässigkeit der Loseblattbuchführung entgegen den Vorschriften des § 43,2 HGB (alt), nach der die Bücher gebunden sein sollten. In diesem Falle hatte sich der Handelsbrauch zu einem Gewohnheitsrecht verdichtet.

Soweit die durch den Verweis auf die GoB bestehende Gesetzeslücke nicht durch den Rückgriff auf Rechtsnormen ausgefüllt werden kann, ergibt sich für *Kruse* die Notwendigkeit, andere Erkenntnisquellen, nämlich Nicht-Rechtsnormen heranzuziehen. Als solche alternativen Möglichkeiten kommen der Handelsbrauch, die Verkehrsanschauung und die Natur der Sache in Betracht. Soweit Handelsbrauch und Verkehrsanschauung herangezogen werden, hält damit *Kruse* die induktive Gewinnung der GoB nicht für überholt.

Diese Begriffe bedeuten im Einzelnen:

- Der Handelsbrauch. Er unterscheidet sich vom Gewohnheitsrecht dadurch, dass ihm der für die Entstehung von Gewohnheitsrecht erforderliche Rechtsgeltungswille fehlt. Der Handelsbrauch stellt so eine Vorform des Gewohnheitsrechtes dar. Unter Handelsbrauch kann zweierlei verstanden werden: einmal das tatsächlich geübte Verhalten (diese Variante war Anlass der Kritik an der induktiven Ermittlung der GoB) und zum anderen Handelsbrauch als Regeln, nach denen sich das tatsächliche Verhalten abspielen soll. Nach *Kruse* ist (in Übereinstimmung mit der ständigen höchstrichterlichen Rechtsprechung) die zweite - norma-

---

[47]   Vgl. *Kruse* [1970], S. 21-26.
[48]   Vgl. *Kruse* [1970], S. 62-63.

tive - Variante des Handelsbrauchs für die Ermittlung von Bilanzierungsgrundsätzen heranzuziehen.[49]

- Die Verkehrsanschauung. Der Begriff der Verkehrsanschauung wird definiert als die Durchschnittsmeinung verständiger Menschen bei Beurteilung von Angelegenheiten der fraglichen Art. Die Verkehrsanschauung ist so die Durchschnittsmeinung eines durch sein Verständnis qualifizierten Personenkreises.[50] Ihr fehlt im Vergleich zum Handelsbrauch das Moment der ständigen Übung. Sie ist damit eine Vorform des Handelsbrauchs. Die Funktion der Verkehrsanschauung besteht bei der Ermittlung der GoB darin, dass sie in gleicher Weise wie der Handelsbrauch herangezogen werden kann, die Gesetzeslücke des unbestimmten Rechtsbegriffes GoB zu schließen.

- Die Natur der Sache. Die Argumentation aus der Natur der Sache kann sich daraus ergeben, dass zu einer Bilanzierungsfrage weder eine Rechtsnorm noch ein Handelsbrauch oder eine Verkehrsanschauung vorhanden ist. In dieser vor allem bei neuartigen Problemen anzutreffenden Situation vermag allein der Rückgriff auf die Natur der Sache weiterzuhelfen.

Sollen GoB unter Rückgriff auf die Natur der Sache gewonnen werden, dann bedeutet dies, die Grundsätze so zu bestimmen, dass sie die Zwecke des Jahresabschlusses erfüllen. Dabei handelt es sich - wie *Kruse* meint - um nichts anderes, als um eine zielgerichtete Deduktion im Sinne von *Leffson*.[51]

Die Aussagen *Kruses* über die rechtliche Stufenfolge der GoB sind in nachstehender Abbildung zusammengefasst:

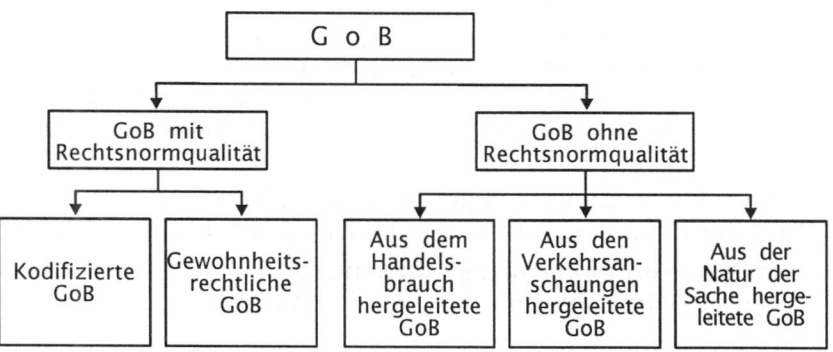

Während *Leffson* zur Ermittlung der GoB lediglich die Deduktion, d.h. die Herleitung der GoB aus den Rechnungslegungszwecken gelten lässt,

---

49   Vgl. *Kruse* [1970], S. 56-57.

50   Vgl. *Kruse* [1970], S. 62.

51   Vgl. *Kruse* [1970], S. 94, 97 u. 102.

stellt *Kruse* den Gedanken der Synthese unterschiedlicher Ermittlungsmethoden heraus. Auch *Kruse* geht von den GoB als unbestimmtem Ge-
setzesbegriff aus, den es „auszufüllen" gilt. Hierbei hat er die Lage des
Richters im Auge, der dieser Aufgabe gegenübergestellt ist. Primär
greift ein Richter bei der Rechtsauslegung bzw. Rechtsfortbildung auf
die GoB mit Rechtsnormqualität zurück, also entweder auf die bereits
kodifizierten GoB oder auf jene, die Gewohnheitsrecht darstellen. Sind
aber zur Ausfüllung der Gesetzeslücke keine GoB mit Rechtsnormqualität feststellbar, so kann der Richter versuchen, die nötigen GoB aus der
Natur der Sache abzuleiten (= deduktive Ermittlung) oder aber - falls
vorhanden - auf Handelsbrauch bzw. Verkehrsanschauung zurückzugreifen (= induktive Ermittlung). Stimmen Handelsbrauch oder Verkehrsanschauung mit der Natur der Sache überein, so ist wegen des
Willkürverbots dem Richter die Entscheidung vorgegeben.[52] Widersprechen sich Handelsbrauch und Natur der Sache, dann ist der Richter in
seiner Entscheidung frei,[53] „so dass eine dem Handelsbrauch folgende
Entscheidung ebenso wenig willkürlich ist, wie ein dem Handelsbrauch
widersprechender, auf die Natur der Sache abhebender Spruch".[54] Der
Richter wird dabei seine Entscheidung unter Wahrung der Grundsätze
der Gerechtigkeit, Billigkeit und Zweckmäßigkeit treffen. Durch die rich-
terliche Entscheidung erfolgt eine Umwandlung von Nicht-Recht in
Recht. Handelsbrauch und Verkehrsanschauung - aber auch die Argu-
mente aus der Natur der Sache - stellen in diesem Zusammenhang keine
Rechtsquellen dar, sondern sind Hilfsmittel zur Ausfüllung des unbestimmten Gesetzesbegriffes der GoB.[55]

II. Die Grundsätze ordnungsmäßiger Buchführung im Einzelnen

Wie im vorhergehenden Abschnitt ausgeführt, spricht der Gesetzgeber
bei seinen Verweisen stets unspezifiziert von den Grundsätzen ordnungsmäßiger Buchführung. Je nach den einzelnen Regelungsbereichen
sind die GoB in drei (so genannte „obere") Grundsätze zu unterteilen,
und zwar in die

- **Grundsätze ordnungsmäßiger Dokumentation** (GoD)
  (Grundsätze im Zusammenhang mit der eigentlichen Buchführung),

- **Grundsätze ordnungsmäßiger Inventur** (GoI)
  (Grundsätze im Zusammenhang mit der Bestandsaufnahme),

---

52 Vgl. *Kruse* [1970], S. 148.

53 Das gilt nicht bei gesetzlichen Verweisen auf den Handelsbrauch, wie z.B.
§ 394,1 HGB oder in Artikel 36,2 Scheckgesetz. In diesen Fällen ist der
Richter in seiner Entscheidung an den festgestellten Handelsbrauch gebunden. Der Vorgang der Regelbildung ist dann ausschließlich kognitiver Natur. Vgl. *Kruse* [1970], S. 133, Fn. 15.

54 *Kruse* [1970], S. 149.

55 Vgl. *Kruse* [1970], S. 122-127.

- **Grundsätze ordnungsmäßiger Bilanzierung** (GoBil)
  (Grundsätze im Zusammenhang mit der Jahresabschlusserstellung).

Diese rechtsform- und größenunabhängigen allgemeinen Grundsätze werden präzisiert und ergänzt durch Spezialgrundsätze. Sie betreffen insbesondere auch die rechtsform- und größenabhängigen Berichtspflichten der Kapitalgesellschaften in §§ 284-288 HGB (Anhang) und § 289 HGB (Lagebericht).[56] Als vierter Regelungsbereich der GoB können für diese spezifischen Berichts- und Angabepflichten besondere „Grundsätze ordnungsmäßiger Berichterstattung" formuliert werden.[57] Aus Platzgründen soll hier aber ausschließlich auf die allgemeinen Grundsätze eingegangen werden.

a. Die Grundsätze ordnungsmäßiger Dokumentation (GoD)

Die GoD dienen der Sicherung der Aufzeichnung der buchungspflichtigen Geschäftsvorfälle.[58] Die Erfassung der Geschäftsvorfälle hat insbesondere drei Aufgaben:[59]

- Das Festhalten der Vermögensgegenstände, der Schuldverhältnisse zugunsten und zu Lasten des Bilanzierenden und der erfolgswirksamen Vorgänge,

- die Sicherung des Unternehmensvermögens gegenüber unredlichem Verhalten,

- die Beweissicherungsfunktion von Rechtsverhältnissen bei Rechtsstreitigkeiten.

Diesen Aufgaben muss eine Buchführung unabhängig von der Form des Buchführungssystems Rechnung tragen. Der Gesetzgeber hat zum Teil im HGB (s. § 239) Ordnungsvorschriften zur Gestaltung der Buchführung festgelegt. In der Literatur hat es sich eingebürgert, zwischen einer materiellen (sachlichen) und einer formellen Ordnungsmäßigkeit zu unterscheiden. Die GoD lassen sich in folgende Grundsätze systematisieren:

---

[56] Vgl. *Buchner* [1996], S. 363-377.

[57] Vgl. hierzu *Moxter* [1976].

[58] Mitunter wird der vom Gesetzgeber verwendete unspezifizierte Oberbegriff „Grundsätze ordnungsmäßiger Buchführung im weiteren Sinne" genannt. Dann werden die Grundsätze der Dokumentation auch als „Grundsätze ordnungsmäßiger Buchführung im engeren Sinne" bezeichnet.

[59] Grundlage hierfür sind § 238 und §§ 257-261 HGB.

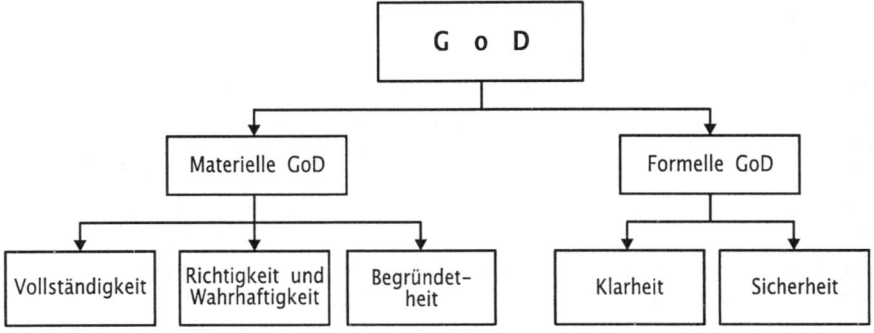

1. Die materiellen GoD

Die oben angeführten materiellen Grundsätze besagen im Einzelnen folgendes:

α. Der Grundsatz der Vollständigkeit

Durch diesen Grundsatz wird festgelegt, dass die Buchführung

- alle Anfangsbestände der Aktiva und Passiva, wie sie die Eröffnungsbilanz wiedergibt,
- lückenlos und uneingeschränkt alle buchungspflichtigen Geschäftsvorfälle in fortlaufender zeitlicher Reihenfolge ihres Anfalls,
- alle materiellen Abschlussbuchungen, d.h. jene Buchungen, die erforderlich sind, um die Buchführung abschlussreif zu machen, wie Abschreibungen, Zuschreibungen, Rückstellungen u.ä.,

zu enthalten hat. Der Grundsatz der Vollständigkeit fordert auch, unzulässige **Saldierungen** zu unterlassen. Das bedeutet, dass alle buchungspflichtigen Vorgänge, die nach Gesetz und GoB gesondert im Jahresabschluss auszuweisen sind, auch in der Buchführung gesondert und unverkürzt zu erfassen sind (z.B. keine Saldierung von Anlagenzugängen mit Abschreibungen auf Anlagen). Dieser Forderung steht allerdings das Postulat entgegen, gebotene Saldierungen dann vorzunehmen, wenn durch eine getrennte Erfassung kein klares Bild entsteht. Das ist z.B. dann der Fall, wenn gleichartige Forderungen und Verbindlichkeiten gegenüber ein- und demselben Wirtschaftssubjekt auf getrennten Konten und nicht auf einem einzigen Kontokorrentkonto gebucht werden.

Von Bedeutung ist insbesondere die Verbuchung der laufenden Geschäftsvorfälle. Hiermit ist die Frage der zeitlichen Buchungspflicht und des Buchungszeitpunktes verbunden.

➤ Die zeitliche Buchungspflicht

Der Jahresabschluss entsteht durch Kontenabschluss der Finanzbuchführung. Das bedingt, dass alle vermögens-, finanz- und erfolgswirksamen Sachverhalte, die im Jahresabschluss auszuweisen sind, vorher auf den Konten der Buchführung erfasst sein müssen. Die in der Finanzbuchführung vorzunehmenden Buchungen werden üblicherweise in Verkehrsbuchungen und (materielle) Abschlussbuchungen unterteilt.

Die **Verkehrsbuchungen** unterliegen der Norm, nach der buchungspflichtige Geschäftsvorfälle unmittelbar bei ihrer Entstehung zu erfassen sind, denn nach § 238,1 HGB (bzw. § 145 AO) müssen sich die Geschäftsvorfälle in ihrer Entstehung und Abwicklung aus der Buchführung verfolgen lassen. § 239,2 HGB fordert daher eine „zeitgerechte" Eintragung in den Büchern. Die Buchungspflicht von Geschäftsvorfällen sowohl dem Grunde nach als auch hinsichtlich des Zeitpunktes bestimmt sich aus verschiedenen GoB, insbesondere aus dem Grundsatz der wirtschaftlichen Zugehörigkeit, auf die im Rahmen der GoBil noch näher eingegangen wird.[60] Als Faustregel kann allgemein gelten, dass die Buchungspflicht eines Geschäftsvorfalles in dem Augenblick eintritt, in dem seine Bilanzwirksamkeit gegeben ist.

Die meisten Buchungsanlässe ergeben sich aus dem Geschäftsverkehr eines Abrechnungszeitraumes. Manche Sachverhalte werden aber erst bei der Aufstellung des Jahresabschlusses erfasst. Diese Sachverhalte sind die Bewertungsänderungen (Wertberichtigungen und Abschreibungen), Anlässe zu Rückstellungsbuchungen (drohende Verluste, ungewisse Verbindlichkeiten, nicht erfasste Aufwände wie unterlassene Reparaturen) und Erfordernisse der Periodenabgrenzung. Die Erfassung dieser Sachverhalte anlässlich des Jahresabschlusses erfolgt einmal aus Vereinfachungsgründen (so z.B. Abschreibungen auf ungewisse Forderungen) oder weil sie erst zum Bilanzstichtag für die abzuschließende Periode exakt berechnet werden können (z.B. Pauschalwertberichtigungen auf Forderungen). Diese Buchungen werden auch **materielle Abschlussbuchungen** genannt.

➤ Der Buchungszeitpunkt

Neben der Frage des Zeitpunktes der Buchungspflicht ist auch der Begriff der „zeitgerechten" Verbuchung von Bedeutung. Dieser Begriff betrifft den zeitlichen Zusammenhang zwischen „Zeitpunkt der Buchungspflicht" und „Verbuchungszeitpunkt". Es ist unverzüglich, d.h. ohne schuldhaftes Zögern zu buchen. Zweck der unverzüglichen Aufzeichnungspflicht ist das Bestreben, buchungspflichtige Geschäftsvorfälle vollständig zu erfassen. Es soll so die Gefahr, dass buchungspflichtige Unterlagen verloren gehen, vermindert werden. Eine zeitgerechte Verbuchung erfordert i.d.R. keine tägliche, aber eine zeitnahe Verbu-

---

60   Vgl. hierzu auch *Leffson* [1984]; *Abromeit* [1956], Sp. 1240.

chung. Allerdings muss ein zeitlicher Zusammenhang zwischen dem Geschäftsvorfall und seiner buchmäßigen Erfassung gewährleistet sein. Wann dieser zeitliche Zusammenhang noch gegeben ist, richtet sich nach den Umständen des Einzelfalles. Die zeitliche Buchungsbedürftigkeit wird u.a. von der Art des Geschäftsvorfalles bestimmt. So sind z.B. Kassenbewegungen täglich zu verbuchen, das Abbuchen des Buchwertes eines Fabrikgebäudes - verursacht durch Katastropheneinwirkung - muss nicht am Tage der Katastrophe geschehen.

β. Der Grundsatz der Richtigkeit und Wahrhaftigkeit

Dieser Grundsatz untersagt alle Manipulationen, die zu einer sachlichen Verfälschung der Buchführung führen und ergänzt so den Grundsatz der Vollständigkeit. Zur Verfälschung der Wirklichkeit führt das Unterlassen von buchungspflichtigen Vorgängen (z.B. Nichtbuchen von Schuldzugängen oder Vermögensabgängen) oder das Verbuchen unwahrer Tatsachen (wie z.B. betragsungenaues Erfassen der buchungspflichtigen Geschäftsvorfälle) oder das Verbuchen unter falschen Bezeichnungen bzw. falschen Konten (z.B. Erfassung eines Forderungszuganges als Kassenzugang).

Der Grundsatz der Richtigkeit und Wahrhaftigkeit besagt daher, dass keine Geschäftsvorfälle gebucht werden dürfen, die nicht stattgefunden haben (= Verbot der Verbuchung fiktiver Geschäftsvorfälle) oder die nach den Prinzipien der Vollständigkeit nicht bzw. noch nicht buchungspflichtig sind. Er bedeutet auch, dass die Buchführung auf richtigen Grundaufzeichnungen aufgebaut sein muss. Dazu muss die Beschreibung der Geschäftsvorfälle mit den zu Grunde liegenden Tatbeständen dem Grunde und der Höhe nach übereinstimmen. Alle buchungspflichtigen Geschäftsvorfälle sind qualitativ und quantitativ so zu erfassen, wie sie sich nach Art und Weise auf die Aktiva und Passiva auszuwirken haben. Die Buchführung ist qualitativ richtig, wenn die Geschäftsvorfälle ihrem tatsächlichen Inhalt gemäß verbucht werden. Dies erfordert eine Verbuchung auf dem richtigen Konto, d.h. eine Verbuchung im Einklang mit den Buchungs- und Kontierungsanweisungen. Quantitative Richtigkeit verlangt eine Verbuchung mit dem richtigen Betrag.

γ. Der Grundsatz der Begründetheit (= Belegprinzip)

Sämtliche Aufzeichnungen sind zu begründen, d.h. zu jeder Buchung gehört ein Beleg und zu jedem Beleg eine Buchung. Zur Beweissicherung muss jeweils zwischen einem buchungspflichtigen Geschäftsvorfall und der Buchung ein Beleg stehen, der somit das Bindeglied zwischen Geschäftsvorfall und Buchung bildet und materielle Voraussetzung für die Buchung ist. Ordnungsmäßige Belege sind die Voraussetzung für die Beweiskraft und die Nachprüfbarkeit der Buchführung, denn nur mit Hilfe von Belegen kann von der Buchung auf den vorliegenden Geschäftsvorfall geschlossen werden.

Man unterscheidet zum einen die **Eigenbelege** (stammen aus der buchführenden Unternehmung) von den **Fremdbelegen** (stammen von außerhalb der buchführenden Unternehmung). Zum anderen werden die natürlichen von den künstlichen Belegen unterschieden. **Natürliche Belege** (z.B. Rechnungen, Quittungen, Lohnlisten) fallen mit einem Geschäftsvorfall zwangsläufig an. Muss dagegen für bestimmte Buchungen (z.B. Stornobuchungen, Eröffnungs- und Abschlussbuchungen) ein Beleg erst geschaffen werden, so spricht man von einem **künstlichen Beleg**.

Belege müssen folgende Bestandteile enthalten:

Belegtext:	Erläuterung und ggf. Begründung des Geschäftsvorfalles. Er kann auch verschlüsselt sein, wobei in diesem Fall das Schlüsselverzeichnis gemeinsamer Bestandteil all dieser Belege ist.
Belegbetrag:	Er kann auch durch andere Kriterien (z.B. Mengen- und Wertangaben) ersetzt werden, aus denen sich der zu buchende Betrag zweifelsfrei ergibt.
Ausstellungsdatum:	Datum, an dem sich der Geschäftsvorfall ereignet hat.
Name des Ausstellers:	
Autorisation:	Bei Fremdbelegen dokumentierte Anerkennung durch den Empfänger, bei Eigenbelegen Hinweis auf den Verantwortlichen.
Ablagevermerk:	Dient zum Nachweis des Zusammenhanges zwischen Büchern und Belegen.

Da der Beleg Grundlage jeder Buchung ist, muss deren Zusammenhang jederzeit überprüfbar und durch gegenseitige Verweise nachvollziehbar sein. Dazu müssen Belege geordnet, fortlaufend nummeriert und in lückenloser Weise aufbewahrt werden.

2. Die formellen GoD

Diese dienen der Sicherstellung, dass ein sachverständiger Dritter in der Lage ist, sich ohne unangemessenen Zeitaufwand in der Buchführung zurechtzufinden, d.h. eine vollständige Übersicht über die Geschäftsvorfälle zu gewinnen. Ein sachverständiger Dritter ist ein unabhängiger Außenstehender, der nicht bei der Erstellung der Buchführung mitgewirkt hat und kein Laie auf diesem Gebiet ist. Des Weiteren sollen formale Grundsätze sicherstellen, dass die Angaben in der Buchführung verlässlich sind.

Die formellen GoD lassen sich nicht immer völlig von den materiellen GoD trennen und unterliegen erfahrungsgemäß auch gewissen Änderungen im Zeitablauf. Sie umfassen im Einzelnen:

α. Der Grundsatz der Klarheit

Ebenso wie für den Jahresabschluss gilt auch für die Buchführung das Erfordernis, dass sie klar und übersichtlich sein soll. Aus dem Grundsatz der Klarheit ergeben sich im Einzelnen Anforderungen in Bezug auf:

- **Nummerierung und Aufbewahrung von Buchführungsunterlagen** (vgl. § 257 HGB). Hierzu zählen nicht nur Belege und Bücher, sondern alles, was zum Verständnis von Buchführung, Inventur und Abschluss notwendig ist oder wesentlich beiträgt.

- **Sachgerechte Kontierung.** Das bedeutet, dass die Buchführung der Sache nach ausreichend tief gegliedert sein muss, so dass die Art des auf einem Konto erfassten Geschäftsvorfalls klar erkennbar ist. Zudem muss jeder Buchführung zur Gewährleistung der geordneten Erfassung der Geschäftsvorfälle ein systematischer Kontenplan zu Grunde liegen. Die Konten müssen eindeutig und richtig bezeichnet sein.

- **Verwendung von Symbolen u.ä.** Hierzu ist erforderlich, dass die Bedeutung von Abkürzungen, Ziffern, Buchstaben und Symbolen zur Kennzeichnung von Buchungsunterlagen eindeutig festgelegt wird. Dies kann mit Hilfe eines Abkürzungs- oder Symbolverzeichnisses erreicht werden. Hierbei können auch nicht allgemein anerkannte oder allgemein verbindliche Zeichen verwendet werden. Es genügt, dass nur in einem Betrieb gebräuchliche Zeichen und Symbole verwendet werden, sofern sie angemessen sind und ihre Lesbarmachung einem sachverständigen Dritten das Verständnis der Buchführung in vertretbarer Zeit ermöglicht. Das Abkürzungs- und Symbolverzeichnis ist Bestandteil der Buchführung und entsprechend aufzubewahren.

- **Verweise zwischen Buchungen und Buchführungsunterlagen.** Diese sind so vorzunehmen, dass der Zusammenhang zwischen Buchungen und Belegen erkennbar ist. Das bedeutet, dass eine Buchung außer mit dem Buchungsdatum auch mit einem Verweis (Nummernangabe) auf das Gegenkonto sowie auf den Buchungsbeleg (z.B. Belegnummer) versehen sein muss. Der Buchungsbeleg muss seinerseits die Kontierung und das Buchungsdatum tragen, um von hier aus die Verbindung zur Verbuchung herstellen zu können.

β. Der Grundsatz der Sicherheit

Dieser Grundsatz soll gewährleisten, dass die vorgefundenen Aufzeichnungen einer Buchführung den tatsächlichen Buchungen entsprechen sowie den sicheren Einblick in die Buchführung erleichtern. Dazu müssen im Wesentlichen folgende Anforderungen erfüllt sein:

- **Aufzeichnung in einer lebenden Sprache und in den Schriftzeichen einer solchen.** Tote Sprachen und Kunstsprachen sind nicht zulässig. Bei der Verwendung von Fremdsprachen muss deren Übersetzung durch erreichbare Dolmetscher jederzeit erfolgen können.

- **Unveränderlichkeit der Aufzeichnungen** (z.B. keine Verwendung von Bleistiften!). Aufzeichnungen sind mit Mitteln vorzunehmen, welche die Unverfälschbarkeit gewährleisten. Tintenschrift, Maschinenschrift incl. Durchschriften mit Kohlepapier, Kugelschreiber u.ä. sind nur zulässig, wenn sichergestellt ist, dass das Geschriebene nicht spurlos geändert und beseitigt werden kann.

- Belegte Korrektur von Aufzeichnungen. Aufzeichnungen dürfen nicht in einer Weise verändert werden, dass der ursprüngliche Inhalt nicht mehr feststellbar ist. Auch dürfen solche Veränderungen nicht vorgenommen werden, deren Beschaffenheit es ungewiss lässt, ob sie ursprünglich oder später gemacht worden sind. Aus diesem Grund müssen in der Buchführung Durchstreichungen, Radieren, Überkleben etc. unterbleiben.

Die GoD haben auch für die EDV-Buchführung Geltung.[61] Nach den Regelungen in § 239,4 HGB und § 146,5 AO sind EDV-Buchführungen zugelassen, sofern die Buchungsdaten während der Dauer der Aufbewahrung verfügbar sind und jederzeit innerhalb angemessener Frist lesbar gemacht werden können. Für eine EDV-Buchführung sind folgende Schritte typisch:

- Erstellen von maschinenlesbaren Datenträgern,

- Übertragen der Daten von Datenträgern in maschineninterne Speichereinheiten, maschineninterne Datenverarbeitung und maschineninterne (= EDV-Speicherbuchführung) oder maschinenexterne (= EDV-Buchführung mit Ausdruck) Datenspeicherung,

- Datenausgabe in lesbarer Form.

Soll die EDV-Buchführung ordnungsgemäß sein, müssen spezielle Anforderungen erfüllt werden. Diese resultieren daraus, dass bei der EDV-Buchführung die Buchungsdaten in eine nicht lesbare Form gebracht und in dieser Form verarbeitet und ggf. gespeichert werden. Die Ordnungsmäßigkeitsanforderungen sind:[62]

- Belegaufbereitung und Belegfunktion. Auch für die EDV-Buchführung gilt das Belegprinzip. Bei der Erstellung der nur maschinenlesbaren Datenträger (Belege) muss darauf geachtet werden, dass deren Haltbarkeit und jederzeitiger Zugriff durch optische Sichtbarmachung innerhalb der Aufbewahrungsfrist gewährleistet ist. Wenn zwischen Geschäftspartnern keine herkömmlichen Belege in Schriftform, sondern Datenträger ausgetauscht werden, dann ist die Belegfunktion erfüllt, wenn die Vollständigkeit der Inhalte nachgewiesen werden kann. Dazu muss mindestens ein Sammelnachweis über den Gesamtwert vorliegen, während die Einzelbuchungen in zumutbarer Zeit nachweisbar sein müssen. Erzeugt eine EDV-Buchführung selbst Buchungen, indem sie aus dem bereits eingegebenen Buchungsstoff aufgrund des vorgegebenen Programms bestimmte Buchungen ableitet, so dient die System- und Programmdokumentation als Dauerbeleg.

- Buchung. Die Vollständigkeit und Richtigkeit der buchhalterischen Erfassung der Geschäftsvorfälle erfordert ein ordnungsmäßiges Verarbei-

---

[61] Zur Technik der EDV-gestützten Buchführung s. auch „Abschließender Teil", C, II.

[62] Vgl. hierzu auch *BMF* [1978], S. 250 sowie *IdW* [1987].

tungssystem und ist durch geeignete Kontrollmaßnahmen sicherzustellen. Zudem ist die Anwendung ordnungsgemäß erstellter Programme erforderlich. Damit eine richtige und von Verfälschungen oder Manipulationen freie Rechnungslegung möglich ist, müssen besondere Sicherungsmaßnahmen berücksichtigt werden.

- Datensicherung. Bei der Grundvariante der konventionellen EDV-Buchführung werden die auf maschinell lesbaren Datenträgern aufgezeichneten Buchungen im Anschluss an die Verarbeitung vollständig und dauerhaft lesbar gemacht. Werden die Buchungen auf maschinell lesbaren Datenträgern in zeitlicher und sachlicher bzw. beliebiger Ordnung gespeichert und bei Bedarf einzeln oder verdichtet lesbar gemacht, so spricht man von der erweiterten Variante der konventionellen EDV- bzw. einer **Speicherbuchführung.** Sie erfordert Ausdruckbereitschaft, d.h. die Buchungen müssen innerhalb der gesamten Aufbewahrungsfrist kurzfristig lesbar gemacht werden können.

Während der Aufbewahrungsfristen hat der Buchführungspflichtige für eine sichere und dauerhafte Speicherung der Daten zu sorgen. Die Daten sind vor Verfälschung zu schützen. Es dürfen nachträglich keine weiteren Eintragungen in die EDV-Buchführung vorgenommen und Band- oder Speicherinhalte nicht stellenweise gelöscht oder verändert werden. Bei Wechsel des Systems oder des Datenträgers sind die Überleitbarkeit, Verarbeitungs- und Darstellungsfähigkeit der gespeicherten Daten zu gewährleisten.

- Dokumentation und Prüfbarkeit. Es muss eine umfassende Verfahrens- oder Systemdokumentation vorhanden sein, aus der sowohl der Aufbau als auch der Ablauf des Abrechnungsverfahrens vollständig ersichtlich ist. Die Verfahrensdokumentation hat sich auf folgende Bereiche zu erstrecken:

- sachlogische Beschreibung des EDV-Abrechnungsverfahrens,

- Anweisungen zur Regelung der Kommunikation des EDV-Abrechnungsverfahrens mit dem Gesamtsystem der Buchführung und

- Beschreibung des Freigabeverfahrens, mit dem die Übereinstimmung der Anweisungen mit den Funktionen der EDV-Programme festgestellt wurde.

Die EDV-Dokumentation muss stets auf den neuesten Stand gebracht werden, wobei Programmänderungen nachzuweisen sind. Sie zählt zu den aufbewahrungspflichtigen Organisationsunterlagen.

- Aufbewahrung und Sicherung der Datenträger. Datenträger, auf denen Buchungen gespeichert sind, müssen wie Handelsbücher zehn Jahre aufbewahrt werden; Datenträger, die ausschließlich Belegfunktion haben, sind sechs Jahre aufzubewahren. Die Funktionsfähigkeit der Datenträger ist in angemessenen Zeitabständen zu prüfen. Sie sind vor Verwechslung, Beeinträchtigung und Verlust zu schützen.

- **Wiedergabe der Datenträger.** Die Datenausgabe ist in einer Arbeitsanweisung des Buchführungspflichtigen schriftlich niederzulegen und die inhaltliche Übereinstimmung der Datenausgabe mit den maschinell lesbaren Datenträgern muss nachprüfbar sein.

b. Die Grundsätze ordnungsmäßiger Inventur (GoI)

Die GoI stellen Regeln dar, wie eine Inventur durchzuführen und ihr Ergebnis im Inventar zu dokumentieren ist. Die GoI lassen sich - wie die GoD - in formelle und materielle Grundsätze unterteilen. Im Einzelnen enthalten die GoI folgende Untergrundsätze:[63]

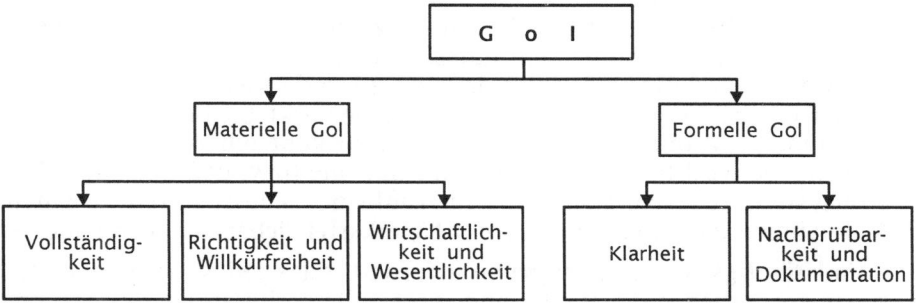

1. Die materiellen GoI

α. Der Grundsatz der Vollständigkeit

Gem. § 240,1 HGB hat der Kaufmann **seine** Grundstücke, **seine** Forderungen und Schulden, den Betrag **seines** baren Geldes und **seine** sonstigen Vermögensgegenstände im Einzelnen genau zu verzeichnen. Der Begriff „seine" ist in dem Zusammenhang so zu interpretieren, dass das zu bilanzierende Bilanzvermögen und die zu bilanzierenden Bilanzschulden bei der Inventur zu erfassen und in das Inventar zu übernehmen sind. Das bedeutet, dass sich die Vollständigkeit des Inventars aus den Ansatzgrundsätzen der GoBil (s. hierzu weiter unten) heraus bestimmt, d.h. es sind sämtliche Vermögensgegenstände und Schulden in das Inventar aufzunehmen, die wirtschaftlich dem Inventarisierenden zuzurechnen sind.

Bei der **Stichprobeninventur** wird das Gebot der vollständigen Erhebung modifiziert, denn die Besonderheit der Stichprobeninventur be-

---

63　In der Literatur finden sich auch andere Einteilungen. So wird der Grundsatz der wirtschaftlichen Betrachtungsweise als selbständiger Grundsatz hervorgehoben (z.B. *Scherrer/Obermeier* [1981], S. 7-10). Dieser Grundsatz lässt sich aber auch dem Grundsatz der Vollständigkeit unterordnen.

steht darin, dass Teilerhebungen anstelle der Vollaufnahme treten.[64] Bei Anwendung dieses Verfahrens werden die Vorräte nicht vollständig in dem Sinne erfasst, dass jeder einzelne Artikel in den Inventurlisten aufgenommen wird. Deshalb ist eine Modifikation des üblichen Vollständigkeitsbegriffs erforderlich, der sich hier zum einen auf die Vollständigkeit der Grundgesamtheit und zum anderen auf die Vollständigkeit der Stichprobe bezieht.

- **Vollständigkeit der Grundgesamtheit** bedeutet, dass alle aufnahmepflichtigen Positionen in der Grundgesamtheit erfasst sein müssen. Andernfalls würde die Hochrechnung, d.h. die Multiplikation des durch die Stichprobe geschätzten Durchschnittswertes der Stichprobenelemente mit der Zahl der Elemente der Grundgesamtheit, zu fehlerhaften Ergebnissen führen. Daraus folgt, dass die Grundlage der Stichprobenauswahl, etwa die Lagerkartei oder die einzelnen Fächer der Lagerregale, vollständig in dem Sinne sein muss, dass sämtliche aufnahmepflichtigen Gegenstände registriert sind.[65] Um zu verhindern, dass in der Lagerkartei nicht registrierte Positionen unbemerkt bleiben, muss deren Vollständigkeit unabhängig von der Inventur kontrolliert werden.[66] Diese Aufgabe wird häufig der internen Kontrolle bzw. dem internen Kontrollsystem zugeschrieben, die im Laufe des Jahres durch geeignete Maßnahmen die Vollständigkeit der Lagerkartei sicherzustellen haben.[67]

- **Vollständigkeit der Stichprobe** erfordert, dass jedes Stichprobenelement körperlich nach Menge und Wert vollständig aufgenommen und ausgewertet wird und dass bei der Hochrechnung des Stichprobenergebnisses auf den gesamten Inventurwert die Ausprägungen aller Stichprobenglieder zu berücksichtigen sind.

Darüber hinaus verlangt der Grundsatz der Vollständigkeit der Inventur bei Verwendung von Stichprobenverfahren, dass durch das bei der Stichprobenauswahl verwendete Zufallsauswahlverfahren jede Position des Lagerkollektivs eine berechenbare, positive Wahrscheinlichkeit haben muss, in die zu ziehende Stichprobe zu gelangen. Dies gilt grundsätzlich auch für die Nullpositionen, d.h. für diejenigen Lagerpositionen, die zum Zeitpunkt der Stichprobenziehung einen Buchbestand von Null aufweisen.

β. Der Grundsatz der Richtigkeit und Willkürfreiheit

Der Grundsatz der Richtigkeit verlangt nach einer in der Literatur häufig vertretenen Auffassung, dass alle durch eine Inventur ermittelten Angaben sachlich zutreffen und mit den Tatsachen übereinstimmen

---

64   Vgl. *Wysocki* [1981], S. 277.

65   Vgl. *Scherrer/Obermeier* [1981], S. 16.

66   Vgl. *Deindl* [1977], S. 275.

67   Vgl. *Kümmel* [1967], S. 436.

müssen (= **sachbezogene Richtigkeit**).[68] Aufgrund menschlicher Unzulänglichkeiten und der Mechanisierung des Aufnahmevorgangs kann selbst bei vollständiger körperlicher Aufnahme der Vermögensgegenstände kein vollkommen richtiges Inventar erstellt werden.[69] Die Angaben im Inventar sollen demnach nur möglichst fehlerfrei sein.[70] Der Aufwand für die Ermittlung von Mengen und Werten muss sich in einem wirtschaftlich vertretbaren Rahmen halten, d.h. das Wirtschaftlichkeitsprinzip begrenzt die Genauigkeit der Aufnahme.

Neben dem sachbezogenen Grundsatz der Richtigkeit besteht der **personenbezogene Grundsatz** der Willkürfreiheit, der sich auf Inventurangaben bezieht, die nicht aus intersubjektiv nachprüfbaren Vorgängen (z.B. Zählen, Messen, Wiegen) gewonnen werden, sondern von subjektiven Einflüssen geprägt sind (z.B. die Mengenschätzung von Kleinmaterial wie Schrauben oder Nägel). Das Ausmaß des subjektiven Ermessens wird durch den Grundsatz der Willkürfreiheit begrenzt, wonach der Kaufmann nur solche Angaben im Inventar machen darf, die er selbst für realitätsnah und zutreffend hält.[71] Eine willkürliche Ausnutzung von Ermessensspielräumen im Rahmen subjektiv beeinflussbarer Aussagen ist verboten.

Bei der Stichprobeninventur bezieht sich der Grundsatz der Richtigkeit und Willkürfreiheit einmal auf die Richtigkeit bei der Aufnahme der in die Stichprobe gelangenden Inventureinheiten. Das verlangt:

- Aufnahme der Erhebungseinheiten nach dem **Zufallsprinzip**. Wesentliches Kennzeichen einer Zufallserhebung ist, dass jede Inventureinheit eine berechenbare Wahrscheinlichkeit hat, in die Erhebung einbezogen zu werden. Die Auswahl nach dem Zufallsprinzip ist Voraussetzung dafür, dass mathematisch-statistische Verfahren zur Errechnung (Schätzung) der Inventurwerte verwendet werden können.

- Vermeidung sog. **Nicht-Stichprobenfehler** (Zähl-, Mess- oder Übertragungsfehler), d.h. alle nach dem Zufallsprinzip aufgenommenen Bestände sind richtig und willkürfrei mengen- und wertmäßig zu erfassen.

Zum anderen ist der Grundsatz der Richtigkeit und Willkürfreiheit auf die Richtigkeit im Zusammenhang mit dem Auftreten sog. **Stichprobenfehler** zu beziehen. Unter Stichprobenfehler ist der Umstand zu verstehen, dass die bei einer Stichprobeninventur gefundenen Werte nicht identisch zu sein brauchen mit den tatsächlich gegebenen Werten und den Werten, die eine Vollerhebung ergeben hätte. Die Richtigkeit wird

---

[68] Vgl. *Schulze zur Wiesch* [1961], S. 63; *Weiße* [1967], S. 33.

[69] Vgl. *Deindl* [1977], S. 272.

[70] Vgl. *Sturm* [1983], S. 82.

[71] Vgl. *Baetge* [1981], Sp. 712.

bei der Stichprobeninventur durch den absoluten Stichprobenfehler (Schätzfehler) bei vorgegebenem Konfidenzniveau bestimmt. In der Literatur gilt der Grundsatz der Richtigkeit als erfüllt, falls der Stichprobe ein Genauigkeitsgrad von 1 bis 2 % bei einem Sicherheitsgrad von 95 bis 95,5 % zu Grunde gelegt wird.[72]

Die Anwendungsvoraussetzungen der Stichprobeninventur sind im § 241,1 HGB geregelt. Er verlangt:[73]

- Äquivalenz des Aussagewertes einer Stichprobeninventur mit dem Aussagewert eines aufgrund einer vollständigen körperlichen Bestandsaufnahme erstellten Inventars, d.h. der Schätzwert einer Stichprobeninventur soll möglichst erwartungstreu sein. Ein Schätzwert ist erwartungstreu, wenn bei sehr vielen Wiederholungen der Stichprobenziehung der durchschnittliche Schätzwert der Stichproben dem tatsächlichen Gesamtwert des Lagers entspricht bzw. die anfallende Differenz vernachlässigbar klein ausfällt.

- Vereinbarkeit des angewendeten Stichprobenverfahrens mit den GoB. Das bedeutet, dass die Grundsätze ordnungsmäßiger Stichprobeninventur eine spezielle Ausprägung der GoI darstellen und als solche auch den hier behandelten GoI im Einzelnen zu entsprechen haben.

- Einsatz eines anerkannten mathematisch-statistischen Stichprobenverfahrens. Als anerkanntes mathematisch-statistisches Verfahren gilt jedes Stichprobenverfahren, das wahrscheinlichkeitstheoretisch abgesichert ist.

Auch bei der Stichprobeninventur ist ein bis ins einzelne aufgegliedertes Inventar zu erstellen. Die Aufgliederung des durch mathematisch-statistische Verfahren ermittelten Gesamtwertes erfolgt mit Hilfe der **Lagerbuchführung**, die Aufzeichnungen über Arten, Mengen und Werte der einzelnen Vermögensgegenstände enthält. Die Stichprobeninventur setzt somit eine bestandszuverlässige Lagerbuchführung voraus.

Die Richtigkeit des Inventars steht mit der Möglichkeit im Zusammenhang, einzelne Inventarposten nach Art, Menge und Wert zu identifizieren. So gesehen führt der Grundsatz der Richtigkeit zu der Forderung nach **Einzelerfassung und Einzelbewertung** des Bilanzvermögens und der Bilanzschulden. Diese Forderung findet eine Grenze dort, wo mit der Einzelerfassung und Einzelbewertung verbundene Kosten nicht mehr mit dem erzielbaren Informationsgewinn für Inventurzwecke im Einklang stehen (= Wirtschaftlichkeitsaspekt der Inventur). In diesen Fällen lässt der Gesetzgeber die vom Grundsatz der Einzelerfassung und Einzelbewertung abweichenden Verfahren der Gruppenbewertung, der Verbrauchsfolgebewertung und Festbewertung sowie Verfahren der stichprobenweisen Erfassung und Bewertung zu. Diese zugelassenen

---

[72]   Vgl. *IdW* [1990].

[73]   Vgl. im Einzelnen hierzu: *Scherrer/Obermeier* [1981], S. 26-58.

Abweichungen von der Erfassungs- und Bewertungsgenauigkeit besagen aber auch, dass der Grundsatz der Richtigkeit es erfordert, dass besonders hochwertige Einzelgegenstände vollständig aufzunehmen und diese aus der Stichprobeninventur, der Festbewertung und der Gruppenbewertung herauszunehmen sind.

γ. Die Grundsätze der Wirtschaftlichkeit und Wesentlichkeit

Diese Grundsätze ergänzen die Grundsätze der Richtigkeit und Vollständigkeit. Die Durchführung einer Inventur und die sich anschließende Inventarerstellung sind Mittel insbesondere zum Zweck der Bilanzkontrolle und des Nachweises der einzelnen Bilanzpositionen. Als zweckorientierte Handlungsweisen unterliegen sie dem ökonomischen Prinzip, wonach der Inventurzweck mit minimalem Mitteleinsatz zu erreichen ist.

Die materiellen Inventurgrundsätze der Richtigkeit und Vollständigkeit haben keine absolute Gültigkeit. Sie erfahren eine Relativierung durch die verursachten Aufwendungen. Als Maßstab dafür, inwieweit eine Relativierung der GoI vorgenommen werden kann, ist der Grundsatz der Wesentlichkeit heranzuziehen. Danach ist die Ermittlung und Bereitstellung von Kontrollinformationen durch die Inventur nur dann und solange sinnvoll, wie der Wert der durchgeführten Kontrollen größer ist als die durch diese Kontrollen verursachten Aufwendungen. Allerdings ist zu bedenken, dass sich zwar die Aufwendungen der Bestandsaufnahme noch relativ leicht abschätzen und in Geldeinheiten ausdrücken lassen, die Schätzung und Ermittlung des Wertes der Kontrollinformationen dagegen mit erheblichen Problemen verbunden sind.[74]

2. Die formellen GoI

α. Der Grundsatz der Klarheit

Dieser Grundsatz normiert als rein formale Anforderung an ein ordnungsmäßiges Inventar die Art der Dokumentation und ist losgelöst von den materiellen Grundsätzen zu sehen. Danach sind die einzelnen Inventurposten durch eindeutige Bezeichnungen inhaltlich scharf zu umreißen, von anderen Positionen abzugrenzen sowie verständlich und übersichtlich anzuordnen, so dass die für die Zweckerfüllung der Bilanzkontrolle notwendigen Informationen unmittelbar gewährt werden und nicht erst unter Verursachung zusätzlicher Aufwendungen und Zeitverluste zu erarbeiten sind. Klarheit ist somit zwingende Voraussetzung für Nachprüfbarkeit.

---

[74] Vgl. *Schöttler* [1979], S. 78-81.

Die Stichprobeninventur trägt positiv zur Klarheit der Inventur bei, da die Anwendung mathematisch-statistischer Verfahren eindeutige Bezeichnungen und Abgrenzungen von Positionen zwingend erfordert.

β. Der Grundsatz der Nachprüfbarkeit und Dokumentation

Der § 240,1 HGB fordert des Weiteren die Aufzeichnung der einzelnen Vermögensgegenstände und Schulden unter Angabe des Wertes in **Bestandsverzeichnissen**. Solche werden für nachstehend angeführte Bereiche in der Regel wie folgt erbracht:

- Für das Anlagevermögen durch **Anlagekartei** oder **Anlageverzeichnis**,
- für das Vorratsvermögen durch **Inventurlisten**,
- für Forderungen und Schulden durch **Saldenlisten** und **Saldenbestätigungen**.

Der Grundsatz der Nachprüfbarkeit verlangt, dass die Bestandsverzeichnisse so erstellt sein müssen, dass ein Sachkundiger unter Mitwirkung von an der Inventur beteiligten Personen diese in angemessener Weise überprüfen kann.[75] In der Literatur findet sich auch die Auffassung, dass bei Einhaltung des Grundsatzes der Nachprüfbarkeit die Darstellung des Inventurergebnisses so erfolgen muss, dass ein sachverständiger Dritter in der Lage ist, sich ohne Mitwirkung von Betriebsangehörigen einen zuverlässigen Überblick über die Vermögensgegenstände und Schulden zu verschaffen.[76] Nachprüfbarkeit erfordert, dass alle für die Nachvollziehung der im Inventar festgehaltenen Mengen- und Wertansätze relevanten Informationen zu dokumentieren sind.

Erfolgt die Inventur mit Hilfe mathematisch-statistischer Verfahren, so umfasst die Dokumentation allerdings auch die Festlegung der Auswahlgrundlage, den Vorgang der Stichprobenauswahl, das angewandte Stichprobenverfahren und das Zustandekommen des Gesamtergebnisses.[77] Ein sachverständiger Dritter muss das mathematisch-statistische Verfahren verstehen und überprüfen können, wobei es allerdings hinreichend ist, wenn er die Überprüfung unter Hinzuziehung einer mit der mathematisch-statistischen Disziplin vertrauten Person durchführen kann.

---

75   Vgl. *BFH* [1955], S. 83.
76   Vgl. *Schulze zur Wiesch* [1961], S. 73.
77   Vgl. *Schaich/Ungerer* [1979], S. 657.

c. Die Grundsätze ordnungsmäßiger Bilanzierung (GoBil)

Sie sollen sichern, dass der Jahresabschluss vollständig, inhaltlich richtig sowie klar und übersichtlich aufgestellt wird. Die GoBil lassen sich daher in formelle und materielle Grundsätze unterscheiden:[78]

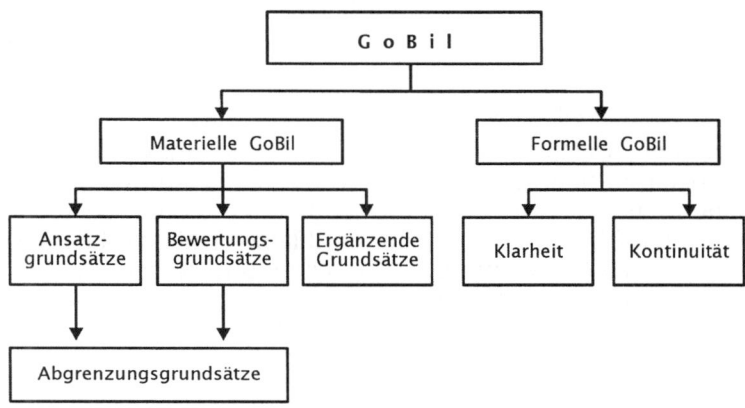

1. Die materiellen GoBil

Die in vorstehender Übersicht angeführten materiellen GoBil besagen im Einzelnen folgendes:[79]

α. Ansatzgrundsätze

Der Jahresabschluss wird aus den Konten der Finanzbuchführung hergeleitet. Demzufolge bestimmen die Ansatzgrundsätze die Verbuchung von Geschäftsvorfällen auf den aktiven und passiven Bestandskonten sowie auf den Erfolgskonten der laufenden Buchführung. Neben den

---

[78] Die Diskussion um die Novellierung gesetzlicher Rechnungslegungsbestimmungen der letzten Jahre hat dazu geführt, dass auch die Systematisierung der GoBil im Mittelpunkt wissenschaftlichen Interesses stand. Aus dieser Diskussion resultieren unterschiedliche Einteilungen der GoBil (vgl. *Ballwieser* [1987]), von denen sich bis jetzt keine allgemein durchgesetzt hat.

[79] Ansatz-, Bewertungs- und Abgrenzungsgrundsätze werden mitunter auch im Begriff „Bilanzwahrheit" zusammengefasst. Nach dieser Ansicht ist eine Bilanz dann „wahr", wenn sie diesen Aufstellungsgrundsätzen entspricht. Inhalt und Bedeutung des Begriffes Bilanzwahrheit sind aber in der Literatur umstritten, insbesondere auch deswegen, weil es - bedingt durch die Ungewissheit über den zukünftigen Verlauf von Wertansätzen – „wahre Bilanzen" im Sinne einer objektiven Wahrheit nicht geben kann. Das hat viele Autoren veranlasst, den Begriff Bilanzwahrheit einzuengen, zu relativieren oder - wie hier - auf ihn zu verzichten. Vgl. *Steinbach* [1973], S. 42-60.

Abgrenzungsgrundsätzen entscheiden sie aber auch bei der Abschluss-erstellung über die Überleitung der saldierten Konteninhalte der Finanzbuchführung in die jeweiligen Positionen der Bilanz und der GVR.

Die Ansatzgrundsätze werden in Aktivierungs- und Passivierungs-grundsätze unterteilt. Sie geben Auskunft darüber, welche Aktiva und Passiva zu welchem Zeitpunkt in die Bilanz eingestellt werden müssen bzw. dürfen.

(1) Aktivierungsgrundsätze

Sie bestimmen, welche Posten der aktiven Bestandskonten in das Bilanzvermögen zu überführen sind bzw. überführt werden dürfen. Nach der Gliederungsvorschrift des § 266 HGB lässt sich die Aktivseite einer Bilanz hauptsächlich in die Kategorien Bilanzvermögen, Bilanzierungs-hilfen und Posten der Rechnungsabgrenzung unterscheiden. Hier sollen die Kategorien Bilanzvermögen und Bilanzierungshilfen unter den Aktivierungsgrundsätzen und die Posten der Rechnungsabgrenzung unter den Abgrenzungsgrundsätzen behandelt werden.[80]

➤ Das Bilanzvermögen

Bezüglich des Bilanzvermögens verstehen die Aktivierungsgrundsätze unter Aktivierungsfähigkeit die Eignung eines Vermögensgegenstandes, in die Bilanz aufgenommen zu werden. Sie wird als „abstrakte" Aktivierungsfähigkeit bezeichnet. Steht der Aufnahme in die Bilanz kein gesetzliches oder wirtschaftlich begründetes Bilanzierungsverbot entgegen, wird die **abstrakte Aktivierungsfähigkeit** zur **„konkreten" Aktivierungsfähigkeit**. Was abstrakt aktivierungsfähig ist, wird somit bei dem Fehlen eines gesetzlich und wirtschaftlich begründeten Aktivierungsverbots sowie eines gesetzlichen oder wirtschaftlich gebotenen Aktivierungswahlrechts zu einer **konkreten Aktivierungspflicht**.[81]

Der Begriff Bilanzvermögen umfasst:

- **Materielle Vermögensgegenstände**
  (a) körperliche Gegenstände i.S. des § 90 BGB - also bewegliche und unbewegliche Sachen,

---

80   Ein derartiges Vorgehen ist in der Literatur nicht einheitlich, da - wie erwähnt - die Einteilung der GoBil unterschiedlich ist. So behandelt *Leffson* die Fragen der Aktivierungsfähigkeit des Bilanzvermögens unter den Abgrenzungsgrundsätzen, *Moxter* unter dem Realisationsprinzip. *Baetge* erwähnt die Rechnungsabgrenzungsposten unter den Ansatzgrundsätzen, bezeichnet daneben aber auch die Grundsätze der Abgrenzung, aus der die Rechnungsabgrenzungsposten hervorgehen, als die Definitionsgrundsätze des Jahreserfolges. Vgl. *Ballwieser* [1987], S. 9-15 und die dort angegebene Literatur.

81   Vgl. *Federmann* [1994], S. 177-190 sowie *Baetge* [1986], S. 12.

(b) unkörperliche Gegenstände, wie Forderungsrechte und Beteiligungen;

- **Immaterielle Vermögensgegenstände**
  (a) immaterielle Güterrechte, wie Konzessionen, Patente, Markenrechte u.a.,
  (b) andere immaterielle Gegenstände, wie Rezepte, Geheimverfahren u.a.

Die GoBil binden die abstrakte Aktivierungsfähigkeit vor allem an den Begriff der „wirtschaftlichen Zugehörigkeit" und den Begriff „selbstständiger Vermögensgegenstand". Notwendige Voraussetzung für die Aktivierung ist demnach nicht das rechtliche, sondern das **wirtschaftliche Eigentum**. Für Vermögensgegenstände, die sich nicht im wirtschaftlichen Eigentum des Bilanzierenden befinden, besteht demnach ein Aktivierungsverbot. Eigentum im wirtschaftlichen Sinne liegt dann vor, wenn der Vermögensgegenstand dem Bilanzierenden übergeben oder auf andere Weise in dessen Verfügungsmacht (z.B. durch Aushändigung von Konnossementen, Ladescheinen, Frachtbriefen u.ä.) gelangt ist. Hierbei wird unterstellt, dass der Erwerb des rechtlichen Eigentums gegeben ist oder zu einem späteren Zeitpunkt erfolgen soll.

Eine in diesem Zusammenhang umstrittene Frage ist die Bilanzierung von **Privatvermögen**, d.h. von Vermögen, das zwar im Eigentum des Bilanzierenden steht, aber nicht dem Geschäftsbetrieb gewidmet ist. Herrschende Meinung ist, dass nur das dem Geschäftsbetrieb gewidmete Vermögen der Aktivierung unterliegt.[82] Da der Kaufmann (aber nicht die Kapitalgesellschaft) handelsrechtlich die Freiheit der Abgrenzung von Betriebs- und Privatvermögen hat, kann in der Nichtaktivierbarkeit privaten Vermögens ein (indirektes) Ansatzwahlrecht gesehen werden. Weitere indirekte Ansatzwahlrechte sind beim Leasing und den sog. geringwertigen Wirtschaftsgütern gegeben. Beim Leasing entscheidet die Absicht des Leasingnehmers, ob es sich um einen teilzahlungsähnlichen Kauf oder um ein echtes Leasinggeschäft handelt. Während im ersten Fall der Leasinggegenstand beim Leasingnehmer aktivierungsfähig ist, kann im zweiten Fall eine Aktivierung durch den Leasinggeber vorgenommen werden.[83] Das dritte indirekte Wahlrecht folgt aus der steuerlichen Vereinfachungsvorschrift für **geringwertige Wirtschaftsgüter**, deren Anschaffungs- oder Herstellungskosten nicht über € 410,- liegen (§ 6,2 EStG i.V.m. R 40,5 EStR). Diese werden zwar aktiviert, können aber im Jahr der Anschaffung oder Herstellung in voller Höhe abgeschrieben werden.[84]

Das **Postulat der selbständigen Verkehrsfähigkeit** verlangt, dass der zu aktivierende Gegenstand einzeln Objekt des Rechtsverkehrs sein kann. Nicht erforderlich ist hierbei, dass der zu aktivierende Vermögensgegenstand tatsächlich bereits übertragen worden ist. Es genügt die

---

[82] Vgl. *Freericks* [1976], S. 204-205.

[83] Vgl. hierzu im Einzelnen S. 400 ff.

[84] Vgl. *Küting/Weber* [1995], § 253 HGB, Rn. 127.

Möglichkeit, ihn selbständig veräußern zu können.[85] Die Beschränkung auf die selbständige Verkehrsfähigkeit schließt alle Vermögenswerte von der Aktivierung aus, die nicht einzeln veräußert werden können, wie den originären Firmenwert oder die Kosten der Gründung und Kapitalbeschaffung (s. hierzu auch § 248,1 HGB).

Umstritten ist, ob zur abstrakten Aktivierungsfähigkeit die Merkmale des **wirtschaftlichen Wertes** bzw. der **selbständigen Bewertbarkeit** zählen.[86] Damit ist die Forderung gemeint, dass der zu bilanzierende Vermögensgegenstand nach dem Grundsatz der Einzelerfassung und Einzelbewertung bewertbar sein muss und ihm die für die (evtl. fiktive) Beschaffung entstandenen (ggf. fiktiven) Ausgaben zugerechnet werden können sowie am Bilanzstichtag von dem Vermögensgegenstand ein zukünftiger Nutzen zu erwarten ist. Weitgehende Übereinstimmung scheint in dieser Frage darin zu bestehen, dass der entgeltliche Erwerb nicht eine notwendige Voraussetzung für die Aktivierungsfähigkeit ist. Das bedeutet, dass im atypischen Fall unentgeltlich, d.h. ohne Gegenleistung erworbener Vermögensgegenstände - wie durch Schenkung, Erbgang oder Subvention - grundsätzlich eine Aktivierungsfähigkeit bejaht wird. Allerdings werden an die konkrete Aktivierungsfähigkeit erhöhte Objektivierungserfordernisse gestellt. So ist bei einer unentgeltlichen Zuwendung von Bargeld konkret eine Aktivierungspflicht geboten. Es kann jedoch nicht von vornherein wegen der Gefahr des Ausweises fiktiver und nicht tatsächlicher Sachverhalte (Werte) für jeden unentgeltlich erworbenen Vermögensgegenstand (in Höhe der fiktiven Anschaffungsausgaben) eine konkrete Aktivierung erlaubt sein.

Von Bedeutung in diesem Zusammenhang ist auch die Frage der Aktivierungsfähigkeit immaterieller Vermögensgegenstände. Diese lassen sich nach ihrer Entstehung unterscheiden in:

- Von Dritten entgeltlich erworbene immaterielle Vermögensgegenstände.

- Von Dritten unentgeltlich erworbene immaterielle Vermögensgegenstände.

- Originär im eigenen Unternehmen durch direkt zurechenbare Ausgaben entstandene immaterielle Vermögensgegenstände.

---

[85] In jüngerer Zeit wird das Kriterium der selbstständigen Verkehrsfähigkeit aber zunehmend im weitergehenden Sinne einer Verwertbarkeit verstanden. Das bedeutet, dass die abstrakte Aktivierungsfähigkeit nicht nur bei übertragbaren Gegenständen gegeben ist, sondern auch bei solchen, die auf andere Weise in Geld transformiert werden können, so z.B. bei Nießbrauchrechten, die gem. § 1059 BGB zwar nicht übertragbar sind, aber einem anderen zur Ausübung überlassen werden können. Vgl. *Lamers* [1981], S. 205-208.

[86] Zustimmend: *Freericks* [1976], S. 145-156; gegenteiliger Auffassung: *Roland* [1980], S. 160-163.

- Originär im eigenen Unternehmen durch nicht direkt zurechenbare Ausgaben entstandene immaterielle Vermögensgegenstände.

Die von Dritten entgeltlich erworbenen immateriellen Vermögensgegenstände sind abstrakt aktivierungsfähig und konkret aktivierungspflichtig.[87] Für die unentgeltlich erworbenen sowie die originär im eigenen Unternehmen durch direkt zurechenbare Ausgaben erstellten immateriellen Vermögensgegenstände - also die Ausgaben für langfristige Nutzungen - besteht nach herrschender Meinung eine abstrakte Aktivierungsfähigkeit, soweit die Merkmale der selbständigen Bewertungsfähigkeit und des wirtschaftlichen Wertes erfüllt sind.[88] Lassen sich den selbsterstellten immateriellen Vermögensgegenständen keine Ausgaben direkt zuordnen, fehlt es am Merkmal der selbstständigen Bewertbarkeit, so dass die abstrakte Aktivierungsfähigkeit nicht gegeben ist.

Die abstrakte Aktivierungsfähigkeit für immaterielle Vermögensgegenstände gilt jedoch uneingeschränkt nur dann, wenn dem nicht gesetzliche Ansatzwahlrechte und Ansatzverbote gegenüberstehen. Nach § 248,2 HGB besteht ein Aktivierungsverbot für unentgeltlich erworbene immaterielle Vermögensgegenstände des Anlagevermögens.[89] Die konkrete Aktivierungsfähigkeit und Aktivierungspflicht für immaterielle Vermögensgegenstände ist aufgrund dieser gesetzlichen Bestimmung auf die entgeltlich erworbenen immateriellen Vermögensgegenstände des Anlagevermögens und auf die entgeltlich sowie unentgeltlich erworbenen immateriellen Vermögensgegenstände des Umlaufvermögens beschränkt.

Der vom Gesetzgeber in § 248,2 HGB verwendete Begriff „**nicht entgeltlich erworben**" ist auslegungsbedürftig. Ein Erwerb liegt grundsätzlich dann vor, wenn das wirtschaftliche Eigentum an dem betreffenden Vermögensgegenstand aus dem Vermögen anderer in das Vermögen des Erwerbers gelangt. Dies ist typischerweise gegeben im Falle eines Kaufs, eines Tauschs, einer Einlage oder einer Schenkung. Dagegen ist bei den selbsterstellten immateriellen Vermögensgegenständen der Tatbestand des Erwerbs nicht gegeben, da interne Aufwendungen, auch wenn sie direkt zurechenbar sind, keinen Erwerb begründen.[90] Deshalb fallen unter das gesetzliche Aktivierungsverbot insbesondere selbsterstellte Patente, Warenzeichen, Gebrauchsmuster und ähnliche gewerbliche Schutzrechte (wie Marken-, Urheber- und Verlagsrechte) sowie sonstige

---

[87] Die konkrete Aktivierungspflicht resultiert aus dem Wegfall des § 153,3 AktG und dem § 246,1 HGB.

[88] Vgl. *Freericks* [1976], S. 141-156.

[89] Das Aktivierungsverbot rührt daher, dass es oft zweifelhaft ist, ob immaterielle Vermögensgegenstände einen längerfristigen Nutzen erwarten lassen. Die Bindung der konkreten Aktivierungsmöglichkeit an den „entgeltlichen Erwerb" soll eine Absicherung bedeuten und der willkürfreien Rechnungslegung dienen.

[90] Vgl. *Beck*'scher Bilanz-Kommentar [1999], § 248 HGB, Rn. 11.

selbst geschaffene immaterielle Werte des Anlagevermögens (wie Know-how, Geheimverfahren, Rezepte, Software).

Entgeltlich ist ein Erwerb dann, wenn und soweit eine Gegenleistung des Erwerbers erfolgt. Das ist typischerweise im Falle eines Kaufs oder eines Tauschs gegeben. Auch bei einer Einlage besteht ein Entgelt, und zwar in Form der gewährten Gesellschaftsrechte. Dagegen fehlt die Entgeltlichkeit bei geschenkten oder geerbten immateriellen Vermögensgegenständen. Sie fallen daher unter das gesetzliche Aktivierungsverbot des § 248,2 HGB.

➢ Bilanzierungshilfen

Die dargestellten Aktivierungsgrundsätze werden ergänzt durch Aktivierungswahlrechte für Vermögenswerte, die keine Vermögensgegenstände sind. Der Gesetzgeber verzichtet hier auf das Kriterium der selbständigen Verkehrsfähigkeit aus dem vorrangigen Motiv der Bilanzierungshilfe. Durch Bilanzierungshilfen soll erreicht werden, dass Ausgaben nicht im Jahr des Entstehens als Aufwand ausgewiesen werden und den Erfolg schmälern. Die Aktivierung solcher Ausgaben und Verteilung durch Abschreibung auf mehrere Jahre als Aufwand ermöglicht eine gleichmäßigere Belastung im Zeitablauf. Zu nennen sind hier die Aktivierung des derivativen Firmenwertes nach § 255,4 HGB,[91] die Aktivierungshilfen bei Ingangsetzung und Erweiterung nach § 269 HGB, die aktivischen latenten Steuern nach § 274,2 HGB sowie die vorübergehende Möglichkeit nach Art. 44 EGHGB, bestimmte Aufwendungen für die Euro-Umstellung (z.B. für Softwareprogramme) als selbsterstellte immaterielle Vermögensgegenstände des Anlagevermögens zu aktivieren. Die Bilanzierungshilfen nach § 269 und § 274,2 HGB gelten nur für Kapitalgesellschaften sowie für diesen gleichgestellten Personenhan-

---

[91]   § 255,4 HGB lautet: „Als Geschäfts- oder Firmenwert darf der Unterschiedsbetrag angesetzt werden, um den die für die Übernahme eines Unternehmens bewirkte Gegenleistung den Wert der einzelnen Vermögensgegenstände des Unternehmens abzüglich der Schulden im Zeitpunkt der Übernahme übersteigt. Der Betrag ist in jedem folgenden Geschäftsjahr zu mindestens einem Viertel durch Abschreibungen zu tilgen. Die Abschreibung des Geschäfts- oder Firmenwerts kann aber auch planmäßig auf die Geschäftsjahre verteilt werden, in denen er voraussichtlich genutzt wird."

Die Zuordnung des derivativen Firmenwertes zu den Bilanzierungshilfen ist nicht konform mit der Gliederungsvorschrift des § 266 HGB, der den derivativen Firmenwert unter den immateriellen Vermögensgegenständen des Anlagevermögens subsumiert. Da eine selbständige Übertragbarkeit auch des derivativen Firmenwertes nicht gegeben ist, fehlt ihm das Merkmal der selbstständigen Verkehrsfähigkeit. Er zählt im Prinzip nicht zum Bilanzvermögen und ist daher als Vermögenswert, der keinen Vermögensgegenstand darstellt, den Bilanzierungshilfen zuzurechnen.

delsgesellschaften i.S. des § 264a HGB und sind mit einer Ausschüttungssperre verknüpft.[92]

(2) Passivierungsgrundsätze

Nach der Gliederungsvorschrift des § 247,1 HGB lassen sich für die Passivseite hauptsächlich die Kategorien Eigenkapital, Fremdkapital, Rückstellungen und Posten der Rechnungsabgrenzung unterscheiden. Da sich das buchmäßige Eigenkapital aus dem Unterschiedsbetrag zwischen den Vermögensteilen der Aktivseite und dem Fremdkapital errechnet - faktisch also eine Saldogröße ist -, hat es sich in der Bilanzierungspraxis eingebürgert, unter Passiva die Schulden einschließlich Rückstellungen sowie die Rechnungsabgrenzungsposten zu verstehen. Im Folgenden sollen im Rahmen der Passivierungsgrundsätze die Verbindlichkeiten einschließlich Rückstellungen behandelt werden. Auf die Rechnungsabgrenzungsposten wird innerhalb der Abgrenzungsgrundsätze eingegangen.

➢ Bilanzverbindlichkeiten einschließlich Schuldrückstellungen

Der Begriff „Bilanzverbindlichkeiten" (oder synonym „Bilanzschulden") ist nicht mit den Begriffen Verbindlichkeiten (so §§ 257, 762 BGB) und Schulden (so §§ 366, 367, 371 BGB) des bürgerlichen Rechts gleichzusetzen. In der Bilanz werden einerseits nicht alle Verbindlichkeiten im privatrechtlichen Sinn ausgewiesen; andererseits sind auch nicht alle in der Bilanz ausgewiesenen Verbindlichkeiten Schulden im privatrechtlichen Sinn. Im Sinne der Passivierungsfähigkeit stellen Schulden die gegenwärtigen und künftigen Belastungen des Bilanzvermögens des Bilanzierenden dar, die dem Grunde nach bestehen oder hinreichend sicher erwartet werden, auch wenn deren Höhe noch ungewiss ist. Aus dieser Definition sind die Merkmale der **abstrakten Passivierungsfähigkeit** herzuleiten. Das sind:

1. Wirtschaftliche Verpflichtung gegenüber Dritten.

2. Wirtschaftliche Belastung.

3. Quantifizierbarkeit der Höhe und der Wahrscheinlichkeit des Eintretens der Leistung.

Zu 1.: Merkmal „wirtschaftliche Verpflichtung gegenüber Dritten"

Der Terminus „wirtschaftliche Verpflichtung" ist das Pendant zu dem Begriff „wirtschaftliches Eigentum". Er bringt zum Ausdruck, dass für

---

[92] **Ausschüttungssperre** heißt: Bei Inanspruchnahme der Bilanzierungshilfen dürfen nur dann Gewinne ausgeschüttet werden, wenn die nach der Ausschüttung verbleibenden und jederzeit auflösbaren Gewinnrücklagen zuzüglich eines Gewinnvortrages oder abzüglich eines Verlustvortrages dem aktivierten Betrag der Bilanzierungshilfen mindestens entsprechen.

den bilanziellen Ausweis einer Schuld nicht nur die rechtliche Verpflichtung, sondern auch die faktische Verpflichtung zu einer Leistung maßgebend ist. Eine faktische Leistungsverpflichtung besagt, dass die Verpflichtung zur Leistung auf einem wirtschaftlichen, sozialen oder sittlichen Zwang beruht, dem sich die Unternehmung nicht entziehen kann, auch wenn die Leistung als solche nicht einklagbar ist. Zu denken ist an Garantieleistungen aus Kulanz oder vertraglich nicht vereinbarte Pensionszahlungen. An das Bestehen einer faktischen Verpflichtung sind strenge Anforderungen zu stellen.

Zu 2.: Merkmal „wirtschaftliche Belastung"

Bei gegenseitigen Verträgen (z.B. Kaufvertrag) entsteht die wirtschaftliche Belastung in der Regel dann, wenn der Vertragspartner seine Leistung erbracht hat und die eigene Leistung noch geschuldet wird. Wurde der gegenseitige Vertrag abgeschlossen, hat ihn jedoch noch keine Seite erfüllt, so besteht eine wirtschaftliche Belastung evtl. dann, wenn aus der Abwicklung solcher „schwebenden Geschäfte" Verluste drohen.[93]

Neben diesen Verbindlichkeiten aus gegenseitigen Verträgen können Verbindlichkeiten auch ohne Gegenleistung entstehen. Das sind einmal Schulden aus freiwillig eingegangenen (also faktischen) Verpflichtungen oder zum anderen Ereignisse, Umstände oder Tatbestände, die zu Ansprüchen Dritter führen. Zu nennen sind Schadenszuführungen und Verpflichtungen zu Schadensersatzleistungen oder Tatbestände, aus denen das Entstehen einer Steuerschuld resultiert.

Zu 3.: Merkmal „Quantifizierbarkeit der Höhe und der Wahrscheinlichkeit des Eintretens der wirtschaftlichen Belastung"

Dieses Merkmal ist erfüllt, wenn die Höhe und der Zeitpunkt einer Verbindlichkeit entweder feststehen oder abschätzbar sind. Ist das Eintreten einer wirtschaftlichen Belastung sicher und in der Höhe eindeutig quantifizierbar, so liegt eine passivierungsfähige Verbindlichkeit vor. Besteht jedoch Ungewissheit über die Höhe der zukünftigen Ausgaben und/oder über das Be- oder Entstehen der Verpflichtung, so sind die Voraussetzungen für die Rückstellungsbildung für ungewisse Verbindlichkeiten und drohende Verpflichtungsüberschüsse (= **Schuldrückstellungen** bzw. **Drohverlustrückstellungen**) gegeben.

Die Erfüllung vorstehender Merkmale der **abstrakten Passivierungsfähigkeit** führt zur **Passivierungspflicht**, wenn dieser nicht konkrete Passivierungsverbote oder Passivierungswahlrechte entgegenstehen. In § 246,1 HGB wird der Grundsatz aufgestellt, dass sämtliche Schulden (einschießlich Schuldrückstellungen) passivierungspflichtig sind, soweit

---

[93]   Im Einzelnen vgl. *Friederich* [1975].

im Gesetz nichts anderes bestimmt wird.[94] Diese Ausweispflicht schließt ein, dass eine Saldierung von Aktiv- und Passivposten oder die Aufrechnung von Grundstücksrechten und Grundstückslasten unzulässig ist (§ 246,2 HGB). Eine Ausnahme von der Passivierungspflicht bilden die Posten nach § 247,3 HGB, die für Zwecke der Steuern vom Einkommen und Ertrag gebildet werden. Werden solche nach dem Steuerrecht zulässigen Passivposten in der Handelsbilanz angesetzt, dann sind sie als „Sonderposten mit Rücklageanteil" auszuweisen und nach Maßgabe des Steuerrechts aufzulösen.

> **Aufwandrückstellungen (im engeren Sinn)**

Für die Bildung einer Schuldrückstellung waren die Merkmale für das Vorliegen einer wirtschaftlichen Verpflichtung maßgebend. Daneben kennen die Bilanzlehre und die Bilanzierungspraxis Rückstellungen, für deren Bildung allein die Aufwandverursachung und nicht eine Leistungsverpflichtung gegenüber Dritten relevant ist. Sie werden als Aufwandrückstellungen bezeichnet. Aufwandrückstellungen erfassen sog. „Innenverpflichtungen" und dienen primär der periodengerechten Erfolgsermittlung.[95]

Das HGB nennt in § 249 HGB neben den Schuldrückstellungen für ungewisse Verbindlichkeiten und Rückstellungen für drohende Verluste aus schwebenden Geschäften (= passivierungspflichtig) erschöpfend einen Katalog von vier weiteren Rückstellungsarten, die ihrem Charakter nach Aufwandrückstellungen sind, nämlich:

- für im Geschäftsjahr unterlassene Aufwendungen für Instandhaltung, die im folgenden Geschäftsjahr innerhalb von drei Monaten, oder für Abraumbeseitigung, die im folgenden Geschäftsjahr nachgeholt werden (Ansatzpflicht);

- für Gewährleistungen, die ohne rechtliche Verpflichtung erbracht werden (Ansatzpflicht);

- für im Geschäftsjahr unterlassene Aufwendungen für Instandhaltung, die nach Ablauf der vorstehend erwähnten Frist von drei Monaten, aber noch innerhalb des Geschäftsjahres nachgeholt werden (Ansatzwahlrecht);

---

[94] Auch bezüglich der **Erfassung privater Schulden** in der Bilanz bestand in der Vergangenheit eine Diskussion. Nach herrschender Meinung sind private Schulden weder passivierungsfähig noch passivierungspflichtig. Vgl. *Hüttemann* [1970], S. 29-34.

[95] Schuldrückstellungen erfassen auch Aufwendungen, jedoch sind nicht alle Schuldrückstellungen Aufwandrückstellungen. Daher werden Rückstellungen, die nicht zugleich Schuldrückstellungen sind, auch als „**Aufwandrückstellungen im engeren Sinn**" bezeichnet.

- für ihrer Eigenart nach genau umschriebene, dem Geschäftsjahr oder einem früheren Geschäftsjahr zuzuordnende Aufwendungen, die am Bilanzstichtag wahrscheinlich oder sicher, aber hinsichtlich ihrer Höhe oder des Zeitpunkts ihres Eintritts unbestimmt sind (Ansatzwahlrecht).

Die Beschränkung des gesetzlichen Rückstellungskatalogs ergibt sich aus der Gefahr der Bilanzierung „fiktiver" Rückstellungen, die verbunden ist mit der generellen Schwierigkeit, Rückstellungen präzise zu definieren. Die Notwendigkeit der willkürfreien Bildung von Aufwandrückstellungen zur Erfassung von Innenverpflichtungen führt zu der Forderung nach deren bilanziellen **Greifbarkeit**. Damit ist gemeint, dass aus Objektivierungsgründen eine greifbare Innenverpflichtung nur gegeben ist, wenn die der Verpflichtung zu Grunde liegende Maßnahme (z.B. unterlassene Instandhaltung) für die Unternehmensfortführung zwingend ist und in einem engen zeitlichen Rahmen (so im nächsten Geschäftsjahr) und Zusammenhang nachgeholt wird.

β. Bewertungsgrundsätze

Die Gesamtheit der auf die Bewertung bezogenen GoBil kann in drei Grundsätze eingeteilt werden, und zwar:

1. das Realisationsprinzip,
2. das Imparitätsprinzip,
3. das Prinzip der vorsichtigen Bewertung.

Nachstehend ist auf die genannten GoBil näher einzugehen.

zu 1: Das Realisationsprinzip

Es besagt, wann und in welcher Höhe Ausgaben und Einnahmen aus abgeschlossenen, erfolgswirksamen Vorgängen im Jahresabschluss als Reinvermögensminderung (Aufwand) bzw. Reinvermögensmehrung (Ertrag) zu verrechnen sind. Hiernach sind nur realisierte Aufwände (Verluste) und Erträge (Gewinne) auszuweisen, und zwar ohne Rücksicht auf den Zeitpunkt des Anfalles der Einnahmen und der Ausgaben. Das Realisationsprinzip findet in § 252,1 Nr. 4 und 5 HGB seinen Niederschlag. Nach Konvention werden allgemein Aufwände

- beim Abgang (Verbrauch) von Vermögensgegenständen, bei der Inanspruchnahme von entgeltlichen Dienstleistungen und bei der Entrichtung von Betriebssteuern sowie
- beim Zugang von Verpflichtungen ohne (aktivierungsfähige) Gegenleistung

als realisiert angesehen. Die Ertragsrealisation entsteht allgemein

- bei Lieferung und Leistung,
- beim Zugang unentgeltlich erworbener Vermögensgegenstände,

- bei der Verminderung oder dem Wegfall von Verpflichtungen und

- bei Werterhöhungen von Vermögensgegenständen, soweit diese frühere als Aufwand verrechnete Wertänderungen rückgängig machen.

Soweit eine Lieferung und Leistung in selbständige Teilleistungen zerlegt ist, die gesondert erfasst und abgerechnet werden, kann eine **Teilerfolgsrealisation** vorgenommen werden, falls eine Erfolgsverrechnung in späteren Perioden ein unzutreffendes Bild von der Ertragslage vermitteln würde. Das gilt insbesondere für ständig wiederkehrende Leistungen, wie z.B. Versicherungsleistungen oder Kapitalleistungen. Diese Abgrenzungsregeln setzen allerdings voraus, dass die Erfolgsrealisationen objektiv erkennbar sind. Das bedeutet z.B., dass feste vertragliche Vereinbarungen bestehen, die Lieferungen und Leistungen abrechnungsfähig sind und die Erhöhung oder Verringerung von Verbindlichkeiten bzw. die Wertänderungen der Vermögenspositionen eindeutig feststehen.

International werden darüber hinaus zwei weitere Methoden im Zusammenhang mit der Frage der Gewinnrealisierung bei langfristiger Fertigung diskutiert, und zwar die

- Gewinnvereinnahmung entsprechend dem Grade der Fertigstellung (**percentage of completion method**) und die

- Gewinnrealisierung bei Lieferung und Abnahme der Gesamtleistung und damit Erfüllung des gesamten Vertrages (**completed contract method**).

Im Gegensatz zur deutschen Vorgehensweise wird im angloamerikanischen Bereich und in internationalen Verlautbarungen (IAS 11 des *IASC*) die mit dem Grade der Fertigstellung entsprechende anteilige Vereinnahmung der Gewinne (percentage of completion) als GoB angesehen. Gemäß IAS 11 ist bspw. bei Festpreisverträgen verpflichtend die Gewinnvereinnahmung entsprechend dem Grade der Fertigstellung anzuwenden, wenn der Gesamterlös zuverlässig geschätzt werden kann, der Zufluss des wirtschaftlichen Nutzens aus dem Vertrag wahrscheinlich ist und die noch anfallenden Kosten, der Fortschritt der Leistungserstellung und die Gesamtkosten des Fertigungsauftrags zuverlässig bestimmt werden können. Der wesentliche Vorteil dieser Vorgehensweise ist in der gleichmäßigen und periodengerechten Darstellung der Erfolgslage des Unternehmens sowie der damit verbundenen Informationsvermittlung des Jahresabschlusses zu sehen. Allerdings sprechen gegen die anteilige Gewinnvereinnahmung die vor der Abnahme und Abrechnung vorhandenen Risiken aufgrund der Unsicherheit über die Höhe von Umsatz, Auftragskosten und Ergebnis und die damit verbundene Gefahr einer Beeinträchtigung der Kapitalerhaltungsfunktion des Jahresabschlusses. Die percentage of completion method ist deshalb als nicht vereinbar mit dem Vorsichts- und dem Realisationsprinzip des deutschen Handelsrechts anzusehen.[96] Im Gegensatz hierzu steht die completed contract method grundsätzlich im Einklang mit dem Realisationsprinzip, da die Gewinne aus dem Auftrag erst nach Lieferung bzw. Abnahme der Gesamtleistung ausgewiesen werden. Bei Anwendung dieser Methode spiegelt das periodisch dargestellte Ergebnis allerdings nicht den Umfang der Auftragstätigkeit während der Rechnungsperiode wider.[97]

Aus dem Realisationsprinzip ergibt sich, dass ein Anschaffungsvorgang als Vermögensumschichtung im Prinzip erfolgsneutral zu behandeln ist. Ausnahme: Erfolgsbestandteile in **Forderungen aus Lieferungen und Leistungen.** Hier gelten nach Konvention Erfolgsbestandteile bei Lieferungen von Sachgütern im Zeitpunkt der Lieferung und bei Diensten bei Beendigung der Dienstleistung als realisiert, vorausgesetzt, Lieferung und Leistung erfolgen aufgrund einer festen vertraglichen Vereinbarung, und der Wille des Empfängers, die Lieferung oder Leistung abzunehmen, ist objektiv erkennbar.

Das Prinzip der erfolgsneutralen Behandlung von Anschaffungsvorgängen führt dazu, dass fremdbezogene bzw. selbsterstellte Vermögensgegenstände mit den Anschaffungs- oder Herstellungskosten zu bilanzieren sind. Es beinhaltet aber auch, dass das in § 253 HGB angesprochene **Anschaffungswertprinzip** zur Bestimmung der Anschaffungs- und Herstellungskosten aus dem Realisationsprinzip zu deduzieren ist. Dem Anschaffungswertprinzip zufolge stellt jeder von den tatsächlichen, d.h. den historischen Anschaffungs- oder Herstellungskosten abweichende Ansatz bei der Bestimmung des Wertes eines Zuganges auf einem aktiven Bestandskonto eine unzulässige Bewertung dar. Legt man also bei der Berechnung der Anschaffungs- oder Herstellungskosten Wiederbeschaffungs- oder Planwerte zu Grunde, so wird damit vom Anschaffungswert- bzw. Realisationsprinzip abgewichen.

Das Realisationsprinzip und das daraus abgeleitete Anschaffungswertprinzip sind auch für die Nachprüfbarkeit der Rechnungslegung bedeutsam. Das Motiv der Nachprüfbarkeit führt zur Kodifizierung des **Grundsatzes der Einzelerfassung** und **Einzelbewertung** in § 252,1 Nr. 3 HGB, der eine individuelle Zuordenbarkeit von tatsächlichen (d.h. der entstandenen) Anschaffungs- oder Herstellungskosten und den einzelnen zu aktivierenden Vermögensgegenständen verlangt. Diese Anforderung an die Zuordenbarkeit wird auch als **Identitätsprinzip** bezeichnet. Durch den Grundsatz der Einzelerfassung und Einzelbewertung der Vermögensgegenstände und Schulden soll neben der Möglichkeit des Identitätsnachweises auch sichergestellt werden, dass zwischen den einzelnen Vermögensgegenständen kein Bewertungsausgleich erfolgt. Es sollen z.B. notwendige Abschreibungen oder Abwertungen nicht deshalb unterbleiben, weil anderen Vermögensgegenständen ein

---

[96]   Vgl. *Busse von Colbe* [1992], Sp. 1200-1202 sowie *Schruff* [1993], S. 407.

[97]   Vgl. *Wysocki* [1995], S. 91.

höherer Wert beizulegen ist. Das Prinzip, die Vermögensgegenstände und Schulden einzeln zu bewerten, ist des Weiteren von der Auffassung geprägt, dass die Einzelerfassung und Einzelbewertung gegenüber jeder Form der kollektiven Erfassung und Bewertung den (zumindest theoretischen) Vorzug der größeren Genauigkeit hat.

Allerdings ist der Grundsatz der Einzelerfassung und Einzelbewertung faktisch nicht immer realisierbar oder mitunter nur unter Inkaufnahme erheblicher Unwirtschaftlichkeiten zu verwirklichen. So ist die Angemessenheit des derivativen Firmenwertes nur durch eine kollektive Bewertung der Sachgesamtheit „Unternehmung" zu beurteilen, oder es kann die Zuordnung von individuellen Anschaffungs- oder Herstellungskosten zu Vermögensgegenständen zu organisatorischen Schwierigkeiten und erheblichen Kosten führen, wenn eine Vielzahl gleichartiger Vermögensgegenstände zu bewerten ist, die zu verschiedenen Zeiten zu verschiedenen Preisen gekauft und im Zeitablauf in unterschiedlicher Höhe verbraucht wurden. Deshalb sind unter bestimmten Voraussetzungen Abweichungen vom strengen Grundsatz der Einzelerfassung und Einzelbewertung möglich und gesetzlich kodifiziert, wie in §§ 240,3 und 4, 241,1 und 256 HGB.[98] Wenn hierdurch auch der Grundsatz der Einzelerfassung und Einzelbewertung eine Einschränkung erfährt, so bleibt dennoch festzuhalten, dass dadurch das Identitätsprinzip nicht völlig bedeutungslos geworden ist, denn soweit berechtigterweise eine pauschalierte Erfassung und Bewertung erfolgt, müssen die Bilanzansätze aus den Büchern des Rechnungslegenden hergeleitet sein.

Neben diesen zulässigen Abweichungen aus Vereinfachungsgründen werden zunehmend Abweichungen vom Grundsatz der Einzelerfassung und Einzelbewertung diskutiert, die das Ziel haben, wirtschaftlich zusammenhängende Bewertungsobjekte bilanziell als eine Bewertungseinheit zu behandeln. Dadurch soll ein Ausweis fiktiver Verluste vermieden werden. Aus dem Prinzip der Einzelbewertung resultieren fiktive Verluste, wenn objektgebundene Risiken nur isoliert erfasst werden und ein objektübergreifender Risikoausgleich aus dem Ertrag wirtschaftlich zugehöriger Bewertungsobjekte nicht berücksichtigt wird. Der Ausweis fiktiver Vermögensminderungen wird vermieden, wenn ein objektübergreifender Risikoausgleich durch die Zusammenfassung wirtschaftlich verknüpfter Bewertungsobjekte zu einer Bewertungseinheit stattfindet. Diese Zusammenfassung zum Zweck der Wertbestimmung erfolgt (gedanklich) jeweils am Abschlussstichtag. Man spricht in diesem Zusammenhang von der Bildung „geschlossener Positionen", der Anwendung des „gemilderten Einzelwertprinzips" oder einer „kompensatorischen Bewertung" bzw. einer „Paketbetrachtung". In der einfachsten Form resultiert eine solche Bewertungseinheit aus der Absicherung bestimmter Bestände oder einzelner schwebender Geschäfte. In diesen Fällen besteht zwischen dem risikobegründenden Grundgeschäft und dem risiko- bzw. wertkompensierenden Deckungsgeschäft ein fundamentaler

---

[98]   Vgl. im Einzelnen *Buchner* [1996], S. 196-208.

Zusammenhang. Bedeutsame Beispiele sind die Absicherung von Forderungen durch eine die Forderungsrisiken abdeckende Delkredereversicherung[99] oder die Kurssicherung von Fremdwährungsgeschäften durch Devisentermingeschäfte[100] bzw. durch andere Formen des Finanz-Hedging[101] oder Matching[102]. Das Problem und die bilanzielle Zulässigkeit der Bildung von Bewertungseinheiten sind noch nicht abschließend geklärt. Nach h.M. ist die Bildung von Bewertungseinheiten zulässig;[103]

---

[99] Bei einer engen Auslegung des Einzelbewertungsgrundsatzes wäre der infolge einer Zahlungsunfähigkeit eines Schuldners anfallende drohende Verlust zu erfassen, während der diesen kompensierende Ertrag aus der Delkredereversicherung vor dem Realisationszeitpunkt nicht berücksichtigt werden dürfte. Würden Grund- und Deckungsgeschäft nicht zu einer Bewertungseinheit zusammengefasst, so käme es zu dem Ausweis eines fiktiven Verlustes (vgl. *Groh* [1986], S. 873).

[100] Bei der Risikokompensation durch Devisentermingeschäfte erfolgt die Absicherung des Währungsrisikos durch ein schwebendes Geschäft. Durch das Termingeschäft wird zur Absicherung einer Valutaforderung bzw. Valutaverbindlichkeit in gleicher Höhe ein währungsgleicher Betrag zu einem fixierten Kurs gekauft oder verkauft mit der Maßgabe, dass dieses Geschäft erst zu einem späteren Zeitpunkt (dem Fälligkeitstermin der Valutaforderung / -verbindlichkeit) abgewickelt werden soll.

[101] Beim Finanz-Hedging in Form des Mikro-Hedging erfolgt die Kompensation des Kursrisikos durch den Abschluss eines Gegengeschäftes in gleicher Währung (Kreditaufnahme bzw. Geldanlage), wodurch eine zu bilanzierende Position mit zum individuellen Grundgeschäft entgegengesetzten Kursverlauf geschaffen wird. Neben dem Mikro-Hedging werden auch das Makro-Hedging und seine Weiterführung, das Portfolio-Hedging, in ihrer Eignung zur Bildung von Bewertungseinheiten analysiert. Hierbei handelt es sich um eine globale Risikokompensation, bei der auf die individuelle Absicherung der Risiken verzichtet und eine Vielzahl von Fremdwährungsgeschäften als Bewertungseinheit betrachtet wird. Diese Vorgehensweise findet keine Anerkennung für Handelsbilanzen von Nichtkreditinstituten (*Burkhardt* [1988], S. 206-218; *Scharpf* [1995], S. 199-206; *Küting/Weber* [1995], S. 364 Rz. 857).

[102] Matching beinhaltet ebenfalls eine Kurssicherung durch bilanzielle Gegenpositionen und ist gegeben, wenn Forderungen und Verbindlichkeiten auf die gleiche Währung lauten, in der Höhe übereinstimmen oder aufeinander abgestimmt werden, aber aus unterschiedlichen Grundgeschäften stammen. Hierdurch wird die gleiche Kompensationswirkung erreicht wie beim Finanz-Hedging. In der Literatur wird jedoch bestritten, dass ein zwar sicherer, jedoch auf zufälligem (beliebigem) Zusammenhang beruhender kompensatorischer Ausgleich für die Bildung von Bewertungseinheiten zulässig ist. Es wird vielmehr strikt ein unmittelbarer kausaler Zusammenhang zwischen Grund- und Deckungsgeschäft gefordert (vgl. *Beck'scher* Bilanz-Kommentar [2003], § 252 Rz. 22-24; a.A. wohl *Leffson* [1987], S. 290-293; *Adler/Düring/Schmaltz* [1995], Teilband 1 (1995), § 253 Rz. 103-115).

[103] Nach dem geänderten Entwurf einer Verlautbarung des HFA (1986) ist im Falle von Valutageschäften sowohl eine Behandlung nach dem strengen Einzelbewertungsprinzip als auch nach dem gemilderten Einzelbewertungs-

zum Teil wird eine Pflicht zur Bildung von Bewertungseinheiten gesehen.[104] An diese Zusammenfassung wirtschaftlich verknüpfter Geschäftsfälle zu einer Bewertungseinheit werden aber strenge Anforderungen gestellt. Als solche werden genannt:[105]

- Vollständige und richtige Dokumentation und organisierte Überwachung der geschlossenen Positionen;

- Grund- und Deckungsgeschäft müssen greifbar sein, also rechtswirksam bestehen;

- Grund- und Deckungsgeschäft müssen dem gleichen Ursachenkomplex unterliegen (= Prinzip der homogenen Beeinflussung von Gewinnchance und Verlustrisiko);

- vollständige betrags- und zeitmäßige Kompensation von Verlust und Gewinn (= Prinzip der vollständigen Kompensation) und keine wesentliche Beeinträchtigung der zu erwartenden Zahlungen durch andere Risiken (z.B. Bonitätsrisiken).

Schließlich ist das **Realisationsprinzip** für die Erfassung verursachter und realisierter, aber nicht verausgabter Aufwände bzw. vereinnahmter Erträge einer Rechnungslegungsperiode von Bedeutung.[106] Sind die mit den Erträgen verbundenen Einnahmen bzw. die mit den Aufwänden verbundenen Ausgaben der Höhe und dem Zeitpunkt der Fälligkeit nach bekannt, so führt das an sich zur Bildung antizipativer Rechnungsabgrenzungsposten. Antizipative Rechnungsabgrenzungsposten dürfen nach § 250 HGB grundsätzlich nicht als gesonderte Bilanzpositionen ausgewiesen werden. Damit ist den Rechnungsabgrenzungsposten die Bilanzierungsfähigkeit aber nicht schlechthin versagt. Sie sind vielmehr unter artverwandten Positionen (Forderungen, Verbindlichkeiten) auszuweisen. Können die dem Aufwand entsprechenden später anfallenden Ausgaben hinsichtlich der Höhe oder des Zeitpunktes der Fälligkeit nur

---

prinzip zulässig, denn: „hinsichtlich der Berücksichtigung von Deckungsgeschäften kann derzeit für die Bewertung bei der Erstverbuchung bzw. bei der Bilanzierung eine einheitliche Übung nicht festgestellt werden" (vgl. *IdW* [1986]).

[104] Vgl. *Kupsch* [1992], S. 356-357; *Wlecke* [1989], S. 179-185 und die dort angeführte Literatur.

[105] Vgl. *Burkhardt* [1988], S. 218-219.

[106] Diese Formulierung deckt sich mit dem in der Literatur öfters erwähnten **„Verursachungs-,"** oder **„Kausalitätsprinzip"**, nach dem einzelnen Abrechnungszeiträumen nur der Aufwand und Ertrag zuzurechnen ist, der in ihnen verursacht wurde. Der Begriff „Kausalität" ist jedoch umstritten (vgl. *Kühnemund* [1970]). In der Literatur wird daher vorgeschlagen, erfolgswirksame Einnahmen und Ausgaben nicht „kausal", sondern „final" den Perioden als Ertrag und Aufwand zuzurechnen (= **Finalprinzip**). Vgl. *Böse* [1973], S. 65-70; zum Gegensatz Finalprinzip und Kausalitätsprinzip vgl. auch *Steinbach* [1973], S. 76-77.

geschätzt werden, so sind nach dem Realisationsprinzip dafür Passivposten in Form von Rückstellungen zu bilden. Man spricht dann von Aufwandrückstellungen i.w.S. Soweit mit den zu antizipierenden Ausgaben Verpflichtungen an Dritte verbunden sind, stellen diese Aufwandrückstellungen gleichzeitig auch Verbindlichkeits- oder Schuldrückstellungen dar.

zu 2: Das Imparitätsprinzip (Grundsatz der Verlustantizipation)

Dieser Grundsatz hat die Aufgabe der erfolgswirksamen Antizipation unrealisierter Aufwände, die nach dem Realisationsprinzip erst in künftigen Geschäftsjahren berücksichtigt würden. Das Imparitätsprinzip bezieht sich nur auf solche Aufwände, die ihrem Wesen nach als „Elementarverluste"[107] oder als Aufwände bei „erfolgswirksamen Einzelvorgängen"[108] in Erscheinung treten. Das bedeutet aber auch, dass das Imparitätsprinzip nicht greift, wenn der umsatzbezogene Jahreserfolg durch negative, elementare Erfolgsbeiträge verkürzt wird, die aufgrund eines unmittelbaren Zusammenhangs mit zukünftigen Elementarerfolgen kompensiert werden. Dieser, die Reichweite des Imparitätsprinzips eingrenzende Gesichtspunkt, wird als **Prinzip der Verlustkompensation** bezeichnet und ist insbesondere für kursgesicherte Fremdwährungsgeschäfte von Bedeutung. Diese Einschränkung des Saldierungsverbots gegensätzlicher Wertänderungen ist an die im Rahmen der Bildung von Bewertungseinheiten genannten Voraussetzungen gebunden (s. vorhergehender Abschnitt).

Das Imparitätsprinzip ist in § 252,1 Nr. 4 HGB kodifiziert, wonach vorhersehbare Risiken und Verluste zu berücksichtigen sind, selbst dann, wenn diese erst zwischen dem Bilanzstichtag und dem Bilanzerstellungstag bekannt werden. Unrealisierte Aufwände sind im Gegensatz zu realisierten Aufwänden stets der Höhe nach nicht genau bekannt. Sie entstehen

• aus Wertminderungen an Gegenständen des Bilanzvermögens,

• aus wirtschaftlichen Verpflichtungen mit Verlustcharakter und

• aus Werterhöhungen von Valutaverbindlichkeiten.

Das führt dazu, dass das Imparitätsprinzip in zwei Unterprinzipien gegliedert werden kann, nämlich zum einen in das **Prinzip der verlust-**

---

107 Hiermit ist der aus einem einzelnen erfolgswirksamen Vorgang entstehende Verlust (**Elementarerfolg**) gemeint. Elementarerfolgsvorgänge können etwa folgende erfolgbringende Einzelakte sein: Einkauf und Verkauf einer Wareneinheit, Herstellung und Absatz einer Produkteinheit, Einkauf und Verkauf einer Wertpapiereinheit. Man spricht auch von „einzelgeschäftlichen" Verlusten. Vgl. hierzu *Böse* [1973], S. 170-172.

108 So z.B. das Entstehen einer Haftpflicht und die Zahlung an den Geschädigten.

freien Bewertung und zum anderen in das **Prinzip der finanziellen Vorsorge.**[109]

Das Prinzip der finanziellen Vorsorge erfüllt die Funktion der nominellen Kapitalerhaltung durch Rückstellungsbildung. Dabei ist zwischen „Rückstellungen für drohende Verluste aus schwebenden Absatzgeschäften", den „Rückstellungen für drohende Verluste aus Dauerschuldverhältnissen" und den „Rückstellungen für ungewisse Verbindlichkeiten" zu unterscheiden. Diesen Rückstellungsarten ist gemeinsam, dass sie auf Drittverpflichtungen beruhen.

Die Rückstellungen für drohende Verluste aus schwebenden Absatzgeschäften berücksichtigen den **Verpflichtungsüberschuss** aus beiderseits noch nicht erfüllten Verträgen. Die Bewertung der Rückstellungen für Verluste aus schwebenden Absatzgeschäften bemisst sich daher nach der Differenz aus den Nettoerlösen und den ggf. höheren Aufwänden, die aus der Abwicklung der zweiseitig noch unerfüllten Lieferungs- und Leistungsverträge erwartet werden. Ein Verpflichtungsüberschuss kann auch bei Dauerschuldverhältnissen - wie bei Miete, Pacht, Dienstverträgen u.ä. - entstehen, wenn der Wert der eigenen Verpflichtung den Wert des Anspruchs auf Gegenleistung übersteigt (Restwertbetrachtung). Das ist z.B. dann der Fall, wenn ein Leasingnehmer den geleasten Gegenstand nicht mehr wirtschaftlich nutzen kann bzw. die Leasingraten nicht mehr zu erwirtschaften vermag. Ein solcher drohender Verlust aus einem schwebenden Dauerschuldverhältnis ist durch Bildung einer Rückstellung zu berücksichtigen. Bei Rückstellungen für ungewisse Verbindlichkeiten handelt es sich um (unkompensierte) wirtschaftliche Verpflichtungen an Dritte, die ohne (saldierbare) Gegenleistung aus Aktivitäten des Bilanzierenden entstanden sind und deren wirtschaftliche Verursachung in der abzuschließenden Periode oder einer früheren Periode liegt. Ungewisse Verbindlichkeiten sind mit dem Betrag zu passivieren, den der Bilanzierende voraussichtlich aufwenden muss, um sich von einer wirtschaftlichen Verpflichtung zu befreien.

Während das Prinzip der finanziellen Vorsorge wirtschaftliche Verpflichtungen mit Verlustcharakter erfasst, greift das **Prinzip der verlustfreien Bewertung** dann, wenn Minderungen des Wertes von Aktivgütern bzw. Erhöhungen der Ablösungsbeträge von Verbindlichkeiten zu antizipieren sind. Das Prinzip der verlustfreien Bewertung ist in § 253 HGB geregelt und führt bei schwebenden Beschaffungsgeschäften zu einer Rückstellungsbildung, wenn im Falle einer vor dem Abschlussstichtag erfolgten Lieferung eine Abschreibung nach § 253,3 S. 1 und 2 HGB geboten wäre.

---

[109] Vgl. *Koch* [1957].

zu 3: Das Prinzip der vorsichtigen Bewertung

Die Ungewissheit der Zukunft bewirkt, dass für eine Anzahl von Bilanzpositionen nicht nur ein einziger Wert, sondern vielmehr eine Bandbreite möglicher Wertansätze denkbar ist. Die ältere Bilanzlehre verbindet mit dem Grundsatz vorsichtiger Bewertung die Vorstellung, Aktivgüter möglichst niedrig und Passivgüter möglichst hoch zu bewerten. Im Zweifel, so meint man, solle der Bilanzierende sich eher ärmer rechnen, als er wirklich ist. Eine solche Auslegung des Prinzips der vorsichtigen Bewertung wird in der neueren Literatur überwiegend abgelehnt. Es wird eingewendet, dass es nicht Zweck vorsichtiger Bewertung sein kann, die willkürliche Legung stiller Rücklagen zu legitimieren und dadurch den Informationsgehalt des Jahresabschlusses einzuschränken. Vielmehr müssten solche aktiven bzw. passiven Wertansätze gewählt werden, die mit hinreichender Sicherheit nicht unter- bzw. überschritten werden. Liegen objektive statistische Wahrscheinlichkeiten für die alternativen Zukunftslagen vor, so soll die Bilanzierung mit dem mathematischen Erwartungswert erfolgen, während im Falle subjektiver Wahrscheinlichkeiten der Wert anzusetzen ist, der mit einer bestimmten, als hinreichend erachteten Wahrscheinlichkeit nicht unterschritten wird.[110]

γ. Abgrenzungsgrundsätze

Nach *Leffson* legen die Grundsätze der Abgrenzung der Rechnungsperiode fest,

- welche Aufwände gem. dem Realisationsprinzip periodisierten Einnahmen (Erträgen) als Gegenposten zuzurechnen sind (= Abgrenzung der Sache nach) und

- wie Aufwände und Erträge nach ihrem zeitlichen Anfall zu berücksichtigen sind (= Abgrenzung der Zeit nach).[111]

Nach dem **Grundsatz der Abgrenzung der Sache nach** sollen den Erträgen die durch sie verursachten bzw. ihnen entsprechenden Aufwände gegenübergestellt werden, soweit sie zuordenbar sind. Aufwände, die sich auf diese Weise nicht periodisieren lassen, sind dem Zeitanfall entsprechend den einzelnen Rechnungsperioden zuzuordnen.

Der **Grundsatz der Abgrenzung der Zeit nach** ergänzt das Realisations- und Imparitätsprinzip und regelt die Periodisierung der zeitraumbezogenen sowie der außerordentlichen Erfolgsbeiträge. Der Grundsatz besagt, dass zeitraumbezogene erfolgswirksame Einnahmen und Ausgaben den einzelnen Rechnungsperioden pro rata temporis zuzurech-

---

110 Vgl. zur kritischen Bewertung dieser Ansicht *Velten* [1984], S. 25-40. Umfassend zum Prinzip der vorsichtigen Bewertung vgl. *Heizmann* [1993].

111 Vgl. *Leffson* [1987], S. 299-331.

nen sind, und dass außerordentliche Erfolgsbeiträge in der Periode zu verrechnen sind, in der sie anfallen.

Zeitraumbezogene Einnahmen und Ausgaben führen zur Bildung sog. Posten der Rechnungsabgrenzung, wenn Zahlungsvorgang und Leistungsvorgang nicht in eine Rechnungsperiode fallen. Diese **Rechnungsabgrenzungsposten** dienen der periodenrichtigen Erfolgsermittlung, indem sie die Rechnungsperioden so gegeneinander abgrenzen, dass jeder Periode die Aufwände und Erträge zugerechnet werden, die durch sie verursacht worden sind. Nach der periodischen Zurechnung sind zu unterscheiden:

- Ausgaben und Einnahmen vor dem Abschlussstichtag, die wirtschaftlich eine bestimmte Zeit nach dem Abschlussstichtag betreffen (z.B. im voraus bezahlte Löhne oder im voraus erhaltene Zinsen),[112]

- Ausgaben und Einnahmen, die erst nach dem Abschlussstichtag anfallen, aber wirtschaftlich die Zeit davor betreffen (z.B. noch zu zahlende Löhne oder noch nicht erhaltene Zinsen).

Bei Vorliegen solcher Sachverhalte wäre ohne die Vornahme einer Rechnungsabgrenzung der Periodenerfolg zu hoch oder zu niedrig. Wäre er zu hoch, so wird der Periodenerfolg durch Ansatz eines Passivpostens in der Bilanz (= passive Rechnungsabgrenzung) korrigiert; wäre er zu niedrig, so wird zur Berichtigung ein aktiver Rechnungsabgrenzungsposten in die Bilanz eingesetzt.

Rechnungsabgrenzungsposten, die einen Zahlungsvorgang in der Vergangenheit erfolgsrechnerisch korrigieren, werden als transitorische Rechnungsabgrenzungsposten bezeichnet. Der Leistungsvorgang (Aufwand oder Ertrag) liegt bei transitorischen Rechnungsabgrenzungsposten in Perioden nach dem Abschlussstichtag. Antizipative Posten ergeben sich, wenn der Zahlungsvorgang nach dem Abschlussstichtag und der Leistungsvorgang (Aufwand oder Ertrag) vor dem Abschlussstichtag liegen. Der Zahlungsvorgang wird durch die Bildung eines Rechnungsabgrenzungspostens in der Bilanz buchtechnisch vorweggenommen, d.h. antizipiert.

Somit ergeben sich vier verschiedene Posten der Rechnungsabgrenzung. Sie lassen sich durch folgende Übersicht veranschaulichen:

---

112 Das Merkmal „eine bestimmte Zeit" ist bedeutsam. Hierdurch werden Ausgaben und Einnahmen vor dem Abschlussstichtag, die aber eine „unbestimmte Zeit nach dem Abschlussstichtag" betreffen, abgegrenzt (z.B. Ausgaben für Reklame oder Entwicklung). Das führt zu den nichtabgrenzungsfähigen sog. Rechnungsabgrenzungsposten i.w.S. Vgl. Fall 9, S. 200.

	Aktive Abgrenzung (Erfolg ohne Abgrenzung zu niedrig)	**Passive Abgrenzung** (Erfolg ohne Abgrenzung zu hoch)
transito-risch	Ausgabe jetzt - Aufwand später (im Voraus bezahlte Löhne)	Einnahme jetzt - Erträge später (im Voraus erhaltene Zinsen)
antizipativ	Ertrag jetzt - Einnahme später (noch zu erhaltende Zinsen)	Aufwand jetzt - Ausgabe später (noch zu zahlende Löhne)

Die konkrete Bilanzierungsfähigkeit ist in § 250 HGB geregelt. Danach sind lediglich transitorische Rechnungsabgrenzungsposten im engeren Sinn bilanzierungsfähig, d.h. es dürfen nur Einnahmen und Ausgaben vor dem Abschlussstichtag ausgewiesen werden, soweit sie Aufwand bzw. Ertrag für eine bestimmte Zeit danach darstellen. Des Weiteren dürfen nach § 250,1 HGB auf der Aktivseite unter der Bezeichnung „Rechnungsabgrenzungsposten" ausgewiesen werden:

- als Aufwand berücksichtigte Zölle und Verbrauchsteuern, soweit sie auf am Abschlussstichtag auszuweisende Vermögensgegenstände des Vorratsvermögens entfallen,

- als Aufwand berücksichtigte Umsatzsteuer auf am Abschlussstichtag auszuweisende oder von den Vorräten offen abgesetzte Anzahlungen.[113]

Ist der Rückzahlungsbetrag einer Verbindlichkeit höher als der Ausgabebetrag, so darf nach § 250,3 HGB ferner der Unterschiedsbetrag (Damnum, Disagio) in den Rechnungsabgrenzungsposten auf der Aktivseite aufgenommen werden. Der so aktivierte Unterschiedsbetrag ist durch jährliche planmäßige Abschreibungen auf die Laufzeit der Verbindlichkeit zu verteilen.

Der Ausweis antizipativer Posten mit Hilfe antizipativer Rechnungsabgrenzungsposten ist nach § 250 HGB unzulässig.

δ. Ergänzende Grundsätze

Diese umfassen im Einzelnen:

(1) Die Grundsätze der Richtigkeit und Vollständigkeit

Der Grundsatz der Richtigkeit (mitunter auch als Bilanzwahrheit bezeichnet) wird im Rahmen der Darstellungen der GoBil zwar allgemein erwähnt, jedoch unterschiedlich charakterisiert. Verbreitet ist die Ansicht, dass der Jahresabschluss nicht absolut richtig (oder wahr), sondern nur relativ richtig (oder wahr) sein kann, und zwar in dem Sinn, dass der Jahresabschluss den kodifizierten wie nicht kodifizierten Auf-

---

113 Zur Kritik des Ausweises dieser Sachverhalte in dieser Bilanzposition vgl. *Schneider* [1986], S. 337-338.

stellungsregeln entspricht. Damit würde der Abschluss für den, der diese Aufstellungsregeln kennt, intersubjektiv nachprüfbar.

Der Grundsatz der Richtigkeit impliziert den **Grundsatz der Willkürfreiheit** dort, wo die intersubjektive Nachprüfbarkeit auf Grenzen stößt. Nach dem Grundsatz der Willkürfreiheit ist der Jahresabschluss dann so aufzustellen, dass der Bilanzierende persönlich von seiner Richtigkeit überzeugt ist. Das bedeutet, dass er bei Schätzungen keine Werte ansetzen darf, die er selbst für falsch hält oder mit denen er bei der Ausübung von Wahlrechten die Rechnungslegung willkürlich „schönt".[114]

Der Grundsatz der Richtigkeit verlangt die Beachtung des **Postulats der Vollständigkeit**. Dieses Postulat umfasst einmal die Berücksichtigung der sachlichen Vollständigkeit und zum anderen die vollständige Berücksichtigung aller erlangbaren werterhellenden und wertbegründenden Informationen bis zum Bilanzerstellungszeitpunkt.[115]

(2) Die Grundsätze der Wirtschaftlichkeit und Wesentlichkeit

Der Grundsatz der Richtigkeit und Vollständigkeit erfordert - je nach der Strenge, mit der er befolgt wird - verschieden hohe Kosten der mit dem Jahresabschluss verbundenen Informationsgewinnung. Der Gesichtspunkt der Wirtschaftlichkeit erfasst den Aspekt, dass eine Steigerung der Qualität der Informationsgewinnung nicht um ihrer selbst betrieben werden soll, sondern dass der durch eine Kostensteigerung bewirkte Informationszuwachs im Zusammenhang mit dem hieraus resultierenden Nutzenzuwachs gesehen werden muss.

Der Grundsatz der Wesentlichkeit ergänzt den Grundsatz der Wirtschaftlichkeit in der Weise, dass Informationen des Jahresabschlusses wesentlich sind, sofern sie für den Informationsadressaten entscheidungsrelevant sind. Werden solche wesentlichen Informationen vorenthalten, d.h. nicht mitgeteilt, dann wird dem Informationsadressaten Schaden zugefügt. Unwesentliche Informationen brauchen dagegen dem Informationsadressaten nicht mitgeteilt zu werden.

Probleme des Grundsatzes der Wirtschaftlichkeit und Wesentlichkeit liegen in der praktischen Durchführung, da die Frage, welche Informationen entscheidungsrelevant sind, grundsätzlich nur vom Informationsempfänger zutreffend beantwortet werden kann. Die Bilanzlehre versucht das Problem mit der Unterstellung typisierter Informationsempfänger (Insider - Outsider) mit typischem Informationsbedarf zu lösen.[116]

---

[114] Zum Begriff und den bilanzpolitischen Möglichkeiten der Wahlrechte vgl. *Siegel* [1986].

[115] Im Einzelnen vgl. hierzu *Baetge/Apelt* [1992], Rn. 68-71.

[116] Vgl. *Leffson* [1986] und die dort angegebene Literatur.

(3) Das Going-Concern-Prinzip

Dieses Prinzip ist in § 252,1 Nr. 2 HGB verankert: „Bei der Bewertung ist von der Fortführung der Unternehmenstätigkeit auszugehen, sofern dem nicht tatsächliche oder rechtliche Gegebenheiten entgegenstehen." Solange also unterstellt werden kann, die Unternehmung werde auf unbestimmte Zeit fortgeführt, ist das Bilanzvermögen gemäß der beabsichtigten Verwendung im normalen Leistungsprozess zu bewerten. Lediglich dann, wenn die Liquidation der Realität entspricht oder nicht ausgeschlossen werden kann, sind in der Bilanz die Werte anzusetzen, die sich bei einer Liquidation einer Unternehmung zum Abschlussstichtag ergeben würden (Liquidationsstatus).

2. Die formellen GoBil

Hier soll auf den Grundsatz der Klarheit und den der Kontinuität näher eingegangen werden:

α. Der Grundsatz der Klarheit

§ 243,2 HGB fordert die Beachtung des Grundsatzes der Klarheit und Übersichtlichkeit. Er ist in Verbindung mit § 247,1 HGB zu sehen, der verlangt, dass in der Bilanz das Anlage- und das Umlaufvermögen, das Eigenkapital, die Schulden und die Rechnungsabgrenzungsposten gesondert auszuweisen und hinreichend aufzugliedern sind.

Nach dem Grundsatz der Klarheit und Übersichtlichkeit sind die Positionen des Jahresabschlusses so zu ordnen und zu bezeichnen, dass ihr Inhalt erkennbar ist. Es dürfen keine Positionen zusammengefasst werden, wenn sich hierdurch Fehlinformationen für den Adressaten des Jahresabschlusses ergeben. Auch dürfen Saldierungen von Aktiv- und Passivposten sowie von Ertrags- und Aufwandspositionen nicht vorgenommen werden. Die Gliederung darf andererseits nicht so tief sein, dass hierdurch die Übersichtlichkeit verloren geht.

Das HGB sucht den Grundsatz der Klarheit und Übersichtlichkeit in den Ergänzenden Vorschriften für Kapitalgesellschaften und bestimmte Personenhandelsgesellschaften durch eine Reihe von weiteren Regelungen zu sichern, und zwar:

- Gesetzliche Gliederungsschemata, und zwar für die Bilanz in § 266,2 und 3 HGB und für die GVR in § 275,2 und 3 HGB;

- Aufstellung der Bilanz in Kontoform (§ 266,1 HGB) und der GVR in Staffelform (§ 275,1 HGB);

- gesonderter Ausweis der einzelnen Posten in der vorgeschriebenen Reihenfolge (§§ 266,1 und 275,1 HGB).

Darüber hinaus haben Kapitalgesellschaften und ihnen gleichgestellte Personenhandelsgesellschaften die in § 265 HGB angeführten allgemeinen Grundsätze zu beachten. Das sind:

1. Regelungen der Einzelfragen der Darstellung,
2. Regelungen für zwingende Fragen der Anpassung,
3. Regelungen für freiwillige Abweichungen.

zu 1.: Regelungen der Einzelfragen der Darstellung

- **Das Gebot der Darstellungsstetigkeit.** Die Form der Darstellung, insbesondere die Gliederung aufeinander folgender Bilanzen und Gewinn- und Verlustrechnungen ist beizubehalten. Sind in Ausnahmefällen wegen besonderer Umstände Abweichungen erforderlich, so sind diese im Anhang anzugeben und zu begründen.

- **Angabepflicht des Vorjahresbetrages.** In der Bilanz und in der GVR ist zu jedem Posten der jeweilige Vorjahresbetrag anzugeben. Damit soll die Vergleichbarkeit der Jahresabschlüsse erleichtert werden. Es sind immer dann im Anhang Angaben zu machen, wenn die Beträge des Geschäfts- und Vorjahres nicht vergleichbar sind (z.B. bei Stilllegung oder Erwerb eines Teilbetriebes) oder der Vorjahresbetrag angepasst wird (z.B. bei Umgliederung einzelner Posteninhalte).

- **Leerpostenbehandlung.** Ein Posten der Bilanz oder der GVR, der keinen Betrag aufweist, braucht nicht aufgeführt zu werden, es sei denn, dass im Vorjahr unter diesem Posten ein Betrag ausgewiesen wurde.

- **Vermerke der Mitzugehörigkeit zu anderen Posten.** Es ist die Mitzugehörigkeit zu anderen Posten betragsmäßig zu vermerken, und zwar bei dem Posten, bei dem der Ausweis erfolgt, wenn dies zur Aufstellung eines klaren und übersichtlichen Jahresabschlusses erforderlich ist. Der Vermerk der Mitzugehörigkeit kann auch im Anhang erfolgen.

zu 2.: Regelungen für zwingende Fragen der Anpassung

- **Gliederungsänderungen bei Vorliegen mehrerer Geschäftszweige.** Sind mehrere Geschäftszweige vorhanden und bedingt dies die Gliederung des Jahresabschlusses nach verschiedenen Gliederungsvorschriften, so ist der Jahresabschluss nach der Gliederungsvorschrift eines Geschäftszweiges - in der Regel des dominierenden Geschäftszweiges (z.B. Formblätter für Kreditinstitute) - aufzustellen. Diese Gliederung ist dann um die spezifischen Posten zu ergänzen, die für die Gliederung des oder der anderen Geschäftszweige (z.B. bei Versicherungsunternehmen) vorgeschrieben und zu beachten sind. Die Ergänzung ist im Anhang anzugeben und zu erläutern.

- **Gebot zur Gliederungs- und Bezeichnungsänderung.** Die Gliederung und die Bezeichnung der mit arabischen Zahlen versehenen Posten des Jahresabschlusses sind zu ändern, wenn dies wegen Besonderheiten des Unternehmens und zur Aufstellung eines klaren und übersichtlichen Jahresabschlusses erforderlich ist. Beispiele hierfür sind die Gliederung des Anlagevermögens von Reedereien oder Energieversorgungsunternehmen.

zu 3.: Regelungen für freiwillige Abweichungen

- **Erweiterung der Gliederungstiefe.** Eine weitere Untergliederung der Posten und das Einfügen neuer Posten sind zulässig. Dabei ist das vorgegebene gesetzliche Gliederungsschema zu beachten. Neu hinzugefügte Posten dürfen nicht bereits inhaltlich durch andere Posten des gesetzlichen Gliederungsschemas gedeckt sein.

- **Verringerung der Gliederungstiefe.** Die mit arabischen Zahlen versehenen Posten der Bilanz und der GVR können zusammengefasst werden, wenn die betreffenden Posten unerhebliche Beträge enthalten oder dadurch die Klarheit vergrößert wird. In letzterem Fall müssen die zusammengefassten Posten im Anhang gesondert ausgewiesen werden.

β. Der Grundsatz der Kontinuität

Der Grundsatz der Kontinuität dient der Vergleichbarkeit einzelner Jahresabschlüsse im Zeitablauf. Er beinhaltet die Grundsätze der formellen und materiellen Kontinuität.

(1) Der Grundsatz der formellen Kontinuität

Er umfasst:

- Die Forderung nach **Bilanzidentität.** Sie besagt, dass die Positionen der Schlussbilanz mit denen der Eröffnungsbilanz des Folgejahres völlig übereinstimmen, also identisch sein müssen, und zwar mengen- wie wertmäßig.[117]

- Die Forderung nach **Beibehaltung der Bilanzgliederung** sowie der gleichen inhaltlichen Bedeutung, der Benennung und Struktur der Bilanzposten im Zeitablauf. Nur bei zwingenden wirtschaftlichen Gründen - wie wesentliche Vergrößerung des Unternehmens oder Änderung des Unternehmensprogramms - dürfen Veränderungen vorgenommen werden.

- Die Forderung nach Beibehaltung eines einmal gewählten Bilanzstichtages.

(2) Der Grundsatz der materiellen Kontinuität

Er umschließt zwei Prinzipien:

- Das **Prinzip der Bewertungskontinuität** oder Bewertungsstetigkeit. Dieses Prinzip besagt, dass Bewertungsgrundsätze und -methoden,

---

[117] Der Grundsatz der Bilanzidentität wird mitunter auch als selbständiger Grundsatz neben der materiellen und formellen Kontinuität genannt. Für den Begriff der Bilanzidentität finden sich in der Literatur auch die Bezeichnungen Bilanzstetigkeit, Bilanzzusammenhang, Bilanzkongruenz oder Bilanzverknüpfung.

soweit dies sinnvoll erscheint, von Jahr zu Jahr unverändert beibehalten werden sollen, und ist in § 252,1 Nr. 6 HGB kodifiziert.[118]

- Eine Durchbrechung der Bewertungskontinuität ist in zwei Situationen geboten. Zur ersten gehören Fälle, bei denen der Bilanzierende zu einer Durchbrechung der Kontinuität aufgrund des Realisations- bzw. Imparitätsprinzips verpflichtet ist. So ist etwa der Abschreibungsplan bei Erkenntnis der Fehleinschätzung der Nutzungsdauer zu ändern, oder es ist eine Rückstellung zur Befriedigung eines ungewissen Schadenersatzanspruches bei besseren Erkenntnissen ggf. zu erhöhen. Die beiden Beispiele zeigen, dass Stetigkeitsunterbrechungen zwingend geboten sein können, soweit sie aus einer veränderten Beurteilung der wertbestimmenden Faktoren resultieren. Zur zweiten Situation gehören jene Bewertungsvorgänge, bei denen aus sachlich begründetem Anlass von einer zulässigen zu einer anderen zulässigen, d.h. mit den GoBil im Einklang stehenden Bewertungsmethode übergewechselt wird. Kapitalgesellschaften sind verpflichtet, die aus einer Stetigkeitsunterbrechung herrührenden Abweichungen im Anhang anzugeben, zu begründen und zu erläutern (§ 284,2 Nr. 3 HGB).

- Das **Prinzip der Wertkontinuität**, Wertstetigkeit oder Wertfortführung Dieses Prinzip besagt, dass ein im vorangegangenen Jahresabschluss bilanzierter Wert bei unveränderten Verhältnissen fortzuführen ist. Hieraus ist zu folgern, dass eine Durchbrechung dieses Prinzips geboten sein kann, wenn sich Wertansätze (unterhalb der Anschaffungs- und Herstellungskosten) den Umständen nach als zu niedrig herausstellen. Für Kapitalgesellschaften und beschränkt haftende Personenhandelsgesellschaften enthält § 280 HGB in solchen Fälle ein Aufwertungsgebot.

F. Fehlerhafte Buchführung und ihre Folgen

Verstöße gegen die Buchführungsnormen, die sowohl bei der Erfassung der Geschäftsvorfälle als auch bei der Aufstellung des Jahresabschlusses auftreten können, führen zu einer fehlerhaften Buchführung. Diese kann zum einen Fehlerbeseitigungen durch handelsrechtliche Bilanzän-

---

[118] Das Prinzip der Bewertungskontinuität ist von dem in § 253,5 HGB geregelten **Beibehaltungswahlrecht** zu unterscheiden. Nach dieser Regelung darf eine außerplanmäßige bzw. außerordentliche Abschreibung beibehalten werden, auch wenn die Gründe für die Wertminderung nicht mehr bestehen. (Kapitalgesellschaften und diesen gleichgestellte Personenhandelsgesellschaften sind davon grundsätzlich ausgenommen. Für diese gilt das Wertaufholungsgebot des § 280 HGB – vgl. 2. Hauptteil, E, I).

derungen und steuerrechtliche Bilanzberichtigungen erforderlich machen und zum anderen straf-, handels- und steuerrechtliche Konsequenzen für die Verantwortlichen der Buchführung haben.

I. Die Fehlerbeseitigung durch eine Änderung der Handelsbilanz und Berichtigung der Steuerbilanz

Der Begriff „**Bilanzänderung**" umfasst im Handelsrecht sowohl den Tatbestand der Korrektur fehlerhafter Bilanzansätze als auch den Tatbestand der Substitution eines zulässigen Wertansatzes durch einen anderen zulässigen Ansatz.[119] Die Begriffsbildung im Steuerrecht ist hiervon verschieden. Nach § 4,2 EStG i.V.m. R 15 EStR wird die Korrektur fehlerhafter Abschlüsse als **Bilanzberichtigung**, der Tausch eines zulässigen durch einen anderen zulässigen Ansatz als **Bilanzänderung** bezeichnet. In dem vorliegenden Problemzusammenhang sind ausschließlich die handelsrechtliche Bilanzänderung fehlerhafter Abschlüsse und die steuerrechtliche Bilanzberichtigung von Bedeutung.

a. Änderung einer fehlerhaften Handelsbilanz

Die Notwendigkeit der Änderung fehlerhafter Jahresabschlüsse wird durch die Bedeutung der jeweiligen Fehler bestimmt. Zu unterscheiden ist zwischen Fehlern, die die **Nichtigkeit des Abschlusses** begründen und jenen, die nicht zur Nichtigkeit führen. Die Nichtigkeit des Abschlusses wird insbesondere durch schwerwiegende Verletzungen der Buchführungsvorschriften begründet.[120] In Betracht kommen bei AG wesentliche Verstöße gegen Gliederungsvorschriften (§ 256,4 AktG) sowie Über- oder Unterbewertungen, durch die die Lage der Gesellschaft vorsätzlich falsch oder verschleiert wiedergegeben wird (§ 256,5 AktG). Ein auch nur im Hinblick auf einzelne Positionen nichtiger Jahresabschluss erlangt insgesamt keine Rechtswirksamkeit.[121] In bestimmten Fällen hat die Nichtigkeit eines Abschlusses auch Auswirkungen auf nachfolgende Abschlüsse. So bewirken inhaltliche Fehler, soweit die entstandenen Überbewertungen oder Unterbewertungen im folgenden Abschluss nicht beseitigt werden, auch deren Nichtigkeit. Fehler, die nicht zur Nichtigkeit führen, berühren dagegen die Rechtswirksamkeit des Abschlusses nicht.

Handelsrechtlich besteht für nichtige Jahresabschlüsse eine Verpflichtung zur Bilanzänderung. Dieser Zwang ergibt sich daraus, dass ein nichtiger Jahresabschluss keine Rechtswirksamkeit erlangt, ein Unternehmen aber verpflichtet ist, einen rechtswirksamen Abschluss aufzu-

---

[119] Vgl. *Pochmann* [1964], S. 10; *IdW* [2000], S. 238-340.

[120] Für AG sind die Nichtigkeitsgründe in § 256 AktG abschließend normiert.

[121] Nach § 253 AktG begründet die Nichtigkeit des Abschlusses auch die Nichtigkeit des darauf beruhenden Gewinnverwendungsbeschlusses.

stellen. Kann nach Ablauf der in § 256,6 AktG genannten Frist die Nichtigkeit nicht mehr geltend gemacht werden oder beinhaltet der Jahresabschluss lediglich Fehler, die keine Nichtigkeit begründen, besteht ein Wahlrecht zur Bilanzänderung. Das bedeutet, dass die Änderung entweder in dem ursprünglich falschen Jahresabschluss oder im Abschluss für die Periode, in der der Fehler erkannt wurde, vorgenommen werden kann.[122] Der Umfang der Änderungen ist bei fehlerhaften, aber nicht nichtigen Abschlüssen auf die fehlerhaften Positionen beschränkt. Bei nichtigen Abschlüssen können darüber hinaus auch Änderungen vorgenommen werden. Zuständig für die Änderung sind die Organe, die den zu ändernden Jahresabschluss festgestellt haben. Unterliegen die entsprechenden Abschlüsse der Prüfungspflicht, ist der geänderte Abschluss erneut zu prüfen (§ 316,3 HGB).

b. Berichtigung der Steuerbilanz

Sie kommt in Frage bei Abschlüssen, die gegen zwingende Vorschriften des Handelsrechts, gegen steuerlich zu beachtende GoB oder gegen spezifische Normen des EStG verstoßen (§ 4,2 EStG i.V.m. R 15,1 EStR). Grundsätzlich zulässig sind Berichtigungen für noch nicht rechtskräftig veranlagte Jahresabschlüsse. Darüber hinaus können diese nur im Rahmen einer Aufhebung oder Änderung des Steuerbescheids vorgenommen werden (§§ 172-176 AO). Bezüglich der Verbindlichkeit der Vornahme von Bilanzberichtigungen besteht in der Literatur keine einheitliche Auffassung. Es wird sowohl eine Berichtigungspflicht als auch ein Wahlrecht vertreten. Weiterhin findet sich die Meinung, dass Fehler, die eine Steuerverkürzung zur Folge haben, berichtigungspflichtig sind, für andere aber ein Wahlrecht besteht.[123]

II. Die Folgen von Verletzungen der Buchführungspflichten im Handels-, Straf- und Steuerrecht

Aufgrund des in § 5,1 EStG normierten Maßgeblichkeitsprinzips können Verletzungen handelsrechtlicher Buchführungspflichten auch im Steuerrecht von Bedeutung sein. Ist mit einer fehlerhaften Buchführung eine Schädigung Dritter verbunden, ergeben sich für die Verantwortlichen der Buchführung unter bestimmten Voraussetzungen auch Folgen aus dem Strafgesetzbuch. Die einzelnen Konsequenzen einer fehlerhaften Buchführung sind somit außer in den Handelsgesetzen auch in der Abgabenordnung (AO) und dem Strafgesetzbuch (StGB) verankert. In all diesen Gesetzen finden sich strafrechtliche Konsequenzen. Daneben sind in den Handelsgesetzen und der AO auch Folgen von Ordnungswidrigkeiten und spezifische handels- und steuerrechtliche Folgen normiert.

---

[122] Vgl. *Leffson/Baetge* [1970], Sp. 230.

[123] Vgl. die dargestellte Diskussion bei *Rose/Telkamp* [1977], S. 1721-1722.

a. Strafrechtliche Folgen

1. Strafrechtliche Folgen des Handelsrechts

Strafbar sind bestimmte **Bilanzdelikte.** Als solche gelten Verstöße bei der Aufstellung, Feststellung und Veröffentlichung des Jahresabschlusses, die die Unternehmensleitung - dazu gehört auch der Aufsichtsrat - selbst begeht oder bewirkt.[124] Im Einzelnen wird zwischen **Bilanzfälschung, Bilanzverschleierung** und **verspäteter Aufstellung und Offenlegung des Abschlusses** unterschieden. Für den letzten Tatbestand sieht das Handelsrecht keine strafrechtliche Verfolgung vor. Das Registergericht hat aber die Möglichkeit, Kapitalgesellschaften, Genossenschaften und Unternehmen, die dem PublG unterliegen, durch Festsetzung von Zwangsgeld zur fristgerechten Aufstellung und Offenlegung der Abschlüsse anzuhalten (§§ 335 HGB, 21 PublG, 160 GenG).

Mit Freiheitsstrafe bis zu 3 Jahren oder mit Geldstrafe wird dagegen belangt, wer bei Kapitalgesellschaften (§ 331 HGB[125]), Genossenschaften (§ 147,2 GenG) und Unternehmen, die dem Geltungsbereich des PublG (§ 17 PublG) unterliegen, die Verhältnisse der Gesellschaft in der Eröffnungsbilanz, im Jahresabschluss und Lagebericht bzw. in Übersichten und Darstellungen bewusst unrichtig (Bilanzfälschung) oder verschleiert (Bilanzverschleierung) wiedergibt.[126] Als **Bilanzfälschung** wird eine objektiv nicht richtige, d.h. eine von der Wirklichkeit abweichende Darstellung bezeichnet. Eine **Bilanzverschleierung** liegt vor, wenn eine Darstellung zwar sachlich richtig, aber unklar ist und dadurch die tatsächlichen Verhältnisse der Gesellschaft nicht oder nur schwer erkennbar sind. Die Abgrenzung zwischen den einzelnen Tatbeständen ist schwierig, aber aufgrund der gleichen Sanktionen ohne praktische Bedeutung. Durch die Nennung beider Tatbestände in dieser Strafnorm, mit der zum Ausdruck gebracht werden soll, dass bereits eine missverständliche Darstellung den Straftatbestand erfüllt, wollte der Gesetzgeber lediglich eine umfassende strafrechtliche Verfolgung sicherstellen. Strafbar sind diese Handlungen jedoch nur, wenn sie wesentliche Verletzungen der Buchführungsvorschriften beinhalten und vorsätzlich begangen werden.

---

[124] Nicht in diesen Problembereich fallen somit Bilanzmanipulationen, die ein Buchhalter zur Deckung anderer Straftaten vornimmt. Vgl. *Castan* [1993], S. 302.

[125] Aufgrund des § 331 HGB, der für alle Kapitalgesellschaften Geltung hat, finden die rechtsformspezifischen Normen wie §§ 400 und 408 AktG, § 82,2 Nr. 2 GmbHG nur noch subsidiär Anwendung, d.h. für Straftatbestände, die nach § 331 HGB nicht mit Strafe bedroht sind.

[126] Vgl. zu diesen Tatbeständen *Marker* [1970]; *Weber* [1986].

2. Strafrechtliche Folgen des Steuerrechts

Der Tatbestand der Bilanzfälschung ist auch im Steuerrecht von Bedeutung. Der Buchführungspflichtige kann unabhängig von der Rechtsform für eine vorsätzliche Handlung, die zu einer Steuerverkürzung führt (**Steuerhinterziehung**, § 370 AO), mit Gefängnisstrafe bis zu 5 Jahren (in schweren Fällen bis zu 10 Jahren) oder Geldstrafe bestraft werden.

3. Strafrechtliche Folgen des Strafgesetzbuches

Die relevanten Regelungen waren bis 1976 in der Konkursordnung enthalten und wurden durch das Erste Gesetz zur Bekämpfung der Wirtschaftskriminalität ins StGB übernommen.[127] Im Vergleich zu den handelsrechtlichen Strafnormen sind diese Regelungen (§§ 283, 283a und 283b StGB) sowohl in Bezug auf den Geltungsbereich als auch in Bezug auf die strafbaren Tatbestände umfassender.[128] Die strafrechtlichen Folgen des Strafgesetzbuches (StGB) gelten für alle Rechtsformen. Strafbar ist die Nichtführung oder mangelhafte Führung von Handelsbüchern (§ 283,1 Nr. 5 StGB), die Entziehung von aufbewahrungspflichtigen Unterlagen (§ 283,1 Nr. 6 StGB) und die mangelhafte Bilanzaufstellung oder die nicht rechtzeitige Bilanz- und Inventaraufstellung (§ 283,1 Nr. 7 StGB). Der Straftatbestand setzt jedoch voraus, dass das Unternehmen die Zahlungen eingestellt hat, der Konkurs eröffnet oder mangels Masse abgelehnt wurde (Konkurs als sog. objektive Strafbarkeitsbedingung). Die Situation, in der die Verletzung der Buchführungspflicht vorgenommen wurde, bestimmt das jeweilige Strafmaß:

- Freiheitsstrafe bis zu 5 Jahren oder Geldstrafe drohen für den Fall, dass die Delikte während einer wirtschaftlichen Krisensituation, d.h. bei Überschuldung, eingetretener oder drohender Zahlungsunfähigkeit vorgenommen wurden oder diese Situation durch die in § 283 StGB aufgeführten Handlungen verursacht wurde.

- Ohne Vorliegen eines solchen Zusammenhanges reduziert sich das Strafmaß auf bis zu 2 Jahren Freiheitsstrafe oder Geldstrafe (§ 283b StGB).

- Schwere Fälle des Bankrotts, z.B. aus Gewinnsucht oder bei wissentlicher Inkaufnahme der Schädigung Dritter begangene Zuwiderhandlungen, können mit Freiheitsstrafe bis zu 10 Jahren oder Geldstrafe geahndet werden (§ 283a StGB).

Neben diesen spezifischen strafrechtlichen Konsequenzen können Verletzungen der Buchführungsvorschriften auch unter allgemeine Straftatbestände fallen. In Betracht kommen etwa: Unterschlagung (§ 246

---

[127] Vgl. *BGBl* [1976 I], S. 2034-2041.

[128] Vgl. zu den strafrechtlichen Tatbeständen im Einzelnen *Dreiss/Eitel-Dreiss* [1977], S. 109-182.

StGB), Betrug (§ 263 StGB), Computerbetrug (§ 263a StGB), Kreditbetrug (§ 265b StGB), Untreue (§ 266 StGB), Urkundenfälschung (§ 267 StGB) und Fälschung technischer Aufzeichnungen (§ 268 StGB).

b. Folgen von Ordnungswidrigkeiten

Eine Ordnungswidrigkeit ist im Gegensatz zu einer Straftat, die eine kriminelle Handlung darstellt und mit Freiheits- oder Geldstrafen geahndet wird, eine rechtswidrige, verwerfliche und mit Geldbuße bedrohte Handlung (§ 1 OWiG). Spezifische Verletzungen der Buchführungspflichten können sowohl aufgrund handelsrechtlicher als auch steuerrechtlicher Vorschriften als Ordnungswidrigkeiten qualifiziert werden. Im Handelsrecht sind diese Folgen auf Kapitalgesellschaften und Unternehmen, die dem PublG unterliegen, beschränkt (§ 334 HGB bzw. § 20 PublG in Verbindung mit § 10 OWiG). Als **Steuerordnungswidrigkeit** werden vor allem die leichtfertige Steuerverkürzung (§ 378 AO) und die Steuergefährdung (§ 379 AO) eingestuft. Die steuerlichen Sanktionen sind rechtsformneutral.

c. Spezifische handels- und steuerrechtliche Folgen

Neben diesen strafrechtlichen Konsequenzen und Folgen von Ordnungswidrigkeiten können sich für die Buchführungspflichtigen durch eine fehlerhafte Buchführung weitere handels- und steuerrechtliche Folgen ergeben. So begründen bei einer AG schwerwiegende Verstöße gegen Gliederungs- und Bewertungsvorschriften die Nichtigkeit des Jahresabschlusses (§ 256,4 und 5 AktG). Darüber hinaus können bei Unternehmen, die der gesetzlichen Prüfungspflicht unterliegen bzw. die Abschlussprüfungen freiwillig vornehmen lassen, die Verletzungen der Buchführungspflicht zur Einschränkung oder Versagung des Bestätigungsvermerks führen (§ 322,3 und 4 HGB).

Wesentliche materielle Fehler rechtfertigen die Zurückweisung der Buchführung als Besteuerungsgrundlage und die Schätzung der Ergebnisse durch die Finanzbehörde (§§ 162 i.V.m. 158 AO).[129] Je gravierender die Verstöße sind, desto gröbere Schätzverfahren sind zulässig.[130] Die Finanzbehörde hat auch die Möglichkeit, dem Steuerpflichtigen Zwangsmittel (§ 328 AO), insbesondere Zwangsgeld (§ 329 AO), aufzuerlegen, um ihn zu einer ordnungsmäßigen Buchführung anzuhalten. Dieses im Vergleich zur Schätzung weniger wirksame Mittel wird in der Praxis jedoch selten eingesetzt. Formelle Mängel, die das Ergebnis nicht beeinflussen, und unwesentliche materielle Fehler, die im Wege der Zuschätzung vom Finanzamt richtig gestellt werden, berühren dagegen die steuerrechtliche Ordnungsmäßigkeit nicht (R 29,2 EStR) und haben keine Folgen für den Buchführungspflichtigen.

---

[129]   Vgl. *Kühn/Hofmann* [1995], § 162 AO, S. 408-409.

[130]   Vgl. *BFH* [1982], S. 413.

Ist einer AG, Genossenschaft bzw. GmbH durch die mangelnde Ordnungsmäßigkeit der Buchführung ein Schaden entstanden, so sind die Vorstandsmitglieder bzw. Geschäftsführer, deren Stellvertreter und die Aufsichtsratsmitglieder zum Ersatz verpflichtet (§§ 93, 94 und 116 AktG; §§ 34, 35 und 41 GenG bzw. §§ 43, 44 und 52 GmbHG). Weiterhin können die Zuwiderhandlungen Anlass für die Abberufung des Vorstandes durch den Aufsichtsrat (§§ 84,3 AktG bzw. 40 GenG) und die Abberufung der Aufsichtsratsmitglieder durch das Gericht bzw. die Generalversammlung (§§ 103,3 AktG bzw. 36,3 GenG) sein.

System und Technik der doppelten Buchführung

A. Verrechnungstechnische Grundlagen

I. Konto und Skontro

Die beiden Möglichkeiten der Erfassung von Geschäftsvorfällen in der Buchführung sind das Skontro und das Konto. Die **Skontration** (Fortschreibung) ist dadurch gekennzeichnet, dass sämtliche Vorgänge in Staffelform erfasst werden. Auf einem Konto werden dagegen sämtliche Zugänge auf die eine und sämtliche Abgänge auf die andere Seite gebucht.

a. Das Skontro

Es dient insbesondere als Hilfsmittel (Hilfsbuch oder Kartei) zum Nachweis von Beständen durch die laufende Aufzeichnung von Zu- und Abgängen. Das sei am Beispiel eines Kassenbuches verdeutlicht, für das die Sachverhalte gelten: Anfangsbestand 1.1. € 800,-; 2.1. Einzahlung Barverkauf € 220,-; 3.1. Einzahlung Miete € 300,-; 4.1. Auszahlung Frachten € 50,-. Die Skontration ergibt folgendes Bild:

Kassenskontro

Datum	Vorgang	Betrag
1.1.	Anfangsbestand	800,-
2.1.	Einzahlung Verkauf	220,-
2.1.	Bestand	1.020,-
3.1.	Einzahlung Miete	300,-
3.1.	Bestand	1.320,-
4.1.	Auszahlung Frachten	50,-
4.1.	Bestand	1.270,-

Der Vorteil des Skontros besteht darin, dass es nach der Verbuchung eines Zu- oder Abganges den jeweiligen Buchbestand ausweist. Betriebliche Vorgänge sollten daher immer dann in Form einer Skontration geführt werden, wenn die Überwachung eines Bestandes von Bedeutung ist. In diesem Vorteil liegt andererseits auch der Nachteil der Staffelrechnung. Sie ist dann mit unnötiger Rechenarbeit verbunden, wenn die Information über die rechnerische Höhe des Bestandes nicht zu jedem Zeitpunkt erforderlich ist. Ferner hat das Skontro den Nachteil, dass es keinen Überblick über die Gesamtheit der wertmehrenden und wertmindernden Bewegungen gibt, wie hier über die Summe der Einzahlungen einerseits und die Summe der Auszahlungen andererseits.

b. Das Konto

Die Nachteile der Staffelrechnung sucht man durch Verwendung des Kontos zu vermeiden. Das Konto ist eine zweiseitige Rechnung. Es erfasst auf jeder seiner beiden Seiten die sachlich zusammengehörigen Posten (so Abgänge - so Zugänge). Die linke Seite eines Kontos wird als **Sollseite** und die rechte Seite als **Habenseite** bezeichnet. Die Ausdrücke sind historisch entstanden, als das Konto im Wesentlichen dazu diente, die Forderungen und Forderungstilgungen eines Schuldners festzuhalten. „Soll" bedeutete die Verpflichtung (soll zahlen!) und „Haben" die Tatsache, dass der Verpflichtung entsprochen wurde. Statt von der Sollseite spricht man häufig von der „Debetseite", statt von der Habenseite von der „Kreditseite". Die Buchung auf der Sollseite wird auch als „Belastung" und die Buchung auf der Habenseite als „Gutschrift" oder „Erkennen" bezeichnet. Diese Bezeichnungen haben durch ihre Übertragung auf die verschiedensten Kontenarten ihre ursprüngliche Bedeutung verloren.

Formal lässt sich ein Konto in verschiedenen Formen darstellen. Verbreitet sind die Form des T-Kontos und die Reihenform. Sie sind nachfolgend wiedergegeben:

➤ **T-Konto:**

Soll					Haben
Datum	Text	Betrag	Datum	Text	Betrag

➤ **Reihenform:**

		Betrag	
Datum	Text	**Soll**	**Haben**

Die Rechenmethodik des Kontos besteht darin, dass Mehrungen und Minderungen nicht wie bei der Skontration durch Addition bzw. Subtraktion miteinander aufgerechnet, sondern jeweils für sich addiert werden. Sie beruht auf der Umwandlung der **Fortschreibungsformel**

> Anfangsbestand + Zugang ./. Abgang = Endbestand (Saldo)

in

> Anfangsbestand + Zugang = Abgang + Endbestand (Saldo).

Diese Gleichung ist mit Hilfe des Kontos darstellbar, wobei es vom Ergebnis her gleich ist, ob die linke Seite der Gleichung auf der linken Seite oder auf der rechten Seite des Kontos abgebildet wird. Zur Zweckbestimmung der Rechenseiten eines Kontos lässt sich nur sagen, dass die Erfassung der Zugänge auf der Seite erfolgen muss, auf welcher der Anfangsbestand eingetragen ist. In Kontinentaleuropa hat es sich eingebürgert, die Tatsache, ob

• entweder links die Zugänge und rechts die Abgänge oder

- rechts die Zugänge und links die Abgänge

gebucht werden, von dem Inhalt des Kontos und seiner Stellung in der Bilanz abhängig zu machen. Die Festlegung erfolgt durch die aus der Stellung des betreffenden Kontos in der Bilanz hergeleitete Eintragung des Anfangsbestandes (AB):

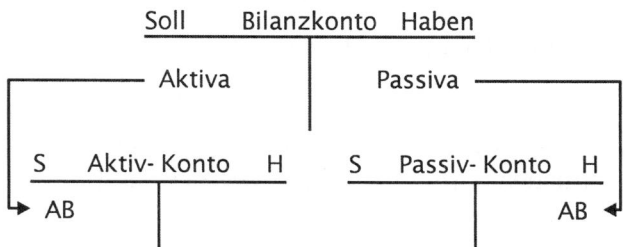

Der Anfangsbestand und die Zugänge eines Kontos, das ein Aktivum ausweist, werden daher auf der Sollseite und die Abgänge auf der Habenseite, der Anfangsbestand sowie die Zugänge eines Passivums auf der Habenseite und die Abgänge auf der Sollseite verbucht. Die beiden Kontentypen lassen sich wie folgt veranschaulichen:

Soll	Aktivkonto	Haben		Soll	Passivkonto	Haben
Anfangsbestand		Abgänge		Abgänge		Anfangsbestand
Zugänge		Sollsaldo (Endbestand)		Habensaldo (Endbestand)		Zugänge

Die vorstehenden Abbildungen machen deutlich, dass das Ergebnis der kontenmäßigen Verrechnung aus dem Vergleich der beiden Seiten hervorgeht: Es ergibt sich ein im kaufmännischen Sprachgebrauch als „Saldo" bezeichneter Restbetrag. Dieser stellt einen **Sollsaldo** dar, wenn die linke (Soll-) größer als die rechte (Haben-) Seite ist. Der Sollsaldo steht also im Haben (das ist - wie vorstehend - bei allen Aktivkonten der Fall). Umgekehrt gleicht der **Habensaldo** ein Konto aus, dessen Habenseite die Sollseite betragsmäßig übersteigt. Der Habensaldo steht auf der Sollseite des betreffenden Kontos (s. Passivkonto). Man kann also sagen, ein Saldo steht jeweils auf der betragsmäßig kleineren Kontoseite und seine Bezeichnung Soll- bzw. Habensaldo bezieht sich nicht auf die Seite, auf welcher der Saldo steht, sondern auf die, welche er zum Ausgleich bringt.

Am Beispiel des Kassenbuchs führt das zu folgendem T-Kontenbild:

Soll	Kassenkonto				Haben
Datum	Text	Betrag	Datum	Text	Betrag
1.1.	Anfangsbestand	800,-	4.1.	Auszlg. Frachten	50,-
2.1.	Einzlg. Verkauf	220,-	4.1.	Saldo Endbest.	1.270,-
3.1.	Einzlg. Miete	300,-			
		1.320,-			1.320,-

II. Kontenplan und Kontenrahmen

Die GoB fordern für die Buchführung ein übersichtliches Kontierungssystem in Form eines Kontenplans. Durch einen Kontenplan soll erreicht werden, dass die verbuchten Geschäftsvorfälle nach einer sachlichen und zeitlichen Ordnung erfasst werden und ohne besondere Schwierigkeiten nachprüfbar sind. Kontenpläne werden aus Kontenrahmen hergeleitet. Der Terminus „Kontenrahmen" wurde von *Schmalenbach* in die Betriebswirtschaftslehre eingeführt.[1] Der Kontenrahmen ist ein nach einheitlichen Prinzipien gestalteter Organisationsplan der Konten einer Buchführung und wird jeweils für die Unternehmen eines Wirtschaftszweiges erstellt. Die Organisation der Buchführung nach einem Kontenrahmen ist gesetzlich nicht vorgeschrieben, sondern Kontenrahmen werden von einzelnen Wirtschaftsverbänden empfohlen. Es existieren, je nach Wirtschaftszweig, unterschiedliche Kontenrahmen. Grundsätzlich lassen sich drei Arten von Kontenrahmen unterscheiden:

- Kontenrahmen des Einzelhandels,
- Kontenrahmen des Großhandels,
- Kontenrahmen der Industrie.

Kontenrahmen werden nach bestimmten Prinzipien in **Kontenklassen** unterteilt. Allgemein wird zur Kennzeichnung das Dezimalsystem verwendet, das die Untergliederung einer Kontenklasse in zehn **Kontengruppen** erlaubt. Die Kontengruppen können dann wiederum aus zehn **Kontenarten** bestehen, die sich nach Bedarf noch weiter unterteilen lassen; so zum Beispiel:

Kontenklasse	0:	Anlagevermögen und langfristiges Kapital
Kontengruppe	00:	Grundstücke und Gebäude
Kontenart	000:	Unbebaute Grundstücke
Konto	0000:	Grundstück A

Vom Sachumfang her können sich Kontenrahmen entweder auf die Finanzbuchführung beschränken oder auch die Konten der Betriebsbuchführung mit umfassen. Erfasst ein Kontenrahmen nur die Finanzbuchführung, so beinhaltet er eine Einteilung der Konten in Aktiv-, Passiv-, Aufwands- und Ertragskonten. Eine solche Kontengliederung wird als eine Einteilung der Konten nach dem **Bilanzgliederungsprinzip** oder

---

[1]   *Schmalenbach* [1927]; zur Vertiefung wird auf *Kosiol* [1962], *Matthes* [1993], *Eisele* [1999], S. 546 – 561 verwiesen.

nach dem **Abschlussprinzip** bezeichnet. Kontenrahmen, welche die Betriebsbuchführung einbeziehen, folgen in ihrer Gliederung nur noch beschränkt dem Bilanzgliederungsprinzip. Es wird in diesen Systematiken zwischen den Konten der Finanzbuchführung und den Konten der Betriebsbuchführung unterschieden. Letztere umfassen die Konten der Kosten- und Leistungsrechnung. Während die Ordnung der Konten der Finanzbuchführung nach dem Bilanzgliederungsprinzip aufgebaut ist, werden die Konten der Betriebsbuchführung nach dem Prozessgliederungsprinzip eingeteilt. Eine Einteilung nach dem **Prozessgliederungsprinzip** bedeutet eine Klassifikation der Konten der Betriebsbuchführung nach dem innerbetrieblichen Prozessablauf in Kostenarten-, Kostenstellen- und Kostenträgerkonten.

Verbunden mit der kombinierten Gestaltung des Kontenrahmens nach dem Abschluss- und Prozessgliederungsprinzip ist die Frage der kontenmäßigen Gestaltung der Verbindung von Finanz- und Betriebsbuchführung. Diese kann nach zwei Hauptformen geregelt werden. Wird die Betriebsbuchführung in das Kontensystem der Finanzbuchführung integriert, so spricht man vom **Einkreissystem**. Der im Jahre 1951 vom Bundesverband der Deutschen Industrie (BDI) vorgelegte **Gemeinschaftskontenrahmen** ist nach dem Prozessgliederungsprinzip aufgebaut und stellt ein Einkreissystem dar.[2]

Bei dem in der Praxis häufiger anzutreffenden **Zweikreissystem** wird dagegen die Kosten- und Leistungsrechnung in einem eigenen Kontensystem durchgeführt. Die Verbindung der Buchungskreise Finanzbuchführung und Betriebsbuchführung wird mit Hilfe von Spiegelbild- oder Übergangskonten dargestellt.[3] Ein Beispiel für eine strikte Trennung von Finanzbuchführung und Betriebsbuchführung ist der vom Bundesverband der Deutschen Industrie 1971 entwickelte und veröffentlichte **Industrie-Kontenrahmen (IKR)**, der nach Verabschiedung des Bilanzrichtlinien-Gesetzes 1986 an die veränderten Rechnungslegungsvorschriften angepasst wurde.[4] Der IKR ist in zwei Rechnungskreise aufgeteilt:

Rechnungskreis I	Rechnungskreis II
Finanzbuchführung und Dokumentation	Kosten-, Leistungs- und Abgrenzungsrechnung
Bilanzgliederungsprinzip	**Prozessgliederungsprinzip**

Besondere Bedeutung haben die DATEV-Kontenrahmen, die auf die speziellen Bedürfnisse einer EDV-orientierten Buchführung zugeschnitten sind. Sie finden Anwendung bei Buchungspflichtigen, die ihre Buchführung bei einem Steuerberater durch eine elektronische Datenverarbeitungsanlage über die DATEV (Datenverarbeitungsorganisation der steu-

---

2 Vgl. *Kosiol*, [1962], S. 102-185.

3 Vgl. *Kilger* [1987], S. 452-477.

4 Vgl. *BDI* [1971], *BDI* [1990].

erberatenden Berufe in der Bundesrepublik Deutschland) erledigen lassen. Die DATEV stellt zwei Kontenrahmen zur Auswahl, und zwar den nach dem Prozessgliederungsprinzip aufgebauten SKR 03 und den am Abschlussgliederungsprinzip orientierten SKR 04.[5]

Das Buchen nach Kontenplänen hat zur Konsequenz, dass sich die Praxis meist nicht umständlicher verbaler Kontenbezeichnungen bedient, sondern die Kodierung der Konten des Kontenplans benutzt. Aus didaktischen Gründen soll sich hier im Weiteren der verbalen Kontenbezeichnung bedient werden.

III. Inventar und Bilanz

Das nach § 240 HGB zu Beginn eines Handelsgewerbes und für den Schluss eines jeden Geschäftsjahres zu erstellende Inventar erfasst die Grundstücke, die Forderungen und Schulden, den Betrag des baren Geldes sowie die sonstigen Vermögensgegenstände nach Art, Menge und Wert. Das Inventar ist so ein lückenloses und sachlich geordnetes Verzeichnis aller durch die Inventur festgestellten (und bewerteten) Vermögensgegenstände und Schulden. In größeren Unternehmen wird die Zusammensetzung der Vermögensteile und Schulden in oft umfangreichen und gegliederten Inventarverzeichnissen festgehalten, die in Inventurbüchern oder in Form loser Blätter zusammengehalten werden. Hierbei zeigt es sich als zweckmäßig, sachlich verwandte Positionen in ihrer sachlichen Zusammengehörigkeit darzustellen. Die so entstehenden Inventarverzeichnisse werden schließlich wiederum - und zwar global - zusammengefasst, wobei meist eine Gliederung in drei Teile eingehalten wird.

1. Teil: Dieser Teil enthält die Aufzeichnung der Vermögensgegenstände nach Gleichartigkeit gebündelt und gegliedert in Anlage- und Umlaufvermögen. Eine Zuordnung zum **Anlagevermögen** erfolgt für solche Gegenstände, die zum Erstellungsstichtag dazu bestimmt sind, dem Geschäftsbetrieb der Unternehmung dauernd bzw. längerfristig zu dienen. Vermögensgegenstände, die dazu bestimmt sind, dem Geschäftsbetrieb einer Unternehmung nicht dauernd zu dienen, die also verarbeitet und/oder veräußert werden sollen, sind dem **Umlaufvermögen** zuzuordnen. Diese funktionale Zuordnung wird ergänzt durch eine Anordnung nach dem Gesichtspunkt der Liquidierbarkeit, d.h. der Eigenschaft der Vermögensgegenstände, in Geld umgewandelt werden zu können. Bei dieser Anordnung nach der Liquidität wird von der Schnelligkeit der Umwandlung in Geld innerhalb des normalen Geschäftsbetriebes ausgegangen. So gesehen wird das Anlagevermögen vor dem Umlaufvermögen angeordnet. Innerhalb von Anlage- und Umlaufvermögen erfolgt die Anordnung der Vermögensgegenstände tendenziell fortschreitend

---

5   Siehe hierzu *Eisele* [1999], Beiheft, S. 30-75.

von Vermögensgegenständen mit geringerer Liquidität zu Gegenständen mit höherer Liquidität.

2. Teil: Er enthält die nach Fälligkeit geordneten **Schulden**. Meist wird zwischen lang- und kurzfristigen Schulden unterschieden, wobei innerhalb dieser Gruppen, beginnend mit den längerfristig zur Verfügung stehenden Fremdmitteln, nach zunehmender zeitlicher Dringlichkeit der Rückzahlung untergliedert wird.

3. Teil: Hier wird die Differenz aus der Summe des Vermögens und der Summe der Schulden gebildet. Ist diese Differenz positiv, so wird sie als **Reinvermögen** bezeichnet. Inhaltlich ist es der Betrag, der dem Bilanzierenden verbliebe, wenn alle Vermögensgegenstände zu den Inventurwerten verkauft und dann die Schulden beglichen würden. Der verbleibende Betrag kann daher als die Summe interpretiert werden, die von dem (den) Unternehmenseigner(n) dem Unternehmen zur Verfügung gestellt ist. Das Reinvermögen wird deshalb auch als **buchmäßiges Eigenkapital** bezeichnet. Bei negativer Differenz liegt eine **Überschuldung** vor, denn dann ist das Vermögen kleiner als die Schulden. (S. auch die erste Übungsaufgabe im Anhang.)

Das Inventar vermittelt Detailinformationen, die einerseits unübersichtlich sind und andererseits in dieser Ausführlichkeit Dritten ungern zugänglich gemacht werden. Daher tritt zum Inventar mit der **Bilanz** ein weiteres Instrument der Rechnungslegung. Die Bilanz hat die Hauptaufgabe, die Schuldendeckung durch das vorhandene Bilanzvermögen abzubilden (s. § 242,1 HGB). Die Abbildung des Vermögens und der Schulden erfolgt nicht wie in dem Inventar in Listenform einzeln untereinander. In der Bilanz werden das Vermögen auf der linken Seite und die Schulden auf der rechten Seite in Kontoform gegenübergestellt. Die linke Seite der Bilanz ist mit Aktiva, die rechte mit Passiva überschrieben. Diese Art der Darstellung besitzt keine Zwangsläufigkeit, sondern erfolgt aus Konvention.

Inventar und Bilanz lassen sich allerdings nicht unmittelbar ineinander überführen. Meist sind für die Bilanzerstellung noch Wertkorrekturen durch **materielle Abschlussbuchungen** vorzunehmen, wenn die Inventarwerte nicht als endgültige Bilanzwerte anzusehen sind. Des Weiteren kann es erforderlich sein, sog. **Inventuranpassungen**, d.h. Bücherberichtigungen, bei unterschiedlichen Buch-(Soll-)Beständen und Inventur-(Ist-)Beständen vorzunehmen. Schematisch lassen sich aber folgende formelle Transaktionen zur Überleitung des Inventars in die Bilanz angeben:

- In der Bilanz werden zur Verbesserung der Übersichtlichkeit und Verdichtung der Informationen die Positionen des Inventars zu größeren und damit ungleichartigeren Gruppen zusammengefasst, so dass sinnvollerweise nur noch Wertangaben und keine Mengenangaben erfolgen.

- Der Ausweis des Eigenkapitals (Reinvermögens) erfolgt auf der kleineren Seite der Bilanz. Dadurch wird erreicht, dass beide Bilanzseiten wertmäßig gleich groß sind. Das ergibt sich aus der Definitionsgleichung

Vermögen ./. Schulden = Eigenkapital.

Für Vermögen > Schulden gilt

Vermögen = Eigenkapital + Schulden,

und das Eigenkapital wird auf der rechten Seite der Bilanz ausgewiesen. Ist dagegen Vermögen < Schulden, dann gilt

Vermögen + (neg.) Eigenkapital = Schulden.

Diese Konstellationen ergeben folgende Bilanzbilder:

Vermögen	Eigenkapital	Vermögen	Schulden
	Schulden	Neg. EK	

Die Zusammenfassung und Zuordnung der Inventareinzelpositionen zu den Positionen des Bilanzvermögens und der Bilanzschulden erfolgt nicht willkürlich, sondern unter Berücksichtigung bestimmter und für Unternehmen zum Teil gesetzlich vorgeschriebener Gliederungsprinzipien. In Anlehnung an eine solche in § 266 HGB vorgeschriebene Gliederung lässt sich folgende **Grundform einer Bilanzgliederung** angeben:

Aktiva	Passiva
I. Anlagevermögen *Immaterielle Anlagen* z.B. Patente, Lizenzen *Sachanlagen* z.B. Grundstücke, Gebäude, Geschäftseinrichtung *Finanzanlagen* z.B. Beteiligungen, langfristige Darlehen **II.Umlaufvermögen** *Vorräte* z.B. Roh-, Hilfs- und Betriebsstoffe, fertige und unfertige Erzeugnisse, Waren *Finanzumlaufvermögen* z.B. Forderungen, Bankguthaben, Bargeld	**I. Eigenkapital** z.B. Gezeichnetes Kapital; Rücklagen, Gewinn-/Ver- lustvortrag, Jahresüber- schuss/Jahresfehlbetrag **II.Fremdkapital** *langfristig* z.B. Anleihen, Hypotheken *kurzfristig* z.B. Lieferantenverbindlich- keiten, Schuldwechsel, sonstige Verbindlich- keiten

Da sich das buchmäßige Eigenkapital als Differenz aus Vermögen und Schulden berechnet und dieses auf die jeweils kleinere Seite gesetzt wird, gilt immer:

Summe aller Aktiva = Summe aller Passiva.

B. Die Technik der doppelten Buchführung

I. Die Erklärung von Bestandsbuchungen

a. Die vier typischen Bilanzänderungen

Die aus dem Anfall von Geschäftsvorfällen resultierenden Bilanzveränderungen lassen sich in solche unterscheiden, die das buchmäßige Eigenkapital verändern, und solche, die das buchmäßige Eigenkapital nicht berühren. Letztere - die nicht erfolgswirksamen Veränderungen - betreffen die Bilanzbestände und sind in vier typische Fälle zu unterscheiden, nämlich in:

1. Aktiv-Tausch,

2. Passiv-Tausch,

3. Aktiv-Passiv-Mehrung (= Bilanzverlängerung),

4. Aktiv-Passiv-Minderung (= Bilanzverkürzung).

Diese zu typischen Bilanzveränderungen führenden Fälle sollen an einfachen Beispielen verdeutlicht werden, denen folgende Bilanz zu Grunde gelegt wird:

Aktiva		Bilanz	Passiva
Waren	3.100,-	Eigenkapital	5.000,-
Forderungen	1.300,-	Schuldwechsel	400,-
Kasse	2.100,-	Schulden	1.100,-
	6.500,-		6.500,-

zu 1.: Aktiv-Tausch

Bei einem Aktiv-Tausch ändern sich zwei Aktivposten in der Bilanz.

Beispiel:

Es werden Waren für € 1.000,- in bar gekauft.

Durch diesen Geschäftsvorfall vermindert sich die Kasse um € 1.000,- und der Warenvorrat vermehrt sich um den gleichen Betrag.

Würde nach diesem Geschäftsvorfall bilanziert, sähe die Bilanz wie folgt aus:

Aktiva	Bilanz (nach Aktiv-Tausch)		Passiva
Waren (3.100 + 1.000)	4.100,-	Eigenkapital	5.000,-
Forderungen	1.300,-	Schuldwechsel	400,-
Kasse (2.100 ./. 1.000)	1.100,-	Schulden	1.100,-
	6.500,-		6.500,-

Als Ergebnis ist festzuhalten, dass der Aktiv-Tausch die Bilanzsumme von € 6.500,- nicht verändert.

zu 2.: **Passiv-Tausch**

Bei einem Passiv-Tausch ändern sich zwei Passivposten in der Bilanz.

Beispiel:

Es wird ein Schuldwechsel über € 800,- zur Abdeckung der gegenüber einem Lieferanten bestehenden Verbindlichkeit ausgestellt.

Durch diesen Geschäftsvorfall vermindert sich die Position Schulden um € 800,-, während sich die Schuldwechsel um diesen Betrag vermehren.

Nach diesem Geschäftsvorfall sähe die Bilanz wie folgt aus:

Aktiva	Bilanz (nach Passiv-Tausch)		Passiva
Waren	3.100,-	Eigenkapital	5.000,-
Forderungen	1.300,-	Sch.Wechsel (400+800)	1.200,-
Kasse	2.100,-	Schulden (1.100./.800)	300,-
	6.500,-		6.500,-

Durch den Tausch zwischen zwei Passivposten hat sich die Bilanzsumme von € 6.500,- nicht verändert.

zu 3.: **Aktiv-Passiv-Mehrung**

Bei einer Aktiv-Passiv-Mehrung erhöhen sich sowohl die Aktiv- wie Passivposten.

Beispiel:

Es werden Waren für € 1.000,- auf Ziel gekauft. (D.h. es wird auf sofortige Zahlung verzichtet und der Lieferant kreditiert die Kaufsumme.)

Durch diesen Geschäftsvorfall vermehren sich sowohl die Warenvorräte wie die Verbindlichkeiten jeweils um € 1.000,-.

Hiernach ergäbe sich folgende Bilanz:

Aktiva		Bilanz (nach Verlängerung)		Passiva
Waren (3.100 + 1.000)	4.100,-	Eigenkapital		5.000,-
Forderungen	1.300,-	Schuldwechsel		400,-
Kasse	2.100,-	Schulden (1.100+1.000)		2.100,-
	7.500,-			7.500,-

Da sich durch diesen Geschäftsvorfall sowohl ein Bilanzposten der Aktivseite als auch ein Posten der Passivseite betragsmäßig erhöht, erhöht sich auch die Bilanzsumme um diesen Betrag. Man sagt, es hat eine **Bilanzverlängerung** stattgefunden.

zu 4.: Aktiv-Passiv-Minderung

Bei der Aktiv-Passiv-Minderung verringern sich die Aktiv- und Passivposten.

Beispiel:

Es wird eine Verbindlichkeit in Höhe von € 700,- in bar bezahlt.

Durch diesen Geschäftsvorfall vermindern sich die Verbindlichkeiten und die Kasse jeweils um € 700,-.

Aktiva		Bilanz (nach Verkürzung)		Passiva
Waren	3.100,-	Eigenkapital		5.000,-
Forderungen	1.300,-	Schuldwechsel		400,-
Kasse (2.100 ./. 700)	1.400,-	Schulden (1.100 ./. 700)		400,-
	5.800,-			5.800,-

Nach der Aktiv-Passiv-Minderung hat sich die Bilanzsumme verringert. Daher spricht man auch von einer **Bilanzverkürzung**.

b. Die Auflösung der Bilanz in Konten

Die Bilanz zeigt die Aktiva und Passiva jeweils nur für einen bestimmten Augenblick, den Bilanzstichtag. In Wirklichkeit fallen fortdauernd Geschäftsvorfälle an, die Veränderungen in der Höhe und der Zusammensetzung der Aktiva und Passiva zur Folge haben. Es ist nun denkbar, dass nach jedem einzelnen Geschäftsvorfall eine Bilanz erstellt wird, wie es im vorhergehenden Abschnitt unterstellt wurde. Das wäre jedoch unwirtschaftlich. Deshalb werden in der Praxis der Buchführung die anfallenden Geschäftsvorfälle auf Konten gebucht, welche die durch diese Geschäftsvorfälle bewirkten Veränderungen der Bilanzposten festhalten. Am Ende der Abrechnungsperiode werden dann die Konten unter Berücksichtigung der materiellen Abschlussbuchungen einschließlich evtl. Korrekturen durch die Inventurergebnisse wieder zu einer Bilanz zusammengefasst, so dass die Bilanz den Anfang und das Ende einer Abrechnung darstellt. Durch die Einschaltung des Hilfsmittels „Buchführung" wird eine jederzeit mögliche (wenn auch nicht zu jeder Zeit vorgenommene) Zusammenfassung der Aktiva und Passiva zu einer Bilanz ermöglicht.

Die Konten, die auf diese Weise von der Aktivseite der Bilanz abgeleitet werden und von dort ihre Anfangsbestände empfangen, heißen Aktivkonten. Die Passivkonten übernehmen ihre Anfangsbestände von der Passivseite der Bilanz. Die so aus der Bilanz abgeleiteten Konten sind **Bestandskonten.** Sie werden daher auch als aktive und passive Bestandskonten bezeichnet. Da in der Bilanz die Summe der Aktiva der Summe der Passiva entspricht, ist auch die Summe aller Anfangsbestände auf den Aktivkonten gleich der Summe aller Anfangsbestände auf den Passivkonten. Die Ableitung der Bestandskonten aus der Bilanz zeigt folgende Darstellung:

Aktiva		Bilanz	Passiva
Waren	3.100,-	Eigenkapital	5.000,-
Forderungen	1.300,-	Schuldwechsel	400,-
Kasse	2.100,-	Schulden	1.100,-
	6.500,-		6.500,-

Aktivkontenreihe			**Passivkontenreihe**		
S	Waren	H	S	Eigenkapital	H
AB 3.100,-				AB 5.000,-	
S	Forderungen	H	S	Schuldwechsel	H
AB 1.300,-				AB 400,-	
S	Kasse	H	S	Schulden	H
AB 2.100,-				AB 1.100,-	

c. Das Buchen von Bestandsveränderungen auf den Konten

Durch die Verbuchung von Geschäftsvorfällen auf den Bestandskonten werden die Kontenstände verändert. Entsprechend den dargestellten vier typischen Bilanzänderungen lassen sich die hierdurch hervorgerufenen Veränderungen in Bestandsveränderungen jeweils innerhalb der Aktiv- oder Passivkontenreihe und in Bestandsveränderungen uno actu auf der Aktiv- wie Passivkontenreihe unterscheiden.

Bevor anhand einfacher Beispiele auf die Verbuchung bestandsverändernder Geschäftsvorfälle eingegangen wird, ist daran zu erinnern, auf welchen Kontenseiten Zu- bzw. Abgänge auf den Aktiv- bzw. Passivkonten festzuhalten sind. Es gilt:

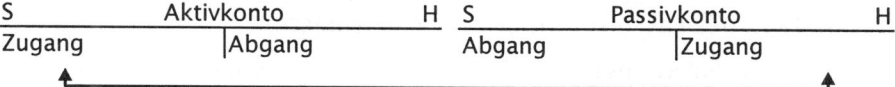

Hieraus ergibt sich, dass Buchungsfälle, die sowohl in der Aktiv- wie Passivkontenreihe zu Bestandserhöhungen führen, immer nur Buchungen in der Aktivkontenreihe im Soll und in der Passivkontenreihe im Haben zur Folge haben:

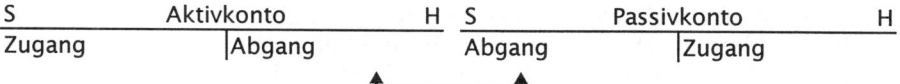

Umgekehrt gilt für bestandsmindernde Buchungen, die uno actu in der Aktiv- und Passivkontenreihe vorzunehmen sind, dass diese nur im Soll eines Passivkontos und im Haben eines Aktivkontos zu buchen sind:

S	Aktivkonto	H	S	Passivkonto	H
Zugang	|Abgang	Abgang	|Zugang	

Diese vier möglichen typischen Bestandsbuchungen lassen sich anhand eines Bilanzbildes zusammenfassen:

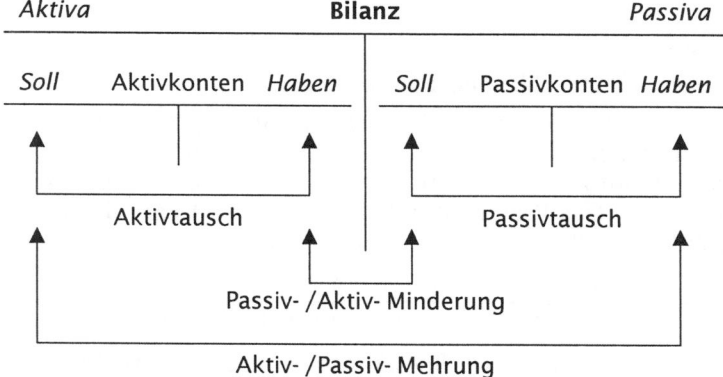

Als Beispiele für die typischen Bestandsbuchungen dienen folgende Geschäftsvorfälle:

1. Beispiel:

Barkauf von Waren über € 1.000,-.

Durch diesen Vorgang wird das Aktivkonto Waren erhöht; das Aktivkonto Kasse erfährt eine Bestandsminderung um den gleichen Betrag. Daher ist im Warenkonto ein Betrag in Höhe von € 1.000,- im Soll und auf dem Kassenkonto ein gleich hoher Betrag auf die Habenseite zu buchen.

S	Waren	H	S	Kasse	H
Zugang	1.000,-			Abgang	1.000,-

2. Beispiel:

Ausstellen eines Schuldwechsels über € 800,- gegenüber einem Gläubiger, dessen Forderung bereits im Konto Schulden verbucht worden ist.

Hierdurch wird der Bestand des Passivkontos Schuldwechsel erhöht und der Bestand des Passivkontos Schulden verringert.

S	Schuldwechsel	H	S	Schulden	H
	Zugang	800,-	Abgang	800,-	

3. Beispiel:

Kauf von Waren für € 1.000,- auf Ziel.

Der Warenvorrat erfährt eine Vermehrung, aber ebenso erhöhen sich die Verbindlichkeiten. Das Warenkonto ist ein Aktivkonto. Hier ist ein Zugang im Soll zu buchen. Das Konto Schulden ist ein Passivkonto und erfasst Zugänge auf der Habenseite. Daher sind auf dem Konto Schulden € 1.000,- im Haben zu buchen.

S	Waren	H	S	Schulden	H
Zugang	1.000,-			Zugang	1.000,-

4. Beispiel:

Tilgung einer Verbindlichkeit über € 700,- in bar.

Durch diesen Geschäftsvorfall werden der Kassenbestand und die Schulden um den gleichen Betrag (€ 700,-) vermindert. Da es sich bei dem Kassenkonto um ein Aktivkonto handelt, stehen die Abgänge auf der Habenseite. Das Passivkonto Schulden erfährt eine Bestandsverminderung durch die Buchung auf der Sollseite:

S	Kasse	H	S	Schulden	H
	Abgang	700,-	Abgang	700,-	

Die vorstehend erläuterten Buchungsbeispiele entsprechen denen der eingangs dargestellten vier typischen Bilanzveränderungen. Ihnen kommt eine grundsätzliche Bedeutung zu, da sich alle Geschäftsvorfälle, die bestandsverändernde Buchungen bewirken, auf sie zurückführen lassen. Es bestehen daneben keine anderen Formen der Verbuchung der bestandsverändernden Geschäftsvorfälle. Zusammenfassend ist festzuhalten:

1. Die Verbuchung eines Geschäftsvorfalles mit Hilfe von Konten berührt immer mindestens zwei Konten.[6]

---

6   Es können auch mehr als zwei Konten berührt werden. Das führt zu den „zusammengesetzten Buchungen", auf die im nächsten Abschnitt noch einzugehen ist.

2. Mindestens auf einem der Konten wird im Soll und mindestens auf einem der Konten wird im Haben gebucht, wobei die Summe der Sollbuchungen gleich der Summe der Habenbuchungen sein muss (= **Fundamentalprinzip der doppelten Buchführung**).

3. Alle Erhöhungen des Bestandes eines Aktivkontos werden auf der Sollseite, alle Minderungen des Bestandes eines Aktivkontos auf der Habenseite gebucht.

4. Alle Erhöhungen des Bestandes eines Passivkontos werden auf der Habenseite, alle Minderungen des Bestandes eines Passivkontos auf der Sollseite gebucht.

Aus Punkt drei und vier ergeben sich folgende Kombinationen von Doppelbuchungen:

Typ des Geschäftsvorfalles	Sollbuchung	Habenbuchung
Aktivtausch	Aktivmehrung	uno actu Aktivminderung
Passivtausch	Passivminderung	uno actu Passivmehrung
Aktiv-Passiv-Mehrung	Aktivmehrung	uno actu Passivmehrung
Passiv-Aktiv-Minderung	Passivminderung	uno actu Aktivminderung

d. Buchungssatz und Kontenanruf

Unter einer Buchung wird das Festhalten eines Geschäftsvorfalles auf den jeweils zugehörigen Konten verstanden. Der Inhalt einer Buchung wird in einheitlicher Weise mit Hilfe eines Buchungssatzes angegeben. Die übliche und allgemein angewandte Regelung besteht in der Nennung der Sollbuchung an erster und der Habenbuchung an zweiter Stelle. So lautet der Buchungssatz für den im vorhergehenden Beispiel 1 genannten Geschäftsvorfall (es wurden Waren für € 1.000,- in bar gekauft):

(Per) Warenkonto € 1.000,- an Kassenkonto € 1.000,-

Bei der Formulierung dieses Buchungssatzes dient das Wort „per" (oder „von") zur Charakterisierung der Sollbuchung und das Wort „an" der Charakterisierung der Habenbuchung. Der vorstehende Buchungssatz ist verkürzbar:

- das Wort „per" kann weggelassen werden,

- da die Verbuchung ohnehin auf Konten erfolgt, kann die Bezeichnung „Konto" fehlen,

- handelt es sich bei der Soll- und Habenbuchung jeweils um ein einziges Konto, braucht der Betrag nur einmal genannt zu werden.

Der verkürzte Buchungssatz lautet dann:

Waren an Kasse € 1.000,-

Mitunter wird das Wort „an" durch einen Schrägstrich ersetzt, so dass obiger Buchungssatz noch kürzer geschrieben wird als:[7]

Waren / Kasse € 1.000,-

Bei den dargestellten Geschäftsvorfällen handelt es sich um Buchungsvorgänge, bei denen jeweils ein Konto im Soll und ein Konto im Haben betroffen war. Viele Geschäftsvorfälle berühren aber gleichzeitig mehr als zwei Konten. Hierdurch ändert sich nichts am Prinzip der Verbuchung, denn wenn auch bei einem Geschäftsvorfall Beträge auf drei und mehr Konten gebucht werden, muss nach dem Fundamentalprinzip der doppelten Buchführung die Summe aller Sollbuchungen gleich der Summe der Habenbuchungen sein. Grundsätzlich sind hier drei Fälle denkbar:

- Sollbuchung auf einem Konto / Habenbuchung auf mehreren Konten,
- Sollbuchung auf mehreren Konten / Habenbuchung auf einem Konto,
- Sollbuchung auf mehreren Konten / Habenbuchung auf mehreren Konten.

Werden mehr als zwei Konten angesprochen, so führt das zu **zusammengesetzten Buchungssätzen**, in denen der bei jedem einzelnen Konto zu verbuchende Betrag zu nennen ist. Für zusammengesetzte Buchungssätze sollen Beispiele gegeben werden:

1. Wareneinkauf zum Preis von € 1.000,-; die Hälfte des Betrages wird in bar gezahlt, die andere Hälfte vom Lieferanten kreditiert:

   Waren   € 1.000,-   an Kasse   € 500,-
                          Schulden   € 500,-

2. Ein Schuldner bezahlt seine Schuld über € 5.000,- durch eine Barzahlung in Höhe von € 3.000,- und durch Verrechnung einer Lieferung von Waren über € 2.000,-:

   Kasse   € 3.000,-
   Waren   € 2.000,-   an Forderungen   € 5.000,-

Mit dem Buchungssatz steht der **Kontenanruf** bzw. **Kontenruf** im Zusammenhang. Er dient der Identifizierung der mit einer Buchung auf einem Konto verbundenen Gegenbuchung. So führt z.B. der Buchungssatz

---

[7]   In der Buchungspraxis werden - insbesondere beim Einsatz von (elektronischen) Buchungsmaschinen - anstatt der verbalen Bezeichnung die Kontennummern aus dem Kontenplan verwendet. Nach dem Industrie-Kontenrahmen haben Handelswaren die Kontennummer 22 und die Kasse die Nummer 288, so dass der Buchungssatz lauten könnte:

22 / 288: € 1.000,-.

Waren   an Kasse   € 2.000,-

zu folgenden Kontenrufen auf den jeweils berührten Konten:

S	Waren	H	S	Kasse	H
Kasse	2.000,-			Waren	2.000,-

e. Eröffnungsbilanzkonto und Schlussbilanzkonto

Die Übertragung der Anfangsbestände der Aktiv- und Passivkonten aus der Eröffnungsbilanz wurde bisher nur schematisch gezeigt. Das Prinzip der Doppik ist aber sowohl bei Konteneröffnungs- wie bei Abschlussbuchungen anzuwenden. Um bei den Eröffnungsbuchungen auf den laufenden Konten einer Buchführung die Gegenbuchung vornehmen zu können, ist ein besonderes Konto - das **Eröffnungsbilanzkonto** (EBK) - einzurichten. Dieses Konto ist die seitenverkehrte Entsprechung der Eröffnungs- (Anfangs-, Gründungs-) Bilanz. Es hat die Aufgabe der Kontrolle der vollständigen Bestandsübernahme aus der Schlussbilanz der Vorperiode in die neue Abrechnungsperiode. Diese Aufgabe ist insbesondere dann von Bedeutung, wenn sich die Abschlussarbeiten an der Schlussbilanz der Vorperiode (z.B. bei nachverlegter Inventur) über den Abschlussstichtag hinausziehen. In solchen Fällen ist es erforderlich, die in der neuen Periode anfallenden Geschäftsvorfälle zu erfassen, ohne dass die Anfangsbestände vollständig eingebucht sind. Entspricht das Eröffnungsbilanzkonto der Schlussbilanz der Vorperiode, dann ist ein Indiz dafür gegeben, dass die Eröffnungsbuchungen vollständig vorgenommen worden sind. Schaubildlich lässt sich die Herleitung des Eröffnungsbilanzkontos wie folgt darstellen:

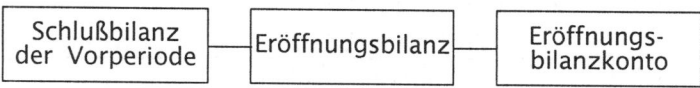

Zwischen der Schlussbilanz und der Eröffnungsbilanz der Folgeperiode liegt (theoretisch) kein Zeitraum und es finden daher auch keine zu erfassenden bestandsverändernden Buchungen statt. Nach dem Grundsatz der Bilanzidentität hat die Schlussbilanz der Vorperiode völlig der Eröffnungsbilanz der Folgeperiode zu entsprechen. (Bei einer Gründung geht die Gründungsbilanz auf das Eröffnungsinventar zurück.)

Zur Erläuterung des Buchungszusammenhanges zwischen Eröffnungsbilanz und Eröffnungsbilanzkonto wird von nachstehender Eröffnungsbilanz ausgegangen:

Aktiva	Eröffnungsbilanz		Passiva
Waren	3.100,-	Eigenkapital	5.000,-
Forderungen	1.300,-	Schuldwechsel	400,-
Kasse	2.100,-	Schulden	1.100,-
	6.500,-		6.500,-

Das Eröffnungsbilanzkonto ist mit Soll und Haben überschrieben. Da die Aktivkonten der laufenden Buchführung ihre Anfangsbestände im Soll aufnehmen, steht die Gegenbuchung im Eröffnungsbilanzkonto im Haben. Die Passivkonten der laufenden Buchführung verzeichnen ihre Anfangsbestände im Haben, daher ist die Gegenbuchung im Eröffnungsbilanzkonto im Soll vorzunehmen. Die dazugehörigen Buchungssätze lauten also:

Eröffnungsbilanzkonto	an Passivkonten
Aktivkonten	an Eröffnungsbilanzkonto

Für vorstehende Eröffnungsbilanz ergeben sich daher die Buchungssätze:

$$\begin{array}{llr} \text{EBK an Eigenkapital} & € & 5.000,- \\ \text{EBK an Schuldwechsel} & € & 400,- \\ \text{EBK an Schulden} & € & 1.100,- \end{array}$$

und

$$\begin{array}{lllr} \text{Waren} & \text{an EBK} & € & 3.100,- \\ \text{Forderungen} & \text{an EBK} & € & 1.300,- \\ \text{Kasse} & \text{an EBK} & € & 2.100,- \end{array}$$

Das Eröffnungsbilanzkonto hat folgendes Aussehen:

Soll	Eröffnungsbilanzkonto		Haben
Eigenkapital	5.000,-	Waren	3.100,-
Schuldwechsel	400,-	Forderungen	1.300,-
Schulden	1.100,-	Kasse	2.100,-
	6.500,-		6.500,-

Zusammenfassend ist zu sagen:

- Bei dem Eröffnungsbilanzkonto handelt es sich um ein technisches Hilfskonto, das neben der Kontrolle der Vollständigkeit der Eröffnungsbuchungen den Zweck hat, die Gegenbuchungen zu den Aktiv- und Passivkonten bei der Konteneröffnung aufzunehmen.

- Die Eröffnungsbilanz ist identisch mit der Schlussbilanz der Vorperiode (Grundsatz der Bilanzidentität).

Wegen des formellen Charakters des Eröffnungsbilanzkontos ist es möglich, auf die Einrichtung dieses Hilfskontos zu verzichten, ohne dass hierdurch die Buchführung ihre Ordnungsmäßigkeit verliert. Es ist erlaubt, die Konteneröffnungen nach dem Prinzip:

alle Aktivkonten an alle Passivkonten

zu buchen. In diesem Fall hat die Summe der Anfangsbestände der Aktivkonten in der Summe der Anfangsbestände der Passivkonten ihre Gegenbuchung, und es bedarf zur Kontrolle der Vollständigkeit keines besonderen Eröffnungsbilanzkontos. Für das Beispiel der Eröffnungsbilanz würde das zu folgenden Buchungen führen:

$$
\begin{array}{|l r|}
\hline
\text{Waren} & \text{€ 3.100,-} \\
\text{Forderungen} & \text{€ 1.300,-} \\
\text{Kasse} & \text{€ 2.100,-} \\
\hline
& \text{€ 6.500,-} \\
\hline
\end{array}
\quad \text{an} \quad
\begin{array}{|l r|}
\hline
\text{Eigenkapital} & \text{€ 5.000,-} \\
\text{Schuldwechsel} & \text{€ 400,-} \\
\text{Schulden} & \text{€ 1.100,-} \\
\hline
& \text{€ 6.500,-} \\
\hline
\end{array}
$$

Um den Weg vom **Eröffnungsbilanzkonto zum Schlussbilanzkonto** (SBK) zu demonstrieren, werden die im vorhergehenden Abschnitt dargestellten vier Geschäftsvorfälle

1. Beispiel:	Waren	an Kasse	€	1.000,-
2. Beispiel:	Schulden	an Schuldwechsel	€	800,-
3. Beispiel:	Waren	an Schulden	€	1.000,-
4. Beispiel:	Schulden	an Kasse	€	700,-

in die eröffneten Konten eingetragen (s. Kontenbilder S. 113), wobei die in Klammern gesetzten Zahlen die Nummern der Geschäftsvorfälle bezeichnen.

Nach der Verbuchung der laufenden Geschäftsvorfälle sind (am Periodenende) die einzelnen Konten abzuschließen. Das setzt voraus, dass der buchmäßige Endbestand ermittelt wird. Da Aktivkonten beim Kontenabschluss eine betragsmäßig größere Sollseite als Habenseite besitzen, addiert man zuerst die Sollseite und bildet dann die Differenz zur Habenseite. Den so ermittelten Saldo, der den buchmäßigen Endbestand darstellt, trägt man auf der kleineren Habenseite ein und bringt das Konto so zum Ausgleich. Bei den Passivkonten verfährt man umgekehrt.

Die Salden der aktiven und passiven Bestandskonten werden zu der Schlussbilanz zusammengefasst. Dazu verwendet man - ebenso wie bei den Eröffnungsbuchungen - ein formales Gegenkonto, das **Schlussbilanzkonto**. Da aber die Endbestände bei den Aktivkonten auf der Habenseite und bei den Passivkonten auf der Sollseite stehen, stellt das Schlussbilanzkonto - anders als das Eröffnungsbilanzkonto - kein Spiegelbildkonto dar. Auf der Grundlage des Schlussbilanzkontos kann - ggf. durch Zwischenschalten von **Kontenbrücken** - die Schlussbilanz erstellt werden.[8] Beide weisen aber formale Unterschiede auf:

---

[8] Hier wurde bisher aus Vereinfachungsgründen davon ausgegangen, dass jeder Bilanzposition nur ein einziges Konto zugeordnet ist. In der Buchfüh-

- Das Schlussbilanzkonto ist mit Soll und Haben, die Schlussbilanz mit Aktiva und Passiva überschrieben.

- Das Schlussbilanzkonto ist in die doppelte Buchführung integriert und nimmt die Gegenbuchungen der Kontensalden der aktiven und passiven Bestandskonten auf.

- Die Schlussbilanz ist ein (auch nach außen gerichtetes) Informationsinstrument und steht außerhalb des Systems der doppelten Buchführung. Sie basiert auf dem Schlussbilanzkonto und gibt die - evtl. aus mehreren Konten - zusammengefassten aktiven und passiven Bestände seitenrichtig zum Schlussbilanzkonto wieder. Für das Schlussbilanzkonto existieren keine Gliederungsvorschriften wie etwa für die Schlussbilanz von Kapitalgesellschaften in § 266 HGB.

Die Buchungssätze zur Übertragung der aktiven und passiven Kontensalden an das Schlussbilanzkonto lauten:

Schlussbilanzkonto	an Aktivkonten
Passivkonten	an Schlussbilanzkonto

Für das Beispiel ist für den Abschluss der Aktivkonten

SBK	an Waren	€	5.100,-
SBK	an Forderungen	€	1.300,-
SBK	an Kasse	€	400,-

und für den Abschluss der Passivkonten

Eigenkapital	an SBK	€	5.000,-
Schuldwechsel	an SBK	€	1.200,-
Schulden	an SBK	€	600,-

zu buchen.

Der Weg von der Eröffnungsbilanz zur Schlussbilanz für das vorhergehende Beispiel wird durch nachstehende Übersicht veranschaulicht:

---

rungspraxis ist es üblich, dass die Salden mehrerer Konten zu einer Bilanzposition zusammengefasst werden. Das geschieht mit Hilfe der Kontenbrücke. Sie stellt in diesem Zusammenhang eine tabellarische Zusammenstellung dar, in der in der senkrechten Spalte die Salden der abgebenden Bestandskonten und auf der Horizontalen die aufnehmenden Positionen der Schlussbilanz angeordnet sind.

Aktiva	Eröffnungsbilanz		Passiva
Waren	3.100,-	Eigenkapital	5.000,-
Forderungen	1.300,-	Schuldwechsel	400,-
Kasse	2.100,-	Schulden	1.100,-
	6.500,-		6.500,-

Soll	Eröffnungsbilanzkonto		Haben
Eigenkapital	5.000,-	Waren	3.100,-
Schuldwechsel	400,-	Forderungen	1.300,-
Schulden	1.100,-	Kasse	2.100,-
	6.500,-		6.500,-

S	Waren		H		S	Eigenkapital		H
AB	3.100,-	Saldo	5.100,-		Saldo	5.000,-	AB	5.000,-
(1)	1.000,-							
(3)	1.000,-				**S**	**Schuldwechsel**		**H**
	5.100,-		5.100,-		Saldo	1.200,-	AB	400,-
S	**Forderungen**		**H**				(2)	800,-
AB	1.300,-	Saldo	1.300,-			1.200,-		1.200,-
S	**Kasse**		**H**		**S**	**Schulden**		**H**
AB	2.100,-	(1)	1.000,-		(2)	800,-	AB	1.100,-
		(4)	700,-		(4)	700,-	(3)	1.000,-
		Saldo	400,-		Saldo	600,-		
	2.100,-		2.100,-			2.100,-		2.100,-

Soll	Schlussbilanzkonto		Haben
Waren	5.100,-	Eigenkapital	5.000,-
Forderungen	1.300,-	Schuldwechsel	1.200,-
Kasse	400,-	Schulden	600,-
	6.800,-		6.800,-

Aktiva	Schlussbilanz		Passiva
Waren	5.100,-	Eigenkapital	5.000,-
Forderungen	1.300,-	Schuldwechsel	1.200,-
Kasse	400,-	Schulden	600,-
	6.800,-		6.800,-

II. Die Erklärung von Erfolgsbuchungen und Eigenkapitalveränderungen

a. Das Eigenkapitalkonto und seine Veränderungen

1. *Unternehmenszweckbedingte Eigenkapitalveränderungen durch erfolgswirksame Geschäftsvorfälle*

Die bisher behandelten Buchungsvorgänge hatten erfolgsneutrale Geschäftsvorfälle zum Inhalt. Bei erfolgsneutralen Geschäftsvorfällen entsprechen sich Leistung und Gegenleistung. Sie führen daher nur zu Veränderungen des Bilanzvermögens und der Bilanzschulden, nicht jedoch des Eigenkapitals (Reinvermögens). In der Buchhaltungspraxis gibt es daneben Geschäftsvorfälle, die zwar Veränderungen der Bestandskonten bewirken, deren korrespondierende Gegenbuchung sich jedoch im Eigenkapitalkonto niederschlägt, weil die Geschäftsvorfälle zu einer Veränderung des Reinvermögens führen.

Beispiel 1:

Ein Einzelunternehmer hat einen Laden gemietet, für den er eine Miete von € 300,- durch Banküberweisung zahlt.

Durch die Mietüberweisung vermindert sich das Bankguthaben um € 300,-. Für diese Mietzahlung steht aber kein Gegenkonto in der Aktiv- oder Passivkontenreihe außer dem Eigenkapitalkonto zur Verfügung, denn die Verminderung des Bankguthabens hat weder die Vermehrung des Bilanzvermögens noch eine Verminderung der Bilanzschulden zur Folge. Es vermindert sich aber - wie folgende Rechnung zeigt - das Eigenkapital (Reinvermögen) um € 300,-:

	Vor Mietausgabe	Nach Mietausgabe
Summe des Vermögens	50.000,-	49.700,-
./. Summe der Schulden	20.000,-	20.000,-
= Reinvermögen (Eigenkapital)	30.000,-	29.700,-

Kontenmäßig ist dieser Geschäftsvorfall wie folgt darstellbar:

1. Kontenstände vor Mietausgabe

```
S         Bank        H  S      Eigenkapital   H  S       Schulden        H
AB 50.000,-|                    |AB 30.000,-          |AB 20.000,-
```

2. Kontenstände nach Mietausgabe

```
S         Bank        H  S      Eigenkapital   H  S       Schulden        H
AB 50.000,-|Ag 300,-   Ag 300,- |AB 30.000,-          |AB 20.000,-
```

Die Ausgabe für die Miete hat zu einer Verminderung des Eigenkapitals geführt. Unternehmenszweckbedingte Minderungen des Eigenkapitals durch Erfolgsvorgänge werden als **Aufwand** bezeichnet. Aufwand ist so die unternehmenszweckbedingte erfolgswirksame periodisierte Ausgabe einer Unternehmung.

Beispiel 2:

Der Einzelunternehmer erhält auf sein geschäftliches Bankguthaben eine Zinsgutschrift in Höhe von € 400,-.

Durch diese Gutschrift erhöht sich das Bankguthaben um € 400,-. Für diese Gutschrift steht ebenfalls kein Gegenkonto in der Aktiv- oder Passivkontenreihe außer dem Eigenkapitalkonto zur Verfügung, da die Vermehrung des Bankguthabens weder eine Verminderung des Bilanzvermögens noch eine Vermehrung der Bilanzschulden zur Folge hat. Es erhöht sich aber - wie folgende Rechnung zeigt - das Eigenkapitalkonto:

	Vor Zinseinnahme	Nach Zinseinnahme
Summe des Vermögens	50.000,-	50.400,-
./. Summe der Schulden	20.000,-	20.000,-
= Reinvermögen (Eigenkapital)	30.000,-	30.400,-

Kontenmäßig ist dieser Geschäftsvorfall wie folgt darstellbar:

1. Kontenstände vor Zinseinnahme

S	Bank	H	S	Eigenkapital	H	S	Schulden	H
AB	50.000,-			AB	30.000,-		AB	20.000,-

2. Kontenstände nach Zinseinnahme

S	Bank	H	S	Eigenkapital	H	S	Schulden	H
AB	50.000,-			AB	30.000,-		AB	20.000,-
Zg	400,-			Zg	400,-			

Die Zinseinnahme hat zu einer Eigenkapitalerhöhung geführt. Unternehmenszweckbedingte Erhöhungen des Eigenkapitals durch erfolgswirksame Geschäftsvorfälle werden als **Ertrag** bezeichnet. Ertrag ist so die unternehmenszweckbedingte erfolgswirksame periodisierte Einnahme einer Unternehmung.

Vorstehende Beispiele zeigen, dass es möglich ist, alle erfolgswirksamen Vorgänge auf dem Eigenkapitalkonto zu erfassen. Das soll an einem einfachen Beispiel verdeutlicht werden:

Der Einzelhandelsunternehmer Herbert Müller hat folgende Eröffnungsbilanz aufgestellt:

Aktiva	Eröffnungsbilanz		Passiva
Waren	9.000,-	Eigenkapital	6.000,-
Bank	1.000,-	Schulden	4.000,-
	10.000,-		10.000,-

Es sind folgende Geschäftsvorfälle zu buchen:

1. Eingang einer Provisionsgutschrift per Bank   € 1.000,-
2. Zinsgutschrift der Bank   €   600,-
3. Lohnzahlung per Bank   € 1.000,-
4. Mietzahlung per Bank   €   800,-

Diese erfolgswirksamen Geschäftsvorfälle werden direkt auf dem Eigenkapitalkonto gebucht, so dass folgende Buchungssätze anfallen:[9]

Nr.	Sollkonto	Betrag	Habenkonto
1.	Bank	1.000,-	Eigenkapital
2.	Bank	600,-	Eigenkapital
3.	Eigenkapital	1.000,-	Bank
4.	Eigenkapital	800,-	Bank

Konteneröffnung, Verbuchung der Geschäftsvorfälle und Kontenabschluss ergeben folgendes Bild:

S	Bank		H		S	Eigenkapital		H
AB	1.000,-	(3)	1.000,-		(3)	1.000,-	AB	6.000,-
(1)	1.000,-	(4)	800,-		(4)	800,-	(1)	1.000,-
(2)	600,-	SBK	800,-		SBK	5.800,-	(2)	600,-
	2.600,-		2.600,-			7.600,-		7.600,-

S	Waren		H		S	Schulden		H
AB	9.000,-	SBK	9.000,-		SBK	4.000,-	AB	4.000,-

Soll	Schlussbilanzkonto (SBK)	Haben
Waren	9.000,-	Eigenkapital	5.800,-
Bank	800,-	Schulden	4.000,-
	9.800,-		9.800,-

Aufgrund der Eigenkapitalkontenstände EK $_t$ aufeinander folgender Stichtage t=1 und t=2 lässt sich der durch die Unternehmenstätigkeit erwirtschaftete Erfolg (Verlust oder Gewinn) einer Geschäftsperiode ermitteln, indem man die Differenzen aus den Eigenkapitalbeständen in t=2 und t=1 bildet (= Erfolgsrechnung durch Reinvermögensvergleich).[10]

---

[9]   Die Darstellung der Buchungssätze veranschaulicht das Beispiel einer „Buchungsliste". In der Praxis ist es üblich, die Buchungssätze in Listen zusammenzufassen. Eine Buchungsliste enthält die Spalten:

Sollkonto - Betrag - Habenkonto.

[10] Mitunter wird auch von der Erfolgsrechnung durch (Eigen-) Kapitalvergleich gesprochen. Für den Sachverhalt wird vom Steuerrecht der Begriff Vermögensvergleich (vgl. § 4,1 EStG) verwendet.

Geht man davon aus, dass die laufenden Geschäftsvorfälle nicht aufgezeichnet werden, sondern am Ende einer Abrechnungsperiode eine Bilanz lediglich aufgrund des Inventars erstellt wird, so wäre es möglich, mit Hilfe des Eigenkapitalvergleichs den Erfolg einer Periode zu errechnen. Diese Vorgehensweise wird auch als **Distanzrechnung** bezeichnet.

Wurden in der Geschäftsperiode keine Eigenkapitaleinlagen und keine (Eigenkapital- bzw. Gewinn-) Entnahmen getätigt, so stellt die Eigenkapitalmehrung einen Gewinn und die Eigenkapitalminderung einen Verlust dar, d.h. es gilt:

$$EK_2 ./. EK_1 = \text{Gewinn} \qquad \text{für } EK_2 > EK_1,$$
$$EK_2 ./. EK_1 = \text{Verlust} \qquad \text{für } EK_2 < EK_1.$$

Für vorstehendes einfaches Buchungsbeispiel ergibt sich durch den Reinvermögensvergleich:

$$5.800,- ./. 6.000,- = ./. 200,- (= \text{Verlust}).$$

2. Nichtunternehmenszweckbedingte Eigenkapitalveränderungen durch Einlagen und Entnahmen

α. Einlagen

Als (Kapital-) Einlage bezeichnet man das einer Unternehmung von außen durch Anteilseigner zur Verfügung gestellte Eigenkapital. Die Einlage unterscheidet sich von der Kapitalerhöhung aus Innenfinanzierungsvorgängen, wie z. B. der Nichtentnahme von Gewinnen. Die Kapitalerhöhung durch Einlagen ist in der buchmäßigen Durchführung und der rechtlichen Problematik abhängig von der Rechtsform. Auf diese Fragen soll hier im Einzelnen nicht näher eingegangen werden. Es ist jedoch festzuhalten, dass durch Kapitaleinlagen das Eigenkapitalkonto erhöht wird und diese Eigenkapitalerhöhung zu unterscheiden ist von einer Eigenkapitalerhöhung aus erfolgswirksamen Vorgängen.

Beispiel:

Der Einzelunternehmer zahlt aus seinem Privatvermögen € 5.000,- auf das geschäftliche Bankkonto als Kapitaleinlage ein.[11]

Durch diese Einlage hat sich das Bankkonto um € 5.000,- erhöht. Der Vermehrung des Bankkontos steht keine Verminderung eines anderen Vermögenswertes oder Erhöhung einer Verbindlichkeit gegenüber, weshalb die korrespondierende Gegenbuchung auf dem Eigenkapitalkonto vorzunehmen ist. Wie folgende Rechnung zeigt, hat eine Erhöhung des Eigenkapitals (Reinvermögens) stattgefunden:

	Vor Einlage	Nach Einlage
Summe des Vermögens	50.000,-	55.000,-
./. Summe der Schulden	20.000,-	20.000,-
= Reinvermögen (Eigenkapital)	30.000,-	35.000,-

Kontenmäßig ist der Vorfall einer Einlage wie folgt darstellbar:

---

[11] Die Zusammenhänge der erfolgsneutralen Verbuchungen auf dem Eigenkapitalkonto werden deshalb am Beispiel eines Einzelunternehmers dargestellt, weil sie hier elementar und am leichtesten einzusehen sind.

1. Kontenstände vor Einlage

S	Bank	H	S	Eigenkapital	H	S	Schulden	H
AB	50.000,-			AB	30.000,-		AB	20.000,-

2. Kontenstände nach Einlage

S	Bank	H	S	Eigenkapital	H	S	Schulden	H
AB	50.000,-			AB	30.000,-		AB	20.000,-
Zg	5.000,-			Zg	5.000,-			

β. Privatentnahmen

Entnahmen können in Form von Geld oder Naturalien erfolgen. Zu den Entnahmen zählen auch Zahlungen oder geldwerte Zuwendungen, die von der Unternehmung an Dritte zugunsten von Anteilseignern geleistet werden (z.B. Einkommensteuerzahlungen). Entnahmen stellen keinen Aufwand dar, sondern sie betreffen allein das Verhältnis zwischen der Unternehmung und ihren Anteilseignern. Aufwände dagegen haben keinen unmittelbaren Bezug zu der Privatsphäre der Anteilseigner. Entnahmen sind daher eine Vorwegnahme des Gewinns bzw. ein Kapitalabzug. Bezüglich der Durchführung und rechtlichen Problematik bestehen bei Entnahmen - ähnlich wie bei den Einlagen - rechtsformabhängige Unterschiede. So kann das Grund- oder Stammkapital einer Kapitalgesellschaft nicht ohne weiteres durch Ausschüttungen oder Kapitalauskehrungen gemindert werden. Bei diesen Rechtsformen müssen Ausschüttungen vielmehr durch Gewinne gedeckt sein (= Garantiefunktion des Grund- bzw. Stammkapitals). Bei der Einzelunternehmung oder unter Umständen aufgrund gesellschaftsrechtlicher Vereinbarungen bei den Personengesellschaften werden den Unternehmern oder geschäftsführenden Gesellschaftern keine Gehälter für ihre Mitarbeit bzw. unternehmerische Tätigkeit gezahlt, sondern das Entgelt für diese Tätigkeiten ist im Gewinn enthalten. Da es sich hier um Unternehmen mit „variablem" Eigenkapital handelt, bewirken Entnahmen unmittelbar Veränderungen des Eigenkapitalkontos.

Beispiel:

Der Einzelunternehmer überweist zur Begleichung seiner (privaten) Einkommensteuerschuld vom Bankkonto des Geschäfts an das Finanzamt € 3.000,- .

Durch diese Banküberweisung verringert sich das Bankkonto um € 3.000,-. Für die korrespondierende Gegenbuchung steht außer dem Eigenkapitalkonto weder ein anderes passives Bestandskonto noch ein aktives Bestandskonto zur Verfügung, denn die Verminderung des Bankkontos hat weder eine Vermehrung des übrigen Bilanzvermögens noch eine Verringerung der Bilanzschulden zur Folge. Aus der Begleichung der privaten Steuerschulden resultiert aber - wie folgende Rechnung zeigt - eine Abnahme des Reinvermögens (Eigenkapitals).

	Vor Entnahme	Nach Entnahme
Summe des Vermögens	50.000,-	47.000,-
./. Summe der Schulden	20.000,-	20.000,-
= Reinvermögen (Eigenkapital)	30.000,-	27.000,-

Die Entnahme zur Begleichung der Einkommensteuerschuld führt zu folgenden Kontenbildern:

1. Kontenstände vor Entnahme

S	Bank	H	S	Eigenkapital	H	S	Schulden	H
AB 50.000,-				AB 30.000,-			AB 20.000,-	

2. Kontenstände nach Entnahme

S	Bank	H	S	Eigenkapital	H	S	Schulden	H
AB 50.000,-	Ag 3.000,-		Ag 3.000,-	AB 30.000,-			AB 20.000,-	

Abschließend ist festzuhalten, dass durch Eigenkapitalzuführungen und Privatentnahmen die Ermittlung des Unternehmenserfolges mit Hilfe des **Reinvermögensvergleichs** beeinträchtigt wird. Will man den unternehmensbedingten Erfolg durch Reinvermögensvergleich ermitteln, so müssen Entnahmen der errechneten Differenz der Eigenkapitalbestände zugeschlagen und Eigenkapitaleinlagen von dieser Differenz abgezogen werden. Der Reinvermögensvergleich stellt sich daher allgemein wie folgt dar:

Unternehmenserfolg	$= EK_2$ ./. EK_1 + Entnahmen ./. Einlagen
	= Gewinn, falls positiv
	= Verlust, falls negativ

b. Das Eigenkapitalkonto und seine Unterkonten

Das Eigenkapitalkonto ist ein passives Bestandskonto und erfasst als Gegenkonto erfolgswirksame Geschäftsvorfälle sowie die erfolgsneutralen, das Eigenkapital verändernde Vorgänge der Entnahme und Einlage. Im Einzelnen wirken sich diese sachlich verschiedenen Vorgänge auf den Saldo des Eigenkapitalkontos wie folgt aus:

S	Eigenkapitalkonto	H
Entnahmen	Anfangsbestand	
Aufwände	Einlagen	
	Erträge	

Im Laufe einer Abrechnungsperiode sind eine Vielzahl solcher das Eigenkapital verändernde Vorgänge zu buchen. Würden diese immer unmittelbar auf dem Eigenkapitalkonto gebucht, hätte das aber folgende Nachteile:

• das Eigenkapitalkonto wäre unübersichtlich, da auf ihm eine Vielzahl inhaltlich verschiedener Sachverhalte erfasst würde,

- der Erfolg (Gewinn oder Verlust) könnte nur durch Eigenkapitalvergleich ermittelt werden,

- die Erfolgsquellen, d.h. die nach sachlichen Gesichtspunkten geordneten Aufwände und Erträge, wären nicht unmittelbar ersichtlich.

Diese Nachteile sind durch eine Aufspaltung des Eigenkapitalkontos in Unterkonten zu vermeiden. Die Aufspaltung eines Kontos mit inhaltlich verschiedenen Sachverhalten in der Weise, dass für unterschiedliche Tatbestände jeweils ein eigenes Konto verwendet wird, entspricht den GoD, die eine klare und übersichtliche Aufzeichnung der Geschäftsvorfälle fordern. Das Konto, von dem abgespalten wird, heißt **Hauptkonto**, und die vom Hauptkonto abgespaltenen Konten werden - wie erwähnt - als **Unterkonten** bezeichnet. Auf diesen Unterkonten werden im Falle der Aufspaltung des Eigenkapitalkontos die zu buchenden Vorgänge so verzeichnet, wie man sie auf dem Eigenkapitalkonto erfassen würde. Durch diese Aufspaltung in Unterkonten wird das Eigenkapitalkonto zu einem „ruhenden" Konto, das erst am Periodenabschluss die Salden der Unterkonten aufnimmt; es gilt die Regel:

Unterkonten schließen über das Hauptkonto ab.

Üblich ist eine Aufspaltung des Eigenkapitalkontos in Privat-, Einlagen- und Erfolgskonto (Gewinn- und Verlustkonto). Der sich so ergebende Buchungszusammenhang wird schematisch durch nachstehende Übersicht veranschaulicht:

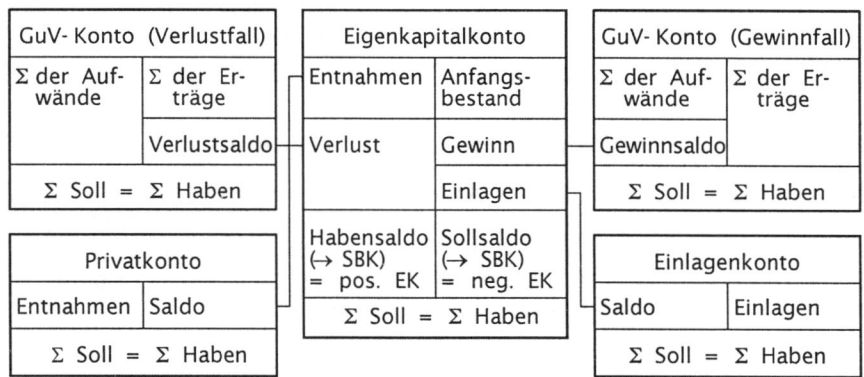

Die Konteninhalte der Privat- und Einlagenkonten wurden im Zusammenhang mit der Darstellung der vorhergehenden Buchungsvorgänge hinreichend verdeutlicht. Es bleibt daher, auf den Konteninhalt von Erfolgskonten näher einzugehen. Erfolgsvorgänge können in reinen Erfolgskonten oder in sog. gemischten Konten erfasst werden.

1. Reine Erfolgskonten

Erfolgskonten sind dem Eigenkapitalkonto nachgebildet und erfassen erfolgswirksame Eigenkapitalerhöhungen (= Erträge) im Haben und erfolgswirksame Eigenkapitalminderungen (= Aufwände) im Soll. Dementsprechend bestehen die Erfolgskonten aus zwei Kontenreihen: den Aufwands- und Ertragskonten. Würde man Aufwände und Erträge auf einem einzigen Konto - dem sog. Gewinn- und Verlustkonto - verbuchen, hätte das zur Folge, dass Aufwands- und Ertragsbuchungen nur nach chronologischen, nicht jedoch nach sachlichen Gesichtspunkten geordnet erfasst würden. Bei der Vielzahl der unterschiedlichen erfolgswirksamen Geschäftsvorfälle wäre hierdurch das Gewinn- und Verlustkonto sehr unübersichtlich. Um einen Einblick in die Erfolgsquellen zu ermöglichen, schaltet man dem Gewinn- und Verlustkonto Unterkonten vor, auf denen sachlich gleichartige Aufwände und Erträge gesammelt werden. Diese Vorschaltung geschieht nach dem **Prinzip der getrennten Kontenführung**. Nach diesem Prinzip sind Aufwände und Erträge auf verschiedenen Konten zu erfassen. Auch ist die Saldierung gleichartiger Aufwände und Erträge (so: Zinsaufwand und Zinsertrag, Mietaufwand und Mietertrag) untersagt. Aufwände werden daher immer im Soll eines Aufwandskontos und Erträge immer im Haben eines Ertragskontos verbucht. Das bedeutet, dass Buchungen auf der Gegenseite eines Aufwandskontos - der Habenseite - bzw. eines Ertragskontos - der Sollseite - nur für Korrekturzwecke gestattet sind. Derartige Korrekturen werden **Stornierungen** oder **Stornobuchungen** genannt.

Der Kontenabschluss der Unterkonten erfolgt im Rahmen der vorbereitenden Abschlussbuchungen. Dabei schließen Aufwandskonten grundsätzlich mit einem **Sollsaldo** (= Saldo auf der Habenseite) ab. Dieser stellt eine Zusammenfassung sämtlicher in der Abrechnungsperiode angefallenen Aufwände einer bestimmten Art dar. Ertragskonten weisen grundsätzlich einen **Habensaldo** (= Saldo auf der Sollseite) aus, der in einem Betrag über sämtliche in der Abrechnungsperiode angefallenen Erträge einer bestimmten Art informiert. Die Gegenbuchung erfolgt jeweils auf dem Gewinn- und Verlustkonto (GVK). Das GVK stellt so ein Aufwands- und Ertragssammelkonto dar. Die Buchungssätze lauten allgemein:

Gewinn- und Verlustkonto	an Aufwandskonten
Ertragskonten	an Gewinn- und Verlustkonto

Sind die Erträge einer Periode größer als die Aufwände, so ermittelt sich im Gewinn- und Verlustkonto ein Habensaldo als Periodengewinn, der eine Eigenkapitalmehrung darstellt. Er ist daher im Eigenkapitalkonto auf der Habenseite gegenzubuchen. Sind dagegen die Aufwände der Periode größer als die Erträge, so weist das Gewinn- und Verlustkonto als Sollsaldo einen Verlust aus, der als Gegenbuchung im Soll des Eigenkapitalkontos zu verbuchen ist. Die Buchungssätze lauten also:

Eigenkapitalkonto	an	GVK (für den Verlustfall)
GVK	an	Eigenkapitalkonto (für den Gewinnfall)

Die Aufspaltung des Gewinn- und Verlustkontos in Aufwands- und Ertragskonten lässt sich im Schaubild wie folgt darstellen:

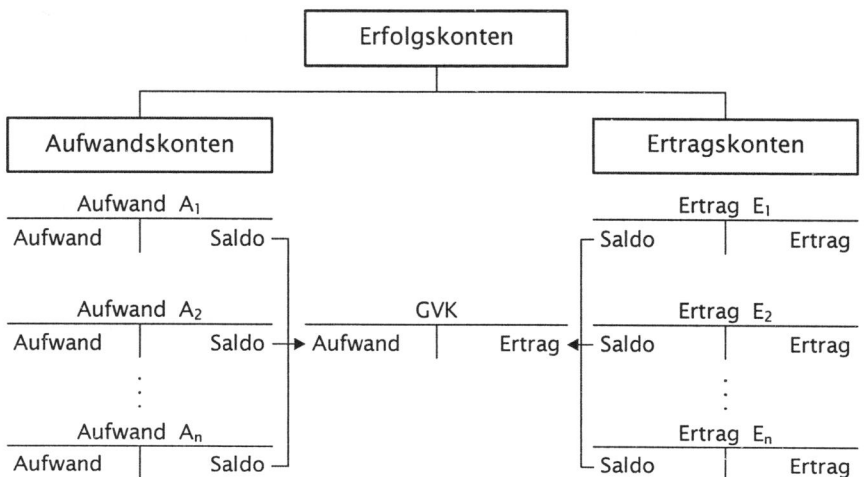

Aufwands- und Ertragsbuchungen berühren einseitig aktive und passive Bestandskonten. Dabei stellt jede Aufwandsgegenbuchung auf einem Bestandskonto eine Aktivminderung und/oder eine Passivmehrung und jede Ertragsgegenbuchung eine Aktivmehrung und/oder Passivminderung dar.

2. Gemischte Konten

Gemischte Konten stellen eine Vereinigung von Bestandskonten und Erfolgskonten dar. Der Nachteil einer solchen Mischung besteht darin, dass die Saldierung dieser Konten und die Zuordnung der Salden schwierig und unübersichtlich sind, weil solche Konten sowohl einen Endbestand als auch einen Erfolgssaldo aufweisen. Grundsätzlich lassen sich zwei Arten von gemischten Konten unterscheiden, und zwar

- Bestandskonten mit Erfolgsanteil
- Erfolgskonten mit Bestandsanteil.

α. Bestandskonten mit Erfolgsanteil

Bei ihnen dominiert zwar der Bestandscharakter des Kontos, jedoch sind bei Abschluss eines solchen Kontos die Bestände unmittelbar über das Schlussbilanzkonto und die Erfolge über das Gewinn- und Verlustkonto abzuschließen. Typische Beispiele für Bestandskonten mit Erfolgsanteil sind die Anlagekonten für Gebäude, Geschäftseinrichtung, Maschinen u.ä. Unterliegen die auf diesen Konten verbuchten Vermögensgegenstände einer Wertminderung - z.B. durch Abnutzung -, so kann der Buchwert des Anfangsbestandes nicht ungemindert in das Schlussbilanzkonto übertragen werden. Es ist vielmehr vorher eine Abschreibung auf diesen Buchwert vorzunehmen, der die Wertminderung erfasst. Das gilt analog auch für die in der Periode gebuchten Zugänge. Die Abschreibung erfolgt zu Lasten des Gewinn- und Verlustkontos. Der sich nach Einbuchung der Abschreibung ergebende Saldo ist der in das Schlussbilanzkonto zu übernehmende Wert des Endbestandes.

Soll	Gemischtes Anlagekonto	Haben
Anfangsbestand	Abgänge	
Zugänge	Wertminderung (GVK)	
	Saldo = EB (SBK)	

Es ist also festzustellen, dass der Charakter eines Anlagekontos als gemischtes Konto davon abhängt, ob eingetretene Wertminderungen zu berücksichtigen sind. Sind am Abschlussstichtag keine Wertminderungen zu erfassen - wie z.B. bei einem unbebauten Grundstück -, dann handelt es sich um reine Bestandskonten. Sind dagegen Wertminderungen zu erfassen, dann weisen zwar diese Konten bis zum Abschluss Bestände und Erfolge ungetrennt, d.h. gemischt aus, sie sind aber dem Charakter nach Bestandskonten.

β. Erfolgskonten mit Bestandsanteil

Diese Konten erfassen Anfangsbestand, Zu- und Abgänge wie ein Bestandskonto, verrechnen aber Anfangsbestand und Zugänge mit anderen Preisen als Abgänge. Typisches Beispiel hierfür ist das gemischte (einheitliche) Warenkonto. Auf einem gemischten Warenkonto wird - wie auf jedem aktiven Bestandskonto - zu Beginn der Periode der Anfangsbestand im Soll vorgetragen. Die Zugänge (Wareneinkäufe) werden mit den zugehörigen Anschaffungskosten (= **Einstandswerte**, s. S. 29) ebenfalls auf der Sollseite gebucht. Die Abgänge (Warenverkäufe) werden mit den zugehörigen Verkaufserlösen (= **Verkaufswerte**) auf der Habenseite erfasst. Die Habenseite empfängt den durch Inventur ermittelten Schlussbestand. Der Buchungssatz hierfür lautet

Schlussbilanzkonto an Waren.

Der verbleibende Saldo des gemischten Warenkontos stellt den **Roherfolg** (= Rohgewinn bzw. Rohverlust) dar; er ist im Gewinn- und Verlustkonto gegenzubuchen.

Soll	Gemischtes Warenkonto	Haben
Anfangsbestand	Abgänge zu Verkaufswerten	
Zugänge zu Anschaffungswerten (AW)	Schlussbestand zu AW (lt. Inv.)	
Saldo Rohgewinn	Saldo Rohverlust	

Ist der Warenbestand am Schluss der Periode gleich Null, so wird das gemischte Warenkonto zu einem reinen Erfolgskonto, dessen Sollseite den Einstandswert der eingesetzten Waren und dessen Habenseite den Verkaufswert dieser eingesetzten Waren ausweist. Die Differenz ist der Rohgewinn oder Rohverlust und erscheint als Soll- oder Habensaldo des gemischten Warenkontos bei entsprechender Gegenbuchung im Gewinn- und Verlustkonto. Sind aber am Ende der Periode noch Endbestände vorhanden - sie sind durch Inventur mengen- und wertmäßig zu ermitteln -, so kann der Einstandswert der umgesetzten Waren nur durch folgende Sonderrechnung ermittelt werden:

	Anfangsbestand
+	Zugänge aus Einkäufen
./.	Schlussbestand lt. Inventur
=	Einstandswert der umgesetzten Waren

Das gemischte Warenkonto weist also sowohl den Warenendbestand als auch den Roherfolg aus. Es ist - falls Endbestände vorhanden sind - kein reines Bestands- und kein reines Erfolgskonto. Nachteilig ist, dass Zugänge mit Einstandswerten und Abgänge mit Verkaufswerten verbucht werden. Bei der Führung eines gemischten Warenkontos kann daher erst durch die Ermittlung des Endbestandes mit Hilfe einer Inventur der Erfolgssaldo (Rohgewinn oder Rohverlust) festgestellt werden. Bei Buchung einer größeren Zahl von Einkäufen und Verkäufen sowie von Stornobuchungen u.ä. wird das gemischte Warenkonto unübersichtlich. Es ist deshalb zweckmäßiger, **getrennte Warenkonten** (= Wareneinkaufs-, Warenverkaufskonto) zu führen.

Beispiel:

1. Ausgangsdaten:

Anfangsbestand	€	3.000,-
Einkäufe	€	8.000,-
Verkäufe	€	12.000,-
Schlussbestand lt. Inventur	€	4.000,-

2. Bild des gemischten Warenkontos:

Soll		Gemischtes Warenkonto	Haben
Anfangsbestand	3.000,-	Verkäufe	12.000,-
Zugang	8.000,-	Schlussbestand (SBK)	4.000,-
Rohgewinn (GVK)	5.000,-		
	16.000,-		16.000,-

3. Berechnung des Wareneinsatzes:

	Anfangsbestand	€	3.000,-
+	Einkäufe	€	8.000,-
./.	Schlussbestand lt. Inventur	€	4.000,-
=	Einstandswert der umgesetzten Waren	€	7.000,-

c. Zusammenhang der Bestands- und Erfolgskonten und Kontenabschluss

Viele Geschäftsvorfälle betreffen nicht nur Vermögens- oder Schuldpositionen, sondern bewirken auch Veränderungen des Eigenkapitalkontos. Das hat in der historischen Entwicklung der doppelten Buchführung dazu geführt, dass neben den Bestandskonten eine weitere Kontenart entwickelt wurde: die Erfolgskonten.

Die Erfolgskonten sind Unterkonten des Eigenkapitalkontos. Auf den **reinen Erfolgskonten** werden nur erfolgswirksame Geschäftsvorfälle verbucht. Aufwände werden im Soll, Erträge im Haben erfasst. Mit jeder Erfolgsbuchung ist eine korrespondierende Gegenbuchung auf einem Bestandskonto verbunden. Neben den reinen Erfolgskonten stehen sog. **gemischte Konten**. Auf gemischten Konten werden gleichzeitig Bestands- und Erfolgsrechnungen vorgenommen.

Alle Bestandskonten und die gemischten Konten werden hinsichtlich des Ergebnisses ihrer Bestandsrechnung über das Schlussbilanzkonto und alle Erfolgskonten und die gemischten Konten werden hinsichtlich des Ergebnisses ihrer Erfolgsrechnung über das **Gewinn- und Verlustkonto** abgeschlossen. Damit ist sichergestellt, dass alle durch die Buchführung erfassten Bestände in das Schlussbilanzkonto und alle Erfolgsbestandteile in das Gewinn- und Verlustkonto überführt werden. Das Gewinn- und Verlustkonto ist ein Unterkonto des Eigenkapitalkontos mit der Aufgabe, sämtliche erfolgswirksamen Geschäftsvorfälle - also Geschäftsvorfälle, die eine Erhöhung oder Verminderung des Eigenkapitals zur Folge haben - zu sammeln und die Differenz (Gewinn oder Verlust) festzustellen. Dieser Saldo wird vom Eigenkapitalkonto übernommen und in das Schlussbilanzkonto übertragen.

Diese Vorgehensweise ermöglicht eine Erfolgsermittlung in doppelter Weise: einmal ergibt sich eine Erfolgsermittlung als Veränderung des Eigenkapitals (d.h. durch Reinvermögensvergleich), zum anderen muss sich systembedingt derselbe bei dem Reinvermögensvergleich errechnete Betrag der Eigenkapitalveränderung aus der Differenz sämtlicher Erträge und sämtlicher Aufwände ergeben, da jede Erfolgsbuchung in korrespondierender Höhe eine Gegenbuchung auf einem Bestandskonto hat.

Der Zusammenhang der verschiedenen Kontenarten und deren Abschluss wird durch nachstehende Übersicht verdeutlicht:

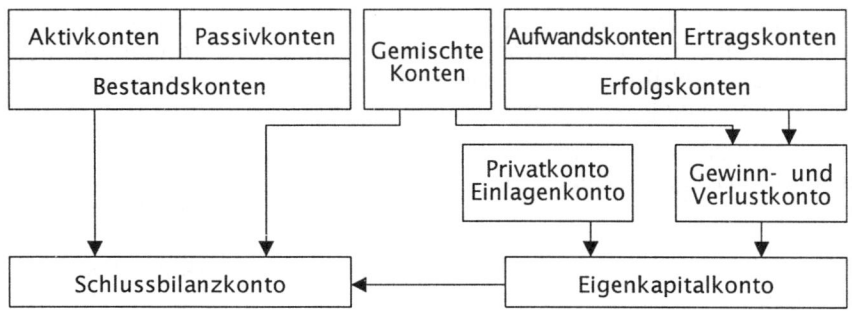

Beispiel:

Die Eröffnungsbilanz einer Einzelunternehmung hat folgendes Aussehen:

Aktiva	Eröffnungsbilanz		Passiva
Geschäftseinrichtung	2.000,-	Eigenkapital	7.000,-
Waren	6.200,-	Schulden	2.500,-
Forderungen	800,-		
Bank	500,-		
	9.500,-		9.500,-

Es fallen folgende Geschäftsvorfälle an:

1. Kreditierter Wareneinkauf über € 500,-.
2. Abhebung vom Bankkonto privat € 100,-.
3. Zielverkauf von Waren € 3.600,-.
4. Banküberweisung für Geschäftsmiete € 200,-.
5. Banküberweisung eines Kunden zur Begleichung seiner Verbindlichkeit € 400,-.
6. Zinsgutschrift der Bank € 80,-.
7. Kauf einer Schreibmaschine € 250,-; sofortige Bezahlung per Bank.
8. Privatentnahme von Waren € 300,-.

Es sind die Konten zu eröffnen, die Geschäftsvorfälle zu verbuchen, und es ist ein Abschluss zu erstellen. Der Warenendbestand lt. Inventur beträgt € 4.200,-. Auf die Geschäftseinrichtung ist eine Abschreibung (Abwertung) von € 300,- vorzunehmen. Eine Erfolgsermittlung durch Reinvermögensvergleich ist zusätzlich durchzuführen.

1. Konteneröffnung

Nr.	Sollkonto	Betrag	Habenkonto
AB	Geschäftseinrichtung	2.000,-	(EBK)
AB	Waren	6.200,-	(EBK)
AB	Forderungen	800,-	(EBK)
AB	Bank	500,-	(EBK)
AB	(EBK)	7.000,-	Eigenkapital
AB	(EBK)	2.500,-	Schulden

2. Laufende Buchungen

Nr.	Sollkonto	Betrag	Habenkonto
1	Waren	500,-	Schulden
2	Privat	100,-	Bank
3	Forderungen	3.600,-	Waren
4	Mietaufwand	200,-	Bank
5	Bank	400,-	Forderungen
6	Bank	80,-	Zinsertrag
7	Geschäftseinrichtung	250,-	Bank
8	Privat	300,-	Waren

3. Kontenbild

S	Bank	H	S	Waren	H	S	Geschäftseinrichtung	H
AB	500,-	(2) 100,-	AB	6.200,-	(3) 3.600,-	AB	2.000,-	(10) 300,-
(5)	400,-	(4) 200,-	(1)	500,-	(8) 300,-	(7)	250,-	(16) 1.950,-
(6)	80,-	(7) 250,-	(9)	1.400,-	(17) 4.200,-			
		(19) 430,-						

S	Forderungen	H	S	Eigenkapital	H	S	Schulden	H
AB	800,-	(5) 400,-	(15)	400,-	AB 7.000,-	(21)	3.000,-	AB 2.500,-
(3)	3.600,-	(18) 4.000,-	(20)	7.580,-	(14) 980,-			(1) 500,-

S	Privat	H	S	Zinsertrag	H	S	Mietaufwand	H
(2)	100,-	(15) 400,-	(12)	80,-	(6) 80,-	(4)	200,-	(13) 200,-
(8)	300,-							

S	Abschreibungsaufw.	H	S	GVK	H	S	SBK	H
(10)	300,-	(11) 300,-	(11)	300,-	(9) 1.400,-	(16)	1.950,-	(20) 7.580,-
			(13)	200,-	(12) 80,-	(17)	4.200,-	(21) 3.000,-
			(14)	980,-		(18)	4.000,-	
						(19)	430,-	

4. Abschlussbuchungen

➢ Ermittlung des Wareneinsatzes und Rohgewinns

	Anfangsbestand	6.200,-		Verkäufe	3.900,-
+	Zugänge	500,-	./.	Wareneinsatz	2.500,-
=		6.700,-	=	Rohgewinn	1.400,-
./.	Warenendbestand	4.200,-			
=	Wareneinsatz	2.500,-			

➢ Vorbereitende Abschlussbuchungen

Nr.	Sollkonto	Betrag	Habenkonto
9	Waren (Rohgewinn)	1.400,-	GVK
10	Abschreibungsaufwand	300,-	Geschäftseinrichtung
11	GVK (Abschreibung)	300,-	Abschreibungsaufwand
12	Zinsertrag	80,-	GVK
13	GVK	200,-	Mietaufwand

➢ Kontenabschluss

Nr.	Sollkonto	Betrag	Habenkonto
14	GVK (Gewinn)	980,-	Eigenkapital
15	Eigenkapital	400,-	Privat
16	SBK	1.950,-	Geschäftseinrichtung
17	SBK	4.200,-	Waren
18	SBK	4.000,-	Forderungen
19	SBK	430,-	Bank
20	Eigenkapital	7.580,-	SBK
21	Schulden	3.000,-	SBK

5. Erfolgsermittlung durch Reinvermögensvergleich

$$\text{Unternehmenserfolg} = EK_2 \text{ ./. } EK_1 + \text{Entnahmen ./. Einlagen}$$
$$= 7.580,- \text{ ./. } 7.000,- + 400,- = 980,-.$$

d. Gewinn- und Verlustkonto und Gewinn- und Verlustrechnung

Analog zu den Begriffen „Schlussbilanzkonto" und „Schlussbilanz" ist zwischen den Begriffen „Gewinn- und Verlustkonto" (GVK) und „Gewinn- und Verlustrechnung" (GVR) zu unterscheiden. Die Gewinn- und Verlustrechnung wird auf der Basis des GVK erstellt. Beide Rechnungen weisen jedoch Unterschiede auf:

- Das GVK nimmt als Sammelkonto die Salden der Aufwands- und Ertragskonten sowie die Erfolgssalden der gemischten Konten auf und ist somit in das System der doppelten Buchführung integriert.

- Die GVR steht als nach außen gerichtetes Informationsinstrument außerhalb der doppelten Buchführung.[12] Sie ist nach dem HGB Bestandteil des Jahresabschlusses und muss von jedem Kaufmann aufgestellt werden (§ 242,2 HGB).

- Für das GVK existieren keine gesetzlichen Gliederungsvorschriften. Das gilt nicht bezüglich der GVR. Bei der handelsrechtlichen Regelung der GVR ist jedoch zwischen Kapitalgesellschaften sowie den ihnen gleichgestellten Personenhandelsgesellschaften i.S.d. §264a HGB einerseits und den nicht dem Publizitätsgesetz unterliegenden Einzelkaufleuten und Personenhandelsgesellschaften einschließlich den Personenhandelsgesellschaften mit natürlichen Vollhaftern andererseits zu unterscheiden. Für letztere ist zwar keine bestimmte Gliederung gesetzlich vorgeschrieben, diese Unternehmen müssen jedoch bei der Gegenüberstellung der Aufwände und Erträge das Gebot einer klaren und übersichtlichen Aufstellung (§ 243,2 HGB), das Vollständigkeitsgebot und das Saldierungsverbot (§ 246,1 und 2 HGB) beachten. Die von § 275 HGB nicht betroffenen Unternehmen können grundsätzlich die GVR in Konto- **oder** Staffelform aufstellen. Beim Aufbau in Kontoform stehen Aufwände und Erträge wie in einem Konto einander gegenüber. Die linke Seite zeigt die Aufwände, die rechte die Erträge. Beim Aufbau in Staffelform wird das Endergebnis über mehrere Zwischenergebnisse ermittelt. Bei dieser Skontration werden die Aufwände und Erträge derart ausgewiesen, dass von Erträgen und Ertragssummen entsprechende einzelne oder zusammengefasste Aufwandspositionen abgesetzt werden.

- Nach Gegenstand und Umfang des Inhaltes der GVR sind die **Gesamtkostenrechnung** (= **Produktionsrechnung** oder **Gesamtkostenverfahren**) und die **Umsatzkostenrechnung** (= **Umsatzrechnung** oder **Umsatzkostenverfahren**) voneinander zu unterscheiden.[13] Bei der Gesamtkostenrechnung werden zur Ermittlung des Erfolges sämtliche in einer Periode angefallenen Aufwände den Umsatzerlösen der Periode gegenübergestellt und zur Korrektur die Bestandsveränderungen (der Halb- und Fertigerzeugnisse sowie der „anderen aktivierten Eigenleistungen") berücksichtigt. Nach der Umsatzkostenrechnung werden von den in einer Periode erzielten Umsatzerlö-

---

[12] Die Überleitung der Konteninhalte der Aufwands- und Ertragskonten sowie der gemischten Konten in die GVR erfolgt ebenfalls mit Hilfe einer Kontenbrücke. Die Kontenbrücke ist in diesem Zusammenhang eine tabellarische Zusammenstellung, in der in einer senkrechten Spalte die abgebenden Konten der Buchführung und auf der Horizontalen die Positionen der GVR angeordnet sind.

[13] Zu den Vor- und Nachteilen der Verfahren vgl. *Beck'scher* Bilanz-Kommentar [2003], § 275, Rn. 34-37.

sen die gesamten Aufwände für den Vertrieb und die der Herstellung der verkauften Produkte zurechenbaren Herstellungs- und Verwaltungssaufwände – gleichgültig in welchem Geschäftsjahr sie angefallen sind - abgezogen. Im Endergebnis stimmen Gesamtkostenrechnung und Umsatzkostenrechnung überein. Beide Rechnungen unterscheiden sich jedoch in der Aufgliederung der Aufwände und darin, wie sie unter Berücksichtigung von Bestandsveränderungen die Aufwände und Erträge vergleichbar machen. Wird in einer Abrechnungsperiode mehr oder weniger produziert als abgesetzt, so müssen die Abweichungen in der GVR berücksichtigt werden. Das sei durch folgende Beispiele verdeutlicht:

▪ 1. Fall einer Bestandserhöhung

Der Umsatzerlös der abzurechnenden Periode beträgt € 15 Mio. Die gesamten Aufwendungen der Periode belaufen sich auf € 10 Mio.; hiervon entfällt ein Betrag von € 2 Mio. auf die Herstellungskosten von aktivierten Bestandszugängen.

Bei dem **Gesamtkostenverfahren** werden die im wesentlichen nach Aufwandsarten (wie Material, Personal, Abschreibungen) gegliederten gesamten Aufwände der Periode in der Aufwandseite der GVR ausgewiesen, und zwar auch jene, die an sich nicht die GVR belasten, weil sie für die Erhöhung des Bestandes an Halb- und Fertigerzeugnissen sowie für andere aktivierte Eigenleistungen angefallen sind und bereits auf aktiven Bestandskonten als Zugang verbucht wurden. Zur Neutralisation des für die aktivierten Bestandszugänge auf der Aufwandseite zuviel gezeigten Betrags von € 2 Mio. wird in dieser Höhe auf der Ertragsseite ein „Ertrag" ausgewiesen. Hierdurch ist der Periodenaufwand in dieser Höhe kompensiert. Der Bestandszugang wird zu den Herstellungskosten bewertet.

Aufwand		GVR nach dem Gesamtkostenverfahren	Ertrag
Aufwände der Periode		10	Umsatzerlöse	15
davon Bestandszugang	2	Bestandserhöhung	2
davon Periodenabsatz	8	(= Neutralisierung des	
Überschuss		7	Bestandszugangs)	

Vereinfacht kann man das Gesamtkostenverfahren durch eine entsprechende Definition des Überschusses (Üb) charakterisieren als

Üb (7) = Umsatzerlöse (15) + Bestandserhöhung (2) – Gesamtaufwand der Periode (10)

Bei dem **Umsatzkostenverfahren** werden nicht die gesamten in der Abrechnungsperiode angefallenen Aufwände gezeigt, sondern allein diejenigen Aufwände, die – gleichgültig wann sie angefallen sind – den in dieser Periode realisierten Umsätzen zuzuordnen sind. Die

Aufwände werden grundsätzlich nach Funktionsbereichen (Herstellung, Vertrieb, Verwaltung) gegliedert.

Aufwand	GVR nach dem Umsatzkostenverfahren		Ertrag
Den Umsatzerlösen der Abrechnungsperiode zuzurechnende Aufwände	8	Umsatzerlöse	15
Überschuss	7		

Der Überschuss wird vereinfachend definiert als

Üb (7) = Umsatzerlöse (15) – Aufwand des Umsatzes der Periode (8).

- **2. Fall der Bestandsminderung**

Der Umsatzerlös beträgt € 20 Mio. Die gesamten Aufwendungen der Abrechnungsperiode belaufen sich auf € 10 Mio. Es ist eine Bestandsminderung (Bestandsabgang aus der Bilanz) von € 3 Mio. gegeben.

Beim **Gesamtkostenverfahren** werden auf der Aufwandseite die gesamten Periodenaufwände in Höhe von € 10 Mio. ausgewiesen. Dieser Periodenaufwand wird korrigiert durch den Ansatz der Bestandsminderung, der zusätzlichen Aufwand (bewertet zu Herstellungskosten) darstellt, in einer anderen Periode entstanden ist und sich auf € 3 Mio. beläuft.

Aufwand	GVR nach dem Gesamtkostenverfahren		Ertrag
Aufwand für die Produktion der Periode	10	Umsatzerlöse	20
Bestandsminderung (Korrektur um den Aufwand der Bestandsminderung)	3		
Überschuss	7		

Die vereinfachte Definition des Überschusses lautet jetzt:

Üb (7) = Umsatzerlöse (20) – Bestandsminderung (3)
         – Gesamtaufwand der Periode (10)

Beim **Umsatzkostenverfahren** werden die der Bestandsminderung zuzuordnenden Aufwendungen (aus den Vorperioden) ungetrennt von den Periodenaufwendungen (insgesamt also € 13 Mio.) ausgewiesen und den Umsatzerlösen in Höhe von € 20 Mio. gegenübergestellt. Es ergibt sich somit ein Überschuss von € 7 Mio. Dies entspricht der Definition

Üb.(7) = Umsatzerlöse (20) – Aufwand des Umsatzes der Periode (13).

- Kapitalgesellschaften, Personengesellschaften i.S.d. § 264a HGB und dem Publizitätsgesetz unterliegende Einzelunternehmen und Personenhandelsgesellschaften haben hinsichtlich der Gestaltung der GVR grundsätzlich den Vorschriften des § 275 HGB zu folgen, der für die Darstellung der GVR eine unsaldierte Staffelform vorsieht, es aber dem Rechnungslegenden überlässt, die Positionen nach dem Gesamtkosten- oder Umsatzkostenverfahren zu gliedern.

Pos.	Gesamtkostenverfahren (§ 275,2 HGB)		Umsatzkostenverfahren (§ 275,3 HGB)	Pos.
1		Umsatzerlöse	Umsatzerlöse	1
2	+ / ./.	Bestandsveränderungen der fertigen und unfertigen Erzeugnisse	./. Herstellungskosten der zur Erzielung der Umsatzerlöse erbrachten Leistungen	2
3	+	andere aktivierte Eigenleistung	= Bruttoergebnis vom Umsatz	3
4	+	sonstige betriebl. Erträge	./. Vertriebskosten	4
5	./.	Materialaufwand	./. allg. Verwaltungskosten	5
6	./.	Personalaufwand	+ sonstige betriebl. Erträge	6
7	./.	Abschreibungen	./. sonstige betriebl. Aufwendungen	7
8	./.	sonstige betriebl. Aufwendungen		
	=	Betriebsergebnis		
9-13	+	Finanzergebnis		8-12
14	=	Ergebnis der gewöhnlichen Geschäftstätigkeit		13
15-17	+ / ./.	außerordentliches Ergebnis		14-16
18-19	./.	Steuern		17-18
20	=	Jahresüberschuss / Jahresfehlbetrag		19

- Wird das Umsatzkostenverfahren angewendet, muss nach § 285, Nr. 8 HGB der Material- und Personalaufwand des Geschäftsjahres jeweils getrennt im Anhang angegeben werden, wobei die Darstellung der in § 275,2 Nr. 5 HGB (Materialaufwand) und § 275,2 Nr. 6 HGB (Personalaufwand) vorgegebenen Aufgliederung zu entsprechen hat. Kleinere Kapitalgesellschaften brauchen gemäß § 288 HGB die Angaben nach § 285, Nr. 8 HGB nicht zu machen.

- Weitere größenabhängige Erleichterungen enthält der § 276 HGB. Danach dürfen kleine und mittelgroße Gesellschaften im Sinne des § 267 HGB beim Gesamtkostenverfahren die Posten 1-5 oder beim Umsatzkostenverfahren die Posten 1-3 und 6 zur Position **Rohergebnis** zusammenfassen. Das Verrechnungsverbot des § 246 HGB ist insoweit durch § 276 HGB aufgehoben. Die Position „Rohergebnis" hat i.d.R. je nach gewählter Gliederungsform einen unterschiedlichen Inhalt. Das Rohergebnis nach den beiden Verfahren ist nicht miteinander vergleichbar, was auch aus nachstehender Gegenüberstellung hervorgeht.[14]

Gesamtkostenverfahren § 275,2 HGB	Umsatzkostenverfahren § 275,3 HGB
Nr. 1 Umsatzerlöse Nr. 2 +/- Erhöhung oder Verminderung des Bestands an Halb- und Fertigerzeugnissen Nr. 3 + andere aktivierte Eigenleistungen Nr. 4 + sonstige betriebl. Erträge Nr. 5 - Materialaufwand	Nr. 1 Umsatzerlöse Nr. 2 - Herstellungskosten der zur Umsatzerzielung erbrachten Leistungen Nr. 3 = Bruttoergebnis vom Umsatz Nr. 6 + sonstige betriebliche Erträge
= Rohergebnis	= Rohergebnis

- Das GVK wird bei Unternehmen mit variablem Eigenkapital (Einzelunternehmen, Personengesellschaften) über das Eigenkapitalkonto abgeschlossen. In der Schlussbilanz erscheint das durch den Jahreserfolg veränderte Eigenkapital. Die Rechtsverhältnisse der Kapitalgesellschaft haben zu einer hiervon abweichenden Gestaltung der Verrechnung und Darstellung der Eigenkapitalveränderungen im Jahresabschluss geführt. Nach § 275 HGB, der Vorschrift zur Aufstellung einer GVR für Kapitalgesellschaften, ermittelt die Kapitalgesellschaft den Jahreserfolg als **Jahresüberschuss** oder **Jahresfehlbetrag**. Jahresüberschüsse stellen auch bei der Kapitalgesellschaft Eigenkapitalmehrungen und Jahresfehlbeträge Eigenkapitalminderungen dar. Nur dürfen diese Eigenkapitalveränderungen nicht unmittelbar mit dem **Gezeichneten Kapital** (Grund- oder Stammkapital) verrechnet werden, denn das „Gezeichnete Kapital" ändert sich nicht zwangsläufig in Abhängigkeit vom Jahreserfolg. Die Art des Ausweises des Jahreserfolges in der Bilanz hängt von den Beschlüssen der Organe der Kapitalgesellschaft hinsichtlich der „Ergebnisverwendung" ab (s. S. 311).

III. Die Erklärung von Abschlussbuchungen und Abschlussübersicht

Der Jahresabschluss entsteht durch Übertragung der Salden der Erfolgs-, Bestands- und gemischten Konten auf das SBK und das GVK. Bevor diese Abschlussbuchungen durchgeführt werden, sind die einzelnen Konten „abschlussbereit" zu machen. Man hat daher zwischen den vorbereitenden und den eigentlichen Abschlussarbeiten bzw. Abschlussbuchungen zu unterscheiden.

---

14   Vgl. *Adler/Düring/Schmaltz* [1995], Teilband 5 (1997), § 276, Rn. 9.

a. Die vorbereitenden Abschlussarbeiten

Im Mittelpunkt der vorbereitenden Abschlussarbeiten steht die sog. **Abschlussübersicht** (auch Hauptabschlussübersicht, Betriebsübersicht, Abschlusstabelle oder -tableau genannt). Sie wird außerhalb des Systems der doppelten Buchführung aufgestellt und beinhaltet eine Anordnung der Konten der Buchführung in Tabellenform. Mit Hilfe der Abschlussübersicht ist es möglich, einen **Probeabschluss** zu erstellen, ohne dass in den Konten der Buchführung Buchungen erfolgen.

Die Abschlussübersicht besteht in ihrer ausführlichsten Darstellung aus acht Doppelspalten. In dieser Darstellung zeigt die Abschlussübersicht die vollständige Entwicklung der Konten von der Eröffnung bis zum Abschluss, d.h. sie stellt in einer horizontalen Übersicht aggregiert die auf den Konten verbuchten (zu verbuchenden) Vorgänge dar. Schematisch ist die Tabellenform der Abschlussübersicht wie folgt aufgebaut:[15]

Eröffnungs-bilanz		Umsatz-bilanz		Summen-bilanz		Saldenbilanz I		Umbu-chungen		Saldenbilanz II		SBK		GVK	
A	P	S	H	S	H	S	H	S	H	S	H	S	H	S	H
$\Sigma A = \Sigma P$		$\Sigma S = \Sigma H$		$\Sigma S = \Sigma H$		$\Sigma S = \Sigma H$		$\Sigma S = \Sigma H$		$\Sigma S = \Sigma H$		$\Sigma S = \Sigma H$		$\Sigma S = \Sigma H$	

Die Abschlussübersicht dient vor allem folgenden Zwecken:

➤ Prüfung der rechnerischen Richtigkeit

Umfang und Komplexität des Buchungsstoffes können zu Erfassungs-, Buchungs- und Rechenfehlern führen. Solche Fehler sollten bereits vor Erstellung des endgültigen Abschlusses entdeckt und beseitigt werden, da die Korrektur bereits abgeschlossener Konten (d.h. des Abschlusses) stets mit Schwierigkeiten verbunden ist (s. S. 85). Die Abschlussübersicht dient durch ihre Möglichkeit der Kontrolle der Soll- und Habengleichheit in den Unterspalten der einzelnen Doppelspalten der Fehleraufdeckung. Neben dieser Möglichkeit der Fehleraufdeckung hilft die Abschlussübersicht auch, Buchungsfehler zu vermeiden, denn die Buchungen der Abschlussvorgänge erfolgen erst nach Erstellung der als „fehlerfrei" erkannten Abschlussübersicht auf den Konten.

➤ Vorbereitung bilanzpolitischer Maßnahmen

An dem Ergebnis des Jahresabschlusses orientieren sich Bilanzadressaten mit unterschiedlichen Interessen. Ansatz- und Bewertungswahlrechte erlauben, das Ergebnis der Rechnungslegung unterschiedlich zu gestalten. Die systematische Gestaltung des Jahresabschlusses in der Absicht, das Urteil der Bilanzadressaten zu beeinflussen und sie zu einem gewünschten Han-

---

[15]   Weniger ausführlich aufgebaute Abschlussübersichten beginnen mit der Summenbilanz und enthalten nur noch sechs Doppelspalten.

deln zu bewegen, wird als **Bilanzpolitik** bezeichnet. Die Vornahme eines „Probeabschlusses" in der Abschlussübersicht ermöglicht es, sich ein Bild über die ergebnismäßigen Konsequenzen bilanzpolitischer Entscheidungen zu machen.

➤ Zusatzinformationen

Die Abschlussübersicht vermittelt einen Überblick über die Entwicklung der Bestands-, Erfolgs- und gemischten Konten sowie über die Endbestände der Abrechnungsperiode. Sie liefert - ähnlich wie die **Bewegungsbilanz**[16] - Interessenten (insbesondere Kapitalgebern und Kreditwürdigkeitsprüfern) zusätzliche Informationen über die wirtschaftliche Lage des Bilanzierenden.

➤ Steuerliche Zwecke

Die Abschlussübersicht dient der Herleitung der Steuerbilanz aus der Handelsbilanz und ist somit auch Grundlage der steuerlichen Gewinnermittlung. Führt ein Steuerpflichtiger Bücher, die den Grundsätzen der doppelten Buchführung entsprechen, so hat er auf Verlangen des Finanzamtes seiner Einkommensteuererklärung eine Abschlussübersicht beizufügen (§ 60,1 EStDV).

Aufbau und Inhalt der Abschlussübersicht sollen im Folgenden abschnittsweise erklärt werden. Aus dem Zusammenhang der tabellarischen Anordnung der Abschlussübersicht lassen sich nachstehende drei Etappen unterscheiden:

1. Die Entwicklung der Saldenbilanz I.

2. Die Entwicklung der Saldenbilanz II.

3. Die Entwicklung der Vermögens- und Erfolgsrechnung.

zu 1.: **Die Entwicklung der Saldenbilanz I**

Auf dieser Stufe der Entwicklung der Abschlussübersicht versucht man, sich von der Richtigkeit der Konteninhalte der Buchführung zu überzeugen. Nach dem Fundamentalprinzip der doppelten Buchführung müssen bei Buchungsvorgängen die Sollbuchungen gleich den Habenbuchungen sein. Zwangsläufig muss daher auch die Summe aller Sollbuchungen der Summe aller Habenbuchungen entsprechen. Bei der Prüfung der Soll- und Habengleichheit der Buchungen mit Hilfe der Abschlussübersicht geht man systematisch so vor, dass man in die erste Doppelspalte der Abschlussübersicht die Eröffnungsbuchungen (dem EBK entnommen) schreibt. Die gebuchten Umsätze - also die Summe der Verkehrsbuchungen der einzelnen Konten - werden in die nächste Doppelspalte und die sich aus Eröffnungsbuchungen und Verkehrsbuchungen ergebenden Quersummen sowie die daraus resultierenden Salden in die aufeinander folgenden Doppelspalten eingetragen. Die Summen der

---

16 Vgl. zum Begriff und Aufbau der Bewegungsbilanz *Buchner* [1996], S. 100-104.

Eröffnungs-, der Umsatz-, der Summen- und Saldenbilanzspalten müssen in den einzelnen Doppelspalten jeweils Wertgleichheit ergeben, da die Summe der Aktiva gleich der Summe der Passiva und die Sollbuchungen bei einem Buchungsvorgang gleich den Habenbuchungen sind.

Die Entwicklung bis zur Saldenbilanz I soll hier mit Hilfe des zuletzt im vorhergehenden Abschnitt dargestellten Beispiels (s. S. 125) veranschaulicht werden. Die Eröffnungsbilanz hatte folgendes Aussehen:

Aktiva	Eröffnungsbilanz		Passiva
Geschäftseinrichtung	2.000,-	Eigenkapital	7.000,-
Waren	6.200,-	Schulden	2.500,-
Forderungen	800,-		
Bank	500,-		
	9.500,-		9.500,-

Die Buchungen der Geschäftsvorfälle führten zu den Umsätzen:

Konten	Soll	Haben
Geschäftseinrichtung	250,-	
Wareneinkauf*	500,-	
Warenverkauf*		3.900,-
Forderungen	3.600,-	400,-
Bank	480,-	550,-
Schulden		500,-
Privat	400,-	
Zinsertrag		80,-
Mietaufwand	200,-	

* Der verständlicheren Darstellung wegen ist das gemischte Warenkonto in **Bestandsteil** (= Wareneinkauf) und **Erfolgsteil** (= Warenverkauf) zerlegt.

Aus diesen Angaben lässt sich nachstehender Abschnitt der Abschlussübersicht von der Eröffnungsbilanz bis zur Saldenbilanz I herleiten:

Konten	Eröffnungs- bilanz		Umsatzbilanz		Summenbilanz		Saldenbilanz I	
	A	P	S	H	S	H	S	H
Geschäfts- einr.	2.000,-		250,-		2.250,-		2.250,-	
Warenein- kauf	6.200,-		500,-		6.700,-		6.700,-	
Warenver- kauf				3.900,-		3.900,-		3.900,-
Forderungen	800,-		3.600,-	400,-	4.400,-	400,-	4.000,-	
Bank	500,-		480,-	550,-	980,-	550,-	430,-	
Eigenkapital		7.000,-				7.000,-		7.000,-
Schulden		2.500,-		500,-		3.000,-		3.000,-
Privat			400,-		400,-		400,-	
Zinsertrag				80,-		80,-		80,-
Mietaufwand			200,-		200,-		200,-	
Abschr.aufw.								
	9.500,-	9.500,-	5.430,-	5.430,-	14.930,-	14.930,-	13.980,-	13.980,-

Zu den Doppelspalten des vorstehenden Ausschnittes der Abschlussübersicht ist im Einzelnen zu sagen:

Umsatzbilanz (Verkehrsbilanz). Sie nimmt die sich nach Durchführung aller Verkehrsbuchungen ergebenden unsaldierten Summen (= Umsätze) der beiden Kontenseiten auf. (Der Begriff „Umsatzbilanz" sollte nicht missverstanden werden: Es werden hier nicht nur die Umsätze der Bestands-, sondern auch die der Erfolgs- und gemischten Konten erfasst - also nicht nur die Kontenseiten von Bestandskonten.)

Summenbilanz (Probe- oder Rohbilanz). Diese Spalte vereinigt die Werte der Eröffnungs- und Umsatzbilanz durch Queraddition der Zeilen.

Saldenbilanz I (Überschussbilanz). Auf allen Konten wird die Differenz zwischen Soll- und Habenseite gebildet. Sofern beide Seiten sich nicht ausgleichen, ergibt sich ein Saldo. Im Gegensatz zur Saldenverbuchung auf den Konten, die auf der kleineren Seite erfolgt, werden die Salden in der Saldenbilanz auf der Seite eingesetzt, die in der Summenbilanz den höheren Betrag aufweist. (Daher auch die Bezeichnung „Überschussbilanz"!) Ist also z.B. in der Summenbilanz die Sollseite eines Kontos größer als die Habenseite (s. Bank), so errechnet sich ein Sollsaldo, der dann als Sollsaldo in die Sollspalte der Saldenbilanz I eingeht.

Die Darstellung der Herleitung der Doppelspalten der Eröffnungs-, der Umsatz-, der Summen- und der Saldenbilanz I im vorhergehenden Ausschnitt der Abschlussübersicht verdeutlicht, dass sich in diesem Abschnitt der Abschlussübersicht vier gegeneinander abgegrenzte Felder ergeben, in denen sich in der Buchführungspraxis Fehler eingeschlichen haben könnten. Durch die tabellarische und abgegrenzte Darstellung der Buchungsvorgänge sind aber mögliche Fehlerbereiche feststellbar und isolierbar. Man spricht in solchen Fällen auch von einer **systemati-**

schen Fehlerfeldteilung. Die mit der Abschlussübersicht feststellbaren Fehler beziehen sich auf das Auftreten von Soll- und Habenungleichheiten.

In der Buchführungspraxis gibt es allerdings auch Fehler, die sich durch die systematische Fehlerfeldteilung des „Vier-Spalten-Schemas" nicht aufdecken lassen. Das ist der Fall, wenn Fehler dadurch entstanden sind, dass

- Buchungen unterlassen oder Luftbuchungen vorgenommen wurden,
- Buchungen im Soll und Haben zwar wertgleich, aber auf den falschen Konten gebucht wurden (z.B. Verbuchung anstatt im Soll des Kontos Wareneinkauf im Soll des Kontos Geschäftseinrichtung),
- Fehler sich kompensieren.

Fehler, die sich kompensieren, lassen sich aber durch eine **zeitliche Fehlerfeldteilung** aufdecken. Haben sich fehlerhafte Soll- und Habenbuchungen zum Ende der Abrechnungsperiode kompensiert, so ist die erforderliche Gleichheit der Soll- und Habensummen nicht zu jedem Zeitpunkt der Abrechnungsperiode gegeben. Bei der zeitlichen Fehlerfeldteilung wird der gesamte Buchungsstoff eines Zeitraumes in zeitliche Abschnitte (= zeitliche Fehlerfelder) zerlegt, die jeweils auf ihre Soll- und Habengleichheit geprüft werden. Diese Vorgehensweise ist für die Buchführungspraxis Veranlassung, meist eine tägliche Abstimmung aller Verkehrsbuchungen in einer Umsatzbilanz vorzunehmen.

zu 2.:   Die Entwicklung der Saldenbilanz II

Bevor von der Saldenbilanz I zum Kontenabschluss fortgeschritten werden kann, ist zu prüfen, ob zur Ermittlung der Vermögens- und Schuldenbestände zum Bilanzstichtag und des in der Abrechnungsperiode erzielten Erfolges Korrekturen, d.h. Korrekturbuchungen, erforderlich sind. Solche Korrekturen können betreffen:

➢ Korrektur von Erfolgskonten zur Abgrenzung zwischen Betriebs- und Privatsphäre

Diese Abgrenzung betrifft Unternehmen in der Rechtsform der Einzelunternehmung, insbesondere aber die der Personengesellschaft. Bei diesen ist es oft so, dass Zahlungen, die die Unternehmung leistet, dieser nur zum Teil zuzurechnen sind und zum anderen Teil in die private Sphäre von Anteilseignern gehören (z.B. teilweise private Nutzung eines Geschäftsfahrzeuges oder von Räumen der Unternehmung). Umgekehrt kann auch der Fall eintreten, dass Privatvermögen von Anteilseignern durch das Unternehmen genutzt wird. Die Anteilseigner sind mit derartigen Ausgaben auf ihren Privatkonten zu belasten bzw. mit Einnahmen zu erkennen.

➢ Mengenmäßige Abweichungen

Für die Bilanz gilt die Maßgeblichkeit der Inventur. Das bedeutet, dass mengenmäßige (und damit auch wertmäßige) Abweichungen zwischen den in den Bestands- und gemischten Konten enthaltenen buchmäßigen und den durch Inventur ermittelten tatsächlichen Beständen zu einer Korrektur der buchmäßigen Bestände führen müssen. Fehlbestände sind bis zur Aufklärung der Ursachen auf einem Bestandsdifferenzenkonto zu buchen.

➢ Wertmäßige Abweichungen

Wertmäßige Abweichungen kennzeichnen Differenzen zwischen den in den Bestands- und gemischten Konten enthaltenen Wertansätzen und den diesen Beständen am Bilanzstichtag nach Gesetz und GoB beizulegenden Wertansätzen. Da die bei der Beschaffung gebuchten Anschaffungswerte (bzw. Herstellungswerte) absolute Wertobergrenzen darstellen, handelt es sich hier regelmäßig um zu berücksichtigende Wertminderungen. Solche Wertminderungen werden durch Abschreibungen entweder direkt oder indirekt (über ein Wertberichtigungskonto) erfasst. Ursachen solcher Wertdifferenzen sind:

- Wertminderungen des abnutzbaren Anlagevermögens aus technischen Gründen (gebrauchsbedingter Verschleiß).
- Wertminderungen von Anlagegütern und Vorratsvermögen aus wirtschaftlichen Gründen wie technischem Fortschritt und hieraus resultierender eingeschränkter Verwendbarkeit von Anlagen bzw. Verwertbarkeit von mit diesen Anlagen hergestellten Gütern, sinkender Preise am Absatz- oder Wiederbeschaffungsmarkt.
- Wertminderungen von Forderungen aufgrund schlechter Rentierlichkeit und mangelnder Zahlungsfähigkeit des Schuldners.

➢ Rückstellungen

Aufwände, deren Ursachen bereits feststehen, deren genaue Höhe und Fälligkeitstermine jedoch nicht bekannt sind, werden durch Bildung von Rückstellungen berücksichtigt.

➢ Zeitliche Abgrenzungen

Diese beinhalten sowohl Zahlungs- und Leistungsvorgänge der Periode, die spätere Perioden betreffen, als auch Zahlungs- und Leistungsvorgänge späterer Perioden, die auf die Abrechnungsperiode entfallen. Die Durchführung der zeitlichen Abgrenzung erfolgt durch Buchung von Rechnungsabgrenzungsposten (Ausgabe jetzt - Aufwand später bzw. Einnahme jetzt - Ertrag später) oder sonstiger Forderungen (Ertrag jetzt - Einnahme später) oder von sonstigen Verbindlichkeiten (Aufwand jetzt - Ausgabe später).

Die beschriebenen Korrekturen sind in der Doppelspalte „Umbuchungen" zu erfassen. Diese Eintragungen erfolgen auch hier gemäß dem Fundamentalprinzip, d.h. die Buchung eines Vorganges in der Sollspalte muss wertmäßig derjenigen der Habenspalte entsprechen. Daraus folgt, dass auch die Summen von Soll- und Habenseite der Umbuchungsspalte gleich groß sind.

Neben den Korrekturbuchungen werden in der Doppelspalte „Umbuchungen" meist weitere Vorgänge erfasst, so:

- Abschluss der Unterkonten auf die Hauptkonten, wie Privat- und Einlagenkonto auf das Eigenkapitalkonto.

- Verbuchung des Einstandswertes der umgesetzten Waren durch die Buchung „Warenverkauf an Wareneinkauf".

Für das vorliegende Beispiel sind in die Umbuchungsspalte einzutragen:

- Buchung des Einstandswertes des Warenumsatzes:

  Warenverkauf an Wareneinkauf € 2.500,-.

- Buchung der Abschreibung auf die Geschäftseinrichtung:

  Abschreibungsaufwand an Geschäftseinrichtung € 300,-.

- Abschluss des Privatkontos:

  Eigenkapital an Privat € 400,-.

Das ergibt folgendes Bild für die Entwicklung der Saldenbilanz I zur Saldenbilanz II:

Konten	Saldenbilanz I		Umbuchungen		Saldenbilanz II	
	S	H	S	H	S	H
Geschäftseinr.	2.250,-			300,-	1.950,-	
Wareneinkauf	6.700,-			2.500,-	4.200,-	
Warenverkauf		3.900,-	2.500,-			1.400,-
Forderungen	4.000,-				4.000,-	
Bank	430,-				430,-	
Eigenkapital		7.000,-	400,-			6.600,-
Schulden		3.000,-				3.000,-
Privat	400,-			400,-		
Zinsertrag		80,-				80,-
Mietaufwand	200,-				200,-	
Abschr.aufwand			300,-		300,-	
	13.980,-	13.980,-	3.200,-	3.200,-	11.080,-	11.080,-

zu 3.: Die Entwicklung der Vermögens- und Erfolgsrechnung

Die Saldenbilanz II dient lediglich der Verrechnung der Umbuchungen mit den Salden der Saldenbilanz I. Für die Erstellung der Vermögensrechnung und der Erfolgsrechnung in den darauf folgenden Doppelspalten sind die Salden der aktiven und passiven Bestände in der Saldenbilanz II in die Spalte SBK und die Erfolgssalden der Saldenbilanz II in die Spalte GVK einzustellen. Summiert man nun die Soll- und Habenspalten des GVK, so sind die Spaltensummen dann nicht größengleich, wenn die Abrechnungsperiode mit einem Gewinn oder Verlust abschließt. Die Differenz ist ein Gewinn, wenn

Habenspalte > Sollspalte, d.h. Ertrag > Aufwand,

und sie ist ein Verlust, wenn

Habenspalte < Sollspalte, d.h. Ertrag < Aufwand.

Es ist üblich, unterhalb der Summe der Salden der Erfolgsrechnung den Erfolg (also Gewinn oder Verlust) auf die kleinere Seite zu setzen, um die beiden Seiten der Erfolgsrechnung zum Ausgleich zu bringen.

Ebenso verfährt man mit der Doppelspalte SBK. Die Differenz der Soll- und Habenspalten ist der nach der Vermögensrechnung ermittelte Erfolg: Er ist größengleich mit dem Erfolg der GVK-Spalte und ein Gewinn, wenn

Habenspalte < Sollspalte, d.h. Aktiva > Passiva,

und ein Verlust, wenn

Habenspalte > Sollspalte, d.h. Aktiva < Passiva.

Für das Beispiel ergibt sich folgende Entwicklung der Vermögens- und Erfolgsrechnung:

Konten	Saldenbilanz II		SBK		GVK	
	S	H	S	H	S	H
Geschäftseinr.	1.950,-		1.950,-			
Wareneinkauf	4.200,-		4.200,-			
Warenverkauf		1.400,-				1.400,-
Forderungen	4.000,-		4.000,-			
Bank	430,-		430,-			
Eigenkapital		6.600,-		6.600,-		
Schulden		3.000,-		3.000,-		
Privat						
Zinsertrag		80,-				80,-
Mietaufwand	200,-				200,-	
Abschr.aufwand	300,-				300,-	
	11.080,-	11.080,-	10.580,-	9.600,-	500,-	1.480,-
Reingewinn				980,-	980,-	
			10.580,-	10.580,-	1.480,-	1.480,-

b. Abschlussbuchungen

Die im Zusammenhang mit dem Abschluss der Konten anfallenden Buchungen können in **vorbereitende** und **eigentliche Abschlussbuchungen** unterschieden werden. Die vorbereitenden Abschlussbuchungen beinhalten einmal die aus den vorbereitenden Abschlussarbeiten resultierenden sog. materiellen Abschlussbuchungen und die formellen vorbereitenden Abschlussbuchungen. Letztere dienen dem Kontenabschluss von Unterkonten. Mit Hilfe der eigentlichen Abschlussbuchungen werden die Salden der Hauptbuchkonten auf das GVK oder das SBK übertragen. Sie werden daher auch formelle Abschlussbuchungen genannt.

Die formellen Abschlussbuchungen dienen der endgültigen Erstellung des Jahresabschlusses. Sie erfolgen (bei Einzelunternehmen) in drei Schritten:

- **Abschluss der Erfolgskonten über das GVK.**

  Buchungssätze: „GVK an Aufwandskonto",
  „Ertragskonto an GVK".

- **Abschluss des GVK über das Eigenkapitalkonto.**

  Buchungssätze: „GVK an Eigenkapital" im Gewinnfall,
  „Eigenkapital an GVK" im Verlustfall.

- **Abschluss der Konten mit Beständen über das SBK.**

  Buchungssätze: „SBK an Aktivkonto" für aktive Bestände,
  „Passivkonto an SBK" für passive Bestände.

Zweiter Hauptteil
Ausgewählte Buchungsfälle

A. Die Verbuchung der Bestandsveränderung von Waren

I. Die Führung von Warenkonten und das Identitätsprinzip

Im vorhergehenden Teil wurde davon ausgegangen, dass Warenzugänge im Soll und verkaufte bzw. entnommene Waren im Haben eines gemischten Warenkontos gebucht werden. Von Dritten beschaffte Vermögensgegenstände (Waren) werden in der Buchführung mit ihren Anschaffungskosten erfasst. Nach dem Wortlaut des § 255,1 HGB setzen sich die Anschaffungskosten aus dem Anschaffungspreis abzüglich Anschaffungspreisminderungen (z.B. Rabatte, Boni) zuzüglich den bei der Anschaffung anfallenden Anschaffungsnebenkosten (z.B. Fracht, Rollgeld, Zölle) zusammen (s. S. 29). In der Praxis ist es üblich, für Anschaffungskosten auch den Terminus **Einstandswert** zu verwenden. Ein Vermögensgegenstand gilt zu dem Zeitpunkt als angeschafft, zu dem der Erwerber nach dem Willen der Vertragspartner wirtschaftlich darüber verfügen kann. Das ist in der Regel dann der Fall, wenn die Verlustgefahr, der Nutzen und die Lasten für einen Vermögensgegenstand auf den Erwerber übergehen. Damit bestimmt der Zeitpunkt der Übertragung des wirtschaftlichen Eigentums den Zeitpunkt der bücherlichen Erfassung von Vermögensgegenständen (s. S. 61).

Nach dem Realisationsprinzip (s. S. 70) darf bei einem Verkaufsvorgang erst dann ein Umsatzerlös (Ertrag) verbucht werden, wenn dieser auch tatsächlich realisiert ist. Das ist bei einem Warenverkauf im Allgemeinen bei Lieferung und Übergang des wirtschaftlichen Eigentums der Fall. Die Höhe des Wertansatzes des Umsatzerlöses - er wird auch **Verkaufswert** genannt - bestimmt sich gem. § 277,1 HGB aus den Erlösen nach Abzug von Erlösschmälerungen (Preisnachlässe in Form von Rabatten und Gutschriften, Verkehrsteuern u.ä.) und Umsatzsteuer. In der Praxis wird häufig der Buchungszeitpunkt von Warenzu- und -abgängen aus Vereinfachungsgründen durch den Zeitpunkt des Rechnungseingangs oder -ausgangs festgelegt.

Einkaufs- und Verkaufswerte ein und derselben Ware sind in der Regel verschieden hoch.[1] Daher kann der Saldo eines gemischten Warenkon-

---

[1] Aus didaktischen Gründen werden die Probleme der Kontenführung von Warenkonten an einer Warenart und einem Warenkonto dargestellt. In der Praxis bedient man sich in der Regel mehrerer Warenkonten nebeneinan-

tos nur dann den Erfolg aus dem Warengeschäft angeben, wenn zum Zeitpunkt des Kontenabschlusses kein Warenbestand mehr vorhanden ist.

Beispiel:

Soll			Warenkonto	Haben
AB:	50 E à 2 GE	100,-	Verkäufe: 150 E à 4 GE	600,-
Zg:	100 E à 1 GE	100,-		
Saldo: Rohgewinn		400,-		
		600,-		600,-

(E = Mengeneinheit; GE = Geldeinheit)

Im Allgemeinen ist jedoch davon auszugehen, dass am Abschlussstichtag Warenbestände vorhanden sind. Wären im obigen Beispiel zum Bilanzstichtag noch 20 E am Lager - der Umsatz wäre dann aus dem Verkauf von 130 E erzielt worden -, würde der Saldo eine nicht aussagefähige Mischung aus Erfolgs- und Bestandsgrößen aufweisen. Aus diesem Dilemma können zwei Vorgehensweisen helfen:

1. Durchführung einer Inventur zur Ermittlung des Endbestandes,
2. fortlaufende bücherliche mengen- und wertmäßige Erfassung der Zu- und Abgänge.

zu 1.: Durchführung einer Inventur zur Ermittlung des Endbestandes

Ziel einer Inventur ist prinzipiell die mengen- und wertmäßige Erfassung der Vermögensgegenstände. Dieser Aufgabe wird die Inventur nur dann gerecht, wenn die Lagerorganisation so beschaffen ist, dass die einzelnen Inventurposten nach Art, Menge und Wert zu identifizieren sind (= **Identitätsprinzip**). Unterstellt man, das Identitätsprinzip würde bei der Lagerung der Waren beachtet, dann wäre es mit Hilfe der Inventur möglich festzustellen, dass der Abgang von 130 E sich zusammensetzt aus 50 E, die zu 2 GE je Einheit und 80 E, die zu 1 GE je Einheit beschafft wurden. In einem solchen Fall sähe das Warenkonto wie folgt aus:

Soll			Warenkonto	Haben
AB:	50 E à 2 GE	100,-	Verkäufe: 130 E à 4 GE	520,-
Zg:	100 E à 1 GE	100,-	EB lt. Inventur:	
Saldo: Rohgewinn		340,-	20 E à 1 GE	20,-
		540,-		540,-

Das Identitätsprinzip wird in der Praxis aus Wirtschaftlichkeitsgründen nicht immer beachtet. Gleichartige Waren werden oft so gelagert, dass kein Zusammenhang zwischen den Anschaffungswerten einzelner Be-

---

der, um nach verschiedenen Warenarten, Bezugsquellen, Absatzgebieten u.ä. trennen zu können.

schaffungsvorgänge, den Lagerabgängen und dem Endbestand herstellbar ist, weil sie sich vermischt haben (z.B. Sammellagerung von im Zeitablauf zu unterschiedlichen Preisen gekauften Schüttgütern, wie Kohle u.ä.). In solchen Fällen erlaubt § 256 HGB, gleichartige Vorratsgüter mit Hilfe der **Verbrauchsfolgeverfahren** zu bewerten, die eine bestimmte fiktive Verbrauchs-, Verarbeitungs- oder Veräußerungsfolge unterstellen (s. S. 33). Bezüglich des Lagerabgangs kann hauptsächlich zwischen Beschaffungszeitbedingten fiktiven Folgen - also Fifo-Methode (first in - first out) und Lifo-Methode (last in - first out) - und beschaffungspreisbestimmten fiktiven Folgen - wie der Hifo-Methode (highest in - first out) und der Lofo-Methode (lowest in - first out) - unterschieden werden. Bei Anwendung der Verbrauchsfolgebewertung sind die Zugänge bücherlich fortlaufend zu erfassen. Der Endbestand wird entweder durch Inventur oder Fortschreibung, und zwar nur mengenmäßig, ermittelt. Durch die Annahme einer bestimmten fiktiven Folge des Lagerabgangs werden diesem, und damit auch dem Endbestand, „rechnerisch" Einstandswerte zugeordnet, die nicht den tatsächlichen Einstandswerten zu entsprechen brauchen. Das Verbrauchsfolgeverfahren dient so der Bewertungsvereinfachung und stellt eine zulässige Abweichung vom Grundsatz der Einzelerfassung und Einzelbewertung dar. Dies sei mit Hilfe des vorstehenden Beispiels verdeutlicht:

Anfangsbestand	=	50	E à 2 GE =	100 GE
Zugänge	=	100	E à 1 GE =	100 GE
Verkäufe	=	130	E à 4 GE =	520 GE

Der durch Inventur festgestellte mengenmäßige Endbestand beträgt 20 E. Die Anwendung fiktiver Abgangsfolgen führt zu den in nachstehender Tabelle aufgezeigten Einstandswerten für Umsatz und Endbestand sowie dem daraus resultierenden Rohgewinn.

Bewertungs-methoden		Bewertung der um-gesetzten Waren*	Bewertung des Endbestandes**	Rohgewinn ***
Beschaf-fungszeit-bestimmt	Lifo	100 E à 1 GE =100 + 30 E à 2 GE = 60 160	200 ./. 160 = 40	520 ./. 160 = 360
	Fifo	50 E à 2 GE =100 + 80 E à 1 GE = 80 180	200 ./. 180 = 20	520 ./. 180 = 340
Beschaf-fungspreis-bestimmt	Hifo	50 E à 2 GE =100 + 80 E à 1 GE = 80 180	200 ./. 180 = 20	520 ./. 180 = 340
	Lofo	100 E à 1 GE =100 + 30 E à 2 GE = 60 160	200 ./. 160 = 40	520 ./. 160 = 360

*   Identisch mit dem Einstandswert der umgesetzten Waren.

**   Der EB ergibt sich aus AB + Zg ./. Einstandswert der umgesetzten Waren.

*** Der Rohgewinn ergibt sich aus Umsatzerlös ./. Einstandswert der umge-setzten Waren.

Vergleicht man die in vorstehender Tabelle dargestellten Verbrauchs-folgeverfahren, so zeigt sich, dass die Unterstellung „highest in - first out" stets den niedrigstmöglichen, die Fiktion „lowest in - first out" stets den höchstmöglichen Bilanzwert zur Folge hat. Diese Aussage gilt allgemein. Bei monoton steigenden Preisen führen Hifo- und Lifo-Methode zu gleich niedrigen, die Lofo- und Fifo-Methode zu gleich ho-hen Wertansätzen. Liegt dagegen - wie hier - eine monoton fallende Preistendenz vor, so führen das Hifo- und das Fifo-Verfahren zu gleich niedrigen, das Lofo- und das Lifo-Verfahren zu gleich hohen Bilanzwer-ten.[2] Diese Übereinstimmung ist darauf zurückzuführen, dass bei mo-notonen Preistendenzen Wert- und Zeitfolgen identisch sind.

Verwandt mit der Verbrauchsfolgebewertung ist das in § 240,4 HGB ge-nannte **Gruppenbewertungsverfahren**. Die Gruppenbewertung kann auf gleichartige Gegenstände des Vorratsvermögens (und andere gleich-artige oder annähernd gleichwertige bewegliche Vermögensgegenstän-de) angewandt werden. Die Bewertung muss hier zum gewogenen Durchschnittswert erfolgen. Dieser Forderung nach Ansatz eines gewo-genen Durchschnittspreises wird nach Ansicht von Kommentatoren

---

2   Evtl. erforderlich werdende Abwertungen nach der Niederstwertvorschrift des § 253,3 HGB sind, um die bilanziellen Auswirkungen der einzelnen Ver-fahren klar aufzuzeigen, nicht berücksichtigt worden. Zur Niederstwert-vorschrift vgl. S. 214.

schon der **einfache gewogene Durchschnitt** gerecht.[3] Hierunter wird die Summe der mit den tatsächlichen Preisen bewerteten Zugänge, zuzüglich des mit den tatsächlichen Preisen bewerteten Anfangsbestandes, geteilt durch die Menge von Anfangsbestand und Zugang verstanden.

Beispiel:

	Menge	Preis je Einheit	Gesamtpreis
Anfangsbestand	50	2,-	100,-
Zugang	100	1,-	100,-
	150	200 : 150 =1,33	200,-

Bei der Gruppenbewertung werden nun der mengenmäßig durch Skontration oder Inventur ermittelte Endbestand und der mengenmäßig ermittelte Wareneinsatz des Umsatzes mit dem errechneten gewogenen Durchschnittspreis angesetzt. Damit ergibt sich folgendes Kontenbild:

Soll	Warenkonto		Haben
AB: 50 E à 2 GE	100,00	Verkäufe: 130 E à 4 GE	520,00
Zg: 100 E à 1 GE	100,00	EB lt. Inventur:	
Saldo: Rohgewinn	346,60	20 E à 1,33 GE	26,60
	546,60		546,60

Vergleicht man den mit Hilfe des Gruppenbewertungsverfahrens ermittelten Rohgewinn von 346,60 GE mit dem nach dem Identitätsprinzip im vorhergehenden Kontenbild ermittelten Rohgewinn von 340 GE, so zeigt sich, dass das Gruppenbewertungsverfahren unter den hier angegebenen Verhältnissen zu einem geringfügig höheren Roherfolg führt als tatsächlich erzielt worden ist. Die Geringfügigkeit der Abweichung beruht auf den hier verwendeten spezifischen Zahlenverhältnissen. Bei anderen Zahlen können durchaus größere Abweichungen auftreten.

zu 2.: **Fortlaufende bücherliche mengen- und wertmäßige Erfassung der Zu- und Abgänge**

Mit der laufenden bücherlichen mengen- und wertmäßigen Erfassung der Zu- und Abgänge ist buchungstechnisch die Trennung des einheitlichen Warenkontos in ein Wareneinkaufs- und ein Warenverkaufskonto verbunden. Das **Wareneinkaufskonto** (WEK) erfasst als reines Bestandskonto die vorgetragenen Anfangsbestände und die verbuchten Zugänge auf der Sollseite und auf der Habenseite die Abgänge, bewertet mit den jeweiligen zugehörigen Einstandswerten (Wareneinsatz). Der Saldo des WEK, der Warenendbestand, wird an das SBK abgegeben. Das **Warenverkaufskonto** (WVK) ist ein reines Erfolgskonto und empfängt auf der Habenseite die Verkaufswerte der abgesetzten Waren.

---

[3]   Vgl. z.B. *Beck*'scher Bilanz-Kommentar [2003], § 240 HGB, Rn. 139.

Für die Gegenbuchung des auf der Habenseite des WEK ausgewiesenen Wareneinsatzes sind zwei verschiedene aufnehmende Konten denkbar: das WVK oder das GVK. Diese unterschiedlichen Möglichkeiten der Gegenbuchung der im WEK verbuchten Wareneinsätze führen auch zu unterschiedlichen Vorgehensweisen im Abschluss der Warenkonten. Sie werden Brutto- und Nettoabschlussverfahren genannt. Beide Verfahren werden in der Praxis angewandt; sie führen letztlich aber zum gleichen bilanziellen Ergebnis.

Das Nettoabschlussverfahren. In den bisherigen Darlegungen wurde der Kontenabschluss der Warenkonten nach dieser Buchungsweise vorgenommen. Bei dem Nettoabschlussverfahren werden die Wareneinsätze nicht im GVK, sondern im Soll des WVK gegengebucht. Im WVK stehen sich dann die Verkäufe zu Verkaufswerten und die Verkäufe zu Einstandswerten gegenüber. Der Saldo des WVK ist eine Nettogröße und stellt den Roh- oder Warenbruttoerfolg dar. Er wird auf das GVK übertragen.

Kontenbild für den Gewinnfall (Nettoabschlussverfahren):

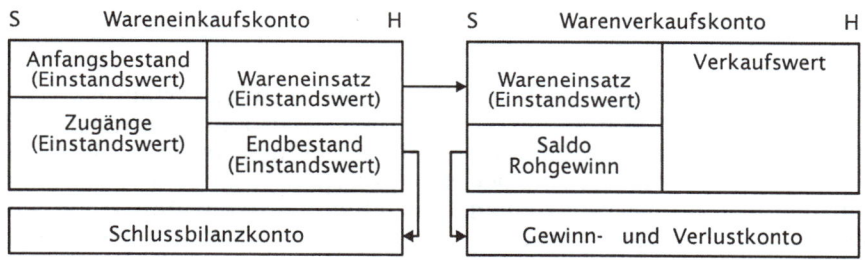

Bei dem Nettoabschlussverfahren ist das WVK ein sog. „vermengtes" Erfolgskonto, d.h. ein Erfolgskonto, auf dem sowohl Aufwände (Wareneinsätze) wie Erträge (Verkaufswerte) ausgewiesen werden. Dadurch, dass auf dem GVK lediglich eine Nettogröße als Saldo erscheint, erhält man über das Zustandekommen des Rohgewinns aus dem GVK selbst keine Informationen. Diesen Mangel sucht das Bruttoabschlussverfahren zu vermeiden.

Das Bruttoabschlussverfahren. Bei dieser Buchungsweise werden die Einstandspreise der verkauften Waren nicht im WVK, sondern im Soll des GVK gegengebucht. Desgleichen empfängt das GVK im Haben den Saldo des WVK, d.h. den Verkaufswert der umgesetzten Waren. Der Endbestand erscheint durch die Buchung „SBK an WEK" im SBK.

Kontenbild für den Gewinnfall <mark>(Bruttoabschlussverfahren):</mark>

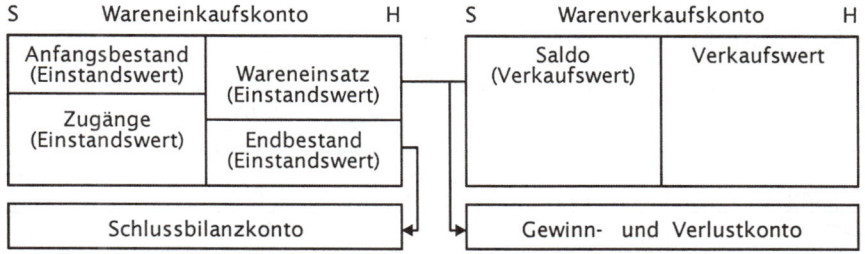

Bei dieser Buchungsweise weist das GVK den Wareneinsatz (Aufwand) und die Verkaufswerte (Erträge) unsaldiert (brutto) aus. Die Aussagefähigkeit des GVK ist beim Bruttoabschlussverfahren somit größer als beim Nettoabschlussverfahren. Das Bruttoabschlussverfahren entspricht auch den Gliederungsvorschriften des § 275 HGB.

Auch bei einer laufenden mengen- und wertmäßigen Aufzeichnung wird dem Identitätsprinzip nur dann Rechnung getragen, wenn es die Lagerorganisation erlaubt, den einzelnen Verkäufen die tatsächlich entstandenen Einstandswerte exakt zuzuordnen. Verändern sich die Preise im Zeitablauf, so bedeutet das, dass auch gleichartige Waren, die im Zeitablauf zu unterschiedlichen Einstandswerten beschafft wurden, getrennt gelagert und beim Abgang individuell buchmäßig erfasst werden müssten. Das ist oft mit unverhältnismäßig hohen Kosten verbunden. Daher wird in der Praxis auch bei laufender wert- und mengenmäßiger Erfassung der Zu- und Abgänge von der Bewertungsvereinfachung des § 240,4 HGB in Form der Gruppenbewertung Gebrauch gemacht und das **gleitende Durchschnittsverfahren** angewendet. Dieses Verfahren geht von einer fortlaufenden buchmäßigen Erfassung der Zu- und Abgänge aus. Der Anfangsbestand und die Zugänge werden zu den jeweiligen Einstandswerten erfasst. Aus dem Anfangsbestand und dem ihm zeitlich am nächsten liegenden Zugang wird ein durchschnittlicher gewogener Einstandspreis ermittelt. Mit diesem Wert wird der dem Zugang zeitlich am nächsten folgende Abgang bewertet. Das bedeutet, dass auch das gleitende Durchschnittsverfahren der Gruppenbewertung auf einer Fiktion beruht, nämlich auf der Annahme, dass sich ein Abgang anteilig aus dem Anfangsbestand und den Zugängen zusammensetzt. Werden mehrere Zugänge gebucht, bevor ein Abgang stattfindet, so wird der Einstandswert für den Abgang als gewogener Durchschnittspreis aus Anfangsbestand und allen bis zu einem Abgang stattgefundenen Zugängen berechnet. Das Verfahren wird so bis zum Ende der Abrechnungsperiode fortgeführt.

Beispiel:

	Menge	Preis je E	Gesamtpreis	Durchschnitts-preis
Anfangsbestand	20	1,00	20,-	-,--
Zugang 1	20	2,00	40,-	-,--
Summe	40	-,--	60,-	60 : 40 = 1,50
Abgang 1	30	1,50	45,-	-,--
Bestand	10	1,50	15,-	1,50
Zugang 2	40	3,00	120,-	-,--
Summe	50	-,--	135,-	135 : 50 =2,70
Zugang 3	10	4,50	45,-	-,--
Summe	60	-,--	180,-	180 : 60 = 3,00
Abgang 2	30	3,00	90,-	-,--
Bestand	30	3,00	90,-	3,00

Nimmt man einheitlich einen Verkaufswert von 5 GE für eine verkaufte Einheit an, so ergibt vorstehendes Beispiel nach dem **Nettoabschlussverfahren** folgendes Kontenbild:

S	Wareneinkaufskonto		H	S	Warenverkaufskonto		H
AB	20,-	Ag 1	45,-	Ag 1	45,-	Verkauf 1	150,-
Zg 1	40,-	Ag 2	90,-	Ag 2	90,-	Verkauf 2	150,-
Zg 2	120,-	EB (SBK)	90,-	Rohgewinn			
Zg 3	45,-			(GVK)	165,-		
	225,-		225,-		300,-		300,-

S	Gewinn- und Verlustkonto		H
Gewinnsaldo		165,-	Rohgewinn	165,-

Die Verbuchung des vorstehenden Beispiels unter den gleichen Annahmen ergibt nach dem **Bruttoabschlussverfahren** das Kontenbild:

S	Wareneinkaufskonto		H	S	Warenverkaufskonto		H
AB	20,-	Ag 1 (GVK)	45,-	Saldo (GVK)	300,-	Verk. 1	150,-
Zg 1	40,-	Ag 2 (GVK)	90,-			Verk. 2	150,-
Zg 2	120,-	EB (SBK)	90,-				
Zg 3	45,-						
	225,-		225,-		300,-		300,-

S	Gewinn- und Verlustkonto		H
Ag 1 (WEK)		45,-	Saldo (WVK)	300,-
Ag 2 (WEK)		90,-		
Gewinn		165,-		
		300,-		300,-

Im Sachverhalt des vorhergehenden Beispiels wurden Waren einer gleichen Warengruppe in Höhe von insgesamt 225 GE einschließlich Anfangsbestand gekauft. Diese Summe aller Einstandswerte setzt sich zusammen aus:

AB:	20	E	zu	1,00	GE je E	=	20 GE
Zg 1:	20	E	zu	2,00	GE je E	=	40 GE
Zg 2:	40	E	zu	3,00	GE je E	=	120 GE
Zg 3:	10	E	zu	4,50	GE je E	=	45 GE
	90	E					225 GE

Durch die dem gleitenden Durchschnittsverfahren implizit anhaftende Fiktion[4] über die wertmäßige Zusammensetzung des Abgangs sind von der Summe der Einstandswerte 135 GE, nämlich

Ag 1:	30	E	zu	1,50	GE je E	=	45 GE
Ag 2:	30	E	zu	3,00	GE je E	=	90 GE
	60	E					135 GE

als Wareneinsatz verrechnet und

$$225 \text{ GE ./. } 135 \text{ GE} = 90 \text{ GE}$$

als Endbestand in die Schlussbilanz eingesetzt worden. Unterstellt man, die tatsächliche Abgangsfolge wäre bekannt und sie hätte wie folgt stattgefunden:

20	E zu	1	GE je E stammend aus dem AB	=	20 GE
20	E zu	2	GE je E stammend aus dem Zg 1	=	40 GE
20	E zu	3	GE je E stammend aus dem Zg 2	=	60 GE
60	E				120 GE

dann würde sich der tatsächliche Rohgewinn auf

$$300 \text{ GE ./. } 120 \text{ GE} = 180 \text{ GE}$$

belaufen. Der Endbestand setzt sich dann zusammen aus:

10	E	zu	4,50	GE je E =	45 GE
20	E	zu	3,00	GE je E =	60 GE
30	E				105 GE

Die Gegenüberstellung des Verfahrens der gleitenden Durchschnitte mit der Bewertung unter strenger Einhaltung des Identitätsprinzips verdeutlicht, dass das gesetzlich zulässige Gruppenbewertungsverfahren zu abweichenden Ergebnissen führt. Diese Ungenauigkeit in der Bewertung wird im Interesse einer Vereinfachung in Kauf genommen. Nach den

---

4   Das gilt im Prinzip für alle Verfahren des § 240,4 HGB, aber auch für die Bewertungsvereinfachungsverfahren der Verbrauchsfolgebewertung des § 256 HGB: Sie alle stellen einen Modus dar, der es bei einem Abweichen vom Identitätsprinzip ermöglicht, die Summe der in den Bestandskonten festgehaltenen Einstandswerte eines Abrechnungszeitraums in Verbrauch (Wareneinsatz) und Endbestand - und damit in GVR und Schlussbilanz - aufzuteilen.

GoB sind hochwertige Waren daher nach dem strengen Grundsatz der Einzelerfassung und Einzelbewertung zu erfassen.

II. Die Buchung der Umsatzsteuer (USt)

Die USt ist eine Nettosteuer, d.h. sie besteuert de facto nur die von der Unternehmung erbrachte Wertschöpfung (= **Mehrwert** oder Betrag, um den der Verkaufswert der Ware bzw. Dienstleistung die Einkaufswerte der zur Beschaffung und Produktion erforderlichen Güter und Dienstleistungen übersteigt).[5] Bemessungsgrundlage ist aber de jure nicht der Mehrwert, sondern der Umsatz. Allerdings wird durch das Instrument des Vorsteuerabzugs (**Vorsteuer** = die an Lieferanten gezahlte USt) de facto nur der Mehrwert jeder Wirtschaftsstufe besteuert.

Nach § 1,1 UStG sind Steuerobjekte der USt die steuerbaren Umsätze. Dazu zählen:

- Die Lieferungen und sonstigen Leistungen, die ein Unternehmer im Rahmen seines Unternehmens im Inland gegen Entgelt ausführt.

- Die Einfuhr von Gegenständen aus dem Drittlandsgebiet (Nicht-EU-Staaten nach § 1, 2a UStG) in das deutsche Zollgebiet (= Einfuhrumsatzsteuer).

- Der innergemeinschaftliche Erwerb im Inland gegen Entgelt.

Die Tatbestände, an die der § 1 UStG die Steuerbarkeit knüpft, haben damit folgende Voraussetzungen gemeinsam:

- Der Umsatz muss von einem Unternehmer ausgeführt werden.
- Der Umsatz muss die Unternehmenssphäre berühren.
- Der Umsatz muss im Erhebungsgebiet erfolgen.

Umsätze, die nicht in diesen Katalog eingeordnet werden können, sind „nicht steuerbar", so z.B.:

- Privatverkäufe von Unternehmern und Nichtunternehmern,
- Verkäufe durch einen Unternehmer im Ausland,

---

5   Die Darstellung des Systemzusammenhangs des UStG wird im folgenden auf das unbedingt notwendige und zum Verständnis der Buchungstechnik erforderliche Maß beschränkt. Das UStG kennt eine Vielzahl von Besonderheiten für bestimmte Unternehmer oder bestimmte Arten von Umsätzen, die buchungstechnisch unterschiedliche Konsequenzen haben. Im Sinne einer ersten Einführung kann hier aus Platzgründen nicht auf alle buchungstechnischen Besonderheiten der USt eingegangen werden. Es wird daher auf die weitergehende Literatur verwiesen. So: *Wöhe* [1988], S. 467-546; *Falterbaum* [1970]; *Kußmaul* [2000], S. 395 ff.

- Sachschenkungen durch einen Unternehmer aus seinem Privatvermögen.[6]

Die Umsatzsteuer hat wirtschaftlich die Funktion einer den Endverbrauch belastenden Verbrauchssteuer. Dieses Ziel erfordert, dass auch die „Leistungen des Unternehmers an sich selbst" der Umsatzsteuer unterworfen werden. In diesem Zusammenhang wird begrifflich zwischen dem „Eigenverbrauch" und dem „Gesellschafterverbrauch" unterschieden. **Eigenverbrauch** liegt vor, wenn der Unternehmer Gegenstände oder Leistungen (Nutzungen) aus seinem Unternehmen für Zwecke entnimmt, die außerhalb des Unternehmens liegen. **Gesellschafterverbrauch** liegt vor, wenn Personengesellschaften, Kapitalgesellschaften u.a. Organisationen im Rahmen ihres Unternehmens Lieferungen oder sonstige Leistungen an ihre Anteilseigner oder diesen nahe stehenden Personen unentgeltlich abgeben.

Über die Subsumtion von Gesellschafterverbrauch unter Eigenverbrauch oder Eigenverbrauch und Gesellschafterverbrauch unter Lieferung bzw. sonstige Leistung bestanden über Jahre Meinungsverschiedenheiten – auch zwischen Finanzverwaltung und Finanzgerichten.[7] Durch die Neufassung der Steuerobjekte der Umsatzsteuer durch das Steuerentlastungsgesetz 1999/2000/2001 wurde in § 3,1b der Eigenverbrauch bzw. der Gesellschafterverbrauch dem Steuerobjekt „Lieferungen bzw. sonstige Leistungen gegen Entgelt" (§ 1,1 UStG) gleichgestellt.

Die steuerbaren Umsätze wiederum sind steuerpflichtig oder steuerfrei. Ist ein steuerbarer Umsatz steuerfrei, so entsteht keine USt. Steuerbefreiungen sind insbesondere in § 4 UStG geregelt und erfolgen, um steuersystematische Mehrfachbelastungen zu vermeiden oder sozial- und wirtschaftspolitische Ziele zu fördern. (Zu nennen sind: Umsätze, die der Grunderwerb- oder Versicherungssteuer unterliegen, Umsätze aus Vermietung und Verpachtung, Umsätze von Ärzten, Krankenhäusern, Schulen, Theatern, Museen.)

Steuerpflichtiger der Umsatzsteuer ist i.d.R. der Unternehmer (nach § 2 UStG ist Unternehmer, wer selbständig eine nachhaltige Tätigkeit zur Erzielung von Einnahmen - auch ohne Gewinnerzielungsabsicht - ausübt). Bemessungsgrundlage der USt ist nach § 10 UStG das vereinbarte Entgelt ohne die darauf entfallende USt. Bei einer nachträglichen Änderung der Bemessungsgrundlage, wie durch Skonti, Boni und Gutschriften, muss sowohl der leistende und Rechnung stellende Unternehmer die USt als auch der empfangende Unternehmer seinen Vorsteuerabzug entsprechend korrigieren (§ 17 UStG). Der Tarif der USt ist proportional.

---

6 Bezüglich „Schenkungen" muss zwischen Sach- und Geldschenkungen unterschieden werden. Geldgeschenke sind von der Besteuerung ausgenommen. Sachgeschenke können - wenn sie aus dem Betriebsvermögen stammen - als „Eigenverbrauch" umsatzsteuerpflichtig sein, wie in diesem Abschnitt noch ausführlicher dargestellt wird.

7 Vgl. *Schneeloch* [1986], S.223-225.

Ein ermäßigter Steuersatz gilt für die in § 12,2 UStG aufgelisteten Umsätze wie die von Nahrungsmitteln, Büchern, Kunstgegenständen sowie für Umsätze der gemeinnützigen Körperschaften.

Bei der Lieferung von Waren oder der Ausführung sonstiger steuerpflichtiger Leistungen wird von dem vereinbarten bzw. verlangten Entgelt mit Hilfe des Steuersatzes die **Sollversteuerung** berechnet.[8] Das hat zur Folge, dass aus der Sicht des Lieferanten die Umsatzsteuerschuld bereits bei der Rechnungserstellung unabhängig vom Zeitpunkt der Zahlung durch den Kunden entsteht. Sie wird auch **Steuertraglast** genannt und bei dem Aussteller der Rechnung auf einem Konto „Sonstige Verbindlichkeiten" oder „Mehrwertsteuerkonto" bzw. „Umsatzsteuerkonto" verbucht, da sie eine Verbindlichkeit gegenüber dem Finanzamt ist. Der Empfänger der Rechnung erfasst die ihm in Rechnung gestellte Steuer auf dem Konto „Sonstige Forderungen" oder „Vorsteuerkonto". Dieses Konto ist ein Forderungskonto, weil der Unternehmer gewöhnlich berechtigt ist, die Vorsteuer von seiner Umsatzsteuerschuld abzuziehen.[9] Die vom Unternehmer an das Finanzamt abzuführende Steuerschuld (= **Zahllast**) errechnet sich somit als Differenz:

Zahllast = Traglast ./. Vorsteuer.

Ist die Steuertraglast kleiner als die Vorsteuer, so hat der Unternehmer in Höhe dieses Saldos einen Erstattungsanspruch gegenüber dem Finanzamt.

Schematisch lässt sich der Systemzusammenhang der USt wie folgt veranschaulichen:

---

[8] Grundsätzlich sieht das UStG eine Sollversteuerung vor. Auf Antrag des Unternehmers ist unter den Voraussetzungen des § 20 UStG ausnahmsweise eine **Istversteuerung** (Versteuerung nach vereinnahmten Entgelten) möglich, und zwar in folgenden drei Fällen:

1. Bei einem Unternehmer, dessen Gesamtumsatz im vorangegangenen Kalenderjahr nicht mehr als € 125.000,- betragen hat,

2. bei einem Unternehmer, der von der Buchführungspflicht nach § 148 AO befreit ist,

3. bei einem Freiberufler im Sinne des § 18,1 Nr.1 EStG.

[9] Vom Vorsteuerabzug ausgeschlossen ist gem. § 15,2 UStG die Steuer, die mit steuerfreien Umsätzen im Zusammenhang steht. Aber nicht alle steuerfreien Umsätze führen zum Ausschluss des Abzugs der mit ihnen in Zusammenhang stehenden Vorsteuer. Nicht zum Ausschluss vom Steuerabzug führen insbesondere die nach § 4 Nr. 1 bis 7 UStG befreiten Umsätze. Auch kann ein Unternehmer nach § 9 UStG auf Steuerbefreiungen verzichten, die grundsätzlich zum Ausschluss vom Vorsteuerabzug führen, so dass die entsprechenden Umsätze nicht mehr steuerfrei, sondern steuerpflichtig sind. Sie führen dann auch nicht zum Ausschluss vom Vorsteuerabzug. Schließlich ist darauf zu verweisen, dass die Vorsteuer, die mit im Außengebiet getätigten, d.h. also mit nicht steuerbaren Umsätzen in Zusammenhang steht, nach § 15,3 UStG dennoch abzugsfähig sein kann.

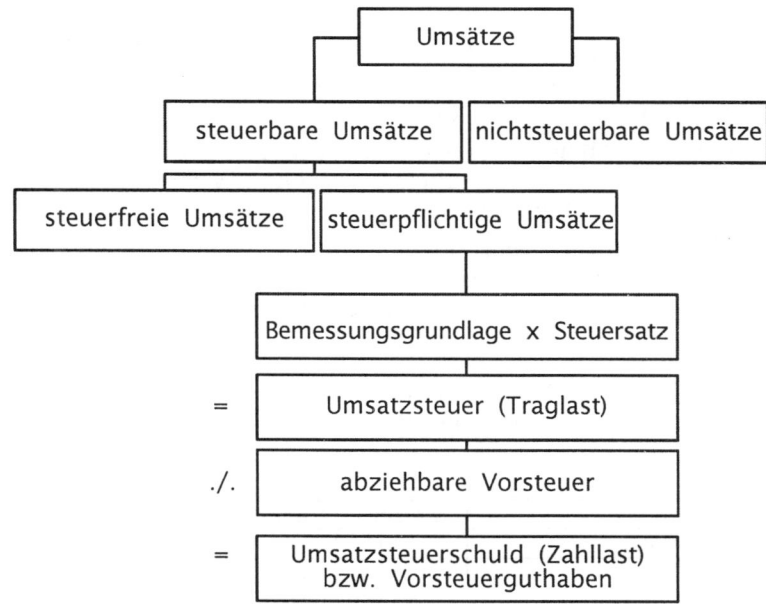

Technisch sind mit der Umsatzsteuerpflicht folgende typische Buchungsaufgaben verbunden:

1. Das Buchen der Umsatzsteuer-Traglast.
2. Das Buchen der Vorsteuer.
3. Das Buchen der Umsatzsteuer-Vorauszahlungen.

zu 1.: Das Buchen der Umsatzsteuer-Traglast

(a) Umsatz mit Dritten

Nach § 22,2 UStG hat eine Unternehmung in ihrer Buchführung ersichtlich zu machen, wie sich die Entgelte auf steuerpflichtige Umsätze - und zwar getrennt nach Steuersätzen - und auf steuerfreie Umsätze verteilen. Es ist daher zweckmäßig, nicht nur die steuerpflichtigen Umsätze (= Bemessungsgrundlagen), sondern auch USt-Traglasten auf getrennten Konten zu erfassen.

Die Entstehung der Steuertraglast knüpft grundsätzlich an der Bemessungsgrundlage des vereinbarten Entgeltes an. Vereinbartes Entgelt ist die vertraglich vorgesehene Vergütung, vereinnahmtes Entgelt dagegen der tatsächlich erhaltene Betrag. Stellt sich später heraus, dass das vereinnahmte Entgelt (durch Gutschriften, Preisnachlässe oder Nichteingang der Forderung aus kreditierten Verkäufen) geringer ist als das vereinbarte, so ist nach § 17 UStG eine Berichtigung vorzunehmen. Letztlich richtet sich die Steuertraglast der USt nach dem vereinnahmten Entgelt. Das vereinbarte Entgelt wird lediglich der Besteuerung zu

Grunde gelegt, solange die Höhe des vereinnahmten Entgeltes noch nicht bekannt ist. Das Merkmal des vereinbarten Entgeltes bestimmt somit den Zeitpunkt der - evtl. nur vorläufigen - Steuerentstehung und Steuerentrichtung.

Buchtechnisch gesehen, werden in der Praxis mit dem Netto- und Bruttoverfahren zwei unterschiedliche Vorgehensweisen bei der USt-Traglastverbuchung angewendet.

- Das Nettoverfahren. Hier bucht man bei jedem Umsatz die USt-Traglast sofort auf ein passives Bestandskonto, das „Umsatzsteuer-Konto" oder mitunter auch „Mehrwertsteuerkonto" genannt wird.

Beispiel:
Warenlieferung netto € 100,- zuzüglich 15 % USt = € 115,- auf Ziel. (Bzgl. der Höhe des Steuersatzes s.S. 116, Fußnote 10.)

Buchungssatz:

Sollkonto	Betrag	Habenkonto
Forderungen	115,-	
	100,-	Warenverkauf
	15,-	Umsatzsteuer

Kontenbild:

S	Forderungen	H	S	Warenverkauf	H	S	Umsatzsteuer	H
115,-					100,-			15,-

Das Nettoverfahren wird vor allem von Industrie- und Großhandelsunternehmen angewendet.

- Das Bruttoverfahren. Bei diesem Verfahren werden die Bruttoerlöse (= Entgelt zzgl. USt) zunächst in einer Summe aufgezeichnet. Die Trennung in Entgelt und USt erfolgt erst zum Schluss eines jeden Voranmeldungszeitraums (Monats oder Vierteljahres - § 63,3 UStDV i.V.m. § 18,1 und 2 UStG). Das Bruttoverfahren erfordert eine getrennte Aufzeichnung der Rechnungsbeträge nach den verschiedenen Steuersätzen. Es wird seltener und hauptsächlich vom Einzelhandel für Warenverkäufe angewendet. Da private Endverbraucher nicht umsatzsteuerpflichtig sind, besteht bei diesen meist auch kein Interesse an einem getrennten Ausweis von Entgelt und USt. Im Einzelhandel werden oft keine Rechnungen ausgestellt, und die Bruttoerlöse werden auf Kassenzetteln oder ähnlichen Belegen erfasst. Auch ist auf § 33 UStDV hinzuweisen, der aus Vereinfachungsgründen das Bruttoverfahren bei sog. Kleinbetragsrechnungen bis zu einem Betrag von € 100,- zulässt. Bei einer großen Zahl von eingehenden Kleinbelegen (z.B. Benzinquittungen) führt das Nettoverfahren zu einer unverhältnismäßigen Belastung. Es ist daher üblich, bei Kleinbelegen das Bruttoverfahren anzuwenden, und zwar auch dann, wenn sich ein Unternehmer bei der Erfassung aller anderen Belege für das Nettoverfahren entschieden hat.

Die Vereinfachung des Bruttoverfahrens liegt insbesondere darin, dass die Herausrechnung der USt aus der Summe der verbuchten Bruttoerlöse am Ende des Voranmeldungszeitraums durch Anwendung eines Multiplikators oder Divisors auf die Bruttoerlöse in einem Rechengang erfolgen kann. Der Multiplikator errechnet sich aus

Steuersatz : (100 + Steuersatz)

und der Divisor aus

(100 + Steuersatz) : Steuersatz.

Für die Steuersätze von 15 % und 7 % betragen die Rechengrößen:[10]

Steuersatz	15 %	7 %
Multiplikator	0,1304	0,0654
Divisor	7,667	15,286

Beispiel:
Siehe vorhergehenden Buchungsfall.

Buchungssatz bei Abwicklung des Geschäfts:

Nr.	Sollkonto	Betrag	Habenkonto
1	Forderungen	115,-	Warenverkauf

Kontenbild:

S	Forderungen	H	S	Warenverkauf	H	S	Umsatzsteuer	H
(1)	115,-		(2)	15,- (1) 115,-			(2)	15,-

Am Schluss des Voranmeldungszeitraums werden die Bruttoerlöse in Entgelt und USt getrennt.

Buchungssatz:

Nr.	Sollkonto	Betrag	Habenkonto
2	Warenverkauf	15,-	Umsatzsteuer

Kontenbild: **siehe oben.**

(b) Umsätze mit sich selbst (Eigenverbrauch, Gesellschafterverbrauch)

Die Sachverhalte des Eigenverbrauchs und des Gesellschafterverbrauchs – sie werden seit 1999 einer Lieferung oder sonstigen Leistung gegen Entgelt gleichgestellt – sind in § 1,1 i.V.m. § 3,1b UStG geregelt. Das

---

[10] Diese Steuersätze entsprechen nicht den aktuellen gesetzlich vorgeschriebenen Werten (§ 12 UStG). Im folgenden soll jedoch unabhängig von der aktuellen Höhe bei den betrachteten Buchungsfällen mit diesen Steuersätzen gerechnet werden. Seit Einführung des UStG 1968 sind die Steuersätze mehrfach von ursprünglich 10 % auf jetzt 16 % erhöht worden. In gesetzlich geregelten Ausnahmefällen gilt z.Zt. ein ermäßigter Steuersatz von 7 %.

UStG stellt in § 3,1b – vorausgesetzt, der Gegenstand oder seine Bestandteile haben zum vollen oder teilweisen Vorsteuerabzug berechtigt – folgende Tatbestände einer Lieferung gegen Entgelt gleich:

1. Die Entnahme eines Gegenstandes durch einen Unternehmer aus seinem Unternehmen für Zwecke, die außerhalb des Unternehmens liegen;

2. Die unentgeltliche Zuwendung eines Gegenstandes durch einen Unternehmer an sein Personal für dessen privaten Bedarf, sofern keine Aufmerksamkeiten vorliegen;

3. Jede andere unentgeltliche Zuwendung eines Gegenstandes, ausgenommen Geschenke von geringem Wert und Warenmuster für Zwecke des Unternehmens.[11]

Das UStG unterscheidet somit zwei Kategorien des Eigenverbrauchs: (1) die Gegenstandsentnahme und (2) die Leistungs- oder Nutzenentnahme. Bemessungsgrundlagen sind:

- Bei der Gegenstandsentnahme. Nach § 10,4 Nr. 1 UStG wird die Umsatzsteuer für Gegenstandsentnahmen „nach dem Einkaufspreis zuzüglich der Nebenkosten für den Gegenstand oder für einen gleichartigen Gegenstand oder mangels eines Einkaufspreises nach den Selbstkosten, jeweils zum Zeitpunkt des Umsatzes", also zu den **Wiederbeschaffungskosten** (WBK) bemessen.[12] Die Bemessungsgrundlagen für den Eigenverbrauch durch Entnahme von Gegenständen sind gem. § 22,2 Nr. 3 UStG kenntlich zu machen. Entnahmen wurden bisher unterschiedslos auf dem Privatkonto im Soll gebucht. Da nicht alle Privatentnahmen (so: Geld, Forderungen) Eigenverbrauch darstellen und damit der USt unterliegen, sind steuerpflichtige Entnahmen zu markieren (durch sog. Buchungsschlüssel) bzw. auf einem besonderen Eigenverbrauchskonto zu buchen. Wenn mehr als ein Steuersatz zur Anwendung kommt, empfiehlt sich eine unterschiedliche Markierung oder die Führung mehrerer Eigenverbrauchskonten.

---

[11] Bis 1998 zählte der Privatverbrauch durch Tätigung nicht abzugsfähiger Betriebsausgaben als weiterer Tatbestand zum steuerbaren Eigenverbrauch. Seit 1999 werden solche nicht abzugsfähige Betriebsausgaben nicht wie ein Umsatz besteuert, sondern sie werden gem. § 15 UStG vom Vorsteuerabzug ausgeschlossen. Beide buchtechnisch unterschiedlichen Vorgehensweisen führen zum gleichen Ergebnis der Umsatzsteuerbelastung des Unternehmers.

[12] Zur vereinfachten Ermittlung der Bemessungsgrundlage werden bei Vorliegen eines ständigen durch die Art der erstellten Ware bedingten Eigenverbrauchs (bei Gastwirten, Metzgern oder Bäckern) von den Finanzbehörden branchenspezifische Pauschalsätze bekannt gegeben, bei deren Anwendung die Erfassung und Bewertung der umsatzsteuerpflichtigen Entnahmen im Einzelnen unterbleiben können (§§ 23 und 24 UStG).

- Bei der Nutzenentnahme. Bemessungsgrundlage für die USt bei der Verwendung von der Unternehmung dienenden Vermögensgegenständen für Zwecke außerhalb des Unternehmens sind die auf die Verwendung entfallenden Kosten (§ 10,4 Nr. 2 UStG). Diese müssen nach § 22,2 Nr. 3 UStG aus der Buchführung zu ersehen sein. Die Aufzeichnungspflicht ist auf die Fixierung des Aufwands für die private Nutzung beschränkt.

Die USt hat wirtschaftlich die Aufgabe einer den Endverbraucher belastenden Verbrauchsteuer. Das wird nur dann erreicht, wenn auch die „Umsätze des Unternehmers mit sich selbst" von ihr erfasst werden. Buchführende Unternehmen haben daher nach § 22 UStG auch eine Aufzeichnungspflicht hinsichtlich der Bemessungsgrundlagen des Eigenverbrauchs. Die buchmäßige Behandlung des Eigen- bzw. Gesellschafterverbrauchs wirft in der kontenmäßigen Durchführung Fragen auf, die über das hier verfolgte Ziel einer ersten Einführung in die Finanzbuchführung hinausgehen. Es werden daher im Folgenden einfache Beispiele des Eigenverbrauchs eines Einzelunternehmers behandelt.

Beispiel 1a: Gegenstandsentnahme (Einstandswert = WBK)

Ein Unternehmer entnimmt Waren für seinen Privathaushalt. Die WBK sind mit dem Einstandswert gleichzusetzen und belaufen sich auf € 500,-. Es entsteht eine USt-Schuld von € 75,- (= 15 % von € 500,-).

Die USt ist kein betrieblicher Aufwand und muss bei einem Einzelunternehmer als Privatentnahme behandelt werden. Daher ist das Konto Privatentnahme mit den WBK des entnommenen Gegenstandes - die hier gleich dem Einstandswert sind - zuzüglich der darauf entfallenden USt zu belasten.[13] Als Gegenkonten werden in Höhe der WBK (= Bemessungsgrundlage) ein Konto „Eigenverbrauch-Gegenstandsentnahme" und in Höhe der USt-Schuld das Konto Umsatzsteuer angesprochen.

Das Konto Eigenverbrauch-Gegenstandsentnahme kann unterschiedlich abgeschlossen werden, und zwar über WEK oder WVK. Der Abschluss über das WEK führt zu einer Korrektur des Warenbestands um den Eigenverbrauch, so dass als Saldo des WEK nur der Einstandswert des dem gewöhnlichen Geschäftsbetrieb dienenden Wareneinsatzes ermittelt wird. Hier soll von dieser Möglichkeit Gebrauch gemacht werden. Die zweite Möglichkeit besteht darin, die Gegenstandsentnahme für private Zwecke als Erlös zu behandeln und das Konto Eigenverbrauch-Gegenstandsentnahme über das WVK (oder GVK) abzuschließen. In einem solchen Fall erfasst der Einstandswert des Wareneinsatzes auch den Wert des Eigenverbrauchs.

---

[13] In der Praxis werden häufig mehrere Privatentnahme-Konten eingerichtet, um die verschiedenen Arten von Entnahmen (Privatsteuern, Spenden, Sonderausgaben u.ä.) getrennt zu erfassen. Sie sind Unterkonten des Privatkontos.

Buchungssätze:

(1) Buchung der Privatentnahme, (2) Abschluss des Eigenverbrauchkontos.

Nr.	Sollkonto	Betrag	Habenkonto
1	Privatentnahme	575,-	
		500,-	Eigenverbrauch-G.
		75,-	Umsatzsteuer
2	Eigenverbrauch-G.	500,-	Wareneinkauf

Kontenbild:

S	Privatentnahme	H	S	Eigenverbrauch-G.	H	S	Umsatzsteuer	H
(1)	575,-		(2)	500,-	(1) 500,-			(1) 75,-

S	Wareneinkauf	H
		(2) 500,-

In vorstehendem Beispiel 1a sind handels- und ertragsteuerrechtliche Bewertung des Eigenverbrauchs identisch. Dies ist jedoch nicht der Fall, wenn der ertragsteuerrechtlich relevante Teilwert (§ 6,1 Nr. 4 EStG) - der bei Gegenständen des Umlaufvermögens im Regelfall den WBK als umsatzsteuerlicher Bemessungsgrundlage entspricht - und der handelsrechtlich maßgebliche Einstandswert einer Gegenstandsentnahme differieren. In einem solchen Fall unterscheiden sich aber auch die handels- und steuerrechtliche Erfolgsermittlung. Nach der handelsrechtlichen Erfolgsermittlung haben Entnahmen keinen Einfluss auf die Höhe des ermittelten Erfolgs. Gegenstandsentnahmen sind daher handelsrechtlich mit den Einstandswerten zuzüglich evtl. anfallender Verkehrsteuern (so USt) zu bewerten. Die steuerrechtliche Erfolgsermittlung verlangt jedoch eine Bewertung der Gegenstandsentnahme zum jeweiligen Teilwert zuzüglich USt. Es ist daher erforderlich, mit Hilfe eines Wertdifferenzenkontos den handelsrechtlich zulässigen Wertansatz (= Einstandswert) von dem steuerlich gebotenen Wertansatz (= Teilwert) abzugrenzen. Das zeigt Beispiel 1b:

Beispiel 1b: Gegenstandsentnahme (WBK = Teilwert > Einstandswert)

Der im Beispiel 1a angeführten Gegenstandsentnahme mit einem Einstandswert von € 500,- liegen WBK (= Teilwert) in Höhe von € 600,- zu Grunde. Demzufolge beläuft sich die USt-Schuld auf € 90,- (= 15 % von € 600,-).

Buchungssätze:

(1) Privatentnahme, (2) Abschluss des Kontos Eigenverbrauch.

Nr.	Sollkonto	Betrag	Habenkonto
1	Privatentnahme	690,-	
		600,-	Eigenverbrauch-G.
		90,-	Umsatzsteuer
2	Eigenverbrauch-G.	600,-	
		500,-	Wareneinkauf
		100,-	Wertdifferenzen

Kontenbild:

S	Privatentnahme	H	S	Eigenverbrauch-G.	H	S	Umsatzsteuer	H
(1)	690,-		(2)	600,-	(1) 600,-			(1) 90,-

S	Wareneinkauf	H	S	Wertdifferenzen	H
		(2) 500,-			(2) 100,-

Das Konto Wertdifferenzen ist ein aus steuerrechtlichen Vorschriften resultierendes Konto. Sein Abschluss ist daher nicht über das handelsrechtliche GVK vorzunehmen, sondern erfolgt zweckmäßigerweise über das Eigenkapitalkonto. Durch diese Buchung wird die ertragsteuerlich gebotene Bewertung der Privatentnahme zum Teilwert auf die handelsrechtliche Bewertung einer Gegenstandsentnahme zum Einstandswert korrigiert. Das Eigenkapitalkonto weist so korrekt die privat durch die Gegenstandsentnahme bedingte Eigenkapitalminderung (in Höhe von € 690,-) aus. Das Konto Eigenverbrauch-Gegenstandsentnahme erfüllt die von § 22 UStG gestellte Forderung des Ausweises der Bemessungsgrundlage zu WBK.

Beispiel 2: Nutzenentnahme

Der Unternehmer benutzt das zu seinem Unternehmen gehörende Fahrzeug zu Privatfahrten im Inland. Der anteilige Aufwand beläuft sich auf € 700,-. Es entsteht eine USt-Schuld in Höhe von € 105,-.

Der anteilige Aufwand zuzüglich der darauf entfallenden USt stellt eine Privatentnahme dar. Das Privatentnahmekonto ist mit diesen Beträgen zu belasten. Die Habenbuchungen erfolgen mit € 700,- im Konto Eigenverbrauch-Nutzenentnahme und mit € 105,- im Konto Umsatzsteuer. Das Konto Eigenverbrauch-Nutzenentnahme ist über das Konto Kfz-Aufwand abzuschließen.

Buchungssätze:

(1) Buchung der Privatentnahme, (2) Abschluss des Kontos Eigenverbrauch.

Nr.	Sollkonto	Betrag	Habenkonto
1	Privatentnahme	805,-	
		700,-	Eigenverbrauch-N.
		105,-	Umsatzsteuer
2	Eigenverbrauch-N.	700,-	Kfz-Aufwand

Kontenbild:

S	Privatentnahme	H	S	Eigenverbrauch-N.	H	S	Umsatzsteuer	H
(1)	805,-		(2)	700,- |(1)	700,-		|(1)	105,-

S	Kfz-Aufwand	H
	|(2)	700,-

zu 2.: **Das Buchen der Vorsteuer**

§ 22 UStG verpflichtet den Unternehmer, die Entgelte für erhaltene Leistungen und die hierauf entfallende USt (= Vorsteuer) aufzuzeichnen. Die Vorsteuer kann von der USt-Traglast abgezogen werden, wenn die Voraussetzungen des § 15 UStG erfüllt sind. Sie wird auf einem aktiven Bestandskonto, dem Vorsteuerkonto, verbucht. Man könnte allerdings die Vorsteuer auch auf der Sollseite des USt-Kontos buchen. Diese Buchungsweise würde aber, das USt-Konto ist ein passives Bestandskonto, gegen das Saldierungsverbot des § 246,2 HGB verstoßen, da eine Aufrechnung von USt-Schuld und Vorsteuer-Forderung jeweils nur am Ende eines Voranmeldungszeitraums durchführbar ist. Daher sind an einem Bilanzstichtag noch nicht verrechnete Vorsteuerbeträge als sonstige Forderungen und noch nicht gezahlte bzw. verrechnete USt als sonstige Verbindlichkeiten auszuweisen.

Wie für die bücherliche Erfassung der USt-Traglast stehen auch für die Aufzeichnung der Vorsteuer im Netto- und Bruttoverfahren zwei Möglichkeiten der Verbuchung zur Verfügung.

➢ **Das Nettoverfahren.**

Bei diesem Verfahren werden der Netto-Rechnungsbetrag (= Entgelt) und die darauf entfallende USt kontenmäßig getrennt erfasst.

Beispiel:
Bezug einer Ware für € 200,- + € 30,- USt = € 230,- auf Ziel.

Buchungssatz:

Sollkonto	Betrag	Habenkonto
Wareneinkauf	200,-	
Vorsteuer	30,-	
	230,-	Verbindlichkeiten

Kontenbild:

S	Wareneinkauf	H	S	Vorsteuer	H	S	Verbindlichkeiten	H
200,-			30,-					230,-

> **Das Bruttoverfahren.**

Hier sind die Probleme im Prinzip die gleichen wie bei der Erfassung der USt-Traglast. Zunächst werden die eingehenden Lieferungen und Leistungen mit den Brutto-Rechnungsbeträgen (= Entgelt zuzüglich USt) getrennt nach Steuersätzen erfasst. Am Ende eines jeden Voranmeldungszeitraums sind die gebuchten Bruttobeträge zu addieren, und mit Hilfe des entsprechenden Divisors oder Multiplikators ist die Vorsteuer herauszurechnen.

Beispiel: (Vorsteuerberechnung unter Verwendung der angeführten Multiplikatoren)

Konto	Summe der Bruttobeträge	Errechnete Vorsteuer	Entgelte
WEK (15 %)	3.000,-	391,20	2.608,80
WEK (7 %)	2.000,-	130,80	1.869,20
Summe	5.000,-	522,-	4.478,-

Nachdem die Vorsteuer auf diese Weise ermittelt ist, wird sie wie folgt gebucht:

Vorsteuer € 522,- an WEK (15 %) € 391,20
WEK (7 %) € 130,80

Durch diese Buchung werden die Warenbestandskonten von der USt entlastet. Die verbleibenden Beträge stellen die geleisteten Entgelte für die bezogenen Waren dar.

Abschließend ist darauf zu verweisen, dass die Vorsteuer nicht nur beim Einkauf von Waren, sondern auch bei der Inanspruchnahme von Fremdleistungen, die Aufwände (z.B. Reparaturen) darstellen, sowie dem Bezug anderer Vermögensgegenstände (Roh-, Hilfs-, Betriebsstoffe, Gegenstände des Anlagevermögens) anfällt. Handelt es sich hierbei um abzugsfähige Vorsteuer, so ist darauf zu achten, dass die in den Eingangsrechnungen ausgewiesene (bzw. enthaltene) Vorsteuer auf dem Vorsteuerkonto erfasst wird und letztlich auf den Aufwands- und Sachkonten nur Beträge ohne Vorsteuer verbucht werden.

zu 3.: **Das Buchen der USt-Vorauszahlungen**

Veranlagungszeitraum der USt ist das Kalenderjahr. Nach § 18 UStG hat der Unternehmer aber monatlich oder vierteljährlich (dies richtet sich nach der Umsatzhöhe) Voranmeldungen abzugeben und Vorauszahlungen zu leisten. Die Voranmeldungen erfolgen auf einem Formblatt, auf dem der Unternehmer die Steuer für den Voranmeldungszeitraum selbst zu berechnen hat. Die geschuldete USt, d.h. die Zahllast, ermittelt sich aus der Differenz

USt-Traglast ./. abziehbare Vorsteuer.

Ergibt sich in der Voranmeldung ein Überschuss zugunsten des Unternehmers, kann dieser auf Antrag in den folgenden Voranmeldungszeitraum vorgetragen werden.

Die bei der Abgabe der USt-Voranmeldung und -Vorauszahlung anfallenden Buchungen richten sich nach der bisherigen bei der Aufzeichnung der USt-Traglast und der Vorsteuer angewandten Buchungsweise.

> **Buchungen bei Anwendung des Nettoverfahrens.**

Beim Nettoverfahren enthält das Warenverkaufskonto die Verkaufswerte. Diese sind zugleich die Bemessungsgrundlage für die USt-Traglast. Die sich aus der Summe der steuerpflichtigen Entgelte errechnende Steuertraglast muss gleich der Summe der auf dem USt-Konto verbuchten USt-Schuld sein. Man kommt durch Abzug der anrechenbaren Vorsteuer zur Zahllast. Hierzu ist der Saldo des Vorsteuerkontos von der USt-Traglast abzuziehen. Das kann buchmäßig auf zweierlei Weise erfolgen.

1. Möglichkeit: Abschluss des Kontos Vorsteuer unmittelbar über das Konto Umsatzsteuer

Bei dieser Verfahrensweise wird der Saldo des Vorsteuerkontos unmittelbar im Soll des Kontos Umsatzsteuer verbucht.

Beispiel:
Ein Unternehmer (Monatszahler) hat für einen Monat folgende Vorauszahlung zu leisten:

	Umsatzsteuer-Traglast	€ 5.000,-
./.	abziehbare Vorsteuer	€ 2.000,-
=	zu leistende Vorauszahlung	€ 3.000,-

Die Vorauszahlung wurde durch Banküberweisung geleistet.

Buchungssätze:
(1) Abschluss des Vorsteuerkontos, (2) Überweisung der Steuerschuld.

Nr.	Sollkonto	Betrag	Habenkonto
1	Umsatzsteuer	2.000,-	Vorsteuer
2	Umsatzsteuer	3.000,-	Bank

Kontenbild:

```
S      Vorsteuer      H S      Umsatzsteuer    H S      Bank         H
    2.000,- (1) 2.000,-   (1) 2.000,- |   5.000,-      |(2) 3.000,-
            |              (2) 3.000,- |               |
```

2. Möglichkeit: Einschaltung eines Sammelkontos

Werden mehrere Umsatzsteuer- und Vorsteuerkonten geführt, dann ist es zweckmäßig, für die buchmäßige Abwicklung ein Sammelkonto einzuschalten, das „USt-Verrechnungskonto" oder „USt-Vorauszahlungskonto" genannt wird. Es hat die Aufgabe, die Salden der verschiedenen USt-Konten und Vorsteuer-Konten zu sammeln. Der Saldo des USt-Verrechnungskontos stellt bei einem Sollsaldo ein USt-Guthaben oder bei einem Habensaldo die USt-Zahllast dar.

> ## ➢ Buchungen bei Anwendung des Bruttoverfahrens.

Wird sowohl für die Eingangs- wie für die Ausgangsseite das Bruttoverfahren angewendet, so muss zur Abgabe der Voranmeldung die auf den Warenverkaufskonten wie auf den Wareneinkaufskonten enthaltene USt herausgerechnet und auf USt- bzw. Vorsteuer-Konten gebucht werden. Nach Übertragung der herausgerechneten Umsatzsteuer ergeben sich für die buchmäßige Abwicklung die gleichen Möglichkeiten, wie sie bereits im Rahmen des Nettoverfahrens dargestellt worden sind.

III. Das Buchen von Preisminderungen (Rabatte, Boni, Skonti)

Preisminderungen sind das Ergebnis preispolitischer Aktivitäten und resultieren aus Rabatten, Boni und Skonti. Sie betreffen die Beschaffungs- wie die Absatzseite einer Unternehmung und beinhalten spezifische buchungstechnische Probleme.

a. Rabatte und Boni

Die Abgrenzung zwischen diesen beiden Arten von Preisnachlässen ist fließend. Bei beiden handelt es sich um Preisnachlässe, die aus unterschiedlichen Gründen auf den allgemein angekündigten und geforderten Preis gewährt werden. Die vielfältigen Rabattformen lassen sich im Wesentlichen in drei Gruppen unterteilen:

- **Funktions-** oder **Stufenrabatte** an Händler sollen die Deckung der Handelskosten ermöglichen und sind daher funktionsspezifisch (Großhandel, Einzelhandel) ausgestaltet.

- **Mengenrabatte** und **Boni** sind Anreize zum Kauf größerer Mengen pro Auftrag oder Periode. Sie werden als Bar- oder Naturalrabatt (= unberechnete Mehrlieferung) gewährt und sind nach der Abnahmemenge gestaffelt. Eine Variante des Mengenrabatts ist der Bonus (oder Treuerabatt). Das ist ein kumulativer Mengen- oder Umsatzrabatt, der am Ende einer Periode für den insgesamt erreichten Umsatz gewährt wird. Er dient als Anreiz, ausschließlich von einem Lieferanten zu beziehen und hat die Aufgabe, das Eindringen von Konkurrenten in bestehende Geschäftsbeziehungen zu verhindern.

- **Zeitrabatte** dienen der punktuellen Absatzförderung, dem Abverkauf oder der Verstetigung des Absatzes über saisonschwache Zeiten.

Für die buchmäßige Behandlung der Rabatte und Boni ist bedeutsam, ob sie bei Rechnungserteilung bekannt sind, oder ob es sich um nachträglich gewährte bzw. erhaltene Nachlässe handelt. Die herrschende Übung geht dahin, die bei der Rechnungserteilung feststehenden Abzüge nicht als gesonderte Aufwands- und Ertragsvorgänge zu betrachten, sondern vom Listen- oder Grundpreis abzuziehen. Für den auf dem WEK zu erfassenden Einstandswert und auf dem WVK zu erfassenden Verkaufswert ist nicht der Listenpreis, sondern der Nettobetrag, der sich aus

Listenpreis ./. Sofortrabatt

ergibt, die Grundlage der Verbuchung.

Anders als die Sofortabzüge sind die nachträglich gewährten bzw. erhaltenen Abzüge zu behandeln. Sie vermindern das vereinbarte Entgelt. Dadurch mindert sich bei dem den Bonus gewährenden Unternehmer auch die Bemessungsgrundlage der USt und damit die zu zahlende USt. Bei dem den Bonus empfangenden Unternehmer reduziert sich ebenfalls die Bemessungsgrundlage und die Höhe der verrechenbaren Vorsteuer.

Beispiel:

Ein Unternehmer schreibt einem Kunden einen Bonus gut. Der Betrag setzt sich aus einer Rückvergütung des Entgelts über € 500,- und der anfallenden USt-Ermäßigung von € 75,- zusammen.

➢ Buchungen auf der Verkaufsseite (Kundenboni)

Die den Kunden nachträglich gewährten Abzüge (Bonus, Treuerabatt) werden auf einem Unterkonto des WVK, dem Konto „Gewährte Boni", erfasst, das über das WVK abgeschlossen wird. Die aus der Verminderung der Bemessungsgrundlage resultierende Verkürzung der USt-Schuld ist im Soll des Kontos Umsatzsteuer zu buchen, denn nach § 17,1 UStG sind Berichtigungen des geschuldeten Steuerbetrags für den Veranlagungszeitraum vorzunehmen, in dem die Änderung des Entgelts eingetreten ist.

Buchungssatz (nach dem Nettoverfahren):

Sollkonto	Betrag	Habenkonto
Gewährte Boni	500,-	
Umsatzsteuer	75,-	
	575,-	Forderungen

➢ Buchungen auf der Einkaufsseite (Liefererboni)

Erhaltene Boni stellen eine Anschaffungspreisminderung im Sinne des § 255,1 HGB dar. Sie sind von den Anschaffungskosten abzusetzen und werden daher auf einem Konto „Erhaltene Boni" gebucht, das über das WEK abgeschlossen wird. Durch die Bonus-Gewährung tritt eine Minderung der abzugsfähigen Vorsteuer ein. Die buchmäßige Erfassung dieser Veränderung der Vorsteuer wird dadurch erleichtert, dass der Lieferant nach § 17,4 UStG dem Abnehmer einen Beleg zu erteilen hat, aus dem zu ersehen sein muss, wie sich die Änderung der Entgelte auf die (evtl. unterschiedlich) besteuerten Umsätze verteilt.

Buchungssatz (nach dem Nettoverfahren):

Sollkonto	Betrag	Habenkonto
Verbindlichkeiten	575,-	
	500,-	Erhaltene Boni
	75,-	Vorsteuer

b. Skonti

Auch der Skonto ist ein gewährter Preisnachlass. Er wird dem Abnehmer für die Zahlung der Verbindlichkeiten aus dem Kauf- bzw. Lieferungsvertrag vor Ablauf einer Frist gewährt, so dass die Minderung des Preises an das Merkmal der vorzeitigen Zahlung gebunden ist. Das Wesen des Skontos ist daher doppeldeutig: Es handelt sich hier einmal um einen Preisabzug, der für vorzeitige Zahlung gewährt wird, so dass er als „Zins" für einen Lieferantenkredit anzusehen ist, der für den Fall einer nicht unverzüglichen Zahlung anfällt. Zum anderen kann der Skonto als ein absatzpolitisches Instrument gedeutet werden, das es ermöglicht, bei gleich bleibenden Listenpreisen den Abnehmern mit Hilfe variierender Skontohöhe und Skontozeit unterschiedliche Nettopreise anzubieten.

Diese Doppeldeutigkeit des Wesens des Skontos ist nicht ohne Konsequenzen für dessen Verbuchung. Es lassen sich hier die Skonto-Brutto- und die Skonto-Nettoverbuchung voneinander unterscheiden.

1. Die Skonto-Nettoverbuchung

Sieht man den Skonto als Zins an, dann ist der Rechnungsbetrag in ein Entgelt für die gelieferte Leistung und in ein Entgelt für die Kreditinanspruchnahme zerlegbar. Lautet ein Rechnungsbetrag über € 100,- mit den Konditionen Zahlungsziel 30 Tage und Gewährung von 10 % Skonto bei Zahlung innerhalb von 10 Tagen, so wird diese Rechnung aufgrund der Zahlungsbedingung in ein Warenentgelt von € 90,- und in ein Entgelt (Zins) für die Kreditleistung von € 10,- zerlegt. Beide Teile werden bei der Skonto-Nettoverbuchung getrennt verbucht.

Buchungssatz (ohne Buchung der Umsatzsteuer):

Sollkonto	Betrag	Habenkonto
Wareneinkauf	90,-	
Skontoaufwand	10,-	
	100,-	Verbindlichkeiten

Kontenbild:

S	Wareneinkauf	H	S	Skontoaufwand	H	S	Verbindlichkeiten	H
90,-				10,-				100,-

> **Buchungen bei Begleichung (per Bank) nach Ablauf der Skontozeit:**

Bei Inanspruchnahme der Kreditleistung wird der Rechnungsbetrag in voller Höhe wirksam. Es ist daher zu buchen:

Sollkonto	Betrag	Habenkonto
Verbindlichkeiten	100,-	Bank

> **Buchungen bei Begleichung (per Bank) vor Ablauf der Skontozeit:**

Zahlt der Abnehmer innerhalb der Skontozeit, so ist der gebuchte Skontoaufwand nicht entstanden und daher zu stornieren.

Sollkonto	Betrag	Habenkonto
Verbindlichkeiten	100,-	
	90,-	Bank
	10,-	Skontoaufwand

Geht man auf der Einkaufsseite hinsichtlich der Skontoverbuchung in der beschriebenen Weise vor, dann werden Skonti nicht als Anschaffungskosten behandelt. Auf dem WEK werden stets die Rechnungsbeträge abzüglich Skonto aktiviert, und zwar unabhängig davon, ob der Skonto ausgenutzt worden ist. Nach herrschender Meinung ist der Skontoaufwand, der bei Nichtausnutzung eines Skontos entsteht, jedoch Teil der aktivierungsfähigen Anschaffungskosten. § 255,1 HGB fordert die Aktivierung aller aktivierungsfähigen Ausgaben im Rahmen der handelsrechtlichen Anschaffungskosten, so dass die Nichtaktivierung des Skontoaufwandes ein Verstoß gegen die Aktivierungspflicht des § 255,1 HGB darstellt. Die Skonto-Nettoverbuchung ist daher in der Buchführungspraxis nicht anwendbar. Im Folgenden soll deshalb immer von dem Verfahren der Skonto-Bruttoverbuchung ausgegangen werden.

2. Die Skonto-Bruttoverbuchung

> **Buchungen auf der Verkaufsseite (Kundenskonti)**

Gewährte Skonti stellen nachträgliche Erlösschmälerungen dar. Sie werden auf einem Aufwandskonto „Gewährte Skonti" erfasst, das über das WVK abgeschlossen wird. Stehen Skontoabzüge mit steuerpflichtigen Umsätzen in Zusammenhang, so ist nach dem Nettoverfahren der Umsatzsteuerverbuchung eine sofortige und nach dem Bruttoverfahren der Umsatzsteuerverbuchung eine spätere Umsatzsteuerberichtigung erforderlich.

Beispiel:

Ein Kunde bezahlt vereinbarungsgemäß per Bank unter Skontoabzug folgende Rechnung:

		€
	Warenwert	€ 1.000,-
+	USt 15 %	€ 150,-
=	Rechnungsbetrag	€ 1.150,-
./.	2 % Skonto	€ 23,-
=	Überweisung	€ 1.127,-

Buchungssatz (nach dem Nettoverfahren):

Der bei der Zahlung abgezogene Skontobetrag ist in den Anteil am Entgelt (= € 20,-) und den Anteil an der USt (= € 3,-) zu zerlegen. Das ergibt folgende Buchung:

Sollkonto	Betrag	Habenkonto
Bank	1.127,-	
Gewährte Skonti	20,-	
Umsatzsteuer	3,-	
	1.150,-	Forderungen

➢ **Buchungen auf der Einkaufsseite (Liefererskonti)**

Erhaltene Skonti mindern (nachträglich) die Anschaffungskosten des Wareneingangs. Sie können daher entweder (bei sofortiger Zahlung des Rechnungsbetrags) direkt auf der Habenseite des WEK gebucht oder (zur besseren Übersicht und/oder bei späterer Zahlung) auf einem eigenen Konto - dem Konto „Erhaltene Skonti" - gesammelt werden, das über das WEK abgeschlossen wird.

Werden Eingangsrechnungen unter Abzug von Skonto bezahlt, so mindert sich dadurch die abzugsfähige Vorsteuer. Der Skontoabzug ist daher in den Teil, der auf das Entgelt und den Teil, der auf die USt entfällt, aufzuteilen. Die Art der buchmäßigen Durchführung hängt davon ab, ob das Netto- oder das Bruttoverfahren der Umsatzsteuerverbuchung praktiziert wird.

Beispiel:

Daten des vorhergehenden Buchungsfalles.

Buchungssätze (nach dem Nettoverfahren):

(1) bei Wareneingang, (2) bei Zahlung unter Skontoabzug.

Nr.	Sollkonto	Betrag	Habenkonto
1	Wareneinkauf	1.000,-	
	Vorsteuer	150,-	
		1.150,-	Verbindlichkeiten
2	Verbindlichkeiten	1.150,-	
		1.127,-	Bank
		20,-	Erhaltene Skonti
		3,-	Vorsteuer

Zusammenfassend lassen sich die aus den dargestellten Preisminderungen hervorgehenden Buchungen durch nachstehende, die Kontenzusammenhänge wiedergebende Übersicht verdeutlichen:

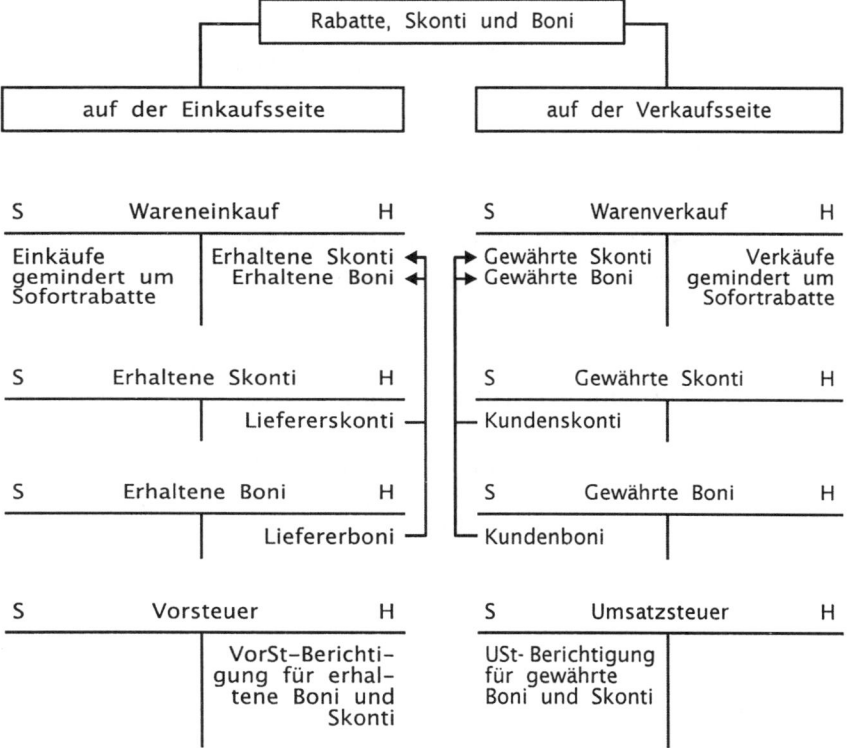

IV. Das Buchen zurückgewährter Entgelte

Hierunter fallen u.a. Rücksendungen und Gutschriften für Preis-, Gewichts- oder Mengendifferenzen. Zurückgewährte Entgelte ergeben sich sowohl auf der Einkaufs- wie auf der Verkaufsseite.

➢ Das Buchen auf der Verkaufsseite

Die den Kunden zurückgewährten Entgelte schmälern die Verkaufserlöse. Sie werden deshalb auf der Sollseite des WVK oder im Soll eines Unterkontos des WVK gebucht. Umsatzsteuerlich handelt es sich bei den Erlösschmälerungen durch zurückgewährte Entgelte um eine Berichtigung des Entgelts im Sinne des § 17 UStG, die eine Berichtigung der USt-Schuld zur Folge hat. Die USt-Berichtigung wird auf der Sollseite des Kontos Umsatzsteuer verbucht.

Beispiel:

Ein Unternehmer hat Waren für € 2.000,- zuzüglich € 300,- USt geliefert. Nach einer Mängelrüge gewährt er dem Kunden eine Gutschrift in Höhe von 10 % des Rechnungsbruttobetrags (€ 200,- für den Wareneinsatz und € 30,- für die USt).

Buchungssätze (nach dem Nettoverfahren):

(1) beim Warenausgang, (2) bei Gutschrift.

Nr.	Sollkonto	Betrag	Habenkonto
1	Forderungen	2.300,-	
		2.000,-	Warenverkauf
		300,-	Umsatzsteuer
2	Warenverkauf	200,-	
	Umsatzsteuer	30,-	
		230,-	Forderungen

➢ Das Buchen auf der Einkaufsseite

Seitens des Lieferanten zurückgewährte Entgelte mindern die Anschaffungskosten des Wareneingangs und werden deshalb auf der Habenseite des WEK oder auf einem Unterkonto des WEK im Haben gebucht. Durch die Zurückgewähr von Entgelten reduziert sich entsprechend auch die angefallene Vorsteuer. Diese Minderung ist als Vorsteuerberichtigung auf der Habenseite des Vorsteuerkontos zu erfassen.

Beispiel:

Daten des vorhergehenden Beispiels.

Buchungssätze (nach dem Nettoverfahren):

(1) beim Wareneingang, (2) bei der Gutschrift.

Nr.	Sollkonto	Betrag	Habenkonto
1	Wareneinkauf	2.000,-	
	Vorsteuer	300,-	
		2.300,-	Verbindlichkeiten
2	Verbindlichkeiten	230,-	
		200,-	Wareneinkauf
		30,-	Vorsteuer

Zusammenfassend lassen sich die aus der Zurückgewähr von Entgelten resultierenden Buchungen durch nachstehende Übersicht verdeutlichen:

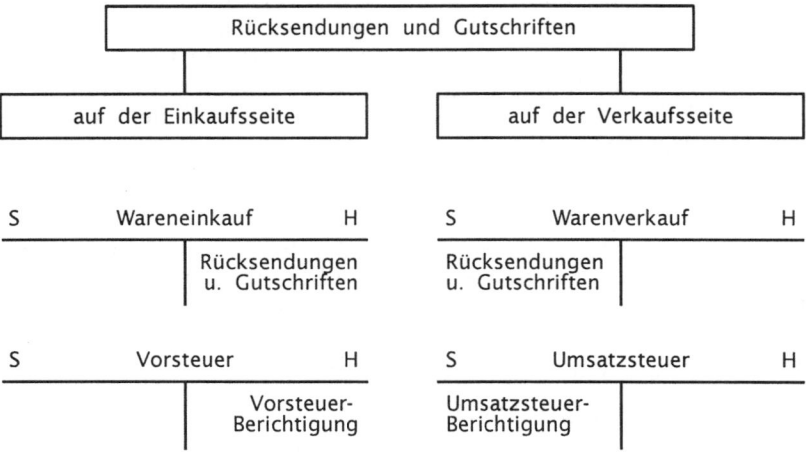

B. Verbuchung der Anschaffungskosten bei fremdbezogenen Vermögensgegenständen

Nach § 255,1 HGB handelt es sich bei den Anschaffungskosten um die Aufwendungen, die geleistet werden, um einen Vermögensgegenstand zu erwerben und ihn in einen betriebsbereiten Zustand zu versetzen, soweit sie dem Vermögensgegenstand einzeln zugeordnet werden können. Hierzu zählen auch die Nebenkosten und die nachträglichen Anschaffungskosten. Anschaffungspreisminderungen sind dagegen abzusetzen. Entsprechend dieser Definition stellt sich die Anschaffungskostenermittlung wie folgt dar:

	Anschaffungspreis
+	Anschaffungsnebenkosten
+	nachträgliche Anschaffungskosten
./.	Anschaffungspreisminderungen
=	Anschaffungskosten

Hinsichtlich der Ermittlung und der Verbuchung der einzelnen Komponenten der Anschaffungskosten ergeben sich im Einzelfall Abgrenzungsschwierigkeiten sowie Fragen buchtechnischer Art. Im folgenden sollen diese Probleme anhand ausgewählter Beispiele dargestellt werden.[14]

---

[14]   Zur Behandlung **selbsterstellter** Vermögensgegenstände des Anlagevermögens vgl. auch 2. Hauptteil, D.

Beispiel 1:

Das Unternehmen A kauft eine Maschine mit einem Listenpreis von € 70.000,- zgl. 15 % USt auf Ziel. Der Händler gewährt einen Preisnachlass in Höhe von 5 % auf den Listenpreis. Für den Transport der Maschine vom Händler bis zum Betriebsgelände werden A vom Spediteur € 1150,- (incl. USt) in Rechnung gestellt, die sofort bar bezahlt werden. Für die Herstellung der Betriebsbereitschaft der Maschine fallen innerbetriebliche Transportkosten in Höhe von € 200,- an, die durch Schlüsselung ermittelt wurden. Ferner ergeben sich für die innerbetrieblich durchgeführten Montage- und Fundamentierungsarbeiten Kosten in Höhe von € 3.000,- (Lohnkosten € 2.000,-; Materialkosten € 1.000,-), die durch Einzelaufschreibungen (Lohnzettel, Materialentnahmescheine) ermittelt wurden.

Zur Vornahme der Verbuchung des Zugangs der Maschine sind zunächst die Anschaffungskosten der Maschine zu ermitteln. Den Ausgangspunkt bildet hierzu der Anschaffungspreis von € 70.000,-, von dem der Preisnachlass in Höhe von € 3.500,- abzuziehen ist. Ferner sind die extern vom Spediteur erbrachten und in Rechnung gestellten Transportkosten in Höhe € 1.000,- (netto) den Anschaffungskosten als Anschaffungsnebenkosten hinzuzurechnen. Fraglich ist dagegen die Behandlung der innerbetrieblich durchgeführten Transportleistungen sowie der Montage- und Fundamentierungsarbeiten. Entsprechend der Vorschrift des § 255,1 S. 1 HGB sind derartige Aufwendungen als Anschaffungsnebenkosten aktivierbar, soweit sie dem beschafften Vermögensgegenstand einzeln zugeordnet werden können. Demnach dürfen nur direkt zurechenbare Einzelkosten aktiviert werden, nicht jedoch die Gemeinkosten, die nur im Wege der Schlüsselung bzw. durch Umlage zurechenbar sind. Im vorliegenden Sachverhalt zählen somit nur die aufgrund der Einzelaufschreibung direkt zurechenbaren Montage- und Fundamentierungskosten zu den Anschaffungsnebenkosten. Die innerbetrieblichen Transportleistungen stellen dagegen Gemeinkosten dar und sind damit nicht aktivierbar.

Die gesamten Anschaffungskosten der Maschine ermitteln sich demnach wie folgt:

	Anschaffungspreis	€	70.000,-
+	Anschaffungsnebenkosten	€	4.000,-
./.	Anschaffungspreisminderungen	€	3.500,-
=	Anschaffungskosten	€	70.500,-

Die Anschaffungskosten sind in vollem Umfang auf der Soll-Seite des Maschinenkontos als Zugang zu erfassen. Die Gegenbuchung hat grundsätzlich auf den entsprechenden Finanzmittel- oder Verbindlichkeitenkonten zu erfolgen. Besonderheiten ergeben sich in diesem Zusammenhang lediglich bei der Gegenbuchung für die aktivierten innerbetrieblichen Montage- und Fundamentierungskosten. Diese werden im Rahmen der laufenden Aufwandsbuchungen zunächst in voller Höhe den jeweiligen Primäraufwandskonten (Lohnkosten, Materialkosten) auf der Soll-Seite belastet. Daher sind die so verbuchten Aufwendungen entsprechend dem Grundsatz der Erfolgsneutralität des Anschaffungsvorgangs in Höhe der Anschaffungsnebenkosten durch eine entsprechende Habenbuchung auf diesen Konten zu kompensieren. Die Vornahme dieser Buchungen dürfte aufgrund der direkten Zurechenbarkeit der Aufwendungen auf die angeschaffte Maschine ohne größere Schwierigkeiten möglich sein.

Buchungssatz:

Maschinen	€ 70.500,-				
Vorsteuer	€ 10.125,-	an	Verbindlichkeiten a.L.u.L.	€	76.475,-
			Kasse	€	1.150,-
			Lohnaufwand	€	2.000,-
			Materialaufwand	€	1.000,-

Beispiel 2:

Das Unternehmen A kauft in der Periode 1 ein unbebautes Grundstück zum Anschaffungspreis von € 800.000,- (Banküberweisung).[15] Des Weiteren werden im Rahmen des Kaufs Grunderwerbsteuer in Höhe von € 16.000,-, Notariatsgebühren in Höhe von € 3.000,- (netto)[16] sowie Grundbuchkosten in Höhe von € 600,- durch Banküberweisung entrichtet. In der Periode 2 werden dem Unternehmen ferner € 10.000,- für Straßenanliegerbeiträge, Erschließungsbeiträge und Kanalanschlussgebühren in Rechnung gestellt, die durch Banküberweisung beglichen werden.

Zu den Anschaffungskosten des Grundstücks in Periode 1 gehören neben dem Anschaffungspreis in Höhe von € 800.000,- auch die übrigen genannten Aufwendungen von insgesamt € 19.600,-, da sie in einem unmittelbaren Zusammenhang mit dem Anschaffungsvorgang stehen.

Buchungssatz Periode 1:

Unbebaute Grundstücke	€	819.600,-		
Vorsteuer	€	450,- an	Bank	€ 820.050,-

Hinsichtlich der in der Periode 2 angefallenen Aufwendungen in Höhe von € 10.000,- stellt sich die Frage, ob diese als nachträgliche Anschaffungskosten i.S.d. § 255,1 S. 2 HGB aktiviert werden können. Unter den nachträglichen Anschaffungskosten werden im Allgemeinen Aufwendungen verstanden, die erst eine gewisse Zeit nach dem eigentlichen Erwerb anfielen, aber in einem engen Zusammenhang mit dem ursprünglichen Anschaffungsvorgang stehen.[17] Nicht hierzu zählen Aufwendungen, die im Zusammenhang mit Maßnahmen stehen, die Bestandteil eines Herstellungsvorgangs sind, d.h. solche Aufwendungen, die unter den Herstellungskostenbegriff des § 255,2 HGB fallen (dies sind Vorgänge der Erst- und Zweitherstellung, der Wesensänderung, der

---

15   Die Übertragung von Grundstücken, die unter das Grunderwerbsteuergesetz fallen, ist nach § 4, Nr. 9a UStG von der Umsatzsteuer befreit.

16   Im Hinblick auf die Verbuchung des Geschäftsvorfalls sei darauf hingewiesen, dass die Notariatsgebühren der USt unterliegen.

17   Vgl. *Küting/Weber* [1995], § 255 HGB, Rn. 43.

wesentlichen Verbesserung und Erweiterung eines vorhandenen Vermögensgegenstands).[18] Nachträgliche Anschaffungskosten können demnach nur solche Aufwendungen sein, die nicht zu einer Veränderung des ursprünglich erworbenen Vermögensgegenstands führen und die letztlich schon im Zeitpunkt der Anschaffung als Anschaffungskosten zu klassifizieren gewesen wären. Bei den im Beispiel genannten Aufwendungen handelt es sich somit um nachträgliche Anschaffungskosten, die auf dem Konto „unbebaute Grundstücke" zu aktivieren sind.

Buchungssatz Periode 2:

Unbebaute Grundstücke € 10.000,- an Bank € 10.000,-

C. Die Verbuchung fiktiver Anschaffungskosten

I. Der Begriff „fiktive Anschaffungskosten"

Das HGB gebraucht in § 255,1 den Begriff „Anschaffungskosten". Gemeint sind hiermit grundsätzlich die tatsächlichen (d.h. historischen) Ausgaben, die zur Beschaffung der zu aktivierenden Vermögensgegenstände entstanden sind. Bei einem unentgeltlichen Erwerb (wie z.B. bei einer Erbschaft, Schenkung oder Stiftung) oder einem Tausch fehlt es aber an einer pagatorischen Bemessungsgröße. In diesen Fällen ersetzen sog. fiktive Anschaffungskosten den pagatorischen Bewertungsmaßstab. Fiktive Anschaffungskosten sind somit Hilfswerte, die aus Zeitwerten (wie dem **gemeinen Wert**[19]) oder Buchwerten hergeleitet werden. Im Folgenden soll auf die für die laufende Verbuchung bedeutsamen Fälle der Schenkung und des Tauschs eingegangen werden.

II. Die Verbuchung fiktiver Anschaffungskosten bei Schenkung

In diesem Zusammenhang ist zwischen dem Problem des Ansatzes und dem der Bewertung geschenkter Vermögensgegenstände zu unterscheiden. Der Ansatz eines Vermögensgegenstandes bestimmt sich generell aus seiner Aktivierungsfähigkeit. Die GoB unterscheiden zwischen der abstrakten und der konkreten Aktivierungsfähigkeit (s. S. 62). Die abstrakte Aktivierungsfähigkeit wird im Wesentlichen durch die Merkmale

---

[18] Siehe hierzu S. 180.

[19] Die Definition des gemeinen Wertes findet sich in § 9,2 Bewertungsgesetz: „Der gemeine Wert wird durch den Preis bestimmt, der im gewöhnlichen Geschäftsverkehr nach der Beschaffenheit des Wirtschaftsgutes bei einer Veräußerung zu erzielen wäre. Dabei sind alle Umstände, die den Preis beeinflussen, zu berücksichtigen. Ungewöhnliche oder persönliche Verhältnisse sind nicht zu berücksichtigen."

der wirtschaftlichen Zugehörigkeit und der selbständigen Verkehrsfähigkeit bestimmt. Sind diese Merkmale bei einem geschenkten Vermögensgegenstand gegeben, so sind diese auch konkret aktivierungsfähig, soweit kein Aktivierungsverbot dem entgegensteht. Ein solches Aktivierungsverbot besteht nach § 248,2 HGB für unentgeltlich erworbene immaterielle Vermögensgegenstände des Anlagevermögens. Grundsätzlich sind konkret aktivierungsfähige Vermögensgegenstände, für die kein gesetzliches Aktivierungsverbot besteht, gemäß dem Vollständigkeitsgrundsatz des § 246,1 HGB in der Bilanz auszuweisen. Handelt es sich hierbei jedoch um unentgeltlich erworbene Vermögensgegenstände, so kann es bereits genügen, lediglich der Verpflichtung des § 240,1 und 2 HGB zur Aufnahme solcher Vermögensgegenstände in das Bestandsverzeichnis nachzukommen.[20]

Ein Ausweis unentgeltlich erworbener Vermögensgegenstände in der Bilanz und damit eine Wertzuweisung wird jedoch dann erforderlich, wenn mit der Zuwendung ein bestimmter Zweck verfolgt wurde, wobei der jeweils verfolgte Zweck den bilanziellen Wertansatz determiniert. Ist z.B. beabsichtigt, die augenblickliche Erfolgssituation zu verbessern (etwa bei unentgeltlicher Einlage von Vermögensgegenständen zur Abdeckung eingetretener Verluste), so wird als Anschaffungswert und damit als Wertobergrenze, der Zeitwert angesehen. Das ist der Betrag, den der Bilanzierende bei einer Anschaffung des Gegenstandes hätte aufwenden müssen. Der Buchungssatz hierzu lautet:

Aktives Bestandskonto an Sonstiger betrieblicher Ertrag.

Liegt der Zweck der Zuwendung darin, die wirtschaftliche Lage nachhaltig zu verbessern, so wird ein Interesse daran bestehen, den durch die Aktivierung und den Ansatz fiktiver Anschaffungskosten entstehenden Ertrag nicht im Jahre der Zuwendung auszuweisen und auszuschütten. In diesem Fall kann durch Ansatz eines Merkpostens oder, falls eine Aktivierung in Höhe fiktiver Anschaffungskosten erfolgt ist, durch Buchung einer Rücklage in Höhe der aktivierten fiktiven Anschaffungskosten die Ausschüttung der Zuwendung vermieden werden.[21]

---

[20]   Die Verpflichtung des § 240,1 und 2 HGB wird bei unentgeltlich erworbenen Vermögensgegenständen durch mengenmäßige Aufnahme erfüllt. Die Angabe eines Wertansatzes, selbst eines Merkpostens, wird jedoch für unentgeltlich erworbene Vermögensgegenstände für nicht erforderlich gehalten. Vgl. *Adler/Düring/Schmaltz* [1995], § 255 HGB, Rn. 83.

[21]   Im Gegensatz zum Handelsrecht enthält das Steuerrecht verbindliche Vorschriften für die Behandlung unentgeltlich erworbener Vermögensgegenstände. Hierbei wird zwischen der unentgeltlichen Übertragung eines Betriebes, eines Teilbetriebes oder einzelner Wirtschaftsgüter unterschieden. Wird ein Betrieb oder ein Teilbetrieb unentgeltlich übertragen, so ist der Rechtsnachfolger an die Buchwerte des bisherigen Betriebsinhabers gebunden (§ 6,3 EStG). Werden dagegen einzelne Wirtschaftsgüter unentgeltlich übertragen, so gilt für den Erwerber der gemeine Wert als Anschaffungskosten (§ 6,4 EStG).

III. Die Verbuchung fiktiver Anschaffungskosten beim Tausch

Prinzipiell können Tauschvorgänge in solche mit oder ohne Veräußerungscharakter unterschieden werden. Diese Unterscheidung ist Ursache für die unterschiedliche buchmäßige Behandlung von Tauschvorgängen.

a. Tauschvorgänge ohne Veräußerungscharakter

Fehlt dem Tauschvorgang der Veräußerungscharakter, dann ist in der Regel davon auszugehen, dass zwischen dem hingegebenen und dem erlangten Vermögensgegenstand Wertgleichheit besteht. Bleibt die wirtschaftliche Identität der getauschten Vermögensgegenstände erhalten, d.h. sind die getauschten Vermögensgegenstände funktionsgleich, so sind für den erlangten Vermögensgegenstand die fortgeführten Anschaffungs- oder Herstellungskosten des hingegebenen Vermögensgegenstandes als fiktive Anschaffungskosten anzusetzen.

Beispiel:

Eine Weberei-AG besitzt eine Beteiligung an der Spinnerei-AG A mit einem Nennwert von € 100.000,-, die sie bei einem Kurs von 150% erworben hat und die mit dem Anschaffungswert von € 150.000,- zu Buche steht. Der gegenwärtige Kurs beträgt 160%. Zur Sicherung der Beschaffung von Rohstoffen tauscht sie diese Beteiligung gegen eine Beteiligung an der Spinnerei-AG B mit einem Nennwert von ebenfalls € 100.000,- und einem gegenwärtigen Kurs von 140%.

Es handelt sich hier um den Austausch zweier Beteiligungen, d.h. um den Tausch art- und funktionsgleicher Vermögensgegenstände. Dieser Anschaffungsvorgang ist daher nach den GoB erfolgsneutral zu verbuchen. Das bedeutet, die Weberei-AG hat die eingetauschte Beteiligung an der Spinnerei-AG B mit dem Buchwert der hingegebenen Beteiligung an der Spinnerei-AG A anzusetzen, so dass die fiktiven Anschaffungskosten für die Beteiligung an der Spinnerei-AG B € 150.000,- betragen.[22]

Buchungssatz:

Beteiligung B-AG an Beteiligung A-AG   € 150.000,-

Kontenbild:

S	Beteiligung A-AG	H	S	Beteiligung B-AG	H
AB	150.000,- |	150.000,-		150.000,- |	

---

[22] Beim Tausch oder tauschähnlichen Umsatz ist zu prüfen, ob umsatzsteuerpflichtige Vorgänge gegeben sind. Wegen der Komplexität der hiermit verbundenen Fragen soll in diesem Zusammenhang auf die USt-Verbuchung nicht eingegangen werden. Es sei auf die einschlägige Literatur verwiesen, wie z.B.: *Schneeloch* [1986], S. 222 und 233.

Da zum Tauschzeitpunkt die Anschaffungskosten für die Beteiligung an der Spinnerei-AG B (€ 150.000,-) über deren Kurswert (€ 140.000,-) liegen, wird am Bilanzstichtag zu prüfen sein, ob eine Abschreibung der Beteiligung zu erfolgen hat. Der vorsichtig geschätzte Zeitwert des eingetauschten Vermögensgegenstandes stellt somit die Wertobergrenze für den Bilanzausweis dar.

b. Tauschvorgänge mit Veräußerungscharakter

Kann der Tauschvorgang als Absatzgeschäft interpretiert werden, so wird - insbesondere unter dem Einfluss des Steuerrechts[23] - in der neueren Literatur vorgeschlagen, als fiktive Anschaffungskosten für den eingetauschten Vermögensgegenstand den Zeitwert des hingegebenen Vermögensgegenstands anzusetzen. Hierbei werden folgende Kriterien für die handelsrechtliche Zulässigkeit dieser Vorgehensweise genannt:[24]

- Der Tauschvorgang muss durch betriebliche Notwendigkeiten bedingt sein. Tauschvorgänge, die durch bilanzpolitische Gesichtspunkte (insbesondere der Gewinnverbesserung) bestimmt sind, haben keinen Veräußerungscharakter und sind erfolgsneutral zu behandeln.

- Die für den eingetauschten Gegenstand angesetzten Anschaffungskosten dürfen höchstens seinem vorsichtig geschätzten Zeitwert entsprechen.

Die buchmäßige Behandlung von Tauschvorgängen mit Veräußerungscharakter ähnelt der Verbuchung von Tauschvorgängen ohne Veräußerungscharakter. Sind die Buchwerte niedriger als die vorsichtig geschätzten Zeitwerte, so führt die Bewertung der eingetauschten Vermögensgegenstände zu den höheren Zeitwerten zu einem Ausweis „Sonstiger betrieblicher Erträge", deren Höhe sich aus der Differenz von höheren Zeitwerten und niedrigeren Buchwerten der hingegebenen Vermögensgegenstände errechnet. Liegen die Buchwerte der hingegebenen

---

[23]   Der *BFH* führt hierzu in seinem „Tauschgutachten" aus: „Die Anschaffungskosten eines erworbenen Wirtschaftsguts können nur danach bemessen werden, was der Kaufmann aus seinem Betriebsvermögen zum Erwerb aufwendet. Wenn seine Gegenleistung nicht wie beim Kauf in Geld, sondern wie beim Tausch in anderen Wirtschaftsgütern besteht, so fehlt es an einer wirtschaftlich vernünftigen Begründung dafür, dass die Gegenleistung und damit der Ansatz der Anschaffungskosten nicht mit dem tatsächlichen Wert, sondern nach dem mehr oder minder zufälligen Buchwert des hingegebenen Wirtschaftsguts bemessen werden soll. Der Reichsfinanzhof und ihm folgend der BFH haben deshalb in ständiger Rechtsprechung ... die Auffassung vertreten, dass beim Tausch der Anschaffungspreis des eingetauschten Wirtschaftsguts nicht gleich dem Buchwert, sondern gleich dem gemeinen Wert des hingegebenen Wirtschaftsguts ist." (*BFH* [1958], S. 32). Vgl. auch *BFH* [1964a], S. 563; *BFH* [1967], S. 574; *BFH* [1984], S. 423.

[24]   Vgl. *Adler/Düring/Schmaltz* [1995], § 255 HGB, Rn. 91.

Vermögensgegenstände über ihren vorsichtig geschätzten Zeitwerten, dann sind die sich ergebenden Differenzen aus höherem Buchwert und niedrigerem Zeitwert als „Sonstige betriebliche Aufwendungen" auszubuchen.

Beispiel:

Ein Unternehmer, der zum Vorsteuerabzug berechtigt ist, erwirbt Rohstoffe zum Zeitwert einschließlich 15% USt von € 11.500,- gegen Tausch einer Maschine. Die Maschine steht mit € 6.000,- zu Buche. Ihr vorsichtig geschätzter Zeitwert ohne Mehrwertsteuer beträgt € 8.000,-. Es erfolgt kein Barausgleich.

➤ Buchungen beim Erwerber der Rohstoffe

Die Anschaffungskosten der Rohstoffe sind gleich dem Zeitwert der hingegebenen Maschine. Das bedeutet, die Rohstoffe sind mit € 8.000,- anzusetzen. Umsatzsteuerlich findet zunächst ein Verkauf von Rohstoffen statt, bei dem ein Entgelt von € 8.000,- erlöst wird. Der Rohstofflieferant hat somit USt in Höhe von 15% von € 8.000,- = € 1.200,- zu berechnen. Der Unternehmer hat seinerseits auf den Umsatz aus dem umsatzsteuerlich ebenfalls vollzogenen Verkauf der Maschine USt zu entrichten, die er dem Rohstofflieferanten in Rechnung stellt. Als Entgelt gilt hierbei der Zeitwert der erhaltenen Rohstoffe (€ 10.000,-), so dass sich für den Unternehmer eine USt-Traglast in Höhe von € 1.500,- ergibt.[25]

Buchungssatz:

Sollkonto	Betrag	Habenkonto
Rohstoffe	8.000,-	
Vorsteuer	1.200,-	
	6.000,-	Maschinen
	1.500,-	Umsatzsteuer
	1.700,-	Sonstiger betr. Ertrag

Kontenbild:

S	Maschinen	H	S	Rohstoffe	H	S	Vorsteuer	H
AB	6.000,-	6.000,-		8.000,-			1.200,-	

S	Umsatzsteuer	H	S	Sonst. betr. Ertrag	H
		1.500,-			1.700,-

---

25 Beim Tausch gilt der Wert jedes Umsatzes als Entgelt für den anderen Umsatz, wobei die USt nicht zum Entgelt gehört (§ 10,2 S. 2 und 3 UStG).

➢ Buchungen beim Erwerber der Maschine

Die Anschaffungskosten der Maschine sind gleich dem Zeitwert der hingegebenen Rohstoffe (Waren), abzüglich der abziehbaren Vorsteuer, also € 11.500,- ./. Vorsteuer € 1.500,- = € 10.000,-. Umsatzsteuerlich findet auch ein Verkauf von Waren statt, für die ein Entgelt von € 8.000,- (= Zeitwert der erhaltenen Maschine) erlöst wird. Hieraus resultiert eine USt-Traglast in Höhe von € 1.200,- (15% von € 8.000,-). Ein sich darüber hinaus ergebender Ertrag in Höhe von € 2.300,- wird hier nicht als „Sonstiger betrieblicher Ertrag" verbucht, sondern, weil unmittelbar mit dem Verkauf von Waren in Zusammenhang stehend, dem Warenverkaufskonto gutgeschrieben.

Buchungssatz:

Sollkonto	Betrag	Habenkonto
Maschinen	10.000,-	
Vorsteuer	1.500,-	
	10.300,-	Warenverkauf
	1.200,-	Umsatzsteuer

Kontenbild:

S	Maschinen	H	S	Warenverkauf	H
10.000,-					10.300,-

S	Vorsteuer	H	S	Umsatzsteuer	H
1.500,-					1.200,-

D. Die Verbuchung der Herstellungskosten bei selbsterstellten Vermögensgegenständen des Anlagevermögens

Werden Vermögensgegenstände nicht von Dritten erworben, sondern selbst hergestellt, so sind für deren Bewertung die Herstellungskosten als Bewertungsmaßstab zu Grunde zu legen. In § 255,2 S. 1 HGB werden als Herstellungskosten die Aufwendungen bezeichnet, die durch den Verbrauch von Gütern und die Inanspruchnahme von Diensten bei

* der Herstellung eines neuen Vermögensgegenstandes,
* der Erweiterung eines vorhandenen Vermögensgegenstandes sowie
* der wesentlichen Verbesserung eines vorhandenen Vermögensgegenstandes

anfallen. Die Herstellungskosten sind in erster Linie Bewertungsmaßstab für die zur Veräußerung bestimmten unfertigen und fertigen Erzeugnisse und Leistungen sowie für die selbsterstellten Vermögensgegenstände des Anlagevermögens, die nach ihrer Herstellung selbst im Unternehmen genutzt werden sollen. Neben dem Tatbestand der Neuschaffung eines bisher noch nicht bestehenden Vermögensgegenstandes des Anlage- und Umlaufvermögens ist der Herstellungskostenbegriff aber auch auf solche Herstellungsvorgänge anzuwenden, die an bereits vorhandenen Vermögensgegenständen durchgeführt werden. Man spricht in diesem Zusammenhang von den so genannten **nachträglichen Herstellungskosten**. Im Folgenden soll der Fall der Neuanschaffung und der Fall der nachträglichen Herstellungskosten getrennt behandelt werden.

I. Die Verbuchung von Herstellungskosten bei Herstellung eines neuen Vermögensgegenstandes

Bei der Herstellung eines neuen Vermögensgegenstandes handelt es sich um einen betrieblichen Transformationsprozess, bei dem eine Wertumschichtung bzw. eine Wertumformung stattfindet. Dies bedeutet, dass aus Roh-, Hilfs- und Betriebsstoffen unter Einsatz von menschlicher Arbeit und Betriebsmitteln (z.B. Maschinen) Vermögensgegenstände gefertigt werden. Dieser Transformationsprozess stellt eine Leistung des Unternehmens dar, die sich in dem neuen Vermögensgegenstand konkretisiert. Deshalb sollen die Aufwendungen für die Herstellung eines Vermögensgegenstandes nicht zu einer Minderung des Jahreserfolgs führen, sondern vielmehr als Herstellungskosten des neuen Vermögensgegenstandes in der Bilanz des Unternehmens aktiviert werden. In Höhe der aktivierten Herstellungskosten erfolgt somit eine erfolgsneutrale Erfassung des Herstellungsvorgangs.

Im Gegensatz zum Fixwertprinzip bei den Anschaffungskosten des § 255,1 HGB bestehen bei der Bemessung der Herstellungskosten allerdings Bewertungswahlrechte (in § 255,2, S. 3 u. 4 sowie Abs. 3 HGB), so dass der Umfang der erfolgsneutralen Behandlung des Herstellungsvorgangs von der Ausübung der gesetzlichen Einbeziehungswahlrechte abhängt (s. S. 31 f.). Für die Ermittlung der handelsrechtlichen Herstellungskosten gilt folgende Grundregel:

- **Aktivierungsgebot:** alle Einzelkosten im Material- und Fertigungsbereich.

- **Aktivierungsverbot**: alle Vertriebskosten (Einzel- und Gemeinkosten).

- **Aktivierungswahlrecht**: alle Gemeinkosten im Material-, Fertigungs-, Sozial- und Verwaltungsbereich.

Hinsichtlich der Ausnutzung der gesetzlichen Einbeziehungswahlrechte bei der Ermittlung der Herstellungskosten sind die einzelnen Aufwandbestandteile von Bedeutung. Die einbeziehungsgsfähigen und die einbeziehungpflichtigen Bestandteile des Herstellungsaufwandes in die

Herstellungskosten des Handelsrechts – im Vergleich zu entsprechenden Bestandteilen der Herstellungskosten des Steuerrechts[26] – sind in nachstehender Synopse zusammengestellt:

Aufwandsart	Handelsbilanz	Steuerbilanz
Materialeinzelkosten	Pflicht	Pflicht
Fertigungseinzelkosten	Pflicht	Pflicht
Sondereinzelkosten der Fertigung	Pflicht	Pflicht
= Wertuntergrenze der Handelsbilanz		
Angemessene, notwendige Teile der		
• der Materialgemeinkosten	Wahl	Pflicht
• der Fertigungsgemeinkosten	Wahl	Pflicht
• des Werteverzehrs der Anlagen	Wahl	Pflicht
= Wertuntergrenze der Steuerbilanz		
Kosten der allgemeinen Verwaltung	Wahl	Wahl
Kosten des sozialen Bereichs	Wahl	Wahl
Fremdkapitalzinsen (gem. § 255,3,S.2 HGB)	Wahl	Wahl
= Wertobergrenze der Handels- und Steuerbilanz		
Vertriebskosten (Einzel- u. Gemeinkosten)	Verbot	Verbot

Die buchtechnische Behandlung des Herstellungsvorgangs ist davon abhängig, ob die GVR nach dem Gesamtkostenverfahren (§ 275,2 HGB) oder nach dem Umsatzkostenverfahren (§ 275,3 HGB) aufgestellt wird. Das Gesamtkostenverfahren ist dadurch gekennzeichnet, dass sämtliche in einer Periode angefallenen Aufwendungen als Negativkomponente in der GVR erfasst werden. Dazu gehören somit auch die Aufwendungen, die durch den Einsatz und Verbrauch von Betriebsmitteln, Roh-, Hilfs- und Betriebsstoffen etc. für die Entstehung der selbsterstellten Vermögensgegenstände des Anlagevermögens angefallen sind. Da insoweit vor dem Hintergrund der erfolgsneutralen Behandlung des Herstellungsvorgangs zuviel Aufwand in der GVR verrechnet wird, ist in Höhe der Bestandsmehrung, d.h. der aktivierten Herstellungskosten ein entsprechender Korrekturposten zu bilden. Im Schema der GVR nach dem Gesamtkostenverfahren (§ 275,2 HGB) ist dies die Nr. 3 „andere aktivierte Eigenleistungen". Die Buchung für die Aktivierung der Herstellungskosten für beispielsweise eine Maschine lautet demnach:

Maschinen an andere aktivierte Eigenleistungen

---

[26] Die steuerrechtliche Behandlung der Herstellungskosten erfolgt in R 33 der EStR und basiert auf der Rechtsprechung des BFH. Bezüglich der Gemeinkosten steht: „In die Herstellungskosten eines Wirtschaftsguts sind auch angemessene Teile der notwendigen Materialgemeinkosten und Fertigungsgemeinkosten sowie der Werteverzehr von Anlagevermögen, soweit er durch die Herstellung des Wirtschaftsguts veranlasst ist, einzubeziehen." Für die Einbeziehungpflicht der Einzelkosten gilt § 5,1 S. 1 EStG i.V.m § 255,2 S. 2 HGB. Die Einbeziehungswahlrechte sind in R 33,4 EStR geregelt. Zur Vertiefung s. *Ostreicher* [2003], B 163.

Demgegenüber ist für das Umsatzkostenverfahren charakteristisch, dass den Nettoerlösen der Periode nur diejenigen Aufwendungen gegenübergestellt werden, die für die abgesetzte Produktmenge angefallen sind. Bezogen auf den Fall der Herstellung eines selbsterstellten Vermögensgegenstandes des Anlagevermögens bedeutet dies, dass die hierfür angefallenen Aufwendungen im Gegensatz zum Gesamtkostenverfahren nicht in der GVR verrechnet (erfasst) werden. Vielmehr erfolgen eine direkte Aktivierung der angefallenen Herstellungskosten auf den jeweiligen Anlagekonten und eine Stornierung der entsprechenden Herstellungskosten auf den diversen Aufwandskonten. Buchtechnisch stellt sich dieser Sachverhalt wie folgt dar:[27]

Maschinen an diverse Aufwandskonten bzw. diverse Verrechnungskonten

Beispiel:

Für die Herstellung einer im eigenen Unternehmen zu nutzenden Spezialmaschine sind laut den Daten der Kostenrechnung folgende aufwandsgleiche Kosten angefallen:

Materialeinzelkosten	€ 10.000,-
Materialgemeinkosten	€ 22.000,-
Fertigungseinzelkosten	€ 20.000,-
Fertigungsgemeinkosten	€ 45.000,-
Verwaltungsgemeinkosten	€ 5.000,-

Die Verbuchung der Aktivierung der Spezialmaschine soll nach dem Gesamtkostenverfahren zum höchstmöglichen Wertansatz (Variante a) und zum niedrigsten Wertansatz (Variante b) vorgenommen werden. (Zur Verdeutlichung der erfolgsmäßigen Auswirkungen der unterschiedlichen Wertansätze werden Umsatzerlöse in Höhe von € 150.000,- unterstellt.)

Variante a:

Will die Unternehmung die Spezialmaschine zum höchstmöglichen Wert in ihrer Bilanz ansetzen, so kann sie nach § 255,2 HGB über die Herstellungskostenuntergrenze (Einzelkosten) hinaus auch die notwendigen Material- und Fertigungsgemeinkosten sowie die Kosten der allgemeinen Verwaltung in die zu aktivierenden Herstellungskosten einbeziehen. Im obigen Beispielsfall belaufen sich die aktivierbaren Herstellungskosten somit auf € 102.000,-. Bei dieser Ausübung der Einbeziehungswahlrechte des § 255,2 HGB wird somit der Herstellungsvorgang insgesamt erfolgsneutral erfasst. Der entsprechende Buchungssatz lautet:

Maschinen € 102.000,- an andere aktivierte Eigenleistungen € 102.000,-

---

[27] Zu Einzelheiten dieser Buchungsweise und der Ermittlung der Herstellungskosten siehe die Ausführungen in „Die Besonderheiten der Industriebuchführung", Abschnitt M, die auf den vorstehenden Sachverhalt übertragen werden können.

Kontenbild:

S	Maschinen	H	S	GVK		H
102.000,-			div.Aufw.	102.000,-	Um.erl.	150.000,-
			Gewinn	150.000,-	a. akt.	102.000,-
					Eigenlstg.	

Variante b:

Soll die Maschine zum niedrigstmöglichen Wertansatz in der Bilanz des Unternehmens erfasst werden, so sind nach § 255,2 HGB zumindest die bei der Herstellung angefallenen Einzelkosten zu aktivieren. Im obigen Beispiel sind dies die Material- und Fertigungseinzelkosten in Höhe von insgesamt € 30.000,-. Demzufolge werden in der Periode der Herstellung von den insgesamt € 102.000,- aktivierungsfähigen Herstellungskosten lediglich € 30.000,- erfolgsneutral in die Bilanz eingestellt, während der Restbetrag in Höhe von € 72.000,- direkt als Aufwand der Periode in der GVR verrechnet wird. Der entsprechende Buchungssatz lautet:

Maschinen € 30.000,- an Andere aktivierte Eigenleistungen € 30.000,-

Kontenbild:

S	Maschinen	H	S	GVK		H
30.000,-			div.Aufw.	102.000,-	Um.erl.	150.000,-
			Gewinn	78.000,-	a. ak t.	30.000,-
					Eigen-	
					lstg.	

II. Die Verbuchung von Erhaltungsaufwand und nachträglichen Herstellungsausgaben

Besondere bilanz- und buchtechnische Probleme treten in den Fällen auf, in denen kein neuer Vermögensgegenstand angeschafft oder hergestellt, sondern Reparaturausgaben für einen Vermögensgegenstand getätigt werden, der zu einem früheren Zeitpunkt angeschafft oder selbst erstellt worden ist. Hiermit verbunden ist die Frage, ob diese Ausgaben als laufender Erhaltungsaufwand erfolgswirksam zu verbuchen oder als Herstellungsausgaben erfolgsneutral zu behandeln sind. Eine eindeutige Grenzziehung zwischen beiden Ausgabenarten ist nicht möglich und hängt vom jeweiligen Einzelfall ab. Dienen die Reparaturausgaben sog. Herstellungsvorgängen, spricht man im Rahmen der handelsrechtlichen Bilanzierung von nachträglicher Herstellung und bezeichnet die Ausgaben als **nachträgliche Herstellungskosten**. Allgemein lässt sich sagen, dass Ausgaben als nachträgliche Herstellungskosten zu aktivieren sind, wenn sie für zukünftige Perioden ein neues Nutzungspotential zur Verfügung stellen. Von nachträglichen Herstellungskosten ist danach auszugehen, wenn die Ausgaben entstehen

- für eine **Zweitherstellung** (Generalüberholung eines völlig verschlissenen Vermögensgegenstandes) oder eine **Wesensänderung** (Änderung der betrieblichen Funktion) eines Vermögensgegenstandes (Aktivierungspflicht nach dem Grundtatbestand des § 255,2 S. 1, 1. Halbsatz),

- für die **Erweiterung** (wesentliche Substanzmehrung) eines Vermögensgegenstandes, durch die eine Verbesserung der Nutzungsmöglichkeit eintritt (§ 255,2 S. 1, 2. Halbsatz),

- für eine **wesentliche Verbesserung** eines Vermögensgegenstandes über den bisherigen Zustand hinaus (§ 255,2 S. 1, 2. Halbsatz).

Demgegenüber sind Erhaltungsaufwendungen dadurch gekennzeichnet, dass

- sie zu keiner Veränderung der Wesensart von Vermögensgegenständen führen,

- dem Erhalt von Vermögensgegenständen in ordnungsgemäßen Zustand dienen und

- regelmäßig in gleicher Höhe wiederkehrend sind.

Im Einzelfall bereitet die Abgrenzung zwischen nachträglichen Herstellungskosten und Erhaltungsaufwendungen oftmals Probleme, da die oben angeführten Abgrenzungsmerkmale auslegungsbedürftig sind. Die Kriterien nachträglicher Herstellungskosten werden daher im Folgenden weitergehend konkretisiert.

Von einer **Zweitherstellung** ist auszugehen, wenn die Ausgaben für die Generalüberholung eines in seinen wesentlichen Teilen völlig abgenutzten, verbrauchten oder zerstörten Vermögensgegenstandes getätigt werden. Im Gegensatz zur Erstherstellung, die zur Entstehung eines noch nicht existierenden Vermögensgegenstandes führt, wird bei der Zweitherstellung also ein im Grunde nicht mehr vorhandener Vermögensgegenstand wieder hergestellt. Als Beispiel einer Zweitherstellung können gleichzeitig durchgeführte Maßnahmen an Dächern, Fenstern, Wänden und Treppen eines unbewohnbar gewordenen alten Gebäudes angeführt werden.

Bei einer **Wesensänderung** fallen die Ausgaben für eine Funktionsänderung eines Vermögensgegenstandes an, wie z.B. für den Wechsel einer bisher in der Produktion eingesetzten maschinellen Anlage in ein Ausstellungsobjekt zur Verkaufsförderung.

Die **Erweiterung** eines bereits existierenden Vermögensgegenstandes ist an die **Voraussetzung der Substanzmehrung** geknüpft und geht in der Regel mit der Erweiterung der Nutzungsmöglichkeiten einher (z.B. Anbau oder Aufstockung bei einem bereits bestehenden Gebäude, erstmaliger Einbau einer Fahrstuhlanlage in ein bestehendes Gebäude, Anbau eines Balkons, Einrichtung von zusätzlichen Trennwänden oder Verlängerung eines Förderbandes). Werden nur Teile eines Vermögensgegenstandes erneuert, so gehen diese Ausgaben als laufender Aufwand in die GVR ein. Das gilt auch dann, wenn zwar zusätzliche Teile eingebaut werden, diese aber nur der Erhaltung des vorhandenen Vermögensgegenstandes dienen. Die Substanzmehrung im Sinne der Erweiterung eines Vermögensgegenstandes betrifft in der Regel weniger die Abgrenzungsproblematik zwischen nachträglichen Herstellungskosten und laufenden Reparaturaufwendungen als vielmehr die zur selbständigen Investition, so dass sich häufig die Frage stellt, ob eine Aktivierung als nachträgliche Herstellungskosten oder als Herstellungskosten eines neugeschaffenen Vermögensgegenstandes erfolgen muss. Wird z.B. eine maschinelle Anlage durch ein Transportband ergänzt, so ist neben einer Klärung, ob zu aktivierende Herstellungsvorgänge oder bloße Instandhaltungs- oder Instandsetzungsmaßnahmen vorliegen, die Frage zu beantworten, ob das Transportband als eigenständiger Vermögensposten oder als Bestandteil der maschinellen Anlage (nachträgliche Herstellungskosten) zu aktivieren ist. Die Entscheidung dieser Frage berührt auch die Bewertung in den Folgeperioden: Während im ersten Fall das Transportband über dessen individuelle Nutzungsdauer abzuschreiben ist, bemisst sich im zweiten Fall die planmäßige Abschreibung nach der Restnutzungsdauer der maschinellen Anlage.

Von einer **wesentlichen Verbesserung** kann nur dann gesprochen werden, wenn es sich um eine Maßnahme handelt, die zu einer das Wesen des Vermögensgegenstandes betreffenden Veränderung führt, eine über den ursprünglichen Zustand hinausgehende Verbesserung bedeutet und in künftigen Geschäftsjahren ein erweitertes Nutzungspotential zur Verfügung stellt (z.B. Intensitätssteigerung einer Maschine). In der Bilanzierungspraxis ist es jedoch außerordentlich schwierig, zwischen einer durch Zeitablauf begründeten unumgänglichen Modernisierung und der beabsichtigten wesentlichen Verbesserung in Form einer mit der Verlängerung der Nutzungsdauer verbundenen deutlichen Qualitätsverbesserung zu differenzieren.[28]

Ausnahmsweise sind auch echte Reparaturausgaben aktivierungspflichtig. Ein solcher Fall tritt immer dann ein, wenn ein reparaturbedürftiger Vermögensgegenstand angeschafft wurde und die Notwendigkeit der Reparatur bei der Kaufpreisbemessung mitberücksichtigt worden ist.

Die Frage der Abgrenzung der aktivierungspflichtigen nachträglichen Herstellungskosten von dem nicht aktivierungsfähigen Erhaltungsaufwand ist auch für die Steuerbilanz von Bedeutung. Daher hat die Finanzrechtsprechung Abgrenzungskriterien entwickelt (s. R 157 und H 157 EStR), die auch weitgehend zur handelsrechtlichen Beurteilung herangezogen werden. Die von RFH und BFH anhand von Einzelfällen entwickelten Grundsätze und Abgrenzungsmerkmale für Erhaltung und

---

[28] In der Literatur werden z.T. nur die Ausgaben für die Erweiterung und **wesentliche** Verbesserung vorhandener Vermögensgegenstände als nachträgliche Herstellungskosten bezeichnet, vgl. *Küting/Weber* [1995], § 255 HGB, Rn. 370-377 sowie *Oestreicher* [2003], Rn. 269 – 271.

Herstellung entsprechen den dargestellten handelsrechtlichen Kriterien und lassen sich in folgender Übersicht zusammenfassen:[29]

Erhaltungsaufwand	Herstellungskosten
keine Veränderung der Wesensart	Veränderung der Wesensart
Erhaltung in ordnungsgemäßen Zustand	wesentliche Substanzmehrung, durch die eine Verbesserung der Nutzungsmöglichkeit eintritt
regelmäßig und in gleicher Höhe wiederkehrend	wesentliche Verbesserung über den bisherigen Zustand hinaus

Die buchtechnische Behandlung von Erhaltungsaufwendungen und nachträglichen Herstellungskosten unterscheidet sich grundlegend. Sind Ausgaben als Erhaltungsaufwand zu qualifizieren, so werden sie unmittelbar als Aufwand, d.h. zu Lasten der GVR verbucht. Erhaltungsaufwendungen mindern somit grundsätzlich den Erfolg in der Periode ihres Anfalles. Nachträgliche Herstellungskosten sind dagegen zu aktivieren, erhöhen also den Buchwert des Vermögensgegenstandes und werden erst über die vorzunehmenden planmäßigen Abschreibungen erfolgswirksam.

Beispiel 1:

Ein Unternehmer erwirbt zum 2.1.01 ein Bürogebäude zu Anschaffungskosten in Höhe von € 1.000.000,-, die linear über die geschätzte Nutzungsdauer von 50 Jahren abgeschrieben werden. Im 10. Nutzungsjahr werden die vorhandenen Einzelöfen durch eine moderne Zentralheizung mit Gasbrenner ersetzt. Die beauftragte Drittfirma stellt hierfür € 100.000,- in Rechnung, die per Banküberweisung beglichen wird.

Mit dem Austausch der Heizungsanlage ist keine wesentliche Verbesserung des Vermögensgegenstandes „Bürogebäude" verbunden, da durch die durchgeführten Maßnahmen lediglich die bisherigen Einzelöfen ersetzt und für das Gebäude selbst keine verbesserten Nutzungsmöglichkeiten geschaffen werden. Eine das Vorliegen nachträglicher Herstellungskosten begründende wesentliche Verbesserung muss sich auf das Bürogebäude insgesamt beziehen und nicht nur auf einzelne bestehende Teile. Deshalb steht im vorliegenden Fall der Annahme von Erhaltungsaufwand auch nicht entgegen, dass die Heizung dem technischen Fortschritt entsprechend modernisiert worden ist. Dies gilt selbst dann, wenn eine bestehende Anlage durch Einbau zusätzlicher bisher noch nicht vorhandener Teile (Gasbrenner) ersetzt wird. Die Ausgaben in Hö-

---

[29] Die im Einzelfall auftretenden Abgrenzungsschwierigkeiten haben aber im Bereich der steuerlichen Gewinnermittlung dazu geführt, dass die Finanzverwaltung aus Vereinfachungsgründen bei Gebäuden für Ausgaben bis zu einer bestimmten Grenze (€ 4.000, s. R 157,2 S. 2 EStR - vgl. auch *Herrmann/Heuer/Raupach* [1992], § 6 EStG, Rn. 481 sowie *Oestreicher* [2003], Rn. 282,283) eine Einordnung als Erhaltungsaufwendungen akzeptiert.

he von € 100.000,- sind deshalb im 10. Nutzungsjahr erfolgswirksam als Aufwand zu verbuchen.

Buchungssatz:

Instandhaltungsaufwand   an   Bank   € 100.000,-

Der Erfolg des Geschäftjahres wird somit in Höhe des angefallenen Erhaltungsaufwandes niedriger ausgewiesen.

Beispiel 2:

Im Jahr 01 stellt das Unternehmen für die mit privatem PKW zur Arbeit kommenden Mitarbeiter einen Zufahrtsweg her. Zur Wegbefestigung wird eine Schotterauflage angebracht. Der Zufahrtsweg stellt einen selbständigen, abnutzbaren Vermögensgegenstand dar, da er als sog. „Außenanlage" nicht in einem einheitlichen Nutzungs- und Funktionszusammenhang zu einem Gebäude steht. Die Herstellungskosten von € 100.000,- werden daher auf dem Bestandskonto „Außenanlagen" als Zugang verbucht und über die geschätzte Nutzungsdauer von 10 Jahren planmäßig abgeschrieben. Aufgrund der starken Benutzung der Zufahrt muss voraussichtlich im fünften Nutzungsjahr die Schotterauflage nachgefüllt werden; geschätzte Ausgaben € 8.000,-.

Variante a:

Die Unternehmensleitung beabsichtigt wie geplant im Jahr 05 die Auffüllung durchführen zu lassen.

Die entstehenden Ausgaben stellen Erhaltungsaufwand dar, da sie lediglich der Erhaltung des Vermögensgegenstandes in einem ordnungsgemäßen Zustand dienen. Grundsätzlich sind die Ausgaben daher im Jahr 05 als Aufwand zu verbuchen.

Buchungssatz:

Instandhaltungsaufwand   an   Bank   € 8.000,-

Nach § 249,2 HGB besteht aber auch die Möglichkeit, die Instandhaltungsausgaben durch Bildung und jährliche Aufstockung einer Aufwandrückstellung auf die Jahre zu verteilen, welche die Instandhaltungsmaßnahmen veranlasst haben (s. hierzu S. 276). Bei Ausübung des Wahlrechts nach § 249,2 HGB ist dementsprechend in den Jahren 1 bis 4 wie folgt zu buchen:

Buchungssatz:

Instandhaltungsaufwand   an   Rückstellung für Instandhaltungen   € 1.600,-

Im Jahr 05 wir die Durchführung der Schotterauffüllung durch die nachstehende Buchung erfasst:

Rückst. für Instandhaltungen   € 6.400,-
Instandhaltungsaufwand   € 1.600,- an   Bank € 8.000,-

Variante b:

Im fünften Nutzungsjahr wird deutlich, dass der Zufahrtsweg unumgänglich auch von firmeneigenen Schwerlasttransportern benutzt werden muss, was allerdings wegen des nachgiebigen Untergrundes nur bei trockenem Wetter möglich ist. Die Unternehmensleitung entschließt sich daher, im ersten Halbjahr 05 die Schotterauflage zu beseitigen und die Zufahrt mit einer Drainage und einer festen Bitumendecke versehen zu lassen. Die beauftragte Baufirma stellt hierfür € 200.000,- in Rechnung, die per Bank beglichen wird. Die Nutzungsdauer des Zufahrtsweges wird nun mit 20 Jahren angenommen.

Der Ersatz der Schotterauflage durch die feste Bitumendecke führt zu einer Wesensänderung der Außenanlage, da sich die Wesensart einer Straße nach der Verkehrsauffassung in erster Linie nach dem Deckenmaterial bestimmt.[30] Darüber hinaus geht mit der Maßnahme auch eine Verbesserung der Nutzungsmöglichkeit der Wegbefestigung einher. Die angefallenen Ausgaben sind deshalb als nachträgliche Herstellungskosten zu behandeln, d.h. als Zugang auf dem Bestandskonto „Außenanlagen" zu erfassen und über die voraussichtliche Nutzungsdauer planmäßig abzuschreiben. Da die bisherige Schotterauflage entfernt wurde, wird es für zulässig gehalten, den Restbuchwert der bisherigen Wegbefestigung auszubuchen.

Buchungssätze:

(1) Ausbuchung des Restbuchwertes, (2) Verbuchung der nachträglichen Herstellungskosten, (3) Verbuchung der planmäßigen Abschreibung

Nr.	Sollkonto	Betrag	Habenkonto
1	sonstiger Aufwand	60.000,-	Außenanlagen
2	Außenanlagen	200.000,-	Bank
3	planmäßige Abschr.	10.000,-	Außenanlagen

Kontenbild:

S	Außenanlagen	H	S	sonstiger betr. Aufwand	H
AB	60.000,-	(1) 60.000,-	(1)	60.000,-	
(2)	200.000,-	(3) 10.000,-			

S	planmäßige Abschreibung	H	S	Bank	H
(3)	10.000,-		AB	300.000,-	(2) 200.000,-

---

[30]   Vgl. *BFH* [1960].

E. Die Verbuchung planmäßiger Abschreibungen auf das abnutzbare Anlagevermögen

I. Der Begriff „Abschreibungen auf abnutzbares Anlagevermögen" und Abschreibungsarten

Unter Anlagevermögen ist der auf der Aktivseite einer Bilanz ausgewiesene Teil der Vermögensgegenstände zu verstehen, der am Bilanzstichtag dazu bestimmt ist, dauernd (in der Regel mehr als ein Jahr) dem Geschäftsbetrieb eines Unternehmens zu dienen. Aus der Gliederungssystematik des § 266 HGB ergeben sich drei Hauptgruppen des Anlagevermögens: 1. Immaterielle Vermögensgegenstände, 2. Sachanlagen und 3. Finanzanlagen, die jeweils noch weiter untergliedert werden. [31]

Nach § 253,1 HGB sind Vermögensgegenstände höchstens mit den Anschaffungs- oder Herstellungskosten, vermindert um Abschreibungen, anzusetzen. Im § 253,2 HGB werden die Gegenstände des Anlagevermögens in zwei Klassen eingeteilt, und zwar in Vermögensgegenstände, deren Nutzung zeitlich begrenzt und solche, deren Nutzung nicht zeitlich begrenzt ist. Zeitlich begrenzt nutzbar – also abnutzbar - sind Vermögensgegenstände, deren Nutzenpotential im Zeitablauf mehr oder weniger kontinuierlich abnimmt. Hierzu zählen sowohl Gegenstände des Sachanlagevermögens (wie Gebäude, Maschinen, maschinelle Anlagen, Kraftfahrzeuge, Betriebs- und Geschäftsausstattung) als auch Gegenstände des immateriellen Anlagevermögens (wie Konzessionen, gewerbliche Schutzrechte oder der derivative Firmenwert[32]).[33] Gegenstän-

---

[31] Kapitalgesellschaften und Personenhandelsgesellschaften i.S.d. § 264a HGB haben die Gliederungsvorschrift des § 266 HGB zu beachten.

[32] Für das immaterielle Anlagevermögen bestehen z.T. besondere Abschreibungsvorschriften, wie für den **derivativen Firmenwert** in § 255, 4 HGB. (Der Betrag ist in jedem folgenden Geschäftsjahr zu einem Viertel durch Abschreibungen zu tilgen oder planmäßig auf die Geschäftsjahre zu verteilen, in denen er voraussichtlich genutzt wird.)

[33] Zudem sieht das HGB für Kapitalgesellschaften einen Abschreibungszwang für die beiden Bilanzhilfen **„Ingangsetzungs- und Erweiterungsaufwand"** und **„aktive Steuerabgrenzung"** vor. Nach dem Wortlaut des Gesetzes erfolgt die Abschreibung des aktivierten Ingangsetzungs- und Erhaltungsaufwandes in jedem folgenden Geschäftsjahr zu mindestens einem Viertel (§ 282 HGB) und die Auflösung der aktiven Steuerabgrenzung, sobald die Steuerentlastung eintritt oder mit ihr voraussichtlich nicht mehr zu rechnen ist (§ 274, 2, S. 4 HGB).

Ferner besteht ein Abschreibungsgebot für das als **Rechnungsabgrenzungsposten** aktivierte **Disagio.** (Es ergibt sich, wenn der Rückzahlungsbetrag einer Verbindlichkeit höher ist als der Ausgabebetrag.) Der Unterschiedsbetrag ist durch planmäßige jährliche Abschreibungen zu tilgen (§ 250, 3 HGB).

de des Anlagevermögens, deren Nutzung zeitlich begrenzt ist, müssen nach § 253,2 S. 1 HGB planmäßig abgeschrieben werden. Für nicht abnutzbares Anlagevermögen ist eine planmäßige Abschreibung unzulässig.

Daneben sind nach Satz 3 des Absatzes 2 (zusätzlich) außerplanmäßige Abschreibungen zulässig bzw. geboten, und zwar ohne Berücksichtigung der Frage, ob deren Nutzungsdauer begrenzt ist. Weiterhin dürfen nach § 254 HGB auch Abschreibungen vorgenommen werden, um Vermögensgegenstände des Anlagevermögens mit dem niedrigeren Wert anzusetzen, der auf einer nur **steuerlich zulässigen Abschreibung** beruht.

Somit bleibt festzuhalten, dass das Anlagevermögen bei Abwertungen grundsätzlich planmäßig und außerplanmäßig abgeschrieben werden kann bzw. muss. Die planmäßige Abschreibung erfolgt nur für abnutzbare, die außerplanmäßige Abschreibung dagegen für abnutzbare sowie für nicht abnutzbare Güter.

- **Planmäßige Abschreibungen** werden auch bilanzielle **Regelabschreibungen** genannt. Sie basieren darauf, dass die Anschaffungs- oder Herstellungskosten nach einem präzisierten Plan (= **Abschreibungsplan**) periodisiert werden. Sie berühren ein ordentliches Aufwandskonto. Zur Aufstellung des Abschreibungsplans müssen neben den zu aktivierenden Anschaffungs- oder Herstellungskosten das zweckmäßige Abschreibungsverfahren und der am Ende der wirtschaftlichen Nutzungsdauer evtl. erzielbare **Restverkaufserlös** bestimmt werden. Die Zweckmäßigkeit eines Abschreibungsverfahrens ist insbesondere davon abhängig, inwieweit es in der Lage ist, vorhersehbare bzw. schätzbare Wertminderungen zu erfassen. Ursachen solcher Wertminderungen können der technische (verwendungsbedingte) und ruhende (umweltbedingte) **Verschleiß**, die **wirtschaftliche Entwertung** (z.B. technischer Fortschritt, Einschränkung oder Wegfall der Verwendungsmöglichkeit durch Nachfrageverschiebungen) und die **vertragliche** (zeitliche) **Begrenzung** der Nutzungsmöglichkeit sein. Der um planmäßige Abschreibungen verminderte Buchwertansatz wird als „fortgeführte Anschaffungs- bzw. Herstellungskosten" bezeichnet.

Kommt es zu einer Fehlschätzung der Wertminderung, verlangt der Grundsatz der Bewertungsstetigkeit in § 152,1, Nr. 6 HGB zunächst eine Beibehaltung des ursprünglichen Abschreibungsplans. Erst wesentliche Fehleinschätzungen (z.B. 50 % der Nutzungsdauer) sind Grund für eine Planberichtigung und rechtfertigen damit eine Ausnahme vom Stetigkeitsgebot des § 252,2 HGB. Die Planberichtigung erfolgt, um dem Erfordernis der Darstellung des den tatsächlichen Verhältnissen der Vermögens- und Ertragslage entsprechenden Bildes Rechnung zu tragen. Die Korrekturbuchungen werden als Zu- oder Abschreibungen vorgenommen. Nach herrschender Meinung handelt es sich hierbei aber nicht um Wertaufholungen bzw. Wertberichtigungen, sondern um Auswirkungen der Änderungen des Abschreibungsplanes.[34]

- Außerplanmäßige Abschreibungen sind unabhängig von der planmäßigen Abschreibung vorzunehmen und stellen außerordentlichen Aufwand dar. Für das Anlagevermögen sind drei Arten von außerordentlichem Aufwand zu unterscheiden:

1. Abschreibungen auf den am Abschlussstichtag niedrigeren beizulegenden Wert (§ 253,2, S. 3 HGB),

2. Abschreibungen im Rahmen vernünftiger kaufmännischer Beurteilung (§ 253,4 HGB),

3. Abschreibungen allein aus steuerlichen Vorschriften (§ 254, S. 1 HGB).

Die Regelung der Abschreibung auf den am Abschlussstichtag niedrigeren beizulegenden Wert unterscheidet zwischen einer vorübergehenden und einer voraussichtlich dauernden Wertminderung. Die außerordentliche Abschreibung erfasst unvorhergesehene, außergewöhnliche Ereignisse (so Planungsfehler, Katastrophen, Maßnahmen des Gesetzgebers). Beim Anlagevermögen sind die außerplanmäßigen Abschreibungen bei einer **voraussichtlich dauernden Wertminderung** unabhängig von der Rechtsform **zwingend** vorzunehmen. (= Mussvorschrift im 2. Halbsatzes des § 253,2 S. 3 HGB).

Handelt es sich jedoch um eine voraussichtlich **nicht** dauernde Wertminderung, so räumt der § 253,2 HGB im 1. Halbsatz allen Einzelkaufleuten und nicht von § 264a HGB betroffenen Personenhandelsgesellschaften ein **Abschreibungswahlrecht** ein. Das Wahlrecht auf außerplanmäßige Abschreibung darf aber gem. § 279,1 HGB von Kapitalgesellschaften und von § 264a HGB betroffenen Personenhandelsgesellschaften **eingeschränkt** nur auf Vermögensgegenstände, die Finanzanlagen sind, angewendet werden. Das sonstige Anlagevermögen (Sachanlagevermögen und immaterielle Vermögensgegenstände des Anlagevermögens) unterliegt gemäß § 279,1 S. 2 HGB grundsätzlich einem Abschreibungsverbot. Die Regelung in § 253,2 S. 3 HGB wird auch als „gemilderte Niederstwertvorschrift" bezeichnet. Für den niedrigeren beizulegenden Wert werden der Ertragswert, der Wiederbeschaffungswert oder der Einzelveräußerungspreis herangezogen.

Zweitens dürfen nach § 253,4 HGB Abschreibungen im Rahmen **vernünftiger kaufmännischer Beurteilung** vorgenommen werden. Diese Bestimmung ermöglicht durch ein Abwertungswahlrecht die Bildung stiller Rücklagen. Sie werden auch als **Ermessensrücklagen** und die vorgenommene Abschreibung wird als **Ermessensabschreibung** bezeichnet. Dieses Abwertungswahlrecht gibt die Möglichkeit, unter Beachtung des Grundsatzes der Willkürfreiheit und des Prinzips der Wertaufhel-

---

34 Vgl. *Siegel* [2003], B 169, Rn. 32.

lung über die Regelung des § 252,2, Nr. 3 und 4 HGB hinaus für vorhersehbare Verluste und Risiken Vorsorge zu treffen.

Nach § 279,1 S. 1 HGB sind Abschreibungen im Rahmen vernünftiger kaufmännischer Beurteilung **nur** Einzelkaufleuten und ihnen gleichgestellten Personenhandelsgesellschaften erlaubt, da in der Bildung stiller Rücklagen die Gefährdung der Ausschüttungsansprüche der Kapitaleigner gesehen wird.

Die dritte außerplanmäßige Abschreibungsart ist die in § 254, S. 1 HGB enthaltene Regelung der **steuerlich bedingten Abschreibung**. Sie betrifft Bestimmungen des Steuerrechts, das sind steuerliche Sonderabschreibungen, erhöhte Absetzungen[35] und Bewertungsabschläge, d.h. Abzüge von Anschaffungs- oder Herstellungskosten, die meist für eine begrenzte Zeit für einen begrenzten Personenkreis aus wirtschaftspolitischen Motiven mit dem Ziel gewährt werden, die Steuerbemessungsgrundlage „Gewinn" zu beeinflussen.[36] Sie stehen nicht in Beziehung zum geschätzten Werteverlauf des abzuschreibenden Vermögensgegenstandes und ihnen stehen keine entsprechenden handelsrechtlichen Abschreibungsmöglichkeiten gegenüber. Die Regelung des § 254, S. 1 dient dazu, Gegenstände des Anlagevermögens (oder Umlaufvermögens) mit dem niedrigeren Wert anzusetzen, der auf einer lediglich steuerrechtlich zulässigen Abschreibung beruht. Für Kapitalgesellschaften und Personenhandelsgesellschaften i.S.d. § 264a HGB ist das nur eingeschränkt geregelt. Nach § 279,2 HGB sind Gegenstände des Anlage- bzw. des Umlaufvermögens nur dann mit dem niedrigeren steuerlichen Wert anzusetzen, wenn das Steuerrecht die Anerkennung bei der steuerrechtlichen Gewinnermittlung davon abhängig macht, dass sie sich aus der Handelsbilanz ergeben (d.h.: auch in der Handelsbilanz vorgenommen werden). Nach Einfügung des § 5,1, S. 2 in das EStG sind für die nach dem 31.12.1989 endenden Wirtschaftsjahre alle steuerrechtlichen Wahlrechte in Übereinstimmung mit der Handelsbilanz auszuüben (= **umgekehrtes Maßgeblichkeitsprinzip**[37]). Die Einschränkung des

---

35 Der Unterschied zwischen „erhöhten Absetzungen" und „Sonderabschreibungen" liegt darin, dass erhöhte Absetzungen an die Stelle der sonst vorzunehmenden Abschreibungen nach § 7 EStG treten, während die Bezeichnung Sonderabschreibung bedeutet, dass diese Abschreibung neben der allgemeinen Abschreibung angesetzt wird – also **zusätzlich** zu der (linear zu berechnenden) Normalabschreibung.

36 Vgl. umfangreiche Darstellung bei *Adler/Düring/Schmaltz*, [1995], Teilband 1, § 254, Rn. 9 ff. sowie Tabellen in *IDW* [2000], S. 287-291.

37 Verstößt die Handelsbilanz nicht gegen zwingende steuerrechtliche Vorschriften, so ist diese auch Grundlage für die steuerliche Gewinnermittlung. Lässt das Steuerrecht mehrere Bewertungsmöglichkeiten - die auch handelsrechtlich erlaubt sind - zu, muss der in der Handelsbilanz gewählte Wert angesetzt werden (= Maßgeblichkeitsprinzip der Handelsbilanz für die Steuerbilanz).

§ 279,2 HGB ist somit gegenwärtig ohne praktische Bedeutung. Damit wird in § 254, S. 1 HGB allgemein ein Wahlrecht eingeräumt, steuerrechtlich bedingte Abschreibungen in die Handelsbilanz zu übernehmen. Da der steuerlichen Mehrabschreibung keine tatsächliche Wertminderung gegenübersteht, gestattet das HGB somit auch den Kapitalgesellschaften und den Personenhandelsgesellschaften i.S.d. § 264a HGB die Bildung stiller Rücklagen. Um diese stillen Rücklagen transparent zu machen, dürfen steuerliche Mehrabschreibungen, d.h. der über die handelsrechtliche übliche Abschreibung hinausgehende Teil, nach §§ 273 und 281,1 S. 1 in einen Sonderposten mit Rücklagenanteil eingestellt werden und sind vor den Rückstellungen in der Bilanz auszuweisen. Die Vorschriften nach denen er gebildet worden ist, sind in der Bilanz oder im Anhang anzugeben. (§§ 281,2 und 285 Nr. 5 HGB)

Die Gründe für die Bildung außerordentlicher Abschreibungen können ganz oder teilweise wegfallen. Dadurch ist dem Vermögensgegenstand ein höherer Wert beizumessen, als ihn der letzte Buchwert ausdrückt. Liegen der Werterhöhung keine entsprechenden Ausgaben zu Grunde,[38] stellt sich die Frage nach der bilanziellen Behandlung dieser Werterhöhung.

Das für Einzelkaufleute und Personenhandelsgesellschaften, die nicht unter § 264a HGB fallen, geltende **Wertbeibehaltungsrecht in §§ 253,5 und 254, S. 2 HGB** erlaubt trotz der Werterhöhung für Gegenstände des Anlage- und Umlaufvermögens – aber nur in den Fällen

- der erfolgten außerordentlichen Abschreibungen auf den Stichtagswert (§ 253,2, S. 3 HGB),

- der erfolgten Abschreibungen im Rahmen vernünftiger kaufmännischer Beurteilung (§ 253,4 HGB) und

- der erfolgten steuerlich zulässigen Abschreibungen (§ 254,1 HGB)

bei dem letzten niedrigeren Bilanzwert zu bleiben und gewähren ein Wahlrecht zwischen einer Zuschreibung (= Wertaufholung)[39] [40] und ei-

---

Die **Umkehrung des Maßgeblichkeitsprinzips** erfolgt durch steuerrechtliche Vorschriften deswegen, weil die Inanspruchnahme der meist wirtschaftspolitisch bedingten Steuervergünstigungen davon abhängig gemacht wird, dass die entsprechenden für die Steuerbilanz zum Zwecke der Steuerersparnis oder Steuerverschiebung gewählten Bilanzansätze zuvor in der Handelsbilanz eingestellt worden sind und so das Prinzip der Abhängigkeit der Steuerbilanz von der Handelsbilanz gewahrt wird. Vgl. A*dler/Düring/Schmaltz* [1995], Teilband 5 (1997), § 279 HGB, Rn. 19 u. 20.

[38]   Lägen Ausgaben vor, könnte der Fall einer Nachaktivierung gegeben sein.

[39]   „Andere Gründe als die vorstehend aufgeführten führen nicht zu einer Wertaufholung i. S. § 280 HGB, schließen aber eine (freiwillige) Zuschreibung unter Beachtung des Stetigkeitsgebots (§ 252,1, Nr. 6 HGB nicht aus..." IDW [2000], S. 361, Rn. 80).

ner Unterlassung der Zuschreibung (= Beibehaltungswahlrecht). Das Beibehaltungswahlrecht bedeutet, dass ein niedrigerer Bilanzansatz, der sich nach einer a.o. Abschreibung ergab, beibehalten werden darf, auch wenn deren Gründe ganz oder teilweise nicht mehr bestehen.[41] Wird das Beibehaltungswahlrecht nicht ausgenutzt, ist zu beachten, dass eine Rückgängigmachung planmäßiger Abschreibungen generell unzulässig ist und die Rückgängigmachung der genannten (außerordentlichen) Abschreibungen den (nachweislichen) Wegfall der Abschreibungsgründe voraussetzt.[42]

Der § 280,1 HGB fordert für Kapitalgesellschaften sowie für die Personenhandelsgesellschaften, die unter die Bestimmungen des § 264a HGB fallen, die Beachtung des **Wertaufholungsgebots in § 280,1 HGB**. Diese Regelung fordert grundsätzlich eine Zuschreibung im Umfang der Werterhöhung unter Berücksichtigung der (planmäßigen) Abschreibungen, die inzwischen vorzunehmen gewesen wären. Die Wertaufholung darf also die fortgeführten Anschaffungs- oder Herstellungskosten nicht übersteigen.

Dieses Wertaufholungsgebot wird im zweiten Absatz des § 280 HGB unter bestimmten Voraussetzungen aufgehoben, und zwar wenn

1. in der Steuerbilanz für den Vermögensgegenstand ein Beibehaltungswahlrecht besteht,

2. gleichzeitig die Bedingung gilt, dass nur dann in der Steuerbilanz eine Aufwertung unterbleiben darf, wenn auch in der Handelsbilanz keine Aufwertung vorgenommen wurde.

Ist eine der Bedingungen nicht gegeben, unterliegen Kapitalgesellschaften und Personenhandelsgesellschaften i.S.d. § 264a HGB einem Zuschreibungsgebot. Sind die Voraussetzungen gegeben, besteht ein Beibehaltungswahlrecht.

Bedeutsam für den dargelegten Sachverhalt ist, dass durch das Steuerentlastungsgesetz 1999 für die Steuerbilanz ein umfassendes Zuschreibungsgebot besteht, so dass – sobald die Gründe für die außerordentliche Abschreibung nicht mehr bestehen – der Betrag dieser Abschreibung im Umfang der Werterhöhung unter Berücksichtigung der (planmäßigen) Abschreibungen, die inzwischen vorzunehmen gewesen wären, zuzuschreiben ist, so dass die Ausnahmeregelung des § 280,2 HGB praktisch gegenstandslos ist.[43]

---

40   „Zuschreibung" und „Wertaufholung" sind Synonyme. (s. § 268,2 und § 280 HGB)

41   Vgl. *Siegel* [2003], B 169, Rn. 43.

42   Vgl. *Siegel* [2003], B 169, Rn. 29.

43   Vgl. *IdW* [2000], S. 361, Rn. 82.

Buchtechnisch erfolgt die Wertaufholung über das Konto „Erträge aus Zuschreibungen", das entweder über „Neutrale Ergebnisse" (Einzelkaufleute und Personengesellschaften, die nicht den Kapitalgesellschaften gleichgestellt sind) oder über „Sonstiger betrieblicher Ertrag" (Kapitalgesellschaften und ihnen gleichgestellte Persongesellschaften) abgeschlossen wird.

II. Rechnerische Ermittlung der planmäßigen Abschreibung

Anfangszeitpunkt der Abschreibungsverrechnung ist der Tag der   Anschaffung bzw. Herstellung, und zwar der Übertragungszeitpunkt des wirtschaftlichen Eigentums. (Wirtschaftliches Eigentum besitzt derjenige, der die tatsächliche Herrschaft ausübt und den rechtlichen Eigentümer von der Einwirkung auf den fraglichen Gegenstand ausschließen kann.) Erfolgt der Zugang des Vermögensgegenstandes innerhalb oder am Ende eines Monats, ist der volle Monat bei der Verrechnung anzusetzen. Ferner darf entsprechend einer steuerrechtlichen Vereinfachungsregel für bewegliche abnutzbare Gegenstände des Anlagevermögens, die in der ersten Jahreshälfte angeschafft oder hergestellt wurden, die volle Jahresabschreibung, und wenn sie in der zweiten Jahreshälfte angeschafft wurden die halbe Jahresabschreibung verrechnet werden. Entsprechend sind bei Abgang die Abschreibungen bis zum Veräußerungszeitpunkt anteilig zu verrechnen. (R 44,2 S. 3 EStR).

Um die Höhe der planmäßigen Periodenabschreibung eines Vermögensgegenstandes zu ermitteln, müssen **Abschreibungssumme** und **Abschreibungsverfahren** bekannt sein. Die Abschreibungssumme wird als Anschaffungs- bzw. Herstellungswert abzüglich Restverkaufswert (= Restverkaufserlös vermindert um die Ausgaben der Außerbetriebnahme und Veräußerung des Vermögensgegenstandes) festgelegt. Das Abschreibungsverfahren determiniert die Abschreibungskoeffizienten und somit die Art und Weise der anteiligen Verrechnung der Abschreibungssumme auf die Abschreibungszeit.

Abschreibungsverfahren können in zeit- und leistungsabhängige Abschreibungen systematisiert werden. Für die Darstellung der in der Buchführungspraxis gebräuchlichen zeit- und leistungsabhängigen Abschreibungsverfahren sollen folgende Symbole verwendet werden:

G = Aktivierte Anschaffungs- oder Herstellungskosten.
C = Abschreibungssumme.
n = Abschreibungsdauer.
a_t = Abschreibungskoeffizient für die t-te Periode
$\quad$ ($t = 1, 2, ..., n$); $0 \le a_t \le 1$; $a_1 + a_2 + ... + a_n = 1$.
A_t = $a_t \cdot C$ = Abschreibungsbetrag am Ende der Periode t
$\quad$ ($t = 1, 2, ..., n$); $A_1 + A_2 + ... + A_n = C$.
B_t = $G - (A_1 + A_2 + ... + A_t)$ = Restbuchwert der Periode t ($t = 0, 1, 2, ..., n$).
M = Gesamtleistungspotential des Abschreibungsobjektes in technischen Maßeinheiten.

$m_t=$ Mengenmäßige Nutzenabgabe der Periode t
$(t = 1, 2, ..., n)$, $(m_1 + m_2 + ... + m_n = M)$.

a. Zeitabhängige Abschreibungsverfahren

Die Probleme der zeitabhängigen Abschreibungsverfahren liegen in der Ermittlung der Abschreibungsdauer und in der Verteilung der Abschreibungssumme auf die ermittelte Abschreibungsdauer. Meist wird als Abschreibungsdauer die voraussichtliche wirtschaftliche bzw. technische Nutzungsdauer zu Grunde gelegt und die Abschreibungssumme auf der Grundlage mathematischer Regeln so auf die Abschreibungsdauer verteilt, dass diese Verteilung dem geschätzten Nutzungsverlauf (bzw. der erwarteten Nutzenabgabe des Anlagegegenstandes) entspricht. Als solche Regelabschreibungen sind zu nennen:

1. Abschreibung in konstanten Periodenbeträgen - lineare Abschreibung

Bei der Abschreibung in konstanten Periodenbeträgen wird die Abschreibungssumme gleichmäßig auf die Perioden der Nutzung verteilt, so dass der periodische Abschreibungsbetrag sich mittels Division der Abschreibungssumme durch die Anzahl der Nutzungsperioden als

$$A_t = a_t \cdot C = \frac{C}{n}, \quad (t = 1, 2, ..., n)$$

errechnen lässt. Dadurch sind die Abschreibungsbeträge mit

$$a_1 \cdot C = a_2 \cdot C = ... = a_n \cdot C$$

konstant und die Restbuchwerte weisen mit

$$B_t = G - \frac{t}{n} \cdot C, \quad (t = 0, 1, ..., n)$$

einen linear fallenden Verlauf auf.

Beispiel:

Die Nutzungsdauer einer Maschine mit den Anschaffungskosten von € 12.000,- beträgt fünf Perioden. Der Restverkaufswert beläuft sich auf € 1.200,-. Die Abschreibungssumme von (12.000,- ./. 1.200,- =) € 10.800,- soll in gleich hohen Abschreibungsbeträgen auf die fünfjährige Nutzungsdauer verteilt werden, d.h. es gilt:

$$A_t = \frac{C}{n} = \frac{10.800}{5} = 2.160$$

für $t = 1, 2, ..., 5$.

Man erhält folgenden Abschreibungsplan:

t	a_t	B_{t-1}	$A_t = a_t \cdot C$	$B_{t-1} ./. A_t$
1	0,2000	12.000	2.160	9.840
2	0,2000	9.840	2.160	7.680
3	0,2000	7.680	2.160	5.520
4	0,2000	5.520	2.160	3.360
5	0,2000	3.360	2.160	1.200

2. Abschreibung in fallenden Periodenbeträgen - degressive Abschreibung

Die Abschreibung in fallenden Raten ist durch Abschreibungskoeffizienten mit der Beziehung

$$a_1 > a_2 > \dots > a_n$$

gekennzeichnet. Die Abschreibungsbeträge weisen also einen degressiven Verlauf auf. Nach der Ausprägung des Abschreibungsverlaufs unterscheidet man bei den regelhaften Verfahren die arithmetisch und die geometrisch degressive Abschreibung.

➢ Die arithmetisch degressive Abschreibung

Bei der arithmetisch degressiven Abschreibung nehmen die Abschreibungskoeffizienten jeweils um den gleichen Betrag d ab, d.h. man kann schreiben:

$$a_1 > a_2 = a_1 - d > a_3 = a_1 - 2d > \dots > a_n = a_1 - (n-1) \cdot d.$$

Die Abschreibungskoeffizienten bilden daher eine arithmetisch degressive Folge:

$$a_t = a_1 - (t - 1)\, d, \ (d > 0).$$

Die Summe dieser arithmetisch degressiven Folge ist voraussetzungsgemäß gleich eins. Wegen der Summenformel der arithmetisch degressiven Reihe gilt also

$$1 = a_1 + a_2 + \dots + a_n = \frac{n}{2}(a_1 + a_n) \cdot$$

Setzt man in diese Beziehung $a_n = a_1 - (n - 1)\, d$ ein, so erhält man

$$1 = \frac{n}{2}[2a_1 - (n - 1) \cdot d]$$

und hieraus

$$d = 2\,\frac{a_1 - n^{-1}}{n - 1}\,.$$

Zur Ermittlung der arithmetisch degressiven Abschreibung benötigt man demnach die Nutzungsdauer n und das Anfangsglied a_1. Damit die Abschreibung degressiv ist (d.h. d > 0) und außerdem keine negativen

Koeffizienten aufweist, sind bei der Festlegung von a_1 folgende Schranken zu beachten:[44]

$$\frac{1}{n} < a_1 < \frac{2}{n}.$$

Allgemein gilt, dass mit steigendem a_1 die Degression ceteris paribus zunimmt.

Beispiel:

Der Anschaffungswert einer Maschine beträgt € 11.500,-. Der Restverkaufserlös nach einer Nutzung von fünf Perioden beläuft sich auf € 500,-, so dass eine Abschreibungssumme von (11.500,- ./. 500,- =) € 11.000,- in Form einer arithmetisch degressiven Folge der Abschreibungsbeträge A_t auf n = 5 zu verteilen ist.

Die Wahl des ersten Abschreibungskoeffizienten a_1 kann frei in den Grenzen

$$\frac{1}{5} < a_1 < \frac{2}{5} \quad \text{bzw. } 0,2 < a_1 < 0,4$$

erfolgen. Dieser Bedingung genügt z.B. $a_1 = 0,2818$. Damit sind das Anfangsglied und die Nutzungsdauer n festgelegt, so dass die Folge der Abschreibungskoeffizienten bestimmbar ist. Man erhält

$$d = 2\frac{a_1 - n^{-1}}{n \cdot 1} = 2\frac{0,2818 - 0,2}{4} = 0,0409.$$

Der Abschreibungsplan lautet demzufolge:

t	a_t	B_{t-1}	$A_t = a_t \cdot C$	$B_{t-1} ./. A_t$
1	0,2818	11.500	3.100	8.400
2	0,2409	8.400	2.650	5.750
3	0,2000	5.750	2.200	3.550
4	0,1591	3.550	1.750	1.800
5	0,1182	1.800	1.300	500

Eine Sonderform der arithmetisch degressiven Abschreibung stellt die **digitale Abschreibung** dar. Bei diesem Verfahren ist der Abschrei-

---

[44] Das ergibt folgende Überlegung: Damit d > 0 ist, muss gelten:

$$a_1 \cdot C > \frac{1}{n} \quad \text{bzw. } a_1 > \frac{1}{n}.$$

Soll die letzte Abschreibung nicht verschwinden oder negativ werden, muss $a_n C > 0$ bzw. $a_n > 0$ gelten. Wegen

$$a_n = a_1 - (n-1)d \quad \text{und } d = 2\frac{a_1 - \frac{1}{n}}{n-1}$$

erhält man $a_1 > (n-1)2\frac{a_1 - \frac{1}{n}}{n-1}$ bzw. $a_1 < \frac{2}{n}$.

bungs-Koeffizient a_n der letzten Abschreibungsperiode gleich der konstanten Differenz d der Abschreibungskoeffizienten. Es gilt also

$$d = a_n = a_1 - (n - 1)\, d, \ (d > 0).$$

Hieraus ergibt sich durch Auflösung nach a_1 und Einsetzen von $a_n = d$

$$a_1 = n\, d.$$

Wegen $a_1 + a_2 + \ldots + a_n = 1$ kann mit Hilfe der Summenformel der arithmetisch degressiven Reihe daher geschrieben werden

$$1 = \frac{n}{2}\, (a_1 + a_n) = \frac{n}{2}\, (nd + d) = \frac{n}{2}\, (n+1)\, d.$$

Hieraus folgt

$$d = \frac{2}{n(n+1)}.$$

Das Bildungsgesetz der digitalen arithmetisch degressiven Reihe kann daher mit

$$a_t = a_1 - (t - 1)\, d = nd - (t - 1)\, d = (n - t + 1)\, d$$

angegeben werden. Setzt man hier den oben für d gefundenen Ausdruck ein, erhält man

$$a_t = (n - t + 1)\, \frac{2}{n \cdot (n+1)}.$$

Wegen $\dfrac{2}{n(n+1)} = \dfrac{1}{1 + 2 + \ldots + n}$ kann hierfür auch

$$a_t = \frac{n - t + 1}{1 + 2 + \ldots + n}$$

geschrieben werden.

Zwischen der Anzahl der Nutzungsperioden n, dem Abschreibungskoeffizienten der ersten Periode $a_1 = nd$ und der Konstanten d bestehen bei dieser Abschreibungsform insofern Interdependenzen, als mit der Festlegung einer dieser Größen die anderen ebenfalls determiniert sind. Geht man - wie bei der Anwendung in der Praxis üblich - von einem gegebenen n aus, so ist damit auch der Abschreibungsverlauf bestimmt, d.h. die Art der Verteilung folgt aus der Eigenart des Verfahrens.

Beispiel:

Legt man vorstehendes Beispiel mit C = 11.000,-, n = 5 und B_0 = 11.500,- zu Grunde, dann errechnen sich wegen 1 + 2 + 3 + 4 + 5 = 15 folgende Abschreibungskoeffizienten:

$$a_1 = \frac{5}{15} = 0,3\overline{3}\,; a_2 = \frac{4}{15} = 0,2\overline{6}\,; a_3 = \frac{3}{15} = 0,2\,; a_4 = \frac{2}{15} = 0,1\overline{3}\,;$$

$$a_5 = \frac{1}{15} = 0,0\overline{6}.$$

Man erhält als Abschreibungsplan:

t	a_t	B_{t-1}	$A_t = a_t \cdot C$	$B_{t-1} \,./.\, A_t$
1	0,3333	11.500	3.667	7.833
2	0,2667	7.833	2.933	4.900
3	0,2000	4.900	2.200	2.700
4	0,1333	2.700	1.467	1.233
5	0,0667	1.233	733	500

➢ Die geometrisch degressive Abschreibung

Sie ist durch die Konstanz der Quotienten zweier aufeinander folgender Abschreibungskoeffizienten gekennzeichnet, d.h. es gilt

$$\frac{a_{t+1}}{a_t} = q \text{ für } t = 1, 2, \ldots, n\text{-}1 \text{ mit } 0 < q < 1.$$

In der Buchführungspraxis findet hauptsächlich eine Sonderform der geometrischen Abschreibung Anwendung, bei der die periodischen Abschreibungsbeträge mit einem konstanten Abschreibungssatz p $(0 < p < 1)$ vom jeweiligen Restbuchwert B_t $(t = 0, 1, \ldots, n\text{-}1)$ errechnet werden. Das bedeutet, man unterstellt zwar eine endliche Nutzungsdauer, legt aber bei der Ermittlung der Abschreibungsbeträge das Bildungsgesetz der unendlichen geometrischen Reihe zu Grunde. Das lässt sich durch nachfolgende Tabelle der Verläufe der Restbuchwerte und der Abschreibungen verdeutlichen.

t	Abschreibungen	Restbuchwerte
0		$B_0 = G$
1	$A_1 = G \cdot p = B_0 \cdot p$	$B_1 = B_0 - A_1 = B_0 - B_0 \cdot p = B_0 \cdot (1-p)$
2	$A_2 = B_1 \cdot p = B_0 \cdot (1-p) \cdot p$	$B_2 = B_1 - A_2 = B_0 \cdot (1-p) - B_0 \cdot (1-p) \cdot p$
		$= B_0 \cdot (1-p)^2$
.	.	.
.	.	.
.	.	.
n	$A_n = B_{n-1} \cdot p = B_0 \cdot (1-p)^{n-1} \cdot p$	$B_n = B_{n-1} - A_n = B_0 \cdot (1-p)^n$

Die Tabelle zeigt, dass bei dieser Form der geometrisch degressiven Abschreibung ein Restbuchwert $B_n = 0$ nicht erreicht wird. Diesen Nachteil versucht man dadurch zu vermeiden, dass eine Abschreibungsreihe konstruiert wird, bei der die Abschreibungssumme auf die Abschreibungsdauer so verteilt wird, dass am Ende der Abschreibungsdauer der

Restbuchwert dem Restwert der Anlage entspricht. Das bedeutet, man ermittelt aus der Beziehung

$$B_n = B_0 \cdot (1 - p)^n = G \cdot (1 - p)^n$$

den Abschreibungsprozentsatz p als[45]

$$p = 1 - \sqrt[n]{\frac{B_n}{G}}.$$

Beispiel:

Anschaffungskosten G = € 200.000,-, Nutzungsdauer n = 4. Es soll der Abschreibungsplan für zwei Alternativen A und B erstellt werden. Im Fall der Alternative A beläuft sich der Restwert auf € 81.920,- und bei der Alternative B auf € 25.920,-.

Für die Alternative A errechnet sich der Abschreibungssatz p als

$$p = 1 - \sqrt[4]{\frac{81.920}{200.000}} = 1 - 0{,}8 = 0{,}2$$

und für die Alternative B als

$$p = 1 - \sqrt[4]{\frac{25.920}{200.000}} = 1 - 0{,}6 = 0{,}4 \cdot$$

Daraus ergibt sich folgender Abschreibungsplan:

t	Alternative A		Alternative B	
	$A_t = B_{t-1} \cdot p$	$B_t = B_{t-1} - A_t$	$A_t = B_{t-1} \cdot p$	$B_t = B_{t-1} - A_t$
0		200.000		200.000
1	40.000	160.000	80.000	120.000
2	32.000	128.000	48.000	72.000
3	25.600	102.400	28.800	43.200
4	20.480	81.920	17.280	25.920

Durch vorstehendes Beispiel wird verdeutlicht, dass bei gegebenem Anschaffungswert und gegebener Nutzungsdauer der Abschreibungssatz p und damit die Degression der Abschreibung allein vom Restwert (= Restbuchwert B_n) abhängt: p wird ceteris paribus umso größer, je kleiner B_n gewählt wird. Diesen Umstand macht man sich zu Nutze, um die Degression des Abschreibungsverlaufes zu mildern. Eine solche Milderung lässt sich erreichen, wenn der Anschaffungswert G und der Rest(buch-)wert B_n jeweils um den gleichen Betrag Z erhöht werden. Das hat zur Folge, dass der Wurzelwert größer und damit die Differenz aus „1 - Wurzelwert" kleiner wird. Als Zuschlag verwendet man häufig einen nicht abschreibungsfähigen Wert des Anlagevermögens, der mit

---

[45] Will man auf den Restbuchwert B_n = 0 abschreiben, setzt man entweder rechentechnisch B_n = 1 (Erinnerungswert) oder addiert im Zähler und Nenner der Wurzel einen fiktiven Betrag Z.

dem abzuschreibenden Vermögensgegenstand gekoppelt ist (z.B. die Verbindung des Wertes des abschreibungsfähigen Gebäudes mit dem zugehörigen Grundstück, das normalerweise nicht abgeschrieben wird[46]).

3. Abschreibung in steigenden Periodenbeträgen - progressive Abschreibung

Für die Abschreibung in steigenden Periodenbeträgen gelten die Aussagen zur degressiven Abschreibung analog. Aus dem Verhältnis der Abschreibungskoeffizienten

$$a_1 < a_2 < \dots < a_n$$

erhält man für die Abnahme der Restbuchwerte und für die Abschreibungsbeträge einen progressiven Verlauf.

b. Leistungsabhängige Abschreibung

Die leistungsabhängige Abschreibung ist dadurch charakterisiert, dass die periodischen Abschreibungsbeträge nach Maßgabe der anteiligen Inanspruchnahme des Leistungspotentials berechnet werden. Verbreitet ist die leistungsabhängige Abschreibung, bei der technische Einheiten zur Messung der Leistungsabgabe benutzt werden. Man spricht dann von der sog. mengenmäßigen Abschreibung. Bei der mengenmäßigen Abschreibung wird zunächst das Gesamtleistungspotential M des abzuschreibenden Vermögensgegenstandes in technischen Einheiten geschätzt (z.B. Stückzahl, Maschinenstunden, km-Leistung bei Kfz). Teilt man die Abschreibungssumme C durch dieses Gesamtleistungspotential M, dann erhält man den Abschreibungsbetrag pro Leistungseinheit. Dieser Abschreibungsbetrag pro Leistungseinheit ist mit der Leistung m_t der jeweiligen Periode t zu multiplizieren, um den Abschreibungsbetrag A_t der Periode zu erhalten. Es gilt also

$$A_t = \frac{C \cdot m_t}{M}, \ (t = 1, 2, \dots, n) \cdot$$

Beispiel:

Der Anschaffungswert einer Maschine, deren Gesamtleistung M während der Nutzungsdauer n=5 auf 100.000 Einheiten veranschlagt wird, beläuft sich auf € 85.000,-. Der Restwert nach Ablauf der Nutzungsdauer wird auf € 5.000,- geschätzt, so dass (85.000,- ./. 5.000,- =) € 80.000,- als Abschreibungssumme abzuschreiben sind.

Für den in nachstehender Tabelle angenommenen Verlauf der Periodenleistungen m_t ergeben sich die dort angegebenen Verläufe der Abschreibungsbeträge A_t sowie der Restbuchwerte B_t (= B_{t-1} - A_t).

---

[46]   Vgl. *Wöhe* [1990], S. 1066-1067.

t	m_t	A_t	B_t
0			85.000
1	35.000	28.000	57.000
2	25.000	20.000	37.000
3	20.000	16.000	21.000
4	12.000	9.600	11.400
5	8.000	6.400	5.000

In der Buchführungspraxis werden mitunter Kombinationen der genannten Abschreibungsverfahren verwendet. So ist es z.B. üblich, die degressive Buchwertabschreibung mit der linearen Abschreibung in der Weise zu kombinieren, dass man den jeweiligen Vermögensgegenstand erst degressiv abschreibt und in derjenigen Periode auf die lineare Abschreibung übergeht, in der die konstanten Abschreibungsbeträge größer werden als die degressive Buchwertabschreibung.[47]

III. Die Verbuchung der Abschreibung

Abschreibungen auf Einzelobjekte (selbständig verkehrsfähige Vermögensgegenstände) mit individueller Nutzungsdauer werden **Einzelabschreibungen** genannt. Fasst man mehrere oder alle Gegenstände einer Gattung mit etwa gleichen Nutzungsdauern (Nutzungsverläufen) zusammen, so werden darauf **Gruppenabschreibungen** vorgenommen.

In dem beschriebenen Sinn wird unter Abschreibung die Verbuchung eines Aufwands zu Lasten eines aktiven Bestandskontos verstanden. Man nennt diese Form der Abschreibung auch **bilanzielle Abschreibung**, im Unterschied zur **kalkulatorischen Abschreibung**. Der Begriff kalkulatorische Abschreibung bezeichnet die kostenmäßige bzw. statistische Erfassung und Verrechnung des betriebsbedingten Werteverzehrs mehrperiodig zu nutzender Vermögensgegenstände in der Kostenrechnung.

Buchtechnisch kann die Abschreibung nach der direkten oder nach der indirekten Methode vorgenommen werden.

a. Die direkte Abschreibung

Bei der direkten Abschreibung wird der jährliche Abschreibungsbetrag auf einem Abschreibungskonto (= Aufwandskonto) erfasst und unmittelbar auf dem Anlagekonto gegengebucht, dessen wertmäßiger Bestand abzuschreiben ist. Das Anlagekonto enthält als Saldo die um die Abschreibungen verminderten Buchwerte, d.h. die Restbuchwerte, und wird über das Schlussbilanzkonto abgeschlossen. Der Abschluss des Abschreibungskontos erfolgt über das Gewinn- und Verlustkonto.

---

[47] Vgl. *Wöhe* [1997], S. 422-450, insbes. S. 443 f. sowie S. 729 ff.

Die Anwendung der direkten Abschreibung wird im Allgemeinen für Kapital- und Personenhandelsgesellschaften für zulässig angesehen.

Beispiel:

Anschaffungskosten einer Maschine € 10.000,-. Geschätzte Nutzungsdauer 10 Jahre, Abschreibung in gleich bleibenden Jahresbeträgen, so dass die jährliche Abschreibung € 1.000,- beträgt. Es wird erstmalig abgeschrieben.

Buchungssätze:

(1) Verbuchung der direkten Abschreibung; (2)-(3) Abschlussbuchungen.

Nr.	Sollkonto	Betrag	Habenkonto
1	Abschr. auf Anlagen	1.000,-	Maschinen
2	SBK	9.000,-	Maschinen
3	GVK	1.000,-	Abschr. auf Anlagen

Kontenbild:

```
S           Maschinen        H   S        Abschr. auf Anlagen       H
       10.000,-  (1)    1.000,-   (1)      1.000,-  (3)     1.000,-
                 (2)    9.000,-


S              SBK          H   S              GVK              H
(2)       9.000,-  |           (3)      1.000,-  |
```

b. Die indirekte Abschreibung

Bei der indirekten Abschreibung wird die Gegenbuchung zum Abschreibungskonto nicht auf dem Konto des abzuschreibenden Vermögensgegenstandes, sondern auf einem **Wertberichtigungskonto** (= Passivkonto) vorgenommen. Die aktivierten Anschaffungs- oder Herstellungskosten erscheinen daher während der gesamten Nutzungsdauer unverändert in der Bilanz. Sie werden durch das auf der Passivseite geführte Wertberichtigungskonto korrigiert. Im Gegensatz zur direkten Abschreibung weist die indirekte Abschreibung auf der Aktivseite die Anschaffungs- bzw. Herstellungskosten und auf der Passivseite als „Wertberichtigung auf Anlagen" die bisher vorgenommenen kumulierten Abschreibungen aus.

Die indirekte Abschreibung ist für Kapitalgesellschaften und ihnen gleichgestellten Personenhandelsgesellschaften grundsätzlich unzulässig. Stattdessen müssen mittelgroße und große Kapitalgesellschaften nach § 268,2 HGB ein Anlagegitter (auch Anlagespiegel genannt) erstellen.[48] Das bedingt bei der laufenden Verbuchung grundsätzlich den Einsatz der direkten Abschreibung, so dass in der Bilanz keine Passivposten als Wertberichtigungen ausgewiesen werden. Ausnahmefälle der

---

[48] Vgl. hierzu im Einzelnen *Busse von Colbe/Pellens* [1998], S. 32-40.

Anwendung der indirekten Abschreibung sind in § 247,3 i.V.m. § 273 HGB zu sehen, in denen in der Handelsbilanz Abschreibungen nach steuerlichen Vorschriften erfolgen.[49] Kleine Kapitalgesellschaften sind nach § 274a, Nr. 1 HGB von der Pflicht, ein Anlagegitter zu erstellen, befreit.

Beispiel:

Es wird das vorstehende Beispiel der direkten Abschreibungsverbuchung verwendet.

Buchungssätze:

(1) Verbuchung der indirekten Abschreibung; (2)-(4) Abschlussbuchungen

Nr.	Sollkonto	Betrag	Habenkonto
1	Abschr. auf Anlagen	1.000,-	Wertber. auf Anlagen
2	SBK	10.000,-	Maschinen
3	Wertber. auf Anlagen	1.000,-	SBK
4	GVK	1.000,-	Abschr. auf Anlagen

Kontenbild:

```
S        Maschinen        H   S      Abschr. auf Anlagen      H
      10.000,-|(2)  10.000,-   (1)   1.000,-  |(4)    1.000,-


             S    Wertber. auf Anlagen    H
             (3)        1.000,-|(1)   1.000,-


S          SBK          H   S          GVK          H
(2)   10.000,-|(3)  1.000,-  (4)   1.000,-|
```

Der Vorteil der indirekten Abschreibung wird in der größeren Bilanzklarheit gesehen, da bei dieser Methode die aktivierten Anschaffungs- oder Herstellungskosten während der gesamten Nutzungsdauer in unveränderter Höhe ausgewiesen werden und die Höhe des passiven Wertberichtigungspostens Rückschlüsse auf das Alter der Anlagen erlaubt. Der Nachteil der indirekten Methode besteht darin, dass die Bilanz nicht die aktuellen Restbuchwerte unmittelbar ausweist. Da der Wertberichtigungsposten regelmäßig eine Vielzahl von Einzelpositionen korrigiert, ist eine direkte Zuordnung der Wertberichtigung und damit eine Restbuchwertbestimmung einzelner Vermögensgegenstände des Anlagevermögens bei der indirekten Methode der Abschreibung nicht oder nur schwer möglich.

---

49   Vgl. 2. Hauptteil, N, III.

Die Bilanzgliederung des § 266 HGB sieht daher im Allgemeinen keine Wertberichtigungen auf das Anlagevermögen auf der Passivseite vor.[50] Die dadurch möglicherweise eintretende Beeinträchtigung des Grundsatzes der Bilanzklarheit wird durch die Vorschrift des § 268,2 HGB verhindert, indem die Aufstellung eines sog. **Anlagegitters** zur Pflicht gemacht wird. Im Anlagegitter sind u.a. die Abschreibungen in ihrer gesamten Höhe aufzuführen. Aus § 268,2 HGB geht hervor, dass die Abschreibungen aktivisch abzusetzen sind.

Abschließend ist jedoch darauf zu verweisen, dass die §§ 266 und 268 HGB ergänzende Vorschriften für Kapitalgesellschaften und Personenhandelsgesellschaften i.S.d. § 264a HGB sind. Einzelkaufleute und Personenhandelsgesellschaften, die nicht wenigstens eine natürliche Person als Vollhafter haben, sind im Allgemeinen von diesen Bestimmungen nicht betroffen. Für sie bleibt die Möglichkeit offen, zwischen der direkten und indirekten Abschreibungsmethode zu wählen.

IV. Buchmäßige Konsequenzen einer Fehleinschätzung der Nutzungsdauer

Die für die Festlegung der planmäßigen Abschreibung maßgebliche Nutzungsdauer lässt sich nicht exakt vorausbestimmen. Daher haben Nutzungsdauerschätzungen nach § 252,1 Nr.4 HGB vorsichtig zu erfolgen. Erlangt der Bilanzierende während der Nutzungszeit bessere Erkenntnisse über die tatsächliche bzw. zu erwartende Nutzungsdauer, so stellt sich die Frage nach einer Korrektur der ursprünglichen planmäßigen Abschreibung. Eine Korrektur der planmäßigen Abschreibung kann aus der Sicht der GoB geboten oder nur zulässig sein. Eine nachträgliche Änderung des Abschreibungsplans widerspricht dem Grundsatz der materiellen Kontinuität, denn mit Planänderungen wird die Bewertungsstetigkeit durchbrochen. Der § 252,2 HGB erlaubt nur in begründeten Ausnahmen, von dem Prinzip der Bewertungsstetigkeit abzuweichen, so dass an die Notwendigkeit bzw. Zulässigkeit von Planänderungen strenge Anforderungen zu stellen sind. Sie ist nach herrschender Auffassung immer dann geboten, wenn nach dem bisherigen Abschreibungsplan die ersten Nutzungsjahre so mit Abschreibungsaufwand belastet werden, dass dadurch ein falsches Bild von der Lage des Unternehmens entsteht

---

[50] Nur in den Ausnahmefällen des § 281,1 HGB, d.h. in den Fällen, in denen Abschreibungen in der Handelsbilanz auf Grund steuerlicher Vorschriften vorgenommen werden, ist die Bildung eines Wertberichtigungspostens in Höhe der Differenz zwischen dem handelsrechtlich gebotenen (§ 253,2 und 3 i.V.m. § 279 HGB) und dem steuerrechtlich zulässigen (§ 254 i.V.m. § 279 HGB) Wertansatz erlaubt. Der Ausweis des Unterschiedsbetrages hat unter der Position „Sonderposten mit Rücklageanteil" zu erfolgen. Die Bildung einer solchen Wertberichtigung hat zum Ziel, die stillen Rücklagen aus steuerlichen Abschreibungen offen zu legen. Zur Verbuchung der Sonderposten mit Rücklageanteil s. Zweiter Hauptteil, N, III.

(§§ 243, 264 HGB). Eine Änderung des Abschreibungsplans ist daher handelsrechtlich notwendig, wenn aufgrund neuer Erkenntnisse die Abweichungen vom ursprünglichen Plan wesentlich sind.

Die Beantwortung der Frage nach der Zulässigkeit einer Änderung des Abschreibungsplans ist mit der Ursache der Planänderung verbunden. Grundsätzlich kann eine Planänderung dazu dienen, entweder eine zu kurz oder zu lang eingeschätzte Nutzungsdauer zu korrigieren. Wurde die Nutzungsdauer als zu kurz angenommen, hat das zur Konsequenz, dass die Abschreibungen in der Vergangenheit zu hoch waren und der Restbuchwert zu niedrig ist. Es liegt also eine Unterbewertung vor. Wird der ursprüngliche Abschreibungsplan unverändert beibehalten, ist der abzuschreibende Vermögensgegenstand zu jedem Zeitpunkt der Abschreibungszeit niedriger bewertet als bei einer Berichtigung des Abschreibungsplans. Nach herrschender Auffassung wird in einem solchen Fall die Beibehaltung der Unterbewertung durch eine Nichtänderung des Abschreibungsplans unter dem Aspekt der vorsichtigen Bewertung für vertretbar gehalten, so dass in all den Fällen, in denen durch die Beibehaltung des Abschreibungsplans kein völlig falsches Bild von der Lage des bilanzierenden Unternehmens entsteht, ein Beibehaltungswahlrecht gegeben ist.

Die Möglichkeit der Beibehaltung des ursprünglichen Abschreibungsplans gilt nicht für den Fall der Überbewertung, bei dem die Restbuchwerte wegen der zu geringen Abschreibungen in der Vergangenheit zu hoch sind. Überbewertungen verstoßen in diesem Zusammenhang grundsätzlich gegen das Realisationsprinzip sowie das Prinzip der vorsichtigen Bewertung. Sie sind somit unzulässig. In wesentlichen Fällen besteht hier eine Pflicht zur Änderung des Abschreibungsplans und damit zur Abwertung.

Auf die buchmäßigen Konsequenzen einer Änderung des Abschreibungsplans ist im Folgenden näher einzugehen. Hierbei wird von einer abzuschreibenden Anlage mit einer Abschreibungssumme von € 12.000,-, einer geplanten Nutzungsdauer von acht Jahren und einer linearen Abschreibung ausgegangen.

Unterfall 1: Abschreibungsdauer wurde zu lang geschätzt

Am Ende des vierten Jahres beläuft sich der Restbuchwert nach dreimaliger Abschreibung auf:

	Abschreibungssumme	€ 12.000,-
./.	Planmäßige Abschreibungen der ersten drei Jahre	€ 4.500,-
=	Restbuchwert	€ 7.500,-

Nach dem ursprünglichen Abschreibungsplan müssten in den folgenden fünf Jahren jeweils € 1.500,- planmäßig abgeschrieben werden. Im vierten Jahr zeigt sich aber, dass mit einer Verkürzung der Nutzungsdauer von acht Jahren auf sechs Jahren zu rechnen ist. Es liegt hier der Fehler einer ursprünglich zu niedrig berechneten planmäßigen Abschreibung vor. Die buchhalterischen Konsequenzen einer aus der Fehleinschätzung der Abschreibungsdauer resultierenden zu niedrigen planmäßigen Abschreibungsverrechnung werden in der Literatur nicht einheitlich beurteilt. Nach einer verbreiteten Meinung ist die Korrektur als „Berichtigung der (kumulierten) planmäßigen Abschreibung" anzusehen.[51] Nach dieser Auffassung sind die berichtigten planmäßigen Abschreibungen unter Zugrundelegung der korrigierten Gesamtnutzungsdauer von sechs Jahren mit (12.000 : 6 =) € 2.000,- anzusetzen. In den ersten drei Jahren wurden also jeweils € 500,- zu wenig abgeschrieben. Diese sind als außerplanmäßige Abschreibungen nachzuholen. Am Ende des vierten Jahres ist somit zu buchen:

(1) Außerplanmäßige Abschreibungen:
    Abschreibungen auf Anlagen   an Anlagen € 1.500,-
(2) Planmäßige Abschreibungen:
    Abschreibungen auf Anlagen   an Anlagen € 2.000,-

Der korrigierte Abschreibungsplan hat dann folgendes Aussehen:

	Restbuchwert am Ende des dritten Jahres	€	7.500,-
./.	Außerplanmäßige Abschreibung	€	1.500,-
./.	Planmäßige Abschreibung	€	2.000,-
=	Restbuchwert am Ende des vierten Jahres	€	4.000,-
./.	Planmäßige Abschreibung	€	2.000,-
=	Restbuchwert am Ende des fünften Jahres	€	2.000,-
./.	Planmäßige Abschreibung	€	2.000,-
=	Restbuchwert am Ende des sechsten Jahres	€	0,-

Nach der hiervon abweichenden Auffassung wird die außerplanmäßige Abschreibung unterlassen. Die erforderliche Korrektur wird in der Weise vorgenommen, dass die Berichtigung der überhöhten Restbuchwerte allein sukzessiv im Wege erhöhter planmäßiger Abschreibungen während der Restnutzungsdauer erfolgt.[52] Für vorstehendes Beispiel würde

---

[51] Vgl. *Beck'scher Bilanz-Kommentar* [2003], § 253 HGB, Rn. 260.

[52] Begründet wird diese Auffassung mit dem Hinweis, dass eine außerplanmäßige Abschreibung nach § 253,2 S. 3 HGB zu erfolgen habe, die an das Vorliegen eines niedrigeren beizulegenden Wertes zum Abschlussstichtag geknüpft sei. Diese Voraussetzung wird von den Verfechtern einer solchen Vorgehensweise nicht in jedem Fall gesehen, in dem die Nutzungsdauer als zu lang geschätzt wurde (vgl. *Adler/Düring/Schmaltz* [1995], § 253 HGB, Rn. 424). Dieser Argumentation widerspricht *Ballwieser:* „.... die Aufgabe der außerplanmäßigen Abschreibung bei abnutzbaren Vermögensgegenständen des Anlagevermögens (kann) nur darin bestehen, Anpassungen an solche Sachverhalte vorzunehmen, die man schon bei der erstmaligen Planaufstellung berücksichtigt hätte, sofern sie bekannt gewesen wären (hiermit sind selbstverständlich keine außerplanmäßigen Abschreibungen nach § 253 Abs. 4 gemeint). Der beizulegende Wert ist dann ein 'Abschreibungskorrekturwert'. Er ergibt sich aus dem neuen Abschreibungsplan, der die bei Zugang des Vermögensgegenstandes unerwarteten Sachverhalte (verkürzte

das bedeuten, dass der Restbuchwert von € 7.500,- auf die Restnutzungsdauer von drei Jahren mit jährlich € 2.500,- abzuschreiben ist. Diese Vorgehensweise ist kritisierbar, da sie dem Realisationsprinzip widerspricht.[53]

Unterfall 2: Abschreibungsdauer wurde zu kurz geschätzt

Wurde die Nutzungsdauer zu kurz geschätzt, ist eine Planänderung - wie ausgeführt - nur dann zwingend geboten, wenn mit der Beibehaltung des bisherigen Abschreibungsplans gegen die Aufstellungsgrundsätze in den §§ 243 und 264 HGB verstoßen würde. Ansonsten gilt die Regel: Bei einer erwarteten Nutzungsdauerverlängerung darf der Abschreibungsplan korrigiert werden. Wird der Abschreibungsplan im Falle einer Zukurzschätzung der Nutzungsdauer korrigiert, so besteht Einigkeit über die Vorgehensweise. Es wird der sich nach dem bisherigen Abschreibungsplan ergebende Restbuchwert auf die neue, längere Restnutzungszeit verteilt. Stellt sich also in dem hier behandelten Beispiel im vierten Nutzungsjahr heraus, dass mit einer Verlängerung der Nutzungsdauer von acht Jahren auf elf Jahre zu rechnen ist, dann wäre der Restbuchwert des dritten Abschreibungsjahres in Höhe von € 7.500,- nicht mehr auf fünf, sondern auf acht Jahre zu verteilen. Das ergäbe eine korrigierte jährliche planmäßige Abschreibung von € 937,50.

V. Die Behandlung der Restbuchwerte beim Ausscheiden von Gegenständen des materiellen Anlagevermögens

Anlageabgänge betreffen sowohl das Ausscheiden nach Vollabschreibung als auch die Veräußerung bei einem noch vorhandenen Restbuchwert. Im Fall des Vorhandenseins eines Restbuchwertes sind drei Möglichkeiten zu unterscheiden:

- Verkauf zum Buchwert,
- Verkauf über Buchwert,
- Verkauf unter Buchwert.

Bei der buchmäßigen Abwicklung dieser Möglichkeiten soll im Folgenden von einem aktivierten Anschaffungswert einer Anlage von € 80.000,- ausgegangen werden, auf die insgesamt € 70.000,- bereits abgeschrieben worden sind. Der Verkaufserlös geht auf dem Bankkonto ein. Der USt-Satz beläuft sich auf 15 %.

Nutzungsdauer   oder niedrigere Gesamtleistung) berücksichtigt." (*Ballwieser* [1986], S. 37-38.)

[53]   Vgl. *Moxter* [1986], S. 55.

➤ Verkauf zum Buchwert

Bei einem Verkauf zum Buchwert stimmen Restwert und Nettoerlös überein. Der Abgang des Vermögensgegenstandes stellt einen erfolgsneutralen Vorgang dar. Auf dem Bankkonto gehen € 10.000,- zuzüglich 15 % USt ein.

➤ Verbuchung bei direkter Abschreibungsverrechnung

Buchungssatz:

Sollkonto	Betrag	Habenkonto
Bank	11.500,-	
	10.000,-	Anlagen
	1.500,-	Umsatzsteuer

Kontenbild:

S	Bank	H	S	Anlagen	H	S	Umsatzsteuer	H
11.500,-			AB 10.000,-	10.000,-			1.500,-	

➤ Verbuchung bei indirekter Abschreibungsverrechnung

Buchungssätze:

(1) Verbuchung des Abgangs, (2) Ausbuchung des Restbuchwertes.

Nr.	Sollkonto	Betrag	Habenkonto
1	Bank	11.500,-	
		10.000,-	Anlagen
		1.500,-	Umsatzsteuer
2	Wertberichtigung a. A.	70.000,-	Anlagen

Kontenbild:

S	Anlagen	H	S	Wertberichtigung a. A.	H
AB 80.000,-	(1) 10.000,-		(2) 70.000,-	AB 70.000,-	
	(2) 70.000,-				

S	Bank	H	S	Umsatzsteuer	H
(1) 11.500,-				(1) 1.500,-	

➤ Verkauf über Buchwert

Wenn ein Gegenstand zu einem Preis über Buchwert verkauft wird, waren die insgesamt vorgenommenen Abschreibungen zu hoch. Dadurch wurden stille Rücklagen gebildet.[54] Da die vergangenen Perioden bereits abgeschlossen sind,

---

54   Die beim Verkauf eines Anlagegegenstandes über dessen Restbuchwert zu realisierenden stillen Rücklagen können steuerrechtlich zum Zwecke der Erfolgsneutralisierung in den Fällen des § 6b EStG und R und H 35 EStR auf einen Ersatzvermögensgegenstand übertragen werden. Die übertragenen

erfolgt die Korrektur des zu hoch verrechneten Aufwands durch die Verbuchung des Ertrags aus dem Abgang des Gegenstandes als sonstiger betrieblicher Ertrag. Es wird davon ausgegangen, dass der Verkaufspreis € 12.000,- zuzüglich 15 % USt beträgt.

➤ Verbuchung bei direkter Abschreibungsverrechnung

Buchungssatz:

Sollkonto	Betrag	Habenkonto
Bank	13.800,-	
	10.000,-	Anlagen
	1.800,-	Umsatzsteuer
	2.000,-	Sonstiger betr. Ertrag

Kontenbild:

S	Anlagen	H		S	Sonst. betr. Ertrag	H
AB	10.000,-	10.000,-				2.000,-

S	Bank	H		S	Umsatzsteuer	H
	13.800,-					1.800,-

➤ Verbuchung bei indirekter Abschreibungsverrechnung

Buchungssätze:

(1) Verbuchung des Abganges, (2) Ausbuchung des Restbuchwertes.

Nr.	Sollkonto	Betrag	Habenkonto
1	Bank	13.800,-	
		10.000,-	Anlagen
		1.800,-	Umsatzsteuer
		2.000,-	Sonst. betriebl. Ertrag
2	Wertberichtigung a. A.	70.000,-	Anlagen

Kontenbild:

S	Anlagen	H		S	Wertberichtigung a. A.	H
AB	80.000,-	(1) 10.000,-		(2) 70.000,-	AB 70.000,-
		(2) 70.000,-			

---

stillen Rücklagen sind handelsrechtlich in den Sonderposten mit Rücklageanteil (vgl. 2. Hauptteil, N, III) einzustellen. Durch die Übertragung der stillen Rücklagen auf einen Ersatzvermögensgegenstand vermindert sich die Abschreibungssumme desselben um diesen Betrag, was dazu führt, dass sich die Auflösung der stillen Rücklagen auf die Nutzungsdauer des ersatzbeschafften Vermögensgegenstandes verteilt.

```
    S           Sonst. betr. Ertrag          H
                        |(1)        2.000,-
```

```
S           Bank          H  S         Umsatzsteuer         H
(1)      13.800,- |                         |(1)        1.800,-
```

➤ Verkauf unter Buchwert

Werden abnutzbare Gegenstände des Anlagevermögens unter ihrem Buchwert veräußert, dann bedeutet das, dass die bisherigen Abschreibungsverrechnungen zu niedrig waren. Der in den Vorperioden zu niedrig angesetzte Abschreibungsaufwand wird zu Lasten des aktiven Bestandskontos des Vermögensgegenstandes als sonstiger betrieblicher Aufwand nachgeholt. Es wird unterstellt, dass der Verkauf der Anlage nur zu einem Verkaufspreis von € 8.000,- zuzüglich 15 % USt möglich ist.

➤ Verbuchung bei direkter Abschreibungsverrechnung

Buchungssätze:

(1) Verbuchung des Abgangs, (2) Ausbuchung des Restbuchwertes.

Nr.	Sollkonto	Betrag	Habenkonto
1	Bank	9.200,-	
		8.000,-	Anlagen
		1.200,-	Umsatzsteuer
2	Sonst. betr. Aufwand	2.000,-	Anlagen

Kontenbild:

```
S           Anlagen          H  S      Sonst. betr. Aufwand      H
AB       10.000,- |(1)     8.000,-  (2)     2.000,- |
                  |(2)     2.000,-
```

```
S           Bank          H  S         Umsatzsteuer         H
(1)       9.200,- |                        |(1)        1.200,-
```

➤ Verbuchung bei indirekter Abschreibungsverrechnung

Buchungssätze:

(1) Verbuchung des Abgangs, (2) Ausbuchung des Restbuchwertes.

Nr.	Sollkonto	Betrag	Habenkonto
1	Bank	9.200,-	
		8.000,-	Anlagen
		1.200,-	Umsatzsteuer
2	Sonstiger betr. Aufwand	2.000,-	
	Wertberichtigung a. A.	70.000,-	
		72.000,-	Anlagen

Kontenbild:

```
S          Anlagen        H   S      Wertberichtigung a. A.      H
AB    80.000,- (1)    8.000,-   (2)    70.000,- AB        70.000,-
               (2)   72.000,-
```

```
        S      Sonst. betr. Aufwand        H
        (2)        2.000,- |
```

```
S         Bank         H   S        Umsatzsteuer          H
(1)    9.200,- |                   (1)         1.200,-
```

F. Die Verbuchung von Abschreibungen auf das Vorratsvermögen

I. Der Begriff „Abschreibungen auf das Vorratsvermögen" und die Abschreibungsursachen

Mit dem Begriff „Vorratsvermögen" werden Vermögensgegenstände des Umlaufvermögens bezeichnet, die verbraucht oder weiterveräußert werden sollen. Nach § 266,2 HGB zählen zum Vorratsvermögen u.a.

* Roh-, Hilfs- und Betriebsstoffe,

* unfertige Erzeugnisse (= Halberzeugnisse = Produkte, für deren Herstellung Aufwände entstanden sind, die aber aus der Sicht des Bilanzierenden noch keine fertigen Erzeugnisse darstellen) und Fertigerzeugnisse,

* Waren.

Handelsbetriebe sind dadurch gekennzeichnet, dass die erworbenen Gegenstände des Vorratsvermögens unverändert weiterveräußert werden. In einem Industriebetrieb durchlaufen die beschafften Güter des

Vorratsvermögens - außer evtl. bezogener und zur Weiterveräußerung bestimmter Waren - einen „Produktion" genannten physischen Umwandlungsprozess, bevor sie als „neue" Produkte (in veränderter Form) abgesetzt werden. Gegenstände des Vorratsvermögens unterliegen daher keiner regelmäßigen Wertminderung durch Abnutzung. Sie werden nur einmal genutzt, und zwar entweder beim Produktionsprozess als Roh-, Hilfs- und Betriebsstoffe durch Umformung zu Fertigfabrikaten oder als Fertigfabrikate und Waren im Absatzprozess durch Umsatz am Markt. Bei den Abschreibungen auf Vorräte handelt es sich somit um außerplanmäßige Abschreibungen. Sie beinhalten ihrer Natur nach nicht eine Fortschreibung der historischen Anschaffungswerte, sondern sie bedeuten eine Bilanzierung des Vorratsvermögens zu niedrigeren **Zeitwerten**. Man spricht daher auch in dem Zusammenhang vom **Niederstwertprinzip**.

Außerplanmäßige Abschreibungen auf das Vorratsvermögen erfolgen gem. der Regelung des Prinzips der verlustfreien Bewertung in § 253 HGB. Nach § 253,1 HGB sind die Vermögensgegenstände des Vorratsvermögens höchstens zu den Anschaffungs- oder Herstellungskosten anzusetzen. Auf diese Ausgangswerte **müssen** gem. § 253,3 S. 1 und 2 HGB Abschreibungen auf den niedrigeren Zeitwert (= aus Börsen- oder Marktpreis abgeleiteter bzw. beizulegender Wert) vorgenommen werden. Nach Abs. 3 Satz 3 dieses Paragraphen **können** wahlweise auch Abschreibungen wegen zukünftiger Wertschwankungen erfolgen. Nicht-Kapitalgesellschaften und nicht von § 264a HGB betroffene Personenhandelsgesellschaften dürfen daneben noch Abschreibungen im Rahmen vernünftiger kaufmännischer Beurteilung (= Ermessensabschreibung nach § 253,4 HGB; s. auch § 279,1 S. 1 HGB) vornehmen. Zusätzlich dürfen die aktivierten Anschaffungs- oder Herstellungskosten nach § 254, S. 1 HGB um nur steuerlich zulässige Abschreibungen gekürzt werden.[55]

---

[55] Bei Kapitalgesellschaften und Personenhandelsgesellschaften i.S.d. § 264a HGB ist die Berücksichtigung steuerrechtlich zulässiger Abschreibungen nach § 279,2 HGB auf solche beschränkt, deren Anerkennung das Steuerrecht bei der steuerlichen Gewinnermittlung davon abhängig macht, dass sie sich aus der Handelsbilanz ergeben. Man spricht bezüglich dieser Regelung auch vom **umgekehrten Maßgeblichkeitsprinzip**. Hierfür ist folgendes bedeutsam:

Verstößt die Handelsbilanz nicht gegen zwingende steuerrechtliche Vorschriften, so ist diese auch Grundlage für die steuerliche Gewinnermittlung. Lässt das Steuerrecht mehrere Bewertungsmöglichkeiten - die auch handelsrechtlich erlaubt sind - zu, muss der in der Handelsbilanz gewählte Wert angesetzt werden (= Maßgeblichkeitsprinzip der Handelsbilanz für die Steuerbilanz).

Die Umkehrung des Maßgeblichkeitsprinzips erfolgt durch steuerrechtliche Vorschriften deswegen, weil die Inanspruchnahme der meist wirtschaftspolitisch bedingten Steuervergünstigungen davon abhängig gemacht wird, dass die entsprechenden für die Steuerbilanz zum Zwecke der Steuerer-

Mit der Anwendung der handelsrechtlichen Niederstwertregelung sind folgende Grundsatzprobleme verbunden:

(1) Die inhaltliche Konkretisierung der Begriffe „Börsenpreis", „Marktpreis" und „beizulegender Wert".

(2) Die Bestimmung des bewertungsrelevanten Marktes.

(3) Die Bedeutung des bewertungsrelevanten Zeitpunktes.

Zu (1): Die inhaltliche Konkretisierung der Begriffe „Börsenpreis", „Marktpreis" und „beizulegender Wert"

Die in § 253,3 HGB genannten drei Wertmaßstäbe „Börsenpreis", „Marktpreis" und „beizulegender Wert" stellen unbestimmte Rechtsbegriffe dar. Sie können grundsätzlich der Preisentwicklung auf dem Absatz- wie dem Beschaffungsmarkt entnommen sein.

- **Börsenpreis.** Es gilt der an der Börse bei tatsächlichen Umsätzen im amtlichen oder freien Verkehr eingestellte Preis. Da Börsenkurse erhebliche Schwankungen aufweisen können, stellt sich die Frage, ob der zufällige Stichtagskurs oder ein Durchschnittskurs bewertungsrelevant ist. In der Literatur wird aus dem Prinzip der vorsichtigen Bewertung heraus gefordert, bei einem im Verhältnis zum Durchschnittskurs niedrigeren Stichtagskurs diesen Wert und bei einem höheren Stichtagskurs den niedrigeren Durchschnittskurs als Zeitwert anzusetzen.

- **Marktpreis.** Als Markt kommt grundsätzlich der für das bilanzierende Unternehmen maßgebliche Handelsplatz in Betracht. Der Marktpreis ist der Preis, der zu einem bestimmten Zeitpunkt oder während eines Zeitabschnitts als Durchschnitt für Waren einer bestimmten Gattung von durchschnittlicher Art und Güte bezahlt wird. Eine amtliche Feststellung ist nicht erforderlich.

- **Beizulegender Wert.** Je nachdem, ob die Bewertung unter Beachtung des Beschaffungs- oder Absatzmarktes vorzunehmen ist, kommen im Falle des Beschaffungsmarktes der Wiederbeschaffungs- bzw. Reproduktionskostenwert und im Falle des Absatzmarktes der Verkaufswert (Verkaufspreis abzüglich der bis zum Verkauf noch anfallenden Aufwände) in Frage.

Der Begriff Börsen- oder Marktpreis setzt voraus, dass tatsächliche Umsätze stattgefunden haben. Diese Anforderung erklärt die in § 253,3

---

sparnis oder Steuerverschiebung gewählten Bilanzansätze zuvor in der Handelsbilanz eingestellt worden sind und so das Prinzip der Abhängigkeit der Steuerbilanz von der Handelsbilanz gewahrt wird. (s. 2. Hauptteil, N, I-II).

Nach Einfügung des § 5,1 S.2 in das EStG sind für die nach dem 31.12.1989 endenden Wirtschaftsjahre alle steuerrechtlichen Wahlrechte in Übereinstimmung mit der Handelsbilanz auszuüben. Die Einschränkung des § 279,2 HGB ist somit gegenwärtig ohne praktische Bedeutung. Vgl. *Adler/Düring/Schmaltz* [1995], Teilband 5 (1997), § 279 HGB, Rn. 19 u. 20.

HGB vorgegebene Reihenfolge, wonach vorrangig die konkreten Börsen-
oder Marktpreise und ersatzweise der weniger konkrete beizulegende
Wert bei der Bilanzierung heranzuziehen sind. Nach dem Wortlaut des
§ 253,3 HGB sind nicht die Börsen- oder Marktpreise an sich, sondern
die aus diesen abgeleiteten Werte zu bilanzieren. Der abzuleitende Wert
ergibt sich aus dem Börsen- oder Marktpreis durch die Hinzurechnung
der Anschaffungsnebenkosten (= Bewertung vom Beschaffungsmarkt
her) oder durch Abzug von Verkaufsaufwendungen (= Bewertung vom
Absatzmarkt her).

Zu (2): Die Bestimmung des bewertungsrelevanten Marktes

Sinn und Zweck der Abschreibungen auf das Vorratsvermögen ist, die
Vermögensgegenstände des Vorratsvermögens durch den Ansatz von
Zeitwerten so zu bewerten, dass die spätere Verwertung bzw. Veräußerung dieser Vermögensgegenstände verlustfrei erfolgt. In der Literatur
ist in dem Zusammenhang eine umfangreiche Diskussion darüber geführt worden, ob bei der Ermittlung der Zeitwerte **nur** der Absatzmarkt
oder sowohl der Absatz- wie der Beschaffungsmarkt heranzuziehen
sind.[56] Nach der überwiegenden Meinung wird die Aufgabe der handelsrechtlichen Niederstwertregelung so gedeutet, dass mit ihr drohende
Verlustgefahren aus Wertminderungen zu erfassen seien, die von der
Beschaffungs- wie der Absatzseite her drohen. Es haben sich hinsichtlich der Maßgeblichkeit des bewertungsrelevanten Marktes folgende
Grundsätze herausgebildet:[57]

➢ Maßgeblichkeit des **Beschaffungsmarktes**
- Roh-, Hilfs- und Betriebsstoffe,
- unfertige und fertige Erzeugnisse, soweit auch Fremdbezug möglich wäre.

➢ Maßgeblichkeit des **Absatzmarktes**
- Unfertige und fertige Erzeugnisse, unfertige Leistungen,
- Überbestände an Roh-, Hilfs- und Betriebsstoffen,
- Wertpapiere.

➢ Maßgeblichkeit des niedrigeren Wertes auf **Beschaffungs- oder Absatzmarkt** (= doppelte Maßgeblichkeit oder doppeltes Niederstwertprinzip)

---

[56] So sprechen sich für die vorrangige Berücksichtigung des Absatzmarktes
Koch (*Koch* [1957]) und im Anschluss an *Koch Leffson* (*Leffson* [1987],
S. 421-426) sowie *Baetge* (*Baetge* [1994], S. 264-269) aus. *Leffson* lässt die
Berücksichtigung des Beschaffungsmarktes hilfsweise dann zu, wenn eine
Unternehmung wirtschaftlich gezwungen ist, Rohstoffe auf dem Beschaf-
fungsmarkt abzusetzen (s. ebenda, S. 425-426).

[57] Vgl. *Beck*'scher Bilanz-Kommentar [2003], § 253 HGB, Rn. 516-520; *Ad-
ler/Düring/Schmaltz* [1995], § 253 HGB, Rn. 488-489.

- Handelswaren,
- Überbestände an unfertigen und fertigen Erzeugnissen.

Zu (3): Die Bedeutung des bewertungsrelevanten Zeitpunktes

Die §§ 253,3 und 254 HGB enthalten für das Umlaufvermögen - und damit für das Vorratsvermögen - Abwertungspflichten und Abwertungswahlrechte. Diese unterschiedlich strengen Abwertungsregelungen stehen im Zusammenhang mit dem bewertungsrelevanten Zeitpunkt. Das verdeutlicht nachstehende Abbildung:

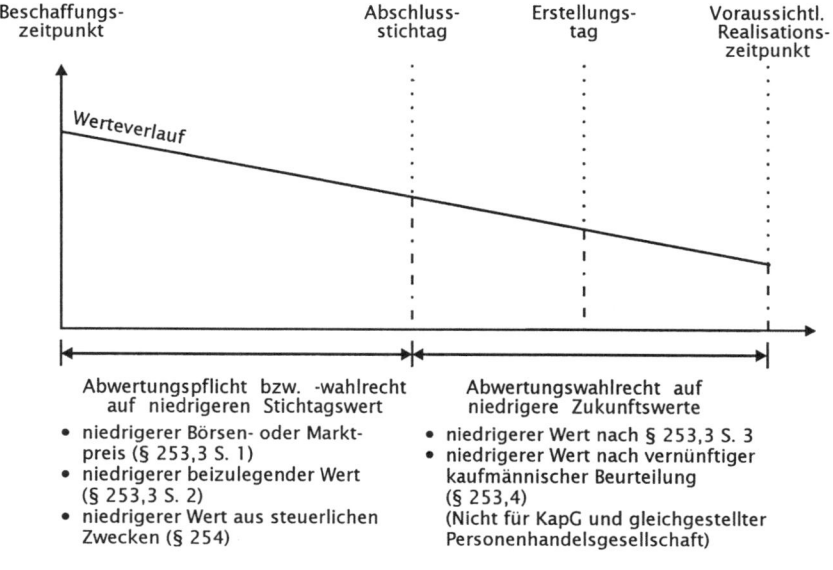

| Beschaffungs-
zeitpunkt | Abschluss-
stichtag | Erstellungs-
tag | Voraussichtl.
Realisations-
zeitpunkt |

Werteverlauf

Abwertungspflicht bzw. -wahlrecht auf niedrigeren Stichtagswert	Abwertungswahlrecht auf niedrigere Zukunftswerte
• niedrigerer Börsen- oder Markt- preis (§ 253,3 S. 1) • niedrigerer beizulegender Wert (§ 253,3 S. 2) • niedrigerer Wert aus steuerlichen Zwecken (§ 254)	• niedrigerer Wert nach § 253,3 S. 3 • niedrigerer Wert nach vernünftiger kaufmännischer Beurteilung (§ 253,4) (Nicht für KapG und gleichgestellter Personenhandelsgesellschaft)

II. Die Verbuchung von Abschreibungen auf das Vorratsvermögen

Buchtechnisch werden in aller Regel die Abschreibungen auf das Vorratsvermögen nach der direkten Methode vorgenommen. Das bedeutet, es wird ein Konto „Abschreibungen auf das Vorratsvermögen" belastet und im betreffenden Bestandskonto des Vorratsvermögens gegengebucht.[58]

---

[58] Der Ausweis dieser Abschreibungen in der GVR der Kapitalgesellschaft erfolgt bei Anwendung des Gesamtkostenverfahrens grundsätzlich in der Position „Erhöhung oder Verminderung des Bestands an fertigen oder unfertigen Erzeugnissen" (§ 275,2 Nr. 2 HGB) oder „Aufwendungen für Roh-, Hilfs- und Betriebsstoffe und für bezogenen Waren" (§ 275,2 Nr. 5a HGB), wobei die Abschreibungen nach § 253,3 S. 3 HGB durch einen entsprechen-

Beispiel 1: Handel

Ein Unternehmer hat im August 2000 Wintermäntel zu € 200,- je Stück eingekauft. Bei der Inventur am Jahresende (= Bilanzstichtag) ergibt sich ein Bestand
von 200 Wintermänteln. Am 31.12. beträgt der Verkaufswert der Mäntel nur
noch € 180,-. Im Januar und Februar verkauft der Unternehmer die 200 Mäntel
zum Nettoverkaufswert von € 150,- das Stück. - Die Aufstellung der Bilanz per
31.12. erfolgt im März.

➤ **Abschreibung nach der strengen Niederstwertvorschrift des
§ 253,3 S. 1 und 2 HGB**

Die Anwendung des strengen Niederstwertprinzips setzt den Einzelvergleich der Anschaffungs- oder Herstellungskosten mit dem niedrigeren
Zeitwert am Bilanzstichtag voraus. Wertmaßstäbe für den Zeitwert sind
der Börsen- oder Marktpreis bzw. der den Vermögensgegenständen am
Abschlussstichtag beizulegende Wert. Mangels eines Börsen- oder
Marktpreises ist im vorliegenden Beispiel der beizulegende Wert zu ermitteln, wobei nach den oben dargelegten Grundsätzen bei Waren sowohl eine Ableitung aus dem Absatz- als auch dem Beschaffungsmarkt
erfolgen kann. Da im Buchungsfall keine Wiederbeschaffungspreise
zum Abschlussstichtag bekannt sind, ist der Einzelvergleich allein zwischen den Anschaffungskosten und dem niedrigeren Verkaufswert vorzunehmen. Das ergibt eine Abwertungspflicht von € 200,- abzüglich
€ 180,- gleich € 20,- pro noch auf Lager befindlichem Material, also insgesamt 200 · € 20,- = € 4.000,-.

Buchungssatz:

Abschreibungen auf Waren an Wareneinkauf   € 4.000,-

➤ **Abschreibung nach der erweiterten Niederstwertvorschrift des
§ 253,3 S. 3 HGB**

Diese Vorschrift beinhaltet ein Abwertungswahlrecht. Danach können
Abschreibungen vorgenommen werden, soweit diese nach vernünftiger
kaufmännischer Beurteilung notwendig sind, um zu verhindern, dass in
der nächsten Zukunft (d.h. an den nächsten Abschluss-Stichtagen) der
Wertansatz der betrachteten Vermögensgegenstände aufgrund von

---

den Vermerk gesondert auszuweisen oder im Anhang anzugeben sind. Dies
gilt jedoch nur insoweit, als es sich hierbei um hinsichtlich ihrer Höhe „übliche" Abschreibungen handelt; ansonsten hat der Ausweis in der Position
„Abschreibungen auf Vermögensgegenstände des Umlaufvermögens, soweit diese die in der Kapitalgesellschaft üblichen Abschreibungen überschreiten" (§ 275,2 Nr. 7b HGB) zu erfolgen. Wird die GVR nach dem Umsatzkostenverfahren aufgestellt, so ist der Ausweis entweder in der Position „Herstellungskosten der zur Erzielung der Umsatzerlöse erbrachten
Leistungen" (§ 275,3 Nr. 2 HGB) oder der Position „sonstige betriebliche
Aufwendungen" (§ 275,3 Nr. 7 HGB) vorzunehmen. Bezüglich der Abschreibungen nach § 253,3 S. 3 HGB gelten die obigen Ausführungen entsprechend.

Wertschwankungen geändert werden muss. Da hierbei die Wertverhältnisse nach dem Bilanzstichtag berücksichtigt werden, ist dieses Abwertungswahlrecht als ein in zeitlicher Hinsicht erweitertes Niederstwertprinzip zu charakterisieren. Der § 253,3 S. 3 HGB ermöglicht einen Bilanzansatz, der unter dem Niederstwert des § 253,3 S. 1 und 2 HGB liegt.

Um zu verhindern, dass das Abschreibungswahlrecht des § 253,3 S. 3 HGB zu einer über den Zweck der verlustfreien Bewertung hinausgehenden Unterbewertung ausgenutzt wird, hat der Gesetzgeber die Ausübung des Wahlrechts an die vernünftige kaufmännische Beurteilung gebunden. Dadurch soll eine intersubjektiv nachprüfbare Bewertungsentscheidung gewährleistet werden, bei der nicht nur negative, sondern auch positive Entwicklungsmöglichkeiten in die Bewertung einzubeziehen sind. Eine extrem pessimistische Beurteilung ohne Berücksichtigung des evtl. Nichteintretens eines Verlustes ist nicht zulässig. Die Bindung der Abwertung an die vernünftige kaufmännische Beurteilung bezweckt somit den Ausschluss solcher Abschreibungen, welche die bewusste Legung stiller Reserven zum Ziel haben. Darüber hinaus kann die Abschreibung nach § 253,3 S. 3 HGB nur auf einen niedrigeren Zeitwert vorgenommen werden, der sich in nächster Zukunft ergibt. Allgemein anerkannt ist, dass unter dem Zeitraum der „nächsten Zukunft" längstens ein Zeitraum von 2 Jahren zu verstehen ist.[59] Schließlich muss sich der niedrigere Zukunftswert aus Wertschwankungen ergeben, worunter zukünftige Wertminderungen aufgrund periodisch wiederkehrender Preisschwankungen (z.B. Weltmarktpreise, Börsenkurse) oder einmalige Preisrückgänge (z.B. aufgrund von Marktverschiebungen) zu verstehen sind.[60]

Nach dem Sachverhalt des vorliegenden Falles hat sich die Bewertung nur an den Verhältnissen des Absatzmarktes zu orientieren, d.h. für die Bestimmung des niedrigeren Werts sind die mutmaßlichen Verkaufserlöse maßgeblich. Durch den Verkauf der 200 Mäntel zum Stückpreis von € 150,- ist die Wertminderung konkret eingetreten und damit auch objektiv feststellbar. Demnach können die 200 Mäntel mit einem Wert von € 150,- bewertet werden. Die nach dem Bilanzstichtag eingetretene Wertminderung ist somit durch eine über die Abschreibung nach dem strengen Niederstwertprinzip hinausgehende Abschreibung von 200 Stück · 30,- €/St. = € 6.000,- zu berücksichtigen. (Nach § 277,3 S. 1 HGB ist bei einer Kapitalgesellschaft der Betrag dieser Abschreibung in der GVR gesondert auszuweisen oder im Anhang anzugeben.) Insgesamt kann somit eine Abschreibung von 200 Stück · 50,- €/St = € 10.000,- vorgenommen werden.

Buchungssatz:

    Abschreibungen auf Waren an Wareneinkauf € 10.000,-

---

[59]   Vgl. *Küting/Weber* [1995], § 253 HGB, Rn. 183.
[60]   Vgl. *Beck*'scher Bilanz-Kommentar [2003], § 253 HGB, Rn. 619.

➢ Abschreibung nach § 253,4 HGB

Die Regelung des § 253,4 HGB ermöglicht es Einzelkaufleuten und den nicht von § 264a HGB betroffenen Personenhandelsgesellschaften über die in § 253,2 und 3 HGB gebotenen oder zulässigen Abschreibungen hinaus, weitere Abschreibungen im Rahmen vernünftiger kaufmännischer Beurteilung vorzunehmen.[61] Die Ausübung des Wahlrechts liegt weitgehend im Ermessen des Bilanzierenden. In § 253,4 HGB gestattet der Gesetzgeber ausdrücklich die Vornahme von Abschreibungen mit dem Ziel, stille Rücklagen zu bilden, was in der Literatur teilweise als Ausfluss des Grundsatzes der Vorsicht interpretiert wird.[62] Die Begrenzung des Wahlrechts des § 253,4 HGB durch die „vernünftige kaufmännische Beurteilung" hat lediglich zum Ziel, die willkürliche Legung stiller Reserven auszuschließen.[63] Die Umschreibung „vernünftige kaufmännische Beurteilung" in § 253,4 HGB weist somit einen anderen Inhalt auf als in § 253,3 S. 3 HGB. So bezweckt der Verweis auf die vernünftige kaufmännische Beurteilung in § 253,3 S. 3 HGB die Vermeidung der bewussten Legung stiller Reserven. Demgegenüber lässt § 253,4 HGB die bewusste Legung stiller Reserven insoweit zu, sofern die durch die Abschreibung bedingte Mittelzurückhaltung einer angemessenen Risikovorsorge dient. Jedoch ist die Bildung willkürlicher stiller Rücklagen durch die Bezugnahme auf die vernünftige kaufmännische Beurteilung untersagt.

Zur Verdeutlichung der Ermessensabschreibung nach § 253,4 HGB soll im obigen Beispielsfall davon ausgegangen werden, dass die 200 Mäntel bis zur Bilanzaufstellung noch nicht verkauft sind. Ferner soll angenommen werden, dass bei einer „normalen" Marktentwicklung die Mäntel im Herbst für € 150,- je Stück veräußert werden können. Der Unternehmer geht jedoch aufgrund seiner sehr vorsichtigen und pessimistischen Einschätzung des Marktes und dem Umstand, dass es sich bei den Mänteln um Modeartikel handelt, nur von einem erzielbaren Verkaufswert von € 80,- je Stück aus. In dieser Situation darf der Unternehmer nach § 253,3 S. 3 HGB lediglich eine Abschreibung von € 50,- je Stück vornehmen. Nach § 253,4 HGB liegt es jedoch im Ermessen des Unternehmers auf den niedrigeren Wert von € 80,- je Stück abzuschreiben, soweit es sich bei diesem um einen Einzelkaufmann oder eine Personenhandelsgesellschaft handelt. Bei Ausnutzung des Wahlrechts gem.

---

[61] Die Möglichkeit zur bewussten Legung stiller Reserven ist den Einzelkaufleuten und den Personenhandelsgesellschaften vorbehalten, die nicht unter § 264a HGB fallen, da § 279,1 S. 1 HGB die Anwendung von § 253,4 HGB für Kapitalgesellschaften und Personenhandelsgesellschaften i.S.d. § 264a HGB ausschließt.

[62] Vgl. *Deutscher Bundestag* [1985], S. 100. Vgl. *Adler/Düring/Schmaltz* [1995], Teilb.1 (1995), § 252 HGB, Rn. 71-72; *Hofbauer/Kupsch* [1986], § 253 HGB, Rn. 185; kritisch *Schildbach* [1995], S. 122.

[63] Vgl. *Beck'scher Bilanz-Kommentar* [2003], § 253 HGB, Rn. 644; vgl. *Küting/Weber* [1995], § 253 HGB, Rn. 194.

§ 253,4 HGB kann somit eine Abschreibung von insgesamt 200 Stück mal 120,- €/St = € 24.000,- vorgenommen werden.

Buchungssatz:

Abschreibungen auf Waren an Wareneinkauf € 24.000,-

Beispiel 2: Produktion

Ein Unternehmen hat am Bilanzstichtag 500 Stück Erzeugnisse (Weißblechdosen) auf Lager, von denen 200 Stück zu Konserven weiterverarbeitet und 300 Stück an andere Unternehmen weiterveräußert werden. Bisher sind Herstellungskosten von € 75,- je Stück angefallen. Bis zur Fertigstellung der zur Weiterverarbeitung bestimmten 200 Stück werden im neuen Geschäftsjahr weitere Herstellungskosten in Höhe von € 20,- je Stück, sowie bis zum Verkauf Verpackungs- und Lagerkosten im Gesamtwert von € 3,- je Stück anfallen. Für die zur Weiterveräußerung bestimmten 300 Stück Weißblechdosen fallen keine weiteren Kosten an. Der vorsichtig geschätzte voraussichtliche Verkaufswert der Weißblechdosen am Bilanzstichtag beträgt € 70,- je Stück, der Verkaufswert der Konserven € 100,- je Stück.

Nach dem strengen Niederstwertprinzip des § 253,3 S. 1 und 2 HGB sind die in der Bilanz auszuweisenden unfertigen und fertigen Erzeugnisse mit dem gegenüber den bisher angefallenen Herstellungskosten niedrigeren aus dem Börsen- oder Marktpreis hergeleiteten Wert bzw. dem am Abschlussstichtag niedrigeren beizulegenden Wert anzusetzen. Im vorliegenden Fall liegt kein Börsen- oder Marktpreis i.S.d. § 253,3 S. 1 HGB vor, so dass ein niedrigerer beizulegender Wert aus dem Markt abzuleiten ist. Dies erfordert zunächst die Lösung des so genannten Marktproblems, d.h. die Klärung der Frage, ob der niedrigere beizulegende Wert ausgehend vom Beschaffungsmarkt, also als Wiederbeschaffungs- bzw. Reproduktionskostenwert, oder vom Absatzmarkt, als Verkaufswert, abzuleiten ist. Nach allgemeiner Auffassung sind bei unfertigen und fertigen Erzeugnissen grundsätzlich die Verhältnisse des Absatzmarktes maßgeblich, soweit diese nicht auch fremdbeschafft werden könnten. Da im Beispielsfall die Fremdbeschaffung ausscheidet, ist im Rahmen der verlustfreien Bewertung zu überprüfen, ob aus dem späteren Verkauf der Erzeugnisse ein Verlust resultiert, der durch eine außerplanmäßige Abschreibung zu berücksichtigen ist. Diese Überprüfung erfolgt anhand der so genannten **retrograden Bewertung**, bei der ausgehend vom voraussichtlichen Verkaufswert durch Abzug der bisher angefallenen Herstellungskosten, der voraussichtlichen Erlösschmälerungen sowie der bis zum Verkauf noch anfallenden Kosten der voraussichtliche Erfolg ermittelt wird.[64]

Darüber hinaus wird diskutiert, ob auch ein im Verkaufserlös enthaltener Gewinnzuschlag im Rahmen der retrograden Bewertung abgezogen

---

[64] Zu den Einzelheiten der retrograden Bewertung siehe *Beck*'scher Bilanz-Kommentar [2003], § 253 HGB, Rn. 521-524.

werden kann. Dies wird nach herrschender Meinung abgelehnt.[65] Das Prinzip der verlustfreien Bewertung soll sicherstellen, dass bei späterer Veräußerung der bilanzierten Vermögensgegenstände kein Verlust entsteht. Es hat somit die Aufgabe, die Folgeperiode vor Verlusten zu schützen, nicht aber, ihr einen Gewinn zu sichern.[66] Durch den Abzug eines Gewinnzuschlags im Rahmen der retrograden Bewertung wird der Vermögensgegenstand im Gegensatz dazu so bewertet, dass bei einer späteren Veräußerung nicht nur ein Verlust verhindert, sondern auch der eingeplante Veräußerungsgewinn erzielt wird. Der Abzug eines Gewinnzuschlags vom verbleibenden Verkaufserlös würde demnach eine über das Prinzip der verlustfreien Bewertung hinausgehende Verlustantizipation in der abgelaufenen Periode bedeuten und ist deshalb abzulehnen. Ein solcher Abzug wird jedoch im Rahmen der Ermittlung des steuerrechtlichen Teilwertes als zulässig angesehen.[67] Damit ergibt sich über den Umweg des § 254 S. 1 HGB die Möglichkeit, eine entsprechend niedrigere Bewertung auch im Handelsrecht durchzuführen.[68]

Im Beispiel stellt sich die retrograde Bewertung wie folgt dar:

Für die zur Weiterveräußerung bestimmten 300 Stück Weißblechdosen ist der beizulegende Wert mit dem voraussichtlichen Verkaufswert von € 70,- pro Stück anzunehmen. Danach ergibt sich:

	Voraussichtlicher Verkaufswert	€	70,- je Stück
./.	Herstellungskosten	€	75,- je Stück
=	Abschreibungsbetrag	€	5,- je Stück

Der gesamte außerplanmäßige Abschreibungsbetrag beläuft sich somit bei 300 Stück auf € 1.500,-

.

Buchungssatz:

Abschreibungen auf fertige Erzeugnisse an fertige Erzeugnisse € 1.500,-

Anders ist der Sachverhalt bei den zur Weiterverarbeitung bestimmten Weißblechdosen zu beurteilen. Hier ist im Rahmen der verlustfreien Bewertung zu überprüfen, ob aus dem Verkauf der Fertigerzeugnisse Konserven ein Verlust resultiert, der eine außerplanmäßige Abschreibung rechtfertigt. Danach ergibt sich folgende Rechnung:

---

[65] Vgl. *Adler/Düring/Schmalz* [1999], § 253 HGB, Rn. 526; *Beck'scher Bilanz-Kommentar* [2003], § 253 HGB, Rn. 522; *Küting/Weber* [1995], § 253 HGB, Rn. 169.

[66] Vgl. *Wohlgemuth* [1990], Rn. 28.

[67] Vgl. *BFH* [1983], S. 36.

[68] Vgl. *Adler/Düring/Schmalz* [1995], § 253 HGB, Rn. 526.

	Voraussichtlicher Nettoverkaufserlös	€ 100,- je Stück
./.	bisher angefallene Herstellungskosten	€ 75,- je Stück
./.	Voraussichtlich noch anfallende HK	€ 20,- je Stück
./.	Voraussichtliche sonstige Kosten	€ 3,- je Stück
=	Voraussichtlicher Erfolg	€ 2,- je Stück

Demnach droht aus dem Verkauf der Konserven kein Verlust, so dass auf diesen Teil des Bestandes an Weißblechdosen keine Abschreibung erfolgen darf.

G. Die Verbuchung von Abschreibungen auf Finanzanlagen und Wertpapiere

I. Die Begriffe „Finanzanlagen" und „Wertpapiere"

Das Bilanzgliederungsschema des § 266 HGB unterscheidet zwischen den **Finanzanlagen** als eine Position des Anlagevermögens und den **Wertpapieren** als eine Position **des Umlaufvermögens**. Für die Abgrenzung des Finanzanlagevermögens von den Forderungen und den Wertpapieren des Umlaufvermögens ist die **Zweckbestimmung** maßgebendes Kriterium. Indikatoren für die Zweckbestimmung sind die Art der Vermögensgegenstände sowie ihre tatsächliche Verwendung, die durch die Dauer der Zugehörigkeit zum Vermögen des Kaufmanns bestimmt wird.[69] Anlagen, die auf Dauer gehalten werden, gehören zu den Finanzanlagen. Dagegen sind Anteilswerte, die nur der vorübergehenden Anlage von Finanzmittelüberschüssen dienen, als Liquiditätsreserve gehalten und in der Absicht einer jederzeitigen Veräußerbarkeit im Bedarfsfall erworben werden, dem Umlaufvermögen zuzuordnen.

Das Finanzanlagevermögen umfasst Vermögensgegenstände, die durch Kapitalüberlassung an andere Unternehmen entstanden sind. Die Kapitalüberlassung an ein anderes Unternehmen kann als Anteilsfinanzierung oder als Darlehensfinanzierung erfolgen, je nachdem, ob Eigenkapital oder Fremdkapital überlassen wurde. Demgemäß lassen sich Finanzanlagen nach der Art der Kapitalüberlassung in **Anteilsrechte** und **Kapitalforderungen** unterteilen. Während sich Kapitalanteile durch ein gesellschaftsrechtliches Verhältnis auszeichnen, sind Kapitalforderungen durch ein schuldrechtliches Vertragsverhältnis gekennzeichnet. § 266,2 HGB schreibt für große und mittelgroße Gesellschaften eine weitergehende Differenzierung des Ausweises von Finanzanlagen vor, die durch nachstehende Abbildung wiedergegeben wird:

---

[69] Teilweise wird vorgeschlagen, zur Abgrenzung auch die Fähigkeit des Bilanzierenden, das Anteilspapier auch tatsächlich längerfristig zu halten, sowie die kurzfristige Veräußerungsmöglichkeit heranzuziehen. Vgl. *Küting/Weber* [1995], § 247 HGB, Rn. 64-65.

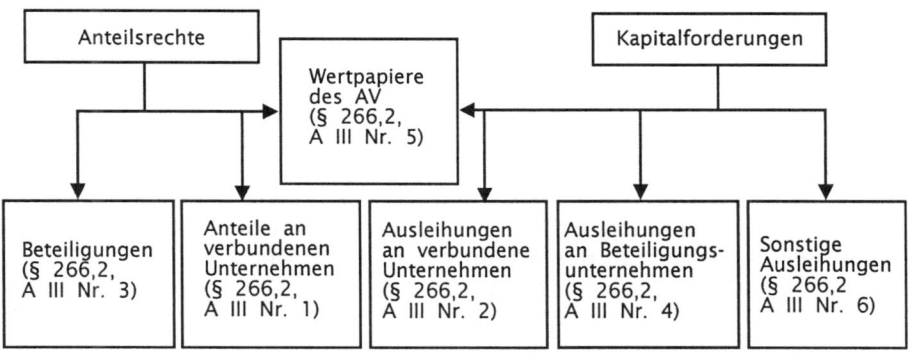

Zu den Wertpapieren des Umlaufvermögens zählen:

• Anteile an verbundenen Unternehmen

• Eigene Anteile

• Sonstige Wertpapiere

Diese unterschiedlichen Vermögenspositionen der Finanzanlagen und der Wertpapiere des Umlaufvermögens sollen im Folgenden näher erläutert werden.

- **Beteiligungen** sind nach § 271,1 HGB Anteile an anderen Unternehmen, die dazu bestimmt sind, dem eigenen Geschäftsbetrieb durch Herstellung einer dauernden Verbindung zu jenen Unternehmen zu dienen.[70] Es müssen also mitgliedschaftsrechtliche Beziehungen zu einem anderen Unternehmen bestehen, die in einem i.d.R. durch die Überlassung von Eigenkapital begründeten, wirtschaftlichen Miteigentum zum Ausdruck kommen. Die Möglichkeit der Gewinnpartizipation reicht nicht aus, um die Forderung zu erfüllen, dass die Anteile dem eigenen Geschäftsbetrieb dienen. Vielmehr müssen die Möglichkeit und die Absicht der unternehmerischen Einflussnahme gegeben sein.[71] Anteile an anderen Unternehmen können verbrieft oder unverbrieft sein. Nicht als Beteiligung anzusehende verbriefte Anteile an anderen Unternehmen, die als dauerhafte Kapitalanlagen zu werten sind, werden als Wertpapiere des Anlagevermögens bilanziert. Fehlt auch das Merkmal der Daueranlage, so sind sie als Wertpapiere des Umlaufvermögens auszuwei-

---

[70] Dieser Beteiligungsbegriff umfasst eine von der Höhe des Anteilsbesitzes unabhängige Definition und wird durch eine (widerlegbare) **Beteiligungsvermutung** ergänzt, die bei einem Anteilsumfang von mehr als 20 % des Nennkapitals wirksam wird.

[71] Vgl. auch *Beck*'scher Bilanz-Kommentar [2003], § 271 HGB, Rn. 16. Nach anderer Auffassung wird die Beteiligung am Gewinn als ausreichend angesehen. Folglich wird dann gefordert, dass sämtliche Anteilsrechte, die nicht Anteile an verbundenen Unternehmen sind, unter der Position „Beteiligungen" auszuweisen sind. Vgl. *Küting/Weber* [1995], § 271 HGB, Rn. 70-80; *Scheffler* [1993], B 213, Rn. 69.

sen. Unverbriefte Anteile an anderen Unternehmen, die als Daueranlage und nicht als Beteiligung anzusehen sind (z.B. GmbH-Anteile oder Anteile an einer Genossenschaft, s. § 271,1 S. 5 HGB), werden als „sonstige Vermögensgegenstände" unter B.II.4. (s. § 266,2 HGB) oder als Sonderposten „unverbriefte Anteile an anderen Unternehmen" innerhalb des Finanzanlagevermögens bilanziert.[72] Beteiligungen, die gleichzeitig dem Kriterium der Unternehmensverbindung genügen, sind der Position „Anteile an verbundenen Unternehmen" zuzuordnen. **Eigene Anteile** bilden einen Sonderfall der Beteiligungen. Ihr Erwerb ist nur bei GmbH, AG und KGaA möglich. Er ist an bestimmte, im Gesetz aufgeführte Bedingungen geknüpft. Eigene Anteile dürfen unabhängig von ihrer Zwecksetzung nur unter dem dafür vorgesehenen Posten im Umlaufvermögen ausgewiesen werden (§ 265,3 HGB). Dieser gesonderte Ausweis ist unabdingbar, denn eigene Anteile weisen einen Doppelcharakter auf. Sie sind zum einen Vermögenswert und zum anderen Korrekturposten zum Eigenkapital.

Der Ausweis unter den **Anteilen an verbundenen Unternehmen** knüpft an den Tatbestand eines Unternehmensverbundes an, der in § 271,2 HGB abgegrenzt ist. Danach sind verbundene Unternehmen solche Unternehmen, die als Mutter- oder Tochterunternehmen (§ 290 HGB) nach den Vorschriften über die Vollkonsolidierung in einen Konzernabschluss einzubeziehen sind. Dies gilt auch für diejenigen Tochterunternehmen, die nach §§ 295, 296 HGB in den Konzernabschluss nicht einbezogen werden dürfen bzw. nicht einbezogen werden müssen. Die handelsrechtliche Pflicht zur Konzernrechnungslegung einer Kapitalgesellschaft knüpft nach § 290 HGB an zwei unterschiedliche Voraussetzungen an, die als das Konzept der „einheitlichen Leitung" und als das Konzept des „Control-Verhältnisses" bezeichnet werden.[73] Anteile an verbundenen Unternehmen können eine Beteiligung darstellen oder lediglich als reine Kapitalanlage gehalten werden. Darüber hinaus können Anteile an verbundenen Unternehmen auch dem Umlaufvermögen zuzuordnen sein, denn es ist durchaus denkbar, dass Unternehmen des Konsolidierungskreises Anteile an anderen Unternehmen des Konsolidierungskreises nur vorübergehend halten.

- **Wertpapiere** sind Urkunden, die Vermögensrechte verbriefen, wobei die Ausübung dieser Vermögensrechte an den Besitz der Urkunde gebunden ist. Zu den Wertpapieren zählen - neben den Warenwertpapieren und den Geldwertpapieren, auf die hier nicht näher eingegangen werden soll - insbesondere die vertretbaren Wertpapiere. Diese erfahren ihren Wert im Geschäftsverkehr, d.h. durch den freien Handel (i.d.R. an der Börse). Sofern Wertpapiere langfristig gehalten werden, die weder als Anteil an einem verbundenen Unternehmen noch als Beteiligung i.S.v. § 271 HGB auszuweisen sind, hat ein Ausweis unter den **Wertpa-**

---

[72]   Vgl. *Scheffler* [1993], B 213, Rn. 67.
[73]   Vgl. *Buchner* [1996], S. 390-392.

pieren des Anlagevermögens zu erfolgen. Insoweit handelt es sich um einen Sammelposten. Neben Dividendenpapieren (z.B. Aktien, Investmentzertifikate) werden dort auch festverzinsliche Wertpapiere (z.B. Obligationen, Pfandbriefe, Anleihen) ausgewiesen. Wertpapiere des Umlaufvermögens dienen nicht dauernd dem Geschäftsbetrieb, müssen zwingend verbrieft sein und kurzfristig veräußert werden können.

Erworbene **Bezugsrechte** sind nicht gesondert unter den Wertpapieren des Anlagevermögens auszuweisen. Das Recht eines Anteilseigners auf Bezug neuer Anteilsscheine ist grundsätzlich untrennbar mit dem Stammrecht verbunden und demnach auch zusammen mit dem Stammrecht auszuweisen. Verzichtet ein Anteilseigner im Zusammenhang mit einer Kapitalerhöhung auf das Bezugsrecht, so ist dies als Abgang bei dem Bilanzposten, unter dem das Stammrecht ausgewiesen war, darzustellen. Erwirbt ein Anteilseigner weitere Bezugsrechte, um an einer Kapitalerhöhung in einem stärkeren Maße, als aufgrund seiner bisherigen Stammrechte möglich, teilzunehmen, so sind diese Bezugsrechte als sonstige Vermögensgegenstände im Rahmen des Umlaufvermögens zu aktivieren.[74]

Ein Bilanzausweis als **Ausleihung** kommt nur dann in Frage, wenn ein kapitalmäßiges Engagement auf der Grundlage eines schuldrechtlichen Austauschvertrages eingegangen worden ist. Die Bilanzgliederung sieht eine Dreiteilung der Ausleihungen vor, und zwar in Ausleihungen an verbundene Unternehmen, Ausleihungen an Unternehmen, mit denen ein Beteiligungsverhältnis besteht, und sonstige Ausleihungen. Eine im Anlagevermögen zu bilanzierende Ausleihung muss langfristigen Charakter haben. Als Anhaltspunkt für die Langfristigkeit kann weiterhin die Vierjahresfrist des § 151,1 AktG 1965 dienen, d.h. Ausleihungen mit einer vereinbarten Laufzeit von mindestens vier Jahren sind stets Anlagevermögen. Die Zuordnung von Kapitalforderungen zu den Ausleihungen ist jedoch auch möglich, wenn ihre vereinbarte Laufzeit mehr als ein Jahr und weniger als vier Jahre beträgt. Hier entscheidet die subjektive Ansicht des Bilanzierenden, ob eine Ausleihung als Anlage- oder Umlaufvermögen gehalten wird.[75] Ausleihungen mit einer vereinbarten Laufzeit von nicht mehr als einem Jahr sind stets Umlaufvermögen.

- Eigenkapitalersetzende Darlehen sind ebenfalls unter den Ausleihungen auszuweisen. Es handelt sich hierbei um ein Darlehen eines Gesellschafters oder um Darlehen Dritter, für die ein Gesellschafter gebürgt oder Sicherheiten bestellt hat. Zur Qualifizierung von eigenkapitalersetzenden Darlehen ist es bei einer AG darüber hinaus erforderlich, dass der Aktionär aufgrund der Art und des Umfangs seiner Beteiligung eine Mitverantwortung für die seriöse Finanzierung der Gesellschaft trägt.

---

[74] Abweichend von dieser herrschenden Meinung verlangt z.B. *Mellwig* eine vom Stammrecht losgelöste Behandlung des Bezugsrechts. Vgl. *Mellwig* [1986], S. 1420.

[75] Vgl. *Beck'scher Bilanz-Kommentar* [1999], § 247 HGB, Rn. 357.

Wesentliche Voraussetzung für eine eigenkapitalersetzende Ausleihung ist die Eigenkapitalfunktion im Zeitpunkt der Darlehensgewährung. Die Voraussetzung „eigenkapitalersetzende Funktion" ist nicht exakt geregelt. Sie dürfte jedoch auf jeden Fall dann gegeben sein, wenn das eigenkapitalersetzende Darlehen wegen einer Überschuldung der darlehensnehmenden Gesellschaft gewährt wird.[76] Eigenkapitalersetzende Ausleihungen treten hinter den Ansprüchen anderer Gläubiger rangmäßig zurück.

II. Abschreibungsanlässe bei Finanzanlagen und Wertpapieren

Abschreibungen auf Finanzanlagen und Wertpapiere können erfolgen:

➤ Aus dem handelsrechtlichen Niederstwertprinzip (§ 253,2 u. 3 HGB)

Wertpapiere des Umlaufvermögens müssen auf den niedrigeren Zeitwert (aus Börsen- oder Marktpreis abgeleiteter bzw. beizulegender Wert) abgeschrieben werden (§ 253,3 S. 1 und 2 HGB).[77] Finanzanlagen dagegen müssen als Gegenstände des Anlagevermögens auf den niedrigen Wert, der ihnen am Abschlussstichtag beizulegen ist, nur dann abgeschrieben werden, wenn die Wertminderung von Dauer ist. Bei nur vorübergehender Wertminderung besteht ein Abschreibungswahlrecht (§ 253,2 S. 3 HGB). Nach § 279,1 S. 2 HGB gilt diese Regelung bei Finanzanlagen auch für Kapitalgesellschaften.

Damit ist die Frage nach der **voraussichtlichen Dauer der Wertminderung** von Bedeutung. Eine dauernde Wertminderung bedeutet ein **nachhaltiges Absinken** des den Finanzanlagen zum Abschlussstichtag beizulegenden Wertes unter den Buchwert.[78] Aus Gründen der kaufmännischen Vorsicht wird im Zweifel eher von einer dauernden Wertminderung auszugehen sein, es sei denn, dass konkrete Anhaltspunkte für eine nur vorübergehende Wertminderung vorliegen. Allerdings soll das Prinzip kaufmännischer Vorsicht nicht überbetont werden, da Verluste im Anlagevermögen regelmäßig nicht in naher Zukunft realisiert werden.[79] Zudem sollte eine außerplanmäßige Abschreibung, die nicht unbedingt vorgenommen werden muss, unterbleiben, weil sie gegen das Prinzip der Bewertungskontinuität verstößt und die Vergleichbarkeit aufeinander folgender Jahresabschlüsse stört.[80]

---

[76] Vgl. *Scheffler [1993]*, B 213, Rn. 185-187.

[77] Zur Anwendung des Niederstwertprinzips im Umlaufvermögen vgl. 2. Hauptteil, F.

[78] Vgl. *Adler/Düring/Schmaltz* [1995], Teilband 1 (1995), § 253 HGB, Rn. 476.

[79] Vgl. *Kropff* [1973], Rn. 36.

[80] Vgl. *Küting/Weber* [1995], § 253 HGB, Rn. 154.

Bei Finanzanlagen ist die Nutzung normalerweise nicht zeitlich begrenzt. Die Frage einer außerplanmäßigen Abschreibung wegen dauernder Wertminderung wird hier besonders sorgfältig zu prüfen sein, denn eine schrittweise Korrektur von möglichen Bewertungsfehlern über planmäßige Abschreibungen ist nicht möglich. Neben der voraussichtlichen Dauer ist auch das Kriterium der **Höhe der Wertminderung** zur Beurteilung heranzuziehen, ob eine Wertminderung beim nicht abnutzbaren Anlagevermögen einen Zwang zur Vornahme außerplanmäßiger Abschreibungen auslöst, d.h. auch der prozentuale Anteil der Wertminderung am Buchwert wird als objektiv nachprüfbarer Maßstab zur Beurteilung der Abschreibungsnotwendigkeit herangezogen.

Bei Beteiligungen wird man von einer nur vorübergehenden Wertminderung ausgehen können, wenn die Wertminderung auf Anlaufverlusten beruht oder wenn konkret geplante oder bereits getroffene Maßnahmen erwarten lassen, dass das Unternehmen, an dem die Beteiligung besteht, innerhalb eines wirtschaftlich überschaubaren Zeitraumes wieder einen Ertragswert erreicht, der den gegenwärtigen Ansatz rechtfertigt.[81]

Auch bei Wertpapieren des Anlagevermögens, deren Börsenkurs am Abschlussstichtag unter dem Buchwert liegt, muss die voraussichtliche Dauer der Wertminderung geschätzt werden, um die Frage nach Abschreibungspflicht oder Abschreibungswahlrecht zu beantworten. Hierbei hilft das in § 252,1 Nr. 4 HGB verankerte **Prinzip der Wertaufhellung**. Es verpflichtet, alle wertaufhellenden Erkenntnisse zwischen dem Abschlussstichtag und dem Aufstellungstag (also auch die Entwicklung des Börsenkurses) bei der Bewertung zum Abschlussstichtag zu berücksichtigen. Bei festverzinslichen Wertpapieren des Anlagevermögens mit bestimmten Rückzahlungskursen und Rückzahlungsterminen wird auch im Falle eines länger andauernden Kursverlustes von Abschreibungen abgesehen werden können, sofern davon auszugehen ist, dass das Unternehmen den Rückzahlungstermin abwarten kann.

➢ Im Rahmen vernünftiger kaufmännischer Beurteilung (§ 253,4 HGB)

Es handelt sich hierbei um so genannte Ermessensabschreibungen. Eine vernünftige kaufmännische Beurteilung verlangt Willkürfreiheit, d.h. die Abschreibungen müssen auf plausiblen, kaufmännisch vernünftigen Erwägungen beruhen. Eine derartige Abschreibung ist z.B. dann möglich, wenn bei einer Finanzanlage eine unbefriedigende Rentabilität oder eine sonstige Wertminderung zwar am Bilanzstichtag noch nicht vorliegt, aber für die Zukunft erwartet werden muss. Das Abschreibungswahlrecht des § 253,4 HGB ist nach § 279,1 HGB für Kapitalgesellschaften nicht anzuwenden.

---

[81] Vgl. *Kropff* [1973], Rn. 34.

> **Zum Ansatz eines steuerrechtlich zulässigen niedrigeren Wertes (§ 254 HGB)**

Nach § 254 S. 1 HGB können auch Abschreibungen vorgenommen werden, um Finanzanlagen bzw. Wertpapiere mit einem niedrigeren Wert anzusetzen, der auf einer nur steuerrechtlich zulässigen Abschreibung beruht. Das gilt für Kapitalgesellschaften nach § 279,2 HGB nur, wenn die steuerrechtliche Anerkennung solcher Abschreibungen davon abhängig ist, dass sie auch in der Handelsbilanz vorgenommen werden.[82] Es handelt sich also um Abschreibungen, die über die handelsrechtlichen Abschreibungen hinausgehen, so dass es aus Sicht der handelsrechtlichen Bewertung in Höhe des die handelsrechtliche Bewertung übersteigenden Mehrbetrags zur Bildung stiller Reserven kommt.[83] Die Ursache für solche Abweichungen liegt in der Regelung des § 5,1 EStG, wonach steuerrechtliche Wahlrechte bei der steuerlichen Gewinnermittlung in Übereinstimmung mit der handelsrechtlichen Jahresbilanz auszuüben sind (umgekehrte Maßgeblichkeit).[84]

Ein niedrigerer Wertansatz nach §§ 253,2-4 und 254 HGB darf von Einzelkaufleuten und unbeschränkt haftenden Personengesellschaften beibehalten werden, auch wenn der Abschreibungsgrund wegfällt (§ 253,5 HGB). Für Kapitalgesellschaften und beschränkt haftende Personengesellschaften, die § 254 HGB i.V.m. § 279,2 HGB nutzen, gilt das Wertaufholungsgebot des § 280,1 HGB mit der Ausnahmeregelung des § 280,2 HGB.[85]

Im Folgenden sollen die Abschreibungen auf Finanzanlagen aus dem Niederstwertprinzip näher dargestellt werden.

---

[82] Mit Einführung des § 5,1 Satz 2 in das EStG im Jahre 1989 ist die Einschränkung des § 279,2 HGB gegenwärtig ohne Bedeutung, da alle steuerrechtlichen Wahlrechte in Übereinstimmung mit der Handelsbilanz auszuüben sind. – Vgl. *Adler/Düring/Schmaltz* [1995], Teilband 5 (1997), § 279 HGB, Rn. 19.

[83] Steuerliche Vorschriften, die zu steuerlich bedingten Abschreibungen führen, sind die steuerlichen Sonderabschreibungen sowie die erhöhten Absetzungen bzw. Bewertungsabschläge. Vgl. *Baetge* [2003], S. 233-235.

[84] Zum Zusammenhang § 5,1 EStG und § 279,2 HGB s. *Beck*'scher Bilanz-Kommentar [2003], Rn. 6-7.

[85] Durch das Steuerentlastungsgesetz 1999 ff. wurde das bisherige steuerrechtliche Wertbeibehaltungswahlrecht durch ein Wertaufholungsgebot ersetzt, so dass § 280,2 HGB weitgehend bedeutungslos geworden ist.

III. Die Verbuchung der Abschreibung auf Finanzanlagen

a. Abschreibungen auf Beteiligungen und Anteile an verbundenen Unternehmen

Zur Ermittlung der nach § 253,3 S. 2 HGB gebotenen oder möglichen außerplanmäßigen Abschreibung ist ein Vergleich der Anschaffungskosten der Anteilswerte mit dem Wert vorzunehmen, der diesen am Abschlussstichtag beizulegen ist. Bei von Dritten erworbenen Beteiligungen umfassen die Anschaffungskosten neben dem Kaufpreis auch die Nebenkosten, wie etwa Maklergebühren, Notarkosten, Provisionen oder Spesen. Nicht zu den Anschaffungskosten zählen dagegen Ausgaben, die im Zusammenhang mit der Vorbereitung der Kaufentscheidung getätigt wurden (z.B. Ausgaben für Bewertungsgutachten, Beratungskosten). Erfolgt die Anschaffung im Wege der Sacheinlage anlässlich einer Gründung oder Kapitalerhöhung, so bestimmen sich die Anschaffungskosten nach den Grundsätzen des Tausches,[86] so dass die erworbenen Anteilsrechte entweder mit dem Buch- oder dem Zeitwert der hingegebenen Vermögensgegenstände zu aktivieren sind.

Weitere Besonderheiten bei der Bestimmung der Anschaffungskosten treten bei Gratisanteilen und bei mittels Bezugsrechten erworbenen Anteilen auf. So sind ausgegebene Gratisaktien nicht als Zugänge zu erfassen, da durch deren Ausgabe lediglich eine Aufteilung der mit den bisherigen Anteilsrechten verbundenen Rechte stattfindet. Daher ergeben sich die Anschaffungskosten der Gratisaktien durch Aufteilung der Anschaffungskosten der Altanteile auf Alt- und Gratisaktien im Verhältnis der Nennbeträge von alten und neuen Anteilen (§ 220 AktG). Werden hingegen neue Aktien durch Ausübung des Bezugsrechts erworben, so sind als Anschaffungskosten die entrichteten Ausgaben zzgl. der Wertminderung der Altanteile zu aktivieren. Für die Ermittlung der Wertminderung werden dabei unterschiedliche Verfahren vorgeschlagen.[87]

Zu beachten ist schließlich, dass die Anschaffungskosten von Anteilsrechten auch durch nach dem Erwerb liegende Vorgänge berührt werden können. So sind z.B. Zu- und Nachschüsse des Gesellschafters als nachträgliche Anschaffungskosten zu aktivieren.[88] Hinsichtlich des Einflusses nicht ausgeschütteter Gewinne des Unternehmens, an dem die Beteiligung besteht, auf die Anschaffungskosten der Beteiligung ist zwi-

---

[86] Zu den Anschaffungskosten beim Tausch vgl. 2. Hauptteil, C, III.

[87] Vgl. hierzu *Kupsch* [1987], Rn. 111-117; *Buchner* [1996], S. 280-281.

[88] In sinngemäßer Übertragung der für die Abgrenzung zwischen Herstellungsaufwand und Erhaltungsaufwand entwickelten Kriterien (vgl. hierzu zweiter Hauptteil, D) wird in diesem Zusammenhang auch die Auffassung vertreten, dass eine Aktivierung von Zu- und Nachschüssen nur möglich ist, wenn sie zu einer dauernden Wertsteigerung der Anteilsrechte führen (vgl. *IdW* [1996], S. 272-273).

schen Beteiligungen an Kapitalgesellschaften und Personengesellschaften zu unterscheiden. Bei Gewinnanteilen aus rechtlich selbständigen Kapitalgesellschaften scheidet die Aktivierung thesaurierter Gewinne in der Bilanz des beteiligten Unternehmens wegen des Realisationsprinzips aus. Die Anschaffungskosten der Beteiligung bleiben daher unberührt. Beteiligungen an Personengesellschaften werden dagegen in der Praxis häufig nach der sog. **Spiegelbildmethode** bilanziert. Danach stellt der Beteiligungswertansatz in der Bilanz des Anteilseigners das Spiegelbild seines Kapitalkontos bei der Personengesellschaft mit allen Veränderungen durch Gewinn- und Verlustanteile dar.[89] Gewinnanteile aus der Personengesellschaft sind so mit Ablauf des Geschäftsjahres der Personengesellschaft grundsätzlich als zusätzliche Anschaffungskosten der Beteiligung zu bilanzieren.[90]

Zur Bestimmung des beizulegenden Wertes werden in der Literatur unterschiedliche Wertkategorien vorgeschlagen, die entweder unmittelbar der Konkretisierung des beizulegenden Wertes dienen oder mittelbar als Hilfswert für den nicht genau bestimmbaren niedrigeren Wert verwendbar sind. Dazu gehören der Ertragswert, der Börsenwert, Kombinationen aus Substanz- und Ertragswert, der Veräußerungswert und der Liquidationswert.

Für Beteiligungen wird nach überwiegender Auffassung der **Ertragswert** als maßgebende Konkretisierung des beizulegenden Wertes angesehen.[91]

Zur Ermittlung des Ertragswertes einer Beteiligung bestehen mit der direkten und indirekten Methode zwei unterschiedliche Vorgehensweisen. Nach der **indirekten** Methode wird zunächst der Wert des Unternehmens, an dem die Beteiligung besteht, als Ganzes bestimmt. Aus diesem wird der Wert der Beteiligung durch Multiplikation mit der Anteilsquote des betreffenden Anteilseigners ermittelt und gegebenenfalls um pauschale Zu- und Abschläge korrigiert.[92] Die **direkte** Methode stellt dagegen auf die Sicht des einzelnen Anteilseigners ab und knüpft an den

---

89   Im Ergebnis stimmt die Spiegelbildmethode bei der bilanziellen Behandlung der Periodenergebnisse mit der im konsolidierten Abschluss auf Beteiligungen an assoziierten Unternehmen anzuwendenden Equity-Methode (§ 312 HGB) überein (vgl. hierzu *Buchner* [1996], S. 427-436).

90   In jüngerer Zeit stößt die Spiegelbildmethode im handelsrechtlichen Schrifttum zunehmend auf Kritik, vgl. hierzu z.B. *Küting/Weber* [1995], § 253 HGB, Rn. 32-39 sowie *IdW* [1991], wonach die periodenkongruente Bilanzierung des Gewinnanspruchs in der Bilanz des Gesellschafters lediglich unter einschränkenden Voraussetzungen akzeptiert wird.

91   Vgl. *Adler/Düring/Schmaltz* [1995], Teilband 1, § 253 HGB, Rn. 464; *IdW* [1996], S. 273; *Kupsch* [1987], Rn. 149; kritisch dagegen *Weber* [1980], S. 230-234.

92   Zu den Einzelheiten der indirekten Methode vgl. *Helbling* [1995], S. 478-480.

Einnahmen-/Ausgabenstrom zwischen Unternehmen und Gesellschafter an. Der Ertragswert wird durch die auf den Abschlussstichtag abgezinsten künftigen Einnahmenüberschüsse des Anteilseigners bestimmt. In die zu diskontierenden Zukunftserfolge sind als Einnahmen künftige Gewinnausschüttungen, Kapitalrückzahlungen sowie der hypothetische Veräußerungserlös, als Ausgaben die voraussichtlichen Leistungen des Gesellschafters an das Unternehmen, an dem die Beteiligung besteht, einzubeziehen. Die beiden Verfahren führen in der Regel nicht zum gleichen Ergebnis, sondern der Wert als Ganzes ist regelmäßig höher als die Summe der jeweiligen Beteiligungswerte. Vor diesem Hintergrund und der Tatsache, dass für bilanzielle Zwecke der Ertragswert der Beteiligung aufgrund der individuellen Gegebenheiten des Bilanzierenden ermittelt werden muss, wird die indirekte Methode zur Bewertung von Beteiligungen abgelehnt.[93]

Die zur Ermittlung des Ertragswertes erforderlichen Größen können zwar ggf. aus Erfahrungswerten der Vergangenheit abgeleitet werden. Trotzdem ist der Ertragswert als Zukunftserfolgswert mit einem hohen Unsicherheitsgrad behaftet und deshalb oft nur unter Schwierigkeiten und innerhalb eines Schätzrahmens bestimmbar. Bringt eine Beteiligung zusätzliche geldwerte Vorteile (positive **Synergieeffekte**), wie z.B. günstigere Bezugs- oder Absatzmöglichkeiten, so müssen diese bei der Ermittlung des Zukunftserfolgswertes ebenfalls berücksichtigt werden.[94] Werden der Unternehmung, an dem die Beteiligung besteht, Aufgaben übertragen, die ansonsten vom Anteilseigner durchzuführen sind, kann grundsätzlich ein positiver Nutzen aus der Beteiligung unterstellt werden. Bei solchen Hilfsgesellschaften (z.B. Einkaufsgesellschaften, Unterstützungskassen) ist es vertretbar, den Ertragswert mit den Anschaffungskosten gleichzusetzen und damit keine Abschreibung vorzunehmen.[95]

Neben der Zukunftsbezogenheit erschwert auch die Subjektivität des Ertragswertes die Ermittlung eines nachvollziehbaren Abschreibungsbetrages. Insbesondere die Höhe der erwarteten Zukunftserfolge, aber auch der anzusetzende Kalkulationszinssatz sind subjektbezogen, d.h. sie hängen vom jeweiligen finanziellen Entscheidungsfeld des bilanzierenden Unternehmens ab.[96] So stellt z.B. der Kapitalisierungszinssatz bei der Unternehmensbewertung grundsätzlich die Rendite der günstigsten Alternativinvestition dar und ist damit von den Umständen des Einzelfalles und den Erwartungen des Bewertenden abhängig. Insoweit kann zweifelhaft sein, ob der subjektive Ertragswert eine geeignete Konkretisierung des beizulegenden Wertes darstellt.[97] Gefordert wird

---

[93]   Vgl. *Mansch* [1979], S. 104-107 und S. 117-123.

[94]   Vgl. *Küting/Weber* [1995], § 253 HGB, Rn. 151.

[95]   Vgl. *Weber* [1980], S. 239.

[96]   Vgl. *Moxter* [1983], S. 23-24.

[97]   Vgl. *Leunig* [1970], S. 153.

daher die Ermittlung eines objektivierten Unternehmenswertes, der den Wert des Unternehmens, an dem die Beteiligung besteht, bei dessen Fortführung entsprechend des vorhandenen Unternehmenskonzepts und bezogen auf eine Alternativinvestition am Kapitalmarkt zum Ausdruck bringt.[98]

Die Ermittlung des Ertragswertes für Zwecke der bilanziellen Bewertung ist i.d.R. mit einem hohen Bewertungsaufwand verbunden. Vorgeschlagen wird deshalb, auch auf praktikablere Bewertungsverfahren bzw. Wertmaßstäbe zurückzugreifen.[99] So ist bei Beteiligungen, die in börsennotierten Wertpapieren verbrieft sind, mit dem **Börsenwert** ein objektiver Veräußerungspreis gegeben. Bei dessen Berücksichtigung können die mit der Ermittlung des Ertragswertes zusammenhängenden Unsicherheiten teilweise vermieden werden. Bei börsennotierten Beteiligungen kann daher neben dem Ertragswert der Börsenwert als niedrigerer beizulegender Wert herangezogen werden.[100] Zwar wird der Börsenwert nur bedingt als geeigneter Maßstab für die Bemessung der außerplanmäßigen Abschreibung angesehen, da sich in ihm auch vom Unternehmen unabhängige Kursbewegungen (z.B. Spekulationen) niederschlagen.[101] Doch zeigen niedrigere Börsenwerte als Veräußerungswerte eine gegenüber den Anschaffungskosten eingetretene, zumindest vorübergehende Wertminderung an, die ein Wahlrecht zur Abschreibung eröffnet. Sind mit der Beteiligung besondere Vorteile für die beteiligte Unternehmung verknüpft und diese auch von einem potentiellen Erwerber nutzbar, ist der Kurswert um einen **Paketzuschlag** zu erhöhen. Ein **Fungibilitätsabschlag** kann erforderlich sein, falls die Anteile an einer Kapitalgesellschaft nur zum Teil an der Börse eingeführt sind.

Zur Bestimmung des niedrigeren Zeitwertes wird gelegentlich auch die Einbeziehung des **Substanzwertes** im Sinne einer Kombination mit dem Ertragswert vorgeschlagen. Solche kombinierten Bewertungsverfahren widersprechen der modernen Unternehmensbewertungslehre, stimmen jedoch mit den Grundlagen der Steuerrechtsprechung zur Teilwertermittlung von Beteiligungen überein.[102]

---

[98] Vgl. *Kupsch* [1987], Rn. 151.

[99] Die mangelnde Praktikabilität der Ertragswertermittlung hat im Schrifttum auch zu Vorschlägen geführt, etwaige Abschreibungserfordernisse nach § 253, 2 S. 3 HGB anhand vereinfachter pragmatischer Überlegungen festzustellen. Diese basieren insbesondere auf einem Vergleich des Beteiligungsbuchwertes mit dem anteiligen buchmäßigen Eigenkapital des Unternehmens, an dem die Beteiligung besteht, oder auf einer Gegenüberstellung der Verzinsung des Beteiligungsbuchwertes durch Beteiligungserträge mit der marktüblichen Verzinsung (vgl. hierzu *Scheffler [1993]*, Rn. 146-148).

[100] Vgl. *Uhlig/Lüchau* [1971], S. 555-556; a.A. *Weber* [1980], S. 235-236.

[101] Vgl. *IdW* [1996], S. 274.

[102] Vgl. *IdW* [1983], S. 469-470; *Quick* [1991a], S. 480.

In jedem Fall stellt der **Einzelveräußerungswert** (Liquidationswert) die Untergrenze des niedrigeren beizulegenden Wertes dar. Der Liquidationswert bildet eine Sonderform des Ertragswertes. Steht die Liquidation der Unternehmung, an der die Beteiligung besteht fest, oder ist sie ernsthaft geplant, so ergibt sich der der Beteiligungsquote entsprechende anteilige Liquidationswert aus den Einzelveräußerungswerten der Vermögensgegenstände abzüglich der bilanzierten sowie der durch die Unternehmenseinstellung ausgelösten Schulden.

Für Anteile an verbundenen Unternehmen ist der niedrigere beizulegende Wert auf entsprechende Art und Weise abzuleiten.

Beispiel:

Ein Unternehmer erwirbt eine Beteiligung am Ende der Periode t = 0 in Höhe von € 2000,-. Er erwartet, dass am Ende der Perioden t = 1, 2, ..., 5 jeweils Beteiligungserträge in Höhe von € 150,- anfallen. Es ist geplant, die Beteiligung am Ende von Periode t = 6 zu einem Wert von € 2000,- zu verkaufen. Der Kalkulationszinssatz beträgt 10 %.

Am Bilanzstichtag der Periode t = 0 sind die Anschaffungskosten der Beteiligung mit dem beizulegenden Wert zu vergleichen. In dem Fall einer Beteiligung, die nicht börsennotiert und für die kein Wiederbeschaffungs- oder Einzelveräußerungswert feststellbar ist, muss die Ermittlung des beizulegenden Wertes mit Hilfe des Ertragswertes erfolgen.

Der Ertragswert (EW) der Beteiligung ergibt sich nach der direkten Methode somit aus der Summe der Barwerte aller zukünftigen Einnahmeüberschüsse ($e_t - a_t$) aus der Beteiligung:

$$EW_{Bet} = \sum_{t=1}^{n} \frac{(e_t - a_t)}{(1 + i)^t} .$$

In den meisten Fällen beschränkt sich die Ermittlung der zu diskontierenden Zukunftserfolge auf die Schätzung der laufenden Gewinnanteile und eines möglichen Verkaufserlöses am Ende des Beteiligungsverhältnisses[103]. Daraus ergibt sich in diesem Beispiel der Ertragswert der Beteiligung am Bilanzstichtag der Periode t = 0:

$$EW_{Bet} = \sum_{t=1}^{5} \frac{150,-}{(1 + 0,1)^t} + \frac{2000,-}{(1 + 0,1)^6} \cong 1698,- \, € .$$

Aus dem Vergleich der Anschaffungskosten der Beteiligung und dem beizulegenden Wert am Bilanzstichtag (ermittelt in Form des Ertragswertes) ergibt sich ein Abschreibungserfordernis in Höhe von € 302,-. Abschreibungen auf Finanzanlagen werden ebenso wie Abschreibungen auf Wertpapiere des Umlaufvermögens buchtechnisch i.d.R. nach der direkten Methode vorgenommen. Das bedeutet, dass ein Konto „Abschreibungen auf Finanzanlagen" belastet und im betreffenden Bestandskonto gegengebucht wird.

---

[103] Vgl. *Küting/Weber* [1990], § 253 HGB, Rn. 151.

Buchungssätze:

(1) Verbuchung der Anschaffung der Beteiligung; (2) Verbuchung der Abschreibung auf die Beteiligung.

Nr.	Sollkonto	Betrag	Habenkonto
1	Beteiligungen	2.000,-	Bank
2	Abschreibungen auf Finanzanlagen	302,-	Beteiligungen

Kontenbild:

S	Beteiligungen	H	S	Bank	H	S Abschr. a. Finanzanl. H
(1) 2.000,-	(2) 302,-			(1) 2.000,-	(2) 302,-	

b. Abschreibungen auf Ausleihungen (Finanzforderungen)

Als Ausleihungen kommen insbesondere unverbriefte Gläubigeransprüche mit Dauerbesitzabsicht in Betracht. Sie sind wie Forderungen zu bewerten, d.h. Zugänge an Ausleihungen sind grundsätzlich mit den Anschaffungskosten (das sind in der Regel die an den Darlehensnehmer ausgezahlten Beträge zuzüglich der Nebenkosten) anzusetzen und die Ausleihbestände werden wegen mangelnder Einbringlichkeit und/oder Rentierlichkeit abgeschrieben.

Bezüglich der mangelnden Einbringlichkeit werden zweifelhafte und uneinbringliche Ausleihungen unterschieden. Zweifelhafte Ausleihungen sind mit ihrem wahrscheinlichen Wert anzusetzen und uneinbringliche Ausleihungen sind voll abzuschreiben.[104] In der Gewinn- und Verlustrechnung erfolgt der Ausweis der Abschreibungsbeträge in der Position „Abschreibungen auf Finanzanlagen und auf Wertpapiere des Umlaufvermögens".[105]

Abwertungen wegen mangelnder Einbringlichkeit sind vorzunehmen, wenn der Ausfall des Darlehensbetrages ganz oder teilweise droht. Die Zahlungseinstellung des Schuldners ist nicht erforderlich. Indikatoren für die mangelnde Einbringlichkeit können verzögerte Zins- und Tilgungsleistungen, eine hohe Verschuldung oder fehlende Rentabilität des Schuldnerunternehmens sowie eingeleitete Zwangsmaßnahmen sein. Ein erhöhtes Einbringungsrisiko ist im Zusammenhang mit solchen Ausleihungen zu beachten, die als **eigenkapitalersetzende Darlehen** zu qualifizieren sind. Das sind Ausleihungen, die z.B. ein Mutterunternehmen seiner Tochtergesellschaft bei Eigenkapitalmangel oder allgemein

---

[104] Vgl. hierzu die Buchungstechnik bei der Vornahme von Forderungsabschreibungen 2. Hauptteil, H.

[105] Vgl. *Beck'scher Bilanz-Kommentar* [2003], § 275 HGB, Rn. 200. Dabei haben Kapitalgesellschaften und ihnen gleichgestellte Personenhandelsgesellschaften nach § 277,3 HGB die außerplanmäßigen Abschreibungen auf das Finanzanlagevermögen wie auch auf Wertpapiere des Umlaufvermögens jeweils gesondert auszuweisen oder im Anhang anzugeben.

im Krisenfall gewährt. Für die Beurteilung der Einbringlichkeit eigenkapitalersetzender Darlehen ist bedeutsam, dass der Anspruch auf Rückzahlung des darlehensgewährenden Gesellschafters im Vergleichs- oder Konkursfall hinter die Ansprüche anderer Gläubiger zurücktritt. Hinzu kommt, dass bei eigenkapitalersetzenden Darlehen stets eine Krisensituation beim Schuldnerunternehmen vorliegt, welche die Einbringlichkeit der Ausleihung gefährdet. Daher ist für die Beurteilung der Abschreibungshöhe die gegenwärtige Situation sowie die zukünftige Entwicklung des Schuldnerunternehmens zu prüfen.

Sind Ausleihungen nicht oder im Verhältnis zum Marktzins minder verzinst, so sind sie ebenfalls abzuwerten. Diese Abwertung wegen Zinslosigkeit oder niedriger Verzinsung ist bereits beim Zugang (erstmaliger Ausweis) vorzunehmen. Sie erfolgt aktivisch, so dass bei unverzinslichen Ausleihungen der Barwert als Anschaffungskosten gilt, und zwar auch dann, wenn der Darlehensbetrag in voller Höhe ausgezahlt wird.[106] Bei minderverzinslichen Ausleihungen ist dementsprechend der um den Kapitalwert des Zinsverlustes verringerte Auszahlungsbetrag der Ausleihung anzusetzen. Dabei ergibt sich der Zinsverlust als Differenz zwischen dem zur Abzinsung herangezogenen Referenzzinssatz und den tatsächlich erhaltenen Zinsen.[107] Hinsichtlich der Ermittlung des Barwertes bzw. Zinsverlustes bestehen unterschiedliche Auffassungen über die Höhe des anzusetzenden Zinssatzes. Die steuerliche Rechtsprechung und die Finanzverwaltung wenden in Anlehnung an § 12,3 Bewertungsgesetz einen Zinssatz von 5,5 % an. Auch handelsrechtlich betrachtet man daher diesen Zinssatz als Untergrenze.[108] Als Obergrenze wird hingegen der sog. landesübliche Zinssatz für risikoarme Obligationen der öffentlichen Hand genannt.

Der Differenzbetrag zwischen höherem Auszahlungsbetrag und Barwert (Kapitalwert des Zinsverlustes) stellt entweder einen verdeckten Vorteil für den Kapitalnehmer dar, oder er ist ein Entgelt für einen dem Gläubiger durch den Darlehensnehmer gegebenen Vorteil (z.B. für den verbilligten Bezug von Waren). Resultiert der Unterschiedsbetrag aus dem Motiv, dem Schuldner einen verdeckten Zuschuss zu gewähren, so ist er als „sonstiger betrieblicher Aufwand" der Auszahlungsperiode zu behandeln. Wird die Abwertung wegen mangelnder Rentierlichkeit aus vorgenanntem Anlass erst in der Folgeperiode vorgenommen, dann

---

[106] Vgl. *Scheffler* [1993], B 213, Rn. 176. In der Literatur wird demgegenüber auch die Auffassung vertreten, dass bei unverzinslichen bzw. niedrig verzinslichen Ausleihungen der Ausgabebetrag die Anschaffungskosten darstellt (vgl. z.B. *Kupsch* [1987], Rn. 141; *Küting/Weber* [1995], § 253 HGB, Rn. 42). Die vorzunehmende Abwertung auf den Barwert wird daher als Abschreibung auf den niedrigeren beizulegenden Wert der Ausleihung und nicht als Maßnahme zur Ermittlung der Anschaffungskosten interpretiert.

[107] Vgl. *Wöhe* [1997], S. 507.

[108] Vgl. *Scheffler* [1993], B 213, Rn. 176.

stellt die Abwertung eine Abschreibung i.S.d. § 253,2 S. 2 und 3 HGB dar.[109]

Beispiel:

Am 31.12.01 gewährt die M-GmbH einem Unternehmen, an dem eine Beteiligung besteht, ein Darlehen von € 100.000,- mit einer Laufzeit von 4 Jahren. Um die Liquiditätslage des Schuldners zu verbessern, wird auf eine Verzinsung der Ausleihung verzichtet, eine anderweitige Gegenleistung durch das Unternehmen erfolgt nicht. Die M-GmbH geht zur Bewertung der Forderung von einem landesüblichen Zinssatz von 8 % aus.

Unter Verwendung des angegebenen Zinssatzes von 8 % ergeben sich über die Laufzeit des Darlehens folgende Barwerte:

Zeitpunkt	Barwert
31.12.01	73.502,98
31.12.02	79.383,22
31.12.03	85.733,88
31.12.04	92.592,59
31.12.05	100.000,-

Buchung am 31.12.01:

Ausleihungen   € 73.502,98
Sonst. betr. Aufwand € 26.497,02 a n   Bank   € 100.000,-

In den Folgejahren ist die Erhöhung des Barwerts der Ausleihung erfolgserhöhend als Zugang auf dem Konto „Ausleihungen" zu erfassen, da es sich bei dem jährlichen Verzicht auf Zinszuflüsse um zusätzliche Anschaffungskosten der Ausleihung handelt.[110] Dies führt z.B. im Folgejahr zu folgender Buchung:

Buchung am 31.12.02:

Ausleihungen € 5.880,24 an Sonst. betriebl. Erträge € 5880,24

---

109 Vgl. *Adler/Düring/Schmaltz* [1995], Teilband 5 (1997), § 275 HGB, Rn. 171; *Beck'scher Bilanz-Kommentar* [2003], § 275 HGB, Rn. 200.

110 Kritisch hierzu *Glade* [1995], § 253 HGB, Rn. 441. Soweit in der Literatur als Anschaffungskosten der unverzinslichen Ausleihung der Auszahlungsbetrag und die Abwertung um den Zinsverlust als außerplanmäßige Abschreibung interpretiert wird, wird in der jährlichen Erhöhung des Wertansatzes eine Wertaufholung gesehen. Diese ist für Einzelkaufleute und nicht beschränkt haftende Personenhandelsgesellschaften nach § 253,5 HGB wahlweise möglich, während für Kapitalgesellschaften und beschränkt haftende Personenhandelsgesellschaften ein (durch § 280,2 HGB) relativiertes Wertaufholungsgebot besteht (vgl. *Küting/Weber* [1995], § 253 HGB, Rn. 49).

In der Literatur wird alternativ auch der Ausweis der Erträge in der Position „Erträge aus anderen Wertpapieren und Ausleihungen des Finanzanlagevermögens" für zulässig gehalten.[111]

Ist der Unterschiedsbetrag ein Entgelt für einen dem Gläubiger durch den Schuldner gewährten Vorteil, so ist zu prüfen, ob dieser Vorteil einen aktivierungsfähigen Vermögenswert darstellt. In diesem Fall sind Ausleihung und erworbener Vermögenswert getrennt zu behandeln: Neben der Aktivierung der Ausleihung zu ihrem Barwert (= Anschaffungskosten) wird der Vermögenswert gesondert in Höhe der Differenz zwischen Barwert und Ausgabebetrag der Ausleihung auf der Aktivseite ausgewiesen. Der Kapitalwert des Zinsverlustes stellt damit die Anschaffungskosten für den vom Schuldner erworbenen aktivierungsfähigen Vermögenswert dar. In den Folgeperioden ist der aktivierte Vermögenswert über die Laufzeit des Darlehens abzuschreiben.[112]

Beispiel:

Die M-GmbH gewährt einem Wohnungsbauunternehmen ein zinsloses Darlehen in Höhe von € 500.000,- mit einer Laufzeit von 10 Jahren und lässt sich von diesem dafür ein sog. Belegungsrecht einräumen. D.h. der M-GmbH steht das Recht zu, die Mieter der mit dem Darlehen finanzierten Wohnungen zu bestimmen. Die M-GmbH beabsichtigt, das Belegungsrecht zugunsten ihrer Arbeitnehmer auszuüben und verwendet zur Bewertung der Ausleihung den landesüblichen Zinssatz von 8 %.

Die Ausleihung ist mit den Anschaffungskosten in Höhe des Barwertes zu aktivieren (500.000,- · $(1+0,08)^{-10}$ = 231.596,74 €). Der vereinbarte Zinsverzicht in Höhe von 500.000,- ./. 231.596,74 = 268.403,26 € stellt die Anschaffungskosten für den immateriellen Vermögenswert „Belegungsrecht" dar. Der Ausweis des erworbenen Vermögenswertes in der Bilanz erfolgt in vorliegendem Fall unter der Position A.I.1. des § 266,2 HGB: „Konzessionen, gewerbliche Schutzrechte und ähnliche Rechte und Werte sowie Lizenzen an solchen Rechten und Werten".[113]

Buchungssatz:

Ausleihungen	€ 231.596,74			
Belegungsrecht	€ 268.403,26	an	Bank	€ 500.000,-

Ist der dem Gläubiger eingeräumte Vorteil nicht aktivierungsfähig, so ist dieser bei der Beurteilung der Unverzinslichkeit bzw. Minderverzinslichkeit der Ausleihung mit zu berücksichtigen. Nach der steuerlichen

---

[111] Vgl. *Küting/Weber* [1995], § 275 HGB, Rn. 80.

[112] Vgl. *Scheffler* [1993], B 213, Rn. 177; *FG Nürnberg* [1961]; anderer Auffassung jedoch *Küting/Weber* [1995], § 253 HGB, Rn. 45, wonach die Bewertung des gesondert ausgewiesenen Vermögensgegenstandes in den Folgeperioden völlig unabhängig von der Ausleihung vorzunehmen ist.

[113] Vgl. *Adler/Düring/Schmaltz* [1995], Teilband 5 (1997), § 266 HGB, Rn. 28.

Rechtsprechung tritt in diesem Falle an die Stelle einer Zinszahlung eine verdeckte Verzinsung, die das Fehlen der Nominalverzinsung ausgleicht. Die Ausleihung wird daher als verzinslich angesehen, so dass als Anschaffungskosten der Auszahlungsbetrag anzusetzen ist.[114] Eine Abwertung wegen mangelnder Rentierlichkeit kommt jedoch insoweit in Betracht, als der Wert des eingeräumten Vorteils den Zinsverzicht nicht ausgleicht.[115]

Beispiel:

Die M-GmbH gewährt einem Unternehmen, an dem sie eine Beteiligung hält, ein Darlehen in Höhe von € 10.000,- mit einer Laufzeit von 4 Jahren. Eine Verzinsung ist nicht vorgesehen. Allerdings ist mit der Darlehensvergabe eine feste Abnahmeverpflichtung für Erzeugnisse der M-GmbH vereinbart, die der M-GmbH einen zinsersetzenden (nicht aktivierungsfähigen) Vorteil in Höhe von € 500,- je Periode einbringt. Der landesübliche Zinssatz beträgt 9 %.

Ermittlung des Kapitalwertes des Zinsverlustes:

$$KW_{Zinsv.} = \sum_{t=1}^{4} \frac{(900 - 500)}{(1 + i)^t} \cong 1.296,- \, €.$$

Ermittlung des Wertansatzes:

	Auszahlungsbetrag des Darlehens	€	10.000,-
./.	Kapitalwert des Zinsverlustes	€	1.296,-
=	Wertansatz am 31.12.	€	8.704,-

Buchungssatz:

Ausleihungen	€ 8.704,-		
Sonst. betr. Aufwand	€ 1.296,- an	Bank	€ 10.000,-

Auf die dargestellte Abwertung wegen schlechter Rentierlichkeit kann nach den GoB für relativ unbedeutende Darlehen aus wirtschaftlichen Gründen verzichtet werden.

Wird die Ausleihung unter Einbehaltung eines Abgeldes (Damnum) ausgezahlt, so ergeben sich aus den GoB unterschiedliche Verfahren der buchmäßigen Behandlung dieses als vorausgezahlte Zinsen zu bewer-

---

[114] Vgl. *Küting/Weber* [1995], § 253 HGB, Rn. 44. So hat die *BFH* die Unverzinslichkeit und damit eine Abwertung wegen mangelnder Rentierlichkeit z.B. in folgenden Fällen verneint: Zinsloses Darlehen einer Brauerei an Gaststätten gegen Einräumung einer Bierbezugsverpflichtung (*BFH* [1975]); Zinsloses Darlehen eines Zeitschriftenverlages an Lesezirkelinhaber gegen die Verpflichtung, verlagseigene Titel bis zur Tilgung in den Lesemappen zu führen (*BFH* [1981]).

[115] Vgl. hierzu *BFH* [1981].

tenden Betrages. Diese verschiedenen Varianten sollen im Folgenden anhand eines Beispiels dargestellt werden.[116]

Beispiel:

Die M-GmbH gewährt einem Lieferanten ein zu verzinsendes, tilgungsfreies Darlehen (d.h. Rückzahlung in einer Summe am Ende der Laufzeit) in Höhe von € 100.000,- mit einer Laufzeit von 5 Jahren. Bei Auszahlung wird ein Damnum von € 3.000,- einbehalten.

Variante 1: Die Ausleihung wird in Höhe des Auszahlungsbetrages von € 97.000,- aktiviert. Das Damnum wird allmählich über die Laufzeit erfolgswirksam vereinnahmt. Dabei erhöhen die vereinnahmten Zinserträge den Wertansatz der Ausleihung, so dass am Ende der Laufzeit die Ausleihung in Höhe ihres Rückzahlungsbetrages zu Buche steht.[117] Die jährliche Vereinnahmung des Damnums erfolgt dabei grundsätzlich kapitalnutzungsproportional, d.h. nach Maßgabe des nach periodischer Tilgung noch ausstehenden Darlehensbetrages.[118] Im Beispielsfall des tilgungsfreien Darlehens ergibt dies eine lineare Verteilung des Damnums über die Laufzeit.

Buchungssatz bei Auszahlung:

(1) Ausleihungen   € 97.000,-   an Bank   € 97.000,-

Buchungssatz in den Folgejahren:

(2) Ausleihungen   € 600,-   an Zinserträge   € 600,-

Kontenbild: (nach einer Periode)

S	Ausleihungen	H	S	Bank	H	S	Zinserträge	H
(1)	97.000,-			(1) 97.000,-			(2)	600,-
(2)	600,-							

Variante 2: Die Forderung wird zum Rückzahlungsbetrag von € 100.000,- aktiviert, das Damnum als passiver Rechnungsabgrenzungsposten abgegrenzt, der in der Folgezeit kapitalnutzungsproportional erfolgserhöhend aufzulösen ist.[119]

Buchungssatz bei Auszahlung:

(1) Ausleihungen   € 100.000,-   an Bank   € 97.000,-
                                          Passive RAP   € 3.000,-

---

[116] Vgl. hierzu auch *Wöhe* [1992], S. 530-531.

[117] Vgl. *Küting/Weber* [1995], § 253 HGB, Rn. 43.

[118] Vgl. zur kapitalnutzungsproportionalen Verrechnung des Damnums auch zweiter Hauptteil, J.

[119] Vgl. zu dieser Behandlung *BFH* [1975].

Buchungssatz in den Folgejahren:

(2) Passive RAP   € 600,-   an   Zinserträge   € 600,-

Kontenbild: (nach einer Periode)

S	Ausleihungen	H	S	Bank	S	Passive RAP	H
(1)	100.000,-			(1) 97.000,- (2)		600,- (1)	3.000,-

S	Zinserträge	H
	(2)	600,-

Variante 3: Diese Buchungsweise stellt eine Kombination von Variante 1 und Variante 2 dar. Die Ausleihung wird wie in Variante 1 in Höhe des Auszahlungsbetrages aktiviert. Gleichzeitig erfolgt aber auch die Bildung eines passiven Rechnungsabgrenzungspostens in Höhe des Damnums. Die hierzu erforderliche Gegenbuchung im Soll nimmt ein aktiver Gegenposten auf. Die erfolgserhöhende Verrechnung des Zinsertrages erfolgt wie in Variante 2 über die Auflösung des passiven RAP. Korrespondierend wird der aktive Gegenposten zugunsten des Wertansatzes der Ausleihung aufgelöst.

Buchungssätze bei Auszahlung:

(1) Ausleihungen   € 97.000,-   an   Bank   € 97.000,-
(2) Aktiver Gegenposten € 3.000,-   an   Passive RAP   € 3.000,-

Buchungssätze in den Folgejahren:

(3) Passive RAP   €   600,-   an   Zinserträge   €   600,-
(4) Ausleihungen   €   600,-   an   Aktiver Gegenposten €   600,-

Kontenbild: (nach einer Periode)

S	Ausleihungen	H	S	Bank	H	S	Passive RAP	H
(1)	97.000,-			(1) 97.000,- (3)			600,- (2)	3.000,-
(4)	600,-							

S	Zinserträge	H	S	Akt. Gegenposten	H
	(3)	600,-	(2) 3.000,- (4)		600,-

Variante 4: Nach dieser Buchungsweise wird im Damnum kein vorausgezahlter Zins, sondern eine Bereitstellungsprovision oder Bearbeitungsgebühr gesehen. Deshalb wird die Ausleihung zum Rückzahlungsbetrag von € 100.000,- aktiviert und das Damnum sofort erfolgswirksam als Ertrag verbucht.

Buchungssatz bei Auszahlung:

(1) Ausleihungen   € 100.000,-   an   Bank   € 97.000,-
                                          Sonst. betr. Ertrag € 3.000,-

Kontenbild:

S Ausleihungen H	S Bank H	S Sonst.betr.Ertrag H
(1) 100.000,-	(1) 97.000,-	(1) 3.000,-

c. Abschreibungen auf Wertpapiere des Anlagevermögens

Die Bilanzposition „Wertpapiere des Anlagevermögens" stellt einen Sammelposten dar, der Wertpapiere umfasst, die der langfristigen Kapitalanlage dienen und die weder unter Beteiligungen noch unter Anteile an verbundenen Unternehmen auszuweisen sind. Zu diesen Wertpapieren des Anlagevermögens zählen:

- **Wertpapiere mit Gewinnbeteiligungsanspruch** (z.B. Aktien, Anteile an Investment- oder Immobilienfonds),

- **Wertpapiere mit Verzinsungsanspruch** (Gläubigerwertpapiere, z.B. Obligationen, Pfandbriefe, öffentliche Anleihen, Zero-Bonds).

Der Bilanzausweis dieser Wertpapiere erfolgt zu den Anschaffungskosten, vermindert um gegebenenfalls vorzunehmende Abschreibungen auf den niedrigeren beizulegenden Wert. Zur Bestimmung dieser Werte ist eine Fallunterscheidung zwischen börsennotierten und nicht börsennotierten Wertpapieren vorzunehmen.

Bei **börsennotierten** Wertpapieren des Anlagevermögens ergeben sich die Anschaffungskosten aus dem Ankaufspreis, einschließlich der Anschaffungsnebenkosten und abzüglich etwaiger Anschaffungspreisminderungen. Der Ankaufspreis bestimmt sich in diesem Fall aus dem Börsenkurs am Kauftag. Als Anschaffungsnebenkosten kommen seit Wegfall der Börsenumsatzsteuer als wichtigste Position die Maklerprovisionen in Betracht. Beim Erwerb festverzinslicher Wertpapiere erfolgt in der Regel eine gesonderte Berechnung der Stückzinsen. Die beim Erwerb in Rechnung gestellten Stückzinsen stellen keine Anschaffungskosten der erworbenen Wertpapiere, sondern Anschaffungskosten der Zinsforderung gegenüber dem Gläubiger dar. Der mitgelieferte Zinsschein ist gesondert unter den Wertpapieren des Umlaufvermögens auszuweisen.[120]

Bei Ermittlung des beizulegenden Werts von börsennotierten Wertpapieren des Anlagevermögens kommt dem Börsenwert die größte Bedeutung zu. Maßgebend ist der aus dem Börsenwert abgeleitete Veräußerungspreis, d.h. etwaige Verkaufsspesen sind vom Börsenkurs abzuziehen. Der Ansatz eines Paketzuschlages entfällt, denn besondere Vorteile durch das Halten der Wertpapiere sind für den Inhaber nicht zu unterstellen.[121] Enthalten die Wertpapiere eine Sonderausstattung (z.B. Rückgabemöglichkeit vor Ablauf der Laufzeit), sind sie nicht mehr mit börsennotierten Papieren derselben Gattung vergleichbar. Der Markt-

---

[120] Vgl. *Kupsch* [1987], Rn. 131.

[121] Vgl. *Kupsch* [1987], Rn. 163.

wert solcher Wertpapiere ist aufgrund der Sonderausstattung höher einzustufen als der Börsenkurs gattungsgleicher Papiere. Als beizulegender Wert ist in diesem Fall der Renditekurs anzusetzen, der sich aus der Effektivverzinsung von solchen Wertpapieren ergibt, die hinsichtlich der Bonität des Emittenten, der Nominalverzinsung und der Restlaufzeit mit den zu bewertenden Papieren vergleichbar sind.

Beispiel: Festverzinsliches börsennotiertes Wertpapier

(1) Ein Unternehmer erwirbt zur dauerhaften Finanzanlage am 30.04. eine 9 %ige festverzinsliche Industrieobligation mit Nennwert € 20.000,- zum Kurswert von 95 %. Der nächstfällige Zinsschein (Zinstermine: 2.1/1.7.) wird nicht mitgeliefert. Die Anschaffungsnebenkosten betragen 2 % vom Kurswert.

Ermittlung des Zahlungsbetrages:

	Kurswert am 30.04. (95 %)	€	19.000,-
+	Anschaffungsnebenkosten	€	380,-
=	AK der Obligation	€	19.380,-
./.	anteiliger Zinsertrag für 60 Tage	€	300,-
=	Zahlungsbetrag	€	19.080,-

Buchungssatz:

Wertpapiere des AV € 19.380,- an Bank € 19.080,-
Zinsertrag € 300,-

(2) Am 31.12. (Bilanzstichtag) sinkt der Kurswert der Obligation nachhaltig, d.h. dauerhaft, aufgrund veränderter Marktsituationen auf 90 %. Die Verkaufsspesen würden zu diesem Zeitpunkt 3 % des Kurswertes betragen.

Ermittlung des beizulegenden Wertes am Bilanzstichtag:

	Kurswert am 31.12. (90 %):	€	18.000,-
./.	anfallende Verkaufsspesen	€	540,-
=	beizulegender Wert am 31.12.	€	17.460,-

Daraus ergibt sich ein Abschreibungserfordernis in Höhe von € 1.920,- (Anschaffungskosten € 19.380,- ./. beizulegender Wert € 17.460,-).

Buchungssatz:

Abschreibungen auf Finanzanlagen an Wertpapiere des AV € 1.920,-

Beim Verkauf von Wertpapieren wird der Nettoerlös (= Kurswert abzüglich Verkaufsspesen) häufig vom Buchwert abweichen. Ist dies der Fall, so entsteht ein Kursgewinn bzw. -verlust. Kurserfolge sind der gewöhnlichen Geschäftstätigkeit zuzurechnen und auf dem Konto „sonstiger betrieblicher Ertrag" bzw. „sonstiger betrieblicher Aufwand" zu erfassen.

(3) Der Unternehmer veräußert die Industrieobligation am 31.03. der Folgeperiode, da der Kurswert wider Erwarten auf 92 % gestiegen ist. Der nächstfällige Zinsschein wird mitgeliefert. Die Verkaufsspesen betragen 3 % vom Kurswert.

Ermittlung des Kurserfolges:

	Kurswert am 31.03. (92 %)	€	18.400,-
./.	anfallende Verkaufsspesen	€	552,-
=	Verkaufserlös	€	17.848,-
./.	Buchwert der Industrieobligation	€	17.460,-
=	Kursgewinn	€	388,-

Ermittlung des Zahlungseingangs:

	Verkaufserlös	€	17.848,-
+	anteiliger Zinsertrag für 90 Tage	€	450,-
=	Zahlungseingang	€	18.298,-

Buchungssatz:

Bank	€18.298,-	an	Wertpapiere des AV	€	17.460,-
			Sonstige betriebl. Erträge	€	388,-
			Zinsertrag	€	450,-

Bei **nicht börsennotierten** Wertpapieren des Anlagevermögens ergibt sich im Rahmen der Ermittlung der Anschaffungskosten insoweit eine Abweichung, als an die Stelle des Börsenkurses als Anschaffungspreis der Kaufpreis des Wertpapiers tritt. Bei Gläubigerwertpapieren, die unverzinslich oder minderverzinslich sind, stellt der Barwert der Forderung die Anschaffungskosten dar.[122]

Auch zur Bestimmung des beizulegenden Wertes von nicht börsennotierten Wertpapieren des Anlagevermögens kann kein eigener Börsenkurs des Wertpapiers herangezogen werden. Es gelten daher für Wertpapiere mit Gewinnbeteiligungsanspruch die Grundsätze zu Bestimmung des beizulegenden Wertes bei Beteiligungen und für Gläubigerwertpapiere die entsprechenden Grundsätze bei Ausleihungen.[123] Aus Vereinfachungsgründen kann allerdings bei Gläubigerwertpapieren ein Renditekurs angesetzt werden, der sich aus dem Börsenwert von Wertpapieren ergibt, die hinsichtlich ihrer Nominalverzinsung, ihrer Restlaufzeit und der Bonität der Emittenten mit dem zu bewertenden Wertpapier vergleichbar sind.[124]

Eine besondere Form unter den Wertpapieren des Anlagevermögens stellen **Zero-Bonds** (Null-Kupon-Anleihen) dar. Sie können börsennotiert oder nicht börsennotiert sein. Es handelt sich dabei um Anleihen, bei denen während der Laufzeit keine Zinsen an den Gläubiger ausgezahlt werden. Die angefallenen Zinsen werden vielmehr angesammelt und ebenfalls verzinst. Das Entgelt für die Kapitalüberlassung besteht darin,

---

[122] Andere Auffassung: *Beck'scher Bilanz-Kommentar* [2003], § 255 HGB, Rn. 176; *Küting/Weber* [1995], § 253 HGB, Rn. 42, die auch bei unverzinslichen oder minderverzinslichen Wertpapieren den Kaufpreis als Anschaffungskosten ansehen.

[123] Vgl. *Beck'scher Bilanz-Kommentar* [2003], § 253 HGB, Rn. 415.

[124] Vgl. *Förschle* [1992], Sp. 2169-2170.

dass der Ausgabe- bzw. Emissionsbetrag der Anleihe unter dem Rückzahlungsbetrag liegt.[125] Diese Differenz zwischen Ausgabe- und Rückzahlungsbetrag stellt allerdings kein Disagio im herkömmlichen Sinne
dar, da es sich bei diesem Differenzbetrag ausschließlich um das Entgelt für die Kapitalüberlassung handelt und nicht nur eine Neben- oder
Zusatzleistung darstellt. Die Verzinsung der Anleihe richtet sich nach
den Konditionen im Emissionszeitpunkt und kann ermittelt werden aus:

$$A \cdot (1 + r)^n = R \, .$$

Daraus ergibt sich mittels Umformung zur Bestimmung der Rendite (r)
folgende Beziehung:

$$r = \sqrt[n]{\frac{R}{A}} - 1$$

mit n = Laufzeit der Anleihe; r = Rendite; R = Rückzahlungsbetrag;
A = Ausgabebetrag.

Hinsichtlich der Ausgestaltung lassen sich der Abzinsungs- und der Aufzinsungstyp unterscheiden. Beim Abzinsungstyp entspricht der Rückzahlungsbetrag dem Nennwert der Anleihe, die mit einem Abschlag (der von der
Laufzeit und vom vereinbarten Zinssatz abhängt) ausgegeben wird. Beim
Aufzinsungstyp erfolgt die Ausgabe dagegen zum Nennwert (100 %), die
Rückzahlung zu einem, um die vereinbarten Zinsen erhöhten Betrag.

Die Anschaffungskosten eines Zero-Bonds ergeben sich aus dem Kaufpreis im Zeitpunkt des Erwerbs der Anleihe. Erfolgt der Erwerb im Zeitpunkt der Ausgabe des Zero-Bonds, entspricht der Kaufpreis dem Ausgabe- bzw. Emissionsbetrag. Ein Ausweis zum höheren Rückzahlungsbetrag (Bruttoausweis) kann nicht erfolgen. In diesem Rückzahlungsbetrag ist der Anspruch auf den Zinsertrag enthalten, der jedoch erst
während der Laufzeit entsteht. Ein solcher Bruttoausweis würde somit
gegen das Realisationsprinzip verstoßen.[126] Auch ein Ausweis zum
Rückzahlungsbetrag unter gleichzeitiger Bildung eines passivischen
Rechnungsabgrenzungspostens in Höhe des Zinsanteils und periodengerechter Auflösung dieses Rechnungsabgrenzungspostens wird in der
Literatur abgelehnt.[127] Diese Vorgehensweise führt zwar zu einem richtigen Erfolgsausweis, nicht aber zu einem zutreffenden Ausweis der
Vermögenslage des Gläubigers. Der Gläubiger der Anleihe gewährt nur
in Höhe des Ausgabebetrages ein Darlehen und nicht in Höhe des Rückzahlungsbetrages. Dieser Betrag wird erst im Rückzahlungszeitpunkt in
voller Höhe erreicht.[128] Am Jahresende muss allerdings eine Aufstockung der Anschaffungskosten des Zero-Bonds in Höhe des anteiligen,

---

[125] Vgl. *Beckmann* [1991], S. 938.

[126] Vgl. *Bordewin* [1986], S. 266.

[127] Vgl. *IdW* [1986], S. 249; *Kußmaul* [1987], S. 1566; *Küting/Weber* [1995],
       § 253 HGB, Rn. 41.

[128] Vgl. *Bordewin* [1986], S. 266; *Küting/Weber* [1995], § 266 HGB, Rn. 136.

auf die Periode entfallenden Zinsbetrages erfolgen. Durch die Erhöhung des Wertansatzes der Zero-Bonds wird zum Ausdruck gebracht, dass die Zinserträge realisiert werden, ohne dass ein entsprechender Zahlungszufluss erfolgt. Der Anleihegläubiger gewährt ein um die der Periode zurechenbaren Zinsen erhöhtes Darlehen. Es handelt sich folglich um nachträgliche (zusätzliche) Anschaffungskosten des Zero-Bonds, die am Jahresende durch eine Aufstockung auf den Ausgabebetrag berücksichtigt werden müssen.[129] Der Aufstockungsbetrag wird im Anlagegitter der Finanzanlagen unter der Position „Zugänge" erfasst und nicht unter der Position „Zuschreibungen", da es sich nicht um eine Rückgängigmachung einer vormaligen Abschreibung handelt. Der Ausweis des Aufstockungsbetrages in der GVR kann unter der Position „Erträge aus anderen Wertpapieren und Ausleihungen des Finanzanlagevermögens" oder der Position „Sonstige betriebliche Erträge" erfolgen.[130]

Beispiel: Börsennotierte Zero-Bonds

Ein Unternehmer erwirbt zur längerfristigen Kapitalanlage am 1.1.01 an der Börse einen Zero-Bond im Zeitpunkt der Emission mit einer Rendite von 10 %. Der Emissionskurs beträgt € 683,- (Laufzeit der Anleihe 4 Jahre, Rückzahlungsbetrag € 1.000,-). Der Emissionskurs entspricht dem Börsenkurs.

Daraus ergibt sich folgende Wertermittlung des Zero-Bonds:

Periode	Anschaffungs-kosten am 1.1.	Aufstockungsbe-trag	Restbuchwert 31.12.
01	683,-	68,-	751,-
02	751,-	75,-	826,-
03	826,-	83,-	909,-
04	909,-	91,-	0,-

Buchungssätze in der Periode 01:

(1) Verbuchung der Anschaffung; (2) Verbuchung des Aufstockungsbetrages am Ende der Periode 01.

Nr.	Sollkonto	Betrag	Habenkonto
1	Wertpapiere des AV	683,-	Bank
2	Wertpapiere des AV	68,-	Erträge aus Wertpapieren des AV

Liegt ein niedrigerer beizulegender Wert der Zero-Bonds am Bilanzstichtag vor, ist nach Maßgabe des § 253,2 HGB eine Abschreibung vorzunehmen. Bei einer dauernden Wertminderung **muss**, bei einer nicht dauernden Wertminderung **kann** diese Abschreibung erfolgen. Ein niedrigerer beizulegender Wert bestimmt sich bei börsennotierten Zero-Bonds insbesondere aus einem niedrigeren Börsenkurs am Bilanzstichtag. Allerdings wird bei gestiegenem Marktzinssatz und daraus resultierender

---

[129] Vgl. *Kußmaul* [1987], S. 1566.

[130] Vgl. *Küting/Weber* [1995], § 275 HGB, Rn. 80.

zinsbedingter Kursminderung eine dauernde Wertminderung abgelehnt, da die Wertpapiere des Anlagevermögens definitionsgemäß als langfristige Kapitalanlage erst am Ende der Laufzeit zum Rückzahlungskurs eingelöst werden sollen. Es besteht insoweit ein Abschreibungswahlrecht und keine Abschreibungspflicht. Der niedrigere beizulegende Wert von nicht börsennotierten Zero-Bonds wird entsprechend den Grundsätzen bei Ausleihungen ermittelt.

Bei einer Abschreibung auf einen niedrigeren beizulegenden Wert stellt sich das Problem der Bestimmung der Höhe des jährlichen Aufstockungsbetrags der Anschaffungskosten. Diese Aufstockung muss auch weiterhin in Höhe der ursprünglich vorgesehenen Zinsbeträge erfolgen, auch wenn die Abschreibung auf zinsbedingten Kursschwankungen beruht. Dies führt dazu, dass der Wertzuwachs, der sich aus dem Unterschiedsbetrag zwischen niedrigerem Bilanzausweis zum Rückzahlungsbetrag ergibt, bei Einlösung der Anleihe in einem Betrag realisiert wird. Eine Aufstockung um die Zinserträge, die sich auf Grundlage des gestiegenen Marktzinssatzes, also der tatsächlichen Verzinsung, ergeben, ist nicht möglich.[131]

Anders ist das Problem der Bestimmung des Aufstockungsbetrages zu beurteilen, wenn ein Zweiterwerber die Anleihe mit Anschaffungskosten erwirbt, die niedriger sind als der rechnerische Wert der Zero-Bonds. Zwar wird auch hier nach verbreiteter Verbuchungsmethode die Aufstockung aufgrund der ursprünglich vorgesehenen Zinsbeträge vorgenommen. Davon abweichend wird jedoch in der Literatur gefordert, die Aufstockung in Höhe der aufgrund des gestiegenen Marktzinsniveaus höheren tatsächlichen Verzinsung vorzunehmen, da diese Vorgehensweise eher den Besonderheiten der Zero-Bonds gerecht wird.[132]

Beispiel: Abschreibung auf Zero-Bonds

Als Variante zu obigem Beispiel steigt das Marktzinsniveau am Ende der Periode 01 auf 12 %. Dies hat zur Folge, dass der Börsenkurs auf € 712,- fällt.
Zur Lösung dieses Falles soll davon ausgegangen werden, dass sich das Marktzinsniveau bei 12 % stabilisiert und der Unternehmer das Abschreibungswahlrecht des § 253,2 HGB in Anspruch nimmt.

Daraus ergibt sich folgende Wertermittlung des Zero-Bonds:

Perio-de	Wertansatz 1.1.	Auf-stockungs-Betrag	Abschrei-bung	Sonst. betr. Ertrag	Restbuch-wert 31.12.
01	683,-	68,-	39,-	-,-	712,-
02	712,-	75,-	-,-	-,-	787,-
03	787,-	83,-	-,-	-,-	870,-
04	870,-	91,-	-,-	39,-	0,-

---

[131] Vgl. *Kußmaul* [1987], S. 1568.

[132] Vgl. *Kußmaul* [1987], S. 1568; *Küting/Weber* [1995], § 268 HGB, Rn. 178.

Buchungssätze in der Periode 01:

(1) Verbuchung der Anschaffung; (2) Verbuchung des Aufstockungsbetrages; (3) Verbuchung der Abschreibung.

Nr.	Sollkonto	Betrag	Habenkonto
1	Wertpapiere des AV	683,-	Bank
2	Wertpapiere des AV	68,-	Erträge aus Wertpapieren des AV
3	Abschr. auf Finanzanlagen	39,-	Wertpapiere des AV

Bei Einlösung des Zero-Bonds am Ende der Periode 04 erfolgt die Realisierung des Wertzuwachses, der sich aus dem Unterschiedsbetrag zwischen Bilanzansatz (€ 961,-) und Rückzahlungsbetrag (€ 1.000,-) ergibt. Dieser Betrag wird als sonstiger betriebl. Ertrag gebucht.

Buchungssatz bei Einlösung des Zero-Bonds:

Bank	€ 1.000,-	an	Wertpapiere des AV	€ 961,-
			Sonstige betriebl. Erträge	€ 39,-

H. Verbuchung von Abschreibungen auf Forderungen aus Lieferungen und Leistungen

I. Der bilanzielle Forderungsbegriff und Abschreibungsursachen

Forderungen sind Ansprüche eines Unternehmens auf eine Leistung (= Geldleistung oder sonstige Leistung). In der Bilanz sind Forderungen unter verschiedenen Positionen auszuweisen. Nach § 266,2 HGB setzt sich der Forderungsbestand aus folgenden Positionen zusammen:

- Anzahlungen (getrennt nach Anlage- und Umlaufvermögen),
- Ausleihungen (getrennt nach Ausleihungen an verbundene Unternehmen, an Unternehmen, mit denen ein Beteiligungsverhältnis besteht, und sonstigen Ausleihungen),
- Wertpapiere (getrennt nach Anlage- und Umlaufvermögen),
- Forderungen gegen Unternehmen, mit denen ein Beteiligungsverhältnis besteht,
- sonstige Vorauszahlungen (aktive transitorische RAP).

Die Forderungen sind somit unter verschiedenartigen Bezeichnungen auf der Aktivseite der Bilanz zu finden. Das bedingt, dass die Bewertung der Forderungen - da sie eine Vielzahl ungleicher Bilanzpositionen im Anlage- und Umlaufvermögen umfassen - nicht nach für alle Positionen einheitlichen Kriterien erfolgt. Im Sinne einer ersten Einführung in die Probleme der Bilanzierung soll im Folgenden lediglich auf die bedeutsamen Bewertungsprobleme der Forderungen aus Lieferungen und Leistungen eingegangen werden. Zu diesen Forderungen zählen die Ansprüche aus gegenseitigen Verträgen (Liefer-, Werk-, Dienstleistungsverträgen oder ähnlichen Verträgen), die von dem bilanzierenden Unternehmen erfüllt sind, deren Erfüllung durch den Schuldner jedoch noch aussteht.

Forderungen aus Lieferungen und Leistungen sind im Umlaufvermögen auszuweisen. Das bedeutet, dass bei der Bewertung die Niederstwertregelungen des § 253,3 HGB zu beachten sind. Hinsichtlich der Bewertung ist es üblich, Forderungen in drei Gütekategorien einzuteilen, nämlich in:

➤ Die Kategorie der voll einbringlichen Forderungen

Der Eingang der Nennbeträge dieser Forderungen ist weder zweifelhaft noch sind sie uneinbringlich. Sie sind daher mit ihrem Nennbetrag, d.h. mit ihren Anschaffungskosten anzusetzen. Als Anschaffungskosten gelten der Rechnungsbetrag einschließlich Umsatzsteuer, aber abzüglich Rabatte und sonstiger Preisnachlässe. Zu den Anschaffungskosten der Forderungen aus Lieferungen und Leistungen zählt nach Konvention auch der Gewinnaufschlag. Eine Begründung dafür, den eingerechneten Gewinn in den Anschaffungskosten einer Forderung als „realisiert" zu betrachten, kann in der Fiktion gesehen werden, dass die bilanzierende Unternehmung im Zeitpunkt der Lieferung und Leistung vom Kunden das vereinbarte Entgelt in bar erhalten, diesem aber sofort in Höhe des Entgelts einen Kredit eingeräumt hat.

Unverzinsliche bzw. minderverzinsliche Forderungen würden bei einem Verkauf vor Fälligkeitstermin nicht den Nennbetrag erbringen. Der aus der Minder- bzw. Nichtverzinsung resultierenden Wertminderung ist bei der Bilanzierung Rechnung zu tragen, indem der Kapitalwert des Zinsverlustes vom Forderungsnennwert abgezogen wird. Der Zinsverlust errechnet sich aus der Differenz zwischen den marktüblichen und den tatsächlich erhaltenen Zinsen.[133] Es ist in der Praxis aber üblich, aus Vereinfachungsgründen bei Forderungen mit einer Restlaufzeit bis zu drei Monaten - mitunter auch bis zu einem Jahr - von der Abwertung einer Forderung wegen schlechter Rentierlichkeit abzusehen.

➤ Die Kategorie der zweifelhaften Forderungen

Forderungen sind dann zweifelhaft, wenn der Bilanzierende bis zur Aufstellung des Jahresabschlusses Informationen darüber erlangt hat, dass der Forderungsbetrag wahrscheinlich nicht oder nicht in voller Höhe eingehen wird. Diese Informationen können aus dem betrieblichen Rechnungswesen stammen, und zwar insbesondere dann, wenn der Schuldner trotz mehrfacher Mahnung nicht gezahlt hat, Zah-

---

[133] Vgl. *Wöhe* [1997], S. 507-509 sowie *Ludewig* [1976], S. 137-152.

lungsbefehlen widersprochen hat, bisher unpünktlich zahlte oder die Sach- und Rechtslage der Forderung nicht eindeutig ist. Zu den weiteren Quellen der Informationsbeschaffung über Forderungen zählen das Einholen von Saldenbestätigungen, Auskünfte von Auskunfteien und sonstigen Dritten, die Bekanntgabe von Zahlungseinstellungen sowie von Vergleichs- und Konkursverfahren, die Analyse von vom Schuldner vorgelegten Jahresabschlüssen oder die Vornahme von Kreditprüfungen.

➢ Die Kategorie der uneinbringlichen Forderungen

Eine Forderung ist „uneinbringlich", wenn sie aller Wahrscheinlichkeit nach nicht mehr eingetrieben werden kann. Als uneinbringlich sind daher Forderungen immer dann anzusehen, wenn das Konkurs- oder Vergleichsverfahren über das Vermögen des Schuldners ergebnislos abgeschlossen oder das Konkursverfahren mangels Masse eingestellt worden ist, falls fruchtlos gepfändet wurde oder der Aufenthaltsort des Schuldners nicht ermittelt werden kann. Ist bei geringfügigen Forderungen eine Mahnung oder gerichtliche Eintreibung nicht lohnend, so können diese ebenfalls als uneinbringlich abgeschrieben werden.[134]

Werden Forderungen uneinbringlich oder zweifelhaft, so sind sie abzuschreiben, d.h. mit dem Wert des wahrscheinlich eingehenden Betrags zu bilanzieren. In der Abschreibung auf den wahrscheinlich eingehenden Betrag ist aber ein prinzipieller Unterschied zu den Abschreibungen auf das abnutzbare Anlagevermögen zu sehen. Während die Abschreibungen auf das Anlagevermögen eine Periodisierung der aktivierten Ausgaben auf die Laufzeit der Anlagennutzung darstellen, bedeutet die Abschreibung auf Forderungen eine Antizipation von zukünftigen Mindereinnahmen.

Die Abschreibungen auf Forderungen sind Ausfluss des handelsrechtlichen Niederstwertprinzips, das für das Umlaufvermögen in unterschiedlicher Schärfe in § 253,3 HGB geregelt ist. Das **strenge Niederstwertprinzip** des Abs. 3, Satz 2 stellt auf die Bewertung zum Abschlussstichtag ab und fordert zwingend eine Abschreibung der Forderungen auf den Wert, der ihnen zu diesem Stichtag beizulegen ist. Ferner können Abschreibungen nach Satz 3 dieses Absatzes wegen künftiger Wertschwankungen vorgenommen werden. Durch diese Abschreibungen soll verhindert werden, dass in nächster Zukunft (d.h. nach dem Abschlussstichtag) der Wertansatz aufgrund von Wertschwankungen geändert werden muss. Diese Vorschrift ermöglicht es, bei der Bewertung von Forderungen aus Lieferungen und Leistungen einen Wertansatz zu wählen, der unter dem Wert nach Abs. 3, S. 2 liegt. Man nennt diese Vorschrift auch **erweitertes Niederstwertprinzip**. Es ist Ausfluss des mit dem Imparitätsprinzip verknüpften Hilfsprinzips der vorsichtigen Bewertung und ermöglicht eine Verlustantizipation

---

[134] So: *Schäfer* [1971], S. 33.

losgelöst von den Stichtagsverhältnissen. Es erlaubt die Abschreibung auf Forderungen, auch wenn deren Eingang aufgrund der am Abschlussstichtag vorliegenden (bzw. nicht vorliegenden) Informationen als nicht gefährdet anzusehen ist. Kann ein Bilanzierender nicht ausschließen, dass Ausfallrisiken bestehen, so darf er nach dieser Regelung eine Pauschalabschreibung auf die nicht bekannten, aber mit einer gewissen Wahrscheinlichkeit noch auftretenden Ausfallrisiken bilden.

Schließlich ist darauf zu verweisen, dass für Nichtkapitalgesellschaften (s. § 279,1 HGB) eine weitere Regelung im § 253,4 HGB besteht, wonach über die bisher genannten Gründe hinaus zusätzliche Abschreibungen (= **Ermessensabschreibungen**) im Rahmen vernünftiger kaufmännischer Beurteilung zulässig sind. Diese Bestimmung soll die Bildung **stiller Rücklagen** erlauben und wird daher in diesem Zusammenhang nicht weiter behandelt.

II. Die rechnerische Ermittlung der Abschreibungen auf Forderungen aus Lieferungen und Leistungen

Aufgabe der Forderungsabschreibung ist es, die wertmindernden Faktoren einer Forderung durch einen Abschlag vom Nenn- bzw. Buchwert der Forderung zu erfassen. Die bei einer Forderungsbewertung zu berücksichtigenden wertmindernden Faktoren rühren daher, dass Forderungen Kreditverhältnisse darstellen. Forderungsrisiken werden daher auch als Kreditrisiken bezeichnet und als solche in **allgemeine** und **spezielle Kreditrisiken** eingeteilt. Spezielle Kreditrisiken liegen in der Person des jeweiligen Schuldners bzw. in den Gegebenheiten der zu bewertenden Forderung begründet. Zu den speziellen Kreditrisiken der Forderungen aus Lieferungen und Leistungen zählen insbesondere das **Ausfallrisiko** (Gefahr des gänzlichen oder teilweisen Ausfalls der Forderung), das **Verzögerungsrisiko** (= Gefahr, dass die Forderung verspätet eingeht) und das **Einziehungsrisiko** (= Gefahr, dass zur Beitreibung der Forderung zusätzliche Ausgaben für Mahnung und Vollstreckung notwendig werden, die vom Kreditgeber zu tragen sind).[135] **Allgemeine Kreditrisiken** resultieren nur mittelbar aus den Gegebenheiten einer einzelnen Forderung. Sie ergeben sich aus der Gesamtheit der Forderungen. In der Literatur werden z.B. folgende Risiken als allgemeine Kreditrisiken angesehen:

• Das Risiko, dass ein Schuldner von an sich guter Bonität durch nicht vorhergesehene Ereignisse in Schwierigkeiten gerät;

---

[135] Neben diesen Risiken werden zu den speziellen Risiken noch das **Wechselkursrisiko** (= Gefahr, dass sich bei Forderungen in fremder Währung aus Wechselkursänderungen negative Erfolgsbeiträge ergeben), das **Risiko aus Zinsänderungen** bei Forderungen und das **Risiko aus Forderungsverkäufen** gezählt.

- das Risiko, dass durch ein Abschwächen der Konjunktur auch bei Schuldnern von bisher guter Bonität mit Ausfällen zu rechnen ist;

- das Risiko bei Auslandsforderungen, das aus politischen oder wirtschaftspolitischen Maßnahmen herrührt (Enteignungs-, Transfer-, Abwertungs-, Beschlagnahme-, Kriegsrisiken).

Die Unterteilung der wertmindernden Faktoren in spezielle und allgemeine Kreditrisiken ist ausschlaggebend für die Vorgehensweise bei der Forderungsbewertung. Es lassen sich hier die Verfahren der (reinen) Einzelbewertung, der Gruppen- und der Pauschalbewertung voneinander unterscheiden.

a. Verfahren der Einzelbewertung

Nach allgemein verbreiteter Ansicht sind die speziellen Kreditrisiken durch das Verfahren der Einzelbewertung zu erfassen. Die Einzelbewertung basiert auf einer sorgfältigen Analyse der Bonität der einzelnen Schuldner und der Werthaltigkeit der einzelnen Forderung. Dabei sind alle den Wert der Forderung beeinflussenden Umstände zu berücksichtigen, die durch die Verhältnisse am Abschlussstichtag gestützt sind, sowie sämtliche zwischen dem Abschlussstichtag und dem Bilanzerstellungstag erlangten werterhellenden Erkenntnisse zu beachten. Aus den zur Verfügung stehenden Informationen ergibt sich die für die Forderungsbewertung maßgebliche Erwartungsstruktur. Lassen die zur Verfügung stehenden Informationen keinen Zweifel an dem Eintreten eines bestimmten Forderungsausfalls zu, so liegen einwertige oder sichere Erwartungen vor. Weit häufiger aber ist die Situation so, dass über den zukünftigen Geldeingang keine oder keine genauen Aussagen gemacht werden können. Die Forderungsbewertung basiert dann auf unsicheren oder mehrwertigen Erwartungen. Die Ungewissheit der Zukunft kann bewirken, dass über die Höhe des Eingangs einer Forderung nicht nur ein einziger Wert, sondern eine Bandbreite von Wertansätzen denkbar ist. Nach der traditionellen Interpretation des Grundsatzes der vorsichtigen Bewertung sind in den Fällen mehrwertiger Erwartungen die Aktivgüter möglichst niedrig und die Passivgüter möglichst hoch zu bewerten. Eine solche Auslegung des Prinzips der vorsichtigen Bewertung wird in der neueren Literatur überwiegend abgelehnt. Vielmehr sollten - so wird postuliert - Wertansätze gewählt werden, die mit hinreichender Sicherheit nicht unter- oder überschritten werden. Über das konkrete Vorgehen in Fällen unsicherer Erwartungen bestehen jedoch Meinungsverschiedenheiten, die sich durch ein Beispiel verdeutlichen lassen:[136] Für eine Forderung über 100.000 Geldeinheiten (GE) werden zukünftige Geldeingänge von 20.000, ..., 100.000 GE für möglich gehalten. Diesen Geldeingängen (Ereignissen) sind folgende Eintrittswahrscheinlichkeiten zuzuordnen:

---

[136] Das Beispiel geht zurück auf *Moxter* [1962].

Vermutlicher Geldein- gang	Eintritts- wahrscheinlichkeit	Kumulierte Eintritts- wahrscheinlichkeit
100.000	0,1	0,1
80.000	0,3	0,4
60.000	0,2	0,6
40.000	0,2	0,8
20.000	0,2	1,0

In dieser Situation stehen vier Bilanzansatzmöglichkeiten zur Diskussion.

1. Der Ansatz mit der höchsten Eintrittswahrscheinlichkeit (= 80.000 GE).
2. Der Ansatz des Geldeingangs, dessen kumulierte Eintrittswahrscheinlichkeit gerade größer ist als 0,5, d.h. des Betrags, bei dem die Wahrscheinlichkeit dafür, dass dieser Betrag oder mehr eingeht, gerade 0,5 (d.h. 50%) übersteigt (= 60.000 GE).[137]
3. Der Ansatz des niedrigsten Geldeingangs (= 20.000 GE).
4. Der Ansatz des mathematischen Erwartungswerts (= 58.000 GE).

Von den genannten Ansätzen werden in der erwähnten Diskussion alle Ansätze bis auf den unter Punkt 1. genannten Wert mit dem Grundsatz der vorsichtigen Bewertung für vereinbar gehalten.[138]

b. Verfahren der Gruppenbewertung

Die Einzelbewertung, bei der die Wertigkeit einer Forderung durch die Analyse jeder einzelnen Forderung festgelegt wird, stößt bei größeren Forderungsbeständen, die sich aus einer Vielzahl geringwertiger Forderungen zusammensetzen, auf Schwierigkeiten. Im Allgemeinen können hier nur unter unverhältnismäßig hohem Zeit- und Kostenaufwand die für die Einzelanalyse erforderlichen Informationen beschafft werden. Vielfach ist es auch nicht möglich, die wirtschaftlichen Verhältnisse der Schuldner - so z.B. bei Kunden des Versandhandels - mit hinreichender Zuverlässigkeit zu ergründen. Es ist daher nach den GoB zulässig, die Abschreibung wegen spezieller Kreditrisiken „pauschal" zu errechnen.[139]

Das ältere Schrifttum nennt in diesem Zusammenhang ein Verfahren zur Ermittlung des Ausfallrisikos, bei dem die Forderungen (einer Gruppe) über einen bestimmten Zeitraum als Gesamtheit und die zum Abschlussstichtag ermittelten Forderungen dieser Gruppe als Stichprobe aus dieser Gesamtheit aufgefasst werden. Der Anteil der in der Ver-

---

137 Das ergibt folgende Überlegung: Mit einer Wahrscheinlichkeit von 10% gehen 100.000 GE ein; daher gehen mit einer Wahrscheinlichkeit von 10% + 30% = 40% mindestens 80.000 GE ein und mit einer Wahrscheinlichkeit von 10% + 30% + 20% = 60% (also > 50%) gehen mindestens 60.000 GE ein.

138 Vgl. hierzu auch *Velten* [1984], S. 30-37.

139 Vgl. *Adler/Düring/Schmaltz* [1995], Teilband 1 (1995), § 253 HGB, Rn. 533.

gangenheit beobachteten Forderungsausfälle an der Gesamtheit der Forderungen wird als relative Häufigkeit der Forderungsausfälle angesehen und als Schätzwert für den zu erwartenden Forderungsausfall aus dem zu bewertenden Forderungsbestand am Bilanzstichtag verwendet.[140] Diesem Vorgehen wird in der neueren Literatur nicht gefolgt, sondern das zu bilanzierende Forderungskollektiv des Abschlussstichtags wird unabhängig von vorangegangenen Daten als zu bewertende Gesamtheit betrachtet, aus der Teilerhebungen zur Bewertung zu ziehen sind. Für diese Vorgehensweise werden sowohl mathematischstatistische Schätz- wie Testverfahren herangezogen.[141]

c. Verfahren der Pauschalwertberichtigung

Die pauschalierte Forderungsbewertung im Rahmen der Gesamtbetrachtung der Forderungen hat die Aufgabe, das allgemeine Kreditrisiko zu erfassen. Für die Berechnung der Pauschalwertberichtigung ist neben der Berechnungsbasis die Frage der Berechnungsmethode von Bedeutung. In der Literatur besteht bezüglich der Frage der Berechnungsbasis eine Meinungsverschiedenheit darüber, ob die wegen des speziellen Kreditrisikos wertberichtigten Forderungen in die Berechnungsbasis für die Pauschalwertberichtigung einbezogen werden dürfen.[142] Unterstellt man - wie eingangs ausgeführt -, es sei Aufgabe der Pauschalwertberichtigung, das allgemeine Kreditrisiko zu berücksichtigen, dann sind die einzelwertberichtigten Forderungen immer dann in die Pauschalwertberichtigung einzubeziehen, wenn für diese ein über die Einzelrisiken hinausgehendes allgemeines Risiko besteht.

Die Bewertungsmethoden zur Berücksichtigung des allgemeinen Kreditrisikos weisen Gemeinsamkeiten mit der Ermittlung der pauschalen Wertberichtigung zur Erfassung des speziellen Kreditrisikos auf. Neben der traditionellen Vorgehensweise, Prozentualabschläge nach Vergangenheitsbeobachtungen festzulegen, finden sich hierzu in der Literatur Vorschläge, Abwertungen mit Hilfe mathematisch-statistischer Verfahren, insbesondere der Diskriminanzanalyse und der Markoff-Ketten, zu ermitteln.[143] In der deutschen Bilanzierungspraxis haben sich jedoch bisher keine GoB hinsichtlich der Anwendung mathematisch-statistischer Methoden zur Ermittlung pauschaler Wertberichtigungen herausgebildet.

---

[140] Vgl. *Schäfer* [1971], S. 117-124 und die dort angegebene Literatur.

[141] Vgl. *Velten* [1984], S. 38-40.

[142] Die Möglichkeit der Einbeziehung einzelwertberichtigter Forderungen in die Berechnungsgrundlage für eine Pauschalwertberichtigung aufgrund des allgemeinen Kreditrisikos wird z.B. ausdrücklich von *Claussen* verneint. (Vgl. *Claussen* [1985], § 152 AktG, Rn.12.)

[143] Vgl. *Velten* [1984], S. 241-435; *Faller* [1985], S. 263-297.

Die traditionelle Vorgehensweise der Bilanzierungspraxis bei der Schätzung der Höhe der Pauschalwertberichtigung ist an den in der Vergangenheit beobachteten Ausfällen orientiert. Der aufgrund ausgefallener Forderungen der Vergangenheit ermittelte (durchschnittliche) Ausfallsatz gilt als bester Schätzwert zur Ermittlung des zukünftigen Forderungsausfalls, wenn die das allgemeine Kreditrisiko bestimmenden Verhältnisse annähernd gleich bleiben. Sind Änderungen eingetreten, so liegen triftige Gründe vor, die eine Erhöhung oder eine Herabsetzung des Pauschalsatzes der Wertberichtigungen rechtfertigen. Ist der zukünftige Ausfallsatz auf diese Weise bestimmt, so geht die Buchführungspraxis bei der Ermittlung des Betrages der Pauschalwertberichtigungen von dem am Bilanzstichtag vorhandenen und um die Umsatzsteuer verminderten Forderungsbestand aus und berechnet die Höhe der Pauschalwertberichtigung mit Hilfe dieses Ausfallsatzes als einen bestimmten Prozentsatz dieses Bestandes. Bei der Zuführung des so ermittelten Betrages zu der Pauschalwertberichtigung auf Forderungen werden evtl. Wertberichtigungen der Vorperiode berücksichtigt, so dass sich der insgesamt als Pauschalwertberichtigung anzusetzende Betrag stets nur auf die dem Forderungsbestand am Bilanzstichtag entsprechende Höhe beläuft.[144]

III. Die Verbuchung von Abschreibungen auf Forderungen

Die eingangs dieses Übungsfalles dargestellten Gütekategorien der Forderungen haben unterschiedliche buchungstechnische Konsequenzen. Auf diese soll im folgenden eingegangen werden.

a. Die Bilanzierung vollwertiger Forderungen

Sichere Forderungen werden zum Nennwert bilanziert. Unter dem Nennwert versteht man bei Forderungen aus Lieferungen und Leistungen die vereinbarten Entgelte einschließlich der Umsatzsteuer.

b. Die Bilanzierung zweifelhafter Forderungen

Forderungen, deren Zahlungseingang als gefährdet anzusehen ist, werden mit ihrem wahrscheinlichen Wert bilanziert. Der wahrscheinliche Wert ist dabei der Geldbetrag, mit dem die Forderung wahrscheinlich eingehen wird. Er ist kleiner als der Nennwert. Der als uneinbringlich geschätzte Teil der Forderung ist abzuschreiben.

---

[144] Diese in der Praxis vorherrschende Vorgehensweise wird als „statische Ermittlungsmethode" bezeichnet. Von ihr ist die auf *Schmalenbach* zurückgehende „dynamische Ermittlungsmethode" zu unterscheiden. Bei der dynamischen Methode ist nicht der Forderungsbestand am Bilanzstichtag, sondern der Kreditumsatz des Geschäftsjahres Berechnungsbasis. Die dynamische Ermittlungsmethode hat sich in der Praxis nicht durchgesetzt. Vgl. *Schäfer* [1971], S. 94-97.

Die Ermittlung der Wertminderungen der Forderungen kann - wie dargestellt - insbesondere im Wege der Einzel- wie der Pauschalbewertung erfolgen. Diese Bewertungsverfahren haben Einfluss auf die Buchungstechnik. Grundsätzlich bestehen in der direkten und indirekten Abschreibung zwei Buchungsmöglichkeiten zur Erfassung der Wertminderungen von Forderungen. Während bei der direkten Abschreibung das Bestandskonto Forderungen um die Wertminderung verringert wird, lässt die indirekte Abschreibung die Forderung mit ihrem Nennwert auf dem Bestandskonto bestehen und weist die Wertminderung auf einem Passivkonto „Wertberichtigungen auf Forderungen" aus.

1. Einzelwertanalyse und Abschreibungen auf Forderungen

Erfolgt die Bewertung zweifelhafter Forderungen im Wege der Einzelbewertung, so ist es mitunter üblich, Forderungen mit eingeschränkter Bonität in voller Höhe auszusondern und auf einem Konto **Zweifelhafte Forderungen** (bzw. **Dubiose**) umzubuchen. Der Buchungssatz lautet:

Zweifelhafte Forderungen (Dubiose) an Forderungen.

Ist nur mit einem teilweisen Eingang einer Forderung zu rechnen, so ist der als uneinbringlich geschätzte Teil abzuschreiben. Fraglich in dem Zusammenhang ist die Behandlung der in die Forderung eingerechneten Umsatzsteuer. Da nur bei tatsächlichem Forderungsverlust ein gegenüber dem Finanzamt realisierbarer Kürzungsanspruch besteht, ist der abzuschreibende Betrag von der Nettoforderung (Forderung ohne Umsatzsteuer) zu berechnen. Die Umsatzsteuerschuld muss in der eingebuchten Höhe bestehen bleiben, bis der tatsächliche Forderungsausfall feststeht. Dann erst darf der auf den uneinbringlichen Teil der Forderung entfallende Umsatzsteuerbetrag berichtigt werden.

Die durch die Einzelbewertung festgestellten Wertminderungen von Forderungen lassen sich grundsätzlich mit den zwei genannten Techniken, der direkten und indirekten Abschreibung, erfassen.

➤ Beispiel einer direkten Abschreibung:

Der Forderungsbestand am Bilanzstichtag beläuft sich auf € 30.000,-. In dem Bestand ist eine zweifelhafte Forderung mit einem Nennwert einschließlich 15% Umsatzsteuer von € 11.500,- enthalten, bei der mit einem Ausfall von 60% zu rechnen ist. Der abzuschreibende Ausfallbetrag beläuft sich daher auf € 6.000,- (= 0,6 · (€ 11.500,- ./. € 1.500,- USt)).

Buchungssätze:

(1) Umbuchung der zweifelhaften Forderungen, (2) Buchung des wahrscheinlichen Forderungsausfalls, (3a) und (3b) Abschlussbuchungen.

Nr.	Sollkonto	Betrag	Habenkonto
1	Zweifelhafte Forderungen	11.500,-	Forderungen
2	A. auf Forderungen	6.000,-	Zweifelhafte Forderungen
3a	SBK	24.000,-	
		18.500,-	Forderungen
		5.500,-	Zweifelhafte Forderungen
3b	GVK	6.000,-	A. auf Forderungen

Kontenbild:

```
S          Forderungen        H   S    Zweifelhafte Forderungen   H
AB    30.000,-|(1)    11.500,-    (1)    11.500,-|(2)      6.000,-
              |(3a)   18.500,-                   |(3a)     5.500,-


              S      A. auf Forderungen        H
              (2)        6.000,-|(3b)    6.000,-


S           SBK            H   S            GVK            H
(3a)   24.000,-|               (3b)    6.000,-|
```

➢ Beispiel einer indirekten Abschreibung:

Es soll von dem bei der Darstellung der direkten Abschreibung verwendeten Buchungsfall ausgegangen werden.

Buchungssätze:

(1) Umbuchung der zweifelhaften Forderung, (2) Buchung des wahrscheinlichen Forderungsausfalls, (3a), (3b) und (3c) Abschlussbuchungen.

Nr.	Sollkonto	Betrag	Habenkonto
1	Zweifelhafte Forderungen	11.500,-	Forderungen
2	A. auf Forderungen	6.000,-	Wertber. auf Forderungen
3a	SBK	30.000,-	
		18.500,-	Forderungen
		11.500,-	Zweifelhafte Forderungen
3b	Wertber. auf Forderungen	6.000,-	SBK
3c	GVK	6.000,-	A. auf Forderungen

Kontenbild:

```
S          Forderungen        H   S    Zweifelhafte Forderungen   H
AB    30.000,-|(1)    11.500,-    (1)    11.500,-|(3a)    11.500,-
              |(3a)   18.500,-


S      A. auf Forderungen      H   S  Wertberichtigung auf Forderungen H
(2)        6.000,-|(3c)  6.000,-   (3b)    6.000,-|(2)      6.000,-


S           SBK            H   S            GVK            H
(3a)   30.000,-|(3b)  6.000,-     (3c)    6.000,-|
```

Nach § 266,3 HGB dürfen Kapitalgesellschaften keine passiven Wertberichtigungsposten in der Bilanz ausweisen. Die von dieser gesetzlichen Regelung betroffenen Unternehmen haben also die Forderungen abzüglich Wertberichtigungen zu bilanzieren. Dem kann dadurch entsprochen werden, dass bei der mit Hilfe der Kontenbrücke erfolgenden Ableitung der Schlussbilanz aus dem Schlussbilanzkonto der Saldo des Wertberichtigungskontos mit dem Saldo des Forderungs- (bzw. Dubiose-)kontos verrechnet wird. In der Buchführungspraxis ist die Direktabschreibung das üblichere Verfahren der Einzelbewertung von Forderungen.

2. Pauschale Bewertung und Abschreibungen auf Forderungen

Pauschalierte Bewertungen von Forderungen erfolgen zur Berücksichtigung des allgemeinen Kreditrisikos sowie aus Vereinfachungsgründen. Pauschal- bzw. Sammelbewertungen werden grundsätzlich durch indirekte Verbuchung vorgenommen. Soweit das bilanzierende Unternehmen die Regelung des § 266,3 HGB zu befolgen hat, gilt hier das zur indirekten Abschreibung im Rahmen der Einzelbewertung Ausgeführte analog. Bei der Ableitung der Schlussbilanz aus dem Schlussbilanzkonto ist der Saldo des Kontos Pauschalwertberichtigungen gegen den Saldo des Forderungskontos zu verrechnen. Wie bei der Einzelbewertung ist die Bemessungsgrundlage der pauschalen Bewertung der Nettobetrag der Forderungen, da die Umsatzsteuerkorrektur erst bei endgültigem Forderungsverlust zulässig ist. Im folgenden soll hier lediglich auf die als statische Methode bezeichnete Vorgehensweise der pauschalen Forderungsbewertung eingegangen werden.

Beispiel:
Am Abschlussstichtag ergibt sich ein pauschal zu bewertender Forderungsbestand in Höhe von € 34.500,- einschließlich 15 % USt. Der Nettobetrag der Forderungen beläuft sich somit auf € 34.500,- abzüglich € 4.500,- USt. Es wird ein Ausfallsatz von 5 % des Nettobetrages für ausreichend gehalten.

Buchungssätze:
(1) Buchung der Pauschalwertberichtigung, (2a)-(2c) Abschlussbuchungen.

Nr.	Sollkonto	Betrag	Habenkonto
1	A. auf Forderungen	1.500,-	Pauschalwertberichtigung
2a	SBK	34.500,-	Forderungen
2b	Pauschalwertberichtigung	1.500,-	SBK
2c	GVK	1.500,-	A. auf Forderungen

Kontenbild:

S	Forderungen	H	S	Pauschalwertberichtigung	H
AB	34.500,-|(2a)	34.500,-	(2b)	1.500,-|(1)	1.500,-

S	A. auf Forderungen		H
(1)	1.500,-	(2c)	1.500,-

S	SBK	H	S	GVK	H
(2a)	34.500,-	(2b)	1.500,-	(2c)	1.500,-

c. Die Bilanzierung uneinbringlicher Forderungen

Wird eine Forderung uneinbringlich bzw. ist sie als uneinbringlich anzusehen, so ist sie in voller Höhe abzuschreiben. In voller Höhe bedeutet, dass auch die in die Forderung eingerechnete und eingebuchte Umsatzsteuer auszubuchen ist (§ 17,2 Nr. 1 UStG).

Beispiel:

Das Konkursverfahren gegen die XY-GmbH ist mangels Masse abgelehnt worden. Die Forderung gegen diese Gesellschaft beträgt € 23.000,- einschließlich 15 % USt. Demzufolge setzt sich der Bruttobetrag der Rechnung aus € 20.000,- Nettoentgelt und € 3.000,- USt zusammen.

Buchungssatz:

Nr.	Sollkonto	Betrag	Habenkonto
1	A. auf Forderungen	20.000,-	
	Umsatzsteuer	3.000,-	
		23.000,-	Forderungen

IV. Die Verbuchung von Zahlungseingängen wertberichtigter Forderungen

Geht auf eine bereits voll oder teilweise abgeschriebene Forderung eine Zahlung ein, so wird die buchmäßige Behandlung dieses Vorgangs davon beeinflusst, ob die Forderung als sicher uneinbringlich (also mit USt-Korrektur) oder als wahrscheinlich uneinbringlich (also ohne USt-Korrektur) abgeschrieben wurde.

a. Zahlungseingang auf eine zweifelhafte Forderung

Bei nur wahrscheinlichen Forderungsverlusten erfolgt die Abschreibung grundsätzlich vom Nennbetrag der Forderung. Erst nach dem endgültigen Zahlungseingang steht fest, wie hoch der Forderungsausfall ist. Dann stellt sich heraus, ob die Forderung zu hoch oder zu niedrig abgeschrieben wurde. Entsprechend dem endgültigen Forderungsausfall kann die Umsatzsteuereinbuchung berichtigt werden.

Zur Ermittlung des tatsächlichen Forderungsausfalls ist folgende Nebenrechnung nach endgültigem Zahlungseingang aufzustellen:

Brutto-Forderungsbetrag
./. Zahlungseingang
= tatsächlicher Ausfall der Brutto-Forderungen
./. Berichtigung zuviel berechneter USt
= tatsächlicher Ausfall der Netto-Forderung
./. bereits erfolgte Abschreibung
= Mehrausfall/Minderausfall

Der Mehrausfall ist Null, wenn der vermutete Forderungsausfall richtig geschätzt und damit richtig gebucht worden ist. Er ist größer als Null, wenn der vermutete Forderungsausfall zu niedrig geschätzt und daher zu wenig abgeschrieben wurde. Er ist kleiner als Null und damit ein Minderausfall, wenn der vermutete Forderungsausfall zu hoch geschätzt und zu viel abgeschrieben wurde. Das bedeutet, dass im Forderungsbestand eine stille Rücklage gebildet wurde. In den einzelnen Fällen ist wie folgt zu buchen:

1. Tatsächlicher Forderungsausfall stimmt mit dem geschätzten Forderungsausfall überein

Wurde bei der Verbuchung des wahrscheinlichen Forderungsausfalls der tatsächliche spätere Ausfall zutreffend geschätzt, so ist bei Bekannt werden des endgültigen Ausfalls keine erfolgswirksame Buchung vorzunehmen. Es sind aber die Umsatzsteuereinbuchungen dem tatsächlichen Forderungseingang anzupassen. Außerdem ist bei indirekter Verbuchung der Forderungsabschreibung der gebildete passive Wertberichtigungsposten in voller Höhe aufzulösen.

Beispiel:

Eine zweifelhafte Forderung setzt sich aus € 7.500,- Nettoentgelt und € 1.125,- USt (= € 8.625,- brutto) zusammen. Sie wurde auf 40% des Nettobetrages abgeschrieben, d.h. die Abschreibung belief sich auf 60% von € 7.500,- = € 4.500,-, so dass die zweifelhafte Forderung mit € 3.000,- zuzüglich € 1.125,- USt (= € 4.125,-) bewertet ist. (Der USt-Satz beträgt 15 %.) Auf diese zweifelhafte Forderung gehen endgültig € 3.450,- per Banküberweisung ein.

Der Sachverhalt führt zu folgender Nebenrechnung zur Ermittlung des Mehr- bzw. Minderausfalls:

	Bruttoforderungsbetrag	€ 8.625,-
./.	Zahlungseingang	€ 3.450,-
=	tatsächlicher Ausfall (brutto)	€ 5.175,-
./.	USt-Berichtigung[145]	€ 675,-
=	tatsächlicher Ausfall (netto)	€ 4.500,-
./.	erfolgte Abschreibung	€ 4.500,-
=	Mehrausfall/Minderausfall	€ 0,-

➢ **Berichtigung bei direkter Verbuchung der Forderungsabschreibung**

Buchungssätze:

(1) Buchung des Zahlungseingangs, (2) Buchung der USt-Berichtigung.

Nr.	Sollkonto	Betrag	Habenkonto
1	Bank	3.450,-	Zweifelhafte Forderungen
2	Umsatzsteuer	675,-	Zweifelhafte Forderungen

Kontenbild:

```
S Zweifelh. Forderungen H   S        Bank        H   S         USt         H
AB    4.125,-|(1)  3.450,-  (1)  3.450,-|                (2)  675,-|AB   1.125,-
             |(2)    675,-
```

➢ **Berichtigung bei indirekter Verbuchung der Forderungsabschreibung**

Buchungssätze:

(1) Buchung des Zahlungseingangs, (2) Buchung der USt-Berichtigung, (3) Ausbuchung der Wertberichtigung.

Nr.	Sollkonto	Betrag	Habenkonto
1	Bank	3.450,-	Zweifelhafte Forderungen
2	Umsatzsteuer	675,-	Zweifelhafte Forderungen
3	Wertber. auf Forderungen	4.500,-	Zweifelhafte Forderungen

---

[145] Der Betrag errechnet sich wie folgt:

	Ursprüngliche USt-Schuld	
	(= 15% von € 7.500,-)	€ 1.125,-
./.	Tatsächliche USt-Schuld	
	(= 15% von € 3.000,-)	€ 450,-
=	USt-Berichtigung	€ 675,-

Kontenbild:

S	Zweifelhafte Forderungen	H	S	Bank	H
AB	8.625,-	(1) 3.450,-	(1) 3.450,-		
		(2) 675,-			
		(3) 4.500,-			

S	Wertberichtigung auf Forderungen	H	S	Umsatzsteuer	H
(3)	4.500,-	AB 4.500,-	(2) 675,-	AB 1.125,-	

2. Tatsächlicher Forderungsausfall ist größer als ursprünglich geschätzt (Fall der Unterdeckung)

Wird der wahrscheinlich eingehende Betrag der Forderung zu niedrig geschätzt, so sind die zu niedrig vorgenommenen Abschreibungen nachzuholen. Diese Abschreibungen stellen einen außerordentlichen, d.h. periodenfremden Aufwand dar und sind nach den Vorschriften des § 275 HGB - je nach Sachverhalt - in unterschiedlichen Positionen der GVR auszuweisen. Aus Vereinfachungsgründen sollen die Aufwände hier auf dem Konto „Abschreibungen auf Forderungen" erfasst werden. Als Fazit bleibt festzuhalten: Stimmen Forderungsabschreibung und tatsächlicher Forderungsausfall nicht überein, so löst dieser Sachverhalt erfolgswirksame Buchungen aus. Des Weiteren sind die USt-Einbuchungen entsprechend der Höhe des eingegangenen Betrages zu korrigieren, und bei indirekter Abschreibung ist der gebildete Passivposten „Wertberichtigungen auf Forderungen" aufzulösen.

Beispiel:

Die im vorhergehenden Buchungsfall behandelte zweifelhafte Forderung geht nicht endgültig mit € 3.450,-, sondern mit € 2.300,- ein. Dieser Betrag stellt in Höhe von € 2.000,- Nettoentgelt und in Höhe von € 300,- USt dar.

Der Sachverhalt führt zu folgender Nebenrechnung zur Ermittlung des zu buchenden Forderungsmehrausfalls:

	Bruttoforderungsbetrag	€	8.625,-
./.	Zahlungseingang	€	2.300,-
=	tatsächlicher Ausfall (brutto)	€	6.325,-
./.	USt-Berichtigung	€	825,-
=	tatsächlicher Ausfall (netto)	€	5.500,-
./.	erfolgte Abschreibung	€	4.500,-
=	Mehrausfall	€	1.000,-

➢ Berichtigung bei direkter Verbuchung der Forderungsabschreibung

Buchungssätze:

(1) Buchung des Zahlungseingangs, (2) Buchung der USt-Berichtigung, (3) Buchung des Mehrausfalls.

Nr.	Sollkonto	Betrag	Habenkonto
1	Bank	2.300,-	Zweifelhafte Forderungen
2	Umsatzsteuer	825,-	Zweifelhafte Forderungen
3	A. auf Forderungen	1.000,-	Zweifelhafte Forderungen

Kontenbild:

S	Zweifelhafte Forderungen	H	S	Bank	H
AB	4.125,-	(1) 2.300,-	(1)	2.300,-	
		(2) 825,-			
		(3) 1.000,-			

S	A. auf Forderungen	H	S	Umsatzsteuer	H
(3)	1.000,-		(2)	825,- | AB	1.125,-

➤ **Berichtigung bei indirekter Verbuchung der Forderungsabschreibung**

Buchungssätze:

(1) Buchung des Zahlungseingangs, (2) Buchung der USt-Berichtigung, (3) Ausbuchung der Wertberichtigung, (4) Buchung des endgültigen Ausfalls.

Nr.	Sollkonto	Betrag	Habenkonto
1	Bank	2.300,-	Zweifelhafte Forderungen
2	Umsatzsteuer	825,-	Zweifelhafte Forderungen
3	Wertber. auf Forderungen	4.500,-	Zweifelhafte Forderungen
4	A. auf Forderungen	1.000,-	Zweifelhafte Forderungen

Kontenbild:

S	Zweifelhafte Forderungen	H	S	Bank	H
AB	8.625,-	(1) 2.300,-	(1)	2.300,-	
		(2) 825,-			
		(3) 4.500,-			
		(4) 1.000,-			

	S	A. auf Forderungen	H	
	(4)	1.000,-		

S	Wertber. auf Forderungen	H	S	Umsatzsteuer	H
(3)	4.500,- | AB	4.500,-	(2)	825,- | AB	1.125,-

3. Tatsächlicher Forderungsausfall ist niedriger als ursprünglich geschätzt (Fall der Überdeckung)

Wird der tatsächliche Forderungsausfall zu hoch geschätzt, so führt das zur Bildung von stillen Rücklagen im Bestand der zweifelhaften Forderungen. Die überhöhte Abschreibung wird offenkundig mit dem endgültigen Eingang der Forderung. Demzufolge muss die stille Rücklage durch Buchung eines sonstigen betrieblichen Ertrags aufgelöst werden. Da die Abschreibung auf die zweifelhafte Forderung grundsätzlich von dem Nettobetrag berechnet wird, ist auch hier eine USt-Korrektur auf den eingegangenen Betrag vorzunehmen. Bei indirekter Abschreibung ist der gebildete Passivposten „Wertberichtigungen auf Forderungen" aufzulösen.

Beispiel:

Die im vorhergehenden Buchungsfall behandelte zweifelhafte Forderung geht mit einem Betrag von € 5.750,- ein. Der Eingang setzt sich aus € 5.000,- Nettoentgelt und € 750,- USt zusammen.

Der Sachverhalt führt zu folgender Nebenrechnung zur Ermittlung des Minderausfalls bzw. des zu buchenden sonstigen betrieblichen Ertrags aus zu hoher Forderungsabschreibung:

Bruttoforderungsbetrag	€	8.625,-
./. Zahlungseingang	€	5.750,-
= tatsächlicher Ausfall (brutto)	€	2.875,-
./. USt-Berichtigung	€	375,-
= tatsächlicher Ausfall (netto)	€	2.500,-
./. erfolgte Abschreibung	€	4.500,-
= Minderausfall	€	-2.000,-

➤ **Berichtigung bei direkter Verbuchung der Forderungsabschreibung**

Buchungssätze:

(1) Buchung des Zahlungseingangs, (2) Buchung der USt-Berichtigung.

Nr.	Sollkonto	Betrag	Habenkonto
1	Bank	5.750,-	
		3.750,-	Zweifelhafte Forderungen
		2.000,-	Sonst. betriebl. Ertrag
2	Umsatzsteuer	375,-	Zweifelhafte Forderungen

Kontenbild:

```
S      Zweifelhafte Forderungen   H   S                Bank              H
AB          4.125,-|(1)      3.750,-   (1)       5.750,-|
                   |(2)        375,-


S          Umsatzsteuer          H   S          Sonst. betr. Ertrag      H
(2)          375,-|AB     1.125,-                       |(1)      2.000,-
```

> ➢ **Berichtigung bei indirekter Verbuchung der Forderungsabschreibung**

Buchungssätze:

(1) Buchung des Zahlungseingangs, (2) Buchung der USt-Berichtigung, (3) Ausbuchung der Wertberichtigung.

Nr.	Sollkonto	Betrag	Habenkonto
1	Bank	5.750,-	
		3.750,-	Zweifelhafte Forderungen
		2.000,-	Sonst. betriebl. Ertrag
2	Umsatzsteuer	375,-	Zweifelhafte Forderungen
3	Wertber. auf Forderungen	4.500,-	Zweifelhafte Forderungen

Kontenbild:

S	Zweifelhafte Forderungen	H	S	Bank	H
AB	8.625,-	(1) 3.750,-	(1)	5.750,-	
		(2) 375,-			
		(3) 4.500,-			

S	Sonst. betriebl. Ertrag	H
		(1) 2.000,-

S	Wertber. auf Forderungen	H	S	Umsatzsteuer	H
(2) 4.500,-	AB 4.500,-		(2) 375,-	AB 1.125,-	

b. Zahlungseingänge auf eine als uneinbringlich abgeschriebene Forderung

Geht auf eine als uneinbringlich abgeschriebene Forderung eine Zahlung ein, so ist zu beachten, dass bei der Abschreibung uneinbringlicher Forderungen die USt-Schuld ausgebucht wird. Der Zahlungseingang ist daher in das Nettoentgelt und die USt aufzuspalten. Das Nettoentgelt stellt einen sonstigen betrieblichen Ertrag dar, und die USt ist als Verbindlichkeit gegenüber dem Finanzamt einzubuchen.

Beispiel:

Wider Erwarten geht auf eine für uneinbringlich gehaltene und voll abgeschriebene Forderung ein Betrag von € 9.200,- per Banküberweisung ein. Dieser Betrag teilt sich bei einem USt-Satz von 15 % in ein Nettoentgelt in Höhe von € 8.000,- und in die USt in Höhe von € 1.200,- auf.

Buchungssatz:

Sollkonto	Betrag	Habenkonto
Bank	9.200,-	
	8.000,-	Sonst. betriebl. Ertrag
	1.200,-	Umsatzsteuer

c. Zahlungseingänge auf pauschalwertberichtigte Forderungen

Für die buchmäßige Behandlung der pauschal vorgenommenen Wertberichtigungen gibt es in der Literatur unterschiedliche Vorschläge.[146] Das lässt sich teilweise damit begründen, dass die Vorgehensweise bei der Erfassung von Wertminderungen im Rahmen der Forderungsbewertung uneinheitlich sein kann. Hier bestehen folgende Möglichkeiten:

- alle Forderungen werden einzeln bewertet,

- alle Forderungen werden pauschal bewertet,

- alle Forderungen werden sowohl einzeln als auch pauschal bewertet,

- ein Teil der Forderungen wird einzeln, der Rest wird pauschal bewertet,

- ein Teil der Forderungen wird einzeln, ein Teil wird einzeln und pauschal, der Rest wird pauschal bewertet.

Aus Platzgründen kann hier nicht auf alle genannten Möglichkeiten und die hieraus resultierenden Probleme der buchmäßigen Behandlung von Pauschalwertberichtigungen eingegangen werden. Es wird daher lediglich ein in der Buchungspraxis verbreitetes einfaches Verfahren der statischen Methode dargestellt.[147] Die statische Methode geht von dem am Bilanzstichtag vorhandenen pauschal zu bewertenden Forderungsbestand aus und berechnet die Höhe der Pauschalwertberichtigung als einen bestimmten Prozentsatz dieses um die USt verminderten Bestandes. Diese Vorgehensweise verfolgt vorrangig den Zweck, den Wert des Forderungsbestandes „richtig" darzustellen.[148] Bei der Zuführung des so ermittelten Betrages zur Pauschalwertberichtigung ist der in der Vorperiode eingestellte Betrag zu verrechnen. Das bedeutet: Ist der Betrag der Vorperiode niedriger als der einzustellende Betrag, muss eine Zubuchung, ist er höher, muss eine Abbuchung in Höhe der jeweiligen Differenz auf dem Wertberichtigungskonto vorgenommen werden. Der zum jeweiligen Bilanzstichtag in die Pauschalwertberichtigung eingestellte Betrag darf also jeweils nur einen mit dem geschätzten Ausfallsatz übereinstimmenden Prozentanteil der pauschal zu bewertenden Forderungen darstellen. Die Konsequenz dieser Verfahrensweise ist,

---

[146]   Vgl. *Eisele* [2002], S. 358 ff.

[147]   Es gibt Literaturmeinungen, wonach dieses Verfahren das einzig zulässige Verfahren der pauschalen Forderungsbewertung ist. Vgl. *Bähr/Fischer-Winkelmann* [1992], S. 110.

[148]   Vgl. *Beine* [1960], S. 187-189.

dass bei dem Eingang bzw. dem endgültigen Ausfall pauschalwertberichtigter Forderungen während des Jahres keine Auflösung der Pauschalwertberichtigung stattfindet.

Beispiel:

(1) Auf den pauschal zu bewertenden Forderungsbestand von € 23.000,- soll erstmalig eine Pauschalwertberichtigung mit einem Ausfallsatz von 5 % gebildet werden. Im Forderungsbestand ist einheitlich ein USt-Anteil von 15 % eingerechnet.

Das führt zu folgender Rechnung:

	Zu bewertender Forderungsbestand (brutto)	€ 23.000,-
./.	USt-Anteil	€ 3.000,-
=	Bemessungsgröße der Pauschalwertabschreibung	€ 20.000,-

5 % dieses Betrages sind € 1.000,-, so dass zu buchen ist:

Abschreibung auf Forderungen an Pauschalwertberichtigung € 1.000,-.

(2) Am Bilanzstichtag des Folgejahres beträgt der pauschal zu bewertende Forderungsbestand einschließlich 15%iger USt € 28.750,-.

Das führt zu folgender Berechnung des in die Pauschalwertberichtigung einzustellenden Betrages:

	Zu bewertender Forderungsbestand (brutto)	€ 28.750,-
./.	USt-Anteil	€ 3.750,-
=	Bemessungsgröße der Pauschalwertabschreibung	€ 25.000,-

5% dieses Betrages belaufen sich auf € 1.250,-. Da im Vorjahr eine Pauschalwertberichtigung in Höhe von € 1.000,- eingebucht wurde, ist die Pauschalwertberichtigung um € 250,- zu erhöhen. Man bucht:

Abschreibung auf Forderungen an Pauschalwertberichtigung € 250,-.

(3) Im dritten Jahresabschluss beläuft sich der pauschal zu bewertende Forderungsbestand auf Null. Demzufolge ist keine Pauschalwertberichtigung zu bilden und die im Vorjahr eingestellte Pauschalwertberichtigung durch den Buchungssatz

Pauschalwertberichtigung an Sonstiger betrieblicher Ertrag € 1.250,-

aufzulösen.

I. Die zeitliche Abgrenzung durch Rückstellungen

I. Der Begriff „Rückstellung" und Rückstellungsarten

a. Rückstellungsbildung und Bilanzierungsgrundsätze

Rückstellungen haben die Aufgabe, zukünftige unkompensierte erfolgswirksame Ausgaben zu antizipieren, deren wirtschaftliche Verursachung vor oder in der abzuschließenden Periode liegt. Diese Ausgaben müssen „greifbar" sein, d.h. der Bilanzierende muss - unter Zugrundelegung angemessener Sorgfalt - am Abschlussstichtag mit dem Anfall solcher antizipativen Posten rechnen. Zwischen dem Abschlussstichtag und dem Abschlusserstellungstag eingegangene Informationen sind insoweit zu berücksichtigen, wie sie die am Abschlussstichtag gegebenen Verhältnisse verdeutlichen.

Rückstellungen werden sowohl aus dem Realisations- wie aus dem Imparitätsprinzip heraus gebildet.

1. Rückstellungsbildung und Realisationsprinzip

Nach dem **Realisationsprinzip** sind verursachte und realisierte, aber nicht verausgabte Aufwände, deren zeitlicher Anfall und/oder Höhe nur geschätzt werden kann, durch Bildung sog. Aufwandrückstellungen i.w.S. zu berücksichtigen. Das Realisationsprinzip bindet die Zulässigkeit der Berücksichtigung von zukünftigen Ausgaben als Aufwand der abzuschließenden Periode an das Kriterium des abgeschlossenen Umsatzes bzw. bereits verrechneten Ertrages. Aufwandrückstellungen dienen als antizipative Passivposten der Periodisierung des Unternehmensergebnisses. Aus dieser Aufgabe heraus wird für die Einstellung von Aufwandrückstellungen hilfsweise das **Gewinnegalisierungsprinzip** formuliert, das zusätzlich zum Realisationsprinzip (das auch Gewinnverwirklichungsprinzip genannt werden kann) eine Verteilung von Aufwand in ungewöhnlicher Höhe - wie z.B. bei Großreparaturrückstellungen - auf mehrere Perioden erlaubt.[149]

Bei der Bildung von Aufwandrückstellungen ist es unerheblich, ob die zu antizipierenden Ausgaben aus einer Innenverpflichtung herrühren oder mit einer Verpflichtung gegenüber Dritten (Außenverpflichtung) verbunden ist. Beinhalten Aufwandrückstellungen eine Drittverpflichtung, so können sie auch als Schuldrückstellung angesehen werden. Das Merkmal „Drittverpflichtung" teilt so die Aufwandrückstellungen i.w.S. in Aufwandrückstellungen i.e.S. (es bestehen nur Innenverpflichtungen) und Aufwandrückstellungen mit Außenverpflichtung, den Schuldrück-

---

[149] Vgl. *Moxter* [1986], S. 29-31; *Adler/Düring/Schmaltz* [1995], Teilband 6 (1998), § 249 HGB, Rn. 192 und 221.

stellungen. Die Problematik der Bildung von Aufwandrückstellungen ohne Außenverpflichtung liegt darin, dass sie im Grunde die Funktion einer Ausschüttungssperre aufweisen und als solche missbraucht werden können. Das HGB nennt daher in § 249 einen eingeschränkten Katalog von Rückstellungsarten, die ihrem Charakter nach Aufwandrückstellungen sind, nämlich Rückstellungen (1) für im Geschäftsjahr unterlassene Aufwände für Instandhaltung oder Abraumbeseitigung, (2) für Gewährleistungen ohne rechtliche Verpflichtung, (3) für ihrer Eigenart nach genau umschriebene, dem Geschäftsjahr oder einem früheren Geschäftsjahr zuzuordnende Aufwände, die am Bilanzstichtag wahrscheinlich oder sicher, aber hinsichtlich ihrer Höhe oder des Zeitpunktes ihres Eintritts unbestimmt sind.

2. Rückstellungsbildung und Imparitätsprinzip

Dem **Imparitätsprinzip** liegt der Gedanke der erfolgswirksamen Antizipation unrealisierter Aufwände zu Grunde. Das Imparitätsprinzip ist ein Grundsatz der Verlustvorwegnahme und verlangt, Aufwand - sobald er erkennbar wird - vor dem Zeitpunkt zu verbuchen, den das Realisationsprinzip festlegt. Unrealisierte Aufwände entstehen insbesondere aus Wertminderungen am ruhenden Vermögen und aus wirtschaftlichen Verpflichtungen mit Verlustcharakter. Demzufolge unterteilt sich das Imparitätsprinzip in die Unterprinzipien der verlustfreien Bewertung und der finanziellen Vorsoge.

➢ Das Prinzip der finanziellen Vorsorge

Dieses Bilanzierungsprinzip der wertmäßigen Richtigkeit führt zur Rückstellungsbildung für ungewisse Verbindlichkeiten (Schuldrückstellungen) und zur Rückstellungsbildung für drohende Verluste aus schwebenden Absatzgeschäften sowie für drohende Verluste aus schwebenden Dauerschuldverhältnissen (Drohverlust- oder Verlustrückstellungen).

- Drohverlustrückstellungen aus schwebenden Absatzgeschäften. Unter „schwebenden Geschäften" versteht man abgeschlossene, noch von keinem Vertragspartner erfüllte gegenseitige Verträge. Solange sich die gegenseitigen Ansprüche und Verbindlichkeiten ausgleichen, wird ein schwebendes Geschäft nicht bilanziert. Im Falle schwebender Absatzgeschäfte ist der Bilanzierende eine noch zu erfüllende Lieferungs- oder Leistungsverpflichtung eingegangen. Hat eine Partei bereits aktivierbare Aufwände getätigt (z.B. Ausgaben für die Herstellung oder Anzahlung), werden diese durch entsprechende Bilanzansätze berücksichtigt. Schwebende Absatzgeschäfte werden vom Absatzmarkt, d.h. von bestehenden Lieferungsverpflichtungen her bewertet.

Stehen sich Leistung und Gegenleistung nicht mehr gleichwertig gegenüber und entsteht bei dem Bilanzierenden ein „Verpflichtungsüberschuss" (das ist die Differenz zwischen den Nettoerlösen und den ggf. höheren Aufwänden, die aus der Abwicklung der zweiseitig noch unerfüllten Lieferungs- und Leistungsverträge erwartet werden) so resultiert aus dem schwebenden Geschäft im Saldo eine Vermögensminderung. Dieser drohende Verlust aus einem schwebenden Geschäft ist nach dem Imparitätsprinzip durch eine Rückstellung im Abschluss des alten Geschäftsjahres zu berücksichtigen. Im Gegensatz zum Realisationsprinzip, das zukünftige Ausgaben passiviert, die im Zusammenhang mit dem Umsatz (Ertrag) der abgelaufenen Perioden stehen, gebietet das Imparitätsprinzip, Verluste aus Umsätzen zukünftiger Perioden, deren wirtschaftliche Verursachung in früheren Perioden liegen, durch Rückstellungsbildung zu antizipieren. Nach dem Realisationsprinzip wären diese „Verlustausgaben" den in der Zukunft liegenden Erträgen, d.h. einer zukünftigen Abrechnungsperiode zuzurechnen.

Im Zusammenhang mit der Ermittlung des Verpflichtungsüberschusses wird in der Literatur kontrovers diskutiert, ob die noch anfallenden Aufwendungen auf der Basis von Vollkosten oder nur in Höhe der variablen Kosten zu ermitteln sind.[150] Für den Einbezug nur der variablen Kosten wird angeführt, dass fixe Kosten unabhängig davon anfallen, ob das eingeleitete schwebende Geschäft zu Ende geführt wird oder nicht. Nach dem Imparitätsprinzip seien deshalb nur diejenigen (variablen) Kosten zu antizipieren, die durch die Beendigung des Geschäftes entstehen. Hiergegen wird eingewandt, dass nur bei Berücksichtigung der Vollkosten Kapitalteile in einem Umfang von der Ausschüttung zurückbehalten werden, wie dies zur Abdeckung der künftigen Verluste erforderlich ist. Schließlich wird in der Literatur auch darauf hingewiesen, dass für die Bewertung von Drohverlustrückstellungen Kompensationssachverhalte von Bedeutung sind. Hiermit ist die Überlegung verbunden, dass ein schwebendes Geschäft sich aus Einzelkontrakten zusammensetzen kann, die jeweils mit Verlust oder mit Gewinn zu realisieren sind. In der Diskussion steht in diesem Zusammenhang die Frage, ob das schwebende Geschäft als Bewertungseinheit aufgefasst werden kann (= Paketbetrachtung), so dass sich positive und negative Erwartungen kompensieren können und somit kein Erfordernis zur Bildung einer Drohverlustrückstellung besteht.[151]

- **Drohverlustrückstellungen aus schwebenden Dauerschuldverhältnissen.** Dauerschuldverhältnisse resultieren aus zweiseitigen Verträgen, bei denen die geschuldete Leistung aus wiederkehrenden, sich über einen längeren Zeitraum erstreckenden Einzelleistungen besteht. Zu den Dauerschuldverhältnissen zählen z.B. Miet-, Pacht-, Versicherungs-, Sukzessivlieferungs- und Dienstverträge. Ein durch Rückstellungsbildung zu berücksichtigender Verlust droht, wenn der Wert der noch zu erbringenden eigenen Verpflichtung den Wert des Anspruchs auf Gegenleistung übersteigt (= Prinzip der Restwertbetrachtung). Das ist z.B. gegeben, wenn ein geleaster Gegenstand nicht mehr genutzt werden

---

150 Vgl. zu dieser Diskussion z.B. *Naumann* [1989], S. 323-328.
151 Vgl. *Weirich* [1992], Sp. 1686-1688.

kann, obwohl noch Leasingraten zu zahlen sind oder die Leasingraten nicht mehr erwirtschaftet werden können.[152] Die Feststellung der Unausgeglichenheit von Dauerschuldverhältnissen kann im Einzelfall mit Schwierigkeiten verbunden sein, so z.B. bei Arbeitsverträgen, da in diesem Fall der Wert der Gegenleistung - mangels direkter Zurechenbarkeit von Erträgen auf das einzelne Arbeitsverhältnis - nicht unmittelbar ermittelt werden kann.[153]

- **Schuldrückstellungen.** Die aus dem Imparitätsprinzip gebildeten Rückstellungen für ungewisse Verbindlichkeiten resultieren nicht aus einem Leistungsaustausch und korrespondieren daher nicht mit Umsätzen (Erträgen) der Vergangenheit oder Zukunft. Sie resultieren aus der drohenden Inanspruchnahme aus einseitigen Verpflichtungen gegenüber Dritten, die ihre wirtschaftliche Verursachung in einer früheren oder der abzuschließenden Periode haben. Zu nennen sind hier beispielsweise Haftungen aus der Begebung und Übertragung von Finanzierungswechseln, aus Bürgschaften, aus Gewährleistungsverträgen für Leistungen Dritter sowie der Bestellung von Sicherheiten für die Leistungen Dritter. Diese Verpflichtungsrückstellungen sind zu passivieren, wenn mit einer Zahlung bei vorsichtiger und vernünftiger Abwägung der Bedingungen zu rechnen ist. Es ist der Betrag zu passivieren, den der Bilanzierende voraussichtlich aufwenden muss, um sich von dieser wirtschaftlichen Verpflichtung zu befreien.

> ➤ **Das Prinzip der verlustfreien Bewertung**

Während das Prinzip der finanziellen Vorsorge wirtschaftliche Verpflichtungen mit Verlustcharakter erfasst, greift das Prinzip der verlustfreien Bewertung dann, wenn Minderungen des Wertes von Aktivgütern bzw. Erhöhungen der Ablösebeträge von Verbindlichkeiten (z.B. Erhöhungen der Ablösebeträge aus Werterhöhungen von Valutaverbindlichkeiten) zu antizipieren sind. Das Prinzip der verlustfreien Bewertung ist grundsätzlich in § 253 HGB geregelt. Jedoch führt dieses Prinzip bei drohenden Verlusten aus schwebenden Beschaffungsgeschäften und im Sonderfall der Anarbeitungskosten zu einer Rückstellungsbildung.[154]

- **Drohverlustrückstellungen aus schwebenden Beschaffungsgeschäften.** Das Prinzip der verlustfreien Bewertung führt zur Rückstellungsbildung für schwebende Beschaffungsgeschäfte, wenn zum Abschlussstichtag der vereinbarte Kaufpreis über dem nach der handelsrechtlichen Niederstwertregelung des § 253 HGB gebotenen Wert liegt, und bei einer Lieferung vor dem Abschlussstichtag eine Abschreibung auf den

---

152 Vgl. *Weirich* [1992], Sp. 1689-1690; *Adler/Düring/Schmaltz* [1995], Teilband 1 (1995), § 253 HGB, Rn. 257-267.

153 Vgl. hierzu z.B. *Hartung* [1987], S.84-108.

154 Vgl. *Forster* [1971]; *Adler/Düring/Schmaltz* [1995], Teilband 1 (1995), § 253 HGB, Rn. 251-256.

niedrigeren beizulegenden Wert vorzunehmen wäre. Bei noch nicht ge-lieferten Gegenständen des Anlagevermögens ist daher eine Rückstel-lung erforderlich, wenn gem. § 253,2 S. 3 HGB mit einer **dauernden Wertminderung** zu rechnen ist. Bei vorübergehender Wertminderung von Anlagevermögen droht dagegen kein Verlust, so dass eine Rückstel-lungsbildung ausgeschlossen ist.[155] Bestellte Gegenstände des Umlauf-vermögens erfordern eine Rückstellung in Höhe der nach § 253,3 S. 1 und 2 HGB vorzunehmenden Abschreibung auf den niedrigeren Börsen- oder Marktpreis bzw. den niedrigeren beizulegenden Wert, wobei die Frage, ob die Wertverhältnisse des Beschaffungs- oder Absatzmarktes heranzuziehen sind, sich nach den für die Vorratsbewertung entwickel-ten Grundsätzen beantwortet. In der Literatur wird schließlich auch bei schwebenden Beschaffungsgeschäften die Auffassung vertreten, dass die Rückstellungsbildung im Zusammenhang mit Kompensationssach-verhalten zu sehen ist.[156] Diskutiert wird z.B., ob eine Rückstellungsbil-dung trotz sinkender Wiederbeschaffungskosten ausscheidet, wenn aufgrund eines über die bestellten Waren bereits abgeschlossenen Ver-kaufskontraktes mit Sicherheit davon ausgegangen werden kann, dass die Ware noch zu einem höheren Preis als dem vereinbarten Einkaufs-preis veräußert wird. In diesem Fall wird es für zulässig gehalten, den unrealisierten Verlust aus dem schwebenden Beschaffungsgeschäft mit dem unrealisierten Gewinn aus dem schwebenden Absatzgeschäft zu saldieren, da beide Kontrakte eine Bewertungseinheit bilden.[157]

- Sonderfall der Anarbeitungskosten. Mit dem Fall der Anarbeitungs-kosten ist der Sachverhalt eines schwebenden Absatzgeschäftes ange-sprochen, für das bereits Anschaffungs- oder Herstellungskosten akti-viert worden sind. Reicht die Abschreibung dieser Aktivierungen nicht zur Verlustkompensation aus, so ist für den nicht kompensierten Ver-lust eine Rückstellung zu bilden. Die Höhe der Rückstellung errechnet sich daher wie folgt:

> Aktivierte Anschaffungs- oder Herstellungskosten
> + noch anfallende Aufwände
> ./. Nettoveräußerungserlös
> = Höhe des Verlusts aus dem schwebenden Absatzgeschäft
> ./. Verlustabschreibung
> = Höhe der Rückstellung

b. Handelsrechtlich zulässige Rückstellungsarten

Das HGB regelt in § 249 die Ansatzwahlrechte und Ansatzpflichten zur Bildung von Rückstellungen im Einzelabschluss für alle Kaufleute. (Die Ansatzregelung in der Steuerbilanz ist am Maßgeblichkeitsprinzip - § 5,1 EStG - orientiert: Danach ist in der Steuerbilanz nur zu passivie-

---

[155] Vgl. *Beck'scher Bilanz-Kommentar* [2003], § 249 HGB, Rn. 72.

[156] Vgl. *Weirich* [1992], Sp. 1686-1688.

[157] Vgl. *Beck'scher Bilanz-Kommentar* [2003], § 249 HGB, Rn. 63-65.

ren, was auch in der Handelsbilanz passiviert werden muss.[158] Für Kapitalgesellschaften und gleichgestellte Personenhandelsgesellschaften enthält § 274,1 HGB zusätzlich die Verpflichtung zur Rückstellungsbildung für latenten Steueraufwand. §§ 249 und 274,1 HGB beinhalten eine erschöpfende Aufzählung der möglichen Rückstellungsarten, so dass für andere Zwecke keine Rückstellungen gebildet werden dürfen. Die gesetzlichen Ansatzwahlrechte und Ansatzpflichten lassen sich in Anlehnung an §§ 249 und 274,1 HGB wie folgt systematisieren:

Rückstellungsart	Passivierung
Pensionen und ähnliche Rechte	
• Zusage ab 1.1.87	Pflicht
• Zusage vor 1.1.87	Wahlrecht
Steuerrückstellungen einschl. latenter Steuern	Pflicht
Sonstige Rückstellungen	
• ungewisse Verbindlichkeiten	Pflicht
• drohende Verluste aus schwebenden Geschäften	Pflicht
• Instandhaltung	
3-Monatsfrist	Pflicht
12-Monatsfrist	Wahlrecht
• Gewährleistung ohne rechtliche Verpflichtung	Pflicht
• Abraumbeseitigung	
12-Monatsfrist	Pflicht
• nach § 249,2, z.B. Großreparaturen.	Wahlrecht

Für Einzelkaufleute und Personenhandelsgesellschaften, die nicht unter § 264a HGB fallen, besteht nach § 247 HGB die Verpflichtung – ebenso wie für kleine Kapitalgesellschaften - Rückstellungen und Verbindlichkeiten gesondert auszuweisen. Nach dem Grundsatz der Klarheit kann je nach Größe, Bedeutung und Vielfältigkeit eine weitere Aufgliederung geboten sein. Zur Gliederung des Ausweises von Rückstellungen bei großen und mittelgroßen Kapitalgesellschaften und bei Personenhandelsgesellschaften, die wie Kapitalgesellschaften dieser Größe bilanzieren, besteht eine Verpflichtung in § 266,3 HGB, folgende Rückstellungsposten gesondert und in der angegebenen Reihenfolge auszuweisen:

Posten B 1: **Rückstellungen für Pensionen und ähnliche Verpflichtungen**, sie sind ein Sonderfall der Rückstellungen für ungewisse Verbindlichkeiten, und werden für zukünftig wahrscheinliche Pensionszahlungen oder ähnliche Verpflichtungen gebildet. Die Ungewissheit kann in der Leistungspflicht als solcher, in der Höhe oder der Dauer der Leistungspflicht bestehen.[159]

Posten B 2: **Steuerrückstellungen**, sie zählen ebenfalls zu den passivierungspflichtigen ungewissen Verbindlichkeiten und sind für solche zu-

---

158   Vgl. *IdW* [2000], *S. 217-218, Beck'scher Bilanz-Kommentar* [2003], § 249 HGB, Rn. 14.

159   Vgl. *Scheffler* [1994], B 233, Rn. 60 ff.; *Lück* [1998], S 534-538: *Wollmert* [2004], S. 508-510.

künftigen Steuerzahlungen zu bilden, die das abzuschließende Geschäftsjahr (oder frühere) betreffen, aber von der Finanzverwaltung noch nicht rechtskräftig veranlagt oder festgesetzt sind. Ist nach §274,1 HGB eine Rückstellung (Fall der passivischen latenten Steuer) zu bilden, so ist ein gesonderter Ausweis in der Bilanz oder eine Einbeziehung in den Posten B 2 vorzunehmen, wobei im letztgenannten Fall eine Untergliederung oder ein „davon-Vermerk" in Betracht kommt. Sofern dies nicht erfolgt, ist der Betrag der Rückstellung für latente Steuern im Anhang anzugeben.

Posten B 3: Sonstige Rückstellungen, neben den in Posten B 1 und B 2 einzustellenden Rückstellungen sind hier sämtliche andere nach § 249 HGB möglichen Rückstellungen auszuweisen.

c. Abgrenzung zu anderen Bilanzpositionen

Bedingt durch die Komplexität der Rückstellungsgründe können bei der Rückstellungsbildung Abgrenzungsfragen entstehen, und zwar zu den:

Verbindlichkeiten. Dieses sind Belastungen des Bilanzvermögens, bei denen sowohl der Verpflichtungsgrund als auch die Höhe und Fälligkeit feststehen. Sind das Entstehen oder das Bestehen und/oder die Höhe der Belastung ungewiss, so handelt es sich um Rückstellungen, und zwar um Rückstellungen für ungewisse Verbindlichkeiten.

Eventualverbindlichkeiten bzw. sonstige finanzielle Verpflichtungen. Diese unterscheiden sich von den Rückstellungen (und Verbindlichkeiten) durch den Grad der Wahrscheinlichkeit der Inanspruchnahme. Bei eindeutig festliegendem Umfang der Inanspruchnahme erfolgt der Ausweis der Belastung unter den Verbindlichkeiten und bei lediglich ausreichender Quantifizierbarkeit unter den Rückstellungen. Lässt sich die Möglichkeit der Inanspruchnahme nicht ausreichend genau angeben, weil der Eintritt der Zahlungspflicht von dem Eintritt einer Bedingung abhängt, ist eine Information des Rechnungslegungsadressaten durch einen Vermerk unter der Bilanz (§ 251 HGB) oder im Anhang (§ 285 Nr. 3 HGB) vorzunehmen.

Passive Rechnungsabgrenzungsposten. Hierunter fallen bereits erhaltene Einnahmen, die Ertrag für eine bestimmte Zeit nach dem Bilanzstichtag darstellen. Demgegenüber sind Rückstellungen Aufwand der abgeschlossenen oder einer früheren Periode, für den noch keine Ausgaben angefallen sind.

Rücklagen. Während Rückstellungen zur Ermittlung des auszuweisenden Erfolgs gebildet werden und daher der Festlegung des ausschüttungsfähigen Gewinns dienen, sind Rücklagen Gewinnverwendung und als solche von den Unternehmenseignern zur Verfügung gestelltes Eigenkapital.

Sonderposten mit Rücklagenanteil. Hierzu zählen nur Passivposten, die aufgrund steuerlicher Vorschriften gebildet werden.

II. Die rechnerische Ermittlung der Rückstellungen

Rückstellungen sind nach § 253,1 S. 2 HGB in der Höhe des Betrages anzusetzen, der nach vernünftiger kaufmännischer Beurteilung notwendig ist. Nach verbreiteter Auffassung ist diese Gesetzesformulierung als Aufforderung zu interpretieren, die zurückzustellenden Beträge in begründbarer Form auf der Grundlage der vorhandenen Informationen zu ermitteln.[160] Ähnlich wie bei der Forderungsbewertung kann dies im Wege der Einzel- oder Gesamtwertanalyse geschehen.

Der Grundsatz der Einzelbewertung gebietet, die zu antizipierenden Ausgaben einzeln zu erfassen und zu bewerten. Das führt zur Bildung von Einzelrückstellungen. Auch die Ermittlung des Rückstellungsbetrages bei der Einzelbewertung fällt in den Problemkreis der Schätzung von Bilanzwerten bei zukunftsbezogenen ungewissen Daten und damit in den noch nicht endgültig abgeschlossenen Diskussionsbereich des Prinzips der vorsichtigen Bewertung. Neben der Einzelbewertung wird die Gesamtwertanalyse sowohl handels- wie steuerrechtlich für zulässig gehalten. Die Gesamtwertanalyse führt zur Bildung von Pauschal- bzw. Sammelrückstellungen. Diese zulässige Abweichung vom Grundsatz der Einzelbewertung wird entweder damit begründet, dass eine Einzelbewertung sachlogisch überhaupt nicht durchgeführt werden kann oder diese im Sinne des Grundsatzes der Wesentlichkeit nicht wirtschaftlich ist.[161] Im Rahmen der Gesamtwertanalyse werden in zunehmendem Maße Verfahren der mathematischen Statistik, insbesondere regressionsanalytische Verfahren, zur effizienteren Auswertung vorliegender Informationen propagiert und auch in der Bilanzierungspraxis eingesetzt.[162]

III. Die Verbuchung von Rückstellungen

Die Bildung einer Rückstellung erfolgt buchtechnisch grundsätzlich in der Weise, dass der Rückstellungsbetrag zu Lasten eines Aufwandskontos gebildet wird.[163] Erfolgt die Bildung der Rückstellung aus dem Realisationsprinzip, so wird durch die Passivierung Aufwand verrechnet, der den in der Abschlussperiode oder in früheren Perioden realisierten Erträgen zuzurechnen ist. Die nach dem Realisationsprinzip zu bildenden Aufwand- und Schuldrückstellungen haben so die Verrechnung von bereits realisiertem Aufwand zum Ziel, der erst in zukünftigen Perioden

---

160 Vgl. Überblick bei *Drukarczyk* [1976].

161 Vgl. *Faller* [1985], S.297-318.

162 Vgl. *Hahn* [1986].

163 Als Ausnahme zur Rückstellungsbildung durch Belastung eines Aufwandskontos ist die Bildung von Rückstellungen zu nennen, bei denen stattdessen ein aktives Bestandskonto belastet wird. Ein solcher Fall wird unter den Sonderfällen des Anschaffungswertes bei der Darstellung des Rentenkaufs gezeigt. (Vgl. 2. Hauptteil, N, II)

zu Ausgaben führt. Sind die Aufwendungen den in der Abrechnungsperiode verrechneten Erträgen zuzurechnen, so führt die Rückstellungsbildung zur Verbuchung von Periodenaufwand (z.B. die Bildung von Garantierückstellungen für künftige Garantieleistungen in Zusammenhang mit im abgelaufenen Geschäftsjahr verkauften Produkten). In diesem Fall sind die Rückstellungen daher grundsätzlich zu Lasten derjenigen Aufwandskonten zu bilden, bei denen die Ausgabe bei einem sofortigen Anfall zu verbuchen wäre (z.B. Materialaufwand, Lohnaufwand usw.). Sind im Gegensatz zu oben beschriebenem Fall die zukünftigen Ausgaben den Erträgen früherer Geschäftsjahre zuzuordnen, so liegen bereits in vorausgegangenen Geschäftsjahren realisierte, aber buchtechnisch noch nicht erfasste Aufwände vor. Die aus dem Realisationsprinzip gebotene Rückstellungspassivierung führt hier zur Verbuchung eines periodenfremden Aufwandes (z.B. Bildung einer Rückstellung für die Beseitigung von Bergschäden, die in vergangenen Perioden verursacht, aber bislang nicht erkannt wurden). In gleicher Weise hat auch die Bildung von Rückstellungen aus dem Imparitätsprinzip (Verlust- und Schuldrückstellungen) stets die Verbuchung eines periodenfremden Aufwands zur Folge. Diese Rückstellungen antizipieren noch unrealisierte, zukünftige und damit periodenfremde Aufwendungen, die nach dem Realisationsprinzip nicht in der Abrechnungsperiode zu erfassen wären. Da die Gewinn- und Verlustrechnung in § 275 HGB allerdings keinen gesonderten Ausweis periodenfremder Aufwendungen vorsieht, erfolgt die Verbuchung auf dem Konto „sonstiger betrieblicher Aufwand".

Nach § 249,3 S. 2 HGB dürfen Rückstellungen nur dann aufgelöst werden, wenn der Grund für die Rückstellungsbildung weggefallen ist. Bei Identität zwischen Rückstellungsbildung und tatsächlicher Inanspruchnahme (nach Aufwandsart und Betrag), wird die Rückstellung erfolgsneutral und ohne Berührung der Gewinn- und Verlustrechnung ausgebucht. Als Gegenbuchung der Rückstellungsauflösung wird entweder ein Finanzmittelkonto (z.B. Bank) belastet oder es erfolgt die Stornierung eines bei Anfall der Ausgaben verbuchten Aufwandes. Die den Rückstellungen immanente Unsicherheit führt jedoch in aller Regel dazu, dass der Rückstellungsbetrag nicht mit den tatsächlichen Ausgaben übereinstimmt. Soweit sich Rückstellungen in späteren Jahren als nicht erforderlich oder in ihrer Höhe als überdotiert erweisen, sind sie entsprechend aufzulösen und unter den sonstigen betrieblichen Erträgen auszuweisen. Deckt der zurückgestellte Betrag dagegen die späteren Ausgaben nicht ab, so ist in Höhe der Unterdeckung grundsätzlich ein sonstiger betrieblicher Aufwand zu verbuchen.

Die Verwendung einer in früheren Jahren gebildeten, nicht mehr benötigten Rückstellung für ein neu entstandenes Rückstellungserfordernis ist nur möglich, wenn durch die Rückstellung wiederkehrende gleichartige Verpflichtungen erfasst werden.

Die Entwicklung der einzelnen Rückstellungen ist zweckmäßigerweise in einem sog. **Rückstellungsspiegel** festzuhalten, der nachstehende Posten enthält:

> Stand am Anfang d. Gj. – Verbrauch – Auflösung – Zuführung –
> Stand am Ende d. Gj.

Im Folgenden soll getrennt auf die mit der Bildung und der Auflösung von Rückstellungen verbundenen buchungstechnischen Probleme anhand von Beispielen eingegangen werden.

a. Buchungstechnische Probleme der Bildung von Rückstellungen

Beispiel 1a: Rückstellung für unterlassene Instandhaltung

Aufgrund einer Überlastung der betrieblichen Instandhaltungsabteilung werden die erforderlichen Instandhaltungsarbeiten an einer im Produktionsprozess eingesetzten Maschine auf Februar des Folgejahres verschoben. Der geschätzte Instandhaltungsaufwand von € 7.000,- setzt sich aus einem Materialaufwand von € 4.000,- und einem Lohnaufwand von € 3.000,- zusammen.

Es liegt hier der Tatbestand einer aus dem Realisationsprinzip abgeleiteten Aufwandrückstellung vor, für die nach § 249,1 S. 2 HGB eine Passivierungspflicht besteht. Die künftigen Instandhaltungsausgaben sind danach als Rückstellung zu passivieren, wenn bei betriebswirtschaftlicher Betrachtungsweise eine Notwendigkeit vorgelegen hat, die Arbeiten im abzuschließenden Geschäftsjahr durchzuführen. Charakteristisch für unterlassene Instandhaltungen ist demnach, dass der Termin der notwendigen Reparatur bereits überschritten ist. Da es sich um nach dem Realisationsprinzip zu erfassenden periodischen Aufwand handelt, sind die zu belastenden Aufwandskonten die Konten Material- und Lohnaufwand.

Buchungssatz:

Materialaufwand	€ 4.000,-	an	Rückstellung für unter-	
Lohnaufwand	€ 3.000,-		lassene Instandhaltung	€ 7.000,-

Kontenbild:

S	Material	H	S	Lohn	H	S	Rückstellungen	H
4.000,-			3.000,-					7.000,-

Diese Buchungsweise ist jedoch mit einigen Problemen verbunden, da die Aufteilung des Rückstellungsbetrages auf einzelne Primäraufwandsarten meist nicht zweifelsfrei möglich ist. Deshalb sieht die Literatur eine vereinfachte Vorgehensweise als zulässig an.[164] Vorgeschlagen wird, grundsätzlich auf die Verbuchung des Primäraufwands zu verzichten und stattdessen den Rückstellungsbetrag generell entweder über „sonstigen betrieblichen Aufwand" oder dessen Unterkonto „Instandhaltungsaufwand" mit dem Buchungssatz

Instandhaltungsaufwand an Rückstellungen für unterlassene Instandhaltung

zu verbuchen.

Aufgrund der beabsichtigten Nachholung der Instandhaltung innerhalb der ersten drei Monate des neuen Geschäftsjahres, ergibt sich im obigen Beispielsfall (1a) für die künftigen Instandhaltungsausgaben eine Passivierungspflicht. Dagegen sieht das HGB (§ 249,1 S. 3) für nach diesem Zeitraum, aber noch im neuen Geschäftsjahr erfolgende Instandhaltungsarbeiten, ein Passivierungswahlrecht vor.[165] Wird bei entsprechenden Fällen auf die Passivierung der Instandhaltungsausgaben verzichtet, bleibt zu prüfen, ob die unterlassene Instandhaltung zu einer Wertminderung des betreffenden Anlagegegenstandes geführt hat, die durch eine außerplanmäßige Abschreibung auf den niedrigeren beizulegenden Wert (§ 253,2 S. 3 HGB) zu berücksichtigen ist.[166] Erfolgt nach dem abzuschließenden Geschäftsjahr tatsächlich die Instandhaltung, d.h. wird die eingetretene Wertminderung ausgeglichen, so war die Wertminderung vorübergehend. Vorübergehende Wertminderungen führen nach § 253,2 S. 3 HGB für Einzelkaufleute und Personenhandelsgesellschaften, die nicht unter die Regelung des § 264a HGB fallen, zu einem Abwertungswahlrecht. Im Gegensatz dazu ist in diesem Sachverhalt Kapitalgesellschaften und den Personenhandelsgesellschaften i.S.d. § 264a HGB , die auf die Passivierung der Instandhaltungsausgaben verzichten, die Vornahme außerplanmäßiger Abschreibungen auf das

---

[164] *Beck'scher* Bilanz-Kommentar [2003], § 275 HGB, Rn. 164; *Westermann* [1999], B 335, Rn. 8; *Adler/Düring/Schmaltz* [1995], Teilband 5 (1997), § 275 HGB, Rn. 78.

[165] Ob Ausgaben für unterlassene Instandhaltungen auch dann passivierungsfähig sind, wenn die Arbeiten erst nach Ablauf des neuen Geschäftsjahres - also nach Ablauf beider in § 249,1 HGB genannten Fristen - erfolgen, ist im Schrifttum umstritten: ablehnend z.B. *Moxter* [1986], S. 28. Dagegen eine Passivierungsfähigkeit nach § 249,2 HGB annehmend *Scheffler* [1989], B 233, Rn. 276; *Beck'scher* Bilanz-Kommentar [2003], § 249 HGB, Rn. 106.

[166] Vgl. *Moxter* [1986], S. 29. Zu beachten ist hierbei allerdings, dass die Höhe der Abschreibung von dem aktivierungsfähigen Rückstellungsbetrag abweichen kann, da die außerplanmäßige Abschreibung sich am Verhältnis zwischen Buchwert und Zeitwert des Vermögensgegenstandes und nicht an den künftigen Instandhaltungsausgaben orientiert. In der Literatur wird in diesem Zusammenhang gegen die Relevanz der außerplanmäßigen Abschreibung eingewandt, dass die Voraussetzungen zur Vornahme der Abschreibung oftmals nicht gegeben sein werden, da ein direkter Zusammenhang zwischen dem Zeitwert des instand zu setzenden Vermögensgegenstandes und den künftigen Instandhaltungsarbeiten nicht besteht, vgl. *Thiel* [1990], S. 191.

Sachanlagevermögen wegen der fehlenden dauernden Wertminderung nicht möglich (§ 279,1 HGB).

Verzichtet der Bilanzierende auf die Passivierung und berücksichtigt er stattdessen die Wertminderung durch außerplanmäßige Abschreibungen, so wird in der Literatur die Auffassung vertreten, dass die Instandhaltungsausgaben bei ihrem späteren Anfall (in Höhe der durch die Instandsetzung ausgeglichenen Wertminderung) beim instand gesetzten Vermögensgegenstand zu aktivieren sind.[167] Diese nach § 253,5 HGB fakultativ mögliche Zuschreibung wird deshalb für erforderlich gehalten, weil es bei Verbuchung der Instandhaltungsausgaben als Aufwand zu einer doppelten erfolgswirksamen Berücksichtigung ein und desselben ergebnis- bzw. vermögensvermindernden Faktors (unterlassene Instandhaltung) kommen würde. Die buchtechnische Erfassung unterlassener Instandhaltungen über die Vornahme außerplanmäßiger Abschreibungen erweist sich damit als recht aufwendig, so dass den Rückstellungen für unterlassene Instandhaltung insbesondere die Aufgabe zukommt, bilanztechnisch aufwendigere Abschreibungen zu ersetzen.[168]

Beispiel 1b: Rückstellung für Großreparaturen

Ein Unternehmer erwirbt zum 1.1.01 eine Lagerhalle in Flachdachbauweise. Er geht von einer Erneuerungsbedürftigkeit des Daches in periodischen Abständen von 10 Jahren aus. Es sind zwei Varianten denkbar:

1. Variante. Der Unternehmer beabsichtigt, das Flachdach bei Reparaturbedürftigkeit durch eine neue Teer-Auflage zu renovieren; voraussichtliche Ausgaben € 100.000,-.

2. Variante. Der Unternehmer plant im Zeitpunkt der Renovierungsbedürftigkeit des Flachdaches dieses durch ein Giebeldach zu ersetzen um so durch ein (zusätzliches) Dachgeschoss weiteren Lagerraum zu gewinnen; geschätzte Ausgaben € 500.000,-.

Die Passivierungsfähigkeit der Ausgaben bei beiden Varianten als Aufwandrückstellungen i.S.d. § 249,2 HGB hängt davon ab, ob die künftigen Ausgaben im Zeitpunkt ihres Anfalles aktivierungspflichtig sind oder nicht. Auf die damit verbundenen Abgrenzungsprobleme soll im Folgenden näher eingegangen werden.

Aufwandrückstellungen i.e.S. haben die Aufgabe, zukünftige Ausgaben, die realisierte Aufwände des abgelaufenen oder eines früheren Geschäftsjahres darstellen, unabhängig vom Zeitpunkt der Ausgabe zu erfassen. An einem nach dem Realisations- bzw. Gewinnegalisierungsprinzip in der abgelaufenen Periode zu erfassenden Aufwand fehlt es aber, wenn die künftigen Ausgaben im Zeitpunkt ihres Anfalles zu aktivieren sind. Die Passivierungsfähigkeit künftiger Ausgaben als Aufwandrückstellung setzt deshalb voraus, dass für die Ausgaben im Zeit-

---

167 Vgl. *Wöhe* [1997], S. 406; zur Kritik S. 559-562.

168 Vgl. *Moxter* [1986], S. 29.

punkt ihrer Verausgabung keine Aktivierungspflicht besteht. Besondere Bedeutung besitzt dieser Grundsatz im Bereich des Sachanlagevermögens. Hier stellt sich z.b. die Frage, ob künftige Ausgaben anlässlich geplanter Großreparaturen im Zeitpunkt der Durchführung der Maßnahmen als so genannte nachträgliche Herstellungskosten aktivierungspflichtig sind oder aber wegen ihrer Eigenschaft als nicht ansatzfähige Erhaltungsaufwendungen bereits vor Durchführung der Maßnahme als Aufwandrückstellung i.S.d. § 249,2 HGB passiviert werden können. Der eindeutigen Abgrenzung zwischen nachträglichen Herstellungskosten und Erhaltungsaufwendungen kommt damit auch für die Beurteilung der Passivierungsfähigkeit von Aufwandrückstellungen erhebliche Bedeutung zu. Zu dieser Frage hat die Finanzrechtsprechung die Begriffe Herstellungsaufwand und Erhaltungsaufwand als Abgrenzungskriterien entwickelt, die in Literatur und Praxis überwiegend auch für die handelsrechtliche Beurteilung herangezogen werden. Von **nachträglichen Herstellungskosten** ist danach auszugehen, wenn für diese Ausgaben neues, zusätzliches Nutzungspotential entsteht (s. S. 180 ff.).

➢ Verbuchung der ersten Variante

Da die künftigen Ausgaben lediglich dem Erhalt des Gebäudes in einem ordnungsgemäßen Zustand dienen, stellt der zukünftige Reparaturaufwand später nicht aktivierungsfähigen Erhaltungsaufwand dar. § 249,2 HGB ermöglicht es, vor Durchführung der Maßnahme eine Aufwandrückstellung i.e.S. zu bilden, da es der periodengerechten Erfolgsermittlung dient, wenn die Reparaturausgaben auf die Geschäftsjahre verteilt werden, welche wirtschaftlich deren Anfall begründet haben. Durch die Rückstellungspassivierung sollen die Ausgaben daher auf die Geschäftsjahre (vor Durchführung der Maßnahme) in dem Verhältnis verteilt werden, in dem die Minderung des Nutzungspotentials des Gebäudes schrittweise eingetreten ist. Dem entspricht i.d.R. eine zeitproportionale, d.h. lineare Aufteilung der Reparaturausgaben. Im Jahr der Anschaffung des Gebäudes kann somit eine Aufwandrückstellung passiviert werden, die um den Anteil der einzelnen Periode am Gesamtausgabebetrag (100.000,- € : 10 Jahre = 10.000,- €/Jahr) jährlich aufzustocken ist. Dies führt in den Geschäftsjahren 1 bis 9 zur Buchung

Instandhaltungsaufwand an   Rückstellung für Großreparaturen   € 10.000,-

und in der 10. Periode

Instandhaltungsaufwand	€ 10.000,-	
Rückstellung für Großreparaturen	€ 90.000,- an Bank € 100.000,-	

Diese buchtechnische Behandlung der meist hohen Reparaturaufwendungen führt - entsprechend dem Gewinnegalisierungsprinzip - zu einer gleichmäßigen Verteilung des Reparaturaufwandes auf mehrere Jahre und damit zu einer Glättung des Erfolgsausweises.

➢ Verbuchung der zweiten Variante

Die zukünftigen Ausgaben sind als nachträgliche Herstellungskosten zu qualifizieren, da sie zu einer wesentlichen Substanzmehrung und einer verbesserten Nutzungsmöglichkeit des Gebäudes führen. Da im Zeitpunkt der Durchführung der Maßnahme Aktivierungspflicht für die Ausgaben besteht, darf eine Aufwandrückstellung nicht gebildet werden.

Beispiel 2: Schuldrückstellung

Ein Unternehmer pachtet für die Lagerung von Handelswaren eine Lagerhalle. Da der Verpächter an der Erhaltung und Rückgabe des Gebäudes in seinem Ausgangszustand interessiert ist, wird im Pachtvertrag vereinbart, dass das Gebäude nach Ablauf der Pachtzeit (10 Jahre) vom Unternehmer vollständig instand zu setzen ist. Der Unternehmer rechnet demzufolge für die anfallende Großreparatur mit einer zusätzlichen Pächterverpflichtung in Höhe von € 100.000,-.

Die Vereinbarung zur Instandsetzung führt zu einer Verpflichtung gegenüber einem Dritten, die in den Pachtjahren wirtschaftlich verursacht ist und somit zur Passivierung einer Rückstellung für ungewisse Verbindlichkeiten gem. § 249,1 S. 1 HGB führt. Nach dem Realisationsprinzip sind die Großreparaturausgaben über den Pachtzeitraum anteilig auf die jährlichen Umsätze zu verteilen. Dies führt zur Bildung einer Schuldrückstellung die jährlich entsprechend aufzustocken ist. In den Pachtjahren 1 bis 9 erfolgt deshalb die Buchung

> Instandhaltungsaufwand an Rückstellung f. Instandhaltungsverpflichtung
> € 10.000,-,

während im 10. Jahr die in den vorangegangenen Jahren gebildete Rückstellung aufgelöst und der anteilige Instandhaltungsaufwand dieser Periode direkt zu Lasten der GVR gebucht wird. Durch die jährliche Zuführung wird entsprechend dem Realisationsprinzip erreicht, dass den jährlichen Umsätzen die diesen zurechenbaren Ausgaben als Aufwände gegenübergestellt werden.

Beispiel 3a: Rückstellungen für drohende Verluste aus schwebenden Beschaffungsgeschäften

Eine Weberei schließt vor dem Bilanzstichtag (31.12.01) einen Einkaufskontrakt über den Bezug eines Postens Wolle (= Rohstoff) für € 40.000,- (ohne USt) ab. Es wurde vereinbart, dass Lieferung und Zahlung erst nach dem Bilanzstichtag am 30.5.02 erfolgen sollen (Bilanzerstellungstag 31.3.02). Auf dem Wiederbeschaffungsmarkt ist folgende Wertentwicklung des Postens zu beobachten: 31.12.01: € 35.000,-, 31.3.02: € 30.000,-.

Im vorliegenden Beispielsfall ist nach dem Grundsatz der verlustfreien Bewertung der Verlust, der durch das Sinken des nach § 253,3 HGB maßgeblichen Wertes unter den vereinbarten Einkaufspreis droht, durch Rückstellungsbildung zu antizipieren. Der zur Feststellung des Verpflichtungsüberschusses maßgebende beizulegende Wert ist dabei nach den für die Vorratsbewertung ermittelten Grundsätzen (so Rohstoffe: Maßgeblichkeit des Beschaffungsmarktes) aus den Wiederbeschaffungskosten abzuleiten. Bei Betrachtung der Wertverhältnisse des Bilanzstichtages droht ein Verlust von € 40.000,- ./. € 35.000 = € 5.000,-, während die Wertverhältnisse des Bilanzerstellungstages zu einem Verpflichtungsüberschuss von € 40.000,- ./. € 30.000,- = € 10.000,- führen. Wäre der Rohstoff zum 31.12.01 bereits geliefert, so bestünde lediglich eine Abwertungspflicht nach § 253,3 S. 2 HGB auf € 35.000,-. Für die weitergehende Abschreibung auf den Zeitwert am Bilanzerstellungstag sieht § 253,3 S. 3 HGB nur ein Wahlrecht vor. Die Frage, in welchem Umfang der Verlust bei noch nicht erfolgter Lieferung durch die Rückstellungsbildung berücksichtigt werden muss, ist in der Literatur umstritten. Zum einen wird die Auffassung vertreten, dass es in analoger Anwendung der Niederstwertvorschrift des § 253,3 HGB genügt, den bis zum Abschlussstichtag eingetretenen Verlust zu berücksichtigen.[169] Nach anderer Auffassung besteht dagegen bei der Rückstellungsbildung ein Wahlrecht, auch die durch Wertminderungen nach dem Stichtag drohenden Verluste zu antizipieren.[170] Diese weitestgehende Antizipation führt im obigen Beispiel zu einem Rückstellungsbetrag von € 10.000,-. Die Rückstellung ist, da es sich um periodenfremden Aufwand handelt, zu Lasten des sonstigen betrieblichen Aufwandes zu bilden.

Buchungssatz:
Sonstiger betriebl. Aufwand an Rückstellung f. drohende Verluste € 10.000,-

Kontenbild:

S	Sonst. betr. A.	H	S	Rückstellungen	H
10.000,-					10.000,-

Beispiel 3b: Rückstellungen für drohende Verluste aus schwebenden Absatzgeschäften

Ein Großhändler schließt einen Verkaufskontrakt über von ihm zu beschaffende Handelswaren zum festen Verkaufserlös (ohne USt) von € 48.000,- ab. Die Beschaffung der Waren durch den Großhändler erfolgt erst im neuen Geschäftsjahr. Der vom Großhändler zu entrichtende Bezugspreis beträgt € 45.000,-. Für die im Rahmen der Lieferung anfallenden Verwaltungs- und Vertriebskosten ist mit € 5.000,- zu rechnen.

Nach dem Prinzip der finanziellen Vorsorge ist die positive Differenz zwischen den eigenen Aufwendungen aus dem schwebenden Absatzgeschäft und den hieraus erzielbaren Nettoerlösen als drohender Verlust durch Rückstellungsbildung zu antizipieren. Der Verpflichtung aus dem Absatzgeschäft von € 45.000,- + € 5.000,- = € 50.000,- steht im Beispiel

---

[169] Vgl. *Adler/Düring/Schmaltz* [1995], Teilband 1 (1995), § 253 HGB, Rn. 248.

[170] Vgl. *Scheffler* [1989], B 233, Rn. 164; *Beck'*scher Bilanz-Kommentar [2003], § 249 HGB, Rn. 70.

lediglich eine Gegenleistung von € 48.000,- gegenüber. Der Verpflichtungsüberschuss von € 2.000,- ist als periodenfremder Aufwand zu Lasten des sonstigen betrieblichen Aufwandes zurückzustellen.

Buchungssatz

    Sonst. betriebl. Aufwand an Rückstellung f. drohende Verluste € 2.000,-

Kontenbild

S	Sonst. betr. A.	H	S	Rückstellungen	H
	2.000,-				2.000,-

Beispiel 4: Der Fall der Anarbeitungskosten

Ein Unternehmen übernimmt im November den Auftrag zur Herstellung einer technischen Anlage zum Preis von € 25.000,- (ohne USt), die im April des folgenden Jahres an den Kunden ausgeliefert werden soll. Bis zum Bilanzstichtag sind bereits Herstellungskosten von € 10.000,- angefallen. Die zur Fertigstellung und Auslieferung der Anlage noch anfallenden Aufwände werden aufgrund unvorhergesehener Lohn- und Materialpreissteigerungen zum Bilanzstichtag auf € 26.000,- geschätzt.

Es handelt sich hier um den Sonderfall der Anarbeitungskosten. Verluste aus schwebenden Geschäften, bei denen aktivierungsfähige Anschaffungs- oder Herstellungskosten angefallen sind, werden zunächst nach dem Prinzip der verlustfreien Bewertung durch Abschreibung der aktivierten Anschaffungs- und Herstellungskosten berücksichtigt. Reicht die Abschreibung zur vollständigen Verlustkompensation nicht aus, so ist für den nicht kompensierten Teil des Verlustes eine Rückstellung gemäß § 249,1 S. 1 HGB zu bilden, deren Höhe sich wie folgt berechnet:

	Aktivierte Herstellungskosten	€	10.000,-
+	noch anfallende Aufwände	€	26.000,-
./.	Nettoverkaufserlös der Anlage	€	25.000,-
=	Höhe des Verlustes	€	11.000,-
./.	Verlustabschreibung	€	10.000,-
=	Rückstellungsbetrag	€	1.000,-

Buchungssätze:

(1)	Abschreibung auf Vorratsvermögen	an	Unfertige Erzeugnisse €	10.000,-
(2)	Sonstiger betrieblicher Aufwand	an	Rückstellung für drohende Verluste €	1.000,-

Kontenbild:

S	Halberzeugnisse	H	S	Abschr. auf Vorratsvermögen	H
AB	10.000,-	(1) 10.000,-	(1)	10.000,-	

S	Sonst. betr. Aufwand	H	S	Rückstellungen	H
(2)	1.000,-			(2)	1.000,-

b. Buchungstechnische Probleme bei der Auflösung von Rückstellungen

Die in Beispiel (1a) für unterlassene Instandhaltungsmaßnahmen gebildete Aufwandrückstellung von € 7.000,- wird bei Durchführung der Maßnahme alternativ im Unterfall 1 in voller Höhe, im Unterfall 2 lediglich mit € 5.000,- und im Unterfall 3 mit € 9.000,- in Anspruch genommen.

Mit Wegfall des Rückstellungsgrundes ist in allen drei Fällen die Rückstellung aufzulösen. Im Jahr der Durchführung der Instandhaltungsarbeiten werden im Rahmen der laufenden Buchungen die nun eintretenden Instandhaltungsausgaben auf den Primäraufwandskonten „Material" und „Lohn" unabhängig von der Berücksichtigung dieser Beträge durch die Rückstellungsbildung in der Vorperiode verbucht. Somit werden die Instandhaltungsausgaben sowohl in der Periode der Rückstellungsbildung als auch in der Periode der Durchführung als Aufwand erfasst. Um eine Doppelerfassung zu vermeiden, muss der im Jahr der Instandhaltung gebuchte Primäraufwand storniert werden. Dies erfolgt grundsätzlich durch Ausbuchen der Rückstellung zu Lasten der betroffenen Primäraufwandskonten „Material" und „Lohn".

Unterfall 1: Zutreffende Dotierung der Rückstellung

Buchungssatz:

Rückstell. f. unterl. Instandhalt.   € 7.000,-   an Materialaufand   € 4.000,-
                                                     Lohnaufwand   € 3.000,-

Kontenbild:

S	Material	H	S	Lohn	H	S	Rückstellung	H
4.000,-	(1)	4.000,-		3.000,-	(1) 3.000,-	(1) 7.000,-	AB	7.000,-

Da der Rückstellungsbetrag zutreffend geschätzt wurde, führt die Auflösung der Rückstellung zu einer Stornierung des gesamten Primäraufwandes, der anlässlich der Instandhaltungsarbeiten gebucht wurde, ohne dass die GVR berührt wird.

Unterfall 2: Überdotierung der Rückstellung

Die Rückstellung wird nur mit € 5.000,- in Anspruch genommen; aufgrund der Instandhaltungsarbeiten wurden im Jahr der Durchführung der Maßnahme € 3.000,- Materialaufwand und € 2.000,- Lohnaufwand verbucht.

Buchungssatz

Rückstell f. unterl. Instandhalt.   € 7.000,-   an Materialaufwand   € 3.000,-
                                                     Lohnaufwand   € 2.000,-
                                                     Sonst.betr. Ertr.   € 2.000,-

Kontenbild:

S	Material	H	S	Lohn	H
	3.000,-|(2)	3.000,-		2.000,-|(2)	2.000,-

S	Rückstellung	H	S	Sonst. betr. Ertrag	H
(2)	7.000,-|AB	7.000,-		|(2)	2.000,-

Die tatsächlich angefallenen und eingebuchten Material- und Lohnaufwendungen werden durch die Rückstellungsauflösung in voller Höhe storniert. Die Differenz zwischen Rückstellungsbetrag und tatsächlichem Aufwand wird erfolgswirksam als „sonstiger betrieblicher Ertrag" verbucht.

Unterfall 3: Unterdotierung der Rückstellung

Die gebildete Rückstellung erweist sich als zu niedrig, denn die Instandhaltungsarbeiten führen zu Aufwendungen in Höhe von € 9.000,-: Verbucht werden anlässlich der Durchführung der Instandhaltungsarbeiten im Geschäftsjahr der Rückstellungsauflösung an Materialaufwand € 6.000,- und an Lohnaufwand € 3.000,-.

Buchungssatz

Rückstell. f. unterl. Instandhalt.   €   7.000,-   an   Materialaufwand   € 4.000,-
                                                              Lohnaufwand   € 3.000,-

Kontenbild

S	Material	H	S	Lohn	H	S	Rückstellung	H
	6.000,-|(3)	4.000,-		3.000,-|(3)	3.000,-	(3)	7.000,-|AB	7.000,-

Da der Materialaufwand bei der Bildung der Rückstellung unterschätzt wurde, muss in der Periode der Auflösung die Differenz von € 2.000,- zusätzlich als Aufwand verrechnet werden. Dies erfolgt automatisch, da durch die laufenden Buchungen € 6.000,- Materialaufwand erfasst wurden, aus der Auflösung der Rückstellung hingegen jedoch nur € 4.000,- zu stornieren sind. Die Auflösung unterdotierter Rückstellungen wird somit in Höhe des nicht stornierten Materialaufwandes erfolgswirksam.

Die dargestellte Buchungsweise lässt erkennen, dass die Auflösung von Rückstellungen für unternehmensintern durchgeführte Instandhaltungsarbeiten mit aufwendigen Aufwandstornierungen verbunden ist. So ist in jedem Einzelfall eine genaue Nachkalkulation der durch die Instandhaltung verursachten Aufwendungen erforderlich. Deshalb sieht die Literatur auch hier eine vereinfachte Vorgehensweise vor.[171] Danach erfolgt die Auflösung der Aufwandrückstellungen generell, d.h. in allen Fällen (1) bis (3), durch die Buchung

---

[171] Vgl. z.B. *Adler/Düring/Schmaltz* [1995], Teilband 5 (1997), § 275 HGB, Rn. 78.

Rückstellung für unterlassene Instandhaltung an Sonst. betr. Erträge € 7.000,-.
Ist die Rückstellung zutreffend dotiert worden, stehen sich bei dieser Buchungsweise in der GVR periodenfremde Aufwände (Primäraufwände aus der Durchführung der Instandhaltungsarbeiten) und periodenfremde Erträge (aus der Auflösung der Rückstellung) in gleicher Höhe gegenüber.[172] Bei einer Über- bzw. Unterdotierung der Rückstellung steht dem Primäraufwand ein höherer bzw. niedrigerer sonstiger betrieblicher Ertrag gegenüber, so dass sich die Rückstellungsauflösung in Höhe des Differenzbetrages erfolgswirksam vollzieht.

J. Die zeitliche Abgrenzung durch Rechnungsabgrenzungsposten

I. Der Begriff „Rechnungsabgrenzungsposten" und die Arten der Rechnungsabgrenzungsposten (RAP)

RAP werden auf der Aktiv- und auf der Passivseite der Bilanz ausgewiesen. Der § 250 HGB hat die Möglichkeit der Bildung von RAP auf bestimmte Fälle begrenzt. Zulässig sind nur die sog. transitorischen RAP, antizipative Posten (Aufwand - noch nicht Ausgabe, Ertrag - noch nicht Einnahme) sind als sonstige Vermögensgegenstände oder sonstige Verbindlichkeiten auszuweisen.

Nach den für die Aktivseite maßgeblichen Vorschriften (§ 250,1 S. 1 HGB) muss der Bilanzierende auf der Aktivseite der Bilanz für Ausgaben vor dem Abschlussstichtag Rechnungsabgrenzungsposten (= aktive RAP) ausweisen, soweit sie Aufwand für eine bestimmte Zeit nach diesem Tag darstellen. Hingegen ergibt sich die Bilanzierungspflicht passiver RAP aus § 250,2 HGB. Danach muss der Bilanzierende vor dem Abschlussstichtag erzielte Einnahmen als (passive) Rechnungsabgrenzungsposten auf der Passivseite der Bilanz ausweisen, soweit sie Ertrag für eine bestimmte Zeit nach diesem Tag darstellen.

---

[172] Sind die entsprechenden Beträge für die Beurteilung der Vermögens-, Finanz- und Ertraglage von Bedeutung, so kann diese Buchungsweise einen Hinweis im Anhang erforderlich machen, dass sowohl unter den Primäraufwandsposten als auch im Posten „Sonstige betriebliche Erträge" Beträge enthalten sind, die anderen Geschäftsjahren zuzurechnen sind (vgl. *Adler/Düring/Schmaltz* [1995], Teilband 5, (1997), § 275 HGB, Rn. 79). Festzuhalten ist, dass die Aufwände bei diesem Verfahren zweimal ausgewiesen werden: Zunächst im Jahr der Rückstellungsbildung, ein zweites Mal im Jahr der Inanspruchnahme, wobei der Einfluss auf den Jahreserfolg durch den korrespondierenden Ausweis eines Ertragspostens in Höhe des Rückstellungsbetrages vermieden wird.

Die Konkretisierung des Merkmals „bestimmte Zeit", das sowohl für aktive wie passive Abgrenzungen gilt, ist jedoch strittig. Nach einer älteren Auffassung müssen Anfang und Ende des Zeitraumes eindeutig festliegen, also kalendermäßig exakt bestimmt oder zumindest genau bestimmbar (d.h. aus anderen Rechengrößen mathematisch ableitbar) sein. Nach dieser Ansicht ist es deshalb nicht ausreichend, wenn das Ende des Zeitraumes durch ein künftiges unsicheres Ereignis, dessen zeitlicher Eintritt nur geschätzt werden kann, determiniert wird.[173] Der Zeitraum der Erfolgswirksamkeit der geleisteten bzw. empfangenen Zahlungen muss sich nach dieser Auffassung ohne Schätzungen bestimmen lassen. Mit dieser engen Interpretation soll vor allem sichergestellt werden, dass sog. transitorische Posten im weiteren Sinne (z.B. Ausgaben für Werbefeldzüge oder Entwicklung) nicht unter den RAP aktiviert werden. Im Vordergrund steht also die eindeutige und damit objektive Kennzeichnung abgrenzungsfähiger Tatbestände. Nach der hiervon divergierenden Meinung reicht es für die Erfüllung des Merkmals der „bestimmten Zeit" bereits aus, wenn das Ende des Zeitraumes geschätzt werden kann.[174] Wenn feststehe, dass Ausgaben Aufwand für eine Zeit nach dem Abschlussstichtag darstellen, so sei es nicht gerechtfertigt, die geleisteten Ausgaben nur deswegen der abgelaufenen Periode erfolgswirksam anzulasten, weil geschätzt werden muss, für wie viele Jahre die Ausgaben Aufwand sind. Nach der weitergehenden Interpretation der „bestimmten Zeit" stellt deshalb z.B. die statistisch begründete Lebenserwartung eines Menschen, die betriebsgewöhnliche Nutzungsdauer eines Vermögensgegenstandes oder die voraussichtliche Bauzeit eines Gebäudes eine ausreichende Zeitbestimmtheit i.S.d. § 250 HGB dar.

In jüngerer Zeit zeichnet sich - trotz des einheitlichen Wortlauts von § 250,1 und 2 HGB - zunehmend die Tendenz einer nach aktiven und passiven Rechnungsabgrenzungen differenzierten Interpretation der „bestimmten Zeit" ab.[175] Danach wird aus Gründen der kaufmännischen Vorsicht für die Bildung von aktiven Rechnungsabgrenzungsposten der engen Auslegung gefolgt. Ausgaben, deren Erfolgswirksamkeit in der Zukunft nur durch Schätzung bestimmt werden kann, werden nicht durch die Aktivierung eines Rechnungsabgrenzungspostens (erfolgsneutral) abgegrenzt, sondern vielmehr im Jahr ihres Abflusses erfolgsmindernd verrechnet. Im Zweifel sind geleistete Ausgaben also zu Lasten des Jahreserfolges der abzuschließenden Periode zu berücksichtigen. Im Falle passiver Abgrenzungen entspricht es demgegenüber dem Realisationsprinzip, als bestimmte Zeit i.S.d. § 250,2 HGB auch einen nur schätzbaren Zeitraum zu akzeptieren. Würde man in diesem Fall keine Abgrenzung vornehmen, so wären Einnahmen ggf. im Jahr des

---

173   Vgl. *IdW* [1996], S. 208.

174   Vgl. *Küting/Weber* [1995], § 250 HGB, Rn. 44.

175   Vgl. *Beck*'scher Bilanz-Kommentar [1999], § 250 HGB, Rn. 21-23; *Sarx* [1992], Sp. 1596.

Zuflusses als Erträge zu verrechnen, obwohl sie auch für kommende, jedoch nicht genau bestimmte Perioden geleistet wurden (z.b. Entgelt für eine zeitlich unbegrenzte Duldungspflicht, Baukostenzuschüsse, die ein Gasversorgungsunternehmen für die Herstellung und Erhaltung von Anschlussleistungen erhält). Durch Anwendung der weiten Interpretation bei der passiven Rechnungsabgrenzung wird daher eine zu frühe Ertragsrealisation von im Geschäftsjahr zugeflossenen - aber für Leistungen in künftigen Geschäftsjahren bezogenen - Einnahmen verhindert. Nach dieser differenzierten Interpretation erfolgt somit in Bezug auf RAP eine imparitätische Auslegung des Realisationsprinzips, je nachdem, ob aktive oder passive RAP zu bilden sind.

Von der Bilanzierungspflicht des § 250,1 S. 1 und des Absatzes 2 HGB sind die Ansatzwahlrechte des § 250,1 S. 2 und § 250,3 HGB zu unterscheiden. Nach Abs. 1 Satz 2 dürfen unter der Bezeichnung (aktive) Rechnungsabgrenzungsposten ebenfalls ausgewiesen werden:

- als Aufwand berücksichtigte Zölle und Verbrauchsteuern, soweit sie auf am Abschlussstichtag auszuweisende Vermögensgegenstände des Vorratsvermögens entfallen,

- als Aufwand berücksichtigte Umsatzsteuer auf am Abschlussstichtag auszuweisende oder von den Vorräten offen abgesetzte Anzahlungen.

Im Zusammenhang mit der Abgrenzung von Zöllen und Verbrauchsteuern ist jedoch zu beachten, dass es handelsrechtlich auch für zulässig gehalten wird, diese Beträge als Anschaffungs- bzw. Herstellungskosten der betreffenden Vermögensgegenstände des Vorratsvermögens zu behandeln.[176] Erfolgt dementsprechend eine Aktivierung von Zöllen und Verbrauchsteuern im Wertansatz dieser Vermögensgegenstände, so entfällt die Abgrenzung als RAP, da es an der Verbuchung der Ausgaben als Aufwand der Periode fehlt.

Der Absatz 3 des § 250 HGB regelt ferner die aktive Abgrenzung eines Unterschiedsbetrages aus der Aufnahme von Verbindlichkeiten. Dieser Unterschiedsbetrag ergibt sich aus der Differenz zwischen dem Rückzahlungsbetrag und dem niedrigeren Verfügungsbetrag.[177] Nach § 268,6 HGB ist ein in den RAP aufgenommener Unterschiedsbetrag bei mittleren und großen Kapitalgesellschaften gesondert auszuweisen oder im Anhang anzugeben. Er ist durch jährliche planmäßige Abschreibungen, die auf die gesamte Laufzeit der Verbindlichkeit verteilt werden dürfen, zu tilgen . Kleine Kapitalgesellschaften sind nach § 274a Nr. 3 HGB von dieser Vorschrift befreit.

---

[176] Vgl. *Adler/Düring/Schmaltz* [1995], Teilband 6 (1998), § 250 HGB, Rn. 60-61.

[177] Bei Hypotheken und Grundschulden wird dieser Unterschiedsbetrag „**Damnum**" und bei Darlehen „**Disagio**" genannt.

In § 250 HGB ist kein Passivierungswahlrecht für RAP geregelt. Ein Passivierungswahlrecht kann jedoch durch analoge Anwendung des § 250,3 HGB für die passive Abgrenzung von Disagio- und Damnumbeträgen beim Kreditgeber gesehen werden.[178]

II. Die Buchung von Rechnungsabgrenzungsposten

a. Transitorische Ausgaben (= Ausgaben jetzt - Aufwand später)

Enthalten die Aufwandskonten am Jahresende Beträge, die erfolgsrechnerisch auf eine bestimmte Zeit nach dem Abschlussstichtag entfallen (ein oder mehrere Geschäftsjahre), so **müssen** diese durch Bildung eines aktiven RAP abgegrenzt werden. Der Buchungssatz dieser vorbereitenden Abschlussbuchung lautet allgemein:

> Aktive RAP an Aufwandskonten.

In der neuen Periode ist der gebildete aktive RAP - soweit er nicht mehrere Perioden betrifft - durch die Buchung

> Aufwandskonten an Aktive RAP

aufzulösen. Mehrperiodige RAP sind erfolgsrechnerisch den betreffenden Perioden anteilig durch Abschreibungen zuzuordnen.

Beispiel:

Es sind am 1.7. eines Kalenderjahres (= Geschäftsjahr) Versicherungsprämien von € 4.000,- vorschüssig für ein Jahr durch Banküberweisung gezahlt worden. Dieser Betrag wurde voll als Versicherungsaufwand verbucht, obwohl die Hälfte des Betrages die Folgeperiode betrifft.

➤ **Buchungssätze in der abzuschließenden Periode:**

(1)	Bei Zahlung		
	Versicherungsaufwand an Bank	€ 4.000,-	
(2)	Vorbereitende Abschlussbuchung		
	aktive RAP an Versicherungsaufwand	€ 2.000,-	

Kontenbild:

S	Versicherungsaufwand	H	S	Bank	H
(1)	4.000,-	(2) 2.000,-		(1)	4.000,-

S	Aktive RAP	H
(2)	2.000,-	

---

[178] So: *Beck*'scher Bilanz-Kommentar [2003], § 250 HGB, Rn. 79-82.

➤ Buchungssätze in der neuen Periode:

In der folgenden Periode wird der Betrag von € 2.000,- vom Konto des aktiven RAP nach Konteneröffnung sofort auf das Versicherungsaufwandkonto übernommen. Man bucht

Versicherungsaufwand (VA) an aktive RAP € 2.000,-.

Kontenbild:

S	Versicherungsaufwand	H	S	Aktive RAP	H
RAP	2.000,-		EBK	2.000,- | VA	2.000,-

Neben diesen abgrenzungspflichtigen Sachverhalten erlaubt § 250,1 und 3 HGB in bestimmten Sonderfällen die Bildung von aktiven RAP. Zu diesen Sonderfällen zählen (1) die als Aufwand berücksichtigten Zölle und Verbrauchsteuern, soweit sie auf am Abschlussstichtag auszuweisende Vermögensgegenstände des Vorratsvermögens entfallen, (2) die als Aufwand berücksichtigte Umsatzsteuer auf am Abschlussstichtag auszuweisende Anzahlungen auf Bestellungen sowie (3) der Unterschiedsbetrag zwischen niedrigerem Verfügungs- und höherem Rückzahlungsbetrag bei Verbindlichkeiten. Auf die hiermit verbundenen Probleme soll im Folgenden anhand von Beispielen eingegangen werden.

Beispiel 1: Als Aufwand berücksichtigte Zölle und Verbrauchsteuern

Ein Unternehmer stellt Güter her, die einer Verbrauchsteuer unterliegen. Am Ende des Jahres befindet sich ein Teil der produzierten Güter noch auf Lager. Der Herstellungsbetrieb als Steuerschuldner der Verbrauchsteuer hat die darauf lastende Verbrauchsteuer in Höhe von € 3.000,- bereits im Dezember per Bank abgeführt. Die Güter werden zu Beginn des folgenden Jahres verkauft.

Gem. § 250,1 S. 2 Nr. 1 HGB können Zölle und Verbrauchsteuern, die als Aufwand in der laufenden Periode verrechnet wurden, in einen aktiven RAP eingestellt werden, soweit sie auf Vermögensgegenstände des Vorratsvermögens entfallen, die am Abschlussstichtag auszuweisen sind. Handelsrechtlich besteht damit für Zölle und Verbrauchsteuern ein Aktivierungswahlrecht als RAP, während das Steuerrecht § 5,5 EStG eine Ansatzpflicht vorsieht.

Zölle und Verbrauchsteuern dürfen nur in die RAP einbezogen werden, wenn sie erfolgswirksam in der laufenden Periode verrechnet wurden. Werden sie dagegen als Anschaffungsnebenkosten im Rahmen der Anschaffungskosten bzw. als Sondereinzelkosten der Fertigung im Rahmen der Herstellungskosten der Vermögensgegenstände erfasst, ist insoweit bereits eine erfolgsneutrale Behandlung erfolgt.[179] Damit besteht

---

[179] Der Einbezug in die Herstellungskosten wird damit begründet, dass Zölle und Verbrauchsteuern eine andere Verkehrsfähigkeit der Vermögensgegenstände bewirken. Vgl. *Adler/Düring/Schmalz* [1995], Teilband 1 (1995), § 255 HGB, Rn. 153.

faktisch ein Wahlrecht zur Erfassung der Zölle und Verbrauchsteuern im Jahresabschluss zwischen:

- einer Aktivierung als RAP

- oder einer Aktivierung im Rahmen der Anschaffungs- und Herstellungskosten.[180]

Im vorliegenden Sachverhalt soll davon ausgegangen werden, dass der Unternehmer von dem Wahlrecht des § 250,1 S. 2 Nr. 1 HGB Gebrauch macht und die Verbrauchsteuer in einen aktiven RAP einstellt.

Buchungssätze:

(1) Buchung bei Abführung der Verbrauchsteuer; (2) Buchung bei Bildung des RAP.

Nr.	Sollkonto	Betrag	Habenkonto
1	Zölle/Verbrauchsteuern	3.000,-	Bank
2	Aktive RAP	3.000,-	Zölle/Verbrauchsteuern

Werden im folgenden Geschäftsjahr die Güter verkauft, ist der aktive RAP erfolgswirksam aufzulösen.[181]

Buchungssatz: Zölle/Verbrauchsteuern an Aktive RAP   € 3.000,-

Beispiel 2: Differenz zwischen höherem Rückzahlungs- und niedrigerem Verfügungsbetrag

Für ein zum 1. Januar aufgenommenes Hypothekendarlehen im Nennwert von € 30.000,- hat die Bank ein Damnum von € 1.500,- einbehalten. Die Laufzeit des Hypothekendarlehens beträgt 3 Jahre (Geschäftsjahr = Kalenderjahr).

Nach § 250,3 HGB besteht die Möglichkeit, das Damnum in die RAP der Aktivseite aufzunehmen und über die Gesamtlaufzeit des Darlehens als Zins- bzw. zinsähnlicher Aufwand abzuschreiben. Wurde eine bestimmte Kreditlaufzeit nicht vereinbart, ist die Abschreibungsdauer auf den Zeitpunkt festzulegen, zu dem der Kredit seitens des Gläubigers frühestens gekündigt werden kann.[182])

Die Abschreibung des aktivierten Damnums kann planmäßig oder außerplanmäßig erfolgen. Eine außerplanmäßige Abschreibung ist geboten, wenn der Kredit ganz oder teilweise vorzeitig zurückgezahlt wird oder erhebliche Marktzinssenkungen eintreten. Nach den GoB sind planmäßige Abschreibungen nach Maßgabe der Kapitalinanspruchnahme vorzunehmen. Die Kapitalinanspruchnahme wird durch die Art des

---

180   Vgl. *Küting/Weber* [1995], § 255 HGB, Rn. 207.

181   Der Betrag des Kontos Zölle / Verbrauchsteuern ist in der Gewinn- und Verlustrechnung unter der Position „sonstige Steuern" auszuweisen.

182   Nach der BFH-Rechtsprechung und H 37 EStR besteht in der Steuerbilanz eine Aktivierungspflicht dieses Unterschiedsbetrages. (Vgl. *BFH* [1984a]).

Rückzahlungsmodus bestimmt. Diesbezüglich lassen sich Fälligkeits- und Tilgungsdarlehen voneinander unterscheiden.

- **Fälligkeitsdarlehen**. Bei dieser Darlehensform wird der Kreditbetrag in einer Summe am Ende der Kreditlaufzeit zurückgezahlt, so dass das geliehene Kapital in voller Höhe bis zum Ende der Überlassungsfrist genutzt wird. Der aktivierte Unterschiedsbetrag ist daher bei Fälligkeitsdarlehen gleichmäßig auf die Kreditlaufzeit abzuschreiben.

- **Tilgungsdarlehen**. Sie werden in Raten getilgt, so dass die Höhe der Kapitalnutzung während der Kreditlaufzeit ständig abnimmt. Nur wenn der Unterschiedsbetrag relativ unbedeutend ist, wird nach den GoB eine gleichmäßige Abschreibung aus Vereinfachungsgründen als zulässig angesehen. Da durch die ratenweise Tilgung die Höhe der Kapitalnutzung in der Kreditlaufzeit sinkt, fordern die GoB in den anderen Fällen eines Tilgungsdarlehens (mit bedeutendem Unterschiedsbetrag) die Verteilung des aktivierten Rechnungsabgrenzungspostens in fallenden Abschreibungsbeträgen. In der Literatur werden hierzu - orientiert am Tilgungsmodus - unterschiedliche Formeln zur Berechnung der Abschreibungen hergeleitet.[183] Allgemein gelten folgende Zusammenhänge: Bezeichnen A_i (i = 1,...,n) die Abschreibungsbeträge in der n-periodigen Kreditlaufzeit, p den konstanten Abschreibungssatz und C_i die Kapitalnutzungen in den einzelnen Perioden, dann ist eine kapitalnutzungsproportionale Abschreibung als $A_i = p \cdot C_i$ bzw. die Summe der Abschreibungsbeträge als $\sum A_i = p \cdot \sum C_i$ zu schreiben. Da die Summe dieser Abschreibungsbeträge gleichzeitig dem Damnum D ($\sum A_i = D$) entspricht, ergibt sich durch Einsetzen und Umformen als allgemeine Formel zur Bestimmung des konstanten Abschreibungssatzes p:

$$p = \frac{D}{\sum C_i} \cdot$$

Wird der Kredit in gleichhohen Tilgungsraten $T = C_1 / n$ getilgt, dann beläuft sich die Kapitalnutzung in den einzelnen Perioden auf:

$$C_1 = C_1; C_2 = C_1 - T = \frac{n-1}{n} \cdot C_1 ; ...; C_n = C_{n-1} - T = \frac{1}{n} \cdot C_1 \cdot$$

Die Kapitalnutzungen in den Perioden der Kreditlaufzeit stellen somit eine arithmetische Folge dar. Der Gesamtbetrag der Kapitalnutzungen kann daher mit Hilfe der Summenformel der arithmetischen Reihe geschrieben werden als

$$\sum C_i = \frac{n+1}{2} \cdot C_1 \cdot$$

Durch Einsetzen dieser Beziehung in die Formel zur Bestimmung des konstanten Abschreibungssatzes p ergibt sich:

---

[183] Vgl. *Adler/Düring/Schmalz* [1995], Teilband 6 (1998), § 250 HGB, Rn. 90-94; *Hüttemann* [1988], Rn. 88-89.

$$p = \frac{D \cdot 2}{(n+1) \cdot C_1}.$$

Für obiges Zahlenbeispiel erhält man

$$p = \frac{1.500 \cdot 2}{(3+1) \cdot 30.000} = 0,025$$

und $A_1 = 0,025 \cdot 30.000 = 750$; $A_2 = 0,025 \cdot 20.000 = 500$; $A_3 = 0,025 \cdot 10.000 = 250$.

Unterstellt man dagegen, dass es sich in obigem Beispiel um ein Fälligkeitsdarlehen handelt, dann ist das Damnum in gleichhohen Abschreibungsbeträgen in Höhe von jährlich € 500,- abzuschreiben. Es sind folgende Verbuchungen vorzunehmen.

Buchungssätze: (erste Periode)

(1) Buchung bei Aufnahme des Darlehens; (2) Buchung der Abschreibung des aktiven RAP; (3) Abschlussbuchung.

Nr.	Sollkonto	Betrag	Habenkonto
1	Bank	28.500,-	Hypothekendarlehen
	Aktive RAP	1.500,-	
2	Zinsaufwand	500,-	Aktive RAP
3	SBK	1.000,-	Aktive RAP

Kontenbild:

S	Bank	H	S	Hypothek	H
(1)	28.500,-			(1)	30.000,-

S	SBK	H
(3)	1.000,-	

S	Aktive RAP	H	S	Zinsaufwand	H
(1)	1.500,-	(2) 500,-	(2)	500,-	
		(3) 1.000,-			

Beispiel 3: Umsatzsteuer auf Anzahlungen für Bestellungen

Ein Bauunternehmer hat aufgrund eines Vertrages über die Errichtung eines Gebäudes eine Anzahlung (Vorleistung) von € 30.000,- zzgl. € 4.500,- Umsatzsteuer per Banküberweisung erhalten. Für die Durchführung des Auftrages hat der Bauunternehmer bereits Ausgaben in Höhe von € 60.000,- (netto) geleistet, die als Vorratsvermögen aktiviert wurden.

Nach § 268,5 HGB besteht ein Wahlrecht, erhaltene Anzahlungen für Bestellungen entweder gesondert unter Verbindlichkeiten (nach Gliederungsschema § 266, 3 HGB in Posten C 3) auszuweisen oder diese offen von den Vorräten abzusetzen.[184] Kleine Gesellschaften können nach § 266,1 S. 3 HGB eine verkürzte Bilanz aufstellen und die erhaltenen Anzahlungen mit den übrigen Posten von § 266,3 C 1-8 HGB zusammenfassen. Üben sie das Wahlrecht aus und setzen sie erhaltene Anzahlungen von den Vorräten ab, so muss das „offen" geschehen.[185] Erhaltene Anzahlungen sind auf diese Weise zu bilanzieren, solange die Gegenleistung nicht erbracht wurde bzw. die Gegenleistung unmöglich wird. Erst wenn die Erfüllung des der Bestellung zu Grunde liegenden Geschäfts nicht mehr gewährleistet oder beabsichtigt ist, ergibt sich eine als Verbindlichkeit auszuweisende Rückzahlungspflicht. Erhaltene Anzahlungen sind Leistungen aus einem schwebenden Geschäft und als solche erfolgsneutral zu behandeln. Nach § 13,1 Nr. 1a UStG sind erhaltene Anzahlungen für Bestellungen grundsätzlich umsatzsteuerpflichtig. Dies gilt auch für geringerwertige Anzahlungen, falls die anfallende Umsatzsteuer in der dem Kunden erteilten Rechnung gesondert ausgewiesen wird. Die Umsatzsteuer auf erhaltene Anzahlungen ist wie die erhaltene Anzahlung erfolgsneutral zu behandeln, und zwar unabhängig von dem bilanziellen Ausweis der Anzahlung. Hierzu werden in der Literatur mit der Brutto- und der Nettomethode zwei Möglichkeiten der Verbuchung diskutiert.[186]

- Die Bruttomethode.

Die erhaltenen Anzahlungen werden bei dieser Methode brutto, d.h. einschließlich der anfallenden Umsatzsteuer verbucht. Die Umsatzsteuer muss daher zunächst zu Lasten eines Aufwandskontos „Umsatzsteuer-Aufwand" als Umsatzsteuertraglast verbucht werden und wird am Jahresende, sofern sie noch nicht abgeführt wurde, als „sonstige Verbindlichkeit" passiviert. Im Falle dieser bei Anwendung der Bruttomethode vorzunehmenden Verrechnung der Umsatzsteuer als Aufwand, ermöglicht § 250 HGB die erfolgsneutrale Abgrenzung der Steuerbeträge am Jahresende durch Aktivierung als Rechnungsabgrenzungsposten (Wahlrecht). Im Rahmen der steuerrechtlichen Gewinnermittlung sieht § 5,5 S.

---

[184] In der Literatur wird als Voraussetzung einer offenen Absetzung gefordert, dass in den Vorräten Bestände enthalten sind, die den Bestellungen zuzurechnen sind, für die eine Einzahlung eingegangen ist (vgl. *Hüttemann* [1988a], Rn. 103). Die Zulässigkeit dieser Voraussetzung wird in der Literatur von der h.M. unter Hinweis auf den Gesetzeswortlaut verneint. Eine Einschränkung der Möglichkeit der offenen Absetzung wird lediglich darin gesehen, dass durch eine solche der Bestand der Vorräte nicht negativ werden darf (vgl. *Adler/Düring/Schmaltz* [1995], Teilband 5 (1997), § 266 HGB, Rn. 99).

[185] Vgl. *Adler/Düring/Schmaltz* [1995], Teilband 5 (1997), § 268 HGB, Rn. 115.

[186] Vgl. *Adler/Düring/Schmaltz* [1995], Teilband 5 (1997), § 266 HGB, Rn. 223-225.

2 Nr. 2 EStG dagegen eine Aktivierungspflicht vor.[187] Trotz der Einordnung dieses Aktivpostens unter die Rechnungsabgrenzungsposten stellt er keinen „echten" RAP dar, da es sich bei der als Aufwand berücksichtigten Umsatzsteuer nicht um Aufwand für eine bestimmte Zeit nach dem Stichtag handelt. Die aktivierte Umsatzsteuer auf Anzahlungen ist vielmehr als Aktivposten eigener Art zu interpretieren, dem die Aufgabe zukommt, die erfolgsneutrale Behandlung der Umsatzsteuer bei Anwendung der Bruttomethode zu ermöglichen.[188] Die Verbuchung ist danach zu differenzieren, ob die erhaltene Anzahlung passivisch unter den Verbindlichkeiten ausgewiesen oder offen von den Vorräten abgesetzt werden soll.

> **Verbuchung bei Ausweis der erhaltenen Anzahlung als gesonderter Posten unter Verbindlichkeiten**

In diesem Fall wird die erhaltene Anzahlung mit dem Bruttobetrag auf einem passiven Bestandskonto „Erhaltene Anzahlungen" erfasst.

- **Buchungssätze bei Eingang der Zahlung**

(1)	Bank	€ 34.500,- an	Erhaltene Anz.	€	34.500,-
(2)	USt-Aufwand	€ 4.500,- an	Umsatzsteuer	€	4.500,-

- **Buchungssätze am Jahresende**

Am Jahresende steht dem Bilanzierenden das Wahlrecht zu, es bei der erfolgten erfolgswirksamen Umsatzsteuerverbuchung zu belassen oder aber die als Aufwand verrechnete Umsatzsteuer unter den aktiven Rechnungsabgrenzungsposten zu aktivieren.[189] Im letzteren Fall lautet die Buchung:

(3)	Aktiver RAP	€ 4.500,- an	USt-Aufwand	€ 4.500,-

Kontenbild:

S Bank H	S Erh. Anzahlungen H	S USt-Aufwand H
(1) 34.500,-	(1) 34.500,-	(2) 4.500,- (3) 4.500,-

---

[187] Die handelsrechtlich mögliche Verrechnung der Umsatzsteuer als Aufwand wird in der Literatur jedoch kritisiert, da sie zu einer nicht gerechtfertigten Verzerrung des Ergebnisausweises führe. Gefordert wird daher - ebenso wie in der Steuerbilanz - auch für die Handelsbilanz, für die Umsatzsteuerbeträge eine Aktivierungspflicht anzunehmen (vgl. *Hüttemann* [1988a], Rn. 107).

[188] Vgl. *Hüttemann* [1988a], Rn. 105.

[189] Bei einer erfolgswirksamen Verbuchung der Umsatzsteuer ist der im Konto „USt-Aufwand" gebuchte Betrag in der GVR unter der Position „sonstige Steuern" auszuweisen (vgl. *Küting/Weber* [1995], § 278 HGB, Rn. 24).

S	Umsatzsteuer	H	S	ARAP	H
	(2)	4.500,-	(3)	4500,-	

Ist die Umsatzsteuer bis zum Stichtag noch nicht abgeführt worden, so erfolgt die Passivierung der Umsatzsteuerschuld als „Sonstige Verbindlichkeit" in der Schlussbilanz, so dass sich folgendes Bilanzbild ergibt:

Bilanzbild:

A	Bilanz		P
Vorräte	60.000,-	Eigenkapital	60.000,-
Bank	34.500,-	Erh. Anzahlungen	34.500,-
ARAP	4.500,-	Sonst. Verbindlichkeiten	4.500,-
	99.000,-		99.000,-

➤ Verbuchung bei offener Absetzung der Anzahlung vom Vorratsvermögen

§ 250,1 S. 1 Nr. 2 HGB ermöglicht die Aktivierung der als Aufwand berücksichtigten Umsatzsteuer als (aktiven) Rechnungsabgrenzungsposten auch dann, wenn die Anzahlung nicht passivisch unter den Verbindlichkeiten ausgewiesen, sondern offen von den Vorräten abgesetzt wird. Die Verwendung der Bruttomethode ist deshalb auch bei Wahl dieser Ausweisalternative als zulässig anzusehen.[190] Bei Absetzung der Anzahlung in Höhe des Bruttobetrages von Vorräten ergeben sich nachstehende Buchungen.

• Buchungssätze bei Eingang der Anzahlung

(1)	Bank	€	34.500,-	an Vorräte	€	34.500,-
(2)	USt-Aufwand	€	4.500,-	an Umsatzsteuer	€	4.500,-

• Buchungssätze bei Jahresabschluss

Bei Ausübung des Wahlrechts zur Aktivierung der als Aufwand berücksichtigten Umsatzsteuer wird auch hier gebucht:

(3)	Aktiver RAP	€	4.500,-	an USt-Aufwand	€	4.500,-

---

[190] Vgl. *Adler/Düring/Schmaltz* [1995], Teilband 5 (1997), § 268 HGB, Rn. 114. In der Literatur wird hiergegen jedoch kritisch eingewandt, dass die Vorräte, von denen der Abzug des Bruttobetrages der Anzahlung erfolgt, ihrerseits keine Umsatzsteuerbeträge enthalten, da die gezahlte Vorsteuer im Regelfall nicht zu den Anschaffungsnebenkosten gehört. Damit fehle der Verrechnung (in Höhe der in der Anzahlung enthaltenen Umsatzsteuer) aber die zur Durchbrechung des Saldierungsverbotes erforderliche Rechtfertigung (vgl. *Küting/Weber* [1995], § 268 Rn. 216; gegen eine Verwendung der Bruttomethode bei Abzug der Anzahlung von den Vorräten deshalb *Hüttemann* [1988a], Rn. 108).

Kontenbild:

S	Bank	H	S	Vorräte	H	S	USt-Aufwand	H
(1) 34.500,-				60.000,-|(1) 34.500,-	(2) 4.500,-|(3)	4.500,-		

S	Umsatzsteuer	H	S	ARAP	H
		(2) 4.500,-	(3) 4.500,-		

Bilanzbild:

A		Bilanz		P
Vorräte	60.000,-		Eigenkapital	60.000,-
./. Anz.	34.500,-	25.500,-	Sonst. Verbindlichkeiten	4.500,-
Bank		34.500,-		
ARAP		4.500,-		
		64.500,-		64.500,-

- Die Nettomethode.

Die erhaltene Anzahlung wird bei dieser Methode netto, d.h. nach Abzug der entfallenden Umsatzsteuer passiviert bzw. offen von den Vorräten abgesetzt. In beiden Fällen kommt es jedoch bei der Vereinnahmung der Anzahlung nicht zur Verbuchung der Umsatzsteuer als Aufwand, so dass die Möglichkeit zur Aktivierung der Umsatzsteuerbeträge als aktiver Rechnungsabgrenzungsposten am Jahresende nicht besteht.

➢ **Verbuchung bei Ausweis der erhaltenen Anzahlung als gesonderter Posten unter Verbindlichkeiten**

Der Eingang der Anzahlung ist nach der Nettomethode mit dem Buchungssatz

Bank	€ 34.500,-	an	Erh. Anzahlung	€	30.000,-
			Umsatzsteuer	€	4.500,-

zu erfassen. Am Jahresende ist die Aktivierung der Umsatzsteuer als aktiver Rechnungsabgrenzungsposten nicht zulässig, da die Umsatzsteuertraglast nicht als Aufwand verbucht wurde. Nach Abschluss der Konten ergibt sich nach der Nettomethode folgendes Bilanzbild (die USt-Beträge werden erst im neuen Jahr abgeführt):

Bilanzbild:

A		Bilanz		P
Vorräte		60.000,-	Eigenkapital	60.000,-
Bank		34.500,-	Erh. Anzahlungen	30.000,-
			Sonst. Verbindlichkeiten	4.500,-
		94.500,-		94.500,-

➢ **Verbuchung bei offener Absetzung der Anzahlung vom Vorratsvermögen**

Der Buchungssatz bei Eingang der Anzahlung lautet hier:

Bank	€ 34.500,-	an Vorräte	€ 30.000,-
		Umsatzsteuer	€ 4.500,-

Nach Abschluss der Konten ergibt sich nachstehendes Bilanzbild.

Bilanzbild:

A		Bilanz	P
Vorräte 60.000,-		Eigenkapital	60.000,-
./. Anz. 30.000,-	30.000,-	Sonst. Verbindlichkeiten	4.500,-
Bank	34.500,-		
	64.500,-		64.500,-

b. Transitorische Einnahmen (= Einnahmen jetzt - Ertrag später)

In diesem Abgrenzungsfall wurde in der abzuschließenden Periode eine Einnahme auf einem Ertragskonto verbucht, die erfolgsrechnerisch überhaupt nicht oder nur teilweise der abzuschließenden Periode zuzurechnen ist. Dieser Sachverhalt ist durch einen passiven RAP zu korrigieren. Der Buchungssatz für die Bildung eines passiven RAP lautet allgemein:

Ertragskonten an Passive RAP.

Die Auflösung führt allgemein zu dem Buchungssatz:

Passive RAP an Ertragskonten.

Beispiel:

Aus einem gewährten Darlehen entstehen Zinseinnahmen von € 6.000,-, zahlbar jährlich vorschüssig am 30.4. Dieser Betrag wurde in der abzuschließenden Periode voll als Ertrag gebucht, stellt aber zu einem Drittel Ertrag der Folgeperiode dar. Er ist durch Bildung eines passiven RAP abzugrenzen.

➢ **Buchungssätze in der abzuschließenden Periode:**

    (1)   Bei der Vereinnahmung per Bank
           Bank   an   Zinsertrag   € 6.000,-
    (2)   Vorbereitende Abschlussbuchung
           Zinsertrag   an   Passive RAP   € 2.000,-

Kontenbild:

S	Bank	H	S	Zinsertrag	H
(1)	6.000,-		(2)	2.000,-	(1) 6.000,-

S	Passive RAP	H
		(2) 2.000,-

➢ **Buchungssätze in der neuen Periode:**

In der neuen Periode wird das RAP-Konto eröffnet und auf das Zinsertragskonto durch die Buchung übertragen:

Passive RAP € 2000.- an Zinsertrag (ZE) € 2.000,-

Kontenbild:

S	Zinsertrag	H	S	Passive RAP	H
|RAP	2.000,-	ZE	2.000,-|EBK	2.000,-

K. Die zeitliche Abgrenzung durch den Ausweis latenter Steuern

I. Der Begriff und die Formen der Steuerabgrenzung

Nach dem Grundsatz der Maßgeblichkeit sind die handelsrechtlichen Buchführungsunterlagen im Prinzip für die Aufstellung der Steuerbilanz maßgebend (§ 5,1 EStG). Das Maßgeblichkeitsprinzip gilt jedoch nicht bzw. wird eingeschränkt, wenn die Bilanzansätze in der Handelsbilanz gegen die Vorschriften des EStG verstoßen (§ 5,6 EStG), so gegen Vorschriften über Entnahmen und Einlagen (§ 4,1 EStG), über Zulässigkeit der Bilanzänderung (§ 4,2 EStG), über die Betriebsausgaben (§ 4,4 EStG), über die Bewertung (§§ 6 und 6a EStG) und über die Absetzung für Abnutzung oder Substanzverringerung (§ 7 EStG). Für die Handelsbilanz und für die Steuerbilanz werden in den genannten Fällen unterschiedliche Bilanzansätze ermöglicht bzw. erzwungen. Daraus resultieren auch unterschiedliche Gewinnausweise in Handels- und Steuerbilanz. Da die Ertragsteuern (Körperschaft- und Gewerbeertragsteuer) an der Steuerbilanz als Ausgangsgröße der Steuerbemessungsgrundlage anknüpfen, ist der in der Handelsbilanz ausgewiesene Ertragsteueraufwand primär aus der Steuerbilanz abgeleitet, und der so hergeleitete Steueraufwand korrespondiert nicht mit dem Erfolgsausweis der Handelsbilanz. Im Extremfall können so in der Handelsbilanz Ertragsteuern ausgewiesen werden, obwohl in der GVR ein Jahresfehlbetrag entstanden ist; umgekehrt kann sich in der Handelsbilanz ein Jahresüberschuss ergeben, ohne dass in der GVR Ertragsteuern ausgewiesen werden.

Aus solchen Differenzen ergibt sich das Problem, den in der Handelsbilanz auszuweisenden und aus der Steuerbilanz abgeleiteten Ertragsteueraufwand an das handelsrechtliche Ergebnis anzupassen, um eine **zutreffende Periodisierung des Steueraufwandes** zu erreichen. Mit diesem Problem der Steuerabgrenzung ist der Begriff „latente Steuern" verbunden. Die Begriffsbildung der latenten Steuern knüpft unmittelbar an die Unterschiede zwischen dem Handelsbilanzergebnis und dem zu versteuernden Gewinn als Ergebnis der Steuerbilanz an. Solche Differenzen können dauerhaft sein, wie etwa solche, die durch Aufwendungen entstanden sind, die steuerlich nicht abzugsfähige Betriebsausgaben (so z.B. die Hälfte der Vergütungen an Mitglieder des Aufsichtsrats, vgl. § 10 Nr. 4 KStG) oder steuerfreie Erträge sind. Man spricht hier auch von **permanenten Differenzen**. Meist gleichen sich jedoch die Differenzen zwischen handelsrechtlichem Erfolg und steuerlicher Bemessungsgrundlage im Zeitablauf aus. Diese Unterschiede werden **zeitlich begrenzte Differenzen** genannt.

Im Grenzbereich liegen die **quasi-permanenten Differenzen**. Ihrer Natur nach sind sie zwar zeitlich begrenzt und gleichen sich voraussichtlich aus, der Ausgleich findet jedoch in so weiter Zukunft statt, dass er unsicher und schwer kalkulierbar erscheint. Im Extremfall gleicht sich die „Verzerrung" des Steueraufwandes erst bei einer Unternehmensliquidation aus. Solche langfristigen Unterschiede sind de facto permanent und somit nicht Gegenstand der Steuerabgrenzung.[191]

Klammert man nun das Vorhandensein permanenter Differenzen aus, dann ist es Aufgabe der latenten Steuern, eine Kongruenz zwischen dem in der Handelsbilanz gezeigten Ergebnis und den dort ausgewiesenen ertragsabhängigen Steuern herzustellen. Das mag folgendes Beispiel verdeutlichen:

	Alternativen	
	1	2
Zu versteuernder Gewinn	80,-	100,-
Handelsbilanzgewinn vor Steuern	100,-	80,-
Zeitl. begrenzte Differenz	./. 20,-	20,-
Steuersatz	0,6	0,6
Effektiver Steueraufwand	48,-	60,-
Fiktiver Steueraufwand*	60,-	48,-
Latente Steuern		
- aktivisch	-,-	12,-
- passivisch	12,-	-,-

> * Unter „fiktiver Steueraufwand" ist der aufgrund des Handelsbilanzgewinns vor Steuern berechnete Steueraufwand zu verstehen (also im Falle der Alternative 1: $0{,}6 \cdot 100$).

Zu den Zahlen des vorstehenden Beispiels ist im Einzelnen auszuführen:

Alternative 1: Für den Fall der Alternative 1 ist bedeutsam, dass - geht man ausschließlich von zeitlich begrenzten Differenzen aus - die Aufwände in der Steuerbilanz früher und/oder die Erträge später als in der Handelsbilanz erfasst werden. Die aufgrund der Steuerbilanz errechneten und in die Handelsbilanz zu übernehmenden „effektiven Ertragsteuern" sind im Vergleich zum Handelsbilanzergebnis zu niedrig. Ermittelt man nun auf der Grundlage des Handelsbilanzergebnisses den „fiktiven Steueraufwand" und zieht diesen von dem „effektiven Steueraufwand" ab, so erhält man als negativen Betrag die zu wenig verrechneten Steuern; er führt - abrechnungstechnisch gesehen - zu einem passivischen Ausgleichsposten in der Bilanz.

Alternative 2: Hier werden die Aufwände in der Handelsbilanz früher und/oder die Erträge später als in der Steuerbilanz erfasst. Das hat zur

---

[191] Vgl. *Coenenberg/Hille* [1987], Rn. 6.

Konsequenz, dass der „effektive Steueraufwand" höher ist als der „fiktive Steueraufwand". Durch Verrechnung des hieraus resultierenden positiven Differenzbetrags als latente Steuern wird die Kongruenz zwischen dem in der Handelsbilanz gezeigten Ergebnis und den effektiven Ertragsteuern hergestellt. In der Handelsbilanz führt dies zu einem aktivischen Ausgleichsposten.

Die Erläuterungen zu vorstehendem Beispiel zeigen, dass sich grundsätzlich vier Fälle angeben lassen, die zu (zeitlich begrenzten) Unterschieden zwischen Handels- und Steuerbilanz führen können und die zugleich Ursachen für die Bildung von Ausgleichsposten für latente Steuern sind.[192] Sie sind in nachfolgender Tabelle zusammengestellt:

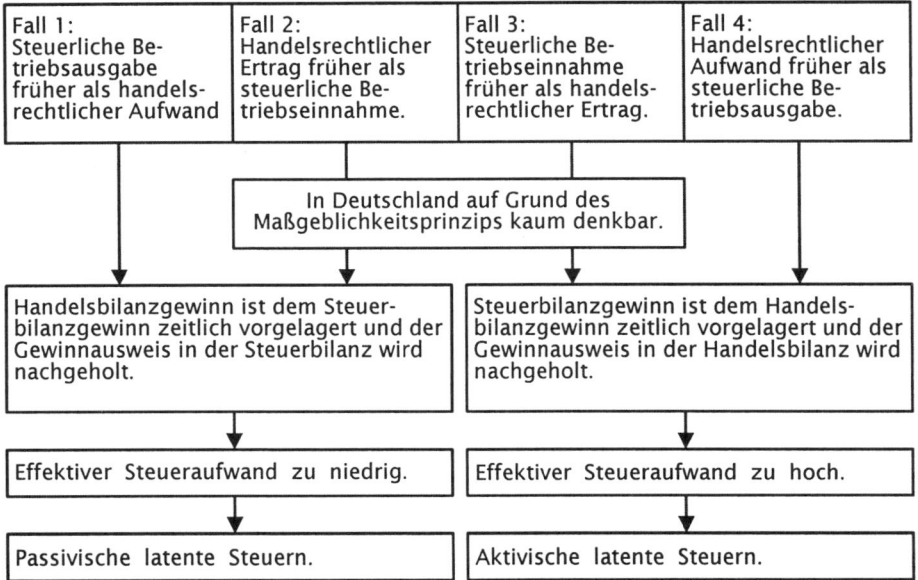

§ 274 HGB fordert, den in der Handelsbilanz auszuweisenden und aus der Steuerbilanz hergeleiteten Ertragsteueraufwand an das handelsrechtliche Ergebnis anzupassen. Voraussetzung für die Steuerabgrenzung ist jedoch, dass sich der zu hohe oder zu niedrige Steueraufwand in späteren Geschäftsjahren wieder ausgleicht (§ 274,1 S. 1 bzw. Abs. 2 S. 1 HGB). Auf die Einzelheiten der Regelungen des § 274 HGB soll im Folgenden - getrennt nach passivischen und aktivischen latenten Steuern - eingegangen werden.

---

[192] Vgl. Coenenberg/Hille [1979].

a. Passivische latente Steuern und die Regelung des § 274,1 HGB

Wie das vorstehende Beispiel verdeutlicht, entstehen passivische latente Steuern, falls der Handelsbilanzgewinn höher ist als der Steuerbilanzgewinn. Dies ist insbesondere der Fall, wenn Aufwendungen steuerlich früher als Betriebsausgaben anerkannt werden, als sie handelsrechtlich als Aufwand verrechnet werden. Differenzen dieser Art entstehen z.B. in folgenden Fällen:

- Das Vorratsvermögen wird bei steigenden Preisen in der Steuerbilanz nach der Durchschnittsmethode und in der Handelsbilanz nach der Fifo-Methode (§ 256 S. 1 HGB) bewertet.

- Eine Rückstellung gemäß § 4d,2 S. 2 EStG wird nur in der Steuerbilanz gebildet.

- Aktivierung von Ingangsetzungs- und Erweiterungsaufwendungen in der Handelsbilanz (§ 269 HGB).

- Zuschreibungen auf abnutzbare Vermögensgegenstände des Anlagevermögens in der Handelsbilanz (§ 280,1 HGB), ohne dass in der Steuerbilanz zugeschrieben wird.

Die passivische Steuerabgrenzung ist in § 274,1 HGB geregelt. Sofern der Steueraufwand gegenüber dem handelsrechtlichen Ergebnis zu niedrig ist, **muss** in Höhe der voraussichtlichen Steuerbelastung nachfolgender Geschäftjahre eine Rückstellung (= Rückstellung für Steuerabgrenzung) gebildet werden. Dabei sind folgende Punkte zu beachten:

- Für passivische latente Steuerverbindlichkeiten besteht eine Rückstellungspflicht.

- Die Rückstellung ist unter die „Rückstellungen für ungewisse Verbindlichkeiten und für drohende Verluste aus schwebenden Geschäften" (§ 249,1 S. 1 HGB) zu subsumieren.

- Die Rückstellung für latente Steuern ist in der Bilanz oder im Anhang gesondert anzugeben.

- Die Rückstellung ist nach § 274,1 S. 2 HGB aufzulösen, sobald die höhere Steuerbelastung eintritt oder mit ihr voraussichtlich nicht mehr zu rechnen ist (Auflösungspflicht).

- Die Höhe der Passivierung bestimmt sich ausschließlich nach den zu erwartenden Steuerbelastungen.

- Da es sich um eine Rückstellung für ungewisse Verbindlichkeiten handelt, sind alle Bilanzvorschriften für diese zu beachten, wie z.B. der Grundsatz der vorsichtigen Bewertung (§ 252,1 Nr. 4 HGB), der Grundsatz der Bewertungsstetigkeit (§ 252,1 Nr. 6 HGB) und die Begrenzung auf den nach vernünftiger kaufmännischer Beurteilung notwendigen Betrag (§ 253,1 S. 2 HGB).

- Es ist für die Rückstellung ein passives Bestandskonto zu bilden.

- Ist der ausgewiesene Steueraufwand im Konto „Steuern vom Einkommen und Ertrag" gegenüber dem handelsrechtlichen Ergebnis zu gering, so wird der ausgewiesene Steueraufwand durch das Einbuchen der latenten Steuern in dieses Aufwandkonto (Gegenkonto: „Rückstellungen für latente Steuern") korrigiert.

- Die planmäßige Auflösung der Rückstellung für latente Steuern erfolgt über das Konto „Steuern vom Einkommen und Ertrag".

- Außerplanmäßige Anpassungen sind, um den Steuerausweis nicht zu verzerren, als „Sonstiger betrieblicher Ertrag" zu buchen.

b. Aktivische latente Steuern und die Regelung des § 274,2 HGB

Aktivische latente Steuern entstehen - wie vorstehendes Beispiel zeigt -, wenn der Steuerbilanzgewinn höher ist als der Handelsbilanzgewinn. Dies ist insbesondere dann der Fall, wenn Aufwendungen handelsrechtlich früher erfasst werden als steuerrechtlich. Differenzen dieser Art sind z.B. in folgenden Fällen möglich:

- Ein Disagio wird in der Handelsbilanz als sofortiger Aufwand erfasst, in der Steuerbilanz erfolgt eine Aktivierung und Abschreibung über die Laufzeit des Kredits.

- Bildung von Aufwandrückstellungen (§ 249,2 HGB), die steuerlich nicht anerkannt werden.

- Abschreibungsverfahren und -sätze werden derart gewählt, dass die Abschreibungen in der Handelsbilanz höher sind als in der Steuerbilanz.

- Herstellungskosten werden in der Steuerbilanz höher angesetzt als in der Handelsbilanz (§ 255,2 HGB).

- Aufgrund einer steuerlichen Betriebsprüfung werden Abschreibungen oder Rückstellungen nicht anerkannt, und in der Handelsbilanz erfolgt wegen abweichender Einschätzung keine entsprechende Anpassung.

Die aktivische Steuerabgrenzung wird in § 274,2 HGB geregelt. Ist der Steueraufwand gegenüber dem handelsrechtlichen Ergebnis zu hoch, dann **darf** in Höhe der voraussichtlichen Steuerentlastung nachfolgender Geschäftsjahre ein Abgrenzungsposten auf der Aktivseite der Bilanz gebildet werden. Dabei gilt folgendes:

- Die aktivische Steuerabgrenzung im Falle künftiger Steuerentlastung stellt ein Wahlrecht dar.

- Die aktivische Steuerabgrenzung ist - wie bei dem aktivierten Ingangsetzungs- und Erweiterungsaufwand - nur verbunden mit einer Gewinnausschüttungssperre zugelassen. Wird also ein solcher Posten ausgewiesen, dürfen Gewinne nur ausgeschüttet werden, soweit die nach der Ausschüttung verbleibenden jederzeit auflösbaren Gewinnrücklagen zuzüglich eines Gewinnvortrages und abzüglich eines Verlustvortrages dem angesetzten Betrag mindestens entsprechen (§ 274,2 S. 3 HGB).

- Der Posten ist unter entsprechender Bezeichnung gesondert auszuweisen und im Anhang zu erläutern.

- Der Betrag der aktivierten latenten Steuern ist nach § 274,2 S. 4 aufzulösen, sobald die Steuerentlastung eintritt oder mit ihr voraussichtlich nicht mehr zu rechnen ist (Auflösungspflicht - fraglich ist, ob eine vorzeitige Auflösung gestattet ist, d.h. ein zwischenzeitliches Auflösungswahlrecht besteht).

- Die betragsmäßige Aktivierungsobergrenze bemisst sich nach den zu erwartenden Steuerentlastungen.

- Die minimale Auflösung bemisst sich nach den schon eingetretenen oder nicht mehr zu erwartenden Steuerentlastungen, soweit diese aktiviert wurden.

- Aktivische latente Steuern stellen eine Bilanzierungshilfe dar. Für sie ist ein aktives Bestandskonto zu bilden.

- Der ausgewiesene zu hohe Steueraufwand soll durch die Steuerabgrenzung korrigiert werden. Daher wird die aktive Steuerabgrenzung durch Einbuchen einer Habenbuchung auf dem Konto „Steuern vom Einkommen und Ertrag" vorgenommen.

- Die planmäßige Auflösung der Bilanzierungshilfe ist als Aufwand über ein Erfolgskonto zu buchen, welches ebenfalls ein Unterkonto zu dem Konto „Steuern vom Einkommen und Ertrag" ist.

- Anpassungen an veränderte Erwartungen sollten den Steueraufwand nicht verzerren. Daher sind außerplanmäßige Auflösungen, insbesondere aber alle bilanzpolitischen Maßnahmen, als „Sonstige betriebliche Aufwendungen" zu buchen. Außerordentliche Mehrungen sind entsprechend „Sonstige betriebliche Erträge".

II. Die Erfassung und der (saldierte) Ausweis latenter Steuern

Die aktiven und passiven latenten Steuern sind zu einem Gesamtbetrag zusammenzufassen, denn der Gesetzgeber geht nach dem Wortlaut des § 274 HGB von einer Gesamtbewertung der zukünftigen Steuerbe- oder -entlastung aus. Ergibt die Saldierung einen passiven Gesamtposten der latenten Steuerabgrenzung, so ist dieser als Rückstellung für ungewisse Verbindlichkeiten anzusehen, in der Handelsbilanz unter dem Posten „Steuerrückstellungen" zu erfassen und dort unter einem „davon-Vermerk" oder im Anhang auszuweisen (§ 274,1 S. 1 HGB). Für einen aktiven Gesamtposten der Steuerabgrenzung besteht gemäß § 274,2 S. 1

HGB ein Ansatzwahlrecht für einen Aktivposten als Bilanzierungshilfe. Er ist unter entsprechender Bezeichnung gesondert auszuweisen und im Anhang zu erläutern. Zulässig ist auch eine freiwillige Erweiterung des Ausweises des Gesamtpostens der latenten Steuern im Sinne eines getrennten Ausweises der Summe der aktiven und passiven latenten Steuern in einer Vorspalte.

Technisch gesehen kann der Gesamtbetrag der latenten Steuerabgrenzung entweder nach der Einzeldifferenzen- oder nach der Gesamtdifferenzenbetrachtung ermittelt werden. Bei der **Einzeldifferenzenbetrachtung** wird für jeden Geschäftsvorfall, bei dem eine zeitliche Differenz aus effektivem und fiktivem Steueraufwand aufgetreten ist, gesondert die Steuerabgrenzung berechnet. Durch Summierung aller auf diese Weise ermittelten Einzelabgrenzungen lassen sich unter Berücksichtigung der Einzelauflösungen der Betrachtungsperiode die aktive bzw. passive Gesamtabgrenzung einer Periode ermitteln. Diese Vorgehensweise erfordert eine Nebenbuchführung, die als jährlich fortzuschreibendes Verzeichnis aller schon bestehender Differenzen die daraus resultierenden latenten Steuern, deren Fristigkeit sowie deren planmäßige und außerplanmäßige Auflösung dokumentiert. Die Führung eines solchen, zweckmäßigerweise in Form eines **Differenzenspiegels** zu gestaltenden Verzeichnisses ist sehr aufwendig.[193] Die Methode der Einzeldifferenzenbetrachtung wird daher in der Literatur wegen ihrer Unwirtschaftlichkeit als unpraktikabel abgelehnt. Wirtschaftlichkeitsüberlegungen sprechen hier für die Anwendung der Gesamtdifferenzenbetrachtung, die auch im Gesetzgebungsverfahren ausdrücklich zugelassen wurde.[194] Es ist jedoch zu beachten, dass grundsätzlich (d.h. auch bei der Gesamtdifferenzenbetrachtung) zur Erfüllung der gesetzlichen Ausweis- und Vermerkpflichten eine jährliche Analyse der Einzellatenzen geboten ist, was entsprechende buchhalterische Vorkehrungen voraussetzt.

Der Wortlaut des § 274 HGB stellt jedoch auf eine **Gesamtdifferenzenbetrachtung** ab. Diese unterscheidet sich von der Einzeldifferenzenbetrachtung dadurch, dass bei der Gesamtdifferenzenbetrachtung vom Gesamtunterschied des handelsrechtlichen Ergebnisses im Vergleich zu dem steuerrechtlichen Ergebnis ausgegangen wird.

Die rechnerische Ermittlung der Steuerabgrenzung veranschaulicht folgendes Schema:

---

[193] Zur Gestaltung eines Differenzenspiegels vgl. z.B. *Adler/Düring/Schmaltz* [1987], § 274 HGB, Rn. 45-47.

[194] Vgl. *Biener/Berneke* [1986], S. 206.

	Handelsbilanzergebnis der Periode vor Steuern
+/-	Permanente Differenzen
=	Um permanente Differenzen bereinigtes Handelsbilanzergebnis

	Steuerpflichtiger Gewinn
./.	Um permanente Differenzen bereinigtes Handelsbilanzergebnis
=	Zeitlich begrenzte Differenzen (Bemessungsgrundlage für latente Steuern)

	Ausgewiesene Ertragsteuerlast in der Steuerbilanz
./.	Fiktiver Steueraufwand auf das bereinigte Handelsbilanzergebnis
=	Latente Steuern auf zeitlich begrenzte Differenzen des lfd. Geschäftsjahres

Der Jahresbetrag der latenten Steuern ergibt sich aus der Verrechnung der latenten Steuern auf zeitlich begrenzte Differenzen des laufenden Geschäftsjahres mit der Korrektur der kumulierten Steuerabgrenzung der Vorjahre (bei Steuersatzänderungen). Ergibt sich hierbei z.B. eine aktivische Latenz, so führt die Gesamtdifferenzenbetrachtung dazu, dass in dieser Höhe eine bestehende Rückstellung für latente Steuern aufgelöst bzw. ein bestehender RAP für aktivische Latenzen aufgestockt wird. Der Steueraufwand wird damit dem handelsrechtlichen Ergebnisausweis angepasst, während der im Jahresabschluss anzusetzende Abgrenzungsposten die noch bestehenden saldierten Steuerlatenzen ausweist.

Die Erfassung latenter Steuern im Zeitablauf verdeutlicht auch das folgende Beispiel:

Periode	Ergebnis		Steueraufwand			Zeitliche Differenzen	Steuerabgrenzung
	HB	StB	effektiv	latent	gesamt	kumuliert	kumuliert
1	500,-	1000,-	500,-	-250,-	250,-	-500,-	-250,-
2	1000,-	500,-	250,-	250,-	500,-	0,-	0,-
3	1000,-	500,-	250,-	250,-	500,-	500,-	250,-
4	300,-	1000,-	500,-	-350,-	150,-	-200,-	-100,-

(Steuersatz = 50 %; keine permanenten Differenzen)

Periode 1:

Das Steuerbilanzergebnis ist größer als das Handelsbilanzergebnis, da z.B. in der Handelsbilanz Abschreibungen auf Forderungen vorgenommen worden sind, die steuerrechtlich noch nicht berücksichtigt werden können. Durch die Bildung eines aktivischen Steuerabgrenzungspostens auf den Ergebnisunterschied wird der effektive Steueraufwand von € 500,- auf den dem Handelsbilanzergebnis entsprechenden Betrag von € 250,- reduziert.

Periode 2:

Das Handelsbilanzergebnis liegt über dem der Steuerbilanz. Das liegt z.B. darin begründet, dass die in Periode 1 handelsbilanziell höher abgeschriebenen Forderungen ausgefallen sind, so dass es durch die Vollabschreibung des höheren Restbuchwertes in der Steuerbilanz zu einer steuerlich vergleichsweise höheren Aufwandsverrechnung kommt. Die im Vorjahr aktivierten latenten Steuern müssen nun, bei Umkehr der zeitlichen Differenz, aufgelöst werden, wodurch sich der Steueraufwand um € 250,- auf € 500,- erhöht. Die Steuerbelastung entspricht damit dem ausgewiesenen Handelsbilanzergebnis, so dass der Ausweis latenter Steuern unterbleibt.

Periode 3:

Das Handelsbilanzergebnis ist wiederum höher als das Steuerbilanzergebnis. So sind z.B. in der Handelsbilanz Ingangsetzungs- und Erweiterungsaufwendungen gemäß § 269 HGB aktiviert worden, die in der Steuerbilanz in voller Höhe als Aufwand zu verrechnen sind. Der Steueraufwand der Periode erhöht sich somit durch die Bildung einer Rückstellung für latente Steuern in der Handelsbilanz um € 250,- auf € 500,-.

Periode 4:

Das Steuerbilanzergebnis fällt jetzt höher aus als das der Handelsbilanz. Hier jedoch ist die Ergebnisänderung auf zwei verschiedene Sachverhalte zurückzuführen: Zum einen werden in der Handelsbilanz die aktivierten Ingangsetzungs- und Erweiterungsaufwendungen voll abgeschrieben (§ 282 HGB); die zeitliche Differenz aus der Vorperiode kehrt sich somit um. Daraus ergibt sich ein Auflösungserfordernis für die gebildete Rückstellung für latente Steuern. Gleichzeitig tritt ein neu entstandener Ergebnisunterschied ein, der aus der sofortigen Aufwandsverrechnung eines Disagios in der Handelsbilanz resultiert. Die effektive Steuerlast von € 500,- mindert sich hierbei handelsbilanziell durch den aus der Auflösung der latenten Steuerrückstellung entstehenden Ertrag auf € 250,-. Davon sind € 100,- als aktivischer latenter Steuerabgrenzungsposten in der Handelsbilanz zu berücksichtigen und somit noch nicht als Aufwand zu verrechnen, so dass ein handelsbilanzieller Steueraufwand von € 150,- verbleibt. Am Ende der 4. Periode bestehen kumulierte zeitliche Differenzen von € 200,-, um die die Handelsbilanzergebnisse noch unter den Steuerbilanzergebnissen liegen. Dem entspricht der ausgewiesene aktivische Steuerabgrenzungsposten in Höhe von € 100,-.

Die Ermittlung der Steuerabgrenzung kompliziert sich, wenn in Ausübung des Wahlrechts gem. § 274,2 HGB auf die Aktivierung latenter Steuern verzichtet wird. In diesem Fall lässt sich die Steuerabgrenzung nicht aus den zeitlichen Ergebnisunterschieden des laufenden Geschäftsjahres ermitteln; denn wenn der Bilanzierende bei der Entstehung aktivischer Differenzen auf eine Erfassung latenter Steuern verzichtet, muss auch deren Auflösung bei der Verrechnung latenter Steuern unberücksichtigt bleiben. In solchen Fällen gelangt der Bilanzierende nur dann zu dem richtigen Ergebnis, wenn er die Bildung und Auflösung zeitlicher Unterschiede einzeln verfolgt.[195]

Mit der Berechnung der latenten Steuerabgrenzung sind insbesondere folgende Fragen verbunden:

➢ Die Bestimmung des anzuwendenden Steuersatzes

Da der Gesetzeswortlaut hinsichtlich der Ermittlung der latenten Steuern einer Periode von der voraussichtlichen Steuerbe- bzw. Steuerentlastung nachfolgender Geschäftsjahre ausgeht (§ 274,1 S. 1 und Abs. 2 S. 1 HGB), ist zur Feststellung des latenten Steuerbetrages einer Periode der Ertragsteuersatz zu Grunde zu legen, der im Zeitpunkt der Umkehrung der einzelnen temporären Differenzen maßgeblich sein wird. Weicht dieser Steuersatz von dem in der Abrechnungsperiode gültigen ab, so steht dessen Berücksichtigung aber grundsätzlich im Widerspruch zum Stichtagsprinzip (§ 252,1 Nr. 4 HGB). Die Berechnung der latenten Steuern auf Grundlage eines in Zukunft geltenden Steuersatzes kommt deshalb nur dann in Betracht, wenn eine Steuersatzänderung am Bilanzstichtag bereits beschlossen und bis zur Aufstellung des Jahresabschlusses bekannt geworden ist. In diesem Fall sind die in der Vergangenheit gebildeten latenten Steuerposten dem veränderten künftigen Steuersatz entsprechend zu korrigieren.[196]

Ein besonderes Problem stellt in diesem Zusammenhang die Festlegung des Ertragsteuersatzes dar, der die Belastung des steuerpflichtigen Gewinns sowohl mit Gewerbeertragsteuer als auch mit Körperschaftsteuer umfasst. Das körperschaftsteuerliche Anrechnungsverfahren mit seinen gespaltenen Körperschaftsteuersätzen für thesaurierte und für ausgeschüttete Gewinne führt dazu, dass die Belastung mit Körperschaftsteuer im Jahr der voraussichtlichen Umkehrung der Differenzen sowohl vom Ausschüttungsverhalten als auch von der Struktur des verwendbaren Eigenkapitals abhängig ist. Die sich daraus ergebende zukünftige Körperschaftsteuerbelastung ist kaum vorhersehbar, so dass im Schrifttum pragmatische Lösungen zur Ermittlung des anzuwendenden Steuersatzes vorgeschlagen werden. Hiernach wird grundsätzlich sowohl die Wahl des höheren Thesaurierungssteuersatzes als auch die Anwendung eines begründeten Mischsteuersatzes für zulässig erachtet, der das langfristig geplante Ausschüttungsverhalten berücksichtigen soll.

---

[195] Zu einem Beispiel vgl. *Küting/Weber* [1995], § 274 HGB, Rn. 24.

[196] Die Maßgeblichkeit des zukünftigen Steuersatzes führt dazu, dass in Zeiten schwankender Ertragsteuersätze die Einzeldifferenzenbetrachtung der in diesem Fall ungenaueren Gesamtdifferenzenbetrachtung vorzuziehen wäre, denn bei dieser kann die jeweils für die einzelne Differenz maßgebliche Änderung des zukünftigen Steuersatzes nicht nachvollziehbar berücksichtigt werden.

Der für die Belastung mit Körperschaftsteuer zu Grunde gelegte Steuersatz kann für Zwecke der Ermittlung latenter Steuern mit dem zukünftigen Gewerbeertragsteuersatz zu einem pauschalen Ertragsteuersatz zusammengefasst werden, wenn nicht besondere Umstände dagegen sprechen. Solche können gegeben sein, wenn ein pauschales Vorgehen zu nicht unwesentlichen Verzerrungen führen würde (z.B. steuerliche Organschaft).

➤ Die Abzinsung langfristiger latenter Steuern

In der Literatur wird teilweise die Auffassung vertreten, dass zur Berücksichtigung des unterschiedlichen zeitlichen Anfalls der latenten Steuerbe- und -entlastung eine Abzinsung abgegrenzter zukünftiger Steuereffekte vorzunehmen ist.[197] Eine Abzinsung aktivischer latenter Steuern, d.h. eine niedrigere Bewertung des aktiven Steuerabgrenzungspostens ließe sich dabei aus dem in § 252,1 Nr. 4 HGB kodifizierten Grundsatz der Vorsicht oder aus der in § 253,3 S.2 HGB festgeschriebenen Niederstwertvorschrift rechtfertigen. Der Wortlaut des § 274 HGB steht der Abzinsung latenter Steuerposten jedoch klar entgegen. Die gesetzliche Regelung stellt eindeutig auf den Ausweis des Betrages der voraussichtlichen Steuerbe- bzw. -entlastung in nachfolgenden Geschäftsjahren ab und nicht auf die Belastung der Abrechnungsperiode mit dem derzeitigen Wert des künftigen Steueraufwandes.

III. Verbuchung latenter Steuern

Zur konkreten buchungstechnischen Behandlung latenter Steuern wird erneut das Beispiel auf S. 301 aufgegriffen:

➤ Alternative 1 ergibt folgende Buchungssätze:

(1) Buchung der effektiven Steuerverbindlichkeit, (2) Passivierung der latenten Steuerverbindlichkeit, (3)-(5) Abschlussbuchungen.

Nr.	Sollkonto	Betrag	Habenkonto
1	Steuern v. Eink. u. Ertrag	48,-	Steuerverbindlichkeiten
2	Steuern v. Eink. u. Ertrag	12,-	Rückstellung lat. Steuern
3	GVK	60,-	Steuern v. Eink. u. Ertrag
4	Steuerverbindlichkeiten	48,-	SBK
5	Rückstellung lat. Steuern	12,-	SBK

Kontenbild:

S	Steuerverbindlichkeiten	H	S	Rückstellung lat. Steuern	H
(4)	48,-	(1) 48,-	(5)	12,-	(2) 12,-

---

[197] Vgl. z.B. *IdW* [1996], S. 338.

```
S   St. v. Eink. u. Ertr.  H S        SBK       H S       GVK        H
(1)        48,-|(3)    60,- |(4)      48,- (3)   60,-|
(2)        12,-|            |(5)      12,-
```

> **Alternative 2 ergibt folgende Buchungssätze:**

(1) Buchung der effektiven Steuerverbindlichkeit, (2) Aktivierung latenter Steuern, (3)-(5) Abschlussbuchungen.

Nr.	Sollkonto	Betrag	Habenkonto
1	Steuern v. Eink. u. Ertrag	60,-	Steuerverbindlichkeiten
2	aktive latente Steuern	12,-	Steuern v. Eink. u. Ertrag
3	GVK	48,-	Steuern v. Eink. u. Ertrag
4	Steuerverbindlichkeiten	60,-	SBK
5	SBK	12,-	aktive latente Steuern

Kontenbild:

```
S     Steuerverbindlichkeiten  H S       Akt. latente Steuern    H
(4)            60,-|(1)    60,- (2)          12,-|(5)         12,-
```

```
S   St. v. Eink. u. Ertr.  H S        SBK       H S       GVK        H
(1)        60,-|(2)    12,- (5)      12,-|(4)   60,- (3)   48,-|
               |(3)    48,-
```

L. Die Erfolgsverbuchung bei ausgewählten Rechtsformen der Unternehmung

Die buchtechnische Behandlung des Jahreserfolgs hängt zum einen vom rechtsformspezifischen Ausweis des Eigenkapitals in der Bilanz und zum anderen von der Anzahl der Anteilseigner und der Art und Weise der vertraglichen und gesetzlichen Erfolgsbeteiligung eines Anteilseigners ab. Um den vielfältigen Anforderungen an den rechtlichen Gestaltungsrahmen einer Unternehmung gerecht zu werden, hat der Gesetzgeber im Handels- und Gesellschaftsrecht verschiedene Typen von Rechtsformen entwickelt, die sich grundsätzlich in die Kategorien der Einzelunternehmung, der Personengesellschaft und der Kapitalgesellschaft einteilen lassen. Während bei einem Einzelunternehmen der Erfolg unmittelbar dem Eigentümer zuwächst, muss bei einem Gesellschaftsunternehmen vor der Erfolgsverbuchung eine Verteilung des Erfolgs auf die Gesellschafter stattfinden. Diese Verteilung wird außer von vertraglichen Vereinbarungen durch die rechtsformabhängigen Vorschriften des Handels- und Gesellschaftsrechts bestimmt.

Aus Platzgründen kann hier nicht auf alle Rechtsformen und die sich in diesem Zusammenhang ergebenden Probleme der Erfolgsverbuchung eingegangen werden.[198] Es werden vielmehr mit der Einzelunternehmung, der Offenen Handelsgesellschaft und der Aktiengesellschaft drei wichtige Rechtsformen herausgegriffen und die Art ihrer Erfolgsverbuchung exemplarisch dargestellt.

I.   Die Erfolgsverbuchung bei der Einzelunternehmung

Die Einzelunternehmung ist dadurch gekennzeichnet, dass nur ein Eigentümer der Unternehmung vorhanden ist, der mit seinem gesamten Vermögen (Geschäfts- und Privatvermögen) für die Schulden der Unternehmung haftet. Da der Einzelunternehmer das gesamte Eigenkapitalrisiko trägt, steht ihm auch der ganze Gewinn seines Unternehmens zu bzw. hat er die entstehenden Verluste allein zu tragen. Seine Eigentumsrechte an der Unternehmung schlagen sich im Eigenkapitalkonto nieder. Das Eigenkapitalkonto wird als variables Konto geführt, über das sowohl die Privatentnahmen und Einlagen des Unternehmers, als auch dessen Geschäftsgewinne und -verluste gebucht werden. Führen Verluste zu einer Ausbuchung des vorhandenen Eigenkapitals, so erscheint ein „negatives" Eigenkapitalkonto auf der Aktivseite der Bilanz.

Die kontenmäßige Erfolgsverbuchung bei der Einzelunternehmung braucht an dieser Stelle nicht nochmals dargestellt zu werden, da diese Rechtsform den bisherigen Buchungsbeispielen zu Grunde lag.

II. Die Erfolgsverbuchung bei der Offenen Handelsgesellschaft (OHG)

In der OHG haften die Gesellschafter (wie der Einzelunternehmer) den Gläubigern unbeschränkt für die Schulden der Gesellschaft. Für jeden Gesellschafter wird ein (variables) Eigenkapitalkonto geführt, über das alle Veränderungen durch Gewinne, Verluste, Privatentnahmen und Einlagen gebucht werden. Der erzielte Erfolg einer Periode ist nach den Verteilungsvorschriften des Gesellschaftsvertrags aufzuteilen und den Kapitalkonten gutzuschreiben oder zu belasten. In den Fällen, in denen der Gesellschaftsvertrag über die Gewinn- und Verlustverteilung keine Bestimmungen enthält oder auf das Gesetz verweist, wird die in § 121 HGB festgelegte Gewinn- und Verlustverteilung wirksam. Sie sieht bei der Gewinnerzielung eine 4%ige Verzinsung der Kapitalanteile und eine Verteilung des Restgewinns nach Köpfen auf die Gesellschafter vor. Verluste sollen zu gleichen Teilen getragen werden.

Die gesetzliche Regelung des § 121 HGB (sie ist dispositives Recht) verlangt eine zeitanteilige Berücksichtigung der während der Periode getätigten Entnahmen und Einlagen. Das erfordert die Erstellung von Zinsberechnungen. Der hiermit verbundene Arbeitsaufwand kann beträchtlich sein, da in eine solche Berechnung auch Entnahmen durch

---

[198] Zur Vertiefung s. *Eisele* [2002], 450-499.

Privatnutzungen von Gesellschaftsvermögen und Warenentnahmen einbezogen werden müssen. Um Arbeitsaufwand zu vermeiden, wird oft im Gesellschaftsvertrag vereinbart, auf eine zeitanteilige Berücksichtigung der Kapitalveränderungen durch Einlagen und Entnahmen einer Abrechnungsperiode zu verzichten.

Beispiel:

Eine OHG hat zwei Gesellschafter A und B mit dem Kapitalanteil A von € 30.000,- und dem Kapitalanteil B von € 20.000,- per 1.1. Der Gewinn des Geschäftsjahrs beträgt € 10.000,-. Während der Abrechnungsperiode tätigen die Gesellschafter folgende Entnahmen und Einlagen:

Gesellschafter	Datum	Entnahme	Einlage
A	1.4.	8.000,-	-
B	1.7.	-	5.000,-

➤ **Gewinnverteilung bei Nichtverzinsung der Kapitalveränderungen der Abrechnungsperiode bei Zugrundelegung des Anfangskapitals**

Gesellschafter	Anfangskapital	Gewinnverteilung			Entnahmen	Einlagen	Endkapital
		Verzinsung 4 %	Kopfanteil	Gesamt			
A	30.000	1.200	4.000	5.200	8.000	-	27.200
B	20.000	800	4.000	4.800	-	5.000	29.800
Σ	50.000	2.000	8.000	10.000	8.000	5.000	57.000

Die Gewinnverteilung führt zu folgenden Buchungssätzen und folgendem Kontenbild, wobei zur Verbesserung der Übersichtlichkeit ein Gewinnverteilungskonto benutzt wird.

Buchungssätze:

(1) Buchung des Gewinns auf dem Gewinnverteilungskonto, (2) Buchung der Gewinnanteile der Gesellschafter auf den Privatkonten, (3) Abschluss der Privatkonten über die Kapitalkonten, (4) Abschluss der Kapitalkonten.

Nr.	Sollkonto	Betrag	Habenkonto
1	GVK	10.000,-	Gewinnverteilungskonto
2a	Gewinnverteilungskonto	5.200,-	Privat A
2b	Gewinnverteilungskonto	4.800,-	Privat B
3a	Kapitalkonto A	2.800,-	Privat A
3b	Privat B	9.800,-	Kapitalkonto B
4a	Kapitalkonto A	27.200,-	SBK
4b	Kapitalkonto B	29.800,-	SBK

Kontenbild:

S	GVK		H
Aufwand (1)	90.000,- 10.000,-	Ertrag.	100.000,-

S	Gewinnverteilungskonto		H
(2a) (2b)	5.200,- 4.800,-	(1)	10.000,-

S	Privat A		H
Entnah- me	8.000,-	(2a)	5.200,-
		(3a)	2.800,-

S	Kapitalkonto A		H
(3a) (4a)	2.800,- 27.200,-	AB	30.000,-

S	Privat B		H
(3b)	9.800,-	Einl. (2b)	5.000,- 4.800,-

S	Kapitalkonto B		H
(4b)	29.800,-	AB (3b)	20.000,- 9.800,-

S	SBK		H
		(4a) (4b)	27.200,- 29.800,-

> ➤ **Gewinnverteilung bei Verzinsung der Kapitalveränderungen der Abrechnungsperiode**

Die Verzinsung der Gesellschafterkonten erfolgt mit Hilfe einer Zinsstaffelrechnung.[199] Entsprechend der gesetzlichen Regelung des § 121 HGB wird ein Zinssatz von 4 % zu Grunde gelegt und nach kaufmännischer Praxis mit Tageszinsen gerechnet, wobei das Jahr mit 360 und der Monat mit 30 Tagen angenommen werden.[200]

Verzinsung der Kapitalkonten:

Ges.	Wert- stel- lung	Soll/ Haben	Betrag	Tage	Zinsen		Zinssaldo	
					Soll	Haben	Soll	Haben
A	1.1.	H	30.000,-	360		1.200,-		
	1.4.	S	8.000,-	270	240,-			960,-
B	1.1.	H	20.000,-	360		800,-		
	1.7.	H	5.000,-	180		100,-		900,-

Aufgrund der Verzinsung der Kapitalkonten ergibt sich nachstehende Verteilung des Restgewinns:

Periodengewinn			€ 10.000,-
./. Kapitalverzinsung Ges. A	€ 960,-		
./. Kapitalverzinsung Ges. B	€ 900,-	€ 1.860,-	
		€ 8.140,-	

---

[199] Zur Durchführung einer Zinsstaffelrechnung vgl. *Buchner* [1981], S. 3-5.

[200] Die Zinsen Z_t belaufen sich auf $Z_t = \dfrac{\text{Kapital} \cdot \text{Tage}}{100} \cdot \dfrac{\text{Zinssatz}}{360}$.

Daraus errechnen sich für A und B jeweils ein Kopfanteil von

$$€ 8.140,- : 2 = € 4.070,- .$$

Für die Verbuchung der Gewinnverteilung ist daher folgende Gewinnverteilungsübersicht zu erstellen:

Gesell-schaf-ter	An-fangs-kapital	Gewinnverteilung			Ent-nahmen	Einla-gen	Endka-pital
		Verzin-sung 4%	Kopfan-teil	Gesamt			
A	30.000	960	4.070	5.030	8.000	-	27.030
B	20.000	900	4.070	4.970	-	5.000	29.970
Σ	50.000	1.860	8.140	10.000	8.000	5.000	57.000

Auf eine Darstellung der Buchungssätze und des Kontenbilds kann verzichtet werden. Sie sind - bis auf die Zahlen - identisch mit denen der Ergebnisverteilung ohne Verzinsung der Kapitalveränderungen der Abrechnungsperiode.

III. Die Erfolgsverbuchung bei der Aktiengesellschaft

Aktiengesellschaften sind Gesellschaften mit eigener Rechtspersönlichkeit, sog. **juristische Personen.** Sie sind durch ein konstantes Kapital (Grundkapital) gekennzeichnet, das im Jahresabschluss unter dem Posten Eigenkapital als **Gezeichnetes Kapital** zum Ausweis kommt. Dem Gezeichneten Kapital entspricht das Kapital, auf das sich die Haftung der Gesellschafter für die Verbindlichkeiten der Unternehmung gegenüber ihren Gläubigern beschränkt. Es ist in der Satzung fixiert und beinhaltet den Gesamtnennbetrag der Aktien. Das gezeichnete Kapital kann nur durch eine Satzungsänderung verändert werden und wird durch die jährliche Erfolgsverbuchung nicht berührt. Gewinne oder Verluste sowie Rücklagen werden im Jahresabschluss der Aktiengesellschaft gesondert ausgewiesen und sämtliche Posten mit Eigenkapitalcharakter zu einer Gruppe „Eigenkapital" zusammengefasst. Für das Verständnis der Ergebnisverteilung bei Aktiengesellschaften sind Kenntnisse über die Zusammensetzung dieser Bilanzposition unabdingbar. Neben dem Gezeichneten Kapital werden unter den einzelnen Eigenkapitalpositionen folgende Sachverhalte ausgewiesen (§ 266,3 i.V.m. § 268,1 HGB):

- **Kapitalrücklage.** Zur Kapitalrücklage gehören alle Einlagen, die nicht Gezeichnetes Kapital der Gesellschafter sind.

- **Gewinnrücklagen.** Unter Gewinnrücklagen dürfen nur Beträge ausgewiesen werden, die im Geschäftsjahr oder in einem früheren Geschäftsjahr aus dem Ergebnis gebildet worden sind. Dazu gehören

die gesetzliche Rücklage, die Rücklage für eigene Anteile, satzungs-
mäßige Rücklagen und andere Gewinnrücklagen.[201]

- **Gewinnvortrag/Verlustvortrag.** Ein Gewinnvortrag ergibt sich dann,
  wenn nach der Gewinnausschüttung an die Gesellschafter und der
  Einstellung von Beträgen in die Gewinnrücklagen der Bilanzgewinn
  noch nicht vollständig verwendet ist, d.h. ein Restbetrag verbleibt.
  Der Gewinnvortrag besitzt als nicht ausgeschütteter Gewinnanteil
  Rücklagencharakter. Schließt das Geschäftsjahr mit einem Bilanzverlust ab, so wird dieser als Verlustvortrag in das neue Geschäftsjahr
  übernommen.

- **Jahresüberschuss/Jahresfehlbetrag.** Unter dem Jahresüberschuss
  versteht man den Überschuss der Erträge über die Aufwendungen
  des abgelaufenen Geschäftsjahres. Das Jahresergebnis - als Oberbegriff für Jahresüberschuss/Jahresfehlbetrag - gibt Auskunft über den
  Erfolg, den die Kapitalgesellschaft in der zurückliegenden Periode
  erwirtschaftet hat.

- **Bilanzgewinn/Bilanzverlust.** Wird die Bilanz nach teilweiser oder
  vollständiger Verwendung des Jahresergebnisses aufgestellt, dann
  tritt der Posten Bilanzgewinn/Bilanzverlust an die Stelle der Posten
  Jahresüberschuss/Jahresfehlbetrag und Gewinnvortrag/Verlustvor-
  trag, und ein vorhandener Gewinnvortrag/Verlustvortrag ist in den
  Posten Bilanzgewinn/Bilanzverlust einzubeziehen und in der Bilanz
  oder im Anhang gesondert anzugeben (§ 268,1 HGB).

Bei der Verbuchung der Gewinnanteile der Gesellschafter brauchen im
Unterschied zur Personengesellschaft keine Privatkonten geführt zu
werden, da die Anteilseigner zu Entnahmen nicht berechtigt sind und
lediglich dann Anspruch auf Gewinn haben, wenn dieser nicht anderweitig verwendet wird (§ 58,4 AktG).[202]

Durch den Gebrauch der beiden unterschiedlichen Gewinnbegriffe Jahresüberschuss bzw. Jahresfehlbetrag und Bilanzgewinn bzw. Bilanzverlust kommt zum Ausdruck, dass bei Aktiengesellschaften die **Ergebnis-
ermittlung** und die **Ergebnisverwendung** getrennt werden. Für die Er-

---

[201] Hier ist auf eine Besonderheit der AG einzugehen. Diese ist nach § 150,2
AktG dazu verpflichtet, eine gesetzliche Rücklage zu bilden, in die so lange
jeweils 5 % des um einen Verlustvortrag aus dem Vorjahr gekürzten Jahresüberschusses einzustellen ist, bis die gesetzliche Rücklage und die Kapitalrücklagen zusammen 10 % des Grundkapitals oder einen in der Satzung
festgelegten höheren Teil erreichen. Übersteigen die gesetzlichen Rücklagen und die Kapitalrücklagen nicht 10 % des Grundkapitals, so dürfen diese
nur unter den Voraussetzungen des § 150,3 AktG aufgelöst werden.

[202] Eine Ausnahme besteht hier lediglich für die persönlich haftenden Gesellschafter einer KGaA, die wie in der OHG zu Entnahmen berechtigt sind und
für die somit Privatkonten geführt werden müssen.

gebnisverwendung bei Aktiengesellschaften ergibt sich folgendes Rechenschema:

	Jahresüberschuss/Jahresfehlbetrag
+/-	Gewinnvortrag/Verlustvortrag aus dem Vorjahr
+	Entnahmen aus Kapitalrücklagen
+	Entnahmen aus Gewinnrücklagen
-	Einstellungen in Gewinnrücklagen
=	**Bilanzgewinn/Bilanzverlust**
-	auszuschüttender Betrag
=	Gewinnvortrag/Verlustvortrag

Damit wird deutlich, dass es durch die Auflösung von Rücklagen auch dann möglich ist, einen Bilanzgewinn auszuweisen, wenn das Geschäftsjahr mit einem Jahresfehlbetrag abgeschlossen hat. Die Differenz zwischen Jahresüberschuss und Bilanzgewinn der Aktiengesellschaft gibt Aufschluss über die Gewinnverwendungspolitik der Geschäftsleitung. So können nach § 58,2 AktG Vorstand und Aufsichtsrat einer Aktiengesellschaft, sofern sie den Jahresabschluss feststellen, bis zur Hälfte des Jahresüberschusses in andere Gewinnrücklagen einstellen.

Nach Feststellung des handelsrechtlichen Jahresüberschusses bzw. Bilanzgewinns kann die Haupt- oder Gesellschafterversammlung der Aktiengesellschaft über die **Verwendung des Jahresüberschusses** (zuzüglich Gewinnvortrag/abzüglich Verlustvortrag) bzw. **des Bilanzgewinns** beschließen. Sie bestimmt dabei insbesondere, ob und in welcher Höhe der zu ihrer Disposition stehende Betrag zur Ausschüttung an die Gesellschafter gelangt, den Rücklagen zugewiesen oder als Gewinnvortrag in die Rechnungslegung des neuen Geschäftsjahres übernommen wird.

Ausgangspunkt der folgenden Betrachtungen ist der um gewinnabhängige Aufwendungen wie Vorstands- und Aufsichtsratstantiemen,[203] Gewinnbeteiligungen der Belegschaft und gewinnabhängige Steuern (Gewerbeertragsteuer und Körperschaftsteuer) verminderte „**endgültige**

---

[203] Bei den Vorstandstantiemen handelt es sich um gewinnabhängige Vergütungen für die Geschäftsführungstätigkeit der Vorstandsmitglieder. Sie sind im GVK unter der Position „Löhne und Gehälter" zu verbuchen; die Aufsichtsratstantiemen dagegen sind im GVK unter den „Sonstigen Aufwendungen" zu erfassen. Als Gegenkonto für die Vorstands- und Aufsichtsratstantiemen ist das Konto „Sonstige Verbindlichkeiten" zu erkennen, da diese Aufwendungen eine Schuld der Gesellschaft gegenüber den Vorstands- und Aufsichtsratsmitgliedern darstellen, die erst im neuen Geschäftsjahr beglichen wird. Ist die Höhe der Aufsichtsratstantiemen nicht satzungsmäßig festgelegt, sondern muss die Hauptversammlung darüber entscheiden, so ist für die noch nicht ausbezahlten Aufsichtsratstantiemen eine Rückstellung gem. § 249,1 HGB für ungewisse Verbindlichkeiten zu bilden. Die Bemessungsgrundlagen für Vorstands- und Aufsichtsratstantiemen werden nach den Vorschriften der §§ 86,2 und 113,3 AktG berechnet.

Jahresüberschuss".[204] Für die buchmäßige Abwicklung der Gewinnverwendung wird ein **Gewinnverwendungskonto** eingerichtet, auf dem der handelsrechtliche Jahresüberschuss (zuzüglich eines Gewinnvortrages/abzüglich eines Verlustvortrages) oder der handelsrechtliche Bilanzgewinn bis zur Beschlussfassung der Haupt- oder Gesellschafterversammlung festgehalten werden.

Bei Aktiengesellschaften ist es sinnvoll, eine kontenmäßige Trennung zwischen **Jahresergebnis** und **Bilanzergebnis** vorzunehmen. Wird die Bilanz unter Berücksichtigung der vollständigen oder teilweisen Verwendung des Jahresergebnisses aufgestellt (§ 268,1 HGB), so ist - neben dem Gewinn- und Verlustkonto - ein besonderes **Bilanzergebniskonto** einzurichten, auf dem die das Jahresergebnis noch verändernden Vorgänge verbucht werden. Bei teilweiser Verwendung des Jahresergebnisses ist der Saldo dieses Kontos der Bilanzgewinn bzw. Bilanzverlust. Das Bilanzergebniskonto wird dann mit dem Schlussbilanzkonto abgeschlossen. Bei vollständiger Verwendung des Jahresergebnisses ist das Bilanzergebniskonto ausgeglichen und die Position Bilanzgewinn/Bilanzverlust entfällt. Der Haupt- bzw. Gesellschafterversammlung steht dann im neuen Geschäftsjahr kein verwendungsfähiger Gewinn mehr zur Disposition.

Beispiel: X-AG

Die X-AG[205] verfügt über ein Grundkapital von € 250.000,-, eine gesetzliche Rücklage von € 8.000,-, andere Gewinnrücklagen von € 60.000,- und einen Gewinnvortrag aus dem Vorjahr von € 20.000,-. Im laufenden Geschäftsjahr wurde ein Jahresüberschuss von € 150.000,- erwirtschaftet. Vorstand und Aufsichtsrat stellen den Jahresabschluss fest und beschließen, € 50.000,- in die anderen Gewinnrücklagen einzustellen. Die gesetzliche Rücklage wird mit € 7.500,- dotiert.

Im neuen Geschäftsjahr beschließt die Hauptversammlung der X-AG über die Verwendung des Bilanzgewinns von € 112.500,-. Laut Beschluss der Hauptversammlung sollen € 80.000,- an die Aktionäre ausgeschüttet und weitere € 30.000,- in die anderen Gewinnrücklagen eingestellt werden. Die verbleibenden € 2.500,- werden als Gewinnvortrag auf neue Rechnung vorgetragen.

---

[204] Auf die mit der Berechnung des endgültigen Jahresüberschusses verbundenen Interdependenzprobleme zwischen gewinnabhängigen und gewinnbeeinflussenden Größen kann hier nicht näher eingegangen werden. Vgl. dazu jedoch *Dirrigl* [1981] und *Eisele* [2002], S. 478-496.

[205] Mit Ausnahme der Verpflichtung zur Bildung einer gesetzlichen Rücklage kann die kontenmäßige Darstellung der Ergebnisverwendung bei der AG auch auf die GmbH übertragen werden, denn das HGB differenziert nicht zwischen aktienrechtlicher und GmbH-rechtlicher Rechnungslegung.

➢ Verbuchung im alten Geschäftsjahr

Buchungssätze:

(1) Umbuchung des handelsrechtlichen Jahresüberschusses vom GVK auf das Bilanzergebniskonto, (2) Umbuchung des Gewinnvortrags aus dem Vorjahr auf das Bilanzergebniskonto, (3) Verbuchung der gesetzlichen Rücklagenzuweisung, (4) Verbuchung der Zuweisung zu den anderen Gewinnrücklagen, (5)-(8) Abschluss der Konten über das SBK.

Nr.	Sollkonto	Betrag	Habenkonto
1	GVK	150.000,-	Bilanzergebniskonto
2	Gewinnvortragskonto	20.000,-	Bilanzergebniskonto
3	Bilanzergebniskonto	7.500,-	Gesetzliche Rücklage
4	Bilanzergebniskonto	50.000,-	Andere Gewinnrücklagen
5	Gezeichnetes Kapital	250.000,-	SBK
6	Gesetzliche Rücklage	15.500,-	SBK
7	Andere Gewinnrücklagen	110.000,-	SBK
8	Bilanzergebniskonto	112.500,-	SBK

Kontenbild:

```
S          GVK            H   S      Gezeichnetes Kapital    H
Aufwand. 200.000,-|Ertrag. 350.000,-  (5)   250.000,-|AB     250.000,-
(1)      150.000,-|

S       Gewinnvortrag     H   S      Gesetzliche Rücklage     H
(2)      20.000,-|AB      20.000,-   (6)   15.500,-|AB         8.000,-
                 |                           |(3)              7.500,-

S    Bilanzergebniskonto  H   S    Andere Gewinnrücklagen     H
(3)    7.500,-|(1)    150.000,-   (7)  110.000,-|AB           60.000,-
(4)   50.000,-|(2)     20.000,-              |(4)             50.000,-
(8)  112.500,-|

              S          SBK             H
                         |(5)   250.000,-
                         |(6)    15.500,-
                         |(7)   110.000,-
                         |(8)   112.500,-
```

➢ Verbuchung im neuen Geschäftsjahr

Zur buchmäßigen Abwicklung der Gewinnverwendung wird ein Gewinnverwendungskonto eingerichtet, auf dem der Bilanzgewinn bis zur Beschlussfassung durch die Hauptversammlung festgehalten wird.

Buchungssätze:

(1) Umbuchung des Bilanzgewinns auf das Gewinnverwendungskonto, (2) Gewinnausschüttung an die Aktionäre (Dividende), (3) Zuweisung zu den anderen Gewinnrücklagen, (4) Gewinnvortrag.

Nr.	Sollkonto	Betrag	Habenkonto
1	Bilanzgewinn	112.500,-	Gewinnverwendungskonto
2	Gewinnverwendungskonto	80.000,-	Sonst. Verbindlichkeiten
3	Gewinnverwendungskonto	30.000,-	Andere Gewinnrücklagen
4	Gewinnverwendungskonto	2.500,-	Gewinnvortrag

Kontenbild:

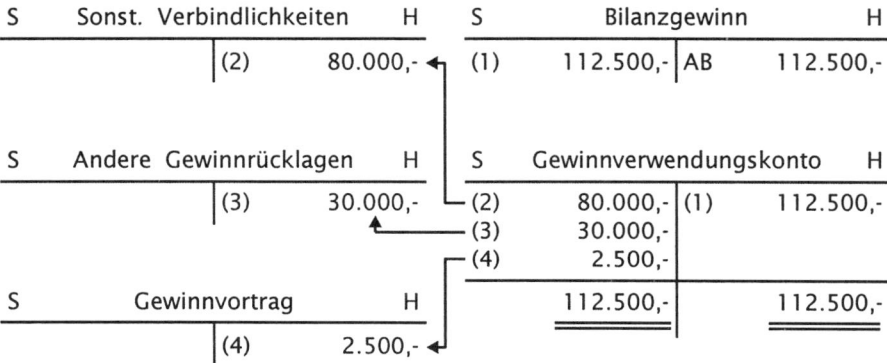

M. Die Besonderheiten der Industriebuchführung

I. Aufgaben und Teilabrechnungen der Betriebsbuchführung

Während die Finanzbuchführung als externes Rechnungswesen hauptsächlich die Einkaufs- und Verkaufsakte einschließlich der damit verbundenen Geldzu- und Geldabflüsse sowie die finanzwirtschaftlich bedingten Zahlungsmittelbewegungen erfasst, ist die Betriebsbuchführung (Betriebsabrechnung) nach innen gerichtet. Sie wird daher auch als internes oder innerbetriebliches Rechnungswesen bezeichnet. Die Betriebsbuchführung bildet die wirtschaftlich bedeutsamen Vorgänge ab, die innerhalb der Unternehmung stattfinden. Ihr Ziel ist es, den Verbrauch an Produktionsfaktoren und die damit verbundene Entstehung von Produkten (Leistungen) mengen- und wertmäßig zu erfassen und die Wirtschaftlichkeit der Leistungserstellung zu überwachen. Die Betriebsbuchführung ist sowohl eine Perioden- als auch eine Stückrechnung, denn sie will neben der Ermittlung des Betriebserfolges ebenso Aufschluss darüber geben, was eine Leistungseinheit (Stück, Auftrag)

„kostet" und was daran zu verdienen ist. Die Stückrechnung ist aber nicht nur für Preiskalkulation und Preisbeurteilung, sondern auch für die Zwecke der bilanziellen Bewertung von Halb- und Fertigfabrikaten sowie sonstigen selbsterstellten Vermögensgegenständen von Bedeutung. Diese Aufgabe soll im Mittelpunkt der nachfolgenden Ausführungen stehen.

Zu einer verhältnismäßig einfachen Stückkostenrechnung gelangt man im Falle eines einstufigen Einproduktbetriebs mit einheitlicher Massenfertigung. Hier ermittelt man die Stückkosten, indem die Periodenkosten durch die Anzahl der in dieser Periode produzierten Leistungseinheiten dividiert werden. Diese einfache Vorgehensweise ist nicht mehr möglich, wenn Bestandsveränderungen an Halb- und Fertigfabrikaten entstehen. Solche mengenmäßigen Abweichungen zwischen Produktion und Absatz bedeuten, dass während der betreffenden Absatzperiode die Produktionsstellen unterschiedlich zu den Vertriebsstellen (und den für den Vertrieb tätigen Verwaltungsstellen) in Anspruch genommen wurden. Es ist deshalb aus Sicht des Kostenverursachungsprinzips gesehen falsch, die auf Lager genommenen produzierten Leistungseinheiten mit den Vertriebskosten zu belasten, wie es bei einer einfachen Division der gesamten Betriebskosten der Abrechnungsperiode durch die produzierten Leistungseinheiten der Fall wäre. Dieses durch ungleiche Ausnutzung der **Kostenstellen** (= Orte der Kostenentstehung) für die Stückkostenermittlung entstehende Problem verschärft sich bei einem differenzierten Fertigungsprogramm, bei dem die verschiedenen Leistungen die einzelnen Kostenstellen in unterschiedlichem Maße beanspruchen. Liegen die beschriebenen Verhältnisse vor, so ist es für die Zwecke der Kalkulation erforderlich, den Betrieb möglichst tief in Kostenstellen - also abrechnungstechnische Einheiten - zu untergliedern, um sicherzustellen, dass den einzelnen Leistungen nur die Kosten jener Stellen angelastet werden, die von diesen Leistungen auch in Anspruch genommen wurden.

Wird das Ziel verfolgt, die Kosten einer Abrechnungsperiode auf die produzierten Leistungen (= **Kostenträger**) zu verrechnen, so ist eine organisatorische Aufgliederung der Betriebsbuchführung unter abrechnungstechnischem Aspekt erforderlich. Das führt zu einer Unterteilung der Betriebsbuchführung in die Kostenarten-, Kostenstellen- und die Kostenträgerrechnung. Hier sollen im Rahmen einer ersten Einführung die mit der traditionellen Form der Zuschlagskalkulation verbundenen Probleme der Kostenerfassung und Kostenverrechnung dargestellt werden.[206]

---

[206] Der zu beobachtende steigende Anteil von Gemeinkosten in den indirekten Leistungsbereichen hat zu Vorschlägen zur Verbesserung der Transparenz der Vollkostenrechnung geführt, die sich mit dem Stichwort **Prozesskostenrechnung** kennzeichnen lassen. Die Prozesskostenrechnung ist eine Vollkostenrechnung und greift ebenfalls auf die Kostenarten- und Kostenstellenrechnung zurück, nimmt jedoch bezüglich der variablen (beschäfti-

a. Die Kostenartenrechnung

Sie dient der geordneten Erfassung der im Laufe einer Abrechnungsperiode angefallenen Kostenarten. Diese Erfassung wird im Zusammenhang mit der Finanzbuchführung vorgenommen, in der zu diesem Zweck oft **Nebenbuchführungen** eingerichtet werden. Zu solchen Nebenbuchführungen zählen insbesondere die Material-, die Anlagen- und die Personalnebenbuchführung. In ihnen wird die Erfassung von Kostenarten vorbereitet. Nebenbuchführungen sind den ihnen entsprechenden Konten der Hauptbuchführung vorgelagert, die dann den Charakter von **Sammelkonten** haben und den Buchungsstoff summarisch aufnehmen. Nebenbuchführungen stellen somit faktisch eine Untergliederung der Hauptbuchführungskonten dar. Auf Probleme der genannten Nebenbuchführungen soll kurz eingegangen werden:

1. Die Materialnebenbuchführung

Sie hat die Aufgabe, die Eingänge, Ausgänge und Bestände an Materialien rechnerisch festzuhalten. Unter Material werden all jene Stoffe verstanden, die in einer Unternehmung be- oder verarbeitet oder im Zuge der betrieblichen Leistungserstellung verbraucht werden. Im Einzelnen sind dies Roh-, Hilfs- und Betriebsstoffe. Unter **Rohstoffen** werden alle Stoffe verstanden, die zum wesentlichen Bestandteil der Erzeugnisse werden; **Hilfsstoffe** gehen in das Erzeugnis ein, bilden jedoch nur unwesentliche Bestandteile (z.B. Leim, Nägel); **Betriebsstoffe** dagegen werden für die Fertigung benötigt, gehen jedoch nicht in das Erzeugnis ein (z.B. Energie). Die Verbrauchsmengenfeststellung dieser Stoffe für eine bestimmte Periode kann nach verschiedenen Methoden erfolgen:

> **Die Befund- oder Bestandsdifferenzenrechnung (Inventurmethode)**

Nach der Befundrechnung ergibt sich der Verbrauch als Differenz zwischen Anfangsbestand zuzüglich Zugängen einerseits und Endbestand lt. Inventur andererseits. Die Inventurmethode muss für Zwecke der Finanzbuchführung im Rahmen der Erstellung des Jahresabschlusses angewendet werden. Die gesetzlich vorgeschriebene und einmal jährlich durchzuführende Inventur ist aber für die Aufgaben der Kostenrechnung nicht ausreichend. Diese erfordert eine laufende (zumindest monatliche) Verbrauchsermittlung. Eine Inventur in kürzeren Zeitabständen ist aber in der Regel zu aufwendig.

---

gungsabhängigen) Gemeinkosten eine spezifische an sog. Kostentreibern orientierte leistungsbezogene Kostenverrechnung vor. Vgl. *Coenenberg* [1999], S. 220 ff.

➤ Die Fortschreibungsmethode (Skontrationsmethode)

Diese vermeidet den Nachteil der Inventurmethode und erfasst buchmäßig mit Hilfe von Materialentnahmescheinen den Materialverbrauch sofort bei jedem Abgang. Der am Ende der Periode so ermittelbare Materialsollbestand muss mit dem durch Inventur tatsächlich festgestellten Bestand verglichen werden. Durch diesen Vergleich sind auch jene Bestandsminderungen zu ermitteln, die sich aus Schwund, Diebstahl und Erfassungsfehlern ergeben. Die Fortschreibungsmethode ist in der Praxis sehr verbreitet.

➤ Die Rückrechnung (retrograde Methode)

Sie geht von den erstellten Halb- und Fertigfabrikaten aus. Voraussetzung für die Anwendung dieser Methode ist, dass der Verbrauch an Materialien für jedes Erzeugnis bereits einmal (z.B. in Stücklisten) erfasst worden ist. Diesen so fixierten Bedarf je Leistungseinheit multipliziert man mit den produzierten Mengen und erhält so die Verbrauchsmenge. Auch bei dieser Methode lassen sich nur Sollverbrauchsmengen ermitteln.

Die Bewertung des Materialverbrauchs und damit der zu bilanzierenden Endbestände kann nach verschiedenen Verfahren erfolgen. Neben der Bewertung zu effektiven Einstandswerten können für die Bilanzansätze die bereits an anderer Stelle (vgl. S. 33 ff) dargestellten Verfahren der Gruppen- und Verbrauchsfolgebewertung angewendet werden. Außerdem dürfen nach § 240,3 HGB Roh-, Hilfs- und Betriebsstoffe auch mit einer gleich bleibenden Menge und einem gleich bleibenden Wert (= **Festwert**) angesetzt werden, wenn ihr Bestand in seiner Größe, seinem Wert und seiner Zusammensetzung nur geringen Veränderungen unterliegt, die Abgänge regelmäßig ersetzt werden und der Festwert für die Unternehmung von nur nachrangiger Bedeutung ist. Das Festwertverfahren unterstellt, dass sich bei den zu einem Festwert zusammengefassten Vermögensgegenständen im Zeitablauf Zugänge einerseits und Abgänge (Verbrauch) andererseits in etwa ausgleichen. Das Festwertverfahren stellt sowohl ein Verfahren zur Vereinfachung der Bestandsaufnahme (Verbrauchsermittlung) als auch ein Bewertungsvereinfachungsverfahren dar, denn der Festwert ist in der Regel, d.h. bei nicht wesentlichen Änderungen, im Dreijahresturnus durch eine Inventur zu überprüfen.

2. Die Anlagennebenbuchführung (Anlagenkartei)

Diese erstreckt sich auf die rechnerische Erfassung der Anlagen und ist eine Bestands- und Erfolgsrechnung. Die Ausgestaltung der Anlagenbuchführung wird durch den Umfang der jeweils vorhandenen Anlagenwerte bestimmt. Grundsätzlich sollte für jeden Anlagegegenstand ein buchmäßiger Nachweis geführt werden. Die so entstehenden Anlagenkarteien gelten als Bestandsverzeichnisse im Sinne des § 240,1 HGB unter der Voraussetzung, dass jeder Zugang und jeder Abgang laufend eingetragen wird und mindestens folgende Angaben verzeichnet sind: Genaue Bezeichnung des Gegenstandes, Tag der Anschaffung oder Herstellung, Höhe der Anschaffungs- oder Herstellungskosten, Bilanzwert am Bilanzstichtag, Tag des Abgangs.

Im erfolgsrechnerischen Teil der Anlagennebenbuchführung werden die Verbrauchsanteile - so Abschreibungen und Zinsen - für die buchhalterische Erfolgsrechnung und für die Kostenrechnung festgehalten. Dabei ist zwischen bilanziellen und kalkulatorischen Abschreibungen bzw. Zinsen zu unterscheiden. Das Verrechnen der bilanziellen Abschreibung dient der „richtigen" Bewertung des Vermögens in der Bilanz sowie der „periodengerechten" buchhalterischen Erfolgsermittlung. Sie wird primär durch handels- und steuerrechtliche Vorschriften bestimmt. Kalkulatorische Abschreibungen dienen den Zwecken der Kostenrechnung. Sie sollen den effektiven Werteverzehr der Potentialfaktoren widerspiegeln. Kalkulatorisch abgeschrieben werden nur jene Güter, die für die betriebliche Leistungserstellung eingesetzt sind.

Die Anlagenkartei hat des weiteren Unterlagen für die Ermittlung des leistungsbezogenen Vermögens, und zwar des verzinslichen leistungsbezogenen Kapitals oder des sog. betriebsbedingten bzw. betriebsnotwendigen Kapitals, und der kalkulatorischen Zinsen zu liefern. Die Notwendigkeit der Verrechnung kalkulatorischer Zinsen als Kosten ergibt sich aus der Überlegung, dass das in der Leistungserstellung eingesetzte Kapital (auch das Eigenkapital) einen Werteverzehr darstellt. In der Finanzbuchführung werden dagegen nur die tatsächlich für Fremdkapital gezahlten Zinsen als Aufwand verrechnet.

3. Die Personalnebenbuchführung

Sie hat die Aufgabe, die Personalaufwände laufend zu erfassen und deren Verteilung als Aufwand bzw. Kosten vorzubereiten. Als Personalkosten gelten alle Kosten, die durch den Einsatz des Produktionsfaktors Arbeit unmittelbar (als Löhne, Gehälter, gesetzliche, vertragliche und freiwillige Sozialkosten) oder mittelbar (durch Inserate, Abfindungen, Umzug u.ä.) entstanden sind. Die Personalkosten lassen sich für die Zwecke der Kostenrechnung unterscheiden in solche, die für Arbeitsleistungen gezahlt werden, die (a) unmittelbar oder (b) nur mittelbar der Leistungserstellung dienen. Man spricht in dem Zusammenhang auch von **Fertigungslöhnen** (= Personalkosten, die unmittelbar der Leistungserstellung dienen) und **Hilfslöhnen** (= Personalkosten, die mittelbar der Leistungserstellung dienen).

Von besonderer Bedeutung ist auch die Tatsache, dass die Personalkosten sich durch Urlaube, Feiertage und Krankheiten in Bezug auf die Leistungserstellung ungleich auf das Jahr verteilen. Hierdurch wird die Kostenstruktur im Verhältnis zum Produktionsvolumen und somit die Aussagefähigkeit der Kostenrechnung gestört. Aus diesem Grunde sind für

Zwecke der Kostenrechnung zeitliche Abgrenzungen der Personalaufwendungen erforderlich.

Für die Gliederung der Kosten in der Kostenartenrechnung dient meist ein **Kostenartenplan**, der häufig an einen Kontenrahmen angelehnt ist. Als Beispiel mag hier die Kostenarteneinteilung nach dem Gemeinschafts-Kontenrahmen der Industrie (GKR) dienen:

40/41 Stoffverbrauch und dgl.
42 Brennstoffe, Energie und dgl.
43 Löhne und Gehälter
44 Sozialkosten und andere Personalkosten
45 Instandhaltung, verschiedene Leistungen und dgl.
46 Steuern, Gebühren, Beiträge, Versicherungsprämien und dgl.
47 Mieten, Verkehrs-, Büro-, Werbekosten und dgl.
48 Kalkulatorische Kosten
49 Innerbetriebliche Kosten- und Leistungsverrechnung, Sondereinzelkosten und Sammelverrechnungen

Der Kostenartenplan sollte einen erschöpfenden Katalog aller Kostenarten darstellen, überschneidungsfrei sein und eindeutige Kontierungsvorschriften enthalten.

b. Die Kostenstellenrechnung

Die Kostenstellenrechnung baut auf der Kostenartenrechnung auf und bildet eine wesentliche Grundlage für die Kostenträgerrechnung. **Kostenträger** sind jene betrieblichen Leistungen, die den Güter- und Dienstleistungsverbrauch verursacht haben und die demzufolge auch die Kosten tragen sollen. Nach der Art der Verrechnung auf die Leistungseinheiten lassen sich die Kostenarten in Kostenträgereinzel- und Kostenträgergemeinkosten unterscheiden.

- **Kostenträgereinzelkosten** sind verursachungsgemäß für die einzelnen Kostenträger zu ermitteln (z.B. Fertigungslohn oder Fertigungsmaterial) und werden nicht in der Kostenstellenrechnung erfasst, sondern unmittelbar dem jeweiligen Kostenträger zugerechnet. Verwandt mit den Einzelkosten sind die sog. **Sondereinzelkosten**. Diese stehen in Beziehung zu bestimmten Leistungen (z.B. Sondereinzelkosten der Fertigung in Form von Kosten für Werkzeuge, die nur für einen Auftrag gebraucht werden oder Sondereinzelkosten des Vertriebs wie Vertreterprovisionen) und werden wie Einzelkosten, unter Umgehung der Kostenstellenrechnung, dem Kostenträger zugerechnet, auf den sie sich beziehen. Im Gegensatz zu den Einzelkosten dienen diese Sondereinzelkosten - wie nachstehend noch verdeutlicht wird - nicht als Bezugsbasis für die Fertigungsgemeinkostenverrechnung.

- **Kostenträgergemeinkosten** lassen sich nicht wie die Einzelkosten einer bestimmten Leistung zurechnen, da sie für mehrere oder alle Leistungen entstanden sind. Neben diesen **echten Gemeinkosten** stehen die **unechten Gemeinkosten**. Unechte Gemeinkosten sind zwar einem Kostenträger direkt zurechenbar, sie werden aber aus Gründen der abrechnungstechnischen Vereinfachung wie Gemeinkosten behandelt.

Durch die Bildung von Kostenstellen werden die echten und unechten Kostenträgergemeinkosten zunächst jenen Kostenstellen zugerechnet, in denen sie entstanden sind. Hierbei unterscheidet man zwischen Kostenstelleneinzel- und Kostenstellengemeinkosten. **Kostenstelleneinzelkosten** lassen sich separat für eine einzelne Kostenstelle erfassen (z.b. Löhne, die den nur in einer Kostenstelle tätigen Mitarbeitern gezahlt werden). **Kostenstellengemeinkosten** sind als echte Kostenstellengemeinkosten keiner bestimmten Kostenstelle zurechenbar, weil sie für mehrere Kostenstellen anfallen (z.b. Gehalt des Pförtners des Betriebes), oder sie werden als unechte Kostenstellengemeinkosten wegen des höheren Erfassungsaufwands nicht direkt bei den einzelnen Kostenstellen erfasst. Kostenstellengemeinkosten werden mit Hilfe von Schlüsseln den einzelnen Kostenstellen zugeteilt (z.b. Raumpflegekosten nach Flächen).

Man versucht nun, für die Inanspruchnahme der einzelnen Kostenstellen durch die Kostenträger Kostensätze zu bestimmen, um so eine Weiterwälzung der Kostenträgergemeinkosten auf die einzelnen Kostenträger zu erreichen.

Die Einteilung des Betriebes in Kostenstellen findet im betriebsindividuellen **Kostenstellenplan** ihren Niederschlag. Danach wird der Betrieb meist in einzelne Bereiche aufgeteilt, z.B. nach den wichtigsten betrieblichen Funktionen in Materialbeschaffung und Materiallagerung, Fertigung, Verwaltung und Vertrieb. Jeder so gebildete Funktionsbereich wird je nach Erfordernis in kleinere Bereiche unterteilt, für die man die anteiligen Kosten ermittelt. Hierbei können organisatorische, räumliche und abrechnungstechnische Gesichtspunkte bestimmend sein. Von Bedeutung ist der abrechnungstechnische Gesichtspunkt insbesondere bei der Bildung sog. **Haupt-** und **Hilfskostenstellen**. Die Hauptkostenstellen, die auch als Endkostenstellen oder primäre Kostenstellen bezeichnet werden, geben ihre Zahlen direkt an die Kostenträgerrechnung weiter. Hilfskostenstellen können sowohl als Vorkostenstellen als auch als Endkostenstellen abgerechnet werden. Einen Eindruck von der Einteilung in Kostenstellen sowie den gegenseitigen abrechnungstechnischen Zusammenhang vermittelt nachfolgendes Schaubild.

Die Kostenstellenrechnung kann kontenmäßig oder tabellarisch durchgeführt werden. Die kontenmäßige Durchführung sieht für jede Kostenstelle ein entsprechendes Konto vor, auf dem die für die einzelne Stelle erfassbaren Gemeinkosten gebucht werden. In dieser lückenlosen kontenmäßigen Erfassung liegt aber eine gewisse Schwerfälligkeit und Unbeweglichkeit dieser Form der Buchführungsorganisation. In der Praxis wird daher weitgehend eine organisatorische Absonderung der Kostenstellenrechnung vorgenommen. Man bedient sich dabei des sog. **Betriebsabrechnungsbogens** (BAB). Bei kleineren Unternehmen besteht der BAB aus einer Tabelle, die in vertikaler Richtung die zu verrechnenden Gemeinkostenarten und in horizontaler Richtung die Kostenstellen enthält. Bei umfangreicheren Kostenstellenrechnungen wird für jede Kostenstelle gesondert ein Blatt angelegt, so dass sich die Kostenstellenrechnung aus der Summe der Einzelbögen zusammensetzt.

Kostenstellenplan	
Fertigungshauptkostenstellen	**Fertigungsnebenkostenstellen**
Solche Bereiche, in denen **Hauptprodukte** be- oder verarbeitet werden. Auf diese KSt werden neben den anfallenden Kosten noch anteilige Kosten der Allg.HKSt sowie der FertigungsHKSt umgelegt	Solche Bereiche, in denen **Nebenprodukte** be- oder verarbeitet werden.
Hilfskostenstellen (HKSt)	
Solche Bereiche, in denen Haupt- oder Nebenkostenstellen **unterstützende Leistungen** erbracht werden, jedoch keine Be- oder Verarbeitung von Haupt- oder Nebenprodukten durchgeführt wird. **Allgemeine HKSt** geben Leistungen an **alle** übrigen KSt ab (z.B. Kraftwerk). Anfallende Kosten werden auf andere Kostenstellen nach Maßgabe der Beanspruchung umgelegt. **FertigungsHKSt** geben Leistungen **nur** an die Fertigungsstellen ab (z.B. Werkzeugmacherei). Diese KSt empfangen außer den anfallenden Kosten noch anteilige Kosten der Allg. HKSt. Die angefallenen Kosten werden nach Maßgabe der Beanspruchung auf die einzelnen Fertigungsstellen umgelegt. **MaterialHKSt** nehmen alle mit Einkauf, Prüfung und Ausgabe des Materials verbundenen Gemeinkosten auf. Sie empfangen außerdem anteilige Kosten der Allg. HKSt. **VerwaltungsHKSt** nehmen alle mit der kfm. Verwaltung zusammenhängenden Kosten auf. Sie empfangen außerdem noch anteilige Kosten der Allg. HKSt. **VertriebsHKSt** nehmen alle mit dem Vertrieb zusammenhängenden Gemeinkosten auf. Sie empfangen außerdem noch anteilige Kosten der Allg. HKSt.	

Der BAB erfüllt seine Aufgaben durch Absolvierung folgender Rechenschritte:

1. Erfassung der den Kostenträgern nicht direkt zurechenbaren (primären[207]) Kostenarten für die einzelnen Kostenstellen.

2. Umlage der Allgemeinen Hilfskostenstellen auf die anderen Kostenstellen.

---

[207] Die Unterscheidung nach der Herkunft der Kosten ergibt eine Gliederung in **primäre** und **sekundäre** Kostenarten. Primäre (einfache, ursprüngliche) Kosten fallen mit dem Einsatz von Gütern und Leistungen an, die von außen - dem Beschaffungsmarkt - bezogen wurden (Löhne, Fremdreparaturen). Sekundäre (zusammengesetzte, abgeleitete) Kosten entstehen beim Verbrauch innerbetrieblicher Leistungen der Hilfskostenstellen (Eigenreparaturen, selbsterzeugte Energie).

3. Umlage der Fertigungshilfskostenstellen auf die Fertigungskostenstellen.

4. Die Addition der Spalte Fertigungs-(haupt-) Kostenstelle ergibt die Summe der Fertigungsgemeinkosten (FGK), die Addition der Spalte Materialhilfskostenstelle die Summe der Materialgemeinkosten (MGK), die Addition der Spalte Vertriebshilfskostenstelle die Summe der Vertriebsgemeinkosten (VtGK) und die Addition der Verwaltungshilfskostenstelle die Summe der Verwaltungsgemeinkosten (VwGK).

Beispiel eines einfachen Betriebsabrechnungsbogens:

Kostenarten	Betrag	Allg. HKSt	Fert. KSt	Fert. HKSt	Mat. HKSt	Vert. HKSt	Verw. HKSt
Hilfsstoffe	1.550	50	800	450	100	100	50
Energie	400	40	220	100	10	10	20
Gehälter	3.100	600	800	900	-	-	800
Soz.Aufw.	450	90	120	100	40	10	90
Instandhaltung	800	200	300	100	50	50	100
Steuern	400	100	150	50	20	30	50
Abschreibungen	600	120	180	50	100	100	50
Summe	7.300	1.200	2.570	1.750	320	300	1.160
Umlage Allg. HKSt		⌐➤	500	300	100	100	200
Zwischensumme			3.070	2.050	420	400	1.360
Umlage Fert. HKSt			2.050	◄┘			
Endsumme	7.300		5.120		420	400	1.360
				FGK		MGK	VtGk	VwGK

An die Ermittlung der Kostenstellengemeinkosten im BAB schließt sich die Ermittlung des Gemeinkostenzuschlags bzw. der Gemeinkostenverrechnungssätze als weiterer Rechenschritt an. Der Zuschlag bzw. der Verrechnungssatz setzt die Gemeinkosten einer Hauptkostenstelle in Beziehung zu einer jeweiligen Bezugsgröße. Zur Bildung der Bezugsgrößen werden die Einzelkosten in Lohneinzelkosten (= Fertigungslohn) und Materialeinzelkosten zerlegt. Der Fertigungslohn ist die Basis für die Ermittlung des Fertigungsgemeinkostenzuschlags. Der Materialgemeinkostenzuschlag ergibt sich aus dem Verhältnis von Materialgemeinkosten und Materialeinzelkosten als Basis. Für die Ermittlung des Verwaltungs- und Vertriebsgemeinkostenzuschlags werden, da hier keine Einzelkosten vorliegen, meistens entweder die Herstellkosten der produzierten oder der abgesetzten Erzeugnisse als Basis genommen.

Beispiel:

Es soll von vorstehendem BAB ausgegangen werden. Die Gemeinkosten lassen sich dort aus der Zeile „Endsumme" entnehmen. An Einzelkosten seien angefallen: € 8.000,- für Material und € 4.000,- für Fertigungslohn. Die Herstellkosten - als Summe der Fertigungs- und Materialkosten - seien für die produzierten und abgesetzten Erzeugnisse gleich hoch, da die hergestellten Erzeugnisse alle verkauft wurden und keine Bestandsveränderungen an Halb- und Fertigerzeugnissen stattgefunden haben.

1. Ermittlung des Materialgemeinkostenzuschlags

Material	€	8.000,-
Materialgemeinkosten	€	420,-

= 5,25 %

2. Ermittlung des Fertigungsgemeinkostenzuschlags

Fertigungslohn	€	4.000,-
Fertigungsgemeinkosten	€	5.120,-

= 128 %

3. Ermittlung des Verwaltungsgemeinkostenzuschlags

Fertigungs- + Materialkosten	€	17.540,-
Verwaltungsgemeinkosten	€	1.360,-

= 7,7537 %

4. Ermittlung des Vertriebsgemeinkostenzuschlags

Fertigungs- + Materialkosten	€	17.540,-
Vertriebsgemeinkosten	€	400,-

= 2,2805 %

Die beschriebene Vorgehensweise wird auch als Ermittlung **globaler** Gemeinkostenzuschläge bezeichnet. Diese erweisen sich aber bei komplizierten und anlageintensiven Fertigungsverfahren oder stark diversifizierten Produktionsprogrammen als zu undifferenziert. Hier kann durch die Ermittlung sog. **differenzierter** Gemeinkostenzuschläge Abhilfe geschaffen werden, wobei die Zuschlagsbasis in Zeit-, Mengen- und Wertkomponenten zerlegt wird.[208] Man gelangt so zur sog. Maschinenstundensatz- oder Platzkostenrechnung.

c. Die Kostenträgerrechnung

Sie verrechnet als letzte Stufe der Kostenrechnung die in der Kostenartenrechnung erfassten und in der Kostenstellenrechnung auf Endkostenstellen „weitergewälzten" Kosten auf die Kostenträger. Die Kostenträgerrechnung wird als stückbezogene und zeitbezogene Rechnung durchgeführt.

1. Die Kostenträgerstückrechnung (Kalkulation)

Als Aufgaben der Kostenträgerstückrechnung sind zu nennen:

- Ermittlung von Angebotspreisen,

- Ermittlung von kurz- und langfristigen Preisuntergrenzen,

- Bestimmung interner Verrechnungspreise,

- Lieferung von Unterlagen für Planungs- und Kontrollrechnungen,

---

[208] Vgl. *Kilger* [1987], S. 326-353.

- Bereitstellen von Daten für nach Produktarten differenzierende kurzfristige Erfolgsrechnungen,

- Ermittlung von Herstellungskosten zur Bewertung der Halb- und Fertigerzeugnisse sowie der sonstigen selbsterstellten Vermögensgegenstände in der Handels- und Steuerbilanz.

Von den unterschiedlichen Zwecken der Kostenträgerstückrechnung steht hier die Bewertung der Bestände an Halb- und Fertigfabrikaten sowie der sonstigen selbsterstellten Vermögensgegenstände in der Handelsbilanz im Vordergrund.

Je nach der Zusammensetzung des Produktionsprogramms und der Betriebsstruktur kommen in der Wirtschaftspraxis unterschiedliche Kostenträgerstückrechnungen (Kalkulationsverfahren) zum Einsatz.[209] Von diesen unterschiedlichen Kalkulationsverfahren hat insbesondere das Verfahren der Zuschlagskalkulation Bedeutung für die Ermittlung der bilanziellen Herstellungskosten, denn der Herstellungskostenbegriff des § 255,2 HGB ist im wesentlichen auf das Kalkulationsschema der Zuschlagskalkulation abgestimmt. Werden andere Verfahren der Stückkostenrechnung angewendet (z.B. das der Divisionskalkulation), so sind die Regelungen des § 255,2 HGB sinngemäß anzuwenden.

Das System der **Zuschlagskalkulation** beruht auf der Aufteilung der Gesamtkosten in Einzel- und Gemeinkosten. Die Einzelkosten werden den Kostenträgern direkt zugerechnet, während die Gemeinkosten den einzelnen Kostenträgern mit Hilfe von Zuschlagssätzen angelastet werden. Das Hauptproblem dieser Vorgehensweise liegt in der Bestimmung der Zuschlagsbasis bzw. der Zuschlagsbasen, die in einer proportionalen Beziehung zu den zu verteilenden Gemeinkosten stehen. Bezüglich der Festlegung der Zuschlagsbasen lassen sich in der summarischen (oder kumulativen) und der elektiven Zuschlagskalkulation zwei grundsätzlich verschiedene Arten der Zuschlagskalkulation unterscheiden.

- Die summarische (kumulative) Zuschlagskalkulation. Dieses Verfahren verzichtet auf die Kostenstellenbildung. Die Kostenträgergemeinkosten werden in einem geschlossenen Block - also summarisch - kalkuliert, d.h. auf eine Basis bezogen.[210] Man spricht daher auch von dem Ein-Basis/Ein-Zuschlagsystem. Basis bei diesem Verfahren können entweder die Summe der Einzelkosten oder allein die Fertigungslöhne (bei lohnintensiven Betrieben) oder allein die Materialkosten (bei materialintensiven Betrieben) sein.

---

209 Vgl. *Hummel/Männel* [1986], S. 265-316; *Coenenberg* [1999], S. 91 ff.

210 Das bedeutet, dass die summarische Zuschlagskalkulation nicht in aktivierungs- und nicht aktivierungsfähige Gemeinkosten trennt und daher für die Ermittlung der handelsrechtlichen Herstellungskosten ungeeignet ist.

Beispiel:

Es werden zwei Kostenträger A und B gefertigt, für die insgesamt € 12.000,- Einzelkosten anfallen, die sich lt. Werkstattaufschreibung mit € 8.000,- und € 4.000,- auf die Kostenträger A und B verteilen. Die Gemeinkosten betragen insgesamt € 7.300,-.

Nimmt man die Summe der Einzelkosten als Bezugsbasis für die Ermittlung des Gemeinkostenzuschlags, so lässt sich ein Gemeinkostenzuschlag (GKZ) von

$$GKZ = (7.300 : 12.000) \cdot 100 \approx 60{,}83 \%$$

ermitteln. Fragt man nun nach den Stückkosten von A und B, so wird nach dem Proportionalitätsprinzip unterstellt, dass sich hinsichtlich der Kostenträger A und B die Relation der Kostenträgereinzel- zu den Kostenträgergemeinkosten genau so verhält wie bei der Relation der Summe der Einzel- zu der Summe der Gemeinkosten. Man gelangt dann zu folgender Kostenträgerstückrechnung:

	Gesamt	Zuschlag	Produkt A	Produkt B
Einzelkosten	12.000		8.000	4.000
Gemeinkosten	7.300	60,83 %	4.867	2.433
Selbstkosten	19.300		12.867	6.433

- **Die elektive Zuschlagskalkulation.** Diese verrechnet die Gemeinkosten nicht summarisch in einem einzigen Zuschlag, sondern differenziert mittels verschiedener Zuschläge. Die Unternehmung wird zu diesem Zweck in Kostenstellen unterteilt, für die separate Zuschlagsbasen und Zuschlagssätze ermittelt werden. Das hier darzustellende globale Zuschlagsverfahren verrechnet die Materialgemeinkosten als Zuschlag auf die Materialeinzelkosten, die Fertigungsgemeinkosten als Zuschlag auf die Lohneinzelkosten und die Vertriebs- und Verwaltungsgemeinkosten als Zuschlag auf die Summe aus Material- und Fertigungskosten einschließlich der Material- und Fertigungsgemeinkosten.

Der Ablauf einer solchen Zuschlagskalkulation ist folgender: Zunächst wird der für einen Kostenträger anfallende Verbrauch an Fertigungsmaterial erfasst und bewertet. Das ergibt die Materialeinzelkosten. Auf diese werden die Materialgemeinkosten verrechnet, d.h. aufgeschlagen. Der Materialgemeinkostenzuschlag wird aus den Daten des BAB errechnet und stellt die Relation der insgesamt angefallenen Materialgemeinkosten zu den insgesamt angefallenen Materialeinzelkosten dar. Es wird unterstellt, dass bei allen Kostenträgern die gleiche Relation zwischen Gemein- und Einzelkosten besteht wie bei der Relation des Gesamtwertes der Materialgemeinkosten zu den Materialeinzelkosten. Materialeinzel- und Materialgemeinkosten ergeben die **Materialkosten.**

Im zweiten Schritt werden die Fertigungs-(einzel-)löhne ermittelt. Diese stellen die Basis für den prozentualen Zuschlag der Fertigungsgemeinkosten dar, wobei der Zuschlagssatz auf den Werten des BAB beruht. Im Anschluss hieran werden die jeweils evtl. anfallenden Sondereinzelkosten der Fertigung erfasst und verrechnet. Fertigungseinzel-, Fertigungsgemeinkosten und Sondereinzelkosten der Fertigung ergeben die **Fertigungskosten.**

Die Addition der Fertigungs- und Materialkosten führt zu dem Begriff der **Herstellkosten** der Kostenrechnung. Die Herstellkosten sind die Bezugsbasis für die Verwaltungs- und Vertriebsgemeinkosten. Hinzu kommen die Sondereinzelkosten des Vertriebs. Die Gesamtsumme stellt dann die **Selbstkosten der hergestellten Erzeugnisse** dar.

Die beschriebene Vorgehensweise verdeutlicht, dass in die Kalkulation der Stückkosten verschiedene Kostenkategorien in einer bestimmten Reihenfolge eingehen, so dass sich folgendes Grundschema der elektiven Zuschlagskalkulation - unter Verwendung der Zahlen des BAB auf S. 328 angeben lässt:

Kostenkategorien	Gesamt	Zuschlag	Produkt A	Produkt B
Material	8.000,00		5.000,00	3.000,00
+ MGK	420,00	5,25 %	262,50	157,50
= (1) Materialkosten.	8.420,00		5.262,50	3.157,50
+ Fertigungslohn	4.000,00		3.000,00	1.000,00
+ FGK	5.120,00	128,00 %	3.840,00	1.280,00
+ Sonderkosten d. F.	0,00		0,00	0,00
= (2) Fertigungskosten	9.120,00		6.840,00	2.280,00
(1) + (2) = Herstellkosten	17.540,00		12.102,50	5.437,50
+ VwGK	1.360,00	7,7537 %	938,39	421,61
+ VtGK	400,00	2,2805 %	276,00	124,00
+ Sonderkosten d. Vt.	0,00		0,00	0,00
= Selbstkosten	19.300,00		13.316,89	5.983,11

Die verfeinerte (und genauere) elektive Zuschlagskalkulation gelangt somit zu anderen Bewertungen der Selbstkosten als die kumulative (und ungenauere) Zuschlagskalkulation. Das wird durch nachstehende zusammenfassende Übersicht verdeutlicht:

	Gesamt	Produkt A	Produkt B
Kumulative Kalkulation	19.300,00	12.867,00	6.433,00
Elektive Kalkulation	19.300,00	13.316,89	5.983,11

Ausgangsgröße der Ermittlung der bilanziellen **Herstellungskosten** sind die Herstellkosten der Kostenrechnung. Während die Herstellkosten ausschließlich nach kostenrechnerischen Prinzipien ermittelt werden, sind für die Errechnung der Herstellungskosten die Bestimmungen des Handelsrechts von Bedeutung. Der § 255 HGB legt die Aktivierungsfähigkeit einzelner Kostenkategorien wie folgt fest:

1. **Aktivierungsgebot** für Material(einzel)kosten, Fertigungs(einzel)kosten und Sonder(einzel)kosten der Fertigung (Abs. 2, S. 2).

2. **Aktivierungswahlrecht** für Material- und Fertigungsgemeinkosten, Abschreibungen auf das der Fertigung dienende Anlagevermögen (Abs. 2, S. 3 - sie dürfen einbezogen werden) und für Kosten der all-

gemeinen Verwaltung, der Altersversorgung und der freiwilligen Sozialleistungen (Abs. 2, S. 4 - sie brauchen nicht einbezogen zu werden).

3. **Aktivierungsverbot** für Vertriebs- (Abs. 2, S. 6) und Finanzierungskosten (Abs. 3, S. 1).[211] Fremdkapitalzinsen können jedoch in die Herstellungskosten einbezogen werden, wenn ein Kredit in unmittelbarem Zusammenhang mit der Herstellung eines Vermögensgegenstandes steht und die Zinsen auf den Zeitraum der Herstellung entfallen (Abs. 3, S. 2).

Die durch § 255 HGB angesprochenen Kostenarten dürfen nur angesetzt werden, soweit sie Aufwände sind.[212] Diese Einschränkung bedeutet, dass

- Herstellungskosten pagatorische **Istkosten**[213] sein müssen,
- Herstellungskosten keine Zusatzkosten und keine kalkulatorischen Kostenarten enthalten dürfen.

Kalkulatorische Kostenarten sind also - soweit sie Herstellkosten sind - zu eliminieren und durch den zugehörigen Zweckaufwand der Finanzbuchführung zu ersetzen.

Das Grundschema der elektiven Zuschlagskalkulation ist daher nicht völlig gleichzusetzen mit der Systematik des handelsrechtlichen Herstellungskostenbegriffs. Zunächst ergeben sich terminologische Abweichungen. Der § 255,2 HGB legt in Satz 2 eine Aktivierungspflicht für Material- und Fertigungskosten sowie Sonderkosten der Fertigung fest und versteht hierunter - abweichend von der Terminologie der Kostenrechnung - jeweils **Einzel**kosten. Zum anderen ergeben sich - sieht man

---

[211] In § 153,2 AktG 1965 stand: „Vertriebskosten gelten nicht als Betriebs- und Verwaltungskosten". Gleichwohl wurde es für betriebswirtschaftlich sinnvoll und rechtlich zulässig gehalten, bereits angefallene Sondereinzelkosten des Vertriebs in die Herstellungskosten einzubeziehen. Im § 255,2 S. 6 HGB heißt es jedoch: „Vertriebskosten dürfen nicht in die Herstellungskosten einbezogen werden". Aufgrund dieser gesetzlichen Regelung kann die zum AktG 1965 vertretene Interpretation nicht aufrechterhalten werden, da sich das Einbeziehungsverbot jetzt auf die Herstellungskosten insgesamt bezieht.

[212] Vgl. hierzu die Ausführungen über die Abgrenzung zwischen Kosten und Aufwand im Einleitenden Teil, C, II.

[213] Durch den Terminus „Istkosten" wird der Zeitbezug der Kosten gekennzeichnet. Istkosten werden erfasst, nachdem der leistungsbezogene Güterverbrauch stattgefunden hat. Hingegen sind **Plan-** oder **Sollkosten** erwartete oder angestrebte Kosten und sie werden geschätzt, bevor der leistungsbezogene Güterverbrauch eintritt. Mit der Kategorie der Istkosten sind die **Normalkosten** verwandt. Normalkosten leiten sich aus den Istkosten her und stellen die aus früheren Istkosten gewonnenen Durchschnittsgrößen für den mengenmäßigen Verbrauch und/oder die Preis- bzw. Wertkomponente dar.

von den Unterschieden in den Wertansätzen Aufwand/Kosten ab - auch Abweichungen hinsichtlich des Umfangs der einzubeziehenden Kostenkategorien. In der Kostenrechnung gelangt man durch Addition der Fertigungs- und Materialkosten (also einschließlich der Fertigungs- und Materialgemeinkosten) zu den Herstellkosten. Das gilt nicht für den Herstellungskostenbegriff des HGB. Hier muss zwischen den Kostenkategorien, die die Wertuntergrenze, und den Kostenkategorien, die die Wertobergrenze bestimmen, unterschieden werden. Die Wertuntergrenze wird von den aktivierungspflichtigen Kostenkategorien bestimmt. Die Summe aus aktivierungspflichtigen und aktivierungsfähigen Kostenkategorien bildet die Wertobergrenze. Hierzu zählen - abweichend vom Herstellkostenbegriff der Kostenrechnung - auch die aktivierungsfähigen (d.h. anteiligen) Verwaltungsgemeinkosten. Man gelangt demzufolge unter Auswertung der Zahlen der Zuschlagskalkulation zu folgenden Muss- und Kann-Bestandteilen der handelsrechtlichen Herstellungskosten, wobei unterstellt wird, dass die in der Kostenrechnung verrechneten Kostenarten aufwandsgleiche Kosten darstellen. (Im Falle nicht aufwandsgleicher Kosten ist eine Umrechnung - wie bereits ausgeführt - erforderlich, da in die Herstellungskosten nur pagatorische Kosten eingerechnet werden dürfen!)

Kostenkategorien		Gesamt	Produkt A	Produkt B
	Materialeinzelkosten	8.000,00	5.000,00	3.000,00
+	Fertigungseinzelkosten	4.000,00	3.000,00	1.000,00
+	Sonderk. d. Fertigung	0,00	0,00	0,00
=	Wertuntergrenze der Herstellungskosten	12.000,00	8.000,00	4.000,00
+	Materialgemeinkosten	420,00	262,50	157,50
+	Fertigungsgemeinkosten	5.120,00	3.840,00	1.280,00
+	Ant. Verwaltungsgem.k.	1.360,00	938,39	421,61
=	Wertobergrenze der Herstellungskosten	18.900,00	13.040,89	5.859,11

2. Die Kostenträgerzeitrechnung

Im Gegensatz zur Kostenträgerstückrechnung erfasst die Kostenträgerzeitrechnung als Periodenrechnung die Kosten des Abrechnungszeitraums. Grundsätzlich verwendet sie hier die gleichen kostenrechnerischen Verfahren wie die Kostenträgerstückrechnung. Durch die Gegenüberstellung der Kosten und der um die Erlösschmälerungen verminderten Absatzerlöse (= Nettoerlöse oder Nettoumsatz) wird die Kostenträgerzeitrechnung zur kalkulatorischen Erfolgsrechnung. Die kalkulatorische Erfolgsrechnung wird in der Regel monatlich erstellt. Hierdurch soll im Gegensatz zur Erfolgsrechnung der Finanzbuchführung eine laufende (ggf. nach Erzeugnisarten differenzierte) Kontrolle des Betriebserfolges gewährleistet und die kurzfristige Bereitstellung von Zahlen für dispositive Zwecke (z.B. für Absatzentscheidungen) sichergestellt werden. Die Kostenträgerzeitrechnung kann wie die Kostenstellenrechnung in kontenmäßiger oder tabellarischer Form durchgeführt werden.

Zur Durchführung der Kostenträgerzeitrechnung stehen im Gesamtkosten- und im Umsatzkostenverfahren zwei unterschiedliche Methoden zur Verfügung. Beim reinen **Gesamtkostenverfahren** werden die in einer Periode anfallenden Kosten den Nettoerlösen gegenübergestellt. Diese beiden Größen entsprechen sich aber dann nicht, wenn ein Teil der in der Abrechnungsperiode verkauften Erzeugnisse dem Fertigfabrikatelager entnommen oder ein Teil der Produktion nicht fertig gestellt bzw. nicht abgesetzt und auf Lager genommen wird. Um eine Vergleichbarkeit der Kosten und Nettoerlöse herzustellen, sind daher beim Gesamtkostenverfahren die Bestandsveränderungen an fertigen und unfertigen Erzeugnissen - beide werden meist zu Herstellkosten bewertet - zu berücksichtigen. Zur Ermittlung der Herstellkosten der Bestandsveränderungen ist eine Kalkulation erforderlich. Das Gesamtkostenverfahren beinhaltet folgende Beziehung:

Betriebsergebnis = Nettoumsatzerlöse einer Periode
+ Bestandserhöhungen an fertigen und unfertigen
  Erzeugnissen
./. Bestandsminderungen an fertigen und unfertigen
  Erzeugnissen
./. Gesamtkosten.

Im Gegensatz hierzu stellt man beim reinen **Umsatzkostenverfahren** zur Ermittlung des kalkulatorischen Periodenerfolgs den Nettoerlösen der abgesetzten Produktmengen die Selbstkosten der abgesetzten Produktmengen (= Umsatzkosten) einer Periode gegenüber. Zur Ermittlung der Umsatzkosten muss für jede Produktart bzw. Produktgruppe eine Kalkulation vorgenommen werden. Die Eigenart des Umsatzkostenverfahrens besteht darin, dass die Ermittlung des kalkulatorischen Erfolges auf der Kostenträgerstückrechnung aufbaut und den Erfolg getrennt nach Kostenträgern bestimmt. Der kalkulatorische Gesamterfolg des Abrechnungszeitraums ergibt sich dann als Summe der Kostenträgererfolge. Das Betriebsergebnis errechnet sich beim Umsatzkostenverfahren aus der Beziehung:

Betriebsergebnis = Umsatzerlöse einer Periode
./. Selbstkosten der abgesetzten Produkte.[214]

Gesamtkosten- und Umsatzkostenverfahren lassen sich auch in der Weise kombinieren, dass die Kostenträgerzeitrechnung zwar formal hinsichtlich der Differenzierung nach Kostenträgern dem Umsatzkostenverfahren, materiell jedoch dem Gesamtkostenverfahren entspricht.[215] Dieses kombinierte Verfahren geht von den Gesamtkosten der Periode aus, korrigiert diese um die Herstellkosten der Bestandsveränderungen

---

[214] Hinsichtlich der Vor- und Nachteile von Gesamtkosten- und Umsatzkostenverfahren vgl. *Kosiol* [1979], S. 327-329 sowie *Kilger* [1987], S. 420-431.

[215] Vgl. *Schwarz* [1986], S. 36.

(Herstellkosten der Bestandsmehrungen werden subtrahiert - Herstellkosten der Bestandsminderungen werden addiert) und stellt die so bereinigten Kosten dem Nettoumsatz gegenüber. Diese Rechnung kann getrennt nach Kostenträgern und Kostenträgergruppen durchgeführt werden und zeigt dann das Betriebsergebnis analog zum Umsatzkostenverfahren sowohl global als auch differenziert nach Kostenträgern.

Beispiel:

Es werden die Zahlen der im vorhergehenden Abschnitt dargestellten Kostenträgerstückrechnung benutzt. Es wird jedoch unterstellt, dass diese Periodenkosten darstellen. Ferner soll die Annahme, nur die hergestellten Erzeugnisse würden in der betrachteten Periode vollständig abgesetzt, in der Weise abgeändert werden, dass folgende Bestandsveränderungen vorliegen:

	Halberzeugnisse			Fertigerzeugnisse		
	Gesamt	Prod. A	Prod. B	Gesamt	Prod. A	Prod. B
Anfangsbestand	9.000	6.000	3.000	6.000	4.000	2.000
Endbestand	5.000	3.000	2.000	7.000	4.000	3.000
Minderbestand	4.000	3.000	1.000	-	-	-
Mehrbestand	-	-	-	1.000	-	1.000

Mit Hilfe dieser Zahlen gelangt man zur beschriebenen **Kostenträgerzeitrechnung**:

Kostenkategorien	Gesamt	Zuschlag	Produkt A	Produkt B
Material	8.000,00		5.000,00	3.000,00
+ MGK	420,00	5,25 %	262,50	157,50
= (1) Materialkosten.	8.420,00		5.262,50	3.157,50
+ Fertigungslohn	4.000,00		3.000,00	1.000,00
+ FGK	5.120,00	128 %	3.840,00	1.280,00
+ Sonderkosten der Fertigung	0,00		0,00	0,00
= (2) Fertigungkosten	9.120,00		6.840,00	2.280,00
(1) + (2) = Herstellkosten d. Abrechn.ztr.	17.540,00		12.102,50	5.437,50
+ Minderbestand an HE/FE	4.000,00		3.000,00	1.000,00
- Mehrbestand an HE/FE	1.000,00		0,00	1.000,00
= Herstellkosten d. Umsatzes	20.540,00		15.102,50	5.437,50
+ VwGK	1.360,00	6,621 %	1.000,00	360,00
+ VtGK	400,00	1,947 %	294,10	105,90
+ Sonderkosten d. Vertriebs	0,00		0,00	0,00
= Selbstkosten des Umsatzes	22.300,00		16.396,60	5.903,40
Nettoeriöse	34.300,00		30.396,60	3.903,40
Betriebsergebnis	12.000,00		14.000,00	-2.000,00

Vergleicht man vorstehendes Ergebnis mit dem der Kostenträgerstückrechnung (Tab. auf S. 331), so ist zu beachten, dass für die kalkulatorische Weiterverrechnung der Verwaltungs- und Vertriebskosten meistens - wie auch hier - als Zuschlagsbasis die Herstellkosten des Umsatzes herangezogen werden. Wegen den angenommenen Bestandsveränderungen der Halb- und Fertigfabrikate sind in der vorstehenden Kostenträgerzeitrechnung die Herstellkosten des Umsatzes nicht identisch mit den Herstellkosten des Abrechnungszeitraums. Das galt annahmegemäß für die Kostenträgerstückrechnung.

II. Die organisatorischen Zusammenhänge zwischen Betriebsbuchführung und Finanzbuchführung

Finanz- und Betriebsbuchführung haben zwar unterschiedliche Aufgabenstellungen, sie sind jedoch nicht voneinander unabhängige Rechnungen. Hieraus ergibt sich das Erfordernis, die Zusammenarbeit zwischen der Finanz- und Betriebsbuchführung so zu gestalten, dass Doppelarbeiten vermieden und die in den einzelnen Rechenwerken vorgenommenen Erfolgsrechnungen aufeinander abgestimmt sind. Für die praktische Realisierung dieser Forderung sind in der Buchführungspraxis mehrere Organisationsformen entwickelt worden. Sie lassen sich in zwei Hauptformen unterscheiden, und zwar in Ein- und Zweikreissysteme. Diese Systeme sind im Zusammenhang mit der Entwicklung des Kontenrahmens zu sehen (s. S. 96). Heute stehen mit dem Gemeinschaftskontenrahmen (GKR) und dem Industrie-Kontenrahmen (IKR) zwei Ordnungssysteme zur Verfügung, von denen der nach dem Prozessgliederungsprinzip gestaltete GKR vor allem dem Einkreis- und der in zwei Rechnungskreise aufgeteilte IKR dem Zweikreissystem entspricht.

a. Einkreissystem und Gemeinschaftskontenrahmen

Wird die Betriebsbuchführung vollständig kontenmäßig in das System der Finanzbuchführung integriert, so liegt das geschlossene oder reine Einkreissystem vor. Das reine Einkreissystem ist in der Praxis nur selten anzutreffen, da das Kontensystem der doppelten Buchführung insbesondere für die Durchführung einer Kostenstellen- und Kostenträgerrechnung bei differenzierten Fertigungsprogrammen unübersichtlich ist. Daher werden Teile der Betriebsabrechnung, z.B. die Kostenstellen- und die Kostenträgerrechnung, aus dem Kontensystem herausgenommen und in tabellarischer Form als Betriebsabrechnungs- bzw. Kostenträgerbogen geführt. Man spricht dann von einem Einkreissystem mit tabellarisch ausgegliederten Teilen der Kostenrechnung oder der angehängten Betriebsbuchführung bzw. dem modifizierten oder ergänzten Einkreissystem.

Der Integration der Finanz- und Betriebsbuchführung im Einkreissystem trägt in besonderem Maße das Kontengliederungsschema des GKR Rechnung. Es ist an den Prozess der betrieblichen Leistungserstellung angelehnt und hat folgenden Aufbau:

Klasse	
0	Anlagevermögen und langfristiges Kapital
1	Finanz-Umlaufvermögen und kurzfristige Verbindlichkeiten
2	Neutrale Aufwendungen und Erträge
3	Stoffe - Bestände
4	Kostenarten
5/6	Kostenstellen
7	Kostenträger-Bestände an halbfertigen und fertigen Erzeugnissen
8	Kostenträger-Erträge
9	Abschluss

Im GKR sind die Kontenklassen 0, 1 und 3 auf die Abbildung der Außenbeziehungen mit den Beschaffungs- und Kapitalmärkten bezogen. Die Kontenklassen 4, 5, 6 und 7 dienen der Erfassung des internen Leistungserstellungsprozesses, und zwar in der Weise, dass der Prozessablauf fortlaufend von Klasse 4 bis Klasse 7 widergespiegelt wird. In der Klasse 8 werden die Erträge aus Umsatz und Bestandsveränderungen erfasst. Das sind die Erlöse aus dem Verkauf von Fertigerzeugnissen und Handelswaren, aus Nebengeschäften sowie die Bestandsveränderungen an Halb- und Fertigerzeugnissen und die Eigenleistungen. Die Klasse 9 dient der Eröffnung sowie dem Abschluss und enthält u.a. das Gewinn- und Verlustkonto sowie die Bilanzkonten. Im Gewinn- und Verlustkonto werden das Betriebsergebnis und das neutrale Ergebnis zum Gesamtergebnis zusammengefasst.

Von entscheidender Bedeutung für die Durchführung des Einkreissystems ist die Kontenklasse 2. Sie hat die Aufgabe, die neutralen Aufwände von den Kosten und die neutralen Erträge von den Betriebserträgen in sachlicher und zeitlicher Hinsicht abzugrenzen. Im Einzelnen gehören hierher die betriebsfremden Aufwendungen und Erträge (20), die Aufwendungen und Erträge für Grundstücke und Gebäude (21), die bilanzmäßigen Abschreibungen (23), die Zinsaufwendungen und Zinserträge (24), die betrieblichen außerordentlichen und periodenfremden Aufwendungen und Erträge (25/26), die Gegenposten der Kosten- und Leistungsrechnung (27/28), wie z.B. die verrechneten kalkulatorischen Kosten (kalkulatorische Abschreibungen, Zinsen und Wagnisse und kalkulatorischer Unternehmerlohn), und die das Gesamtergebnis betreffenden Aufwendungen und Erträge (29), wie z.B. die Körperschaftsteuer.

Die Abgrenzungsfunktion der Klasse 2 lässt sich durch nachfolgendes Schaubild verdeutlichen:

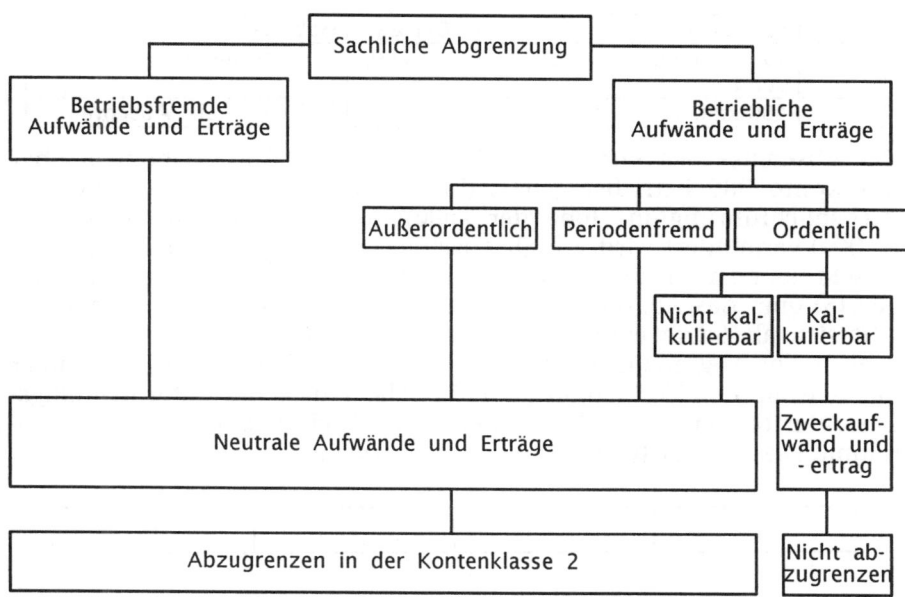

Die Kontenklasse 2 stellt somit sicher, dass auf den Kostenartenkonten der Klasse 4 nur Beträge gebucht werden, die Kosten darstellen, indem sie diejenigen erfolgswirksamen Vorgänge abgrenzt, die in keinem unmittelbaren Zusammenhang mit der Leistungserstellung stehen. Die Salden der Abgrenzungskonten in Klasse 2 werden über das Abgrenzungssammelkonto der Klasse 9 (Konto 987) auf das Gewinn- und Verlustkonto abgeschlossen.[216] Das Gewinn- und Verlustkonto weist dann den Unternehmungs-Gesamterfolg aus, der sich aus neutralem und betrieblichem Erfolg zusammensetzt. Das sei an einem Einzelfall der Abgrenzung der bilanziellen und kalkulatorischen Abschreibungen verdeutlicht.

Beispiel:

Zwischen bilanziellen und kalkulatorischen Abschreibungen bestehen meist Unterschiede, weil sich bilanzielle Abschreibungen nicht - wie die kalkulatorischen Abschreibungen - nur am Verlauf der tatsächlichen Wertminderung, sondern auch am Anschaffungswertprinzip und an bilanzpolitischen Überlegungen orientieren. Bilanzielle Abschreibungen entsprechen daher meist nicht den Grundsätzen ordnungsmäßiger Kostenrechnung und müssen abgegrenzt, d.h. in der Kostenrechnung durch kalkulatorische Abschreibungen ersetzt werden. Es sei unterstellt, dass sich die bilanziellen Abschreibungen auf Anlagen auf € 150,- und die kalkulatorischen Abschreibungen auf € 100,- belaufen. Dies führt zu folgender Verbuchung der bilanziellen (1) und kalkulatorischen (2) Abschreibungen:

---

216 Das Konto 987 (neutrales Ergebnis) übernimmt die Salden der Klasse 2 mit Ausnahme der Gruppe 29.

Nr.	Sollkonto	Betrag	Habenkonto
1	23 Bilanzm. Abschreibung	150,-	01 Maschinen u. Anlagen
2	480 kalk. Abschreibung	100,-	280 verr. kalk. Abschreib.

Der Abschluss des Kontos 480 Kalkulatorische Abschreibungen über das Konto 980 Betriebsergebnis (3) bewirkt, dass der Erfolg der Betriebsbuchführung in Höhe der kalkulatorischen Abschreibungen (= € 100,-) vermindert wird. Durch Abschluss der Konten 23 Bilanzmäßige Abschreibungen (4) und 280 Verrechnete kalkulatorische Abschreibungen (5) über das Abgrenzungssammelkonto 987 Neutrales Ergebnis ergibt sich als Saldo ein neutraler Verlust in Höhe von € 50,-. Der Abschluss des Abgrenzungssammel- und des Betriebsergebniskontos über das Gewinn- und Verlustkonto (6) führt dazu, dass der Unternehmungs-Gesamterfolg in Höhe der bilanziellen Abschreibungen (€ 150,-) abnimmt. Dies veranschaulicht folgende Übersicht:

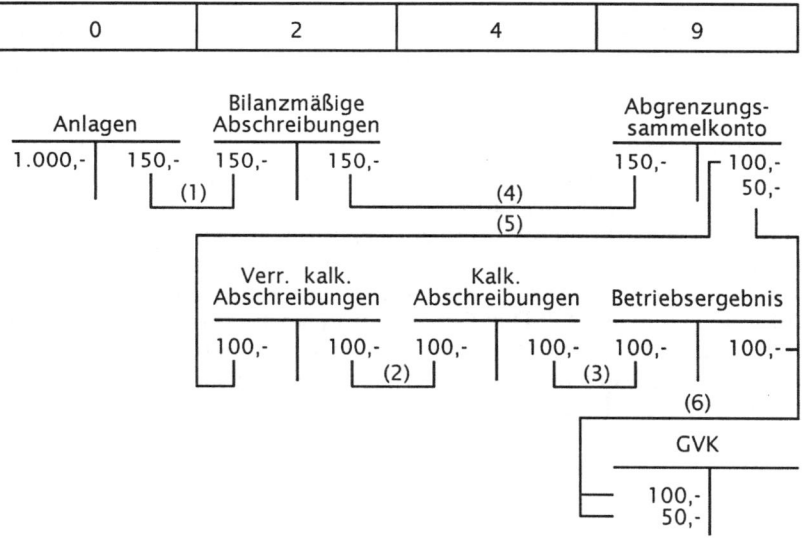

Im Rahmen des modifizierten Einkreissystems ist zwischen der Betriebsabrechnung in rein tabellarischer Form einerseits und der kontenmäßigen Erfassung der in tabellarischer Form ermittelten Zahlen andererseits zu unterscheiden. Hier soll aus Platzgründen lediglich auf das System der kontenmäßigen Erfassung der in tabellarischer Form ermittelten Zahlen der Betriebsabrechnung näher eingegangen werden. Wählt man diese Form der organisatorischen Gestaltung des Zusammenhangs zwischen Betriebsbuchführung und Finanzbuchführung, so gibt es für die Abstimmung der tabellarischen und der kontenmäßigen Teile der Betriebsabrechnung buchtechnisch mehrere Möglichkeiten, von denen im folgenden nur eine näher behandelt werden soll.[217] Die darzustellende Variante ist am Umsatzkostenverfahren (= Absatzrechnung) orientiert und stellt auf den Erlöskonten der Klasse 8 den jeweiligen Erlösen die Kosten der umgesetzten Erzeugnisse gegenüber. Die kontenmäßige Verankerung einer solchen Betriebsabrechnung kann in zweierlei Weise erfolgen, und zwar entweder summarisch oder unterteilt nach Erzeugnissen oder Erzeugnisgruppen.

Eine Verbuchung des Produktions- und Absatzverlaufs nach dem Umsatzkostenverfahren weist folgende Abrechnungsschritte auf:

- Die Kostenarten der Klasse 4 werden zur Weiterverrechnung in Einzel- und Gemeinkosten getrennt. Die Einzelkosten gehen unmittelbar in die Kostenträgerrechnung ein und werden in die Klasse 5 übernommen. Die Behandlung der Gemeinkosten ist Aufgabe der Kostenstellenrechnung.

- Die Kostenstellenrechnung - sie wird wie hier unterstellt tabellarisch im BAB durchgeführt - verteilt die Gemeinkosten nach kostenrechnerischen Gesichtspunkten auf die Kostenstellen. Die so nach Kostenstellen aufgegliederten Gemeinkosten werden in die Verrechnungskonten der Klasse 5 zurückgeführt.

Die Verrechnungskonten der Klasse 5 sind Kostensammelkonten. Sie empfangen auf Konto 50 die in die Fertigung eingehenden Rohstoffe unmittelbar aus Klasse 3 (Rohstoffe werden nicht über die Klasse 4 gebucht!), auf den Konten 51 die Einzelkosten Fertigungslöhne und auf den Konten 560 bzw. 561 die Sondereinzelkosten der Fertigung und des Vertriebs, und zwar jeweils unter Umgehung des BAB aus den Konten der Klasse 4 (Konto 495 und 496). Die durch den BAB gegliederten Gemeinkosten werden als Fertigungsgemeinkosten auf dem Konto 52, als Materialgemeinkosten auf dem Konto 53, als Verwaltungsgemeinkosten auf dem Konto 54 und als Vertriebsgemeinkosten auf dem Konto 55 gebucht.

- Die Halberzeugniskonten der Klasse 7 nehmen auf der Sollseite sämtliche Herstellkosten auf. Sie werden belastet:

  1. mit den verrechneten Materialeinzelkosten (von 50),
  2. mit den verrechneten Fertigungslöhnen (von 51),
  3. mit den Sondereinzelkosten der Fertigung (von 560),
  4. mit den verrechneten Fertigungsgemeinkosten (von 52),
  5. mit den verrechneten Materialgemeinkosten (von 53).

Die fertig gestellten Erzeugnisse werden den Halberzeugniskonten zu Herstellkosten gutgeschrieben. Die Bestandsermittlung der Halberzeugnisse (wie auch der Fertigerzeugnisse) erfolgt im Wege der Fortschreibung oder durch Inventur. Der Jahresabschluss-Saldo der

---

[217] Vgl. in dem Zusammenhang *Angermann* [1975], S. 30-47.

Halbfabrikatekonten stellt den Bestandswert der in Herstellung befindlichen Erzeugnisse (also der Halberzeugnisse) dar.

- Die Fertigerzeugniskonten werden als reine Bestandskonten geführt. Sie empfangen die hergestellten Fertigerzeugnisse zum Herstellwert und geben sie zum gleichen Herstellwert an die Verkaufskonten weiter. Die Salden stellen die Endbestände an Fertigerzeugnissen dar.

- Die Erlöskonten der Klasse 8 werden mit den Selbstkosten der verkauften Erzeugnisse belastet, nämlich:

  1. mit den Herstellkosten der verkauften Erzeugnisse,

  2. mit den Verwaltungsgemeinkosten (von 54),

  3. mit den Vertriebsgemeinkosten (von 55),

  4. mit den Sondereinzelkosten des Vertriebs (von 561).

- Die Erlöskonten der Klasse 8 werden mit den Verkaufserlösen der einzelnen Kostenträger erkannt. Die Salden dieser Konten gehen auf das Betriebsergebniskonto der Klasse 9 - das Konto 980.

Der Buchungszusammenhang der Konten Halberzeugnisse, Fertigerzeugnisse und Erlöse stellt sich schematisch wie folgt dar:

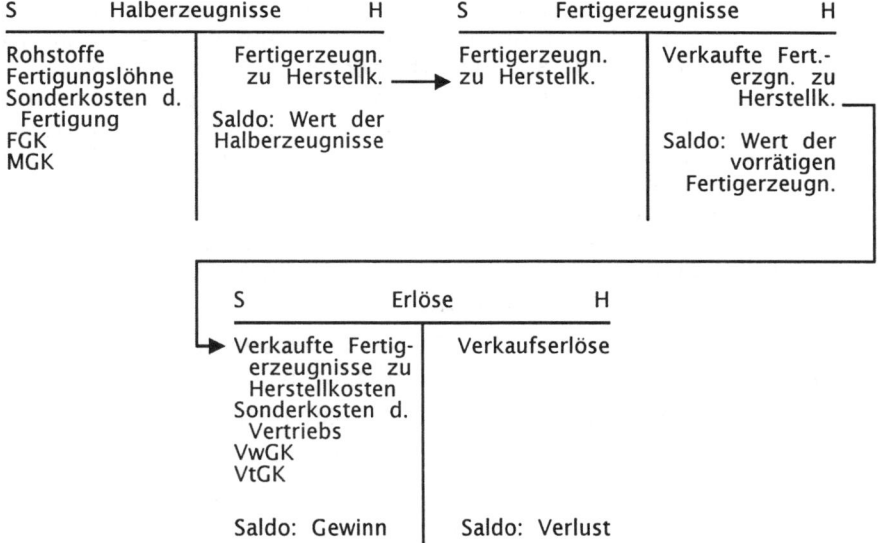

Beispiel:

Die Saldenbilanz I einer Industrieunternehmung weist u.a. folgende Zahlen auf: (HE = Halberzeugnis; FE = Fertigerzeugnis; AB = Anfangsbestand)

	Soll	Haben
403 Fertigungsmaterial	8.000,00	
431 Fertigungslöhne	4.000,00	
404 Hilfsstoffe	1.550,00	
429 Energie und dgl.	400,00	
439 Gehälter	3.100,00	
440 gesetzliche Sozialkosten	450,00	
450 Instandhaltung	800,00	
460 Steuern	400,00	
480 kalk. Abschreibungen	600,00	
700 HE Produkt A (AB)	6.000,00	
710 HE Produkt B (AB)	3.000,00	
720 FE Produkt A (AB)	4.000,00	
730 FE Produkt B (AB)	2.000,00	
800 Erlöse Produkt A		30.396,60
810 Erlöse Produkt B		3.903,40

Durch Inventur wurden folgende Endbestände (EB) festgestellt:

EB Halberzeugnisse Produkt A	3.000,00
EB Halberzeugnisse Produkt B	2.000,00
EB Fertigerzeugnisse Produkt A	4.000,00
EB Fertigerzeugnisse Produkt B	3.000,00

Es handelt sich hier um die Zahlen, die bereits der vorhergehenden Darstellung des BAB und der Kostenträgerrechnung zu Grunde lagen. Daher kann für die Verteilung der Gemeinkostenarten auf die Kostenstellen von dem BAB auf S. 328 bzw. dem Kostenträgerzeitbogen auf S. 336 ausgegangen werden. Bei der Kostenträgerstückrechnung ist daher von folgenden Gemeinkosten, Bezugsbasen und Zuschlägen auszugehen:

	MGK	FGK	VwGK	VtGK
Gemeinkosten	420,00	5.120,00	1.360,00	400,00
Bezugsbasen	8.000,00	4.000,00	20.540,00	20.540,00
Zuschläge (in %)	5,25	128,00	6,62	1,95

Vorstehende Angaben sind unter Verwendung des GKR zu verbuchen. Die buchungstechnische Durchführung soll im Einkreissystem erfolgen, wobei die kontenmäßige Verankerung der tabellarisch im BAB und Kostenträgerzeitbogen ermittelten Zahlen nach Erzeugnissen getrennt vorzunehmen ist.

Nach dem Einrichten der Konten und der Einbuchung der Zahlen der vorläufigen Saldenbilanz I sind folgende Buchungen vorzunehmen:

1. Verbuchung der zu verrechnenden Kosten in Klasse 5:

Sollkonto	Betrag	Habenkonto
50 verr. Fertigungsmaterial	8.000,00	
51 verr. Fertigungslöhne	4.000,00	
52 verr. FGK	5.120,00	
53 verr. MGK	420,00	
54 verr. VwGk	1.360,00	
55 verr. VtGK	400,00	
	19.300,00	div. Konten der Klasse 4

2. Verbuchung sämtlicher Herstellkosten auf den Konten der Halberzeugnisse in Klasse 7:

Sollkonto	Betrag	Habenkonto
700 HE Produkt A	12.102,50	
	5.000,00	50 verr. Fertigungsmaterial
	3.000,00	51 verr. Fertigungslöhne
	3.840,00	52 verr. FGK
	262,50	53 verr. MGK
710 HE Produkt B	5.437,50	
	3.000,00	50 verr. Fertigungsmaterial
	1.000,00	51 verr. Fertigungslöhne
	1.280,00	52 verr. FGK
	157,50	53 Verr. MGK

Die Salden der Konten Halberzeugnisse stellen den Wert der in der Herstellung befindlichen Erzeugnisse dar. Sie werden an das Schlussbilanzkonto abgegeben.

3. Verbuchung der Herstellkosten der fertig gestellten Erzeugnisse auf den Konten der Klasse 7:

Sollkonto	Betrag	Habenkonto
720 FE Produkt A	15.102,50	700 HE Produkt A
730 FE Produkt B	6.437,50	710 HE Produkt B

4. Verbuchung der Selbstkosten der umgesetzten Erzeugnisse auf den Erlöskonten der Klasse 8

Sollkonto	Betrag	Habenkonto
800 Erlöse Produkt A	16.396,60	
	15.102,50	720 FE Produkt A
	1.000,00	54 verr. VwGk
	294,10	55 verr. VtGK
810 Erlöse Produkt B	5.903,40	
	5.437,50	730 FE Produkt B
	360,00	54 verr. VwGk
	105,90	55 verr. VtGK

Die Salden der Konten Fertigerzeugnisse stellen die Endbestände an Fertigerzeugnissen dar, sie werden an das Schlussbilanzkonto abgegeben.

5. Verbuchung des Betriebsergebnisses auf dem Konto der Klasse 9:

Sollkonto		Betrag	Habenkonto	
800	Erlöse Produkt A	14.000,00	980	Betriebsergebnis
980	Betriebsergebnis	2.000,00	810	Erlöse Produkt B

b. Zweikreissystem und Industrie-Kontenrahmen

Auch für die Durchführung des Zweikreissystems existieren mehrere Möglichkeiten. Die Betriebsbuchführung kann einmal isoliert von der Finanzbuchführung in einem eigenen Kontensystem durchgeführt werden, das durch Übergangs- oder Spiegelbildkonten mit der Finanzbuchführung verbunden und abgestimmt wird.[218] Die organisatorische Gestaltung der Betriebsbuchführung als geschlossenes Kontensystem hat die gleichen Nachteile, die bereits bei der Darstellung des Einkreissystems erwähnt wurden. Die kontenmäßige Durchführung einer Kostenstellen- und Kostenträgerrechnung ist - insbesondere bei einem differenzierten Fertigungsprogramm - zu unübersichtlich und unflexibel. Deshalb wird in der modernen Buchführungspraxis die Betriebsbuchführung meist tabellarisch durchgeführt. Die Entwicklung einer von der Finanzbuchführung isoliert durchgeführten Betriebsbuchführung ist durch die Möglichkeit des Einsatzes von EDV-Anlagen gefördert worden. Dieser Tendenz wurde durch die Schaffung des IKR Rechnung getragen. Im IKR wird das Prozessgliederungsprinzip als alleiniges Gestaltungsprinzip zugunsten der Idee der Dualgliederung aufgegeben. Das führt dazu, dass für die Bereiche Finanzbuchführung und Betriebsbuchführung jeweils eigene Rechnungskreise gebildet werden. Der Rechnungskreis I umfasst die Finanzbuchführung. Bei der Strukturierung der Finanzbuchführung wird das Prinzip der Bilanzgliederung bzw. das Abschlussgliederungsprinzip angewendet. Dem Rechnungskreis I liegt folgende Kontenklassengliederung zu Grunde:

	Klasse	Rechnungskreis I
Aktive Bestandskonten	0	Immaterielle Vermögensgegenstände und Sachanlagen
	1	Finanzanlagen
	2	Umlaufvermögen und aktive RAP
Passive Bestandskonten	3	Eigenkapital und Rückstellungen
	4	Verbindlichkeiten und passive RAP
Erfolgskonten	5	Erträge
	6	Betriebliche Aufwendungen
	7	Weitere Aufwendungen
	8	Ergebnisrechnungen

Die Kontenklasse 9 des IKR ist frei für die Kosten- und Leistungsrechnung, d.h. es bleibt den einzelnen Unternehmen überlassen, ob und gegebenenfalls wie diese Kontenklasse für Zwecke der Betriebsabrech-

---

[218] Vgl. *Kilger* [1987], S. 474-477; *Kosiol* [1979], S. 95-111; *Schweitzer/Küpper* [1986], S. 100-105.

nung genutzt wird. Damit wird der Tatsache Rechnung getragen, dass insbesondere die Ausgestaltung der Betriebsbuchführung von der Betriebsgröße, Produktionsstruktur, Branche und dem praktizierten Kostenrechnungssystem (Vollkosten- oder Deckungsbeitragsrechnung) abhängt. Der IKR gliedert sich somit in einen generellen Teil, der in den Klassen 0 bis 8 die Geschäftsbuchführung zum Inhalt hat, und in einen betriebsindividuellen Teil für die Kosten- und Leistungsrechnung in der Kontenklasse 9, wobei die Gestaltungsfreiheit der Kontenklasse 9 es offen lässt, ob die Kosten- und Leistungsrechnung kontenmäßig oder ausschließlich in tabellarischer Form geführt wird.

In der IKR-Publikation werden Demonstrationsbeispiele alternativer Gestaltungsmöglichkeiten der Kontenklasse 9 vorgestellt.[219] Danach kann eine differenzierte Kosten- und Leistungsrechnung wie folgt gegliedert sein:

	Klasse	Rechnungskreis II
Abgrenzungsrechnung	90	Unternehmensbezogene Abgrenzungen
	91	Kostenrechnerische Korrekturen
Kosten- u. Leistungs-rechnung	92	Verrechnete Leistungen und Kosten
	93	Kostenstellen
	94	Kostenträger (Unfertige Erzeugnisse)
	95	Fertige Erzeugnisse
	96	Interne Lieferungen und Leistungen sowie deren Kosten
	97	Umsatzkosten
	98	Umsätze
	99	Ergebnisausweise

Zwischen den Konten der Rechnungskreise I und II werden keine Buchungen vorgenommen, vielmehr sind beide Bereiche nur durch eine statistische Abstimmung verbunden. Im Zweikreissystem des IKR ist es daher erforderlich, die Werte der Finanzbuchführung mittels gesonderter Buchungen als Ausgangsdaten in die Betriebsbuchführung einzubringen, wo sie anschließend für die Kostenrechnung aufbereitet werden. Die Übernahme der Daten aus dem Rechnungskreis I wirft keine besonderen buchungstechnischen Probleme auf, soweit es sich um aufwandsgleiche Kosten bzw. ertragsgleiche Leistungen handelt. In diesem Fall werden in Finanz- und Betriebsbuchführung Beträge in gleicher Höhe verrechnet, so dass die Werte der Finanzbuchführung unmittelbar, d.h. ohne besondere Aufbereitung in die Kostenrechnung übernommen werden. Die Erfassung aufwandsgleicher Kosten und ertragsgleicher Leistungen im Rechnungskreis II erfolgt grundsätzlich durch Einbuchung der entsprechenden Beträge in der Kontengruppe „92 verrechnete Leistungen und Kosten". Zur Wahrung der Doppik ist es allerdings erforderlich, in der Betriebsbuchführung ein Ausgleichskonto zu führen, das die korrespondierenden Gegenbuchungen aufnimmt. Diese Funkti-

---

[219]   Vgl. *BDI* [1971], S. 78.

on übernimmt im IKR das sog. **betriebliche Abschlusskonto**.[220] Es enthält die Aufwendungen im Haben, die Erträge im Soll und stellt damit ein Spiegelbild (= Spiegelbildsystem) des Ergebniskontos der Finanzbuchführung dar.[221] Aufgrund der seitenverkehrten Entsprechung kann das betriebliche Abschlusskonto zur gegenseitigen Kontrolle der beiden Rechnungskreise herangezogen werden: Ist eine inhaltliche und summenmäßige Übereinstimmung von betrieblichem Abschlusskonto und Ergebniskonto der Finanzbuchführung nicht festzustellen, so liegen Buchungsfehler in einem der Rechnungskreise vor. Die grundlegende Buchungstechnik bei der Übernahme aufwandsgleicher Kosten und ertragsgleicher Leistungen im Spiegelbildsystem verdeutlicht das nachstehende Beispiel.

Beispiel:

In einem Industriebetrieb sind folgende Buchungsfälle zu erfassen: (1) Lohnzahlung per Bank € 1.000,-; (2) im Geschäftsjahr wird Fertigungsmaterial mit Anschaffungskosten € 10.000,- dem Lager entnommen und in die Produktion eingegeben; (3) Fertigungsanlagen werden in Höhe von € 2.000,- abgeschrieben; (4) an Umsatzerlösen werden € 30.000,- über das betriebliche Bankkonto vereinnahmt. Die Kostenrechnung erfasst nur aufwandsgleiche Kosten. Die Periodenproduktion an Erzeugnissen (Anfangsbestand € 0,-) wird vollständig abgesetzt; der Abschluss der beiden Rechnungskreise erfolgt nach dem Gesamtkostenverfahren.

Buchungssätze:

(1) Lohnzahlung

Finanzbuchführung:62 Löhne an 280 Bank   € 1.000,-
Kostenrechnung: 92 verr. Leist. u. Kosten an 999 betr. Abschlusskto. € 1.000,-

(2) Materialverbrauch

Finanzbuchführung:600 Fertigungsmat. L an 200 Rohstoffe/Fert.Mat. € 10.000,-
Kostenrechnung: 92 verr. Leist. u. Kosten an 999 betr. Abschlusskto. € 10.000,-

(3) Abschreibungen

Finanzbuchführung: 65 Abschreibungen an 07 Techn. Anl. u. Masch. € 2.000,-
Kostenrechnung: 92 verr. Leist. u. Kosten an 999 betr. Abschlusskto. € 2.000,-

(4) Umsatzerlöse

Finanzbuchführung:280 Bank an 50 Umsatzerlöse   € 30.000,-
Kostenrechnung: 999 betr. Abschlusskto. an 98 Umsätze   € 30.000,-

(5) Abschluss

---

[220] Vgl. z.B. *Eisele* [2002], S. 590 ff; *Schweitzer/Küpper* [1986], S. 103; *Kosiol* [1979], S. 103; *Moews* [1973], S. 39.

[221] Vgl. *Kosiol* [1979], S. 100.

Die Konten „92 verr. Leistungen u. Kosten" sowie „98 Umsätze" werden auf das Betriebsergebniskonto (991) abgeschlossen. Es ergibt sich als Saldo ein Betriebsgewinn von € 17.000,-, der auf das betriebliche Abschlusskonto übertragen wird:

991 Betriebsergebnis an 999 betr. Abschlusskto. € 17.000.-

Kontenbild:

S	802 GVK Gesamtkostenverf.	H	S	999 Betr. Abschlusskto.	H
Lohn	1.000,-	Um.erl. 30.000,-	v.Um.erl. 30.000,-	v. Lohn	1.000,-
Material	10.000,-			v. Mat.	10.000,-
Abschr.	2.000,-			v.Absch.	2.000,-
Gewinn	17.000,-			Betr.Erg.	17.000,-
	30.000,-	30.000	30.000,-		30.000,-

Da Aufwands- und Kostengrößen bzw. Ertrags- und Leistungswerte übereinstimmen, ergibt sich in beiden Rechnungskreisen der gleiche Erfolg.

Im Regelfall werden in der Betriebsbuchführung neben aufwands- bzw. ertragsgleichen Beträgen auch aufwands- bzw. ertragsungleiche Kosten und Leistungen verbucht. Dies führt zu Abweichungen zwischen den in der Finanz- und Betriebsbuchführung zu erfassenden Größen, so dass die Daten aus der Finanzbuchführung in diesen Fällen für Zwecke der Kostenrechnung besonders aufbereitet werden müssen. Kosten und Leistungen, die dagegen nur in der Betriebsbuchführung verrechnet werden, sind zusätzlich in die Kostenrechnung einzubringen. Die hierzu erforderlichen Buchungen erfolgen in den Kontengruppen 90 und 91, dem sog. Abgrenzungsbereich. Mit der Kontengruppe „90 unternehmensbezogene Abgrenzungen" werden diejenigen Beträge der Finanzbuchführung abgegrenzt, die in der Kostenrechnung nicht weiterverrechnet werden dürfen. Hingegen erfasst die Kontengruppe „91 kostenrechnerische Korrekturen" jene Kosten und Leistungen, die in der Finanzbuchführung nicht gebucht wurden und daher zusätzlich in die Betriebsbuchführung eingebracht werden müssen. Die dabei zu beachtende Buchungstechnik verdeutlicht das nachstehende Beispiel.

Beispiel:

Während des Geschäftsjahres sind in einem Industriebetrieb folgende Vorgänge zu erfassen: (1) Löhne in Höhe von € 1.000,- (kostengleiche Aufwendungen); (2) Umsatzerlöse in Höhe von € 2.000,- (leistungsgleiche Erträge); (3) kalkulatorische Zinsen € 500,- (Zusatzkosten); (4) Spendenausgaben in Höhe von € 100,- (neutrale Aufwendungen).

Buchungssätze:

(1) + (2) Übernahme der kostengleichen Aufwände

    92   verr. Leistungen u. Kosten   an 99 betriebl. Abschlusskto.   €   1.000,-
    999 betriebl. Abschlusskto.   an 98 Umsätze   €   2.000,-

(3) Berücksichtigung der Zusatzkosten

    92   verr. Leistungen u. Kosten   an 910 Zusatzkosten   €   500,-

(4) Abgrenzung der neutralen Aufwendungen

901 betriebsfremde Aufw. u. Ertr. an 999 betriebl. Abschlusskto € 100,-

Zum Abschluss des Rechnungskreises II werden die Kontengruppen 90 und 91 über das neutrale Ergebnis abgeschlossen, während der Abschluss von 92 und 98 über das Betriebsergebnis erfolgt.

Sollkonto	Betrag	Habenkonto
992 neutrales Ergebnis	100,-	901 betriebsfr. Aufw. u. Ertr.
910 Zusatzkosten	500,-	992 neutrales Ergebnis
991 Betriebsergebnis	1.000,-	92 verr. Leist. u. Kosten
991 Betriebsergebnis	500,-	92 verr. Leist. u. Kosten
92 verr. Leist. u. Kosten	2.000,-	991 Betriebsergebnis

Die Salden der Konten „992 neutrales Ergebnis" (= neutraler Erfolg) und „991 Betriebsergebnis" (= betrieblicher Erfolg) werden auf dem Konto „993 Gesamtergebnis" zum Gesamterfolg des Unternehmens zusammengefasst. Die Gegenbuchung des Periodengesamterfolges erfolgt im betrieblichen Abschlusskonto. Das ergibt nachstehendes Kontenbild:

Kontenbild:

S	802 GVK Gesamtkostenverf.		H	S	999 betriebl. Abschlusskto.		H
Lohn	1.000,-	Um.erl.	2.000,-	v.Um.erl.	2.000,-	v. Lohn	1.000,-
Spende	100,-					n. Aufw.	100,-
Gewinn	900,-					Ges.gew.	900,-
	2.000,-		2.000,-		2.000,-		2.000,-

S	991 Betriebsergebnis		H	S	992 Neutrales Ergebnis		H
Lohn	1.000,-	Um.erl.	2.000,-	n.Aufw.	100,-	v.Zus.k.	500,-
kalk.Zins	500,-			neutral.			
Betr.Gew.	500,-			Gewinn	400,-		
	2.000,-		2.000,-		500,-		500,-

S	993 Gesamtergebnis		H
Gesamtgewinn	900,-	Betriebsgewinn	500,-
		neutraler Gewinn	400,-
	900,-		900,-

Nachdem die Daten aus der Finanzbuchführung übernommen und aufbereitet worden sind, erfolgt die eigentliche Durchführung der Kosten- und Leistungsrechnung ausgehend von Kontengruppe 92 bis zur Kontengruppe 99.

Nach dieser einführenden Darstellung der Buchungstechnik in der Kontenklasse 9 des IKR sollen im folgenden die in beiden Teilbereichen der Betriebsbuchführung (Abgrenzungsrechnung sowie Kosten- und Leistungsrechnung) im Einzelnen auftretenden Buchungsprobleme näher dargestellt werden.[222]

1. Abgrenzungsrechnung

➤ Aussonderung der neutralen Aufwendungen und Erträge

Den neutralen Aufwendungen liegt Güterverbrauch zu Grunde, der nicht leistungsbezogen ist, während es sich bei den neutralen Erträgen um Güterentstehungen handelt, die nicht aus dem Produktionsprozess stammen. Diese in der Finanzbuchführung festgehaltenen Größen dürfen nicht in die Kosten- und Leistungsrechnung gelangen. Es ist Aufgabe der Kontengruppe 90 „unternehmensbezogene Abgrenzung", die entsprechenden Beträge auszusondern und für die Ermittlung des neutralen Ergebnisses festzuhalten. Da sich neutrale Aufwendungen und Erträge aus betriebsfremden, außerordentlichen und periodenfremden Größen zusammensetzen, empfiehlt es sich, in der Kontengruppe 90 entsprechende Konten einzurichten (Verbuchung der Aufwendungen im Soll, Verbuchung der Erträge im Haben). Die Aussonderung erfolgt dann durch Vornahme folgender Buchungen:

- **Aussonderung neutraler Aufwendungen:**
    901 betriebsfremde Aufw./Erträge   an   999 betriebl. Abschlusskonto
    902 außerordentliche Aufw./Erträge an   999 betriebl. Abschlusskonto
    903 periodenfremde Aufw./Erträge   an   999 Betriebl. Abschlusskonto

- **Aussonderung neutraler Erträge:**
    999 betriebl. Abschlusskonto   an   901 betriebsfremde Aufw./Erträge
    999 betriebl. Abschlusskonto   an   902 außerordentliche Aufw./Erträge
    999 betriebl. Abschlusskonto   an   903 periodenfremde Aufw./Erträge

Die Konten der Gruppe 90 werden am Jahresende auf das neutrale Ergebniskonto abgeschlossen, dessen Saldo zusammen mit dem Betriebsergebnis aus der Kosten- und Leistungsrechnung das Gesamtergebnis ergibt. Neutrale Aufwendungen und Erträge beeinflussen somit zwar nicht das Betriebsergebnis, aber sowohl das neutrale Ergebnis als auch das Gesamtergebnis.

---

[222] Der Darstellung wird eine halbtabellarisch durchgeführte Betriebsbuchführung zu Grunde gelegt, d.h. die gesamte Kostenstellenrechnung wird nicht durch doppelte Buchung auf Konten, sondern tabellarisch in Form des BAB durchgeführt. Die Kostenträgerrechnung wird dagegen kontenmäßig durchgeführt (vgl. *Moews* [1973], S. 31, zur folgenden Darstellung vgl. insbesondere S. 13-32, sowie *Moews* [1992], S. 56-80).

> **Übernahme der Zweckaufwendungen und -erträge**

Die Zweckaufwendungen und -erträge aus der Finanzbuchführung entsprechen umfang- und wertmäßig den Grundkosten bzw. Grundleistungen. Diese Beträge der Finanzbuchführung müssen deshalb in die Kosten- und Leistungsrechnung übernommen werden. Die Kontengruppe 92 „verrechnete Leistungen und Kosten" übernimmt die Kosten in die Kosten- und Leistungsrechnung, während die Kontengruppe 98 „Umsätze" die (i.d.R. als Umsatzerlöse anfallenden) Leistungen erfasst. Die Übernahme erfolgt mit den Buchungen:

  92 verr. Leist. u. Kosten an 999 betriebl. Abschlusskonto
  999 be triebl. Abschlusskonto an 98 Umsätze

> **Einfügen von Zusatzkosten und Verrechnung von Anderskosten**

Zusatzkosten stehen (da es sich um ausgabenlosen Güterverzehr handelt) in der Finanzbuchführung keine Werte gegenüber. Diese Größen können deshalb betragsmäßig nicht aus dem Regelkreis I übernommen, sondern müssen in die kalkulatorische Rechnung eingefügt werden. Diese Aufgabe übernimmt die Kontengruppe 91 „kostenrechnerische Korrekturen". Buchmäßig werden Zusatzkosten durch die Buchung[223]

  92 verr. Leist. u. Kosten an 910 Zusatzkosten

eingefügt.

Erreichen die Aufwendungen der Finanzbuchführung nicht die Höhe der in der Betriebsbuchführung zu verrechnenden Kosten, so liegen in Höhe der Differenz Anderskosten (s. S. 11) vor. Die Kontengruppe 91 muss gewährleisten, dass auch Anderskosten in die Kosten- und Leistungsrechnung eingehen. Zunächst werden deshalb die entsprechenden Aufwandsbeträge der Finanzbuchführung in das Konto 911 eingebucht:

  911 Anderskosten an 999 betriebl. Abschlusskonto.

Danach werden durch die Buchung

  92 verr. Leist. u. Kosten an 911 Anderskosten

die in der Kosten- und Leistungsrechnung zu verrechnenden Beträge eingebucht. Auf dem Konto 911 werden damit als Saldo die Anderskosten festgehalten, die in das neutrale Ergebnis abgeschlossen werden.

> **Umbewertung der Kostenträger**

Im Regelfall sind die Bestände an Halb- und Fertigfabrikaten in der kalkulatorischen Rechnung anders bewertet als in der Finanzbuchführung. Diese Bewertungsdifferenzen führen dazu, dass in der Finanzbuchführung Bestandsveränderungen in anderer Höhe erfolgswirksam verrech-

---

[223] Zur Unterscheidung der Zusatz- und Anderskosten kann man auf dem Konto 910 die Zusatzkosten erfassen, während das Konto 911 die Anderskosten aufnimmt (vgl. *Moews* [1973], S. 67).

net werden als dies in der Betriebsbuchführung zu geschehen hat. Deshalb muss eine Umbewertung der Zahlen aus der Finanzbuchführung vorgenommen werden. Diese Umbewertung ist in der Kontengruppe 91 (Konto 912 „Umbewertung von UE und FE") vorzunehmen. Dazu wird zunächst der in der Finanzbuchführung ermittelte Betrag der Bestandsveränderungen durch die Buchung (Fall der Bestandsminderung):

> 912 Umbew. v. UE u. FE an 999 betriebl. Abschlusskonto

in den Rechnungskreis II übernommen.

In die Kostenrechnung müssen jedoch die zu Herstellkosten bewerteten Bestände gelangen. Durch die Verbuchung der Anfangsbestände und der Endbestände - bewertet zu Herstellkosten - mit den Buchungen

> 94 unfertige Erzeugnisse (UE)
> 95 Fertigerzeugnisse (FE) an 912 Umbew. v. UE u. FE

und

> 912 Umbew. v. UE u. FE an 94 unfertige Erzeugnisse (UE)
> 95 Fertigerzeugnisse (FE)

wird sichergestellt, dass die Bestände zu Herstellkosten bewertet in die Kosten- und Leistungsrechnung eingehen. Auf dem Konto 912 stehen sich somit die Bestandsveränderungen des Geschäftsjahres bewertet mit den Werten aus der Finanz- und Betriebsbuchführung gegenüber. Als Saldo ergibt sich auf dem Konto 912 die Differenz aus der in Finanz- und Betriebsbuchführung unterschiedlich vorgenommenen Bewertung der Bestandsveränderungen, die an das neutrale Ergebnis abgegeben wird.

Durch diese Schritte sind die Zahlen der Finanzbuchführung für die Zwecke der Kostenrechnung aufbereitet worden: Aufwendungen wurden in Kosten und Erträge in Leistungen umgewandelt. Die Kontengruppe 92 enthält nun die in die Kosten- und Leistungsrechnung zu übernehmenden Größen. Der Abschluss der Kontengruppen 90 und 91 erfolgt dagegen auf dem Konto 992 „neutrales Ergebnis".[224]

---

224 Eine buchhalterische Behandlung der Abgrenzungsrechnung kann jedoch auch in anderer Weise erfolgen. So ist es möglich, auf das betriebliche Abschlusskonto zu verzichten und stattdessen die Kontengruppen 90, 91 und 92 insgesamt spiegelbildlich zu führen. Am Beispiel der Kontengruppe 90 „Unternehmensbezogene Abgrenzungen" bedeutet dies, dass neutrale Erträge im Soll, neutrale Aufwendungen dagegen im Haben aufzunehmen sind. Die kostenrechnerischen Korrekturen bzw. Abgrenzungen zur Finanzbuchführung werden in diesem Falle buchungstechnisch durch unmittelbares Einbuchen der entsprechenden Beträge auf dem neutralen Ergebniskonto durchgeführt. Die Gegenbuchungen nehmen die spiegelbildlich geführten Kontengruppen 90 und 91 auf. Ebenso wird es bei dieser Vorgehensweise erforderlich, die Kontengruppe 92 spiegelbildlich zu verwenden. Sie nimmt dann lediglich die Gegenbuchungen zur Weiterverrechnung der Kosten und Leistungen auf die Kostenstellenkonten bzw. Kostenträgerkonten sowie Erlöskonten auf; vgl. hierzu *Götzinger/Michael* [1993], S. 175-191.

2. Kosten- und Leistungsrechnung

Die Verbuchung der Kosten- und Leistungsrechnung vollzieht sich entsprechend der nachfolgend dargestellten Schritte:

- Die in der Kosten- und Leistungsrechnung zu verrechnenden Kosten sind durch die dargestellten Buchungen im Abgrenzungsbereich auf der Sollseite der Konten aus Kontengruppe 92 enthalten und werden zur Weiterverrechnung in Einzel- und Gemeinkosten getrennt.

- Die Einzelkosten werden den Kostenträgern direkt zugerechnet. Als Bestandteile der Herstellkosten (Fertigungslöhne, Fertigungsmaterial sowie Sondereinzelkosten der Fertigung) werden sie auf die Konten für unfertige Erzeugnisse eingebucht:

  94 unfertige Erzeugnisse an 92 verr. Leist. u. Kosten.

  Die Sondereinzelkosten des Vertriebs werden dagegen zur Erfolgsermittlung auf die Umsatzkostenkonten weiterverrechnet:

  97 Umsatzkosten an 92 verr. Leist. u. Kosten.

- Aufgrund des Ergebnisses der tabellarisch durchgeführten Kostenstellenrechnung werden die Gemeinkosten auf die Kostenträger zugerechnet, soweit es sich um Herstellkosten (Material- und Fertigungsgemeinkosten) handelt:

  94 unfertige Erzeugnisse an 92 verr. Leist. u. Kosten.

  Die Verwaltungs- und Vertriebsgemeinkosten werden für die Erfolgsermittlung auf die Umsatzkostenkonten weiterverrechnet:

  97 Umsatzkosten an 92 verr. Leist. u. Kosten.

- Als Salden auf den Halbfabrikatekonten (Kontenklasse 94) ergeben sich die Herstellkosten der **fertig gestellten** Erzeugnisse. Diese werden durch die Buchung

  95 Fertigerzeugnisse an 94 unfertige Erzeugnisse

  auf die Fertigerzeugniskonten übernommen.

- Als Salden auf den Fertigerzeugniskonten (Kontenklasse 95) ergeben sich die Herstellkosten der **abgesetzten** Erzeugnisse. Diese werden durch die Buchung

  97 Umsatzkosten an 95 Fertigerzeugnisse

  auf die Umsatzkostenkonten übernommen.

- Die Umsatzerlöse werden durch die Buchung

  98 Umsätze an 97 Umsatzkosten

  (ggf. nach Kostenträgerarten differenziert) den Herstellkosten der abgesetzten Erzeugnisse gegenübergestellt (=Umsatzkostenverfahren).

- Die Salden der Umsatzkostenkonten (Kontengruppe 97) stellen nun den kalkulatorischen Periodenerfolg des jeweiligen Kostenträgers dar. Dieser wird durch die Buchung (Gewinnfall):

  97 Umsatzkosten an 991 Betriebsergebnis

  auf das Betriebsergebniskonto übertragen.

- Auf dem Konto 991 sind so die Betriebsergebnisse der einzelnen Kostenträger ersichtlich. Der Saldo wird durch die Buchung (Gewinnfall):

  991 Betriebsergebnis an 993 Gesamtergebnis

auf das Gesamtergebniskonto übertragen .

* Das Konto „neutrales Ergebnis" (992) wird durch die Buchung (Fall eines negativen neutralen Ergebnisses)

  993 Gesamtergebnis an 992 neutrales Ergebnis

  abgeschlossen.

* Als Saldo ergibt sich auf dem Konto 993 das Gesamtergebnis, das mit dem Ergebnis der Finanzbuchführung übereinstimmen muss. Zur Wahrung der Doppik kann die Gegenbuchung im betrieblichen Abschlusskonto vorgenommen werden (Gewinnfall),

  993 Gesamtergebnis an 999 betriebl. Abschlusskonto,

  das dadurch ausgeglichen wird.

Beispiel:

Die Buchungstechnik nach IKR soll am Beispiel einer halbtabellarisch durchgeführten Betriebsbuchführung verdeutlicht werden. Das bedeutet, die gesamte Kostenstellenrechnung erfolgt tabellarisch in Form des Betriebsabrechnungsbogens, während die Kostenträgerrechnung kontenmäßig durchgeführt wird. Dazu wird auf das bereits bei der Verbuchung nach GKR verwendete Beispiel zurückgegriffen. Um die Besonderheiten der Verbuchung im Zweikreissystem deutlich zu machen, werden jedoch folgende Modifikationen der Ausgangsdaten vorgenommen:

* es werden die entsprechenden Kontennummern des IKR verwendet,
* das Unternehmen hat zusätzlich eine Spende in Höhe von € 50,- geleistet,
* außerordentliche Aufwendungen sind in Höhe von € 100,- angefallen,
* in der Finanzbuchführung sind € 500,- an Abschreibungen verrechnet worden, während die Betriebsbuchführung € 600,- zu Grunde legt.

Somit ergeben sich folgende Ausgangsdaten:

		Soll	Haben
65	Abschreibungen	500,00	
600	Fertigungsmaterial	8.000,00	
62	Löhne	4.000,00	
602	Aufw.f.Hilfstoffe	1.550,00	
61	Aufw.f.bez. Leistungen	400,00	
63	Gehälter	3.100,00	
64	soziale Abgaben u. Aufwendungen f. Altersversorg. u. Unterstützung	450,00	
606	Reparaturmat. u. Fremdinstandhalt.	800,00	
77	Steuern v. Einkommen u. v. Ertrag	400,00	
76	außerordentliche Aufwendungen	100,00	
6869	Spenden	50,00	
210	unfertige Erzeugnisse (UE) A	6.000,00	
211	unfertige Erzeugnisse (UE) B	3.000,00	
220	Fertigerzeugnisse (FE) A	4.000,00	
221	Fertigerzeugnisse (FE) B	2.000,00	
501	Umsatzerlöse A		30.396,60
502	Umsatzerlöse B		3.903,40

Durch Inventur wurden folgende Endbestände (EB) festgestellt:

EB Halberzeugnisse Produkt A	3.000,00
EB Halberzeugnisse Produkt B	2.000,00
EB Fertigerzeugnisse Produkt A	4.000,00
EB Fertigerzeugnisse Produkt B	3.000,00

1. Abgrenzungsrechnung

> **Aussonderung der neutralen Aufwendungen und Erträge:**

Sollkonto	Betrag	Habenkonto
901 betriebsfr. A./E.	50,00	999 betr. Abschlusskonto
902 a.o. Aufw./Ertr.	100,00	999 betr. Abschlusskonto

Als betriebsfremder Aufwand ist die Spende von € 50,- zu berücksichtigen. Darüber hinaus sind außerordentliche Aufwendungen in Höhe von € 100,- abzugrenzen.

> **Übernahme der Zweckaufwendungen und -erträge:**

Kostengleich wurden in der Finanzbuchführung folgende Beträge erfasst, die nun auch in den Regelkreis II übernommen werden müssen:

Fertigungsmaterial	€	8.000,00
Löhne	€	4.000,00
Hilfsstoffe	€	1.550,00
Aufwand für bez. Leistungen	€	400,00
Gehälter	€	3.100,00
Abgaben und Aufwendungen für Altersversorgung und Unterstützung	€	450,00
Reparaturmaterial und Fremdinstandhaltung	€	800,00
Steuern	€	400,00
= zu verrechnende Kosten	€	18.700,00

Sollkonto	Betrag	Habenkonto
92 verr. Leist. u. Kosten	18.700,00	999 betr. Abschluss-kto
999 betr. Abschlusskonto	34.300,00	
	30.396,60	981 Umsätze A
	3.903,40	982 Umsätze B

> **Einfügen von Zusatzkosten und Verrechnung von Anderskosten:**

Sollkonto	Betrag	Habenkonto
911 Anderskosten	500,00	999 betr. Abschlusskonto
92 verr. Leist. u. Kosten	600,00	911 Anderskosten

In Finanzbuchführung und Kostenrechnung werden Abschreibungen in unterschiedlicher Höhe verrechnet: Abschreibungen in der Finanzbuchführung € 500,-, in der Betriebsbuchführung € 600,-.

➢ **Umbewertung der Kostenträger:**

	Bestandsminderung UE A	€	3.000,00
+	Bestandsminderung UE B	€	1.000,00
./.	Bestandserhöhung FE B	€	1.000,00
=	gesamte Bestandminderung	€	3.000,00

Sollkonto	Betrag	Habenkonto
912 Umbew. v. UE und FE	3.000,-	999 betr. Abschlusskonto

Verbuchung der Anfangs- und Endbestände:

Sollkonto	Betrag	Habenkonto
941 UE A	6.000,00	
942 UE B	3.000,00	
951 FE A	4.000,00	
952 FE B	2.000,00	
	15.000,00	912 Umbew. v. UE und FE

912 Umbew. v. UE und FE	12.000,00	
	3.000,00	941 UE A
	2.000,00	942 UE B
	4.000,00	951 FE A
	3.000,00	952 FE B

Im Beispielsfall sind die Kostenträger in Finanz- und Betriebsbuchführung gleich bewertet worden; das Konto 912 ist deshalb nach Durchführung der Buchungen ausgeglichen.

2. Kosten- und Leistungsrechnung

➢ **Verbuchung der Einzelkosten:**

Sollkonto	Betrag	Habenkonto
941 UE A	8.000,00	
942 UE B	4.000,00	
	12.000,00	92 verr. Leist. u. Kosten

➢ **Verbuchung der Gemeinkosten:**

Sollkonto	Betrag	Habenkonto
941 UE A	4.102,50	
942 UE B	1.437,50	
	5.540,00	92 verr. Leist. u. Kosten
971 Umsatzkosten A	1.294,10	
972 Umsatzkosten B	465,90	
	1.760,00	92 verr. Leist. u. Kosten

Der Verteilung der auf dem Konto „92 verr. Leist. u. Kosten" eingebuchten Gemeinkosten liegt der BAB auf S. 328, bzw. der Kostenträgerzeitbogen auf S. 336 zu Grunde.

> **Verbuchung der Herstellkosten der fertig gestellten Erzeugnisse:**

Sollkonto	Betrag	Habenkonto
951 FE A	15.102,50	941 UE A
952 FE B	6.437,50	942 UE B

> **Verbuchung der Herstellkosten der abgesetzten Erzeugnisse:**

Sollkonto	Betrag	Habenkonto
971 Umsatzkosten A	15.102,50	951 FE A
972 Umsatzkosten B	5.437,50	952 FE B

> **Verbuchung der Umsatzerlöse (Umsatzkostenverfahren):**

Sollkonto	Betrag	Habenkonto
981 Umsätze A	30.396,60	971 Umsatzkosten A
982 Umsätze B	3.903,40	972 Umsatzkosten B

> **Verbuchung der Betriebsergebnisse:**

Sollkonto	Betrag	Habenkonto
971 Umsatzkosten A	14.000,00	991 Betriebsergebnis
991 Betriebsergebnis	2.000,00	972 Umsatzkosten B

3. Abschluss

> **Abschluss der Kontengruppen 90 und 91 über das neutrale Ergebnis:**

Sollkonto	Betrag	Habenkonto
992 neutrales Ergebnis	150,00	
	50,00	901 betriebsfr. A./E.
	100,00	902 ausserord. A./E.
911 Anderskosten	100,00	992 neutrales Ergebnis

> **Verbuchung des Betriebsergebnisses auf das Gesamtergebniskonto:**

Sollkonto	Betrag	Habenkonto
991 Betriebsergebnis	12.000,00	993 Gesamtergebnis

> **Verbuchung des neutralen Ergebnisses auf das Gesamtergebniskonto:**

Sollkonto	Betrag	Habenkonto
993 Gesamtergebnis	50,00	992 neutrales Ergebnis

> **Abschluss des Gesamtergebniskontos über das betriebliche Abschlusskonto:**

Sollkonto	Betrag	Habenkonto
993 Gesamtergebnis	11.950,00	999 betr. Abschlusskonto

N. Sonderfragen der laufenden Verbuchung

I. Die Verbuchung des Warenverkehrs bei Kommissionsgeschäften

Neben den im ersten Fall dargestellten Grundtatbeständen des Warenverkehrs sind in der Praxis vielfältige weitere Erscheinungsformen des Warenein- und -verkaufs zu beobachten. Als wichtiges Beispiel für diese Sonderfälle kann das Kommissionsgeschäft angeführt werden, dessen buchmäßige Behandlung im folgenden dargestellt werden soll.

Bei Kommissionsgeschäften (§§ 383 - 406 HGB) übernimmt es ein Beauftragter (Kommissionär) gewerbsmäßig, gegen Entgelt Waren (oder Wertpapiere) in eigenem Namen oder im Auftrag und für Rechnung eines Auftraggebers (Kommittenten) zu kaufen (Einkaufskommission) oder zu verkaufen (Verkaufskommission). Wesensmerkmal eines Kommissionsgeschäfts ist daher, dass sich der Kaufmann zum Ein- oder Verkauf seiner Waren eines anderen Unternehmers bedient. Nur dieser tritt im Außenverhältnis als Lieferant oder Abnehmer in Erscheinung. Eine entsprechende Abwicklung des Warenverkehrs kann geboten sein, wenn - wie z.B. bei der Einkaufskommission - für den Warenbezug spezielle Fachkenntnisse erforderlich oder von Vorteil wären, über die der Auftraggeber jedoch nicht verfügt. Bedeutung erlangen Kommissionsgeschäfte schließlich, wenn das Geschäft nur an speziellen Markt- oder Börsenplätzen durchführbar ist.

Die Honorierung des Kommissionärs erfolgt in der Regel auf Provisionsbasis. Neben dem Ersatz für angefallenen Aufwand wird daher meist eine Vergütung in Abhängigkeit der Auftragssumme vereinbart. Anzutreffen sind auch Mehrerlösbeteiligungen, die für den Kommissionär einen Anreiz bieten sollen, das Preislimit bei Verkäufen zu überschreiten bzw. bei Einkäufen zu unterschreiten. Nach § 394 HGB hat der Kommissionär für die Erfüllung der Verbindlichkeit des Dritten, mit dem er das Geschäft abschließt, einzustehen, wenn dies vereinbart wurde oder am Ort seiner Niederlassung Handelsbrauch ist. In der Praxis wird daher regelmäßig eine Delkredereprovision vereinbart.

Umsatzsteuerlich wird das Kommissionsgeschäft zwischen dem Kommittenten und dem Kommissionär nach § 3,3 UStG ebenso als Lieferung im Sinne von § 3,1 UStG behandelt wie das Geschäft zwischen dem Kommissionär und dem Käufer/Verkäufer. Damit unterliegen die entsprechenden Entgelte der Umsatzbesteuerung. Die Kommissionsgeschäfte lassen sich wie folgt darstellen.

Einkaufskommission:

Kommittent ◄——Lieferung—— Kommissionär ◄——Lieferung—— Verkäufer

Verkaufskommission:

Kommittent ——— Lieferung ——→ Kommissionär ——— Lieferung ——→ Käufer

Aus umsatzsteuerlicher Sicht wie auch hinsichtlich der Verbuchung wird im folgenden zwischen der Behandlung von Einkaufs- und Verkaufskommissionsgeschäften unterschieden.

a. Die Verbuchung bei Einkaufskommission

Bei Einkaufskommissionen übernimmt der Kommissionär den Einkauf der Waren für Rechnung des Auftraggebers. Da er damit die Kommissionsware in eigenem Namen bezieht, wird der Kommissionär zum juristischen Eigentümer der bezogenen Ware. Allerdings steht dem die Verpflichtung aus dem Kommissionsverhältnis gegenüber, das Eigentum an den Kommittenten weiterzugeben. Wirtschaftlich gehört das Kommissionsgut daher nicht zum Betriebsvermögen des Beauftragten. Zur deutlichen Trennung von eigenem Vermögen ist deshalb die Einrichtung eines besonderen Kommissionswarenkontos geboten, das bei Bezug und Lagerung der Kommissionsware den Nettoeinkaufswert aufnimmt.[225] Sind die Waren am Jahresende noch auf Lager des Kommissionärs, so dürfen diese beim Kommissionär wegen der fehlenden wirtschaftlichen Zugehörigkeit nicht bilanziert werden. Statt dessen hat der Kommittent die Waren in seiner Schlussbilanz zu aktivieren.

Bei Lieferung der Ware an den Auftraggeber ist das Kommissionswarenkonto um den Warenwert zu entlasten. Die Gegenbuchung erfolgt zusammen mit der zu berechnenden Umsatzsteuer, der Provision und den zu ersetzenden Auslagen auf einem speziell eingerichteten Kontokorrentkonto, das die Geschäftsbeziehungen zum Kommittenten aufnimmt (Forderungen im Soll, Verpflichtungen im Haben). Beim Kommittenten werden diese Beträge (mit Ausnahme der Umsatzsteuer) als Zugang auf dem Wareneinkaufskonto gebucht. Die Provisionen des Kommissionärs werden also als Anschaffungsnebenkosten behandelt. Eine getrennte Erfassung dieser Beträge auf besonderen Anschaffungsnebenkostenkonten, welche über das Wareneinkaufskonto abzuschließen sind, ist allerdings möglich. Die buchtechnische Behandlung verdeutlicht nachstehendes Beispiel.

Beispiel:

Der Kommissionär A wird vom Kommittenten B beauftragt, 100 ME Rohkaffee zum Einkaufspreis von € 18.000,- (netto) einzukaufen. Als Provision werden 8 % des Einkaufspreises vereinbart. B leistet am 1.4. einen Vorschuss von € 10.000,-.

---

[225] Ein gesondertes Kommissionswarenkonto entfällt jedoch, wenn die Ware vom Verkauf direkt an den Kommittenten geliefert wird (sog. Streckengeschäft).

Am 3.4. bezieht A von einem Lieferanten Rohkaffee zum Einstandswert von € 18.000,- zzgl. USt. An Fracht bezahlt A € 500,- zzgl. USt an einen Spediteur (Banküberweisung). Am 10.4. versendet A den Rohkaffee an B; die von ihm beglichenen Versandkosten betragen € 400,- zzgl. USt. A rechnet wie folgt ab:

	Einkaufspreis	€	18.000,-
+	Fracht	€	500,-
+	Provision	€	1.440,-
+	Versandkosten	€	400,-
=	Nettorechnungsbetrag	€	20.340,-
+	USt 15 %	€	3.051,-
=	Bruttorechnungsbetrag	€	23.391,-
./.	Vorschuss	€	10.000,-
=	noch zu begleichender Betrag	€	13.391,-

Am 11.4. überweist B den ausstehenden Rechnungsbetrag per Bank.

Verbuchung beim Kommissionär:

(1) Buchung am 1.4., (2) Buchung bei Einkauf 3.4., (3) Buchung am 10.4., (4) Buchung am 11.4.

Nr.	Sollkonto	Betrag	Habenkonto
1	Bank	10.000,-	Kontokorrentkonto B
2	Kommissionsware B	18.500,-	
	Vorsteuer	2.775,-	
		21.275,-	Bank
3a	Versandkosten	400,-	
	Vorsteuer	60,-	
		460,-	Bank
3b	Kontokorrentkonto B	23.391,-	
		18.500,-	Kommissionsware B
		1.440,-	Provisionsertrag
		400,-	Versandkosten
		3.051,-	Umsatzsteuer
4	Bank	13.391,-	Kontokorrentkonto B

Kontenbild:

S	Kommissionsware B	H	S	Kontokorrentkonto B	H
(2)	18.500,-	(3b) 18.500,-	(3b)	23.391,-	(1) 10.000,-
					(4) 13.391,-

S	Provisionsertrag	H	S	Vorsteuer	H
		(3b) 1.440,-	(2)	2.775,-	
			(3a)	60,-	

S	Umsatzsteuer	H	S	Versandkosten	H
		(3b) 3.051,-	(3a)	400,-	(3b) 400,-

```
S                 Bank                  H
AB        100.000,- (2)          21.275,-
(1)        10.000,- (3a)             460,-
(4)        13.391,-
```

Verbuchung beim Kommittenten:

(1) Buchung am 1.4., (2) Buchung am 10.4., (3) Buchung am 11.4.

Nr.	Sollkonto	Betrag	Habenkonto
1	Kontokorrentkonto A	10.000,-	Bank
2	Wareneinkauf	20.340,-	
	Vorsteuer	3.051,-	
		23.391,-	Kontokorrentkonto A
3	Kontokorrentkonto A	13.391,-	Bank

Kontenbild:

```
S         Wareneinkauf      H   S        Kontokorrentkonto A       H
(2)       20.340,-              (1)      10.000,- (2)      23.391,-
                                (3)      13.391,-


S          Vorsteuer        H   S            Bank               H
(2)        3.051,-              AB      80.000,- (1)       10.000,-
                                                 (3)       13.391,-
```

b. Die Verbuchung bei Verkaufskommission

Der Verkaufskommissionär übernimmt in eigenem Namen aber für Rechnung des Kommittenten den Verkauf von Waren an einen Dritten. Im Gegensatz zur Einkaufskommission wird der Beauftragte nicht juristischer Eigentümer der Kommissionsware. Juristisches wie wirtschaftliches Eigentum liegen bis zur Veräußerung an einen Dritten beim Auftraggeber. Deshalb sind alle in Kommission gegebenen Vermögensgegenstände im Jahresabschluss des Kommittenten zu bilanzieren. Um aber den Lagerbestand jederzeit zweifelsfrei feststellen zu können, hat der Beauftragte den Warendurchlauf auf einem gesonderten Kommissionswarenkonto oder in einem Nebenbuch (Lagerkartei) zu erfassen. Angesichts dieser Gestaltungsmöglichkeiten kann die Buchungsweise beim Kommissionär variieren. Im folgenden wird daher davon ausgegangen, dass der Beauftragte ein gesondertes Kommissionswarenkonto in seiner Buchführung einrichtet.[226]

Bei Auslieferung der Ware an den Kommissionär wird die Ware beim Kommittenten vom Wareneinkaufskonto auf ein besonderes Konsigna-

---

[226] Bei Verzicht auf das Kommissionswarenkonto entfällt die buchhalterische Erfassung der Warenübergabe durch den Kommittenten, vgl. zur sich ergebenden Buchungstechnik *Falterbaum/Beckmann* [1996], S. 310-313.

tions- oder Kommissionswarenkonto umgebucht. Zu beachten ist dabei, dass die Buchung lediglich in Höhe der eigenen Anschaffungs- oder Herstellungskosten erfolgt, da andernfalls unrealisierte Gewinne zum Ausweis gelangen würden.

Aus umsatzsteuerlicher Sicht liegt eine Lieferung des Kommittenten an den Kommissionär erst zu dem Zeitpunkt vor, in dem die Ware an einen Dritten veräußert wurde. Das bedeutet, dass die Umsatzsteuer- bzw. Vorsteuerbuchung nicht zum Zeitpunkt der Übergabe der Kommissionsware, sondern bei Weiterveräußerung zu erfolgen hat.[227] Bei der Berechnung der Steuer ist die Provision des Kommissionärs als Entgeltminderung des Kommittenten vom Warenwert in Abzug zu bringen.[228] Die dem Kommissionär gewährte Provision stellt darüber hinaus aus Sicht des Kommittenten eine Schmälerung des an dem Warenverkauf erzielten Erlöses dar. Sie wird auf einem Konto „Erlösschmälerung-Provision" erfasst, das über das Kommissionswarenkonto abgeschlossen wird.

Beispiel:

Am 1.10. übergibt der Kommittent B dem Kommissionär A Waren, die dieser zum Limitpreis von € 20.000,- weiterveräußern soll. Als Provision werden 10 % des Limitpreises vereinbart. Die Anschaffungskosten bei B betragen € 15.000,-. Am 10.10. verkauft A die Waren zum Limitpreis zzgl. Umsatzsteuer gegen bar und liefert die Ware sofort an. Der Kommittent stellt ihm daraufhin in Rechnung:

	Warenwert	€ 20.000,-
./.	Provision	€ 2.000,-
=	Nettorechnungsbetrag	€ 18.000,-
+	USt 15 %	€ 2.700,-
=	Bruttorechnungsbetrag	€ 20.700,-

Am 12.10. überweist A den Rechnungsbetrag.

Verbuchung beim Kommissionär:

(1) Übergabe am 1.10., (2) Verkauf am 10.10., (3) Überweisung am 12.10.

---

[227] Vgl. *BFH* [1986], S. 280; Abschn. 24,2 S. 9 UStR.

[228] Vgl. *Falterbaum/Beckmann* [1996], S. 311, zu abweichenden Behandlungsmöglichkeiten vgl. *Eisele* [2002], S. 133-141.

Nr.	Sollkonto	Betrag	Habenkonto
1	Kommissionsware B	20.000,-	Kontokorrentkonto B
2a	Kasse	23.000,-	
		20.000,-	Kommissionsware B
		3.000,-	Umsatzsteuer
2b	Vorsteuer	2.700,-	
		2.000,-	Provisionsertrag
		700,-	Kontokorrentkonto B
3	Kontokorrentkonto B	20.700,-	Bank

Kontenbild:

S	Kommissionsware B	H	S	Kontokorrentkonto B	H
(1)	20.000,-	(2a) 20.000,-	(3)	20.700,-	(1) 20.000,-
					(2b) 700,-

S	Provisionsertrag	H	S	Vorsteuer	H
	(2b)	2.000,-	(2b)	2.700,-	

S	Umsatzsteuer	H	S	Kasse	H
	(2a)	3.000,-	(2a)	23.000,-	

S	Bank	H
AB	100.000,-	(3) 20.700,-

Verbuchung beim Kommittenten:

(1) Übergabe am 1.10., (2) Verkauf am 10.10., (3) Überweisung am 12.10.

Nr.	Sollkonto	Betrag	Habenkonto
1	Kommissionsware bei A	15.000,-	Wareneinkaufskonto
2	Kontokorrentkonto A	20.700,-	
	Erlösschm.-Provision	2.000,-	
		20.000,-	Kommissionsware bei A
		2.700,-	Umsatzsteuer
3	Bank	20.700,-	Kontokorrentkonto A

Kontenbild:

S	Kommissionsware bei A	H	S	Wareneinkauf	H
(1)	15.000,-	(2) 20.000,-	AB	15.000,-	(1) 15.000,-

S	Kontokorrentkonto A	H	S	Umsatzsteuer	H
(2)	20.700,-	(3) 20.700,-			(2) 2.700,-

S	Erlösschmälerung-Provision	H	S	Bank	H
(2)	2.000,-		(3)	20.700,-	

Besonderheiten gilt es zu beachten, wenn der Kommissionär einen über dem Limitpreis liegenden Verkaufserlös erzielen kann. Wird im vorher-

gehenden Beispiel die Kommissionsware für € 25.000,- zzgl. USt verkauft und soll der Mehrerlös allein dem Kommittenten zugute kommen,
so stellt dieser dem Kommissionär folgende Rechnung:

	Warenwert	€	25.000,-
./.	Provision	€	2.000,-
=	Nettorechnungsbetrag	€	23.000,-
+	USt 15 %	€	3.450,-
=	Bruttorechnungsbetrag	€	26.450,-

Die Buchungen (2) und (3) ändern sich dadurch wie folgt

Verbuchung beim Kommissionär:

Nr.	Sollkonto	Betrag	Habenkonto
2a	Kasse	28.750,-	
		25.000,-	Kommissionsware B
		3.750,-	Umsatzsteuer
2b	Kommissionsware B	5.000,-	
	Vorsteuer	3.450,-	
		2.000,-	Provisionsertrag
		6.450,-	Kontokorrentkonto B
3	Kontokorrentkonto B	26.450,-	Bank

Verkürztes Kontenbild:

S	Kommissionsware B	H	S	Kontokorrentkonto B	H
(1)	20.000,-	(2a) 25.000,-	(3)	26.450,-	(1) 20.000,-
(2b)	5.000,-				(2b) 6.450,-

Verbuchung beim Kommittenten:

Nr.	Sollkonto	Betrag	Habenkonto
2	Kontokorrentkonto A	26.450,-	
	Erlösschm.-Provision	2.000,-	
		25.000,-	Kommissionsware bei A
		3.450,-	Umsatzsteuer
3	Bank	26.450,-	Kontokorrentkonto A

Verkürztes Kontenbild:

S	Kommissionsware bei A	H	S	Kontokorrentkonto A	H
(1)	15.000,-	(2) 25.000,-	(2a)	26.450,-	(3) 26.450,-

Die Beispielfälle verdeutlichen, dass das Kommissionswarenkonto des
Kommittenten einem gemischten Warenkonto entspricht. Es enthält auf
der Sollseite die Einstandswerte des Warenbezugs, auf der Habenseite
die Verkaufswerte der veräußerten Waren. Möglich - und aus Gründen
der Übersichtlichkeit ggf. auch geboten - ist die Teilung in Kommissi-
onswarenein- und -verkaufskonten.

Lagert die Kommissionsware am Bilanzstichtag beim Beauftragten, so
muss der Kommittent unbenommen davon, dass sich die Vermögensge-

genstände nicht in seinem Besitz befinden, diese in seiner Schlussbilanz aktivieren. Der Kommissionär hat dagegen die Kommissionsware mit der Buchung

> Kontokorrentkonto B an Kommissionswaren B

zurückzubuchen, um sicherzustellen, dass in seiner Bilanz kein fremdes Vermögen ausgewiesen wird.

II. Die Verbuchung der Anschaffungskosten bei Rentenkauf und die buchmäßige Behandlung von Rentenverbindlichkeiten

a. Der Begriff „Rentenkauf"

Zu den Sonderfällen des Anschaffungswertes zählen Anschaffungskosten in Rentenform. Unter **Renten** versteht man aus einem einheitlichen Stammrecht (= Rentenrecht) fließende, periodisch wiederkehrende Leistungen in Geld oder Geldeswert. Renten lassen sich in **Zeit- und Leibrenten** unterscheiden. Zeitrenten werden im Gegensatz zu Leibrenten über eine vertraglich vereinbarte Laufzeit in festgelegter Höhe periodisch wiederkehrend geleistet, während Leibrenten hinsichtlich der Zahlungsdauer an das Leben einer oder mehrerer Bezugspersonen gebunden sind.[229] Bei Leibrenten ist somit der Gesamtbetrag der zu leistenden Renten von der Überlebenswahrscheinlichkeit der Bezugsperson mitbestimmt. Beim Kauf auf Rentenbasis ist davon auszugehen, dass die Anschaffungskosten der erworbenen Vermögensgegenstände grundsätzlich dem Barwert der Rente entsprechen.

Die häufigsten Anwendungsfälle des Rentenkaufs sind der Erwerb eines ganzen Betriebs, eines Teilbetriebs oder eines Grundstücks. Der wirtschaftliche Hintergrund dieser besonderen Form des Anschaffungsgeschäfts ist auf Käuferseite vor allem in **Liquiditätsvorteilen** und einem **spekulativen Moment** (Leibrente) zu sehen. Den Überlegungen des Verkäufers liegt regelmäßig der **Versorgungsgedanke** zu Grunde, jedoch wird auch er das spekulative Moment der Veräußerung gegen eine Leibrente berücksichtigen.

Nach § 253,1 S.2 HGB sind Rentenverpflichtungen, für die eine Gegenleistung nicht mehr zu erwarten ist, im Jahresabschluss mit ihrem **Barwert** anzusetzen, wobei jedoch das Vorliegen einer Gegenleistung keine Voraussetzung für den Bilanzausweis darstellt. Der Barwert einer Rentenverpflichtung ergibt sich durch die Kapitalisierung der zukünftig zu erbringenden Zahlungen. Während bei **Zeitrenten** der Barwert der Rentenzahlungen lediglich durch die fest vereinbarten Zahlungen und den zu Grunde gelegten Zinssatz determiniert wird, sind bei den Ausgestal-

---

[229] Im Falle der Leibrente gibt es unterschiedliche Ausgestaltungen; s. hierzu *Ritzrow* [1987], S. 323.

tungen der **Leibrente** versicherungsmathematische Barwerte zu ermitteln, die neben dem Zinssatz die Lebenserwartung der Rentenempfänger in Form von Überlebenswahrscheinlichkeiten berücksichtigen. Daraus ergibt sich, dass Rentenverpflichtungen, denen eine Zeitrente zu Grunde liegt, ihrer Höhe nach bestimmt sind, so dass sie grundsätzlich als **Verbindlichkeiten** im Jahresabschluss des Rentenverpflichteten zu erfassen sind. Hingegen sind Rentenverpflichtungen auf Basis einer Leibrente wegen der Unsicherheit über die Lebensdauer des Bezugsberechtigten ihrer Höhe nach ungewiss und haben deshalb den Charakter von **Rückstellungen** im Sinne des § 249,1 HGB.

Steuerlich sind wiederkehrende Leistungen nur dann Renten, wenn diese

* von der Lebensdauer von Personen abhängig sind und damit in ihrer Höhe wegen des Rentenwagnisses ungewiss sind oder
* sie für längere Zeit vorrangig aus Versorgungsgesichtspunkten erbracht werden.[230]

Zeitrenten, die aus dem Erwerb eines Vermögensgegenstandes herrühren, können daher nur unter eingeschränkten Bedingungen als Renten im steuerlichen Sinne angesehen werden. Soweit sie die von der Rechtsprechung erarbeiteten Kriterien nicht erfüllen, gelten sie als Kapitalrückzahlungen, d.h. Kaufpreisraten.[231]

Rentenverpflichtungen, für die das bilanzierende Unternehmen noch eine Gegenleistung zu erwarten hat, sind nach den Grundsätzen eines schwebenden Geschäfts zu behandeln (z.B. Pensionsanwartschaften von Arbeitnehmern). Steht einer Rentenverpflichtung eine gleichwertige Verpflichtung des Vertragspartners gegenüber, d.h. kompensieren sich Anspruch und Verpflichtung, ist nach den GoB **keine** Passivierungspflicht der Rentenschuld gegeben. Liegt jedoch ein Verpflichtungsüberschuss des Bilanzierenden vor, so ist dieser (evtl. als Rückstellung) zu erfassen.

---

[230] Für steuerliche Zwecke werden Renten in Veräußerungs-, Unterhalts- und Versorgungsrenten differenziert. Im Gegensatz zu Veräußerungsrenten werden Unterhaltsrenten unentgeltlich, Versorgungsrenten teilweise entgeltlich gewährt. Der Rentencharakter wird allerdings nur bei Rentenlaufzeiten von mindestens 10 Jahren bejaht (vgl. *BFH* [1963]). Bei kürzeren Laufzeiten wird kein selbständiges Stammrecht angenommen, so dass die periodischen Zahlungen steuerlich als sonstige wiederkehrende Bezüge (z.B. Studienzuschüsse) behandelt werden.

[231] Für private Veräußerungsvorgänge geht die steuerliche Rechtsprechung regelmäßig vom Vorliegen von Kaufpreisraten aus, auch wenn die Laufzeit mehr als 10 Jahre beträgt und der Versorgungscharakter von den Vertragsparteien betont wird, vgl. *BFH* [1970a].

b. Die Verbuchung bei Leibrenten

1. Die Verbuchung der Anschaffungskosten und der ungewissen Rentenverbindlichkeit

Beim Kauf auf Rentenbasis ist davon auszugehen, dass die Anschaffungskosten der erworbenen Vermögensgegenstände grundsätzlich dem Barwert der Rente im Erwerbszeitpunkt entsprechen. Bei der Berechnung des Rentenbarwertes ist im Fall einer Leibrente sowohl der anzuwendende Zinssatz als auch die Überlebenswahrscheinlichkeit des Rentenempfängers von Bedeutung. Hinsichtlich des Zinssatzes wird im allgemeinen eine Untergrenze von 3% und als Obergrenze der Marktzins für langfristiges Fremdkapital für zulässig erachtet, wobei im Regelfall ein mittlerer Zinssatz von 5,5% zur Anwendung kommt.[232] Der Barwert der Rentenverpflichtung ergibt sich als Summe der jeweils mit den Überlebenswahrscheinlichkeiten des Empfängers gewichteten, abgezinsten Rentenzahlungen, wobei die Überlebenswahrscheinlichkeiten aus der „Allgemeinen Sterbetafel" zu entnehmen sind.

Bezüglich des bilanziellen Wertansatzes ist zu beachten, dass für den erworbenen Vermögensgegenstand nur das zu aktivieren ist, was der Erwerber im Zeitpunkt des Kaufs bewusst an Verpflichtungen übernimmt bzw. was der Erwerber von vornherein als Aufwand zur Erreichung seines wirtschaftlichen Zwecks einkalkuliert. Übersteigen die Rentenzahlungen die in Höhe des Rentenbarwertes aktivierten Anschaffungskosten, oder erreichen sie ihn im umgekehrten Fall nicht, so liegen keine nachträglichen Anschaffungskosten bzw. Anschaffungskostenminderungen vor. Der tatsächliche Verlauf der Rentenzahlungen wird dem Finanzierungsgeschäft zugerechnet und hat auf die Höhe der Anschaffungskosten keinen Einfluss, da es die wirtschaftliche Betrachtungsweise gebietet, allein von den mutmaßlichen Zahlungen im Zeitpunkt des Erwerbs auszugehen.

Beispiel:

Ein Bauunternehmer B erwirbt vom Grundstücksbesitzer G ein unbebautes Grundstück gegen eine Leibrentenverpflichtung. Die jeweils am Jahresende fällige Rentenzahlung wird auf € 5.000,- festgesetzt. Der nach versicherungsmathematischen Grundsätzen ermittelte Rentenbarwert betrage im Erwerbszeitpunkt € 70.000,-.

B hat als Anschaffungskosten des Grundstücks den Barwert der ungewissen Rentenverbindlichkeit in Höhe von € 70.000,- zu aktivieren und eine Rückstellung in gleicher Höhe zu passivieren, so dass der Anschaffungsvorgang entsprechend dem Anschaffungswertprinzip erfolgsneutral behandelt wird.

---

[232] Vgl. *Ritzrow* [1987], S.325.

Buchungssatz:

Unbebautes Grundstück an Rückstellung für Rentenverbindlichkeit € 70.000,-

Kontenbild:

S	Unbebautes Grundstück	H	S	Rentenrückstellung	H
	70.000,-				70.000,-

2. Die Verbuchung der laufenden Rentenzahlungen

In der Praxis sind zwei Methoden der Verbuchung der laufenden Rentenzahlungen zu unterscheiden, und zwar die buchhalterische und die versicherungsmathematische Methode:

➤ Die buchhalterische Methode

Nach dieser Methode werden die laufenden Rentenzahlungen so lange in vollem Umfang über das Konto Rückstellung für Rentenverbindlichkeit gebucht, bis der Barwert verbraucht ist. Die Rentenzahlungen sind zunächst erfolgsneutral und werden, nachdem der Rentenbarwert abgebucht ist, in voller Höhe erfolgswirksam.

Beispiel: (wie oben)

- **Buchungssatz für Buchung am Ende des Geschäftsjahres des Erwerbs (erfolgsneutral):**

   Rückstellung für Rentenverbindlichkeit an Kasse € 5.000,-

Kontenbild:

S	Rentenrückstellung			H	S	Kasse	H
	5.000,-	AB	70.000,-				5.000,-
SBK	65.000,-						

- **Buchungssatz für Buchung am Ende eines Geschäftsjahres nach Aufzehrung des Rentenbarwertes (erfolgswirksam):**

   Sonstiger betrieblicher Aufwand an Kasse € 5.000,-

Kontenbild:

S	Sonst. betr. Aufwand	H	S	Kasse	H
	5.000,-				5.000,-

Die Vorteile der buchhalterischen Methode sind darin zu sehen, dass einerseits der Rentenbarwert nicht jährlich neu berechnet werden muss und andererseits eine einfache buchmäßige Abwicklung gewährleistet ist. Der Nachteil dieser Methode liegt in ihrer Ungenauigkeit. Sie führt zum Ausweis eines verfälschten Periodengewinns, da dieser, solange der Rentenbarwert noch nicht verbraucht ist, stets zu hoch und nach Aufzehrung desselben zu niedrig ausgewiesen wird. Des weiteren kann eingewendet werden, dass die buchhalterische Methode gegen die Vorschrift des § 253,1 S. 2 HGB verstößt. Danach wird der Ansatz von Rentenverpflichtungen mit dem Barwert gefordert. Der Rentenbarwert kommt hier jedoch nur im Erwerbszeitpunkt zum Ansatz und wird in den Folgejahren nicht mehr neu berechnet.

➤ Die versicherungsmathematische Methode

Im Unterschied zur buchhalterischen Methode werden hier die Rentenzahlungen von Anfang an als Aufwand verbucht. Der Differenzbetrag zwischen dem niedrigeren versicherungsmathematischen Barwert der Rente am Ende des Geschäftsjahres und dem höheren Barwert am Ende des vorangegangenen Geschäftsjahres wird erfolgserhöhend über das Konto sonstige betriebliche Erträge aufgelöst.

Beispiel: (wie oben)

Die nach versicherungsmathematischen Grundsätzen ermittelten Rentenbarwerte betragen:

01.01.01:	€ 70.000 ,- (= Anschaffungskosten des Grundstücks),
31.12.01:	€ 67.000,- ,
31.12.02:	€ 63.000,- .

• Buchungssätze zum 31.12.01:

(1) Jährliche Rentenzahlung, (2) Verbuchung der Rentenbarwertminderung, (3) Abschluss des Kontos sonstiger betrieblicher Aufwand über das GVK, (4) Abschluss des Kontos sonstiger betrieblicher Ertrag über das GVK.

Nr.	Sollkonto	Betrag	Habenkonto
1	Sonst. betr. Aufwand	5.000,-	Kasse
2	Rückst. f. Rentenverb.	3.000,-	Sonst. betr. Ertrag
3	GVK	5.000,-	Sonst. betr. Aufwand
4	Sonst. betr. Ertrag	3.000,-	GVK

Kontenbild:

S Rentenrückstellung H	S Kasse H	S Sonst. betr. Ertrag H
(2) 3.000,- | AB 70.000,-	(1) 5.000,- (4) 3.000,-	(2) 3.000,-
SBK 67.000,- |		

S Sonst. betr. Aufwand H	S GVK H
(1) 5.000,- | (3) 5.000,-	(3) 5.000,- | (4) 3.000,-

• Buchungssätze zum 31.12.02

(1) Jährliche Rentenzahlung, (2) Verbuchung der Rentenbarwertminderung, (3) Abschluss des Kontos sonstiger betrieblicher Aufwand über das GVK, (4) Abschluss des Kontos sonstiger betrieblicher Ertrag über das GVK.

Nr.	Sollkonto	Betrag	Habenkonto
1	Sonst. betr. Aufwand	5.000,-	Kasse
2	Rückst. f. Rentenverb.	4.000,-	Sonst. betr. Ertrag
3	GVK	5.000,-	Sonst. betr. Aufwand
4	Sonst. betr. Ertrag	4.000,-	GVK

Kontenbild:

S Rentenrückstellung H	S Kasse H	S Sonst. betr. Ertrag H
(2) 4.000,- | AB 67.000,-	(1) 5.000,- | (4) 4.000,-	(2) 4.000,-
SBK 63.000,- |		

S Sonst. betr. Aufwand H	S GVK H
(1) 5.000,- | (3) 5.000,-	(3) 5.000,- | (4) 4.000,-

Die vorstehende kontenmäßige Darstellung verdeutlicht, dass bei der versicherungsmathematischen Methode nur ein Teil der jährlichen Rentenzahlung erfolgsmindernd gebucht wird, da im GVK dem sonstigen betrieblichen Aufwand ein sonstiger betrieblicher Ertrag in Höhe der Rentenbarwertminderung gegenübersteht. Die versicherungsmathematische Methode hat gegenüber der buchhalterischen Methode den Vorteil der größeren Genauigkeit. Darüber hinaus entspricht sie der Vorschrift des § 253,1 S. 2 HGB, wonach der Ansatz von Rentenverpflichtungen mit dem Barwert zu erfolgen hat. Ihre Anwendung setzt jedoch die **jährliche Neuberechnung** des Rentenbarwertes voraus.

Wird im Rahmen eines Rentenkaufvertrages eine **Wertsicherungsklausel** vereinbart, die eine spätere Erhöhung der Rentenzahlungen zur Folge hat, so ist der Rentenbarwert zum Zeitpunkt des Eintritts der Wertsicherungsklausel neu zu berechnen. In diesem Vorgang ist kein Fall einer Nachaktivierung von Anschaffungskosten zu sehen. Der abgeschlossene Anschaffungsvorgang und die spätere Anhebung der Rentenverbindlichkeit stellen buchhalterisch zwei verschiedene Vorgänge dar. Änderungen der Rentenleistungen aufgrund späterer Ereignisse sind allein dem Finanzierungsgeschäft zuzurechnen. Deshalb wird der Unterschiedsbetrag zwischen dem Rentenbarwert vor Erhöhung der Rentenzahlung und dem Rentenbarwert nach Erhöhung der Rentenzahlung in voller Höhe als Periodenaufwand behandelt. Der Buchungssatz lautet:

Sonst. betriebl. Aufwand an Rückst. f. Rentenverbindlichkeit

Bei vorzeitigem Wegfall der Verpflichtung zur Rentenzahlung (durch Tod) ist der noch vorhandene Rückstellungsbetrag der Rentenverbindlichkeit erfolgserhöhend aufzulösen. Die Anschaffungskosten bleiben auch von diesem Vorgang unberührt, denn es liegt keine nachträgliche

Minderung der Anschaffungskosten vor, sondern ein sonstiger betrieblicher Ertrag. Der Buchungssatz lautet:

Rückst. f. Rentenverbindlichkeit an Sonst. betr. Ertrag.

c. Die Verbuchung bei Zeitrenten bzw. Kaufpreisraten

1. Die Verbuchung der Anschaffungskosten und der sicheren Raten-(Renten-)zahlungsverbindlichkeit

Im Gegensatz zu Leibrenten sind Zeitrenten nicht an die Lebenszeit von Personen gebunden. Sie werden vielmehr im Fall der Kaufpreis- bzw. Veräußerungsrenten bei dem Erwerb eines Vermögensgegenstandes für eine von vornherein festvereinbarte Laufzeit gewährt.[233] Damit ist die Kaufpreisrente neben der Kaufpreisrate eine Unterart der bilanziellen Behandlung wiederkehrender Leistungen und muss vom Ratenkauf abgegrenzt werden. In der steuerlichen Rechtsprechung und Literatur nimmt die Abgrenzung zwischen Kaufpreisrenten und Kaufpreisraten, insbesondere im Zusammenhang mit dem Erwerb von Betrieben oder Teilbetrieben, breiten Raum ein.[234] Für die Beurteilung des Charakters der wiederkehrenden Zahlungen ist danach darauf abzustellen, in wes-

---

[233] Einen Sonderfall der Zeitrente stellt die im BGB geregelte **Rentenschuld** dar. Nach § 1199,1 BGB ist diese eine besondere Form der Grundschuld, durch die ein Grundstück mit der Verpflichtung belastet wird, an regelmäßig wiederkehrenden Terminen eine bestimmte Geldsumme zu leisten. Der Zweck einer Rentenschuld besteht üblicherweise in der Sicherung langfristiger schuldrechtlicher Verpflichtungen auf fortlaufende Zahlung wie z.B. Ruhegelder, Kaufpreisraten / -renten. Aus der hierzu getroffenen Sicherungsabrede folgt, dass der Gläubiger der Forderung die dingliche Sicherheit „Rentenschuld" verwerten darf, wenn seine (schuldrechtliche) Forderung nach Fälligkeit nicht befriedigt wurde. Demgegenüber hat der Eigentümer des Grundstücks das Recht, die Rentenschuld durch Zahlung einer im voraus festzulegenden Ablösesumme zu tilgen (§ 1201,1 BGB). Ist aufgrund der Geltendmachung der Rentenschuld durch den Gläubiger die Rentenverbindlichkeit zu passivieren, so entspricht der nach § 253,1 S. 2 HGB anzusetzende Barwert der vereinbarten und im Grundbuch eingetragenen Ablösesumme (vgl. *Adler/Düring/Schmaltz* [1995], Teilband 1 (1995), § 253 HGB, Rn. 168).

[234] Dies liegt in der unterschiedlichen Behandlung der aus der Veräußerung eines Betriebes resultierenden Einkünfte begründet. Bei Qualifikation der wiederkehrenden Zahlungen als Kaufpreisraten, ist der gesamte Gewinn aus der Veräußerung im Zeitpunkt der Veräußerung (ermäßigt) zu versteuern. Dagegen räumt die Rechtsprechung des *BFH* in Fällen von Kaufpreisrenten (sog. betriebliche Veräußerungszeitrenten) dem Steuerpflichtigen ein Wahlrecht ein, den Veräußerungsgewinn sofort oder als nachträgliche Einkünfte i.S.d. § 24,2 EStG in den Jahren des Zuflusses (§ 11,1 EStG) zu versteuern. Bei Veräußerung einzelner Vermögensgegenstände aus dem Betriebsvermögen ist der Veräußerungsgewinn stets im Jahr des Verkaufs zu versteuern (vgl. hierzu *Biergans* [1989], S. 110-117).

sen Interesse die Verteilung des Kaufpreises erfolgt. Dient die Kaufpreisstundung der Versorgung des Veräußerers, so handelt es sich um eine Kaufpreisrente (entgeltliche Veräußerungszeitrente). Soll hingegen lediglich dem Erwerber die Zahlung erleichtert werden, so liegen Kaufpreisraten vor. Das Vorliegen von Kaufpreisrenten wird nur unter einschränkenden Voraussetzungen angenommen, und zwar bei längerfristigen Zahlungen,

- die aufgrund des langen nicht überschaubaren Zeitraumes der Rentenzahlungen für den Erwerber wagnisbehaftet sind, oder

- bei denen die Vertragsgestaltung eindeutig die Absicht der Versorgung des Veräußerers zum Ausdruck bringt.[235]

Je nach Qualifikation der zu erbringenden wiederkehrenden Zahlungen wird der Anschaffungsvorgang unterschiedlich verbucht. Ist in der Kaufpreisstundung eine Ratenzahlungsvereinbarung zu sehen, so erfolgt die Verbuchung nach den Grundsätzen des Ratenkaufs. Dagegen ist der Erwerb gegen Zeitrente analog der Behandlung des Rentenkaufs bei Leibrenten zu erfassen.

- Verbuchung bei Kaufpreisraten. Bei einem Ratenkauf ist grundsätzlich davon auszugehen, dass in den Teilzahlungsraten Zinsen enthalten sind. Diese sind für die Überlassung von Kapital für einen nach dem Anschaffungszeitpunkt beginnenden Zeitraum eingerechnet worden.[236] Diese Finanzierungskosten sind bilanziell aber genauso zu behandeln, als wenn sie offen in Rechnung gestellt worden wären. Sie zählen daher nicht zu den Anschaffungskosten des erworbenen Vermögensgegenstandes. Vielmehr ist der Barpreis, oder, falls dieser nicht bekannt ist, der Barwert der Ratenzahlungen als Anschaffungskosten anzusetzen.

Umstritten ist die Höhe der Anschaffungskosten, wenn der Zeitwert des erworbenen Vermögensgegenstandes unter dem Barwert der Ratenzah-

---

[235] Vgl. *BFH* [1984b]; *Herrmann/Heuer/Raupach* [1992], § 5 EStG, Rn. 1350. Diese Kriterien gelten allerdings nur für betriebliche Veräußerungszeitrenten, d.h. für die Veräußerung von Betrieben, Teilbetrieben oder Vermögensgegenständen des Betriebsvermögens. Für Veräußerungen aus dem Privatvermögen hat der *BFH* dagegen entschieden, dass private Veräußerungszeitrenten grundsätzlich nicht denkbar sind, so dass die entsprechenden Zahlungen regelmäßig als Kaufpreisraten zu behandeln sind (vgl. *BFH* [1970a]; *BFH* [1974], S. 175; *Biergans* [1989], S. 165).

[236] Das Vorliegen dieser Annahme ist jedoch anhand der Verhältnisse des Einzelfalles individuell zu prüfen, da es beispielsweise denkbar ist, dass Verkäufe auch bei Teilzahlungsvereinbarung zum Barzahlungspreis abgewickelt werden. Die Summe der Teilzahlungsraten entspricht in diesem Fall dem Barzahlungspreis. Die Bilanzierung des erworbenen Vermögensgegenstandes zum Barwert ist daher nicht möglich, da dies zur Berücksichtigung fiktiver Anschaffungskosten führt, die auch bei sofortiger Barzahlung nicht zu erreichen sind. Vielmehr ist als Anschaffungskosten die Summe der Teilzahlungsraten anzusetzen (vgl. *Wohlgemuth* [1988], Rn. 33).

lungen liegt. Nach z.T. vertretener Auffassung darf in diesem Fall höchstens der Zeitwert angesetzt werden.[237] Die Gegenmeinung sieht in der Berücksichtigung des niedrigeren Zeitwertes eine außerhalb der Ermittlung der Anschaffungskosten liegende Bewertungsmaßnahme. Die Anschaffungskosten werden nach dieser Auffassung durch den (höheren) Barwert bestimmt. Zu prüfen bleibt jedoch, ob nach den Vorschriften des HGB eine Abschreibung auf den niedrigeren beizulegenden Wert vorzunehmen ist.[238]

Die Kaufpreisverbindlichkeit ist nach § 253,1 S. 2 HGB in Höhe des Rückzahlungsbetrages, d.h. also mit der Summe aller vereinbarten Ratenzahlungen zu passivieren.[239] Der Differenzbetrag zwischen Kaufpreisverbindlichkeit und Anschaffungskosten entspricht einem Disagio, das nach § 250,3 HGB wahlweise als Aufwand verrechnet oder als aktiver Rechnungsabgrenzungsposten aktiviert werden kann.[240]

Beispiel:

Unternehmer A kauft am Ende des Geschäftsjahrs von B ein unbebautes Grundstück. Es wird vereinbart, dass A dem B über eine Dauer von 10 Jahren jeweils einen Betrag in Höhe von € 13.266,78 zu zahlen hat. Unter Zugrundelegung eines Zinssatzes von 5,5 % beträgt der Barwert der zu leistenden Ratenzahlungen im Erwerbszeitpunkt damit € 100.000,-.

Buchungssatz:

Sollkonto	Betrag	Habenkonto
Unbebautes Grundstück	100.000,00	
Aktiver RAP	32.667,80	
	132.667,80	Verbindlichkeiten

- Verbuchung bei Kaufpreisrenten. Steht die Versorgung des Veräußerers bei der Kaufpreisstundung im Vordergrund, so kann nach der steuerlichen Rechtsprechung - insbesondere bei Erwerb ganzer Betriebe und Teilbetriebe - eine Veräußerungszeitrente gegeben sein. Die Verbuchung erfolgt in diesem Fall entsprechend den bereits für Leibrenten dargestellten Grundsätzen. Als Anschaffungskosten ist auch hier der Barwert der Rentenzahlungen anzusetzen. Im Gegensatz zum Ratenkauf stellt der gestundete Kaufpreis jedoch eine sichere Rentenverpflichtung dar, die als Rentenverbindlichkeit nach § 253,1 S. 2 HGB mit dem Barwert zu passivieren ist. Das beim Ratenkauf bestehende Wahlrecht, die eingerechneten Zinsen erfolgswirksam oder erfolgsneutral (durch Bildung eines aktiven RAP) zu behandeln, besteht bei Kaufpreisrenten damit nicht.

---

[237] Vgl. *Adler/Düring/Schmaltz* [1995], Teilband 1 (1995), § 255 HGB, Rn. 65.

[238] Vgl. *Küting/Weber* [1995], § 255 HGB, Rn. 82.

[239] Vgl. *Adler/Düring/Schmaltz* [1995], Teilband 1 (1995), § 253 HGB, Rn. 84.

[240] Vgl. *Ordelheide* [1989], Rn. 81.

In jüngerer Zeit stößt die dargestellte differenzierte Behandlung von Kaufpreisraten und Kaufpreisrenten auf Kritik. So wird eingewandt, dass die Unterscheidungsmerkmale zwischen Ratenkauf und Veräußerungszeitrente wenig trennscharf seien und daher eine unterschiedliche bilanzielle Behandlung nicht rechtfertigen.[241] Gefordert wird daher sowohl bei Kaufpreisrenten als auch bei Kaufpreisraten die Verpflichtung, in Höhe des Barwertes zu passivieren.[242]

2. Die Verbuchung der laufenden Raten-/Rentenzahlungen

Ist der Kauf im Anschaffungszeitpunkt nach den Grundsätzen des Rentenkaufs behandelt worden, so vollzieht sich die buchmäßige Erfassung der Rentenzahlungen in späteren Perioden nach den gleichen Grundsätzen wie bei der Gewährung von Leibrenten. Es kann daher auf die bereits dargestellte Buchungstechnik der buchhalterischen und versicherungsmathematischen Methode verwiesen werden. Zu eigenständigen Buchungsproblemen führt dagegen die Qualifikation der Anschaffung als Ratenkauf. Ist im Jahr der Anschaffung der Differenzbetrag zwischen Anschaffungskosten (= Barwert) und Rückzahlungsbetrag als aktiver Rechnungsabgrenzungsposten aktiviert worden, so ergibt sich in den Perioden der Ratenzahlungen folgende Buchungstechnik:

Am Ende der dem Erwerbszeitpunkt folgenden Periode erfolgt die erste Ratenzahlung per Bank, die zugunsten des Kontos „Verbindlichkeiten" zu verbuchen ist. Die gezahlte Rate enthält einen Tilgungsanteil und einen Zinsanteil, wobei sich der Tilgungsanteil aus der Differenz der Barwerte zweier aufeinander folgender Perioden ergibt. Der verbleibende Rest der Kaufpreisrate stellt den Zinsanteil dar, um den der bestehende aktive Rechnungsabgrenzungsposten jeweils erfolgswirksam aufzulösen ist. Die Differenz der Barwerte der Ratenverpflichtung beträgt € 7.766,78 (€ 100.000,- ./. € 92.233,22). In dieser Höhe ergibt sich der erfolgsneutral zu behandelnde Tilgungsanteil der Kaufpreisrate. Der Restbetrag der zu leistenden Rate in Höhe von € 5.500,- (€ 13.266,78 ./. € 7.766,78) stellt den in dieser Periode zu berücksichtigenden Zinsanteil dar, um den der aktive Rechnungsabgrenzungsposten erfolgswirksam zu vermindern ist.

➢ **Buchungssätze zum 31.12.01:**

Sollkonto	Betrag	Habenkonto
Verbindlichkeiten	13.266,78	Bank
Sonstiger betr. Aufwand	5.550,00	Aktiver RAP

---

241 Vgl. *Ordelheide* [1989], Rn. 92.

242 Vgl. *Moxter* [1984], S. 404; *Ordelheide* [1989], Rn. 92; *Beck'scher Bilanz-Kommentar* [2003], § 253 HGB, Rn. 67.

In der Periode 02 beträgt die Differenz der Barwerte der Ratenverpflichtung € 8.193,95 (€ 92.233,22 ./. € 84.039,27). Dieser Betrag stellt den erfolgsneutral zu behandelnden Teil der Kaufpreisrate dar, während der Rest der Rate in Höhe von € 5.072,83 (€ 13.266,78 ./. € 8.193,95) den auf die Periode entfallenden Zinsanteil darstellt, um den der aktive Rechnungsabgrenzungsposten erfolgswirksam aufzulösen ist.

➤ **Buchungssätze zum 31.12.02:**

Sollkonto	Betrag	Habenkonto
Verbindlichkeiten	13.266,78	Bank
Sonstiger betr. Aufwand	5.072,83	Aktiver RAP

Der weitere Buchungsverlauf über die Dauer der Ratenzahlungen erfolgt in entsprechender Weise unter Verwendung der Daten nachfolgender Tabelle:

Periode	Barwert der Ratenzahlungen	Barwertdifferenz (Tilgungsanteil)	Auflösung des aktiven RAP (Zinsanteil)	Buchwert des aktiven RAP	Buchwert der Verbindlichkeit
00	100.000,00	-,--	-,--	32.667,80	132.667,80
01	92.233,22	7.766,78	5.500,00	27.167,80	119.401,02
02	84.039,27	8.193,95	5.072,83	22.094,97	106.134,24
03	75.394,65	8.644,62	4.622,16	17.472,81	92.867,46
04	66.274,58	9.120,07	4.146,71	13.326,10	79.600,68
05	56.652,90	9.621,68	3.645,10	9.681,00	66.333,90
06	46.502,04	10.150,86	3.115,92	6.565,08	53.067,12
07	35.792,87	10.709,17	2.557,61	4.007,47	39.800,34
08	24.494,70	11.298,17	1.968,61	2.038,86	26.533,56
09	12.575,13	11.919,57	1.347,21	691,65	13.266,78
10	0	12.575,13	691,65	0	0

(Rundungsdifferenzen beachten)

III. Die Verbuchung des Sonderpostens mit Rücklageanteil

a. Der Begriff und die Arten der Sonderposten mit Rücklageanteil

Der Inhalt des Sonderpostens mit Rücklageanteil ist in § 247,3 HGB für alle Kaufleute geregelt. Kapitalgesellschaften und Personenhandelsgesellschaften i.S.d. § 264a HGB haben ergänzend den § 273 HGB zu beachten. Bei dem Sonderposten mit Rücklageanteil handelt es sich um einen Passivposten, der für Zwecke der Steuern vom Einkommen und Ertrag zulässig ist und der sich aus zwei Kategorien zusammensetzt, und zwar den **noch nicht versteuerten Rücklagen** und den **steuerli-**

chen Wertberichtigungen. Für die einzelnen Kategorien dieses Postens gilt:

Kategorie: **Noch nicht versteuerte Rücklagen (Pflichtausweis)**

Offene Rücklagen entstehen entweder aus Zurückbehaltung von Gewinnen (Gewinnthesaurierung oder Gewinnrücklage) oder durch Zuführung von Eigenkapital über das Haftungskapital hinaus, vor allem bei besonderen Finanzierungsvorgängen (z.B. Agio bei einer Aktienemission oder Zuzahlungen bei Sanierungen). Die Bildung von Gewinnrücklagen ist eine Entscheidung über die Gewinnverwendung. Gewinne, die zur Bildung solcher offenen Rücklagen verwendet werden, sind grundsätzlich ertragsteuerpflichtig, d.h. die Rücklagen sind aus dem nach Abzug von Steuern verbleibenden Gewinn zu bilden. Von dieser Regel gibt es Ausnahmen, die durch steuerrechtliche Vorschriften gewährt werden. Rücklagen dieser Art werden aus dem unversteuerten Gewinn gebildet, so dass in dem Jahr ihrer Entstehung durch sie Teile des Gewinns der Besteuerung entzogen werden. (Daher auch die Bezeichnung „steuerfreie Rücklagen"!) In aller Regel müssen sie jedoch innerhalb gewisser Fristen gewinnerhöhend aufgelöst werden, so dass durch die Bildung derartiger Rücklagen keine endgültige Steuerersparnis, sondern lediglich eine Steuerverschiebung eintritt (Steuerstundungseffekt). Damit ist verbunden ein vorübergehender Liquiditäts- und Zinsvorteil. Es kann sich allerdings dann ein endgültiger Vorteil ergeben, wenn durch die steuerfreien Rücklagen Unterschiede des progressiven Einkommensteuertarifs und/oder Senkungen des Einkommen- oder Körperschaftsteuertarifs ausgenutzt werden. Durch Auflösung in einer Verlustperiode kann dagegen keine endgültige Steuerersparnis eintreten.[243]

Beispiele für die Rücklagentatbestände des Steuerrechts sind: [244]

- Rücklage gem. § 7g EStG (Ansparrücklage),
- Rücklage gem. § 6b EStG (Reinvestitionsrücklage – dient der Übertragung stiller Reserven bei der Veräußerung bestimmter Anlagegüter),
- Rücklagen gem. R 34 Abs. 4 EStR 2003 (Rücklage für Zuschüsse),
- Rücklage für Ersatzbeschaffung gem. R 35 EStR 2003.

Solche aufgrund ertragsteuerlicher Vorschriften zulässige Passivposten dürfen - unabhängig von der Rechtsform - gem. § 247,3 HGB auch in die Handelsbilanz eingestellt werden. Sie dürfen bei Kapitalgesellschaften und Personenhandelsgesellschaften i.S.d. § 264a HGB nach § 273 S. 1 HGB aber nur insoweit gebildet werden, als das Steuerrecht die Anerkennung des Wertansatzes bei der steuerlichen Gewinnermittlung davon abhängig macht, dass der Sonderposten auch in die handelsrechtliche Bilanz aufgenommen wird (umgekehrtes Maßgeblichkeitsprinzip; s.

---

[243] Vgl. *Bitz/Schneeloch/Wittstock* [2003], S. 190 f.

[244] Vgl. *IdW* [2000], S. 212; *Eisele* [2002], S. 405-406; *Beck*'scher Bilanz-Kommentar [2003], § 254 HGB, Rn. 30 ff.

dazu auch Fn. 55, S. 215). Dies ist allerdings seit Einführung des § 5,1 S. 2 EStG grundsätzlich der Fall, denn diese Vorschrift bestimmt, dass steuerrechtliche Wahlrechte bei der Gewinnermittlung generell in Übereinstimmung mit dem handelsrechtlichen Jahresabschluss auszuüben sind. Demnach müssen für alle unversteuerten Rücklagen ein Sonderposten mit Rücklageanteil in der Handelsbilanz gebildet werden, es sei denn, die Bildung der Rücklage ist steuerrechtlich ausdrücklich auch ohne Ansatz in der Handelsbilanz zugelassen.

Kategorie: **Steuerliche Wertberichtigungen (Ausweiswahlrecht)**

Höhere steuerliche als handelsrechtliche Abschreibungen dürfen gemäß § 281,1 HGB auch in der Weise vorgenommen werden, dass der Unterschiedsbetrag zwischen der nach § 253 i.V.m. § 279 HGB (= handelsrechtlich gebotene Abschreibung) und der nach § 254 HGB zulässigen Bewertung (= steuerlich zulässige Abschreibung) in den Sonderposten mit Rücklageanteil eingestellt wird. Beim Anlagevermögen handelt es sich hierbei um steuerrechtlich zulässige Mehrabschreibungen (sog. steuerliche Sonderabschreibungen) und bei den Gegenständen des Umlaufvermögens um Bewertungsabschläge (z.B. Importwarenabschlag).

Der § 281,1 S. 1 HGB beinhaltet somit ein Wahlrecht, steuerlich zulässige Sonderabschreibungen bzw. Bewertungsabschläge auch indirekt auszuweisen und sie nicht aktivisch bei den entsprechenden Vermögensgegenständen abzusetzen. Obwohl die Regelung des § 281 HGB formal nur Kapitalgesellschaften (bzw. Personenhandelsgesellschaften i.S. des § 264a HGB) betrifft, wird ein entsprechendes Vorgehen auch bei Einzelkaufleuten und nicht in der Haftung beschränkte Personenhandelsgesellschaften als zulässig erachtet.[245] Bei einer solchen freiwilligen Anwendung fällt die durch § 279 HGB gegebene Beschränkung weg.[246]

b. Die Erfassung und der Ausweis des Sonderpostens mit Rücklageanteil

Der Sonderposten mit Rücklageanteil ist unter dieser Bezeichnung in der Bilanz auszuweisen (§ 247,3 HGB). Eine solche Position findet sich zwar nicht im gesetzlichen Gliederungsschema (§ 266,3 HGB), aber § 273 S. 2 HGB bestimmt den Ausweis vor den Rückstellungen.[247] Dabei

---

[245] Vgl. *Küting/Weber* [1995], § 281 HGB, Rn. 3; *Adler/Düring/Schmaltz* [1995], Teilband 5 (1997), § 273 HGB, Rn. 8 und § 281 HGB, Rn. 3 ff; *Beck'scher* Bilanzkommentar [2003], § 281, Rn. 1.

[246] *Adler/Düring/Schmaltz* [1995], Teilband 5 (1997), § 273 HGB, Rn. 8 und § 281 Rn. 3ff.

[247] Der Ausweis des Sonderpostens mit Rücklageanteil entspricht seiner betriebswirtschaftlichen Bedeutung als handelsrechtlicher Mischposten. Für den Betrag des bei der zukünftigen Auflösung des Sonderpostens voraussichtlich anfallenden (latenten) Steueraufwands stellt er eine **Rückstellung**

haben Kapitalgesellschaften die Vorschriften, nach denen er gebildet wurde, in der Bilanz oder im Anhang zu nennen (§ 273 S. 2 bzw. § 281,1 S. 2 HGB) und dessen Wirkung auf das Jahresergebnis sowie künftige Belastungen aus ihm im Anhang anzugeben (§ 285 Nr. 5 HGB).

Der aus Einstellungen in den Sonderposten resultierende Aufwand ist in der GVR unter den „sonstigen betrieblichen Aufwendungen" und der aus einer Auflösung resultierende Ertrag ist unter den „sonstigen betrieblichen Erträgen" gesondert auszuweisen oder bei nicht gesondertem Ausweis im Anhang anzugeben (§ 281,2 S.2 HGB). Durch die Ausweispflichten dieser beiden Kategorien entsteht ein Bilanzposten, der sich sowohl in seiner Höhe als auch in seiner Zusammensetzung ständig ändern kann. Dadurch werden erhebliche Anforderungen an das Rechnungswesen gestellt. Es empfiehlt sich, hierzu eine Nebenbuchführung einzurichten. Sinnvoll wäre es, sich - z.B. für den Anhang - eines dem Anlagegitter vergleichbaren Schemas zu bedienen, das wie folgt aussehen kann:

	Stand 1.1.	Einstel-lungen	Ent-nahmen	Stand 31.12.
Noch nicht versteuerte Rücklagen (einzeln)				
Steuerliche Wertberichtigungen (einzeln) • Anlagevermögen • Umlaufvermögen				

Für die Verbuchung der Einstellung und Auflösung steuerfreier Rücklagen sind entsprechende Bestands- und Erfolgskonten einzurichten. Desgleichen sind für Wertberichtigungen im Sonderposten mit Rücklageanteil gegebenenfalls eigene Aufwandskonten (Unterkonten zu Abschreibungen) und Bestandskonten zu führen, damit Überschaubarkeit gewährleistet ist (s. hierzu auch das Erfordernis des § 238,1 HGB).

Beispiel 1:

Am 15.12. der Periode 01 verunglückt ein vier Jahre alter LKW, der in der Vorjahresbilanz mit einem Restbuchwert von € 250.000,- ausgewiesen war (Anschaffungskosten € 400.000,-, lineare Abschreibung über acht Jahre). Die Kfz-Versicherung zahlt noch im selben Monat den Zeitwert in Höhe von € 220.000,- aus. Der Unterschiedsbetrag zwischen dem fortgeführten Buchwert und der Entschädigungszahlung soll im Schadensjahr nicht der Ertragsbesteuerung unterliegen, sondern gem. R 35 EStR 2003 in den Sonderposten mit Rücklageanteil zur späteren Übertragung auf ein Ersatzwirtschaftsgut eingestellt werden. Am 2.1. der Periode 02 wird als Ersatz ein identischer LKW für € 420.000,- (ohne USt) gekauft und durch Banküberweisung bezahlt. Der LKW wird linear über acht Jahre abgeschrieben.

---

dar. Der nach dem Steuerabzug verbleibende Restbetrag ist Eigenkapital und hat Rücklagencharakter (so auch *Baetge* [2003], S. 535).

Weiterhin kauft das Unternehmen eine dem Umweltschutz dienende Filteranlage zum Preis von € 10.000,- (ohne USt), für die es nach § 7d EStG im ersten Jahr eine zusätzliche steuerliche Sonderabschreibung von € 3.000,- vornimmt. Die Bezahlung erfolgt durch Banküberweisung. Handelsrechtlich wird die Anlage über 10 Jahre und steuerrechtlich über 7 Jahre linear abgeschrieben. Die Differenz zwischen der handels- und der steuerrechtlichen Abschreibung des 1. Jahres wird als Wertberichtigung in den Sonderposten mit Rücklageanteil eingestellt. Zum 31.12. der Periode 02 wird die Filteranlage für € 5.000,- (ohne USt) veräußert. Die Bezahlung erfolgt durch Banküberweisung.

Ferner stellt der Unternehmer bei der Inventur (Bilanzstichtag) einen Restbestand an importiertem Kaffee zum Einstandswert von € 20.000,- fest. Zur Verlustantizipation einer für die Zukunft erwarteten Wertminderung aufgrund schwankender Weltmarktpreise erfolgt eine handelsrechtliche Abschreibung gem. § 253,3 HGB in Höhe von 10 %. Der steuerlich zulässige Importwarenabschlag gem. § 80 EStDV a. F. wird in voller Höhe (20 %) wahrgenommen. Die Differenz zwischen handels- und steuerrechtlicher Abschreibung wird im 1. Jahr auch hier in den Sonderposten mit Rücklageanteil eingestellt. Am 1.2. der Periode 02 wird der gesamte Kaffee zum Nettoverkaufswert von € 18.000,- auf Ziel veräußert. Der Jahresabschluss wird im März erstellt.

Buchungssätze in der Periode 01:

(1) planmäßige Abschreibung des LKW für das Jahr 01, (2) außerplanmäßige Abschreibung des Restbuchwerts, (3) Eingang der Versicherungssumme, (4) Bildung der steuerfreien Rücklage in Höhe des Unterschiedsbetrags gem. R 35,4 S. 1 EStR, (5) Kauf der Filteranlage, (6) handelsrechtliche und darüber hinausgehende steuerrechtliche Abschreibung für die Filteranlage, (7) handelsrechtliche und darüber hinausgehende steuerrechtliche Abschreibung für die Kaffeebestände.

Nr.	Sollkonto	Betrag	Habenkonto
1	Abschreibungen	50.000,-	KFZ u. Transportmittel
2	Sonst. betr. Aufwand	200.000,-	KFZ u. Transportmittel
3	Bank	220.000,-	Sonst. betr. Ertrag
4	Sonst. betr. Aufwand	20.000,-	Rücklage im SoPo (R 35 EStR)
5	Filteranlage	10.000,-	
	Vorsteuer	1.500,-	
		11.500,-	Bank
6	Abschreibungen	4.000,-	
		1.000,-	Filteranlage
		3.000,-	Wertber. im SoPo (§ 7d EStG)
7	Abschreibungen	4.000,-	
		2.000,-	Wareneinkaufskonto
		2.000,-	Wertber. im SoPo (§ 80 EstDV a. F.)

Buchungssätze der Periode 02:

(1) Kauf des Ersatz-LKW, (2) Auflösung der Rücklage im SoPo durch Verrechnung mit den Anschaffungskosten des Ersatzwirtschaftsguts gem. R 35,7 S. 4 EStR, (3) handelsrechtliche Abschreibung des LKW, (4) han-

delsrechtliche Abschreibung der Filteranlage, (5)-(6) Verkauf der Filteranlage, (7) durch den Verkauf der Filteranlage verursachte Auflösung der Wertberichtigung im SoPo gem. § 281,1 S. 3 HGB, (8) Verbuchung des Kaffeeverkaufs, (9) Verbuchung des Warenabgangs (Nettoverfahren), (10) Auflösung der Wertberichtigung im SoPo für den gem. § 80 EstDV a.f. durchgeführten Importwarenabschlag.

Nr.	Sollkonto	Betrag	Habenkonto
1	KFZ u. Transportmittel	420.000,-	
	Vorsteuer	63.000,-	
		483.000,-	Bank
2	Rückl. im SoPo (R 35 EStR)	20.000,-	KFZ u. Transportmittel
3	Abschreibungen	50.000,-	KFZ u. Transportmittel
4	Abschreibungen	1.000,-	Filteranlage
5	Bank	5.750,-	
		5.000,-	Filteranlage
		750,-	USt
6	Sonst. betr. Aufwand.	3.000,-	Filteranlage
7	Wertber. im SoPo (§ 7d EStG)	3.000,-	Sonst. betr. Ertrag
8	Forderungen	20.700,-	
		18.000,-	Warenverkaufskonto
		2.700,-	USt
9	Warenverkaufskonto	18.000,-	Wareneinkaufskonto
10	Wertber. im SoPo (§ 80 EStDV)	2.000,-	Sonst. betr. Ertrag

Beispiel 2:

Das Unternehmen A hat im März des laufenden Geschäftsjahres (Periode 01) ein unbebautes Grundstück mit einem Veräußerungsgewinn von € 80.000,- (= Veräußerungserlös € 280.000,- ./. Buchwert € 200.000,-) veräußert. Die Bezahlung erfolgt durch Banküberweisung.

Unterfall a:

Im Mai desselben Geschäftsjahres erwirbt es ein anderes Grundstück mit Anschaffungskosten von € 350.000,- incl. Grunderwerbsteuer, die als Anschaffungsnebenkosten bei den Anschaffungskosten des Grundstücks zu aktivieren ist, und bezahlt den Kaufpreis per Banküberweisung. Das Unternehmen will von dem Wahlrecht des § 6b,1 S. 1 und 2 EStG Gebrauch machen. Danach besteht die Möglichkeit, den Veräußerungsgewinn in Höhe von € 80.000,- durch Abzug von den Anschaffungskosten des erworbenen Grundstücks erfolgsrechnerisch zu neutralisieren. Aus wirtschaftlicher Sicht werden die stillen Reserven des veräußerten Grundstücks auf das erworbene Grundstück übertragen. Die Möglichkeit zur Vornahme der § 6b Abschreibung ergibt sich in der Handelsbilanz aus § 254 HGB. Diese steuerrechtliche Abschreibung darf nach § 281,1 S. 1 i.V.m. § 247,3 HGB auch durch Bildung eines Sonderpostens mit Rücklageanteil vorgenommen werden. In der Periode 02 wird das Grundstück wieder verkauft (Veräußerungserlös € 360.000,-), so dass der gebildete Sonderposten erfolgserhöhend aufzulösen ist.

Buchungssätze Unterfall a (Periode 01):

(1) Verbuchung der Veräußerung des Grundstücks, (2) Verbuchung der Anschaffung des neuen Grundstücks, (3) Verbuchung der Abschreibung nach § 254 und Bilanzierung des Sonderpostens mit Rücklageanteil

Nr.	Sollkonto	Betrag	Habenkonto
1	Bank	280.000,-	
		200.000,-	Grundstücke
		80.000,-	Sonst. betr. Erträge
2	Grundstücke	350.000,-	Bank
3	Abschreibungen	80.000,-	Rücklage im SoPo (§ 6b EStG)

Buchungssätze Unterfall a (Periode 02):

(1) Verbuchung der Veräußerung des Grundstücks, (2) Auflösung des Sonderpostens mit Rücklageanteil

Nr.	Sollkonto	Betrag	Habenkonto
1	Bank	360.000,-	
		350.000,-	Grundstücke
		10.000,-	Sonst. betr. Erträge
2	Rückl. in SoPo (§ 6b EStG)	80.000,-	Sonst. betr. Ertr. (§ 6b EStG)

Unterfall b:

A hat im Laufe des Geschäftsjahres keine Reinvestition i.S.d. § 6b,1 S. 2 EStG getätigt, will aber trotzdem den Veräußerungsgewinn steuerneutral behandeln. Dies kann A gem. § 6b,3, S.1 EStG durch die Bildung einer sog. steuerfreien Rücklage erreichen. Die Bildung dieser Rücklage ist jedoch nur zulässig, wenn in der Handelsbilanz ein entsprechender Passivposten ausgewiesen wird (§ 5,1 S. 2 EStG). Die Grundlage für die Bildung einer solchen Rücklage in der Handelsbilanz bildet § 247,3 HGB. Danach kann der Veräußerungsgewinn in den Sonderposten mit Rücklageanteil eingestellt werden. Am Ende der 4. Periode wird die Rücklage erfolgserhöhend aufgelöst.

Buchungssätze Unterfall b:

(1) Verbuchung der Veräußerung des Grundstücks, (2) Bildung des Sonderpostens mit Rücklageanteil, (3) Auflösung des Sonderpostens mit Rücklageanteil

Nr.	Sollkonto	Betrag	Habenkonto
1	Bank	280.000,-	
		200.000,-	Grundstücke
		80.000,-	Sonst. betr. Erträge
2	Sonst. betr. A.	80.000,-	Rückl. im SoPo (§ 6b EStG)
3	Rückl. im SoPo (§ 6b EStG)	80.000,-	Sonst. betr. Erträge (§ 6b EStG)

IV. Die Verbuchung des Personalaufwands

a. Der Begriff „Personalaufwand"

Der Personalaufwand von Unternehmen setzt sich aus **Lohn- und Ge-haltsaufwand** sowie aus **Sozialaufwand** zusammen. Der Lohn- und Ge-haltsaufwand (= **Bruttoarbeitsentgelt**) umfasst die Geld- und Sachbezü-ge, die dem Arbeitnehmer aus seinem Arbeits- oder Dienstverhältnis zufließen.[248] Hierzu gehören z.b. Löhne, Gehälter, Provisionen, Gratifi-kationen und Tantiemen. Als Bestandteile des Sozialaufwands sind der Arbeitgeberanteil zur Sozialversicherung und tarifvertragliche sowie freiwillige Sozialleistungen zu nennen.

Dem Arbeitnehmer wird nicht das gesamte **Bruttoarbeitsentgelt** (Brut-tolohn bzw. Bruttogehalt) ausgezahlt, sondern nur das - nach Vornahme bestimmter Abzüge verbleibende - **Nettoarbeitsentgelt** (Nettolohn bzw. -gehalt). Aufgrund gesetzlicher Vorschriften ist der Arbeitgeber im Rah-men des **Quellenabzugsverfahrens** verpflichtet, bei der Zahlung von Löhnen und Gehältern den Arbeitnehmeranteil der gesetzlichen Sozial-versicherungsbeiträge, Steuern sowie ggf. vermögenswirksame Leistun-gen einzubehalten und an die zuständigen Stellen (z.b. Sozialversiche-rungsträger) abzuführen.

Die **vermögenswirksamen Leistungen** nehmen im System der Arbeits-entlohnung eine Sonderstellung ein, da sie sowohl Zusatzleistungen des Arbeitgebers (also tarif- bzw. arbeitsvertragliche oder freiwillige Sozial-leistungen) als auch einzubehaltende Lohnteile beinhalten können. Ver-mögenswirksame Leistungen dienen der Förderung der Vermögensbil-dung der Arbeitnehmer. Sie werden vom Arbeitgeber auf gesetzlich vor-geschriebene Anlagemöglichkeiten zugunsten des Arbeitnehmers einge-zahlt. Als solche im 5. Vermögensbildungsgesetz aufgeführten Anlage-arten sind zu nennen:

- Beiträge zum Kontensparen,

- Aufwendungen im Sinne des Wohnungsbau-Prämiengesetzes (WoPG),

---

[248] Sachbezüge sind beispielsweise Zuwendungen in Form freier oder verbillig-ter Wohnung und Verpflegung, die Möglichkeit eines begünstigten oder kostenlosen Warenbezugs und die Benutzung eines betriebseigenen PKW. Dabei ergibt sich das Problem, die Sachbezüge in Geldeinheiten zu bewer-ten. Der Geldwert ist entweder durch Einzelbewertung zu ermitteln oder mit einem amtlichen Sachbezugswert anzusetzen. Als Maßstab kommen hierfür (§ 8,2 EStG; R 31,2 LStR 2004) grundsätzlich die Endpreise am Ab-gabeort in Betracht. Zur Vereinfachung kann die oberste Finanzbehörde ei-nes Landes mit Zustimmung des Bundesministers der Finanzen auch Durchschnittswerte festsetzen. Darüber hinaus können die Werte herange-zogen werden, die durch Rechtsverordnung nach § 17,1 Nr. 3 Viertes Buch Sozialgesetzbuch durch die Bundesregierung in der so genannten Sachbe-zugsverordnung im voraus für ein Kalenderjahr bekannt gegeben werden. (Vgl. *Eisele* [2002], S 254-259.)

- Beiträge zu Kapitalversicherungen auf den Erlebens- oder Todesfall,
- Aufwendungen zum Bau, Erwerb oder zur Erweiterung eines Wohngebäudes bzw. einer Eigentumswohnung,
- Aufwendungen für den Erwerb von Aktien, Kuxen, Wandel- und Gewinnschuldverschreibungen.

Je nach Vereinbarung können vermögenswirksame Leistungen in voller Höhe vom Arbeitgeber zusätzlich zum Bruttoarbeitsentgelt, vollständig vom Arbeitnehmer aus seinem Nettoarbeitsentgelt oder teilweise vom Arbeitgeber und Arbeitnehmer geleistet werden.

Schematisch setzen sich der Personalaufwand des Arbeitgebers und das Entgelt des Arbeitnehmers wie folgt zusammen:

Arbeitgeber	Arbeitnehmer
Bruttoarbeitsentgelt	Bruttoarbeitsentgelt
+ Sozialversicherungsbeitrag (Arbeitgeberanteil)	./. Lohnsteuer
	./. Kirchensteuer
+ Vertragliche Sozialleistungen	./. Sozialversicherungsbeitrag (Arbeitnehmeranteil)
= Vertraglicher und gesetzlicher Personalaufwand	= Nettoarbeitsentgelt
+ Freiw. Sozialleistungen	./. Vermögenswirksame Leistungen
= Gesamter Personalaufwand	= Auszahlungsbetrag

b. Die Verbuchung des Personalaufwands

Nach § 41,1 EStG hat der Arbeitgeber für jeden Arbeitnehmer ein Lohn- oder Gehaltskonto zu führen. In diesen sind die Angaben aus der Lohnsteuerkarte über die persönlichen Verhältnisse des Steuerpflichtigen aufzuführen, ferner das Bruttoarbeitsentgelt, die einzelnen Abzüge und das Nettoarbeitsentgelt. Die Vielzahl der zu berücksichtigenden Einzeltatbestände macht schon bei kleineren Unternehmen die Einrichtung einer gesonderten Lohn- und Gehaltsbuchführung (Personalbuchführung) erforderlich. Im Folgenden wird aus Vereinfachungsgründen auf die Darstellung einer getrennten Personalbuchführung verzichtet, d.h. es werden die Konten der Finanzbuchführung direkt angesprochen.[249]

Die Problematik der Lohn- und Gehaltsverbuchung ist darin zu sehen, dass sich die zu verbuchenden Beträge - wie dargestellt - aus mehreren Komponenten zusammensetzen, die an unterschiedliche Empfänger zu zahlen sind. Die Lohn- und Gehaltskonten werden mit dem Bruttoarbeitsentgelt belastet. Die Gegenbuchungen erfolgen hinsichtlich der an die Arbeitnehmer ausgezahlten Beträge auf den Zahlungsmittelkonten (Kasse, Bank, Postscheck), hinsichtlich der noch abzuführenden Abzüge (Lohn- und Kirchensteuer, Sozialversicherung) auf einem Verbindlich-

---

[249] Zu den Besonderheiten einer Personalbuchführung vgl. *Eisele* [2002], S. 252 ff.

keitskonto. Hierfür kann ein Sammelkonto „Sonstige Verbindlichkeiten" oder ein Konto „Noch abzuführende Abgaben" geführt werden. Es können aber auch - um die Abzüge genauer zu spezifizieren - Unterkonten nach der Art der Abzüge eingerichtet werden. Der Buchungssatz für die Auszahlung der Löhne und Gehälter kann daher lauten:

Lohn- und Gehaltsaufwand   an   Zahlungsmittelkonto (Auszahlung)
                                 Noch abzuführende Abgaben

Die vom Arbeitgeber zu tragenden Sozialabgaben und die tarifvertraglichen sowie freiwilligen Sozialleistungen werden nicht auf den Lohn- und Gehaltskonten verbucht, sondern auf einem gesonderten Konto Sozialaufwand, das in gesetzlichen und freiwilligen Sozialaufwand aufgespalten sein kann.[250] Als Gegenkonto dient auch hier ein Sammelkonto „Sonstige Verbindlichkeiten" oder ein Konto „Noch abzuführende Abgaben". Letzteres kann ebenfalls nach der Art der Abgaben in Unterkonten aufgespalten werden. Der Buchungssatz lautet:

Sozialaufwand   an   Noch abzuführende Abgaben

bzw.

Gesetzlicher Sozialaufwand an   Sonstige Verbindlichkeiten
Freiwilliger Sozialaufwand

Die Zahlung der abzuführenden Sozialabgaben geschieht erfolgsneutral durch Ausbuchen der eingebuchten Verbindlichkeiten.

Mit der Verbuchung des Personalaufwands ist das Problem der Verbuchung von **Vorschüssen** (Abschlagszahlungen) verbunden. Lohn- bzw. Gehaltsvorschüsse sind Vorauszahlungen künftig fällig werdenden Personalaufwands, die durch Verrechnung mit dem laufenden Arbeitsentgelt getilgt werden. Um eine korrekte Periodenabgrenzung des künftigen Aufwands zu erreichen, werden hierbei die Vorschüsse auf das Arbeitsentgelt zunächst erfolgsneutral als „Forderungen an das Personal" behandelt. Die „Forderungen an das Personal" sind unter dem Bilanzposten „Sonstige Forderungen" auszuweisen. Die Buchung bei Gewährung der Vorauszahlung lautet:

Sonstige Forderungen   an   Bank

Bei der Verrechnung des Vorschusses ist zu buchen:

---

[250] Wird die GVR nach dem Gesamtkostenverfahren erstellt, so ist nach § 275,2 HGB der gesamte Personalaufwand getrennt nach Bruttoarbeitsentgelt und Arbeitgeberanteil zur Sozialversicherung einschließlich freiwilligem und tarifvertraglichem Sozialaufwand bzw. Sozialaufwand aus Betriebs- und Einzelvereinbarungen auszuweisen. Die Aufwendungen für Altersversorgung müssen dabei in einer Vorspalte gesondert angegeben werden.

Lohn- und	an	Bank
Gehaltsaufwand		Noch abzuführende Abgaben
		Sonstige Forderungen

Beispiel:

Das Bruttogehalt des Angestellten S. Treber beläuft sich auf monatlich € 3.487,-. Zusätzlich beteiligt sich der Arbeitgeber mit € 13,- an den vermögenswirksamen Leistungen in Höhe von € 52,-. Die Gehaltsabrechnung erfolgt am 15. jeden Monats. Treber hat am 1. des Monats einen Vorschuss in Höhe von € 500,- erhalten. Das führt zu folgender Gehaltsabrechnung:

	Bruttogehalt einschließlich € 13,- Arbeitgeberanteil zu vermögenswirksamen Leistungen		€ 3.500,00
./.	Lohnsteuer[251]	€ 587,50	
./.	Kirchensteuer	€ 47,00	
	Summe der Steuerabzüge		€ 634,50
./.	Krankenversicherung	€ 210,00	
./.	Rentenversicherung	€ 309,75	
./.	Arbeitslos.vers.	€ 110,25	
	Summe der Sozialversicherungsbeiträge		€ 630,00
=	Nettogehalt		€ 2.235,50
./.	Vermögenswirksame Leistungen		€ 52,00
./.	Vorschuss		€ 500,00
=	Auszahlungsbetrag		€ 1.683,50

Buchungssätze:

(1) Verbuchung des Vorschusses, (2) Verbuchung der Gehaltszahlung und des Sozialaufwands (= sog. Arbeitgeberanteil), (3) Verbuchung der vom Arbeitgeber einbehaltenen Beträge bei Abführung an das Finanzamt, die Sozialversicherungsträger und das Sparkonto des Arbeitnehmers.

---

[251] Neben der Lohnsteuer ist z.Zt. auch der Solidaritätszuschlag zu berücksichtigen, der hier und im Folgenden vernachlässigt wird.

Nr.	Sollkonto	Betrag	Habenkonto
1	Sonstige Forderungen	500,00	Bank
2	Lohn- u. Gehaltsaufwand	3.500,00	
	Sozialaufwand	630,00	
		1.683,50	Bank
		500,00	Sonstige Forderungen
		634,50	Noch abzuführende Steuern
		1.260,00	Noch abzuführ. Sozialabgaben
		52,00	Vbl. gegenüber Betriebsange-hörigen
3	Noch abzuführende Steuern	634,50	
	Noch abzuführ. Sozialabgaben	1.260,00	
	Vbl. gegenüber Betriebsange-hörigen	52,00	
		1.946,50	Bank

V. Die Verbuchung des Wechselverkehrs

a. Der Begriff des Wechsels

Im Zusammenhang mit Warengeschäften kommt es oft vor, dass der Kunde den Kaufpreis nicht sofort bezahlen kann und der Lieferant ihm ein Ziel von ein bis drei Monaten einräumt, indem er auf ihn einen Wechsel ausstellt (sog. **Waren- oder Handelswechsel**). Fehlt indessen das zu Grunde liegende Warengeschäft, so spricht man von einem **Finanzwechsel** (auch **Kredit- oder Gefälligkeitswechsel** genannt). Auf die buchtechnische Behandlung des Finanzwechsels soll in den weiteren Ausführungen nicht explizit eingegangen werden.[252]

Buch- und bilanzmäßig lassen sich zwei Wechselarten voneinander unterscheiden: der **Besitzwechsel** (= Rimesse oder Wechselforderung) und der **Schuldwechsel** (= Tratte, Akzept oder Wechselschuld). Nach § 246,2 HGB hat in der Buchführung und im Jahresabschluss eine kontenmäßige Trennung zwischen Besitz- und Schuldwechseln zu erfolgen. Besitzwechsel werden - analog zu Kundenforderungen - auf einem aktiven Bestandskonto und Schuldwechsel - analog zu Lieferantenverbindlichkeiten - auf einem passiven Bestandskonto erfasst.

Des Weiteren unterscheidet das Wechselgesetz (WG) den **eigenen** (Art. 75-78 WG) und den **gezogenen Wechsel** (Art. 1-74 WG).[253] Der eigene Wechsel (Solawechsel) ist eine Urkunde, in der sich der Aussteller selbst verpflichtet, an einem bestimmten Tag (Verfalltag) eine bestimmte Summe (**Wechselsumme**) an eine bestimmte Person (**Wechselnehmer**) zu zahlen. Dagegen fordert beim gezogenen Wechsel (Tratte bzw. Ak-

---

252 Zu den Grundsachverhalten des Finanzwechsels vgl. *Fähnrich* [1983].

253 Die Mindestbestandteile des eigenen Wechsels sind in Art. 75 WG, die des gezogenen in Art. 1 WG aufgeführt.

zept[254]) der Aussteller (Trassant) eine Person (Bezogener bzw. Trassat oder Akzeptant[255]) auf, am Verfalltag die Wechselsumme an ihn oder an einen bestimmten Wechselnehmer (Remittent) zu zahlen. In der Praxis hat der eigene Wechsel nur wenig Bedeutung, weshalb nachstehend nur noch auf den gezogenen Wechsel eingegangen werden soll. Der gezogene Wechsel ist als **Kredit-, Sicherungs- und Zahlungsmittel** verwendbar, da er leicht übertragbar und vom zu Grunde liegenden Geschäftsvorfall unabhängig ist.

Bei umfangreichem Wechselverkehr wird ein **Wechselbuch** (auch Wechselkopier- bzw. -verkehrsbuch) als Nebenbuch geführt, das ausführliche Angaben über die einzelnen Besitz- und Schuldwechsel und die daran beteiligten Personen enthält. Seine Hauptaufgabe besteht in der Überwachung der Verfalltage.

b. Die Verbuchung im Warenwechselverkehr

1. Das Wechselgrundgeschäft

Ein buchungspflichtiger Vorgang entsteht beim Wechselgeschäft erst dann, wenn der Bezogene den Wechsel akzeptiert hat. Beim Aussteller findet ein Aktivtausch (Ersatz der Forderungen aus Warenlieferung durch die Wechselforderung) und beim Akzeptanten ein Passivtausch (Ersatz der Verbindlichkeiten aus Warenlieferung durch die Wechselverbindlichkeit) statt.

Beispiel:

Der Kunde bzw. Bezogene hat einen vom Lieferanten bzw. Aussteller ausgestellten Wechsel über € 10.000,- akzeptiert.

Buchungssätze:

- **Verbuchung beim Lieferanten/Aussteller:**
  Besitzwechsel an Forderungen aus Lieferungen und Leistungen € 10.000,-

- **Verbuchung beim Kunden/Bezogenen:**
  Verbindlichkeiten aus Lieferungen und Leistungen an Schuldwechsel € 10.000,-

Da der Aussteller durch das Wechselgeschäft dem Bezogenen eine über die normalen Zahlungsziele hinausgehende Stundung seiner Forderung bewilligt, wird er auf Ersatz der **Wechselkosten**, das sind **Wechselzins**

---

254 Vom Akzept spricht man, wenn der Bezogene die Annahme des Wechsels durch „Querschreiben" erklärt hat.

255 Hat der Bezogene den Wechsel angenommen, bezeichnet man ihn als Akzeptanten.

(**Diskont** für den Zeitraum zwischen Fälligkeitstag der ursprünglichen Warenforderung und Wechselverfalltag) und **Wechselspesen** (Porto, Telefonauslagen u.ä.) nicht verzichten.

Der Wechseldiskont berechnet sich nach folgender Formel:[256]

$$D = \frac{\text{Wechselsumme} \cdot \text{Diskontsatz}}{100} \cdot \frac{\text{Laufzeit (in Tagen)}}{360 \text{ Tage}}.$$

Die Wechselkosten können entweder sofort in die Wechselsumme mit einbezogen oder zusätzlich zum Forderungsbetrag getrennt berechnet werden. Entsprechende Erstattungsansprüche sind unter „Sonstige Vermögensgegenstände" oder „Sonstige Forderungen" zu bilanzieren. Umsatzsteuerlich werden solche Wechselkosten nicht als Folge einer steuerbefreiten Kreditgewährung i.S.d. § 4 Nr. 8 UStG behandelt; sie erhöhen vielmehr das umsatzsteuerpflichtige Entgelt der ursprünglichen Lieferung und sind somit vom Aussteller der USt zu unterwerfen, wodurch sie beim Bezogenen dem Vorsteuerabzug unterliegen.[257]

Beispiel:

Angenommen, der Wechsel im vorstehenden Beispiel habe eine Laufzeit von drei Monaten. In die Wechselsumme werden 6 % Diskont (€ 150,-) und Wechselspesen von € 50,- einbezogen.

Buchungssätze:

- **Verbuchung beim Aussteller:**

Besitzwechsel	€ 10.230,-	an Ford. a. L. u. L.	€	10.000,-
		Diskonterträge	€	150,-
		Ertr. f. Wechselspesen	€	50,-
		Umsatzsteuer	€	30,-

- **Verbuchung beim Bezogenen:**

Verbindl. a. L. u. L.	€ 10.000,-	an Schuldwechsel	€	10.230,-
Diskontaufwendungen	€ 150,-			
Aufw. f. Wechselspesen	€ 50,-			
Vorsteuer	€ 30,-			

Die Wechselkosten können auch getrennt vom Forderungsbetrag berechnet werden, wodurch eine zusätzliche Forderung des Ausstellers in Höhe von € 230,- gegenüber dem Bezogenen begründet wird. Die Wechselsumme lautet dann auf € 10.000,-.

---

[256] Zur Diskontrechnung siehe *Buchner* [1981], S. 5-6.

[257] Die Wechselkosten müssen deshalb dem Bezogenen schriftlich in Rechnung gestellt werden.

2. Die Wechselindossierung

Hat der Aussteller seinerseits Lieferantenschulden, so kann er den Wechsel als Zahlungsmittel an seinen Lieferanten weitergeben, vorausgesetzt, dieser ist damit einverstanden. Damit tritt der Aussteller seine Forderung gegenüber dem Bezogenen an den Wechselnehmer ab. Dies geschieht durch Übertragungsvermerk (Indossament), d.h. die Unterschrift des Ausstellers auf der Rückseite des Wechsels bzw. auf ein mit dem Wechsel verbundenem Blatt (Anhang).

Beispiel:

Der Aussteller aus vorstehendem Beispiel gibt den vom Bezogenen akzeptierten Wechsel an einen Lieferanten zum Ausgleich seiner Lieferantenschulden in Höhe von € 10.000,- weiter.

Buchungssätze:

- **Verbuchung beim Aussteller:**
  Verbindlichkeiten a. L. u. L. an Besitzwechsel € 10.000,-

- **Verbuchung beim Lieferanten/Wechselnehmer:**
  Besitzwechsel an Forderungen a. L. u. L. € 10.000,-

Damit sind die Forderung gegenüber dem Bezogenen und die Verbindlichkeit gegenüber dem Lieferanten buchmäßig untergegangen. Rechtlich bestehen sie aber weiter, da die Wechselannahme in der Regel nur zahlungshalber und nicht an Zahlungs Statt erfolgt.

Meist wird in der Praxis bei der Weitergabe eines Besitzwechsels vereinbart, dass die Wechselkosten von demjenigen zu tragen sind, der mit diesem seine Schuld begleicht.

Beispiel:

Der Lieferant stellt dem Aussteller 60 Tage Zinsen (bei 6 % = € 100,-) und € 40,- Wechselspesen in Rechnung. Dem Aussteller wird lediglich die Wechselsumme abzüglich der Wechselkosten gutgeschrieben.[258]

Buchungssätze:

- **Verbuchung beim Lieferanten:**

Besitzwechsel	€ 10.000,-	an	Ford. a. L. u. L.	€	9.839,-
			Diskonterträge	€	100,-
			Ertr. f. Wechselspesen	€	40,-
			Umsatzsteuer	€	21,-

---

[258] Auch hier können Wechselkosten getrennt in Rechnung gestellt werden.

- **Verbuchung beim Aussteller:**

Verbindl. a. L. u. L.	€ 9.839,-	an Besitzwechsel	€ 10.000,-
Diskontaufwendungen	€ 100,-		
Aufw. f. Wechselspesen	€ 40,-		
Vorsteuer	€ 21,-		

3. Die Wechseldiskontierung

Neben der Wechselindossierung besteht die Möglichkeit des Wechselverkaufs an eine Bank. Verkauft der Aussteller den Wechsel vor dem Verfalltag an eine Bank, so wird ihm von der Bank die Wechselsumme abzüglich banküblicher Wechselspesen und -zinsen (Diskont) bis zum Fälligkeitstag gutgeschrieben. Der hierbei von der Bank berechnete Diskont (nicht die Wechselspesen) stellt eine nachträgliche (skontoähnliche) Entgeltsminderung dar. Deshalb hat der Aussteller seine USt-Schuld zu kürzen und dies dem Bezogenen mitzuteilen, damit dieser dann entsprechend seine Vorsteuer korrigiert (§ 17,1 UStG). Andernfalls schuldet der Aussteller die in Rechnung gestellte USt (§ 14,2 UStG).

Beispiel:

Der Aussteller verkauft den vom Bezogenen akzeptierten Wechsel im Nennwert von € 10.000,- an die Bank, die ihm € 200,- Diskont (= 8 % bei 90 Tagen) und € 50,- Wechselspesen von der Wechselsumme in Abzug bringt. Hier ist zu beachten, dass die zu berichtigende USt beim Aussteller bzw. die zu berichtigende Vorsteuer beim Bezogenen aus dem Diskontbetrag herauszurechnen ist (€ 200,- ./. € 173,91 = € 26,09 USt bei einem Umsatzsteuersatz von 15 %[259]).

Buchungssätze:

- **Verbuchung beim Aussteller:**

Bank	€ 9.750,-	an	Besitzwechsel	€ 10.000,-
Diskontaufwendungen	€ 173,91			
Aufw. f. Wechselspesen	€ 50,-			
Umsatzsteuer	€ 26,09			

- **Verbuchung beim Bezogenen:**

Diskontaufwendungen an Vorsteuer € 26,09

Im Falle der Diskontierung verlangt der Aussteller ggf. vom Bezogenen die Erstattung der Wechselspesen. Dies ist Vereinbarungssache und wird in der Praxis unterschiedlich gehandhabt. Bei einer Weiterberechnung tritt eine Entgeltserhöhung in Höhe der dem Bezogenen in Rechnung gestellten Wechselspesen von € 50,- ein. Die Umsatzsteuerschuld erhöht sich damit um € 7,50 (= € 50,- · 15 %).

---

[259] Nebenrechnung: $\dfrac{200 \cdot 100}{115} = 173{,}91$

- **Verbuchung beim Aussteller:**
  Sonstige Forderungen   € 57,50 an Ertr. f. Wechselspesen   € 50,-
  Umsatzsteuer   € 7,50

- **Verbuchung beim Bezogenen:**
  Aufw. für Wechselspesen   € 50,- an Sonst. Verbindlichkeiten € 57,50
  Vorsteuer   € 7,50

4. Das Wechselinkasso

Der Aussteller verwahrt bei dieser dritten Möglichkeit der Wechselverwertung den vom Kunden akzeptierten Wechsel bis zum Verfalltag, um ihn dann zur Einlösung vorzulegen. Bei Einlösung des Wechsels erlöschen Wechselschuld und Wechselforderung.

Beispiel: (wie oben)

Buchungssätze:

- **Verbuchung beim Aussteller:**
  Bank an Besitzwechsel € 10.000,-

- **Verbuchung beim Bezogenen:**
  Schuldwechsel an Bank € 10.000,-

5. Die Wechselprolongation

Kann der Bezogene am Verfalltag den Wechsel nicht einlösen, so muss er den Aussteller um dessen Prolongation bitten, um einen drohenden Wechselprotest zu vermeiden.[260] Es werden zwei Fälle unterschieden:

- Der Wechsel ist am Verfalltag noch im Besitz des Ausstellers (**Inkassowechsel**).

- In diesem Fall wird der ursprüngliche Wechsel vernichtet und durch Ausstellen eines neuen Wechsels (**Prolongationswechsel**) ersetzt oder auf dem fälligen Wechsel wird die Verlängerung der Wechsellaufzeit vermerkt.

- Der Wechsel ist am Verfalltag nicht mehr im Besitz des Ausstellers.

- Hier übergibt der Aussteller dem Bezogenen gegen Hingabe des Prolongationswechsels den zur Einlösung fälligen Wechselbetrag.

---

[260] Da die Bundesbank nur Wechsel rediskontiert, die spätestens nach drei Monaten fällig sind, werden Dreimonatsakzepte zur Finanzierung langfristiger Forderungen meist von vornherein mit Prolongationsabrede gegeben.

Die für den Prolongationswechsel anfallenden Wechselkosten können vom Bezogenen sofort entrichtet oder in die Wechselsumme mit einbezogen werden.

Beispiel:

Der Aussteller stimmt der Prolongation zu und berechnet dem Bezogenen für den Prolongationswechsel:[261]

Wechseldiskont 6 % für 90 Tage	€	150,-
Wechselspesen	€	50,-
	€	200,-
+ 15 % USt	€	30,-
	€	230,-

Fall 1: Der Wechsel ist am Verfalltag noch im Besitz des Ausstellers

Für den Fall der unmittelbaren Erstattung der Wechselkosten durch den Bezogenen wird durch Austausch des alten Wechsels gegenüber einem gleich hohen Prolongationswechsel das Wechselkonto grundsätzlich nicht berührt. Deshalb muss, insbesondere aus Kontrollgründen, der Wechseltausch im Wechselbuch festgehalten werden.

Buchungssätze:

• Verbuchung beim Aussteller:

Bank	€ 230,-	an Diskonterträge	€	150,-
		Ertr. f. Wechselspesen	€	50,-
		USt	€	30,-

• Verbuchung beim Bezogenen:

Diskontaufwendungen	€ 150,-	an Bank	€	230,-
Aufw. f. Wechselspesen	€ 50,-			
Vorsteuer	€ 30,-			

Fall 2: Der Wechsel ist am Verfalltag nicht mehr im Besitz des Ausstellers

Der Austausch des fälligen Wechsels gegen den Prolongationswechsel kann nicht mehr erfolgen, da der Aussteller den ursprünglichen Wechsel bereits weitergegeben hat und es meist unklar ist, wer am Verfalltag den Wechsel zur Einlösung vorlegen wird. Ist der Aussteller mit der Prolongation einverstanden, so muss er dem Bezogenen das Geld für die Einlösung des fälligen Wechsels zur Verfügung stellen, wozu er nur gegen Ausstellung eines Prolongationswechsels und Erstattung der Wechselkosten bereit sein wird.

---

[261] Die Kosten eines Prolongationswechsels werden umsatzsteuerlich wie die eines üblichen Handelswechsels behandelt (Abschn. 151,5 UStR).

Buchungssätze:

- ### Verbuchung beim Aussteller:

(1)	Besitzwechsel	€	10.000,-	an	Bank	€	10.000,-
(2)	Bank	€	230,-	an	Diskonterträge	€	150,-
					Ertr. f. Wechselspesen	€	50,-
					Umsatzsteuer	€	30,-

- ### Verbuchung beim Bezogenen:

(1) Bank	€10.000,-	an Schuldwechsel	€	10.000,-
(2) Diskontaufwendungen	€ 150,-	an Bank	€	230,-
Aufw. f. Wechselspesen	€ 50,-			
Vorsteuer	€ 30,-			

Alternativ können die Wechselkosten auch in die Summe des Prolongationswechsels einbezogen werden, die sich dann entsprechend erhöht.

6. Der Wechselprotest und der Wechselregress (Rückgriff)

Wird der Wechsel am Verfalltag weder eingelöst noch prolongiert, so geht er zu **Protest**. Der Wechselprotest erfolgt gemäß Art. 79 Wechselgesetz durch öffentliche Beurkundung eines Gerichtsbeamten oder Notars. Dadurch wird die wechselrechtliche Haftungsverpflichtung ausgelöst, die alle am Wechsel Beteiligten, letztlich aber den Wechselaussteller, trifft. Die Inanspruchnahme der Haftungspflichtigen (**Rückgriff oder Regress**) ist nicht an die Reihenfolge der früheren Wechselinhaber gebunden (**Reihen- oder Sprungrückgriff**).[262]

Da Protestwechsel mit einem großen Risiko behaftet sind, müssen sie buchmäßig von den übrigen Wechselforderungen getrennt gehalten und auf ein gesondertes Protestwechsel- oder Rückwechselkonto umgebucht werden. Die nach den Art. 48 und 49 WG im Falle des Rückgriffs zu zahlenden Zinsen, Kosten des Protests und Vergütungen sind als Schadenersatz zu behandeln und demzufolge nicht umsatzsteuerpflichtig.[263]

Beispiel:

Der vom Aussteller an seinen Lieferanten weitergegebene Wechsel über € 10.000,- geht wegen Zahlungsunfähigkeit des Bezogenen zu Protest. Der Lieferant/Wechselinhaber nimmt den Aussteller in Regress und berechnet Protestkosten, Provisionen, Zinsen usw. in Höhe von € 100,-.

---

[262] Reihenrückgriff ist der Rückgriff auf den Vormann, Sprungrückgriff auf einen anderen Indossanten.

[263] Vgl. *BMF* [1986], S. 150.

Buchungssätze:

• **Verbuchung beim Lieferanten/Regressnehmer:**

(1) Protestwechsel € 10.000,- an Besitzwechsel € 10.000,-
(2) Rückgriffsforderung € 10.100,- an Protestwechsel € 10.000,-
 Ertr. f. Prot.W.Kosten € 100,-

• **Verbuchung beim Aussteller/Regresspflichtigen:**

(Rück-)wechsel € 10.000,- an Rückgriffsverbindl. € 10.100,-
Aufw. f. Prot.W.Kosten € 100,-

Dadurch lebt die ursprüngliche und buchmäßig untergegangene Warenschuld des Ausstellers einschließlich des Erstattungsanspruchs der Protestwechselkosten wieder auf.

• **Begleichung der Rückgriffsverbindlichkeit des Ausstellers beim Lieferanten.**

Rückgriffsverbindlichkeit an Bank € 10.100,-

Hat der Aussteller seinerseits die Möglichkeit zum Regress gegenüber dem Bezogenen, dann wird er diesem noch entstandene eigene Kosten (€ 50,-) in Rechnung stellen.

• **Verbuchung der Rückgriffsforderung des Ausstellers**

Rückgriffsforderung € 10.150,- an Protest(Rück-)wechsel € 10.000,-
 Ertr. f. Prot.W.Kosten € 150,-

Kann der Aussteller seinerseits den Bezogenen nicht mehr in Regress nehmen, so muss er den Protestwechsel je nach Erfolgsaussicht entweder teilweise oder ganz abschreiben.

7. Die Behandlung von Wechseln im Jahresabschluss

Die Besonderheiten der durch Wechsel gesicherten Forderungen und Verbindlichkeiten (z.B. Möglichkeit des Regresses, Berechnung von Wechseldiskont) besitzen auch für die Behandlung von Wechseln im Jahresabschluss Bedeutung. Im Folgenden soll daher auf die im Zusammenhang mit dem zutreffenden Ausweis und der Bewertung von Wechselforderungen bzw. -verbindlichkeiten auftretenden Fragen näher eingegangen werden.

➢ Bilanzierung von Besitzwechseln

Zum Bestand der am Jahresende in den Jahresabschluss aufzunehmenden Besitzwechseln zählen die im unmittelbaren Besitz oder im Bankdepot befindlichen sowie die zum Inkasso oder zur Diskontierung versandten Wechsel, falls die Gutschrift oder die Diskontierung erst im neuen Jahr erfolgt. Das HGB sieht in der Bilanzgliederungsvorschrift des § 266 keinen eigenständigen Posten „Besitzwechsel" vor. Daraus wird in der Literatur - mit Geltung für alle Kaufleute - geschlossen, dass ein gesonderter Ausweis des Besitzwechselbestandes im Jahresabschluss nicht zulässig ist.[264] Da die Verbriefung der Forderung durch Wechsel lediglich eine besondere Sicherungsform darstellt, tritt an die Stelle des Ausweises des Wechselbestandes der Ausweis der zu Grunde liegenden Forderung.[265] Im Einzelnen kann der Wechselbestand so in folgenden Bilanzpositionen zum Ausweis gelangen:

- Erfüllungshalber hereingenommene Wechsel (Handelswechsel) sind unter der Position auszuweisen, der die Forderung aus dem Grundgeschäft zuzuweisen ist. Im Rahmen von Umsatzgeschäften zahlungshalber akzeptierte Wechsel werden somit im Regelfall unter der Position „Forderungen aus Lieferungen und Leistungen" ausgewiesen. Wird das Grundgeschäft mit verbundenen Unternehmen oder Unternehmen, mit denen ein Beteiligungsverhältnis besteht, abgeschlossen, so geht dagegen der Ausweis unter den Positionen „Forderungen gegen verbundene Unternehmen" und „Forderungen gegen Unternehmen, mit denen ein Beteiligungsverhältnis besteht" vor.[266]

- Wechsel, die als Sicherheit für gewährte Kredite hereingenommen wurden, gelangen je nach Fälligkeit als „Ausleihung" im Anlagevermögen oder „sonstige Vermögensgegenstände" im Umlaufvermögen zum Ausweis.

- Der Ausweis von Wechseln, die zur kurzfristigen Geldanlage am Kapitalmarkt gekauft wurden, erfolgt mangels eines vorliegenden Grundgeschäfts unter der Position „sonstige Wertpapiere".

Die Bewertung der Wechsel erfolgt analog der Bewertung der durch den Wechsel gesicherten Forderung.[267] Zu beachten ist jedoch, dass zum Zeitpunkt der Hereinnahme des Wechsels der dem Bezogenen in Rechnung gestellte Diskont als Diskontertrag in voller Höhe eingebucht wurde. Bei am Stichtag im Bestand befindlichen Besitzwechseln betreffen die erfassten Diskonterträge jedoch zum Teil auch die Restlaufzeit der gesicherten Forderung im neuen Jahr. Deshalb ist im Interesse der periodengerechten Abgrenzung des Diskontertrages und - soweit eine Ein-

---

[264] Vgl. z.B. *Freidank/Eigenstetter* [1992], S. 197.

[265] Auch die freiwillige Bildung eines entsprechenden Bilanzposten „Besitzwechsel" ist nicht zulässig, da § 265,5 S. 2 HGB die Aufnahme neuer Posten nur erlaubt, wenn ihr Inhalt nicht von einem vorgeschriebenen Posten gedeckt wird (vgl. *Küting/Weber* [1995], § 266 HGB, Rn. 96). Die freiwillige Angabe der Verbriefung der ausgewiesenen Forderung durch Wechsel mittels eines „davon-Vermerks" wird in der Literatur aber für zulässig und empfehlenswert erachtet (vgl. z.B. *Adler/Düring/Schmaltz* [1995], Teilband 5 (1997), § 266 HGB, Rn. 126).

[266] Vgl. *Adler/Düring/Schmaltz* [1995], Teilband 5 (1997), § 266 HGB, Rn. 126.

[267] Vgl. hierzu 2. Hauptteil, G.

rechnung des Diskonts in die Wechselsumme erfolgt ist - auch zur zu-treffenden Bewertung der Wechselforderung deren Wertansatz entsprechend zu korrigieren. Der abzugrenzende, d.h. der auf das neue Geschäftsjahr entfallende Diskontertrag wird durch einfache zeitproportionale Aufteilung des berechneten Diskonts ermittelt und als Korrektur des Wertansatzes der Forderung zu Lasten der Diskonterträge ausgebucht.[268]

Beispiel:

Am 1.11.01 wird für eine Warenforderung in Höhe von (brutto) € 100.000,- ein Wechsel hereingenommen; Laufzeit 90 Tage, Fälligkeitstag 1.2.02. In die Wechselsumme wurden € 150,- Diskont (6 % p.a.) eingerechnet. Die Wechselsumme beträgt damit (incl. USt) € 10.172,50.

Abzugrenzen sind somit die auf die Restlaufzeit im neuen Jahr entfallenden Zinsen in Höhe von 150 : 3 = € 50,- mit der Buchung:

    Diskonterträge an Forderungen aus Lieferungen und Leistungen € 50,-

Die Abgrenzung des Diskontertrages besitzt für die bei Hereinnahme des Wechsels auf dem Konto „Umsatzsteuer" eingebuchte Umsatzsteuerertraglast keine Relevanz.

Nach einer hiervon abweichenden (vereinfachten) Vorgehensweise wird auf die oben beschriebene individuelle Ermittlung der abzugrenzenden Diskonterträge verzichtet. Stattdessen erfolgt die Berechnung der Wertkorrektur durch Abzinsung (Diskontierung) des Wechsels zum Abschlussstichtag. Die Wechselforderung wird so mit ihrem Barwert ausgewiesen; der Differenzbetrag zur Wechselsumme wird zu Lasten der Diskonterträge verbucht.[269] Befindet sich am Abschlussstichtag eine große Anzahl von Wechseln im Bestand, so wird in der Literatur auch die pauschalierte Abgrenzung der Diskonterträge durch eine sog. Diskont-Globalabrechnung für zulässig gehalten.[270] Sie besteht zum einen darin, dass nicht für jeden Wechsel die exakte Laufzeit ermittelt wird. Vielmehr findet zur Abzinsung des Wechselbestandes als (durchschnittliche) Restlaufzeit der Zeitraum bis zum 15-ten des Monats, in dem die Wechsel fällig werden, Verwendung. Zum anderen erfolgt die Abzinsung mit einem Durchschnittssatz, der aus den verschiedenen, bei der Hereinnahme der Wechsel zur Berechnung des Diskonts verwendeten Zinssätzen ermittelt wird.

Bei kurzer Restlaufzeit des Wechsels wird in der Praxis aus Vereinfachungsgründen - analog der Bewertung von ungesicherten kurzfristigen

---

[268]   Vgl. *Seicht* [1991], S. 239-240.

[269]   Vgl. *Schäfer* [1971], S. 77. Hierdurch vereinfacht sich die Bewertung, da die Abzinsung an der gesamten Wechselsumme ansetzt. Deren Zusammensetzung besitzt daher für die Ermittlung der Wertkorrektur keine Bedeutung und muss deshalb nicht für jeden Einzelfall bestimmt werden.

[270]   Vgl. *Schäfer* [1971], S. 78.

Forderungen - oftmals auf eine Korrektur des Wertansatzes ganz verzichtet.

➤ Bilanzierung von Schuldwechseln

Um im Jahresabschluss den vollständigen Umfang der Verpflichtungen, die der Strenge des Wechselgesetzes unterliegen, aufzuzeigen, sind eingegangene Wechselverbindlichkeiten - anders als Wechselforderungen - unter entsprechender Bezeichnung gesondert auszuweisen:[271]

- Für Kapitalgesellschaften, Personenhandelsgesellschaften i.S.d. §264a HGB, publizitätspflichtige Unternehmen (§ 5,1 S. 2 PublG) sowie eingetragene Genossenschaften (§ 336,2 S. 1 HGB) sieht die Gliederungsvorschrift des § 266,3 HGB den gesonderten Ausweis unter der Position „Verbindlichkeiten aus der Annahme gezogener Wechsel und der Ausstellung eigener Wechsel" vor.

- Für nicht der Regelung des § 266 HGB unterliegende Bilanzierungspflichtige wird zumindest die Verwendung der Bezeichnungen „Schuldwechsel" oder „Wechselverbindlichkeiten" gefordert.[272]

Wechselverbindlichkeiten gegenüber verbundenen Unternehmen oder Unternehmen, mit denen ein Beteiligungsverhältnis besteht, gelangen allerdings unter den entsprechenden Verbindlichkeitspositionen (§ 266,3 C.6. und C.7.) zum Ausweis oder aber es ist ihre Mitzugehörigkeit im Rahmen der Wechselverbindlichkeiten zu vermerken.[273] Nicht passiviert werden dürfen sog. **Kautions-, Sicherungs-** oder **Depotwechsel.** Diese Wechsel werden vom Bilanzierenden bei einer Bank, einem Auftraggeber, einem Treuhänder oder einem Verband mit der Vereinbarung hinterlegt, dass sie erst in den Verkehr gebracht werden, wenn das Unternehmen seinen Verpflichtungen nicht nachkommt. Von einer Passivie-

---

[271] Insbesondere bei Handelswechseln gelangt damit statt der ursprünglichen Verpflichtung aus dem Grundgeschäft die Wechselverbindlichkeit zum Ausweis. Zwar erlischt durch Hingabe des Wechsels die Verpflichtung aus dem Grundgeschäft nicht (§ 364,2 BGB), denn die Wechselverpflichtung tritt rechtlich selbständig neben sie. Allerdings verpflichtet sich der Gläubiger, zunächst aus dem Wechsel Befriedigung zu suchen. Auch aus diesem Grund ist bilanziell die Wechselverpflichtung auszuweisen (vgl. *Beck'scher Bilanz-Kommentar* [2003], § 266 HGB, Rn. 240).

[272] Vgl. *Freidank/Eigenstetter* [1992], S. 199.

[273] Für den Bilanzierenden können sich in diesem Zusammenhang allerdings Informationsprobleme stellen, da aufgrund der Weitergabemöglichkeit von Wechseln dem Unternehmen nicht zwingend bekannt sein muss, ob sich Wechsel noch im Besitz verbundener Unternehmen oder von Beteiligungsunternehmen befinden. Im Zweifel wird in der Literatur zur Vermeidung von Fehlinformationen dem Ausweis unter den Wechselverbindlichkeiten der Vorzug gegeben (vgl. *Küting/Weber* [1995], § 266 HGB, Rn. 158, a.A. jedoch *Adler/Düring/Schmaltz* [1995], Teilband 5 (1997), § 266 HGB, Rn. 217).

rungsfähigkeit der Wechselverpflichtung ist daher erst bei der Inverkehrbringung des Wechsels auszugehen.

Da eine Wechselverbindlichkeit stets in Höhe der Wechselsumme zu erfüllen ist, stellt die Wechselsumme den Rückzahlungsbetrag der Wechselverbindlichkeit i.S.d. § 253,1 S. 2 HGB dar. Schuldwechsel sind daher ungekürzt in Höhe der Wechselsumme im Jahresabschluss zu passivieren. Der Ansatz des Barwertes oder der Abzug von Diskontierungskosten ist unzulässig. Bei der Begebung des Wechsels sind im Regelfall Diskontaufwendungen vom Gläubiger in Rechnung und vom Bilanzierenden erfolgswirksam in der Buchführung verrechnet worden. Für diese Beträge stellt sich daher die Frage nach der periodengerechten Abgrenzung, da die in Rechnung gestellten Zinsen zum Teil die Zeit nach dem Abschlussstichtag betreffen. Hinsichtlich dieser in die Wechselsumme eingerechneten Beträge ist strittig, ob der auf das neue Jahr entfallende Anteil

- nach § 250,3 HGB wahlweise aktivisch abgegrenzt oder als Aufwand verrechnet werden darf[274] oder

- nach § 250,1 HGB zwingend erfolgsneutral als aktiver Rechnungsabgrenzungsposten behandelt werden muss.[275]

➤ Behandlung des Wechselobligos

Besondere Bilanzierungsprobleme treten schließlich bei Wechseln auf, die vom Unternehmen ausgestellt und weitergegeben wurden oder die das Unternehmen erhalten und weitergegeben hat. In diesen Fällen haftet der Aussteller bzw. der Indossant gem. den Vorschriften der Art. 9 bzw. 15 WG, d.h. das Unternehmen trägt das Risiko, dass es aus dem weitergegebenen Wechsel in Anspruch genommen wird, falls dieser zu Protest geht (sog. **Wechselobligo**). Für die bilanzierende Unternehmung führt die Weitergabe von Wechseln damit zu **Eventualverbindlichkeiten**, für die § 251 HGB eine Vermerkpflicht vorsieht. Nach dieser Regelung sind „Verbindlichkeiten aus der Begebung und Übertragung von Wechseln" unter der Bilanz („unter dem Strich") anzugeben.[276] Die Vermerkpflicht betrifft alle Wechsel, die am Bilanzstichtag weitergegeben, aber noch nicht eingelöst sind. In der Praxis erfolgt die Angabe des Wechselobligos häufig in Höhe der Wechselsumme.[277] Diese Vorge-

---

[274] So *Adler/Düring/Schmaltz* [1995], Teilband 1 (1995), § 253 HGB, Rn. 160; *Beck*'scher Bilanz-Kommentar [2003], § 253, Rn. 100.

[275] So *Hüttemann* [1988a], Rn. 264.

[276] Kapitalgesellschaften können nach § 268,7 HGB den Vermerk wahlweise unter der Bilanz oder im Anhang vornehmen. Die Regelung verlangt darüber hinaus von Kapitalgesellschaften gesonderte betragsmäßige Angaben zu den einzelnen in § 251 HGB angeführten Haftungsverhältnissen.

[277] Vgl. *Adler/Düring/Schmaltz* [1995], Teilband 6 (1998), § 251 HGB, Rn. 41; *Bordt* [1991], Rn. 34.

hensweise ist in der Literatur jedoch umstritten, da sich die wechselge-setzliche Haftung nicht nur auf die Wechselsumme, sondern auf die in Art. 48 und 49 WG angeführten Zinsen und sonstigen Nebenforderun-gen erstreckt. Diese lassen sich allerdings vom Bilanzierenden nur schwer quantifizieren. Teilweise wird daher aus Praktikabilitätsgründen der Ausweis in Höhe der Wechselsumme akzeptiert,[278] während nach der Gegenmeinung in jedem Fall ein Einbezug zumindest der geschätz-ten Beträge oder - bei fehlender Quantifizierbarkeit - ein verbaler Hin-weis im Vermerk geboten ist.[279]

Die Haftung und damit die Vermerkpflicht endet, wenn der Wechsel vom Bezogenen, dem Aussteller oder durch einen sonstigen Vorindos-santen des bilanzierenden Unternehmens eingelöst wird. Dem Bilanzie-renden ist jedoch der Einlösezeitpunkt, der vom Fälligkeitstermin ab-weichen kann, i.d.R. nicht bekannt. In der Bilanzierungspraxis ist daher die Annahme üblich, dass das Wechselobligo innerhalb von fünf Tagen nach Fälligkeit erlischt, sofern der Bilanzierende keine Kenntnis von ei-nem erfolgten Protest, der einen Regress auf ihn ermöglicht, erlangt.[280]

Muss allerdings mit der Inanspruchnahme im Regressfall mit einiger Wahrscheinlichkeit gerechnet werden, so tritt anstelle des Bilanzver-merks die Passivierung einer **Rückstellung für Wechselobligo**.

Neben einer Einzelbewertung des Haftungsrisikos und der entspre-chenden Bildung von Einzelrückstellungen ist es üblich, für das Wech-selobligo auch sog. Pauschalrückstellungen zu passivieren. Hierzu wer-den Wechsel zu einer Gruppe zusammengefasst und - obwohl für den einzelnen Wechsel kein Haftungsrisiko erkennbar ist - pauschal für die Gruppe ein Wechselobligo passiviert. Die Begründung für diese Durch-brechung des Einzelbewertungsgrundsatzes wird darin gesehen, dass es nach kaufmännischer Erfahrung regelmäßig in bestimmtem Umfang zu Inanspruchnahmen kommt, ohne dass diese im Rahmen einer Einzel-bewertung der zu einer Gruppe zusammengefassten Wechsel erkennbar gewesen wären. So ist es beispielsweise möglich, Pauschalrückstellun-gen für das Wechselobligo nach Maßgabe eines bestimmten Prozentsat-zes des Gesamtbetrages der weitergegeben Wechsel zu passivieren.

Besteht Gewissheit darüber, dass ein Rückgriffsanspruch an das Unter-nehmen gestellt wird, erfolgt der Ausweis der Verpflichtung als „sonsti-ge Verbindlichkeit". Soweit dem Unternehmen selbst Regressansprüche an Vorindossanten zustehen, ist dieser Anspruch korrespondierend als „sonstige Forderung" zu aktivieren.

---

[278] So z.B. *Adler/Düring/Schmaltz* [1995], Teilband 6 (1998), § 251 HGB, Rn. 41.

[279] So z.B. *Fey* [1990], S. 188, 190; *Adler/Düring/Schmaltz* [1995], Teilband 6 (1998), Rn. 108-109.

[280] Vgl. *Adler/Düring/Schmaltz* [1995], Teilband 6 (1998), § 251 HGB, Rn. 39.

VI. Die Verbuchung von Leasinggeschäften

a. Der Begriff Leasing und die bilanzielle Behandlung von Leasinggeschäften

Der Terminus „Leasing" wird als Sammelbegriff für unterschiedliche Erscheinungsformen der entgeltlichen Gebrauchsüberlassung (je nach Gestaltung Mietvertrag, atypischer Mietvertrag oder Vertrag sui generis) von Vermögensgegenständen verwendet. Allgemein handelt es sich beim Leasing um Verträge, in denen sich der Leasinggeber verpflichtet, dem Leasingnehmer gegen die periodische Zahlung einer Leasingrate bestimmte bewegliche oder unbewegliche Vermögensgegenstände (Leasingobjekte) für eine bestimmte oder unbestimmte Zeit zum Gebrauch zu überlassen.

Über die Bilanzierung von Leasingverträgen besteht keine gesetzliche Regelung. Große und mittelgroße Kapitalgesellschaften haben jedoch nach § 285, Nr. 3 HGB bedeutsame finanzielle Verpflichtungen aus Leasingverträgen, die nicht in der Bilanz bzw. unter der Bilanz erscheinen, im Anhang anzugeben. Aus dieser fehlenden gesetzlichen Regelung resultiert eine Uneinheitlichkeit in der bilanziellen Behandlung der Leasingverträge. Die Bilanzierungspraxis steht bei Leasinggeschäften vor der Frage, ob das Leasingobjekt im Bilanzvermögen des Leasingnehmers oder des Leasinggebers ausgewiesen werden soll, da einerseits die wirtschaftliche Verfügungsmacht während der Laufzeit des Leasingvertrags voll beim Leasingnehmer, andererseits das rechtliche Eigentum voll beim Leasinggeber liegt. Nach den GoB stellen Mietverhältnisse schwebende Geschäfte dar, d.h. gemietete Objekte sind beim Vermieter zu bilanzieren und ggf. abzuschreiben. Im Bilanzvermögen des Mieters treten Mietobjekte nicht in Erscheinung, dem Mieter verbleibt lediglich die Verbuchung der Miete. Im Gegensatz zum typischen Mietvertrag nach BGB (§§ 535 ff.) erwachsen dem Leasingnehmer je nach Ausgestaltung des Leasingvertrages erhebliche Risiken (z.B. das Risiko des zufälligen Untergangs oder der technischen und wirtschaftlichen Überholung) oder ein Zwang bzw. eine Option, das Leasingobjekt käuflich zu erwerben. Diese Regelungen verändern den Charakter des Leasingvertrages als reinen Mietvertrag und verwandeln diesen in ein dem Kaufvertrag ähnliches Rechtsgeschäft. Ist der Leasingvertrag aber als Kaufvertrag zu interpretieren, so ist das Leasingobjekt als wirtschaftliches Eigentum des Leasingnehmers anzusehen und in dessen Bilanzvermögen aufzunehmen.

Die Zuordnung des wirtschaftlichen Eigentums und damit die Klassifizierung eines Leasingvertrages als Miet- oder Kaufvertrag bereitet wegen der Vielfalt möglicher Vertragsgestaltungen im Einzelfall mitunter erhebliche Schwierigkeiten. Daher wurden insbesondere vom Steuerrecht bzw. der steuerrechtlichen Rechtsprechung typisierte Abgrenzungsregelungen geschaffen, denen auch im Rahmen der handelsrechtlichen Bilanzierung entscheidende Bedeutung eingeräumt wird.[281] Nach diesen Typisierungen liegt das wirtschaftliche Eigentum beim Leasingnehmer, wenn

(1) die unkündbare Grundmietzeit die betriebsgewöhnliche Nutzungsdauer des Leasingobjekts ausschöpft (> 90 %), so dass bei Vertragsende das Nutzungspotential des Leasingobjekts weitgehend aufgebraucht ist und der Herausgabeanspruch des Leasinggebers praktisch wertlos ist;

(2) während einer relativ kurzen Grundmietzeit (< 40 % der betriebsgewöhnlichen Nutzungsdauer) die volle Amortisation der Anschaffungs- oder Herstellungskosten (incl. etwaiger Finanzierungskosten) des Leasingobjekts erfolgt. In diesen Fällen sind nach der Lebenserfahrung Nebenabsprachen bzw. die Einräumung zusätzlicher Vorteile zu vermuten. (Die kurze Amortisationszeit veranlasst die Finanzbehörde, prinzipiell einen Ratenkauf zu unterstellen;

(3) bei einer Grundmietzeit von 40 % bis 90 % der betriebsgewöhnlichen Nutzungsdauer zusätzlich günstige Kauf- bzw. Mietverlängerungsoptionen eingeräumt werden, die unter wirtschaftlichen Gesichtspunkten die Ausübung der Option erwarten lassen. (Der Kaufoptionspreis liegt z.B. unter dem Buchwert bei linearer Abschreibung oder dem Tageswert);

(4) es sich um spezielle Leasinggüter oder Immobilien handelt, die auf die Bedürfnisse des Leasingnehmers zugeschnitten sind und daher nicht anderweitig vermietet werden können;

(5) bei Teilamortisationsverträgen Verlustgefahr und Gewinnchance der Verwertung des Leasingobjekts voll oder weitgehend auf den Leasingnehmer übertragen sind.

Die an die Zurechnungskriterien des wirtschaftlichen Eigentums geknüpfte buchtechnische Behandlung eines Leasinggeschäfts führt zu einer Zweiteilung der Buchungsprobleme, und zwar je nach dem, ob der Leasinggegenstand dem Leasingnehmer oder dem Leasinggeber als wirtschaftliches Eigentum zuzurechnen ist.

b. Die buchtechnische Behandlung von Leasinggeschäften

1. Die Verbuchung bei Zurechnung des Leasinggegenstandes zum Leasinggeber

Wird das Leasingobjekt dem Leasinggeber zugerechnet, so wird das Leasinggeschäft bilanziell wie ein Mietverhältnis behandelt. Der Leasingver-

---

281 Für die bilanzielle Zuordnung der Leasingobjekte sind höchstrichterliche Entscheidungen (*BFH* [1970]; *BFH* [1982a]) und Erlasse der Finanzverwaltung (*BMF* [1971]: Mobilien-Leasing-Erlass; *BMF* [1972]: Immobilien-Leasing-Erlass; *BMF* [1975]: Leasing-Erlass zu Non-pay-out-Verträgen; *BMF* [1991]: Leasing-Erlass zu Teilamortisations-Leasing-Verträgen) maßgebend.

trag unterliegt damit den Grundsätzen über die Bilanzierung schwebender Geschäfte, so dass er keinen Niederschlag in der Bilanz findet.

Der Leasinggeber erfasst den Leasinggegenstand in seinen Anlagekonten in Höhe der Anschaffungs- oder Herstellungskosten und schreibt diesen, soweit es sich um einen abnutzbaren Vermögensgegenstand handelt, in den folgenden Perioden gemäß § 253,2 HGB planmäßig über die voraussichtliche Nutzungsdauer ab. Die vereinnahmten Leasingraten sind für den Leasinggeber Erträge derjenigen Abrechnungsperiode, in der die durch die jeweiligen Raten abgegoltene Gebrauchsüberlassung erfolgt. Aus Sicht des Leasingnehmers stellen die von ihm geleisteten Raten Aufwand der entsprechenden Nutzungsperiode dar. Muss der Leasingnehmer neben den laufenden Leasingraten zum Zeitpunkt des Vertragsabschlusses eine einmalige Sonderzahlung leisten, so hat der Leasinggeber den vereinnahmten Betrag wie eine Mietvorauszahlung passivisch abzugrenzen und über die Grundmietzeit erfolgserhöhend aufzulösen. Der Leasingnehmer bildet in Höhe dieses Betrags korrespondierend einen aktiven Rechnungsabgrenzungsposten.

Beim Mobilien-Leasing unterliegen die Leasingraten der Umsatzsteuer nach § 1,1 Nr. 1 UStG, da das Leasinggeschäft bei Zurechnung des Leasingobjektes zum Leasinggeber als entgeltliche Nutzungsüberlassung und damit als sonstige Leistung im Sinne des § 3,9 UStG einzustufen ist. Falls Gegenstand des Leasinggeschäfts Immobilien sind, liegt dagegen eine steuerfreie sonstige Leistung gemäß § 4 Nr. 12 UStG vor.

Beispiel:

Die Leasinggesellschaft A erwirbt am 2.1. des Jahres eine maschinelle Anlage für € 40.000,- zuzüglich 15 % Umsatzsteuer. Die Maschine wird vom Unternehmer B für jährlich € 10.000,- (netto) geleast. Die Grundmietzeit beträgt drei Jahre. Das Leasingobjekt hat eine betriebsgewöhnliche Nutzungsdauer von fünf Jahren und wird linear abgeschrieben. Die sonstigen Vereinbarungen des Leasingvertrages (Teilamortisationsvertrag) führen zu einer Zurechnung zum Leasinggeber. Die Zahlungsvorgänge werden über die betrieblichen Bankkonten abgewickelt.

➢ Verbuchung beim Leasinggeber

Buchungssätze:

(1) Verbuchung des Zugangs des Leasingobjekts, (2) Vereinnahmung der Leasingrate, (3) Abschreibung des Leasinggegenstandes, (4) Abschluss des Kontos Leasingerlöse.

Nr.	Sollkonto	Betrag	Habenkonto
1	Maschinen	40.000,-	
	Vorsteuer	6.000,-	
		46.000,-	Bank
2	Bank	11.500,-	
		10.000,-	Leasingerlöse
		1.500,-	Umsatzsteuer
3	Abschreibung an Anl.	8.000,-	Maschinen
4	Leasingerlöse	10.000,-	GVK

Kontenbild:

S	Maschinen	H	S	Bank	H	S	Umsatzsteuer	H
(1) 40.000,-	(3) 8.000,-		AB 70.000,-	(1) 46.000,-			(2) 1.500,-	
			(2) 11.500,-					

S	Vorsteuer	H	S	Abschreibung a. A.	H
(1) 6.000,-			(3) 8.000,-		

S	Leasingerlöse	H	S	GVK	H
(4) 10.000,-	(2) 10.000,-			(4) 10.000,-	

➢ **Verbuchung beim Leasingnehmer**

Buchungssätze:

(1) Zahlung der Leasingraten, (2) Abschluss des Kontos Leasingaufwand.

Nr.	Sollkonto	Betrag	Habenkonto
1	Leasingaufwand	10.000,-	
	Vorsteuer	1.500,-	
		11.500,-	Bank
2	GVK	10.000,-	Leasingaufwand

Kontenbild:

S	Bank	H	S	Vorsteuer	H
AB 20.600,-	(1) 11.500,-		(1) 1.500,-		

S	Leasingaufwand	H	S	GVK	H
(1) 10.000,-	(2) 10.000,-		(2) 10.000,-		

2. Die Verbuchung bei Zurechnung des Leasinggegenstandes zum Leasingnehmer

α. Die buchtechnische Behandlung nach den steuerlichen Leasingerlassen

(1) Die buchtechnische Behandlung beim Leasingnehmer

Erfolgt die Zurechnung des Leasingobjekts zum Leasingnehmer, so hat dieser den Leasinggegenstand als Anlagevermögen mit den Anschaffungskosten zu bilanzieren und über die betriebsgewöhnliche Nutzungsdauer abzuschreiben. Entsprechend den Leasingerlassen ist dabei der Betrag zu aktivieren, der im Leasingvertrag als Anschaffungs- oder Herstellungskosten des Leasinggegenstands festgelegt wurde zuzüglich ggf. noch anfallender eigener Anschaffungskosten.[282] In Höhe der im Leasingvertrag angegebenen Anschaffungs- oder Herstellungskosten hat der Leasingnehmer gleichfalls eine Verbindlichkeit gegenüber dem Leasinggeber zu passivieren. Die vom Leasingnehmer zu aktivierenden Anschaffungskosten sind grundsätzlich aus dem Leasingvertrag abzuleiten, da in der Regel die Anschaffungs- oder Herstellungskosten des Leasinggebers als Bemessungsgrundlage der Leasingraten im Leasingvertrag ausgewiesen werden.[283] Hierbei ist zu beachten, dass für den Fall, dass aus Wettbewerbsgründen die tatsächlichen Anschaffungs- oder Herstellungskosten vom Leasinggeber nicht offen gelegt werden, die dem Leasingvertrag zu Grunde gelegten Anschaffungs- oder Herstellungskosten von den tatsächlich angefallenen Anschaffungs- oder Herstellungskosten abweichen können.[284] Sind dem Leasingnehmer die tatsächlichen Anschaffungs- oder Herstellungskosten des Leasinggebers ausnahmsweise nicht bekannt, so kann als (fiktive) Anschaffungskosten der Betrag angesetzt werden, den er hätte aufwenden müssen, wenn er den Leasinggegenstand unmittelbar selbst von einem Dritten erworben hätte.[285]

Nach den Leasingerlassen gehören die vom Leasinggeber in die Leasingrate einkalkulierten Aufschläge für Verwaltungskosten, Kapitalverzinsung und Gewinn nicht zu den Anschaffungskosten bzw. nicht zu der Kaufpreisverbindlichkeit des Leasingnehmers. Dies liegt darin begründet, dass bei einer Zurechnung des Leasingobjekts zum Leasinggeber der Leasingvertrag vornehmlich als Finanzierungsgeschäft angesehen wird, bei dem der Leasinggeber die Finanzierung von Investitionen des Leasingnehmers übernimmt. Das Leasinggeschäft wird demnach in ei-

---

282 Vgl. *BMF* [1971], S. 265 und *BMF* [1972], S. 189.

283 Vgl. *Tanski/Kurras/Weitkamp* [1991], S. 273; *Runge/Bremser/Zöller* [1978], S. 316.

284 Vgl. *Falterbaum/Beckmann* [1996], S. 537; *Biergans* [1992], S. 243, Fn. 284.

285 Vgl. *Bordewin* [1989], S. 102.

nen Anschaffungs- und einen Finanzierungsvorgang aufgeteilt, wobei diese Vorgänge getrennt voneinander behandelt werden. Der Leasingnehmer bezahlt demzufolge nur mit einem Teil seiner Leasingraten die eigentliche Investition, mit dem anderen Teil vergütet er dagegen die Finanzierungsleistung des Leasinggebers.[286] Die Vergütungen des Leasingnehmers für die Finanzierungsleistung des Leasinggebers werden als Finanzierungskosten des Leasingnehmers angesehen, die aus dessen Sicht nicht als Anschaffungskosten aktivierbar sind.[287] Die vom Leasinggeber in den Leasingraten über die Anschaffungs- oder Herstellungskosten hinaus verrechneten Aufschläge für Kapitalverzinsung, Gewinn und Verwaltungskosten (= sog. **Zins- und Kostenanteil**) stellen aus Sicht des Leasingnehmers Aufwand der Periode dar, für die die Zahlung der Leasingrate erfolgt. Die Leasingraten sind somit für die Verbuchung in einen **erfolgsneutralen Tilgungsanteil** zur Verringerung der Leasingverbindlichkeit und in einen **erfolgswirksamen**, d.h. als Aufwand zu verrechnenden **Zins- und Kostenanteil** aufzuteilen. Dabei ergibt sich der gesamte Zins- und Kostenanteil als Differenz zwischen der Summe der Leasingraten und dem Betrag der verbuchten Leasingverbindlichkeit. Bei der Berechnung des **jährlichen** Zins- und Kostenanteils sowie des korrespondierenden **jährlichen** Tilgungsanteils ist zu berücksichtigen, dass sich durch die Tilgung der Kaufpreisverbindlichkeit der Zins- und Kostenanteil an der jährlich gleich bleibenden Leasingrate im Zeitablauf verringert, während sich der Tilgungsanteil erhöht. Als Ermittlungsmethoden des jährlichen Zins- und Kostenanteils sowie des jährlichen Tilgungsanteils kommen die **Barwertvergleichsmethode** und die **Zinsstaffelmethode** in Betracht.[288] Diese beinhalten eine fiktive Aufteilung der Leasingraten in einen Zins- und Kostenanteil sowie in einen Tilgungsanteil.

➢ Die Aufteilung mittels der Barwertvergleichsmethode

Die Barwertvergleichsmethode beruht auf dem Gedanken, dass die vom Leasingnehmer passivierte Verbindlichkeit den Barwert der Summe der Leasingraten repräsentiert. Der Leasingnehmer kann deshalb den in den einzelnen Leasingraten enthaltenen Zins- und Kostenanteil ermitteln, indem er die Summe der auf das Wirtschaftsjahr entfallenden Leasingraten um die Differenz zwischen den Barwerten der zu passivierenden Verbindlichkeit gegenüber dem Leasinggeber am Beginn und am Ende des Wirtschaftsjahres (Tilgungsanteil) verringert.[289] Hierbei entspricht

---

[286] Vgl. *Beger* [1971], S. 171.

[287] Vgl. *Runge/Bremser/Zöller* [1978], S. 314; zur grundsätzlichen Nichtaktivierbarkeit von Fremdkapitalzinsen bei den Anschaffungskosten siehe u.a. *Küting/Weber* [1995], § 255 HGB, Rn. 40-41; *Adler/Düring/Schmaltz* [1995], Teilband 1. (1995), § 255 HGB, Rn. 33-39.

[288] Vgl. *BMF* [1973], S. 2485.

[289] Vgl. *BMF* [1973], S. 2485.

der Barwert der Verbindlichkeit im Zeitpunkt ihrer Begründung (t = 0) den vom Leasingnehmer aktivierten Anschaffungskosten, mit Ausnahme der nicht in den Leasingraten berücksichtigten Anschaffungs- und Herstellungskosten des Leasingnehmers (den sog. eigenen Anschaffungskosten).

Basierend auf dem Grundgedanken, dass die vom Leasingnehmer verbuchte Kaufpreisverbindlichkeit dem Barwert aller Leasingraten entspricht, lässt sich der der Barwertermittlung zu Grunde zu legende Kapitalisierungszinsfuß durch die Auflösung der Gleichung

$$LR\frac{(1+i)^n-1}{i(1+i)^n} = A_0$$

(mit LR = jährliche Leasingrate; A_0 = Kaufpreisverbindlichkeit = im Leasingvertrag angegebene Anschaffungs- oder Herstellungskosten) nach i bestimmen.[290] Mit Hilfe dieses Zinsfußes können anschließend für die einzelnen Perioden die Barwerte der jeweils noch ausstehenden Leasingraten durch Multiplikation der Leasingrate mit dem nachschüssigen Rentenbarwertfaktor ermittelt werden. Es gilt:

$$BW_t = LR\frac{(1+i)^{n-t}-1}{i(1+i)^{n-t}}$$

mit: n = Grundmietzeit in Jahren, t = 0,..,n, BW_t = Barwert der noch ausstehenden Leasingraten der Periode t, LR = jährliche Leasingrate, i = Kapitalisierungszinsfuß.

Die Differenz der so gewonnenen aufeinander folgenden Barwerte (BW_t ./. BW_{t+1}) stellt den jährlichen Tilgungsanteil dar. Die Leasingrate vermindert um den jeweiligen jährlichen Tilgungsanteil ergibt den entsprechenden jährlichen Zins- und Kostenanteil.

➢ Die Aufteilung mittels der Zinsstaffelmethode

Die Zinsstaffelmethode stellt eine Vereinfachung der relativ aufwendig zu handhabenden Barwertvergleichsmethode dar.[291] Zur Ermittlung des jährlichen Zins- und Kostenanteils wird bei dieser Vorgehensweise zunächst der **gesamte** Zins- und Kostenanteil (Z) aus den in der Grundmietzeit zu entrichtenden Leasingraten herausgerechnet. Es gilt:

$$Z = \sum LR - A_0.$$

Der Zinsanteil der Periode t (Z_t) ergibt sich im nächsten Schritt (ähnlich der digitalen Abschreibung) aus:

$$Z_t = \frac{Z}{\sum t}(n-t+1) \text{ mit } \sum t = \frac{(1+n)n}{2} \text{ (Summenformel der arithmetischen Folge)}$$

---

290 Vgl. *Biergans* [1992], S. 244-245.

291 Vgl. im Einzelnen *BMF* [1973], S. 2485.

(2) Die buchtechnische Behandlung beim Leasinggeber

Nach den Leasingerlassen führt die Lieferung und Übergabe des Leasinggegenstandes an den Leasingnehmer zur Ausbuchung des zuvor erworbenen Leasingguts und zur Einbuchung der entsprechenden Kaufpreisforderung in Höhe der im Leasingvertrag angegebenen Anschaffungs- oder Herstellungskosten.[292] Der vom Leasinggeber zu aktivierende Forderungsbetrag stimmt somit mit der vom Leasingnehmer zu passivierenden Verbindlichkeit überein. Sind die im Leasingvertrag ausgewiesenen Anschaffungs- oder Herstellungskosten höher als die tatsächlich bei der Anschaffung oder Herstellung des Leasingguts beim Leasinggeber angefallenen Ausgaben, hat der Leasinggeber in Höhe der Differenz zwischen diesen beiden Beträgen einen Ertrag einzubuchen.

Für die buchtechnische Behandlung der Vereinnahmung der Leasingraten während der Laufzeit des Leasingvertrages ist (ebenso wie bei der Verbuchung beim Leasingnehmer) entscheidend, dass die Leasingraten in einen **erfolgsneutralen Tilgungsanteil** zur Verminderung der Kaufpreisforderung und in einen **erfolgswirksamen** die Kapitalverzinsung, den Gewinn und die Verwaltungskosten deckenden sog. „Zins- und Kostenanteil" aufzuteilen sind. Dieser Zins- und Kostenanteil ist als Ertrag auf dem Konto „Leasingerlöse" zu erfassen. Bei der Aufteilung der Leasingraten in den jährlichen Tilgungsanteil einerseits und den jährlichen Zins- und Kostenanteil andererseits kommen dieselben Methoden wie beim Leasingnehmer zur Anwendung.

Aus umsatzsteuerrechtlicher Sicht liegt bei einem Leasinggeschäft, das als Teilzahlungsgeschäft zu qualifizieren ist, eine Lieferung des Leasinggegenstands an den Leasingnehmer vor. Die Umsatzsteuerschuld entsteht demnach wie im üblichen Fall des Kaufs in dem Zeitpunkt, in dem die Lieferung erfolgt, also das wirtschaftliche Eigentum auf den Leasingnehmer übergeht. Somit hat der Leasinggeber zum Zeitpunkt der Übergabe des Leasingguts an den Leasingnehmer einerseits die Umsatzsteuerschuld gegenüber dem Finanzamt und andererseits eine Umsatzsteuerforderung gegenüber dem Leasingnehmer zu verbuchen.[293] Die Bemessungsgrundlage zur Ermittlung der Höhe der Umsatzsteuer ist nach § 10,1 UStG das vereinbarte Entgelt, d.h. alles was der Leasingnehmer aufwendet, um die Verfügungsmacht über den Leasinggegenstand zu erhalten. Nach dem BFH-Urteil vom 1.10.1970 umfasst das Entgelt die Summe sämtlicher Leasingraten bis zum Ablauf der voraussichtlichen Nutzungsdauer einschließlich des für den Fall einer Kaufoption vereinbarten Kaufpreises oder der Verlängerungsraten im Falle einer Mietverlängerungsoption.[294]

---

[292] Vgl. *BMF* [1972], S. 189.

[293] Für den Leasingnehmer ist die zu leistende Umsatzsteuer entsprechend als Vorsteuer abziehbar.

[294] Vgl. *BFH* [1970b], S. 36; kritisch *Bordewin* [1989], S. 121.

Beispiel:

Die Leasinggesellschaft A erwirbt am 2.1. des Jahres eine Maschine für € 30.000,- zuzüglich 15 % USt. Die Maschine wird vom Unternehmer B für jährlich € 12.000,- geleast, wobei im Leasingvertrag als Anschaffungskosten € 30.000,- angegeben werden. Die Zahlungsvorgänge werden über die betrieblichen Bankkonten abgewickelt. Die Grundmietzeit beträgt drei Jahre. Der Leasinggegenstand hat eine betriebsgewöhnliche Nutzungsdauer von acht Jahren und wird linear abgeschrieben. Bei der vorliegenden Vertragsgestaltung (Vollamortisationsvertrag und Grundmietzeit < 40 % der betriebsgewöhnlichen Nutzungsdauer) erfolgt die Zurechnung der Maschine zum Leasingnehmer. Für die Berechnung des jährlichen Zins- und Kostenanteils kommt sowohl beim Leasingnehmer als auch beim Leasinggeber die Zinsstaffelmethode zur Anwendung.

➢ **Ermittlung des jährlichen Zins- und Kostenanteils:**

	Summe der Leasingraten (3 x 12.000,-)	€	36.000,-
./.	Anschaffungskosten	€	30.000,-
=	Gesamter Zins- und Kostenanteil	€	6.000,-

Summe der Jahresziffern: $\sum t = 1 + 2 + 3 = 6$.

Die folgende Tabelle verdeutlicht die Aufteilung der Leasingraten in den jährlichen Zins- und Kostenanteil sowie den jährlichen Tilgungsanteil.

Perioden	Jährliche Leasingrate	Jährlicher Zins- und Kostenanteil	Jährlicher Tilgungsanteil
1	12.000,-	3/6 x 6.000,- = 3.000,-	9.000,-
2	12.000,-	2/6 x 6.000,- = 2.000,-	10.000,-
3	12.000,-	1/6 x 6.000,- = 1.000,-	11.000,-
Σ	36.000,-	6.000,-	30.000,-

➢ **Verbuchung beim Leasinggeber**

Buchungssätze:

(1) Zugang Leasinggegenstand, (2) Übergabe des Leasinggegenstandes an den Leasingnehmer, (3) Zahlungseingang der USt-Forderung, (4) Vereinnahmung der Leasingrate, (5) - (6) Abschluss der Konten Leasingforderungen und Leasingerlöse.

Nr.	Sollkonto	Betrag	Habenkonto
1	Maschinen	30.000,-	
	Vorsteuer	4.500,-	
		34.500,-	Bank
2	Leasingforderungen	30.000,-	
	USt-Forderung aus Leasing-geschäften	5.400,-	
		30.000,-	Maschinen
		5.400,-	Umsatzsteuer
3	Bank	5.400,-	USt-Forderung aus Leasing-geschäften
4	Bank	12.000,-	
		9.000,-	Leasingforderungen
		3.000,-	Leasingerlöse
5	SBK	21.000,-	Leasingforderungen
6	Leasingerlöse	3.000,-	GVK

Kontenbild:

S	Maschinen	H	S	Bank	H	S	Umsatzsteuer	H
(1)	30.000,-	(2) 30.000,-	AB	70.000,-	(1) 34.500,-			(2) 5.400,-
			(3)	5.400,-				
			(4)	12.000,-				

S	Vorsteuer	H	S	Leasingforderung	H	S	USt-Ford. a. Lsingg.	H
(1)	4.500,-		(2) 30.000,-	(4) 9.000,-		(2) 5.400,-	(3) 5.400,-
				(5) 21.000,-			

S	Leasingerlöse	H	S	SBK	H	S	GVK	H
(6)	3.000,-	(4) 3.000,-	(5) 21.000,-					(6) 3.000,-

➢ **Verbuchung beim Leasingnehmer**

Buchungssätze:

(1) Zugang des Leasingobjekts, (2) Zahlung der USt-Verbindlichkeit, (3) Zahlung der Leasingraten, (4) Abschreibung des Leasinggegenstandes, (5)-(7) Abschluss der Konten Leasingverbindlichkeit, -aufwand und Abschreibungen.

Nr.	Sollkonto	Betrag	Habenkonto
1	Maschinen	30.000,-	
	Vorsteuer	5.400,-	
		30.000,-	Leasingverbindlichkeiten
		5.400,-	USt-Verbindlichkeit aus Leasinggeschäften
2	USt-Verbindlichkeit aus Leasinggeschäften	5.400,-	Bank
3	Leasingverbindlichkeit	9.000,-	
	Leasingaufwand	3.000,-	
		12.000,-	Bank
4	Abschreib. auf Anlagen	3.750,-	Maschinen
5	Leasingverbindlichkeit	21.000,-	SBK
6	GVK	3.000,-	Leasingaufwand
7	GVK	3.750,-	Abschreib. auf Anlagen

Kontenbild:

```
S      Maschinen      H  S      Bank        H  S USt-Verbl. a. Lsingg.  H
(1)  30.000,-│(4)  3.750,-  AB 70.000,-│(2)    5.400,-  (2) 5.400,-│(1)    5.400,-
             │               │(3) 12.000,-


S      Vorsteuer      H  S   Leasingverbindl.  H  S Abschr. a. Anlagen  H
(1)   5.400,-│           (3)  9.000,-│(1) 30.000,-  (4) 3.750,-│(7)    3.750,-
             │           (5) 21.000,-│


S   Leasingaufwand   H  S      SBK        H  S        GVK         H
(3)  3.000,-│(6) 3.000,-    │(5) 21.000,-  (6)  3.000,-│
            │                             (7)  3.750,-│
```

β. Abweichende Möglichkeiten der buchtechnischen Behandlung

Der den Leasingerlassen entsprechenden Buchungsweise wird zwar sowohl in der steuerrechtlichen als auch in der handelsrechtlichen Literatur weitgehend gefolgt.[295] Gleichwohl unterliegt diese Vorgehensweise aber auch der Kritik. So wird insbesondere bemängelt, dass die Leasingverbindlichkeit des Leasingnehmers nicht gem. § 5,1 EStG i.V.m. § 253,1 S. 2 HGB mit ihrem vollen Rückzahlungsbetrag (= Summe der Leasingraten) angesetzt wird, was der Stellung des Leasingnehmers als wirtschaftlicher Eigentümer und der Behandlung des Leasingvertrags als kaufähnliches Geschäft eher entsprechen würde.[296] Ferner wird auch die in den Leasingerlassen vorgesehene Ermittlung der Anschaffungskosten beim Leasingnehmer kritisiert. Zum einen wird die Ableitung der Anschaffungskosten des Leasingnehmers aus den Anschaffungs- oder

---

[295] Vgl. u.a. *Tanski/Kurras/Weitkamp* [1991], S. 273; *Bordewin* [1989], S. 101-105; *Runge/Bremser/Zöller* [1978], S. 316; *Schmorleiz* [1980], S. 396; *Spittler* [1985], S. 120.

[296] Vgl. *Falterbaum/Beckmann* [1996], S. 474.

Herstellungskosten des Leasinggebers bzw. derjenigen Anschaffungs- oder Herstellungskosten, die im Leasingvertrag angegeben sind, als nicht zutreffend erachtet. Dies wird damit begründet, dass es bei der Ermittlung der Anschaffungskosten des Leasingnehmers nicht darauf ankommen könne, welche Anschaffungs- oder Herstellungskosten der Leasinggeber aufgewendet hat, sondern es vielmehr ausschlaggebend sei, was der Leasingnehmer aufwendet, um die wirtschaftliche Verfügungsmacht über den Leasinggegenstand zu erlangen.[297] Der Leasingnehmer hat demnach **seine** Anschaffungskosten anzusetzen, wie es der Definition der Anschaffungskosten in § 255,1 HGB entspricht.

Die Folgerungen aus dieser Kritik sind jedoch uneinheitlich: Während nach einer Auffassung beim Leasingnehmer als Anschaffungskosten die Summe der Leasingraten zu aktivieren ist,[298] sprechen sich andere Autoren dafür aus, die Anschaffungskosten beim Leasingnehmer durch die Abzinsung der Leasingraten zu ermitteln, so dass die Anschaffungskosten in Höhe des Barwerts der Summe aller Leasingraten anzusetzen sind.[299] Schließlich ist im Zusammenhang mit der nach den Leasingerlassen vorgeschriebenen Ermittlung der Anschaffungskosten anzumerken, dass auf diese Weise Manipulationen bei der Ermittlung des bei der Barwertvergleichsmethode anzuwendenden Kapitalisierungszinsfußes durch die Wahl der Anschaffungskosten im Leasingvertrag möglich werden.

Hinsichtlich des Ausweises der Forderung beim Leasinggeber wird entgegen den Leasingerlassen auch die Auffassung vertreten, dass die Forderung mit der Verschaffung der Verfügungsmacht über den Gegenstand an den Leasingnehmer in Höhe der Summe der Leasingraten entstanden ist.[300] Der sich in Höhe der Differenz zwischen dieser Forderung und den Anschaffungs- oder Herstellungskosten des Leasinggebers ergebende Erfolg des Leasinggeschäfts ist somit bereits im Jahr der Ausführung des Geschäfts realisiert und nicht etwa erst nach Maßgabe der Fälligkeit der Leasingraten.

Entsprechend der oben aufgeführten Kritik ergeben sich bei der buchtechnischen Behandlung beim Leasingnehmer im Wesentlichen zwei von den Leasingerlassen abweichende Buchungsmethoden, die hier dargestellt werden sollen.

---

[297] Vgl. *Seeliger* [1970], S. 260; *Stoll* [1977], S. 142; *Seeger* [1972], S. 105.

[298] Vgl. *Seeliger* [1970], S. 260.

[299] Vgl. *Stoll* [1977], S. 144; *Seeger* [1972], S. 105; ebenso für den Barwert u.a. *Adler/Düring/Schmaltz* [1995], Teilband 1 (1995), § 255 HGB, Rn. 73; *Lefhalm* [1973], S. 2153. Der Ansatz zum Barwert entspricht der handelsrechtlichen Behandlung von längerfristigen Teilzahlungsgeschäften. Vgl. hierzu *Adler/Düring/Schmaltz* [1995], Teilband 1 (1995), § 255 HGB, Rn. 78-79; *Küting/Weber* [1995], § 255 HGB, Rn. 80; *Husemann* [1970], S. 97; *Biener/Berneke* [1986], S. 112.

[300] Vgl. *Stoll* [1977], S. 146.

Methode 1

Bei dieser Methode wird der Auffassung gefolgt, der Leasingnehmer habe in Höhe der Summe der Leasingraten die Anschaffungskosten des Leasinggegenstands anzusetzen und in gleicher Höhe die Leasingverbindlichkeit auszuweisen. Die Zahlung der Leasingraten wird vollständig erfolgsneutral durch eine entsprechende Gegenbuchung bei der Leasingverbindlichkeit erfasst. Eine Aufteilung in einen Zins- und Kostenanteil sowie in einen Tilgungsanteil unterbleibt. Die höheren Kosten des Leasing gegenüber dem Kauf werden durch die entsprechend höheren Abschreibungsbeträge erfasst.

Beispiel:

Es werden die Daten des vorhergehenden Beispiels verwendet.

Buchungssätze:

(1) Zugang des Leasingobjekts, (2) Zahlung der USt-Verbindlichkeit, (3) Zahlung der Leasingrate, (4) Abschreibung des Leasingobjekts, (5) - (6) Abschluss der Konten Leasingverbindlichkeit und Abschreibungen

Nr.	Sollkonto	Betrag	Habenkonto
1	Maschinen	36.000,-	
	Vorsteuer	5.400,-	
		36.000,-	Leasingverbindlichkeiten
		5.400,-	USt-Verbindlichkeit aus Leasinggeschäften
2	USt-Verbindlichkeit aus Leasinggeschäften	5.400,-	Bank
3	Leasingverbindlichkeit	12.000,-	Bank
4	Abschreib. auf Anlagen	4.500,-	Maschinen
5	Leasingverbindlichkeit	24.000,-	SBK
6	GVK	4.500,-	Abschreib. auf Anlagen

Kontenbild:

S	Maschinen	H	S	Bank	H	S USt-Verbl. a. Lsingg. H
(1) 36.000,-	(4) 4.500,-		AB 20.600,-	(3) 12.000,-		(1) 5.400,-

S	Vorsteuer	H	S	Leasingverbindl.	H
(1) 5.400,-			(3) 12.000,-	(1) 36.000,-	
			(5) 24.000,-		

S Abschr. a. Anlagen H	S	SBK	H	S	GVK	H
(4) 4.500,-	(6) 4.500,-		(5) 24.000,-	(6) 4.500,-		

Methode 2

Folgt man hingegen der Auffassung, dass als Anschaffungskosten beim Leasingnehmer der Barwert der Summe der Leasingraten anzusetzen ist, so hat der Leasingnehmer mittels eines geeigneten Kapitalisierungszinsfußes die Leasingraten abzuzinsen.[301] In Höhe der Differenz zwischen der Verbindlichkeit (Summe aller Leasingraten) und den auf diese Weise ermittelten Anschaffungskosten des Leasingnehmers ist ein aktiver Rechnungsabgrenzungsposten zu bilden, der den in den Leasingraten enthaltenen Zinsanteil repräsentiert.[302] Die Begleichung der Leasingraten wird während der Laufzeit des Leasinggeschäfts erfolgsneutral durch die korrespondierende Ausbuchung der Leasingverbindlichkeit verbucht. Gleichzeitig erfolgt die erfolgswirksame Verrechnung des in den Leasingraten enthaltenen Zinsanteils durch die Auflösung des aktiven Rechnungsabgrenzungspostens in Höhe des nach den oben dargestellten Methoden ermittelten Zinsanteils.

Schließt man sich der Auffassung an, dass der Leasinggeber den Erfolg aus dem Leasinggeschäft bereits mit der Ausführung des Geschäfts voll realisiert hat, so ergeben sich hinsichtlich der Verbuchung beim Leasinggeber gegenüber der Verbuchung nach den Leasingerlassen folgende Abweichungen: Der Leasinggeber hat das von ihm verleaste Gut in Höhe der Anschaffungs- oder Herstellungskosten auszubuchen und dafür die Forderung in Höhe der Summe der Leasingraten einzubuchen. In Höhe der Differenz zwischen der Forderung und den Anschaffungs- oder Herstellungskosten hat er den Leasingerlös als Umsatzerlös zu erfassen. Die Vereinnahmung der Leasingraten während der Laufzeit des Geschäfts vollzieht sich erfolgsneutral durch die entsprechende Ausbuchung der Forderung. Eine Aufteilung der Leasingraten in einen Zins- und Kostenanteil sowie einen Tilgungsanteil findet nicht statt. Dies verdeutlicht nachstehendes Beispiel:

Beispiel:
Es werden die Daten des vorhergehenden Beispiels verwendet.

Buchungssätze:

(1) Zugang Leasinggegenstand, (2) Übergabe des Leasinggegenstandes an den Leasingnehmer, (3) Zahlungseingang der USt-Forderung, (4) Vereinnahmung der Leasingrate, (5) - (6) Abschluss der Konten Leasingforderungen und -erlöse.

---

301 Zu Einzelheiten der Ermittlung eines angemessenen Zinsfußes siehe u.a. *Lefhalm* [1973], S. 2151-2153.

302 Vgl. *Seicht* [1991], S. 198; *Seicht* [1995], 252; ähnlich *Falterbaum / Beckmann* [1996], S. 558, die jedoch als Anschaffungskosten beim Leasingnehmer die im Leasingvertrag festgesetzten Anschaffungs- oder Herstellungskosten des Leasinggebers ansetzen.

Nr.	Sollkonto	Betrag	Habenkonto
1	Maschinen	30.000,-	
	Vorsteuer	4.500,-	
		34.500,-	Bank
2	Leasingforderungen	36.000,-	
	USt-Forderung aus Lea-singgeschäften	5.400,-	
		30.000,-	Maschinen
		6.000,-	Leasingerlöse
		5.400,-	Umsatzsteuer
3	Bank	5.400,-	USt-Forderung aus Lea-singgeschäften
4	Bank	12.000,-	Leasingforderungen
5	SBK	24.000,-	Leasingforderungen
6	Leasingerlöse	6.000,-	GVK

Kontenbild:

```
S      Maschinen      H  S        Bank         H  S    Umsatzsteuer     H
(1) 30.000,-|(2) 30.000,-  AB 70.000,-|(1)  34.500,-              |(2)   5.400,-
                           (3)  5.400,-|
                           (4) 12.000,-|


S      Vorsteuer      H  S   Leasingforderung  H  S USt-Ford. a. Lsingg.  H
(1)  4.500,-|             (2) 36.000,-|(4) 12.000,-  (2) 5.400,-|(3)  5.400,-
                                      |(5) 24.000,-


S    Leasingerlöse    H  S        SBK          H  S        GVK            H
(6)  6.000,-|(2) 6.000,-  (5) 24.000,-|                    |(6)   6.000,-
```

Die Organisation der Buchführung

A. Buchführungssysteme

Mit dem Terminus „Buchführungssystem" wird die Art der Buchführung bezeichnet. Entsprechend ihrem Anwendungsgebiet lassen sich kaufmännische und kameralistische Buchführungssysteme unterscheiden. Als kaufmännische Buchführungen kommen die einfache und doppelte Buchführung zur Anwendung. Die kameralistische Buchführung ist als Buchführungssystem der öffentlichen Verwaltungen am staatlichen Haushaltsplan orientiert. Die Kameralistik basiert auf einer Einnahmen und Ausgabenrechnung, die in ihrer einfachsten Form weder eine Inventur noch eine Bewertung der Vermögensgegenstände kennt. Sie ist somit für die Rechnungslegungszwecke kaufmännischer Betriebe nicht geeignet.

Verbunden mit der Organisation der Buchführung ist die Entwicklung der Buchführungsformen und der Aufzeichnungstechniken. Diese organisationstechnische Entwicklung führte von der unsystematischen Sammlung der als Datenträger dienenden losen Blätter über gebundene Bücher (Übertragungsbuchführung) wieder zur Lose-Blatt-Buchführung (Durchschreibebuchführung) und der Offene-Posten-Buchführung weiter zu dem Einsatz elektronischer Abrechnungssysteme. Jedes der skizzierten Buchführungssysteme bzw. -formen kann durch eine unterschiedlich gestaltete Aufzeichnungstechnik realisiert werden, und zwar per Hand, Buchungsmaschine oder elektronischer Datenverarbeitungsanlage.

I. Einfache (kaufmännische) Buchführung

Die einfache Buchführung gilt als zulässiges Buchführungssystem, da die gesetzlichen Buchführungsbestimmungen (§§ 238 u. 239 HGB) kein bestimmtes Buchungssystem zwingend vorschreiben und sie die an eine kaufmännische Buchführung zu stellenden Mindesterfordernisse erfüllt. Diese Mindesterfordernisse lauten wie folgt:

- Chronologische Erfassung aller Geschäftsvorfälle in einem Grundbuch.
- Führung eines Hauptbuches in Form von Personenkonten für Kunden und Lieferanten.
- Jährliche Bestandsaufnahme in ein Inventar- und Bilanzbuch.

Die einfache kaufmännische Buchführung ist weitgehend auf die Erfassung von Zahlungsvorgängen beschränkt und erfasst somit keine Leistungsvorgänge. Gegenüber der doppelten Buchführung fehlt bei der einfachen Buchführung ein Hauptbuch mit Konten, auf denen alle Geschäftsvorfälle nach sachlichen Gesichtspunkten, getrennt nach Bilanz- und Erfolgsposten, verbucht werden. Daher ist weder ein Bestands- noch ein Erfolgskontenabschluss aus der einfachen Buchführung ableitbar. Die Bilanz wird im Wesentlichen aus dem Inventar entwickelt. Eine GVR kennt die einfache Buchführung nicht. Da aber § 242,2 HGB die Aufstellung einer Gewinn- und Verlustrechnung fordert, muss diese bei der einfachen Buchführung über Nebenrechnungen erstellt werden.

Die Erfolgsermittlung geschieht auf einfache Weise, nämlich mit Hilfe des sog. **Reinvermögensvergleichs**, d.h., das Reinvermögen (Eigenkapital) aus dem Inventar des laufenden Geschäftsjahres wird mit dem Reinvermögen des Vorjahres verglichen (s. auch S. 114). Er erfolgt nach folgendem Schema:

	Neues Reinvermögen
./.	Altes Reinvermögen
./.	Einlagen
+	Entnahmen
=	Reingewinn/Verlust

Die Nachteile der einfachen Buchführung bestehen darin, dass

- das Betriebsvermögen nur durch Inventur festgestellt werden kann,

- es keine Erfolgskonten gibt, auf denen sich die Leistungsvorgänge widerspiegeln,

- es im Gegensatz zur doppelten Buchführung keine Kontrollmöglichkeiten - z.B. durch zweifache Erfolgsermittlung - gibt und

- sich die Aufstellung des Jahresabschlusses (nach § 242 HGB), bestehend aus Bilanz und GVR, als aufwendig und schwierig erweist.

II. Doppelte Buchführung (Doppik)

Das heute in der Wirtschaftspraxis fast ausschließlich verwendete Buchführungssystem ist die doppelte Buchführung. Sie beruht auf der Tatsache, dass jeder Geschäftsvorgang, der verbucht wird, einen Wertübergang (Tauschakt) darstellt, d.h. jeder Leistung auch eine Gegenleistung entspricht. Deshalb werden notwendigerweise beim Buchen mindestens zwei Konten berührt. Im Hinblick auf die Bilanz hat demnach jeder Geschäftsvorfall zwei Auswirkungen, wie die Darstellung der typischen vier Bilanzänderungen auf S. 101 zeigt.

Die doppelte Buchführung erfasst - im Gegensatz zur einfachen Buchführung - alle Geschäftsvorfälle nicht nur in zeitlicher, sondern auch in sachlicher Ordnung. Neben dem Grundbuch, in dem - wie bei der einfachen Buchführung - alle Geschäftsvorfälle in zeitlicher Hinsicht aufgezeichnet werden, gibt es bei der doppelten Buchführung das Hauptbuch, in dem für alle Bilanz- und Erfolgsposten ein Sachkonto gebildet wird. In diesen verschiedenen Sachkonten werden sämtliche, durch Geschäftsvorfälle verursachten Wertveränderungen der entsprechenden Bestands-, Aufwands- und Ertragspositionen aufgezeichnet. Somit stellt das Hauptbuch der doppelten Buchführung systematisch alle betrieblichen Vorgänge nach ihrer Vermögens- und Erfolgswirkung dar und hat damit eine völlig andere Bedeutung als das Hauptbuch der einfachen Buchführung. Aufgrund dieses Sachverhalts erlaubt die doppelte Buchführung eine zweifache Erfolgsermittlung durch Vergleich der in der Bilanz ausgewiesenen Eigenkapitalbestände und der Gegenüberstellung von im Geschäftsjahr angefallenen Erträgen und Aufwendungen.

Zusammenfassend kann also gesagt werden, dass die doppelte Erfolgsermittlung in Verbindung mit dem Prinzip der Doppelbuchung und der Darstellung der Geschäftsvorfälle in zeitlicher und sachlicher Ordnung für die Bezeichnung „doppelte" Buchführung bestimmend waren.

Des Weiteren ist die doppelte Buchführung durch ein geschlossenes Kontensystem und dem daraus entwickelten Kontenformalismus gekennzeichnet. Das Kontensystem beinhaltet im Einzelnen:

- Aufzeichnung aller das Vermögen berührenden Geschäftsvorfälle in zeitlicher und sachlicher Ordnung.
- Verbuchung desselben Betrages auf Konto(-en) und Gegenkonto(-en) im Soll und Haben.
- Getrennte Erfassung der Zahlungs- und Leistungsvorgänge auf Bestands- und Erfolgskonten.
- Doppelte Erfolgsermittlung in der Bilanz und in der Gewinn- und Verlustrechnung.

Damit ist die doppelte Buchführung ein Rechenwerk, das als systematische Vermögens- und Kapitalrechnung bezeichnet werden kann. Die Vorteile der doppelten Buchführung bestehen in der Kontrollfunktion der Doppelbuchung, dem nach sachlichen Kriterien geführten Hauptbuch und dem geschlossenen Kontensystem.

Die weiteren Ausführungen beziehen sich auf das System der doppelten Buchführung.

B. Elemente der Buchführungsorganisation

I. Belegorganisation

Alle mit der Ausfertigung, Ausstattung, Aufbewahrung und Verwendung von Belegen zusammenhängenden Vorgänge machen die **Belegorganisation** aus. In Organisationsanweisungen sind die Belegbearbeitungsoperationen eindeutig festzulegen, wobei darauf zu achten ist, dass jeder Beleg den einzelnen Sachbearbeitern nur einmal zur Bearbeitung zugeleitet wird.

Unter einem **Beleg** versteht man alle Schriftstücke, die geeignet sind, die Richtigkeit von Angaben über geschäftliche Vorgänge zu beweisen. Bei Belegen gilt es, natürliche (externe) Belege und künstliche (interne) Belege zu unterscheiden. Externe Belege entstehen zwangsläufig aus dem Geschäftsverkehr des Unternehmens mit Dritten (z.B. Eingangsrechnungen, Ausgangsrechnungen, Konto-Auszüge, Frachtbriefe usw.). Interne Belege (z.B. Materialentnahmescheine, Lohn- und Gehaltslisten, Quittungen über Privatentnahmen, Briefkopien usw.) werden für den innerbetrieblichen Verkehr selbst geschaffen, damit der Buchungsvorgang auch bei Fehlen eines externen Beleges wiedergegeben werden kann (s. hierzu auch S. 50 f.).

Der Beleg bildet die Grundlage jeder ordnungsgemäßen Buchführung, d.h. zur Vornahme einer ordnungsgemäßen Buchung muss ein Beleg vorliegen (**Belegzwang**). Diese Tatsache spiegelt sich im sog. **Belegprinzip** (keine Buchung ohne Beleg) wider, welches die Grundvoraussetzung für die Beweiskraft der Buchführung ist, da mit jedem Beleg ein Geschäftsvorfall zeit-, wert- und verantwortungsmäßig festgehalten wird.

Da der Beleg Grundlage jeder Verbuchung ist, muss deren Zusammengehörigkeit jederzeit überprüfbar und durch gegenseitige Verweise nachvollziehbar sein. Diese jederzeitige Nachvollziehbarkeit und eindeutig feststellbare Zuordnung von Buchung und Beleg erreicht man durch Angabe der Belegnummer bei der Verbuchung. Des weiteren müssen die Belege nach der Verbuchung in der Weise aufbewahrt werden, dass sie jederzeit (innerhalb der Aufbewahrungsfristen) und lückenlos auffindbar sind. Dazu müssen die Belege nach der Verbuchung sorgfältig abgelegt und aufbewahrt werden, wobei sich bei der Belegablage eine Durchnummerierung und eine Ordnung nach Sachkriterien empfiehlt.

Zur Erleichterung der Buchungsarbeit werden Belege vorkontiert. Dafür werden **Buchungsstempel** benutzt, die folgendermaßen gestaltet sein können:

Konto	Soll	Haben
Maschinen	100	
Vorsteuer	10	
Verbindlichkeiten		110
Gebucht 11.08.01 (Beleg Nr. 532)		

II. Organisation der Bücher und Kontenplan

§ 238 HGB fordert vom Kaufmann „Bücher zu führen und in diesen seine Handelsgeschäfte und die Lage seines Vermögens nach den Grundsätzen ordnungsmäßiger Buchführung ersichtlich zu machen". Es soll also eine Dokumentation aller Geschäftsvorfälle in zeitlicher und sachlicher Hinsicht vorgenommen werden.

Die **chronologische Aufzeichnung** aller Geschäftsvorfälle auf der Grundlage der Belege erfolgt - wie bereits ausgeführt - in den **Grundbüchern** (auch Tagebuch, Memorial od. Primanota genannt), deren Anzahl sich nach der durch die Gegebenheiten des Betriebes bedingten Aufzeichnungstechnik und Buchführungsform richtet. Als **Grundbücher** kommen Kassenbücher, Rechnungseingangs- und Rechnungsausgangsbücher, Bankbücher usw. in Betracht. Nach § 146,1 Satz 2 AO sind Kasseneinnahmen und Kassenausgaben täglich festzuhalten. Deshalb ist das Kassenbuch in vielen Betrieben das wichtigste Grundbuch. Im Grundbuch sind hinsichtlich des einzelnen Geschäftsvorfalles i.d.R. folgende Angaben zu machen: Datum/Vorgang/Beleghinweis/Konto/Gegenkonto/Betrag. Die Bedeutung der Grundbücher ist darin zu sehen, dass sie es während der Aufbewahrungsfristen zu jedem beliebigen Zeitpunkt ermöglichen sollen, die jeweiligen Geschäftsvorfälle bis zu ihrem Beleg zurückzuverfolgen, ohne dass dadurch ein übermäßiger Aufwand entsteht.

Die **sachliche (systematische) Aufzeichnung** und Ordnung des Buchungsstoffes erfolgt in den Konten des **Hauptbuches**, deren Abschluss die Bilanz und die GVR ergibt. Das Hauptbuch enthält demnach alle Bestands- und Erfolgskonten, die sog. **Sachkonten**. Die Grundlage für die Eintragungen im Hauptbuch bilden die Eintragungen im Grundbuch. Die Aufzeichnungen im Hauptbuch erfolgen je nach Buchführungsform zeitgleich mit den Eintragungen im Grundbuch (bei den Formen der Durchschreibebuchführung) oder gruppenweise in gewissen Zeitabständen (bei Übertragungsbuchführungen). Den Konten des Hauptbuches liegt ein entsprechend den Verhältnissen des Betriebes ausgestalteter Kontenplan zu Grunde, wobei sich die Gestaltung eines Kontenplans i.d.R. an einem Kontenrahmen (z.B. GKR, IKR oder vergleichbare prozess- bzw. abschlussgegliederte EDV-Kontenrahmen) ausrichtet (s. auch S. 96). Dadurch wird erreicht, dass

- Stand und Veränderung des Vermögens, des Eigen- und Fremdkapitals sowie der Aufwände und Erträge systematisch erfasst werden,

- eine klare Erfassung und Abgrenzung der einzelnen Geschäftsvorfälle mit einer ausreichend tiefen Gliederung der Bestands-, Aufwands- und Erfolgsposten vorgenommen wird und

- die Führung gemischter Konten weitgehend unterbleibt.

In Grund- und Hauptbuch - den sog. **Systembüchern** - werden die Buchungsinhalte nur kurz und knapp festgehalten. Für Informationszwecke sind daher oft **Neben-** und **Hilfsbücher** erforderlich, die außerhalb des Kontensystems stehen und somit keine Buchungssätze, d.h. Buchungen mit Gegenbuchungen beinhalten. Sie ergänzen die chronologische und sachliche Ordnung des Buchungsstoffes im Grund- und Hauptbuch. Wichtige Nebenbücher sind das Kontokorrent- oder Geschäftsfreundebuch, das Lohn- und Gehaltsbuch, das Warenbuch, das Wechselbuch sowie die Anlagen- und Materialnebenbuchführung.

Als Beispiel für ein Nebenbuch soll hier kurz der Aufbau eines **Kontokorrentbuches** erläutert werden, das im Allgemeinen meist in Karteiform geführt wird. Das Kontokorrentbuch besteht aus den Konten für die einzelnen Kunden und Lieferanten (**Personenkonten**). Es übernimmt die Aufzeichnung des gesamten Kreditverkehrs mit Kunden und Lieferanten. Während die Sachkonten im Hauptbuch die gesamten Forderungen (Debitoren) und Verbindlichkeiten (Kreditoren) dokumentieren, obliegt es den Personenkonten, den Stand der individuellen Kreditverhältnisse aufzuzeigen.

Jede Eingangs- und Ausgangsrechnung sowie jede Zahlung ist auf dem entsprechenden Sach- und Personenkonto zu buchen. Aus der Abstimmung der jeweiligen Personen- und Sachkonten ergibt sich eine wichtige Kontrollmöglichkeit, denn die Summe der Salden der einzelnen Personenkonten muss mit den Salden der entsprechenden Sachkonten übereinstimmen.

Hilfsbücher dienen vor allem reinen Kontrollzwecken und stehen in noch geringerem Zusammenhang mit dem Kontensystem der Finanzbuchführung als die Nebenbücher. Als Hilfsbücher kommen z.B. Auftragsbücher (Bestellbücher), Mahnbücher, Terminbücher u.a. in Betracht. Die Zahl der Hilfsbücher kann ebenso wie die der Nebenbücher den jeweiligen Erfordernissen angepasst werden, also beliebig sein.

C. Buchführungsformen

Bei Buchführungsformen, auch Buchführungsmethoden oder -techniken genannt, lassen sich zwei große Bereiche unterscheiden. Zum einen sind hier die **konventionellen Buchführungsformen** zu nennen, die noch manuell oder zum Teil mit einfachen technischen Hilfsmitteln wie Addierbuchungsmaschinen durchgeführt werden. Der andere große Bereich ist die **Buchführung mit Datenverarbeitungsanlagen**, die sich in der Praxis immer mehr durchsetzt.

I. Konventionelle Buchführungsformen

Konventionelle Buchführungsformen lassen sich nach der äußeren Ausgestaltung der Bücher unterscheiden. So kann man die Bücher in gebundener Form, als Lose-Blatt-Buchführung oder als Offene-Posten-Buchführung führen.

a. Gebundene Bücher (Übertragungsbuchführung)

Die Buchführung in gebundenen Büchern war früher im Allgemeinen eine **Übertragungsbuchführung**, bei der die durch Belege angezeigten Geschäftsvorfälle zunächst im Grundbuch erfasst und von dort in das

Hauptbuch übertragen wurden. Schematisch lässt sich dies wie folgt darstellen:

Geschäftsvorfall → Beleg → Grundbuch → Hauptbuch.

Bei der Übertragungsbuchführung haben sich verschiedene Methoden herausgebildet. Zu nennen sind hier die **italienische, englische, deutsche, französische und amerikanische Methode.** Die hier aufgeführten Methoden unterscheiden sich im Wesentlichen durch die Anzahl der geführten Grundbücher und die Art der Übertragung des Buchungsstoffes von den Grundbüchern in das Hauptbuch. So weist die italienische Methode als einfachste Form der Übertragungsbuchführung nur ein Grundbuch, das Tagebuch auf, während die französische Methode die Führung beliebig vieler Grundbücher (z.B. Kassenbuch, Wareneinkaufs- und Warenverkaufsbuch) erlaubt. Dabei wird der gesamte Buchungsstoff am Monatsende zunächst im **Sammeljournal** sachkontenorientiert zusammengefasst, ehe die anschließende Übertragung ins Hauptbuch erfolgt, was sich schematisch folgendermaßen darstellen lässt:

Geschäftsvorfall → Beleg → verschiedene Grundbücher → Sammeljournal
→ Hauptbuch.

In der Praxis kommt diesen Methoden jedoch aufgrund ihrer durch das mehrmalige Übertragen vielfach entstehenden Fehler nur noch eine geringe Bedeutung zu. Allein die amerikanische Methode, auch „amerikanisches Journal" genannt, hat noch für kleinere Betriebe eine gewisse praktische Bedeutung. Die Erfassung der Geschäftsvorfälle erfolgt im amerikanischen Journal durch Vereinigung von Grund- und Hauptbuch, was die Übertragungsarbeit wesentlich vereinfacht. Die einzelnen Buchungen werden in einem Zug - nicht zeitlich versetzt wie bei den oben aufgeführten Methoden - in Grund- und Hauptbuch durchgeführt, was zur Verringerung von Übertragungsfehlern führt. Gleichzeitig sichert das amerikanische Journal einen raschen Überblick über die einzelnen Geschäftsvorfälle und deren Verbuchung, also über die gesamte Buchführung in der entsprechenden Periode.

Neben dem Grundbuch besteht das amerikanische Journal aus dem Hauptbuch, in dem die Geschäftsvorfälle in sachlicher Ordnung durch Eintragung der Beträge in die verschiedenen Sachkonten gebucht werden. Die Kontenzahl ist beim amerikanischen Journal aus Platzgründen begrenzt und variiert i.d.R. zwischen 16-18 Konten, die je nach den Bedürfnissen des Betriebes eingerichtet werden. Die begrenzte Kontenzahl ist ein wesentlicher Nachteil des amerikanischen Journals, so dass diese Buchführungsform nur für kleinere Betriebe mit überschaubarem Geschäftsgang geeignet ist.

Das folgende Beispiel soll die Vorgehensweise bei der Verbuchung im amerikanischen Journal verdeutlichen.

- **Geschäftsvorfall:** Ein Kunde begleicht eine ausstehende Rechnung in Höhe von € 840,-.

- Im **Grundbuch** wird dieser Geschäftsvorfall durch die Eintragungen in die Spalten Beleg Nr., Tag, Vorgang und Betrag erfasst.

- Im **Hauptbuch** wird in den betreffenden Konten entsprechend dem Kontenformalismus der doppelten Buchführung gebucht.

- Für die Eintragung der relevanten Daten des Beispielfalles hat das amerikanische Journal in einer verkürzten Darstellung das folgende Aussehen:

Beleg Nr.	Tag	Vorgang	Betrag €	Ford.		Bank		Weitere Konten
				S	H	S	H	
525	6.9.	Zahlungs-eingang	840		840	840		
Grundbuch = Chronologische Ordnung				**Hauptbuch** = Sachliche Ordnung				

b. Lose-Blatt-Buchführung (Durchschreibebuchführung)

Die typische Form der Lose-Blatt-Buchführung ist - abgesehen von der EDV-Buchführung - die **Durchschreibebuchführung**. Das Wesen dieser Buchführungsform besteht in der direkten Verbindung von chronologischer Buchung im Grundbuch und systematischer Buchung im Haupt- und Nebenbuch. Grundbuch, Hauptbuch und Nebenbuch werden im Wege der Durchschrift mit Hilfe von Blaupapier in einem Arbeitsgang erstellt. Dies erfordert, dass die Konten nicht mehr in gebundenen Büchern geführt werden, sondern lose **Kontenblätter** an deren Stelle treten. Deshalb spricht man auch von **Lose-Blatt-Buchführung**.

Dadurch, dass bei der Durchschreibebuchführung bzw. Lose-Blatt-Buchführung die Durchführung der Buchungen im Grund-, Haupt- und Nebenbuch in einem Arbeitsgang erfolgt, entfallen Übertragungsvorgänge, was zur Reduzierung von Buchungs- und Kontrollarbeiten zur Vermeidung von Übertragungsfehlern und zur Erhöhung der Kontenabschlussbereitschaft führt.

Die Lose-Blatt-Buchführung lässt sich in der Form des manuellen (handschriftlichen) Durchschreibeverfahrens oder in Form des maschinellen Durchschreibeverfahrens durchführen. Die maschinell durchgeführte Durchschreibebuchführung erfolgt mit Hilfe von Buchungsautomaten wie Schreibbuchungsmaschinen oder Addierbuchungsmaschinen. Diese Art der Buchführung stellt hohe Anforderungen an die Belegorganisation, denn die Geschäftsvorfälle sind maschinengerecht aufzuarbeiten. Als wichtigste Voraussetzungen sind hier zu beachten:

- Systematischer Kontenplan,

- Vorkontierung der Belege und Kontrollstreifen mit Belegnummern,

- Konto,

- Gegenkonto und

- Buchung.

Bei der Durchschreibebuchführung kommen verschiedene Varianten, die miteinander verbunden werden können, zur Anwendung. So unterscheidet man nach der Art, wie durchgeschrieben wird, das **Original-Konto-Verfahren** (Urschrift auf dem Sachkontenblatt des Hauptbuchs, Durchschrift im Journal) und das **Original-Journal-Verfahren** (Urschrift im Journal, Durchschrift auf dem Sachkontenblatt des Hauptbuchs). Des Weiteren unterscheidet man nach der Zahl der Durchschreibevorgänge das **Zweiblatt-Verfahren** (einfache Durchschrift) und das **Dreiblatt-Verfahren** (zweifache Durchschrift) sowie bezüglich der Zahl der im Journal eingerichteten Doppelspalten hauptsächlich das **Drei- und Vierspaltenverfahren**. Beim Dreispaltenverfahren werden im Journal drei Doppelspalten, getrennt für Kundenkonten, Lieferantenkonten und Sachkonten, geführt. Durch die Aufteilung der Sachkontenspalte in eine Spalte Bestandskonten und eine zusätzliche Spalte Erfolgskonten kommt man zum Vierspaltenverfahren.

Neben den schon genannten Anforderungen für eine ordnungsmäßige Buchführung müssen bei der Lose-Blatt-Buchführung noch besondere Vorkehrungen gegen Verlegung, Entfernung und Umstellung der losen Kontenblätter getroffen werden.

c. Offene-Posten-Buchführung

Die bisher beschriebenen Buchführungsformen sind gekennzeichnet durch das Buchen der Geschäftsvorfälle im Grundbuch, auf Konten im Hauptbuch und ggf. in Nebenbüchern. Dabei wird i.d.R. nichts anderes als der Inhalt von Belegen wiedergegeben. Es liegt daher nahe, auf diese überflüssige Arbeit möglichst zu verzichten und bei entsprechender Organisation die Belege selbst als Journal und/oder als Konto aufzufassen. Dadurch wird die Buchführung mit Journal und Konto durch die Sammlung von Belegen ersetzt.

Die Offene-Posten-Buchführung kann grundsätzlich bei allen geführten Nebenbüchern zur Anwendung kommen, das Hauptanwendungsgebiet dieser Buchführungsform ist jedoch die **Kontokorrentbuchführung**, also die **Debitoren- und Kreditorenbuchführung**. Dabei werden die Konten für Kunden und Lieferanten sowie das Journal, bei entsprechenden organisatorischen Maßnahmen, durch Ausgangs- und Eingangsrechnungen bzw. durch Zahlungsbelege ersetzt. Die Rechnungen haben demnach die Funktion eines Buchungsträgers.

Für die Kontokorrentbuchführung als Offene-Posten-Buchführung ist die Gestaltung der Belege wesentlich. Bei der Offene-Posten-Buchführung werden von jeder Ausgangs- und Eingangsrechnung zwei Kopien angefertigt, wobei die eine Kopie als sog. **Namenskopie** das Kontokorrentkonto ersetzt, während die sog. **Nummernkopie** als Ersatz für das Journal dient, wenn sie nach Nummern chronologisch abgelegt wird und somit den lückenlosen Nachweis des Rechnungsaus- und -einganges erbringt. Da die Belege bei der Offene-Posten-Buchführung somit

Grundbuchfunktion besitzen, gilt für sie die zehnjährige Aufbewahrungsfrist des § 257,4 HGB.

Die einzelnen Rechnungs- bzw. Namenskopien werden in Karteien nach Kundennamen geordnet abgelegt. Dabei werden die Rechnungen solange in der **Ordnung der offenen Posten** (Kartei der unbezahlten Rechnungen) gehalten, bis sie durch Rechnungsbegleichung in die **Ordnung der erledigten Posten** (Kartei der bezahlten Rechnungen) eingeordnet werden können. Hierbei ist darauf zu achten, dass die beiden Karteien organisatorisch streng voneinander zu trennen sind.

Neben den Buchungen im Kontokorrentbuch sind auch bei der Offene-Posten-Buchführung tageweise die Summe der Rechnungsaus- und –eingänge durch Sammelbuchungen auf den zuständigen Hauptbuchkonten (Forderungen und Verbindlichkeiten) sowie den entsprechenden Gegenkonten zu buchen, da die Belege zwar die Kontokorrentkonten, nicht jedoch die diesbezüglichen Sachkonten des Hauptbuches ersetzen.

Die Offene-Posten-Buchführung kann auch mit anderen Buchführungsformen verbunden werden. Hier kommt vor allem die EDV-Buchführung in Betracht, um z.B. ein effizientes maschinelles Mahnwesen aufzubauen. Der Wegfall von Übertragungsarbeiten bewirkt bei der Offene-Posten-Buchführung einen Rationalisierungseffekt durch Zeitersparnis, der jedoch gefährdet ist, wenn überwiegend Stammkunden und Stammlieferanten eine langfristige Kontenführung bedingen oder wenn regelmäßige Teilzahlungsgeschäfte des Öfteren Kontoauszüge notwendig machen.

d. Sonderformen

Neben den bisher dargestellten Buchführungsformen sind noch Sonderformen der Buchführung zu unterscheiden, die entweder einer verstärkten rationellen Bewältigung der Buchungsarbeit dienen oder als **Spezialbuchführungen** ganz bestimmte Ziele verfolgen.

1. Die kontenlose Buchführung

Bei der sog. kontenlosen Buchführung geht man in dem Bemühen um Vereinfachung der Buchführung noch einen Schritt weiter als bei der Offene-Posten-Buchführung. So werden bei der kontenlosen Buchführung nicht nur das Kontokorrentbuch oder andere Nebenbücher durch die geordnete Ablage der einzelnen Kreditoren- und Debitorenrechnungen ersetzt, sondern es wird darüber hinaus auch bei den Sachkonten im Hauptbuch auf die Führung von Kontokarten verzichtet. Diese Buchführungsform ist allerdings nur zulässig, wenn hier Buchungsmaschinen zum Einsatz kommen, deren Rechenwerke und Speicher die Grund- und Hauptbuchfunktion vollständig und ordnungsgemäß übernehmen.

2. Die Filialbuchführung

Das Anwendungsgebiet für Filialbuchführungen liegt dort, wo Unternehmensteile (Abteilungen, Nebenbetriebe, Filialen) einer getrennten Abrechnung unterworfen werden. Entsprechend dem Selbständigkeitsgrad zwischen Filial- und Zentralbetrieb lassen sich drei Ausprägungen der Filialbuchführung feststellen: die Einheitsbuchführung, die Regiebuchführung und die eigentliche Filialbuchführung.

Als **Einheitsbuchführung** wird die ausschließliche Führung sämtlicher Bücher im und durch den Zentralbetrieb bezeichnet. Die Filiale hat lediglich die Aufgabe, die Aufzeichnung der Kassenvorgänge und die Fortschreibung (Skontrierung) der Bestände vorzunehmen. Der tägliche Filialbericht, bestehend aus Kassenbericht und Lagerbestandsmeldung, wird mit ggf. anfallenden Originalbelegen und sonstigen Buchungsunterlagen an den Zentralbetrieb zur Verbuchung weitergeleitet.

Eine Variante der Einheitsbuchführung ist die **Regiebuchführung**, bei der in einem eigenen **Filialjournal** die nicht mit dem Zentralbetrieb zusammenhängende Umsatztätigkeit zeitnah aufgezeichnet wird. Auf der Grundlage von Grundbuchdurchschriften erfolgt dann die sachkontenbezogene Verbuchung im Zentralbetrieb.

Die **eigentliche Filialbuchführung** ist eine selbständige Buchführung, die abrechnungstechnisch über spiegelbildlich zu führende Verrechnungskonten mit der Zentralbuchführung verbunden ist. Erstellen die Teilbetriebe eigene Periodenabschlüsse, so hat bei deren Übernahme in die Bilanz des Hauptbetriebes eine Eliminierung der Zwischengewinne aus Transaktionen zwischen Filial- und Zentralbetrieb zu erfolgen.

II. Buchführung mit Datenverarbeitungsanlagen

a. Bedeutung und konzeptioneller Aufbau der EDV-Buchführung

In der Finanzbuchführung gibt es eine Vielzahl immer wiederkehrender Sachverhalte, deren Erfassung und Bearbeitung nach dem gleichen Schema abläuft. Diese Routinearbeiten sind bei konventionellen Buchführungsformen mit einem hohen Personal- und Zeitaufwand verbunden und führen häufig zu Rechen- und Übertragungsfehlern. **Datenverarbeitungsanlagen** besitzen die Fähigkeit, große Datenmengen exakt zu erfassen, zu verarbeiten und zu speichern. Diese Eigenschaften von EDV-Anlagen können in der Buchführung vorteilhaft genutzt werden und führen zu Rationalisierung, Fehlerreduzierung und Informationssteigerung durch zweckentsprechende Datenaufbereitung. Anlass des Strebens nach weitergehender Rationalisierung und Informationssteigerung ist dabei u.a. die Tendenz, auch die Buchführung als Instrument der Unternehmensführung zu verstehen und diese für unternehmerische Dispositionen einzusetzen. Die hieraus erwachsenden zusätzlichen Aufgaben sind ohne technische Hilfsmittel nicht zu bewältigen, da Informationen in kürzester Zeit aufbereitet und verfügbar sein müssen. Die älteren Buchführungsformen sind nicht in der Lage, derartige Entscheidungsgrundlagen zeitnah und zuverlässig zur Verfügung zu stellen. In der Praxis ist daher auch die zunehmende Verdrängung der konventionellen Buchführungsformen durch die EDV-Buchführung festzustellen.

Ein wesentlicher Unterschied zwischen konventioneller Buchführung und Buchführung mit Datenverarbeitungsanlagen besteht darin, dass bei der erstgenannten Buchführungsform die Buchungsarbeiten sukzessiv ausgeführt werden, während bei der **EDV-Buchführung** eine weitgehend simultane Abwicklung der Buchungsschritte möglich ist. So ist die manuelle Tätigkeit auf Belegsammlung, -prüfung, -vorkontierung und -eingabe beschränkt. Alle anderen Buchungsschritte werden von der EDV-Anlage programmgerecht ausgeführt. Dies soll die folgende Gegenüberstellung der Vorgehensweise der Buchführung mit und ohne EDV verdeutlichen.

Vorgehensweise der Buchführung	
ohne EDV	**mit** EDV
= Arbeitsschritte werden nacheinander durchgeführt	= Verschiedene Arbeitsschritte werden gleichzeitig durchgeführt
Datenerfassung	Datenerfassung
Belege sammeln Belege prüfen Vorkontieren	Belege sammeln Belege prüfen Vorkontieren
Datenverarbeitung	Datenverarbeitung
Grundbucheintragung Nebenbucheintragung Hauptbucheintragung Kontensaldenermittlung Abschlussübersicht Jahresabschluss	Grundbuch Aktuelle Kontensalden Abschlussübersicht Jahresabschluss
Aufbewahrung/Ablage	Datenspeicherung/Ausgabe

Eine EDV-Anlage besteht im Wesentlichen aus drei Bereichen:

Eingabebereich	**Verarbeitungsbereich**	**Ausgabebereich**
Eingabe	Zentraleinheit[1]	Ausgabe
(Erfassung des Geschäfts-bzw. Buchungsvorfalles)	- Hauptspeicher - Steuerwerk - Rechenwerk	(Speicherung auf peripheren Datenträgern)

---

[1] Der Hauptspeicher der Zentraleinheit nimmt sowohl das Programm als auch die im Programmablauf zu verarbeitenden Daten auf. Dagegen werden

Während die sachlogische Aufbereitung des Buchungsstoffes bei der konventionellen und der EDV-Buchführung grundsätzlich identisch ist, existieren Unterschiede in der Datenerfassung. Bei einer EDV-Buchführung werden die Daten der zu verbuchenden Geschäftsvorfälle zunächst in maschinenlesbarer Form auf peripheren Datenträgern (z.B. Magnetband, Diskette) erfasst und erst nach deren Freigabe buchhalterisch verarbeitet. Die Datenerfassung kann dabei manuell oder automatisch erfolgen.

Im Rahmen der **manuellen Dateneingabe** werden Buchungsdaten manuell mittels peripherer Datenerfassungsgeräte (z.B. Terminals) aufgenommen und in die EDV-Anlage eingegeben. Demgegenüber entfallen bei der **automatischen Datenerfassung** die manuellen Bearbeitungsschritte, da auf bereits verarbeitungsfähige Daten zurückgegriffen werden kann. So kann eine automatische Datenerfassung mittels **maschinenlesbarer Belege** erfolgen, welche die jeweiligen Buchungsdaten nicht nur in Klartext, sondern auch in maschinenlesbarer Schrift enthalten. Die Verwendung entsprechender Belege ermöglicht, dass die Daten unmittelbar ohne manuelle Bearbeitung eingelesen werden können. Die gleiche Erleichterung der Datenerfassung ist im Falle eines **Datenträgeraustausches** zwischen Unternehmen zu erzielen. Hier werden die zu verbuchenden Daten nicht durch visuell lesbare Belege dokumentiert, sondern lediglich in maschinenlesbarer Form, z.B. auf Disketten, geführt und übermittelt. Anwendung findet der Datenträgeraustausch z.B. in den Post-, Bank- und Versicherungsdiensten. Schließlich sind als dritte Möglichkeit der automatischen Datenerfassung die von den Softwaresystemen vorgesehenen **Dauerbuchungsfunktionen** zu nennen. Sie ermöglichen es, ständig wiederkehrende Buchungen automatisch vom Buchführungssystem vornehmen zu lassen. So werden z.B. aufgrund der Angaben eines gespeicherten Dauerbeleges die in jeder Periode in gleicher Weise anfallenden Buchungen wie Anlagenabschreibung, Versicherungs- und Mietaufwandsbuchungen automatisch veranlasst.[2]

Die Datenverarbeitung selbst erfolgt in der **Zentraleinheit**. Der Verarbeitungsprozess besteht in der Ausführung einzelner Instruktionsfol-

---

im Rechenwerk alle arithmetischen und logischen Operationen durchgeführt; ggf. erfolgt ein Vergleich von Informationen und deren logische Verknüpfung. Dem Steuerwerk kommt schließlich die Funktion der Leitstelle zu. Es überwacht die Einhaltung und Ausführung sämtlicher im Programm zusammengefassten Befehle und steuert den Informationsfluss zwischen den Elementen des Datenverarbeitungssystems.

[2] Zunehmende Bedeutung gewinnt darüber hinaus die direkte Rechner-Rechner-Kopplung. Sie ermöglicht den einfachen Austausch ganzer Datenbestände über Leitungsnetze, ohne dass ein Transport der Datenträger erforderlich wird. Die auch weiterhin in diesem Bereich zu erwartenden Entwicklungen führen bei ihrer Verwendung im Bereich der Finanzbuchführung ggf. zu besonderen Problemen (so stellt sich z.B. bei einer Verwendung von Spracheingabemöglichkeiten für die Aufnahme von Bestellungen das Problem fehlender Urbelege). Vgl. *Schmick* [1993], Rn. 16.

gen innerhalb eines Programms, die bewirken, dass Daten z.B. gelesen, verändert, gelöscht und gespeichert werden. Somit vollzieht sich der eigentliche Buchungsvorgang (Schreiben, Rechnen, Auswerten) in der Zentraleinheit des Computers.

Die von der EDV-Anlage verarbeiteten Daten gelangen über verschiedene **Ausgabegeräte** (z.B. Drucker, Diskettenlaufwerk, Bildschirm) auf die einzelnen **peripheren Datenträger** (z.B. Magnetband, Diskette, Mikrofilm).

Die Verarbeitung von Daten einer bestehenden EDV-Anlage[3] wird unter Verwendung bestimmter **Buchungssoftware** gesteuert. Bei der Software lassen sich **System- und Anwendungsprogramme** unterscheiden, wobei die Systemsoftware die Aufgabe der Steuerung der EDV-Anlage hat, während Anwendungssoftware für spezielle Anwendungsprobleme erstellt wird. Hierbei lassen sich je nach Anwendungsbreite **Standard-, Branchen- und Individualsoftwarepakete** unterscheiden. Standardbuchungssoftware existiert vor allem für allgemeingültige Aufgabenstellungen, die bei einer Vielzahl von Benutzern in gleicher Weise anfallen. Typische Beispiele für Standardsoftware aus dem Bereich der Finanz- und Betriebsbuchführung sind Programme zur EDV-gestützten Lohn- und Gehaltsverbuchung. Demgegenüber umfasst die Branchensoftware Programme, die auf spezielle Probleme einer Branche abgestimmt sind, wie z.B. die Kreditorenbuchführung für Warenhäuser und die Wertpapierbuchführung für Banken. Sofern schließlich die angebotenen Programme den Anforderungen des Benutzers nicht genügen, besteht die Möglichkeit einer individuellen Programmierung durch Mitarbeiter des Unternehmens oder beauftragte externe Spezialisten (Individualsoftware).

b. Gestaltungsmöglichkeiten der EDV-Buchführung

Die vielfältigen Gestaltungsalternativen einer EDV-Buchführung lassen sich nach unterschiedlichen Gesichtspunkten systematisieren.[4] Bedeutsam ist insbesondere die Klassifizierung der EDV-Buchführung nach dem zu Grunde liegenden **Speicherkonzept**, welches zur Unterscheidung in die beiden Hauptgruppen der **konventionellen EDV-Buchführung** und der **Speicherbuchführung** führt. Zum anderen stellt der Verarbeitungsort wegen der damit verbundenen praktischen Organisationsschwierigkeiten ein wichtiges Unterscheidungsmerkmal dar. Es führt zur Unterscheidung in eine **Im-Haus- oder Außer-Haus-Verarbeitung**

---

3   Die technischen Komponenten einer EDV-Anlage wie Eingabegeräte, Zentraleinheit und Ausgabegeräte werden unter dem Begriff **Hardware** zusammengefasst.

4   Vgl. hierzu *Hanisch/Kempf* [1990], S. 280.

des Buchungsstoffes. Auf diese beiden Gestaltungsalternativen soll im Folgenden näher eingegangen werden.[5]

Nach dem Speicherungskonzept unterscheidet man die konventionelle EDV-Buchführung und die Speicherbuchführung. Dabei trennt die Literatur die **konventionelle EDV-Buchführung** wiederum in zwei Grundvarianten, die nach Art und Zeit des Ausdrucks voneinander abweichen.[6] Die erste Variante zeichnet sich dadurch aus, dass sie den Buchungsstoff in zeitlicher Ordnung nach Grundbüchern und in sachlicher Ordnung nach Konten erfasst, verarbeitet und auch in dieser Form ausdruckt. Nach Ausdruck und Prüfung der richtigen und vollständigen Wiedergabe werden die Datenträger wieder gelöscht.

Bei der zweiten Variante konventioneller EDV-Buchführung wird der Buchungsstoff ebenfalls in zeitlicher und sachlicher Ordnung auf Datenträgern erfasst, jedoch wird der Buchungsstoff nicht laufend ausgedruckt. Es wird lediglich in dieser Ordnung **Druckbereitschaft** für den Zeitraum der Aufbewahrungsfristen hergestellt.

Hinsichtlich der Art des Ausdrucks der Daten weist die zweite Variante Parallelen zur **Speicherbuchführung** auf. Für die Speicherbuchführung ist charakteristisch, dass alle oder nur ein Teil der originären sowie der im System erzeugten Buchungen auf Datenträgern in beliebiger Ordnung aufgezeichnet und gespeichert werden. Die **Lesbarmachung** der einzelnen Geschäftsvorfälle erfolgt dabei je nach Zweck einzeln oder kumulativ. Die Ordnung nach Grundbüchern und Konten wird bei der Speicherbuchführung - zum Teil mit selektivem Ausdruck - erst bei Bedarf unter Verwendung spezieller Verarbeitungsprogramme vorgenommen. Diese Möglichkeit, erst bei Bedarf ein Grund- oder Hauptbuch sichtbar zu machen, gewährleistet es, dass die Speicherung der Buchführungsdaten in beliebiger Ordnung erfolgen kann. Dadurch wird bei der Speicherbuchführung das Entstehen von Datenredundanz vermieden, die sich bei der nach Grundbüchern und Konten geordneten Doppelspeicherung ergeben würde.

Das Bestreben nach einer noch weitergehenden Reduzierung der Datenredundanz führte in jüngster Zeit zu Überlegungen, die Mehrfachspeicherung von Daten durch eine einmalige zentrale Speicherung des gesamten Datenbestandes in Form einer **Datenbank** zu vermeiden. Dies führt zur Weiterentwicklung der Speicherbuchführung zu einer **integrierten Datenverarbeitung**, in deren Rahmen die Finanzbuchführung lediglich ein Bestandteil des gesamten Datenbanksystems darstellt. Zur

---

[5]   Als weiteres Unterscheidungskriterium ist die Art des Informationsaustausches (Nutzungsform) zwischen Benutzer und Datenverarbeitungsanlage (Stapel- oder Dialogverarbeitung) zu nennen. Da heute jedoch sämtliche verfügbaren Anwendungsprogramme dialogorientiert sind (vgl. *Bäuerle* [1987], S. 87), kann auf eine Darstellung dieser Gestaltungsmöglichkeit verzichtet werden.

[6]   Vgl. z.B. *Hanisch/Kempf* [1990], S. 281-282.

Umsetzung dieses Konzepts ermöglicht moderne Buchungssoftware eine Speicherung der Daten nicht in physisch separaten Dateien, sondern in Datenbanken, die durch ein Datenbankverarbeitungssystem kontrolliert werden. Der Datenbestand steht so für alle informationellen Aufgabenstellungen zur Verfügung, die baukastenartig in das Datenbanksystem einbezogen werden können. Die für die Erstellung von Journal und Hauptbuch erforderlichen Datenzuordnungen erfolgen über die im Datenbankdesign festgelegten Suchpfade bzw. Suchalgorithmen, Kettadressen, Sortier- und Auswahloptionen.[7]

Als grundlegende Organisationsalternativen im Hinblick auf den Verarbeitungsort des Buchungsstoffes bieten sich die reine **Im-Haus-Verarbeitung** und die **Außer-Haus-Verarbeitung** an. Darüber hinaus sind zahlreiche Mischformen denkbar, die in Abhängigkeit der organisatorischen Gegebenheiten des Unternehmens in Betracht kommen können. Im einfachsten Fall einer Außer-Haus-Verarbeitung werden im Unternehmen lediglich die täglich anfallenden Belege gesammelt sowie das Kassenbuch geführt, welches die täglichen Ein- und Auszahlungen erfasst. Die Buchungsbelege werden der externen Buchungsstelle (z.B. Steuerberater) übergeben, so dass alle Buchungsarbeiten außer Haus mittels EDV-Anlagen durchgeführt werden. Dieser Organisationsform wird in typischer Weise durch das DATEV-Buchführungssystem entsprochen, welches insbesondere von kleineren Unternehmen in großem Umfang genutzt wird.[8] Im Rahmen einer Im-Haus-Verarbeitung ist die gesamte EDV-Anlage mit allen peripheren Datenerfassungs- und -ausgabegeräten im Unternehmen implementiert. Sämtliche Tätigkeiten der Finanzbuchführung von der Erfassung des Geschäftsvorfalles bis zur Erstellung des Jahresabschlusses werden im Unternehmen EDV-gestützt durchgeführt. Erforderlich ist bei dieser Organisationsform die Verfügbarkeit entsprechender Fachkräfte, so dass sie meist nur von größeren Unternehmen realisiert werden kann.

c. Die Realisierung der Grundsätze ordnungsmäßiger Dokumentation bei der Buchführung mit Datenverarbeitungsanlagen

Grundsätzlich ist festzuhalten, dass sich die Anforderungen an die Ordnungsmäßigkeit der Buchführung nicht dadurch ändern, dass die Buchführung computergestützt durchgeführt wird. Mit der Veränderung der Buchführungsform ändert sich lediglich die Realisierung der Anforderungen an die Ordnungsmäßigkeit, so dass auch für computergestützte Buchführungsformen die allgemeinen Ordnungsmäßigkeitsgrundsätze Vollständigkeit, Richtigkeit, Wahrhaftigkeit, Begründetheit, Klarheit und Sicherheit gelten müssen. Ausdrücklich formulierte gesetzliche Anfor-

---

[7] Zur Konzeption von Datenbanksystemen vgl. z.B. *Hanisch* [1986], S. 407-413.

[8] Zur Darstellung des DATEV-Buchführungsystems vgl. z.B. *Bäuerle* [1987], S. 99-104.

derungen an EDV-gestützte Buchführungen finden sich lediglich in den §§ 239,4 und 257,3 HGB bzw. §§ 146,5 und 147,2 und 5 AO. Den Fragen der Realisierung der GoD bei EDV-Buchführungen sind jedoch einige Stellungnahmen und Verlautbarungen gewidmet. Aus handelsrechtlicher Sicht ist insbesondere die Stellungnahme 1/1987 des Fachausschusses für moderne Abrechungssysteme (FAMA) sowie die Stellungnahme zu den Grundsätzen ordnungsmäßiger Buchführung bei Einsatz von Informationstechnologie (FAIT) des IdW von Bedeutung.[9] Für den Bereich des Steuerrechts sind in den Schreiben des BMF vom 5.7.1978 und 7.11.1995[10] Grundsätze einer ordnungsmäßigen Speicherbuchführung bzw. die Grundsätze ordnungsmäßiger DV-gestützter Buchführungssysteme (GoBS) festgelegt.[11]

Eine EDV-Buchführung wirft zum einen die Frage der Nachprüfbarkeit auf (§ 238,1 S. 2 HGB), da sich der Buchungsvorgang selbst nicht beobachtbar im Inneren der EDV-Anlage vollzieht. Zum anderen ist Wesensmerkmal von EDV-Buchführungen die leichte und nur schwer kontrollierbare Manipulationsmöglichkeit von Daten. Als Kriterien der Ordnungsmäßigkeit von EDV-Buchführungen formuliert der Fachausschuss für moderne Abrechnungssysteme deshalb die **Nachprüfbarkeit** der Buchführung und die Existenz eines funktionierenden **Internen Kontrollsystems**.[12]

1. Die Nachprüfbarkeit als Ordnungsmäßigkeitskriterium

Die Nachprüfbarkeit der EDV-Buchführung impliziert zunächst die **Nachvollziehbarkeit des einzelnen Geschäftsvorfalles** von seiner Entstehung bis zur endgültigen Darstellung. In diesem Zusammenhang berührt die EDV-Buchführung insbesondere das **Belegprinzip** und die Frage, wann eine Buchung als ordnungsgemäß ausgeführt angesehen werden kann (Erfüllung der **Journal- und Kontenfunktion**).

Die Gültigkeit des Belegprinzips wird durch eine EDV-Unterstützung grundsätzlich nicht eingeschränkt. Lediglich die Form der Belege und die Art ihrer Aufbewahrung kann durch den Einsatz von EDV Modifikationen erfahren. Die Notwendigkeit hierzu ergibt sich insbesondere im Zusammenhang mit der automatisierten Datenerfassung. So geht die Literatur überwiegend davon aus, dass bei programmintern erzeugten Buchungen die Dokumentation des betreffenden programmierten Ver-

---

9 Vgl. *IdW* [1987]; *IdW* [2002].

10 Vgl. *BMF* [1978]; *BMF* [1995].

11 Für einen Überblick über weitere Verlautbarungen und den Verlautbarungen sonstiger Institutionen vgl. *Hanisch/Kempf* [1990], S. 273-274 sowie *Eisele* [2002], 549 ff.

12 Zur Vertiefung s. *Eisele* [2002], S. 551-565; *Collenberg/Wolz* [2005], S. 126 ff.

fahrens die Funktion eines Dauerbeleges wahrnimmt.[13] Zu Besonderheiten führt auch die Datenerfassung mittels Datenträgeraustausch. Die magnetischen Datenträger können allein nicht als Beleg gelten. Die Belegfunktion ist in diesen Fällen nur erfüllt, wenn die Vollständigkeit der Inhalte z.B. durch Sammelnachweise mit Kontrollsummen und mittels Protokolle über eingegangene oder abgesendete Datenträger nachgewiesen werden kann.[14]

Die Voraussetzungen einer ordnungsmäßigen Verbuchung weisen bei den Grundvarianten der konventionellen EDV-Buchführung nur geringe Besonderheiten auf. So sind bei der EDV-Buchführung mit Ausdruck lediglich die Drucklisten Bücher im handelsrechtlichen Sinne, so dass der Ausgabe in chronologischer Folge die Grundbuchfunktion, der sachlich geordneten Ausgabe hingegen die Hauptbuch- bzw. Kontofunktion zukommt. Dagegen ist im Rahmen der EDV-Buchführung ohne Ausdruck die Grundbuchfunktion mit der Speicherung der verarbeiteten Daten und der Gewährleistung der Ausdruckbereitschaft über den gesamten Aufbewahrungszeitraum erfüllt. Spezifische Besonderheiten weist dagegen die Speicherbuchführung auf, welche den Buchungsstoff unverarbeitet, d.h. nicht in zeitlicher und sachlicher Ordnung speichert. Im Schrifttum wird davon ausgegangen, dass die fortlaufende Verarbeitung und Speicherung der Buchungsdaten nicht erforderlich ist. Sicherzustellen ist nur, dass sich der Journal- und Kontenzusammenhang jederzeit sachlogisch richtig herstellen lässt. Geschäftsvorfälle gelten daher als ordnungsgemäß verbucht, wenn sie zeitnah erfasst und verarbeitungsfähig gespeichert werden.[15] Eine verarbeitungsfähige Speicherung ist dann gegeben, wenn nach Organisation und Technik der jeweiligen Buchführung alle Voraussetzungen für die endgültige Verarbeitung der Buchungsdaten vorliegen und diese außerdem gegen eine unbefugte und unkontrollierbare Veränderung gesichert sind.

Neben der dargestellten Nachvollziehbarkeit des einzelnen Geschäftsvorfalles beinhaltet die Nachprüfbarkeit auch die **Nachvollziehbarkeit des Verarbeitungsverfahrens**. Allerdings sind die EDV-intern ablaufenden Arbeitsprozesse für einen Außenstehenden nur verständlich, wenn ihm neben den Eingabedaten und den Verarbeitungsergebnissen eine ausführliche **Verfahrensdokumentation** über den Inhalt des Verarbeitungsprozesses zur Verfügung steht. Unter der Verfahrensdokumentation ist mithin eine Sammlung von Unterlagen zu verstehen, die sicherstellen soll, dass die EDV-Buchführung innerhalb angemessener Zeit nachprüfbar ist.[16] Der Aufbau und die Pflege der zum Verständnis der Buchführung erforderlichen Dokumentation sind nach allgemeinem

---

13 Vgl. *IdW* [1987], S. 3; *BMF* [1978], S. 250-251; *BMF* [1995]; *Bäuerle* [1987], S. 120. Kritisch hierzu jedoch *Schuppenhauer* [1992], S. 110-115.

14 Vgl. *Minz* [1990], Rn. 41; *BMF* [1978], S. 252; *BMF* [1995].

15 Vgl. *BMF* [1978], S. 252; *BMF* [1995]; *Bäuerle* [1987], S.122.

16 Vgl. *BMF* [1978], S. 251; *BMF* [1995]; *Collenberg/Wolz* [2005], S. 131-133.

Verständnis unabdingbare Voraussetzungen zur Erfüllung der GoB.[17] Aus der Verfahrensdokumentation müssen Aufbau und Ablauf des Abrechnungsverfahrens vollständig ersichtlich sein.[18] Der Fachausschuss für moderne Abrechnungssysteme führt bezüglich der von der Verfahrensdokumentation zu liefernden Informationen folgende Angaben an:[19]

- Aufgabenstellung (u.a. Antrag für Programmänderungen durch die Fachabteilungen),

- Datensatzaufbau (Dateneingabe),

- Verarbeitungsregeln einschließlich Kontrolle und Abstimmverfahren,

- Fehlerbehandlung,

- Datenausgabe,

- Datensicherung,

- Sicherung/Nachweis der ordnungsgemäßen Programmanwendung,

- Nachweis der konkreten Verarbeitung, z.B. über Abstimmung oder ähnliche Meldungen des Anwendungssystems,

- Regelung der Kommunikation der EDV-Anwendung mit dem Gesamtsystem der Buchführung,

- verfügbare Programme,

- Art und Inhalt des Freigabeverfahrens für neue oder geänderte Programme.[20]

Über die formelle Gestaltung der Dokumentation und die Art, in der diese technisch geführt wird, entscheidet der Buchführende. Möglich ist eine verbale, graphische (z.B. Ablaufdiagramme) oder tabellarische (z.B. Entscheidungstabellen) Darstellung des Verfahrensablaufs.[21]

---

[17] Vgl. *IdW* [1987], S. 4. Daneben ist der Nachweis zu erbringen, dass das Verfahren entsprechend seiner Dokumentation durchgeführt worden ist.

[18] Zu den Grundsätzen einer ordnungsmäßigen EDV-Dokumentation vgl. *Schuppenhauer* [1992], S. 174-252; *Collenberg/Wolz* [2005], S. 132.

[19] Vgl. *IdW* [1987], S. 8.

[20] Die Freigabe des Programms für die eigentliche Buchführung setzt einen Programmtest auf Basis repräsentativer Testdaten voraus, die möglichst alle Normal- und Fehlerverarbeitungsfälle berücksichtigen sollten. Die Unterlagen über das durchgeführte Freigabeverfahren sind damit Bestandteil der aufzubewahrenden Verfahrensdokumentation, vgl. *AWV* [1984], S. 13; *IdW* [1996], S. 1354.

[21] Vgl. *BMF* [1978], S. 253; *BMF* [1995].

2. Das Interne Kontrollsystem als Ordnungsmäßigkeitskriterium

Während bei konventionellen Buchführungsformen die Verarbeitung der Geschäftsvorfälle durch lesbare Aufzeichnungen nachgewiesen wird, vollzieht sich eine EDV-Buchführung weitgehend dokumentationslos. Ein lesbarer Nachweis der Verarbeitung ergibt sich nicht zwingend, so dass sich EDV-Buchführungen durch die Möglichkeit einer leichten Manipulation der Daten auszeichnen. Zur Sicherstellung der Ordnungsmäßigkeit von EDV-Buchführungen kommt deshalb der Implementierung eines wirksamen **Internen Kontrollsystems** große Bedeutung zu.[22]

Das Interne Kontrollsystem soll bei der Buchungsstofferfassung, der Datenverarbeitung sowie bei der Wiedergabe durch laufende Prüf- und Abstimmschritte sicherstellen, dass die Buchführung ordnungsgemäß ist. Die hierzu erforderlichen Kontrollen lassen sich in anwendungsunabhängige und anwendungsabhängige Kontrollen klassifizieren.[23] Zu den **anwendungsunabhängigen Kontrollen** zählen die in einem Rechenzentrum durchgeführten Kontrollen (z.B. Überprüfung von Dateiverwaltungsverfahren, Datensicherungsverfahren, Maßnahmen der Arbeitsvorbereitung) ebenso wie die im Rahmen der Software-Erstellung erfolgenden Qualitätssicherungskontrollen (z.B. Kontrollen über die Einhaltung vorgeschriebener Vorgehensweisen bei der Systemanalyse). Bei den **anwendungsabhängigen Kontrollen** handelt es sich u.a. um Kontrollen in der Belegaufbereitung, der Belegerfassung (Dateneingabe) und der korrekten Verarbeitung der eingegebenen Daten. Einen wesentlichen Anteil an den Kontrollen bei der Dateneingabe haben programmierte Eingabekontrollen zur Prüfung der sachlichen Richtigkeit und Vollständigkeit der Datenerfassung. Die Buchungssoftware sieht hier sog. **Plausibilitätsprüfungen** vor. Dies sind Kontrollverfahren, bei denen über programmierte Routinen festgestellt wird, ob die eingegebenen Daten innerhalb vorgegebener Toleranzgrenzen liegen, ob die Eingabe sinnvoll ist oder ob die Eingabedaten in einem sinnvollen Zusammenhang mit anderen Datenfeldern stehen. So wird beispielsweise überprüft, ob eine lückenlose Belegnummernfolge gegeben ist, oder ob die Summe aus den eingelesenen Zahlen mit einer manuell vor Eingabe gebildeten Summe übereinstimmt.[24] Im Rahmen der Datenverarbeitung sind insbesondere Sicherungen gegen unbeabsichtigte Störungen, wie z.B. Stromausfall, durch Batterien oder Akkus in Verbindung mit Back-Up-Speichermedien vorzusehen. Kontrollmaßnahmen können schließlich bei der Datenausgabe eine Verifikation der auf magnetischen Datenträgern ausgegebenen Daten durch hintereinander liegende Schreib- und Leseköpfe beinhalten.[25]

---

[22] Siehe auch *Collenberg/Wolz* [2005], S. 135-138.

[23] Vgl. u.a. *Minz* [1990], Rn. 18-19; *IdW* [1988], S. 5-6.

[24] Vgl. für einen Überblick über denkbare Plausibilitätsprüfungen *Reblin* [1973], S. 181.

[25] Vgl. *Hanisch* [1987], S. 752.

Das interne Kontrollsystem hat insbesondere auch die Aufgabe, die Risiken zu verringern, die mit der Anwendung von Computern verbunden sind.[26] So muss das interne Kontrollsystem

- die Anwendersoftware vor verändernden Zugriffen sichern,
- die Anlagebedienung intensiv kontrollieren,
- sämtliche Aktivitäten wie Programmänderungen, Änderungen in Stammdateien usw. aufzeichnen,
- den Zugriff zur EDV-Anlage durch Kennworte beschränken und
- Veränderungen der bereitgestellten Systemsoftware, insbesondere der bereitgestellten Dienstprogramme kontrollieren und protokollieren.

Die hierzu notwendigen Kontrollverfahren lassen sich wie folgt zusammenfassen:[27]

➢ Eingabekontrollen
- Kontrolle der Vollständigkeit der Dateneingabe,
- Kontrolle der Richtigkeit der Dateneingabe,
- Kontrolle über die Korrektur von Eingabefehlern,
- Kontrolle, dass nur genehmigte Transaktionen eingegeben werden.

➢ Verarbeitungskontrollen
- Kontrolle der Vollständigkeit der Verarbeitung aller Programme eines Systems oder Systemmoduls,
- Kontrolle der Verwendung der richtigen Stammdateien,
- Kontrolle der Vollständigkeit der Verarbeitung bei Systemausfällen,
- Kontrolle von maschinell generierten Buchungen.

➢ Ausgabekontrollen
- Kontrolle der Richtigkeit und Vollständigkeit der Datenausgabe und Ergebnisse,
- Kontrolle der Sicherheit des Datenzugriffs, des Datenschutzes und der Datensicherung.

Der Fachausschuss für moderne Abrechnungsmethoden hat die im Einzelfall erforderlichen Kontrollen in Abhängigkeit von den unterschiedlichen Formen des EDV-Einsatzes im Überblick dargestellt.[28] Dabei sind die vorzusehenden Kontrollen abhängig von (1) der Organisationsform der EDV-Buchführung (z.B. Im-Haus-/Außer-Haus-Verarbeitung), (2) der

---

26 Vgl. *Kirchberg-Lennartz* [1991], S. 55-75.

27 Vgl. *Minz* [1990], Rn. 37.

28 Vgl. *IdW* [1987], S. 5-6.

eingesetzten Hardware (z.B. PC, Computerverbund) und (3) von der gewählten Verarbeitungsform (z.B. Stapelverarbeitung/Dialogverarbeitung).

Anhang

Übungsaufgaben

A. Inventar und Eröffnungsbilanz

Die Fa. Herbert Müller (Elektroeinzelhandel, Mannheim) macht am 31.12. Inventur und stellt folgende Bestände fest:
10 Waschmaschinen Marke M: € 10.000,-; 5 Geschirrspüler Marke M: € 7.500,-; 50 Küchenmaschinen Marke M: € 30.000,-; 20 Handmixer Marke M: € 4.000,-; Kundenforderung an Albert Lanz, Stuttgart, Flauweg 5: € 4.000,-; 1 Transporter-Bus Baujahr 1984: € 12.000,-; 2 Schreibtische Marke Z, angeschafft 1986: € 1.900,-; 2 Drehstühle Marke Z, angeschafft 1986: € 800,-; 1 Schreibmaschine Marke T, angeschafft 1987: € 1.200,-; 2 Aktenschränke, angeschafft 1980: € 800,-; 1 Buchungsautomat Marke S, angeschafft 1984: € 3.900,-; Bankguthaben bei der Sparkasse Mannheim, Konto Nr. 47: € 8.000,-; Kassenbestand: € 5.000,-; Verbindlichkeit gegenüber der Lieferantenfirma M, Stuttgart: € 20.000,-; Darlehen bei der Stadtsparkasse Mannheim: € 30.000,-.

Erstellen Sie das Inventar und überführen Sie es in die Bilanz zum 1.1.

Lösung:

➢ Inventar der Fa. Herbert Müller, Elektroeinzelhandel, Mannheim

I. Vermögen	€	€
A. Anlagevermögen		
1. Fuhrpark		
Transporter-Bus Bj. 1984	12.000,-	12.000,-
2. Büroeinrichtung		
2 Schreibtische Marke Z (1986)	1.900,-	
2 Drehstühle Marke Z (1986)	800,-	
2 Aktenschränke (1980)	800,-	
1 Schreibmaschine Marke T (1987)	1.200,-	
1 Buchungsautomat Marke S (1984)	3.900,-	8.600,-
Zwischensumme		20.600,-
B. Umlaufvermögen		
1. Warenvorräte		
10 Waschmaschinen Marke M	10.000,-	
5 Geschirrspüler Marke M	7.500,-	
50 Küchenmaschinen Marke M	30.000,-	
20 Handmixer Marke M	4.000,-	51.500,-
2. Kundenforderungen		
Albert Lanz, Stuttgart	4.000,-	4.000,-
3. Bankguthaben		
Stadtsparkasse Mannheim Kto.Nr. 47	8.000,-	8.000,-
4. Kassenbestand	5.000,-	5.000,-
Summe des Vermögens		89.100,-

II. Schulden	€	€
1. Langfristige Schulden Darlehen Stadtsparkasse Mannheim	30.000,-	30.000,-
2. Kurzfristige Schulden Fa. M., Stuttgart	20.000,-	20.000,-
Summe der Schulden		50.000,-
III. Reinvermögen	€	€
Summe der Vermögenswerte	89.100,-	
./. Summe der Schulden	50.000,-	
= Reinvermögen		39.100,-

> **Bilanz der Fa. Herbert Müller, Elektroeinzelhandel, Mannheim**

Aktiva		Bilanz der Fa. Müller zum 1.1.	Passiva	
I. Anlagevermögen		I. Eigenkapital	39.100,-
Betr.- und	20.600,-	II. Fremdkapital	
Gesch.ausst.			
II. Umlaufvermögen		1. Langfristiges FK	30.000,-
1. Warenvorräte	51.500,-	2. Kurzfristiges FK	20.000,-
2. Kundenforderungen	4.000,-		
3. Bankguthaben	8.000,-		
4. Kasse	5.000,-		
	89.100,-		89.100,-

B. Grundtypen von Bilanzveränderungen

Ordnen Sie folgende Buchungsfälle in die vier Grundtypen Aktiv-Tausch, Passiv-Tausch, Aktiv-Passiv-Mehrung, Aktiv-Passiv-Minderung ein.

(1) Wir verrechnen eine Forderung aus Lieferung mit einer Verbindlichkeit aus Lieferung gegenüber demselben Lieferanten.

(2) Ein Lieferant erhält zur Begleichung einer Rechnung einen Bankscheck.

(3) Eine Darlehensschuld wird durch eine Banküberweisung beglichen.

(4) Ein Kunde begleicht eine Forderung in bar.

(5) Eine Ware wird auf Ziel gekauft.

(6) Eine Lieferantenverbindlichkeit wird in ein Darlehen umgewandelt.

(7) Ein Grundstück wird gegen Barzahlung erworben.

(8) Vom Bankguthaben wird ein Betrag abgehoben und in die Kasse eingelegt.

Lösung:

Art der Bestandsveränderung	Fälle
Aktiv-Tausch	(4), (7), (8)
Passiv-Tausch	(6)
Aktiv-Passiv-Mehrung	(5)
Aktiv-Passiv Minderung	(1), (2), (3)

C. Buchung auf Bestands-, Erfolgs- und gemischten Konten und Abschlussbuchungen

Für die Durchführung der laufenden Buchungen sollen die Konten der Fa. Herbert Müller (vgl. Eröffnungsbilanz aus 1. Übungsaufgabe) mit Hilfe des Eröffnungsbilanzkontos eröffnet werden.

Über das Geschäftsjahr fallen folgende zu verbuchende Geschäftsvorfälle an: (Verbuchung ohne Umsatzsteuer und auf dem gemischten Warenkonto)

(1) Verkauf von 5 Waschmaschinen auf Ziel, € 10.800,-.

(2) Kauf einer zweiten Schreibmaschine, sofortige Bezahlung über Bankscheck, € 750,-.

(3) Ein Kunde überweist € 1.200,- zur Begleichung seiner Verbindlichkeit.

(4) Überweisung der Miete für die Geschäftsräume, € 600,-.

(5) Einkauf eines Geschirrspülers Marke M auf Ziel, € 1.500,-.

(6) Zinsgutschrift durch die Stadtsparkasse Mannheim, € 240,-.

(7) Vom Guthaben bei der Stadtsparkasse werden für private Zwecke € 300,- entnommen.

(8) Einkauf von Waschmaschinen, € 3.000,-, die Hälfte des Betrages wird bar beglichen, die andere Hälfte vom Lieferanten kreditiert.

(9) Aus privaten Mitteln legt H. Müller € 1.000,- in die Kasse ein.

(10) Aufnahme eines Darlehens, € 5.000,-. Der Betrag wird dem Kontokorrentkonto bei der Stadtsparkasse gutgeschrieben.

Am Jahresende ermittelt H. Müller mittels Inventur einen Warenendbestand von € 48.000,-. Die auf die Betriebs- und Geschäftsausstattung vorzunehmenden Abschreibungen betragen € 2.000,-. Nehmen Sie die Abschlussbuchungen vor, unterscheiden Sie dabei nach vorbereitenden und eigentlichen Abschlussbuchungen.

Lösung:

➤ Buchungssätze zur Konteneröffnung:

Nr.	Sollkonto	Betrag	Habenkonto
AB	Betr. u. Gesch.ausst.	20.600,-	Eröffnungsbilanzkonto
AB	Waren	51.500,-	Eröffnungsbilanzkonto
AB	Forderungen	4.000,-	Eröffnungsbilanzkonto
AB	Bank	8.000,-	Eröffnungsbilanzkonto
AB	Kasse	5.000,-	Eröffnungsbilanzkonto
AB	Eröffnungsbilanzkonto	39.100,-	Eigenkapital
AB	Eröffnungsbilanzkonto	30.000,-	Darlehensschulden
AB	Eröffnungsbilanzkonto	20.000,-	Vbl. a. L. u. L.

➢ **Verbuchung der laufenden Geschäftsvorfälle:**

Nr.	Sollkonto	Betrag	Habenkonto
1	Forderungen	10.800,-	Waren
2	Betr. u. Gesch.ausst.	750,-	Bank
3	Bank	1.200,-	Forderungen
4	Mietaufwand	600,-	Bank
5	Waren	1.500,-	Vbl. a. L. u. L.
6	Bank	240,-	Zinsertrag
7	Privat	300,-	Bank
8	Waren	3.000,-	
		1.500,-	Kasse
		1.500,-	Vbl. a. L. u. L.
9	Kasse	1.000,-	Einlagen
10	Bank	5.000,-	Darlehensschulden

➢ **Vorbereitende Abschlussbuchungen:**

Nr.	Sollkonto	Betrag	Habenkonto
11	Eigenkapital	300,-	Privat
12	Einlagen	1.000,-	Eigenkapital
13	Abschreibungsaufwand	2.000,-	Betr. u. Gesch.ausst.

➢ **Eigentliche Abschlussbuchungen:**

Nr.	Sollkonto	Betrag	Habenkonto
14	Waren (Rohgewinn)	2.800,-	GVK
15	Zinsertrag	240,-	GVK
16	GVK	600,-	Mietaufwand
17	GVK	2.000,-	Abschreibungsaufwand
18	GVK (Gewinn)	440,-	Eigenkapital
19	Schlussbilanzkonto	19.350,-	Betr. u. Gesch.ausst.
20	Schlussbilanzkonto	48.000,-	Waren
21	Schlussbilanzkonto	13.600,-	Forderungen
22	Schlussbilanzkonto	12.790,-	Bank
23	Schlussbilanzkonto	4.500,-	Kasse
24	Eigenkapital	40.240,-	Schlussbilanzkonto
25	Darlehensschulden	35.000,-	Schlussbilanzkonto
26	Vbl. a. L. u. L.	23.000,-	Schlussbilanzkonto

D. Verbuchung der Umsatzsteuer nach dem Nettoverfahren

Im Geschäftsjahr 01 fallen im Elektroeinzelhandelsbetrieb des H. Müller (vgl. Eröffnungsbilanz aus 1. Übungsaufgabe) folgende Geschäftsvorfälle an:

(1) Am 10.1.01 erfolgt eine Anlieferung von 100 Kaffeemaschinen im Gesamtwert von € 12.000,- zzgl. 15 % USt. Der Betrag wird vom Lieferanten kreditiert.

(2) Am 20.2.01 werden von den 100 angelieferten Kaffeemaschinen 10 beanstandet und dem Lieferanten zurückgeschickt. Dieser erkennt die Mängelrüge an und schreibt H. Müller € 1.200,- zzgl. 15 % USt gut.

(3) H. Müller entnimmt am 26.2.01 einen Geschirrspüler für private Zwecke, Einstandswert = Wiederbeschaffungskosten = € 1.800,-.

(4) Am 10.3.01 mietet H. Müller anlässlich des Geburtstages eines Geschäftsfreundes ein Motorboot, um diesen mit einer Spritztour auf dem Rhein zu überraschen. Der Mietbetrag von € 1.000,- netto wird über das Bankkonto beglichen.

(5) Am 20.3.01 wird der Transporter-Bus von der Tochter H. Müllers für eine Reise nach Südfrankreich genutzt. Die auf diese Nutzung entfallenden Kosten betragen € 900,-.

(6) Am 29.3.01 gelingt es H. Müller, einen großen Auftrag von einer bekannten Fast-Food-Kette zu erhalten. Er beliefert das Unternehmen mit Kaffeemaschinen, Gesamtkaufpreis € 13.000,- zzgl. 15 % USt. Das Fast-Food-Unternehmen begleicht die Rechnung am gleichen Tag durch Banküberweisung.

(7) Am 30.3.01 gibt Müller seinen Transporter-Bus bei seiner Werkstatt in Generalinspektion. Die Werkstatt stellt ihm einen Betrag von € 2.300,- incl. 15 % USt in Rechnung, den Müller am gleichen Tag überweist.

Bilden Sie die Buchungssätze für die laufenden Geschäftsvorfälle. Die Verbuchung der Umsatzsteuer soll dabei unter Anwendung des Nettoverfahrens erfolgen (Verbuchung des Warenverkehrs auf getrennten Konten).

Für die USt-Voranmeldung des ersten Quartals soll die geschuldete USt (Zahllast) ermittelt werden. Nehmen Sie die entsprechenden Buchungen ohne Einschaltung eines Sammelkontos vor. Die USt-Zahllast wird per Banküberweisung beglichen.

Lösung:

> ➢ **Verbuchung der laufenden Geschäftsvorfälle:**

Nr.	Sollkonto	Betrag	Habenkonto
1	Wareneinkauf	12.000,-	
	Vorsteuer	1.800,-	
		13.800,-	Vbl. a. L. u. L.
2	Vbl. a. L. u. L.	1.380,-	
		1.200,-	Wareneinkauf
		180,-	Vorsteuer
3	Privatentnahme	2.070,-	
		1.800,-	Eigenverbrauch
		270,-	Umsatzsteuer
4	Nichtabzugsf. Aufwand	1.000,-	
	Vorsteuer	150,-	
		1.150,-	Bank
	Nichtabzugsf. Aufwand	150,-	Umsatzsteuer
5	Privatentnahme	1.035,-	
		900,-	Eigenverbrauch
		135,-	Umsatzsteuer
6	Bank	14.950,-	
		13.000,-	Warenverkauf
		1.950,-	Umsatzsteuer
7	Kfz.-Aufwand	2.000,-	
	Vorsteuer	300,-	
		2.300,-	Bank

> ➢ **Abschluss des Vorsteuerkontos und Überweisung der Zahllast:**

Nr.	Sollkonto	Betrag	Habenkonto
1	Umsatzsteuer	2.070,-	Vorsteuer
2	Umsatzsteuer	435,-	Bank

E. Verbuchung der Umsatzsteuer nach dem Bruttoverfahren

Der Lebensmittelhändler E. Klein betreibt neben dem Verkauf von Lebensmitteln auch eine Non-Food-Abteilung. Bei ihm fallen folgende Geschäftsvorfälle an:

(1) Warenverkauf auf Ziel € 2000,- netto + USt 15 %.

(2) Warenverkauf gegen bar € 428,- (inkl. 7 % USt, da Lebensmittel).

(3) Einkauf von Lebensmitteln € 1070,- brutto (inkl. 7 % USt), Barzahlung.

(4) Einkauf von Non-Food-Artikeln € 1150,- brutto auf Ziel.

Bilden Sie die Buchungssätze nach dem Bruttoverfahren. (Gehen Sie davon aus, dass Klein für Lebensmittel und Non-Food jeweils ein Warenein- bzw. -verkaufskonto führt.) (Fall a)

Bilden Sie die Buchungssätze für die Trennung der Bruttoerlöse des Warenverkaufs in Entgelt und Umsatzsteuer und für die Trennung der Bruttorechnungsbeträge aus Wareneinkauf in Entgelt und Vorsteuer. (Fall b)
Bilden Sie die Buchungssätze für die Ermittlung der USt-Zahllast (ohne Sammelkonto). Die Zahllast wird per Bank überwiesen. (Fall c)

Lösung:

➢ Verbuchung Fall a:

Nr.	Sollkonto	Betrag	Habenkonto
1	Forderungen	2.300,-	Warenverk. Non-Food
2	Kasse	428,-	Warenverk. Lebensm.
3	Wareneink. Lebensm.	1.070,-	Kasse
4	Wareneink. Non-Food	1.150,-	Vbl. a. L. u. L.

➢ Verbuchung Fall b:

Nr.	Sollkonto	Betrag	Habenkonto
1	Warenverk. Non-Food	300,-	Umsatzsteuer
	Warenverk. Lebensm.	28,-	Umsatzsteuer
2	Vorsteuer	70,-	Wareneink. Lebensm.
	Vorsteuer	150,-	Wareneink. Non-Food

➢ Verbuchung Fall c:

Nr.	Sollkonto	Betrag	Habenkonto
1	Umsatzsteuer	220,-	Vorsteuer
2	Umsatzsteuer	108,-	Bank

F. Die Verbuchung von Rabatten, Preisnachlässen, Boni und Skonti

Im Rahmen des Zahlungsverkehrs der Fa. H. Müller fallen folgende zu verbuchenden Geschäftsvorfälle an:

(1) Der Kunde Albert Lanz begleicht einen Rechnungsbetrag unter Abzug von 5 % Skonto. Er überweist € 437,-.

(2) Müller kauft 10 Stücke eines neuartigen Rührgerätes ein, Listenpreis: € 3.125,- netto. Die Lieferfirma gewährt Müller einen Mengenrabatt von 20 %, darüber hinaus ist Müller bei Zahlung innerhalb 14 Tagen zum Abzug von 2 % Skonto berechtigt.

(3) Nach 2 Tagen überweist Müller unter Abzug von 2 % Skonto den Rechnungsbetrag.

(4) Unmittelbar darauf bemerkt Müller, dass in dieser Lieferung (Fall 2) nichtfunktionsfähige Geräte enthalten sind. Diese schickt er der Lieferfirma umgehend zurück. Diese akzeptiert die Mängelrüge und gewährt einen Preisnachlass von € 500,- + USt. Der Betrag wird rücküberwiesen. Müller erhält in Höhe des Betrags eine Gutschrift auf dem Bankkonto.

(5) Kunde Albert Lanz bringt Müller eine völlig funktionsunfähige Waschmaschine zurück, Kaufpreis brutto: € 1.725,-.

(6) Müller entschließt sich zur Anschaffung einer Klimaanlage für seine ständig überhitzten Ladenräume, Kaufpreis: € 15.180,- brutto. Wegen Lackschäden am Gehäuse der Anlage gewährt der Lieferant einen Preisnachlass von € 1.000,- netto. Für die von der Lieferfirma vorgenommene Montage entstehen Kosten von € 300,- netto. Für den Antransport sind der Lieferfirma € 575,- brutto zu zahlen. Der Betrag wird kreditiert.

(7) Einer bekannten Fast-Food-Kette kann H. Müller 100 Kaffeemaschinen und 20 Küchenmaschinen verkaufen, Bruttoverkaufspreis: € 31.200,-. Dem Abnehmer wird ein Mengenrabatt von 8 % eingeräumt. Unmittelbar nach Erhalt stellt der Kunde fest, dass 10 Kaffeemaschinen zu Bruch gegangen sind, Müller gewährt deshalb einen Preisnachlass von € 1.150,- brutto.

(8) Am Ende des Jahres gewährt der Lieferant der Kaffeemaschinen einen Bonus auf die gesamte Liefermenge: € 1.000,- netto, den er Müllers Verbindlichkeiten gutschreibt.

(9) H. Müller gewährt dem Fast-Food-Unternehmen am Ende des Jahres einen Bonus in Höhe von € 3.450,- brutto.

Bilden Sie die Buchungssätze

- für die Geschäftsvorfälle (1) - (9), (Fall a),

- für die Abschlussbuchungen der Konten „Gewährte Skonti", „Erhaltene Skonti", „Gewährte Boni" und „Erhaltene Boni" (Fall b).

Lösung:

➤ Buchungssätze Fall a:

Nr.	Sollkonto	Betrag	Habenkonto
1	Bank	437,-	
	Gewährte Skonti	20,-	
	Umsatzsteuer	3,-	
		460,-	Forderungen
2	Wareneinkauf	2.500,-	
	Vorsteuer	375,-	
		2.875,-	Vbl. a. L. u. L.
3	Vbl. a. L. u. L.	2.875,-	
		2.817,50	Bank
		50,-	Erhaltene Skonti
		7,50	Vorsteuer
4	Bank	575,-	
		500,-	Wareneinkauf
		75,-	Vorsteuer
5	Warenverkauf	1.500,-	
	Umsatzsteuer	225,-	
		1.725,-	Forderungen
6	Betr. u. Gesch.ausst.	13.000,-	
	Vorsteuer	1.950,-	
		14.950,-	Vbl. a. L. u. L.
7	Forderungen	27.554,-	
		23.960,-	Warenverkauf
		3.594,-	Umsatzsteuer
8	Vbl. a. L. u. L.	1.150,-	
		1.000,-	Erhaltene Boni
		150,-	Vorsteuer
9	Gewährte Boni	3.000,-	
	Umsatzsteuer	450,-	
		3.450,-	Forderungen

➤ Buchungssätze Fall b:

Nr.	Sollkonto	Betrag	Habenkonto
1	Warenverkauf	20,-	Gewährte Skonti
2	Erhaltene Skonti	50,-	Wareneinkauf
3	Warenverkauf	3.000,-	Gewährte Boni
4	Erhaltene Boni	1.000,-	Wareneinkauf

G. Laufende Buchungen und Abschlussbuchungen

Aktiva		Eröffnungsbilanz zum 1.1.01	Passiva
Betr. u. Gesch.ausst.	22.500,-	Eigenkapital	82.500,-
Waren	97.500,-	Verbindlichkeiten:	
Forderungen	7.500,-	- a. L. u. L.	30.000,-
Kasse	4.500,-	- Sonstige	19.500,-
	132.000,-		132.000,-

Nach der Konteneröffnung sind folgende Geschäftsvorfälle auf getrennten Warenkonten zu buchen:

(1) Wareneinkauf auf Ziel, € 7.500,- zzgl. 15 % USt.

(2) Warenverkauf brutto € 14.950,- gegen Barzahlung.

(3) Aus dem unter (2) genannten Verkauf werden nachträglich Waren im Nettowert von € 300,- zurückgegeben. Der Betrag wird dem Kunden bar erstattet.

(4) Schadhafte Ware aus Fall (1) im Bruttowert von € 3.105,- wird dem Lieferanten zurückgesandt. Dieser schreibt den entsprechenden Betrag gut.

(5) Am Jahresende erhalten wir in Form einer Gutschrift einen Bonus in Höhe von netto € 1.000,-.

(6) Einem besonders treuen Kunden wird am Jahresende ein Bonus in Höhe von brutto € 3.450,- gewährt. Es wird eine Gutschrift erteilt.

Nehmen Sie die Abschlussbuchungen vor. Berücksichtigen Sie dabei folgende Informationen:

• Der Warenendbestand lt. Inventur beträgt € 95.000,-.

• Die USt-Zahllast wird als sonstige Verbindlichkeit ausgewiesen.

Stellen Sie das Schlussbilanz und Gewinn- und Verlustkonto dar.

Lösung:

➤ Verbuchung der laufenden Geschäftsvorfälle

Nr.	Sollkonto	Betrag	Habenkonto
1	Wareneinkauf	7.500,-	
	Vorsteuer	1.125,-	
		8.625,-	Vbl. a. L. u. L.
2	Kasse	14.950,-	
		13.000,-	Warenverkauf
		1.950,-	Umsatzsteuer
3	Warenverkauf	300,-	
	Umsatzsteuer	45,-	
		345,-	Kasse
4	Vbl. a. L. u. L.	3.105,-	
		2.700,-	Wareneinkauf
		405,-	Vorsteuer
5	Vbl. a. L. u. L.	1.150,-	
		1.000,-	Erhaltene Boni
		150,-	Vorsteuer
6	Gewährte Boni	3.000,-	
	Umsatzsteuer	450,-	
		3.450,-	Forderungen

➤ Vorbereitende Abschlussbuchungen

Nr.	Sollkonto	Betrag	Habenkonto
7	Umsatzsteuer	570,-	Vorsteuer
8	Umsatzsteuer	885,-	Sonstige Vbl.
9	Erhaltene Boni	1.000,-	Wareneinkauf
10	Warenverkauf	3.000,-	Gewährte Boni
11	Warenverkauf	6.300,-	Wareneinkauf

➤ Eigentliche Abschlussbuchungen

Nr.	Sollkonto	Betrag	Habenkonto
12	Warenverkauf	3.400,-	GVK
13	GVK	3.400,-	Eigenkapital
14	Eigenkapital	85.900,-	Schlussbilanzkonto
15	Vbl. a. L. u. L.	34.370,-	Schlussbilanzkonto
16	Sonstige Vbl.	20.385,-	Schlussbilanzkonto
17	Schlussbilanzkonto	22.500,-	Betr. u. Gesch.ausst.
18	Schlussbilanzkonto	95.000,-	Waren
19	Schlussbilanzkonto	4.050,-	Forderungen
20	Schlussbilanzkonto	19.105,-	Kasse

➢ **Schlussbilanzkonto und GVK**

Soll		Schlussbilanzkonto		Haben
Betr. u. Gesch.ausst.	22.500,-	Eigenkapital		85.900,-
Waren	95.000,-	Verbindlichkeiten:		
Forderungen	4.050,-	- a. L. u. L.		34.370,-
Kasse	19.105,-	- Sonstige		20.385,-
	140.655,-			140.655,-

Soll		Gewinn- und Verlustkonto		Haben
Saldo (Eigenkapital)	3.400,-	Warenrohgewinn		3.400,-
	3.400,-			3.400,-

H. Die Verbuchung von Abschreibungen auf das Vorrats-vermögen

Ein Unternehmer (Importeur) hat im Oktober 100 t Rohkaffee für € 2.000,- je t eingekauft. Bei der Inventur am Jahresende (= Bilanzstichtag) ergibt sich ein Bestand von   20 t. Am 31.12. beträgt der Nettoverkaufswert (= Marktpreis) des Kaffees € 1.800,- je t. Bis zur Bilanzaufstellung im März des nächsten Jahres verkauft der Unternehmer hiervon 10 t zum Nettoverkaufswert von € 1.700,- je t. Hinsichtlich der restlichen 10 t geht der Unternehmer davon aus, dass diese bei einer „normalen" Marktentwicklung ebenfalls für € 1.700,- verkauft werden können. Bei einer pessimistischen Beurteilung der Marktentwicklung kann jedoch nur von einem Nettoverkaufswert von € 1.550,- je t ausgegangen werden. Nehmen Sie die Verbuchung der Abschreibung für die folgenden Fälle vor:

a) Die Abschreibung nach dem strengen Niederstwertprinzip.

b) Die Abschreibung nach dem erweiterten Niederstwertprinzip.

c) Die Ermessensabschreibung nach § 253,4 HGB.

d) Die Abschreibung auf den niedrigeren steuerlichen Wert nach § 254 HGB.

Lösung:

➢ **Verbuchung Fall a:**

Der Marktpreis für Rohkaffee ist am Bilanzstichtag um € 200,- je t niedriger als die Anschaffungskosten. Daraus ergibt sich eine Pflichtabschreibung der 20 t in Höhe von 200,- € pro t, also € 4.000,-.

Buchungssatz:

Abschreibung auf Waren an Wareneinkauf € 4.000,-.

➢ **Verbuchung Fall b:**

Nach dem Bilanzstichtag ist eine weitere Wertminderung um € 100,- je t zu erwarten, die sich für einen Teil des Kaffees bereits konkretisiert hat. Nach dem erweiterten Niederstwertprinzip können somit zusätzlich 20 t zu 100,- € pro t, also € 2.000,-, abgeschrieben werden; insgesamt beträgt die Abschreibung somit € 6.000,-.

Buchungssatz:

> Abschreibung auf Waren an Wareneinkauf € 6.000,-.

➤ Verbuchung Fall c:

Handelt es sich bei dem Unternehmer um einen Einzelkaufmann oder eine Personenhandelsgesellschaft, so kann nach § 253,4 HGB eine zusätzliche Abschreibung in Höhe von € 150,- je t auf den noch nicht verkauften Bestand an Kaffee vorgenommen werden. Die zusätzliche Ermessensabschreibung beträgt somit 10 t mal 150,- €/t = € 1.500,-. Insgesamt können damit € 7.500,- abgeschrieben werden.

Buchungssatz:

> Abschreibungen auf Waren an Wareneinkauf € 7.500,-.

➤ Verbuchung Fall d:

Hier kommt eine Abschreibung nach § 80 EStDV i.V.m. Anlage 3 der EStDV in Betracht (Importwarenabschlag). Danach darf der Rohkaffee mit einem bis zu 20 % unter den Anschaffungskosten oder dem niedrigeren Börsen- oder Marktpreis am Bilanzstichtag liegenden Wert angesetzt werden. Bei einem Marktpreis von € 1.800,- je t am Bilanzstichtag ergibt sich somit ein Importwarenabschlag in Höhe von € 360,- je t (= 20 % von € 1.800,-) auf den Wert von € 1.440,- je t (= € 1.800,- ./. € 360,-). Als steuerliche Mehrabschreibung ergibt sich der Betrag, der über die nach § 253,3 S. 3 und § 253,4 HGB vorgenommenen Abschreibungen hinausgeht. Das sind 10 t mal 260,- €/t + 10 t mal 10,- €/t = € 3.700,-. Insgesamt beläuft sich der Abschreibungsbetrag auf € 11.200,-.

Buchungssatz:

> Abschreibungen auf Waren an Wareneinkauf € 11.200,-.

I. Die Verbuchung von Abschreibungen auf Anlagen und Forderungen

Teilaufgabe a:

In der Periode 01 liegen über den Forderungseingang der Fa. K. Kunze (Schlosserei) folgende Informationen vor. Bilden Sie die Buchungssätze für folgende Geschäftsvorfälle:

(1) Anfang November geht eine als zweifelhaft eingestufte Forderung (Gesamtbetrag brutto: € 10.350,-), die bisher zu 30 % als uneinbringlich angesehen wurde, nur mit der Hälfte des Forderungsbetrages auf dem Bankkonto ein.

(2) Völlig überraschend geht eine Forderung, die nach fruchtloser Zwangsvollstreckung in der letzten Periode voll abgeschrieben wurde, mit dem Betrag von € 460,- ein.

(3) Eine Forderung gegenüber einem Bar-Besitzer, dessen Bonität K. Kunze für besonders fragwürdig hielt (bereits vorgenommene Abschreibung 90 %), geht wider Erwarten in voller Höhe auf dem Bankkonto ein: € 1.725,-.

(4) Eine bisher für zweifelsfrei gehaltene Forderung geht nur zu 40 % ein, Gesamtbetrag der Forderung: € 5.750,-.

Lösung:

Nr.	Sollkonto	Betrag	Habenkonto
1a	Bank	5.175,-	Zweifelh. Forderungen
1b	Umsatzsteuer	675,-	Zweifelh. Forderungen
1c	Abschr. auf Forderungen	1.800,-	Zweifelh. Forderungen
2	Bank	460,-	
		400,-	Sonst. betriebl. Ertrag
		60,-	Umsatzsteuer
3	Bank	1.725,-	
		375,-	Zweifelh. Forderungen
		1.350,-	Sonst. betriebl. Ertrag
4a	Bank	2.300,-	Forderungen
4b	Umsatzsteuer	450,-	Forderungen
4c	Abschr. auf Forderungen	3.000,-	Forderungen

Teilaufgabe b:

Am Ende der Periode sind nach folgenden Informationen die Abschreibungen vorzunehmen. Bilden Sie die dazugehörigen Buchungssätze.

(5)   Es wird K. Kunze bekannt, dass das Konkursverfahren gegen die Kundenfirma Delta-GmbH mangels Masse abgelehnt wurde. Die Forderungen gegenüber dieser Gesellschaft betragen brutto: € 2.300,-.

(6)   K. Kunze entschließt sich, eine im vergangenen Jahr neu angeschaffte Spezialmaschine (Anschaffungskosten: € 15.000,- netto), deren Nutzungsdauer er auf 6 Jahre schätzt (Verkaufswert nach 6 Jahren = € 3.000,-), arithmetisch-degressiv abzuschreiben. Da Kunze das schlechte Ergebnis des vergangenen Jahres nicht noch ungünstiger darstellen will, wählt er den nach dieser Methode gerade noch zulässigen minimalen Abschreibungsbetrag.

(7)   Die übrigen Maschinen werden wie bisher linear abgeschrieben (ursprüngliche Anschaffungskosten: netto € 40.000,-, Nutzungsdauer: 8 Jahre).

(8)   Angesichts der technischen Entwicklungen in der Datenverarbeitung, wird K. Kunze klar, dass sein alter noch unter B u G ausgewiesener Buchungsautomat technisch völlig überholt ist. Aufgrund dieser Erkenntnis korrigiert Müller seinen ursprünglichen Abschreibungsplan und schreibt bereits in dieser Periode den Buchungsautomaten auf den Schrottwert von € 100,- ab (Buchwert: € 3.900,-).

(9)   Aufgrund ungünstiger Auskünfte wird eine Forderung gegen den Gaststättenbesitzer W. Irt als zweifelhaft eingestuft und zu 20 % als uneinbringlich angesehen. Bruttobetrag der Forderung: € 4.600,-

(10) K. Kunze will einen im vergangenen Jahr neu angeschafften Computer (Anschaffungskosten netto € 5.000,-) geometrisch-degressiv, unter Anwendung eines gleich bleibenden Prozentsatzes auf den Buchwert abschreiben. Nach der Nutzungsdauer von 4 Jahren rechnet er mit einem möglichen Verkaufspreis von (netto) € 1.200,-. (Rechnen Sie mit einem auf- bzw. abgerundeten Prozentsatz.)

(11) K. Kunze will den im Fuhrpark enthaltenen Transporter-Bus (Anschaffungskosten: netto € 12.000,-) nach Maßgabe der Leistungsabgabe abschreiben. Die gesamte Kilometerleistung wird auf 120.000 km geschätzt. In der abgelaufenen Periode sind 30.000 km auf betriebliche Veranlassung hin gefahren worden.

(12) K. Kunze berechnet die Pauschalwertberichtigung auf Forderungen (wegen des allgemeinen Kreditrisikos). Dabei legt er nur die im Konto „Forderungen" enthaltenen Außenstände der Berechnung zu Grunde (Erfahrungswert 5 %, Verbuchung nach der statischen Methode). Die in der Eröffnungsbilanz zum 1.1.01 ausgewiesenen Bestände betragen dabei:

Pauschalwertberichtigung auf Forderungen: € 2.250,-
Anfangsbestand zweifelsfreier Forderungen: € 51.750,-
Anfangsbestand zweifelhafter Forderungen: € 23.000,-

Lösung:

Nr.	Sollkonto	Betrag	Habenkonto
5	Abschr. a. Forderungen	2.000,-	
	Umsatzsteuer	300,-	
		2.300,-	Forderungen
6	Abschr. a. Anlagen	2.000,-	Maschinen
7	Abschr. a. Anlagen	5.000,-	Maschinen
8	apl. Abschr. a. Anlagen	3.800,-	Betr. u. Gesch.ausst.
9a	Zweifelh. Forderungen	4.600,-	Forderungen
9b	Abschr. a. Forderungen	800,-	Zweifelh. Forderungen
10	Abschr. a. Anlagen	1.500,-	Betr. u. Gesch.ausst.
11	Abschr. a. Anlagen	3.000,-	Fuhrpark
12	Pauschwertber. a. Ford.	550,-	Sonst. betr. Ertrag

J. Die Verbuchung von Rückstellungen und Rechnungsabgrenzungsposten

Teilaufgabe a: Vorfälle in der Periode 01:

(1) Am 1.1.01 nimmt H. Müller (Elektroeinzelhandel) ein Darlehen (Laufzeit: 6 Jahre) zum Nennbetrag von € 15.000,- auf. Die Bank behält ein Disagio von € 300,- und die Zinsen für das Jahr 01 in Höhe von € 900,- ein und schreibt den Restbetrag dem Bankkonto gut;

(a) Verbuchung am 1.1.,

(b) Verbuchung am Jahresende.

(2) Um seinen Bekanntheitsgrad zu steigern, hat H. Müller Wurfsendungen drucken und an sämtliche Haushalte der umliegenden Gemeinden verteilen lassen. Müller glaubt, damit seine Bekanntheit bis Ende der Periode 02 zu erhöhen. Am 1.3. überweist er dafür € 9.000,- zzgl. 15 % USt;

(a) Verbuchung am 1.3.,

(b) Verbuchung am Jahresende.

(3) H. Müller hat einem befreundeten Geschäftspartner ein Darlehen gewährt, Darlehensbetrag: € 10.000,-, Zinssatz: 7 % p.a. Am 1.7.01 gehen die Zinsen für 1 Jahr im Voraus auf dem Bankkonto ein;

    (a) Verbuchung am 1.7.,

    (b) Verbuchung am Jahresende.

(4) Am 1.9. bezahlt H. Müller die Gebäudebrandversicherung in Höhe von € 1.800,- für ein halbes Jahr im Voraus (per Banküberweisung);

    (a) Verbuchung am 1.9.,

    (b) Verbuchung am Jahresende.

(5) Am 1.12.01 schließt H. Müller einen Kaufvertrag über 20 Waschmaschinen zum Bruttopreis von € 23.000,- ab. Die Lieferung soll jedoch erst am 15.1.02 erfolgen. Am Bilanzstichtag erkennt H. Müller, dass diese Waschmaschinen nur einen Marktwert von € 19.000,- netto haben;

    Verbuchung am Jahresende.

(6) Am 10.12.01 verkauft H. Müller 130 Geschirrspüler (Anschaffungskosten: € 130.000,-) an die Hotelkette Sarim. Dieser Großauftrag ist für Müller jedoch mit der Auflage verbunden, für die bis einschließlich Periode 02 auftretenden Störungen und Mängel eine Gewährleistungspflicht zu übernehmen. Aus früheren Erfahrungen geht Müller davon aus, dass dazu 2 % der Anschaffungskosten aufgewendet werden müssen;

    Verbuchung am Jahresende.

(7) Am 15.12.01 schließt H. Müller mit der Berliner Rockgruppe Legol einen Vertrag über die Lieferung eines Spezialmischpultes (€ 34.500,- brutto), das Müller aufgrund seiner umfangreichen Kenntnisse selbst herstellen kann. Da Müller ein begeisterter Fan der Gruppe ist, beginnt er sogleich mit der Anfertigung, so dass er zum Bilanzstichtag das unfertige Gerät mit den Herstellungskosten von € 10.000,- aktivieren kann. Für die weitere Anfertigung rechnet Müller mit € 30.000,- Materialkosten und € 2.000,- Vertriebskosten für die Versendung nach Berlin;

    Verbuchung am Jahresende.

(8) Kurz vor Weihnachten erleidet der Transporter-Bus Müllers einen Motorschaden. Da die Werkstatt ihren Betrieb bis ins neue Jahr bereits geschlossen hat, kann Müller den Schaden erst im neuen Jahr reparieren lassen. Die Kosten hierfür schätzt er auf € 5.000,-;

    Verbuchung am Jahresende.

Lösung der Teilaufgabe a:

Nr.	Sollkonto	Betrag	Habenkonto
1a	Bank	13.800,-	
	Zinsaufwand	900,-	
	Aktive RAP	300,-	
		15.000,-	Verbindlichkeiten
1b	Zinsaufwand	50,-	Aktive RAP
2a	Werbeaufwand	9.000,-	
	Vorsteuer	1.350,-	
		10.350,-	Bank
2b	Keine Rechnungsabgrenzung, da es am Merkmal der bestimmten Zeit fehlt		
3a	Bank	700,-	Zinsertrag
3b	Zinsertrag	350,-	Passive RAP
4a	Versicherungsaufwand	1.800,-	Bank
4b	Aktive RAP	600,-	Versicherungsaufwand
5	Sonst. betr. Aufwand	1.000,-	Rückst. f. droh. Verl.
6	Sonst. betr. Aufwand	2.600,-	Rückst. f. ungew. Vbl.
7	Abschr. a. Vorratsverm.	10.000,-	Unfertige Erzeugnisse
	Sonst. betr. Aufwand	2.000,-	Rückst. f. droh. Verl.
8	Instandhaltungsaufwand	5.000,-	Rückst. f. unterl. Inst.

Teilaufgabe b: Vorfälle in der Periode 02:

(1) Nehmen Sie die Verbuchung der in Periode 01 gebildeten aktiven/passiven RAP vor.

   (a) Auflösung des passiven RAP aus Vorfall (3)

   (b) Auflösung des aktiven RAP aus Vorfall (4)

   (c) Abschreibung des Disagios (1)

(2) Am 15.1.02 erfolgt die Lieferung der durch Kaufvertrag vom 1.12.01 georderten 20 Waschmaschinen (Fall 5 in Periode 01). Kurz darauf kann Müller die Maschinen zum Preis von € 19.500,- zzgl. USt verkaufen

(3) Am 20.1.02 geht die Rechnung für die Reparatur des nach Jahreswechsel zur Werkstatt gegebenen Transporter-Busses ein (Fall 8 in Periode 01). Diese wird per Banküberweisung beglichen. Der Rechnungsbetrag beläuft sich auf € 7.130,- inkl. 15 % USt.

Lösung der Teilaufgabe b:

Nr.	Sollkonto	Betrag	Habenkonto
1a	Passive RAP	350,-	Zinsertrag
1b	Versicherungsaufwand	600,-	Aktive RAP
1c	Zinsaufwand	50,-	Aktive RAP
2a	Wareneinkauf	20.000,-	
	Vorsteuer	3.000,-	
		23.000,-	Vbl. a. L. u. L.
2b	Bank	22.425,-	
		19.500,-	Warenverkauf
		2.925,-	Umsatzsteuer
2c*	Rückst. f. droh. Verl.	1.000,-	Sonst. betr. Erträge
3	Rückst. f. unterl. Inst.	5.000,-	
	Vorsteuer	930,-	
	Sonst. betr. Aufwand	1.200,-	
		7.130,-	Bank

* Die im Vorjahr für drohende Verluste aus schwebenden Geschäften gebildete Rückstellung (5) ist nach Abwicklung des Geschäfts aufzulösen.
Da die Rückstellung zu Lasten des „Sonstigen betrieblichen Aufwands"
gebildet wurde, wird sie zugunsten des „Sonstigen betrieblichen Ertrages"
aufgelöst (vgl. auch S. 285).

K. Die Erstellung einer Hauptabschlussübersicht

Auf den Konten der Geschäftsbuchführung der Fa. Herbert Müller (Elektroeinzelhandel) werden am Ende des Jahres 03 folgende Summen ermittelt:

	Soll	Haben
Betr. u. Gesch.ausst.	95.000,-	6.500,-
Wareneinkauf	32.000,-	4.000,-
Warenverkauf	1.000,-	50.000,-
Forderungen	73.120,-	68.730,-
Zweifelhafte Forderungen	10.000,-	4.000,-
Bank	20.440,-	9.150,-
Vorsteuer	3.550,-	750,-
Eigenkapital		63.000,-
Vbl. a. L. u. L.	33.700,-	60.000,-
Privat	13.400,-	
Einlagen		10.000,-
Umsatzsteuer	1.200,-	7.000,-
Zinserträge		500,-
Mietaufwand	600,-	
erhaltene Skonti		380,-
	284.010,-	284.010,-

Am Jahresende soll mittels der Hauptabschlussübersicht ein Probeabschluss erstellt werden. Dabei sind jedoch noch folgende Informationen durch Buchen in
der Spalte „Umbuchungen" zu verwerten:

(1) Auf die Betriebs- und Geschäftsausstattung ist eine Abschreibung in Höhe von € 3.400,- vorzunehmen.

(2) Am Jahresende wird klar, dass eine als voll einbringlich eingestufte Forderung völlig uneinbringlich ist. Abzuschreibende Forderung brutto € 2.300,-.

(3) Der gebuchte Mietaufwand stellt zu einem Drittel eine Mietvorauszahlung für das kommende Jahr dar.

(4) Am Jahresende geht ein Anwaltsbrief ein, in dem H. Müller die Klage wegen Nichterfüllung seiner Gewährleistungspflichten eröffnet wird. Müller rechnet damit, dass der Prozess verloren geht. Voraussichtliche Aufwendungen € 4.000,-.

(5) Warenendbestand laut Inventur € 12.000,-.

Es ist die Hauptabschlussübersicht ausgehend von der Summenbilanz zu erstellen!

Konto	Summenbilanz		Saldenbilanz I		Umbuchungen	
	S	H	S	H	S	H
BuG	95.000	6.500				(1) 3.400
Wareneink.	32.000	4.000				(5)16.000
Warenverk.	1.000	50.000		49.000	(5) 15.620	
Ford.	73.120	68.730	88.500			(2) 2.300
Dubiose	10.000	4.000	28.000			
Bank	20.440	9.150	11.290			
Vorsteuer	3.550	750	2.800			(6) 2.800
ARAP					(3) 200	
EK		63.000		63.000	(7) 13.400	(7)10.000
Vbl. a. L.u.L.	33.700	60.000		26.300		
Rückst.						(4) 4.000
Privat	13.400		13.400			(7)13.400
Einlagen		10.000		10.000	(7) 10.000	
USt	1.200	7.000		5.800	(2;6) 3.100	
Zinsertr.		500		500		
Mietaufw.	600		600			(3) 200
Erh. Skonti		380		380	(5) 380	
Abschr. a. Anlagen						
Abschr. a. Ford.						
Sonst. Aufw.					(4) 4.000	
	284.010	284.010	154.980	154.980	52.100	52.100

Konto	Saldenbilanz II		SBK		GVK	
	S	H	S	H	S	H
BuG	85.100		85.100			
Wareneink.	12.000		12.000			
Warenverk.		33.380				33.380
Ford.	2.090		2.090			
Dubiose	6.000		6.000			
Bank	11.290		11.290			
Vorsteuer						
ARAP	200		200			
EK		59.600		59.600		
Vbl. a. L. u. L.		26.300		26.300		
Rückst.		4.000		4.000		
Privat						
Einlagen						
USt		2.700		2.700		
Zinsertr.		500				500
Mietaufw.	400				400	
Erh. Skonti						
Abschr. a. A.	3.400				3.400	
Abschr. a. F.	2.000				2.000	
Sonst. Aufw.	4.000				4.000	
	126.480	126.480	116.680	92.600	9.800	33.880
				+24.080	+24.080	
			116.680	116.680	33.880	33.880

Erläuterungen zur Umbuchungsspalte:

➢ Konto Wareneinkauf (5)

Die Umbuchung von € 16.000,- im Haben setzt sich zusammen aus:

- Dem Abschluss des Kontos „Erhaltene Skonti": € 380,- (vgl. Gegenbuchung bei diesem Konto).
- Dem Wareneinsatz in Höhe von € 15.620,- (vgl. Gegenbuchung bei „Warenverkauf").

Der Wareneinsatz ermittelt sich aus:

$$AB + Zg ./. \text{ erhaltene Skonti }./. \text{ EB lt. Inventur} = 28.000 ./. 380 ./. 12.000 = 15.620.$$

➢ Konto Umsatzsteuer (6)

Die Umbuchung von € 3.100,- im Soll ergibt sich aus:

- Dem Abschluss des Vorsteuer-Kontos in Höhe von € 2.800,- (vgl. Gegenbuchung bei „Vorsteuer").
- Der Umsatzsteuerberichtigung durch die Forderungsabschreibung aus Fall (2) in Höhe von € 300,-.

➢ Konto Eigenkapital (7)

- Die Umbuchung von € 13.400,- im Soll resultiert aus dem Abschluss des Kontos „Privat" (vgl. Gegenbuchung bei diesem Konto).
- Die Umbuchung von € 10.000,- im Haben ergibt sich aus dem Abschluss des Kontos „Einlagen" (vgl. Gegenbuchung bei diesem Konto).

L. Der Abschluss einer Industriebuchführung nach GKR

Die Saldenbilanz I des Industriebetriebs Walz GmbH weist u.a. folgende Zahlen auf: (Verbuchung erfolgt nach dem GKR).

	Soll	Haben
23 Bilanzmäßige Abschreibungen	2.500,-	
28 verrechnete kalk. Abschr.		1.950,-
403 Fertigungsmaterial	20.000,-	
431 Fertigungslöhne	16.800,-	
404 Hilfsstoffe	3.220,-	
429 Energie und dgl.	1.504,-	
432 Hilfslöhne	3.740,-	
439 Gehälter	16.108,-	
440 gesetzliche Sozialkosten	5.144,-	
460 Steuern	1.340,-	
470 Miete	2.780,-	
48 kalk. Abschreibungen	1.950,-	
700 HE Produkt A (AB)	2.000,-	
710 HE Produkt B (AB)	1.000,-	
720 FE Produkt A (AB)	5.000,-	
730 FE Produkt B (AB)	2.000,-	
800 Erlöse Produkt A		60.000,-
810 Erlöse Produkt B		20.000,-

Die Endbestände betragen lt. Inventur:

Produkt	Halberzeugnisse	Fertigerzeugnisse
A	1.000,-	4.000,-
B	1.000,-	1.000,-

Der BAB enthält für die abgelaufene Periode folgende Daten:

Kostenarten	Betrag	Fertig. HKSt	Material HKSt	Vertr. HKSt	Verw. HKSt
404 Hilfsstoffe	3.220,-	2.800,-	-,-	420,-	-,-
425 Energie und dgl.	1.504,-	1.100,-	60,-	112,-	232,-
432 Hilfslöhne	3.740,-	3.000,-	420,-	320,-	-,-
439 Gehälter	16.108,-	4.900,-	900,-	2.608,-	7.700,-
440 gesetzl. Sozial-kosten	5.144,-	3.400,-	300,-	360,-	1.084,-
460 Steuern	1.340,-	1.080,-	-,-	-,-	260,-
470 Miete	2.780,-	1.440,-	200,-	340,-	800,-
48 kalk. Abschrei-bungen	1.950,-	1.600,-	-,-	130,-	220,-
Summe	35.786,-	19.320,- FGK	1.880,- MGK	4.290,- VtGK	10.296,- VwGK

Es ist die Kostenträgerzeitrechnung nach dem Umsatzkostenverfahren zu erstellen, wobei davon auszugehen ist, dass sich die Einzelkosten im Verhältnis 3:1 auf das Produkt A und das Produkt B verteilen.

Die Ergebnisse der Betriebsbuchführung sind nach dem GKR zu verbuchen. Ferner sind die Konten „Betriebsergebnis", „Neutrales Ergebnis" und GVK darzustellen.

Lösung:

• Erstellung des Kostenträgerzeitblattes:

Kostenträgerkategorien	Gesamt	Zuschl.	Produkt A	Produkt B
Material	20.000,-		15.000,-	5.000,-
+ MGK	1.880,-	9,4 %	1.410,-	470,-
= (1) Materialkosten	21.880,-		16.410,-	5.470,-
Fertigungslöhne	16.800,-		12.600,-	4.200,-
+ FGK	19.320,-	115 %	14.490,-	4.830,-
= (2) Fertigungskosten	36.120,-		27.090,-	9.030,-
(1) + (2) = Herst.kosten d. Abr.zeitraumes	58.000,-		43.500,-	14.500,-
+ Minderbestand an HE/FE	3.000,-		2.000,-	1.000,-
= Herst.kosten des Umsatzes	61.000,-		45.500,-	15.500,-
+ VwGK	10.296,-	16,88 %	7.680,-	2.616,-
+ VtGK	4.290,-	7,03 %	3.200,-	1.090,-
= Selbstkosten des Umsatzes	75.586,-		56.380,-	19.206,-
Nettoerlöse	80.000,-		60.000,-	20.000,-
Betriebsergebnis	4.414,-		3.620,-	794,-

- Verbuchung der zu verrechnenden Kosten in Klasse 5

Nr.	Sollkonto	Betrag	Habenkonto
1	50 verr. Fertig.-Mater. 51 verr. Fertig.-Löhne 52 verr. FGK 53 verr. MGK 54 verr. VwGK 55 verr. VtGK	20.000,- 16.800,- 19.320,- 1.880,- 10.296,- 4.290,-	
		20.000,- 16.800,- 3.220,- 1.504,- 3.740,- 16.108,- 5.144,- 1.340,- 2.780,- 1.950,-	403 Fertigungsmaterial 431 Fertigungslöhne 404 Hilfsstoffe 425 Energie und dgl. 432 Hilfslöhne 439 Gehälter 440 gesetzl. Sozialkosten 460 Steuern 470 Miete 48 kalk. Abschreibungen

- Verbuchung der Herstellkosten auf den Konten der HE in Klasse 7:

Nr.	Sollkonto	Betrag	Habenkonto
2	700 HE Produkt A	43.500,-	
		15.000,- 12.600,- 14.490,- 1.410,-	50 verr. Fertig.-Mater. 51 verr. Fertig.-Löhne 52 verr. FGK 53 verr. MGK
3	710 HE Produkt B	14.500,-	
		5.000,- 4.200,- 4.830,- 470,-	50 verr. Fertig.-Mater. 51 verr. Fertig.-Löhne 52 verr. FGK 53 verr. MGK

- Verbuchung des Endbestandes der HE lt. Inventur:

Nr.	Sollkonto	Betrag	Habenkonto
4	999 SBK	1.000,-	700 HE Produkt A
5	999 SBK	1.000,-	710 HE Produkt B

- Verbuchung der Herstellkosten der FE auf den Konten der Klasse 7:

Nr.	Sollkonto	Betrag	Habenkonto
6	720 FE Produkt A	44.500,-	700 HE Produkt A
7	730 FE Produkt B	14.500,-	710 HE Produkt B

- Verbuchung des Endbestandes der FE lt. Inventur

Nr.	Sollkonto	Betrag	Habenkonto
8	999 SBK	4.000,-	720 FE Produkt A
9	999 SBK	1.000,-	730 FE Produkt B

- Verbuchung der Selbstkosten der umgesetzten Erzeugnisse auf den Erlöskonten der Klasse 8

Nr.	Sollkonto	Betrag	Habenkonto
10	800 Erlöse Produkt A	56.380,-	
		45.500,-	720 FE Produkt A
		7.680,-	54 verr. VwGK
		3.200,-	55 verr. VtGK
11	810 Erlöse Produkt B	19.206,-	
		15.500,-	730 FE Produkt B
		2.616,-	54 verr. VwGK
		1.090,-	55 verr. VtGK

- Verbuchung des Betriebsergebnisses (Konto 980):

Nr.	Sollkonto	Betrag	Habenkonto
12	800 Erlöse Produkt A	3.620,-	980 Betriebsergebnis
13	810 Erlöse Produkt B	794,-	980 Betriebsergebnis

- Abschluss des Betriebsergebnis-Kontos 980:

Nr.	Sollkonto	Betrag	Habenkonto
14	980 Betriebsergebnis	4.414,-	989 GVK

- Abschluss der Konten „Bilanzmäßige Abschreibungen" und „Verrechnete kalkulatorische Abschreibungen"

Nr.	Sollkonto	Betrag	Habenkonto
15	987 Neutrales Ergebnis	2.500,-	23 Bilanzmäßige Abschr.
16	28 verr. kalk. Abschr.	1.950,-	987 Neutrales Ergebnis

- Abschluss des Neutralen Ergebnisses (Konto 987):

Nr.	Sollkonto	Betrag	Habenkonto
17	989 GVK	550,-	987 Neutrales Ergebnis

- Kontenbilder:

```
S 980 Betriebsergebnis  H  S   987 Neutr. Ergebnis  H  S          989 GVK          H
(14)  4.414,-|(12)  3.620,-  (15)  2.500,-|(16)  1.950,-  (17)    550,-|(14)  4.414,-
             |(13)    794,-              |(17)    550,-  Gw. 3.864,-|
      4.414,-|      4.414,-       2.500,-|      2.500,-        4.414,-|      4.414,-
```

M. Die Verbuchung von Kommissionsgeschäften

Teilaufgabe a:

Der Kommittent B beauftragt den Kommissionär A, 100 E einer Ware zu einem Einkaufspreis von maximal € 80,- (netto) je E einzukaufen. Die vereinbarte Provision beträgt 5 % des Limitpreises (netto). Am 1.7. kauft A die Waren für insgesamt € 9.200,- (brutto) und begleicht den Betrag per Bank. Am 2.7. versendet A die Waren an B, die bei diesem am gleichen Tag eintreffen. A bezahlt die Versandkosten in Höhe von € 100,- (netto) bar und stellt diese B neben dem Einkaufspreis und der Provision in Rechnung. B begleicht den Rechnungsbetrag am 3.7. per Banküberweisung. Verbuchen Sie dieses Einkaufskommissionsgeschäft bei A und B.

Lösung:

> **Erstellung der Rechnung**

	Einkaufspreis	€	8.000,-
+	Provision	€	400,-
+	Versandkosten	€	100,-
=	Nettorechnungsbetrag	€	8.500,-
+	USt 15 %	€	1.275,-
=	Bruttorechnungsbetrag	€	9.775,-

> **Verbuchung beim Kommissionär A**

Buchungssätze:

(1) Buchung am 1.7., (2) Buchung am 2.7., (3) Buchung am 3.7.

Nr.	Sollkonto	Betrag	Habenkonto
1	Kommissionsware B	8.000,-	
	Vorsteuer	1.200,-	
		9.200,-	Bank
2a	Versandkosten	100,-	
	Vorsteuer	15,-	
		115,-	Kasse
2b	Kontokorrentkonto B	9.775,-	
		8.000,-	Kommissionsware B
		400,-	Provisionsertrag
		100,-	Versandkosten
		1.275,-	Umsatzsteuer
3	Bank	9.775,-	Kontokorrentkonto B

> **Verbuchung beim Kommittenten B**

Buchungssätze:

(1) Buchung am 2.7., (2) Buchung am 3.7.

Nr.	Sollkonto	Betrag	Habenkonto
1	Wareneinkauf	8.500,-	
	Vorsteuer	1.275,-	
		9.775,-	Kontokorrentkonto A
2	Kontokorrentkonto A	9.775,-	Bank

Teilaufgabe b:

Der Kommittent D übergibt dem Kommissionär C am 1.8. Waren im Warenwert von € 30.000,- (netto), die C für minimal € 40.000,- (netto) veräußern soll. Die vereinbarte Provision beträgt 5 % des Limitpreises zzgl. 10 % eines gegebenenfalls erzielten Mehrerlöses. Am 20.8. verkauft C die Waren für € 48.300,- (brutto) per Bank und liefert die Waren sofort an. Am 21.8. überweist C den ihm von D in Rechnung gestellten Betrag per Bank. Verbuchen Sie das Verkaufskommissionsgeschäft bei C und D.

Lösung:

➤ Erstellung der Rechnung

	Warenwert	€	42.000,-
./.	Provision	€	2.200,-
=	Nettorechnungsbetrag	€	39.800,-
+	USt 15 %	€	5.970,-
=	Bruttorechnungsbetrag	€	45.770,-

➤ Verbuchung beim Kommissionär C

Buchungssätze:

(1) Buchung am 1.8., (2) Buchung am 20.8., (3) Buchung am 21.8.

Nr.	Sollkonto	Betrag	Habenkonto
1	Kommissionsware D	40.000,-	Kontokorrentkonto D
2a	Bank	48.300,-	
		42.000,-	Kommissionsware D
		6.300,-	Umsatzsteuer
2b	Kommissionsware D	2.000,-	
	Vorsteuer	5.970,-	
		2.200,-	Provisionsertrag
		5.770,-	Kontokorrentkonto D
3	Kontokorrentkonto D	45.770,-	Bank

➤ Verbuchung beim Kommittenten D

Buchungssätze:

(1) Buchung am 1.8., (2) Buchung am 20.8., (3) Buchung am 21.8.

Nr.	Sollkonto	Betrag	Habenkonto
1	Kommissionsware bei C	30.000,-	Wareneinkaufskonto
2	Kontokorrentkonto C	45.770,-	
	Erlösschm.-Provision	2.200,-	
		42.000,-	Kommissionsware bei C
		5.970,-	Umsatzsteuer
3	Bank	45.770,-	Kontokorrentkonto C

N. Die Verbuchung des Wechselverkehrs

Der Unternehmer A liefert Rohstoffe für € 5.000,- + USt an den Unternehmer B auf Ziel. Dieser liefert Fertigerzeugnisse für € 10.000,- + USt an den Unternehmer C auf Ziel. Der Unternehmer B (Aussteller) stellt aus diesem Anlass einen Wechsel aus, wonach der Unternehmer C (Bezogener) sich verpflichtet, die Wechselsumme von € 11.500,- nach 90 Tagen an den Wechselnehmer zu zahlen. Die Wechselspesen von € 50,- , den Diskont und die USt auf die Wechselkosten bezahlt C bar an B. Die Forderung in Höhe von € 11.500,- wird mit dem von C akzeptierten Wechsel aufgerechnet. Der Unternehmer B gibt den Wechsel sofort an seinen Lieferanten A weiter, der den Wechsel mit seiner Forderung an B verrechnet und € 5.300,- an B überweist. A berechnet B Wechselspesen für € 218,80. Der Diskontsatz beträgt in allen Fällen 6 % p.a. Verbuchen Sie die Geschäftsvorfälle getrennt für jeden beteiligten Unternehmer (A, B, C).

Lösung:

➢ Verbuchung bei Unternehmer A:

(1) Lieferung von Rohstoffen an B auf Ziel, (2) Erhalt des Wechsels und Verrechnung mit der Forderung an B, Banküberweisung an B, Erträge aus Diskont und Wechselspesen.

Nr.	Sollkonto	Betrag	Habenkonto
1	Forderung a. L. u. L.	5.750,-	
		5.000,-	Erlöse
		750,-	Umsatzsteuer
2	Besitzwechsel	11.500,-	
		5.750,-	Forderung a. L. u. L
		5.300,-	Bank
		172,50	Diskonterträge
		218,80	Erträge f. Wechselspesen
		58,70	Umsatzsteuer

➢ Verbuchung bei Unternehmer B:

(1) Zieleinkauf von Rohstoffen bei A, (2) Lieferung von Fertigerzeugnissen an C auf Ziel, (3) Verbuchung des auf C gezogenen Wechsels, (4) Kasseneingang der Wechselkosten, (5) Wechselindossierung und Bankgutschrift.

Nr.	Sollkonto	Betrag	Habenkonto
1	Rohstoffe	5.000,-	
	Vorsteuer	750,-	
		5.750,-	Verbindl. a. L. u. L.
2	Forderungen a. L. u. L.	11.500,-	
		10.000,-	Erlöse
		1.500,-	Umsatzsteuer
3	Besitzwechsel	11.500,-	Forderungen a. L. u. L.
4	Kasse	255,88	
		172,50	Diskonterträge
		50,-	Ertr. f. Wechselspesen
		33,38	Umsatzsteuer
5	Vbl. a. L.u.L.	5.750,-	
	Bank	5.300,-	
	Diskontaufwand	172,50	
	Wechselspesen	218,80	
	Vorsteuer	58,70	
		11.500,-	Besitzwechsel

> **Verbuchung bei Unternehmer C:**

(1) Zielkauf von Waren bei B, (2) Verrechnung der Verbindlichkeit mit dem Akzept, (3) Zahlung der Wechselkosten.

Nr.	Sollkonto	Betrag	Habenkonto
1	Waren	10.000,-	
	Vorsteuer	1.500,-	
		11.500,-	Vbl. a. L. u. L.
2	Vbl. a. L. u. L.	11.500,-	Schuldwechsel
3	Diskontaufwand	172,50	
	Wechselspesen	50,-	
	Vorsteuer	33,38	
		255,88	Kasse

O. Die Verbuchung von Leasinggeschäften

Der Leasinggeber A erwirbt am 2.1. des Jahres eine maschinelle Anlage für € 90.000,- zzgl. 15 % USt. Die Anlage wird vom Unternehmer B für jährlich € 24.000,- geleast. Die Grundmietzeit beträgt fünf Jahre. Die betriebsgewöhnliche Nutzungsdauer beläuft sich auf sechs Jahre. Das Leasingobjekt wird linear abgeschrieben. Der Leasingnehmer hat das vertraglich vereinbarte Recht, den Leasinggegenstand nach der Grundmietzeit für € 10.000,- zu erwerben. Die Berechnung des jährlichen Zins- und Kostenanteils soll nach der Zinsstaffelmethode erfolgen. Nehmen Sie die erforderlichen Nebenrechnungen und Verbuchungen vor. Gehen Sie davon aus, dass die Leasingverbindlichkeit in Höhe der Anschaffungskosten der Maschine zu verbuchen ist. Die Zahlungen erfolgen über das Bankkonto.

Lösung:

Bei dieser Fallgestaltung handelt es sich um einen Vollamortisationsvertrag mit Kaufoption, bei dem der vereinbarte Kaufpreis (€ 10.000,-) unter dem Restbuchwert (€ 15.000,-) der Maschine liegt. Deshalb ist die Maschine dem Leasingnehmer zuzurechnen.

➢ Ermittlung der Umsatzsteuerforderung

Summe der Leasingraten während der Grundmietzeit (5 mal € 24.000,-)	€ 120.000,-
+ Kaufpreis nach der Grundmietzeit	€ 10.000,-
= Umsatzsteuerbemessungsgrundlage	€ 130.000,-
Umsatzsteuerforderung	€ 19.500,-

➢ Ermittlung des jährlichen Zins- und Kostenanteils

Summe der Leasingraten (5 mal € 24.000,-)	€ 120.000,-
./. Anschaffungskosten	€ 90.000,-
= Zins- und Kostenanteil (gesamt)	€ 30.000,-

Summe der Jahreszahlen = $\frac{(1+5)\cdot5}{2}$ = 15

Perioden	Jährliche Leasingrate	Jährlicher Zins- und Kostenanteil	Jährlicher Tilgungsanteil
1	24.000,-	5/15 (30.000) = 10.000,-	14.000,-
2	24.000,-	4/15 (30.000) = 8.000,-	16.000,-
3	24.000,-	3/15 (30.000) = 6.000,-	18.000,-
4	24.000,-	2/15 (30.000) = 4.000,-	20.000,-
5	24.000,-	1/15 (30.000) = 2.000,-	22.000,-
Σ	120.000,-	30.000,-	90.000,-

➢ Verbuchung beim Leasinggeber A

Buchungssätze:

(1) Zugang des Leasinggegenstandes, (2) Übergabe des Leasinggegenstandes an den Leasingnehmer, (3) Zahlungseingang der Umsatzsteuerforderung, (4) Vereinnahmung der Leasingrate.

Nr.	Sollkonto	Betrag	Habenkonto
1	Maschinen	90.000,-	
	Vorsteuer	13.500,-	
		103.500,-	Bank
2	Leasingforderungen	90.000,-	
	USt-Forderung aus Lea-singgeschäften	19.500,-	
		90.000,-	Maschinen
		19.500,-	Umsatzsteuer
3	Bank	19.500,-	USt-Forderung aus Lea-singgeschäften
4	Bank	24.000,-	
		14.000,-	Leasingforderungen
		10.000,-	Leasingerlöse

➤ Verbuchung beim Leasingnehmer B

Buchungssätze:

(1) Verbuchung des Zugangs des Leasingobjekts, (2) Zahlung der Umsatzsteuer-verbindlichkeit, (3) Zahlung der Leasingrate, (4) Abschreibung des Leasingge-genstandes.

Nr.	Sollkonto	Betrag	Habenkonto
1	Maschinen	90.000,-	
	Vorsteuer	19.500,-	
		90.000,-	Leasingverbindlichkeiten
		19.500,-	USt-Verbindlichkeit aus Leasinggeschäften
2	USt-Verbindlichkeit aus Leasinggeschäften	19.500,-	Bank
3	Leasingverbindlichkeiten	14.000,-	
	Leasingaufwand	10.000,-	
		24.000,-	Bank
4	Abschr. auf Anlagen	15.000,-	Maschinen

Literaturverzeichnis

Abromeit [1956]: *Abromeit,* Hans-Günther: Buchführung. In: HWB, 3. Aufl., hrsg. v. Hans *Seischab* und Karl *Schwantag,* Bd. I, Stuttgart 1956, Sp. 1234-1251.

Adam [1975]: *Adam,* Elmar: Die Generalklausel über den Inhalt des Jahresabschlusses nach dem AktG 1965, Frankfurt-Zürich 1975.

Adler/Düring/Schmaltz [1987]: *Adler/Düring/Schmaltz:* Rechnungslegung und Prüfung der Unternehmen, Kommentar, 5. Aufl., Stuttgart 1987.

Adler/Düring/Schmaltz [1995]: *Adler/Düring/Schmaltz:* Rechnungslegung und Prüfung der Unternehmen, Kommentar, 6. Aufl., Stuttgart 1995.

Angermann [1975]: *Angermann,* Adolf: Industrie-Kontenrahmen (IKR). Mit einer Darstellung der Vollkosten- und der Deckungsbeitragsrechnung im IKR, 2. Aufl., Berlin 1975.

AWV [1984]: Arbeitsgemeinschaft für wirtschaftliche Verwaltung e.V. (AWV) (Hrsg.): EDV-Buchführung und Praxis, Berlin 1984.

Bähr/Fischer-Winkelmann [1992]: *Bähr,* Gottfried/*Fischer-Winkelmann,* Wolf F.: Buchführung und Jahresabschluss, 4. Aufl., Wiesbaden 1992.

Baetge [1976]: *Baetge,* Jörg: Rechnungslegungszwecke des aktienrechtlichen Jahresabschlusses. In: Bilanzfragen. Festschrift zum 65. Geburtstag von Ulrich *Leffson,* hrsg. v. Jörg *Baetge,* Adolf *Moxter* u. Dieter *Schneider,* Düsseldorf 1976, S. 11-30.

Baetge [1981]: *Baetge,* Jörg: Grundsätze ordnungsmäßiger Buchführung und Bilanzierung. In: HWR, hrsg. v. Erich *Kosiol,* Klaus *Chmielewicz* und Marcell *Schweitzer,* 2. Aufl., Stuttgart 1981, Sp. 702-714.

Baetge [1986]: *Baetge,* Jörg: Grundsätze ordnungsmäßiger Buchführung. In: DB, Beilage zu Nr. 26/86, 39. Jg. (1986), S. 1-15.

Baetge [200 3]: *Baetge,* Jörg/*Kirsch,* Hans-Jürgen/ *Thiele,* Stefan: Bilanzen, 7. Aufl., Düsseldorf 2003.

Baetge/Apelt [1992]: *Baetge,* Jörg/*Apelt,* Bernd: Bedeutung und Ermittlung der Grundsätze ordnungsmäßiger Buchführung (GoB), 2. Aufl. In: HdJ, hrsg. v. Klaus *v. Wysocki* und Joachim *Schulze-Osterloh,* Köln 1984, Abtl. I/2 (1992).

Bäuerle [1987]: *Bäuerle,* P.: Finanzbuchführung und EDV. Institut für Betriebswirtschaftslehre der Universität Hohenheim, Stuttgart 1987.

Ballwieser [1986]: *Ballwieser,* Wolfgang: Abschreibung. In: Handwörterbuch unbestimmter Rechtsbegriffe im Bilanzrecht des HGB, hrsg. von Ulrich *Leffson,* Dieter *Rückle,* Bernhard *Grossfeld,* Köln 1986, S. 29-38.

Ballwieser [1987]: *Ballwieser,* Wolfgang: Grundsätze ordnungsmäßiger Buchführung und neues Bilanzrecht. In: Bilanzrichtlinien-Gesetz. ZfB-Ergänzungsheft 1/87, S. 3-24.

Ballwieser [2001]: *Ballwieser,* Wolfgang: Grundsätze der Aktivierung und Passivierung. In: *Beck'*sches Handbuch der Rechnungslegung, hrsg. von Edgar *Castan* u.a., München 1986/2001, B 130 (2001).

Barth [1953/1955]: *Barth,* Kuno: Die Entwicklung des deutschen Bilanzrechts und der auf ihm beruhenden Bilanzauffassungen, handelsrechtlich und steuerrechtlich. Bd. I: Handelsrecht, Stuttgart 1953; Bd II: Steuerrecht, Stuttgart 1955.

BDI [1971]: Bundesverband der Deutschen Industrie, Betriebswirtschaftlicher Ausschuss: Industrie-Kontenrahmen „IKR", Bergisch Gladbach 1971.

BDI [1990]: Bundesverband der Deutschen Industrie, Industrie-Kontenrahmen „IKR", Neufassung 1986 in Anpassung an das Bilanzrichtlinien-Gesetz (BiRiLiG), Tiefgliederung, 3. Aufl., Köln/Bergisch Gladbach 1990

Beck'scher Bilanz-Kommentar [2001]: *Beck'scher* Bilanz-Kommentar: Handels- und Steuerrecht - §§ 233-339 HGB -, Ergänzungskommentar zum KapCoRiLiG, bearbeitet von Wolfgang Dieter *Budde* u.a., 4. Aufl., München 2001.

Beck'scher Bilanz-Kommentar [2003]: *Beck'scher* Bilanz-Kommentar: Handels- und Steuerrecht - §§ 238-339 HGB -, begründet von Wolfgang Dieter *Budde* u.a., 5. Aufl., München 2003.

Beckmann [1991]: *Beckmann*, Reinhard: Bilanzierung und Bewertung von Zerobonds und Zerofloatern. In: BB, 46. Jg. (1991), S. 938-944.

Beger [1971]: *Beger*, Dietrich: AfA-Konsequenzen des BFH-Urteils vom 26.01.1970. In: DStR, 9. Jg. (1971), S. 169-172.

Beine [1960]: *Beine*, Günther: Die Bilanzierung von Forderungen in Handels-, Industrie- und Bankbetrieben, Wiesbaden 1960.

BFH [1955]: BFH I 169/55, Urteil vom 06.12.1955. In: BStBl. 1956 III, S. 82-84.

BFH [1958]: BFH I D 1/57 S, Gutachten vom 16.12.1958. In: BStBl. 1959 III, S. 30-39.

BFH [1960]: BFH I 188/59 U, Urteil vom 01.05.1960. In: BStBl. 1960 III, S 198-199.

BFH [1963]: BFH VI 12/62 U, Urteil vom 11.10.1963. In: BStBl. 1963 III, S. 563.

BFH [1964]: BFH I 119/63 U, Urteil vom 08.07.1964. In: BStBl. 1964 III, S. 561-564.

BFH [1967]: BFH VI 318/65, Urteil vom 14.06.1967. In: BStBl. 1967 III, S. 574.

BFH [1970]: BFH IV R 144/66, Urteil vom 26.01.1970. In: BStBl. 1970 II, S. 264-275.

BFH [1970a]: BFH VI R 212/69, Urteil vom 24.04.1970. In: BStBl. 1970 II, S. 541-543.

BFH [1970b]: BFH V R 49/70, Urteil vom 01.10.1970. In: BStBl. 1971 II, S. 34-36.

BFH [1974]: BFH VIII R 131/70, Urteil vom 29.10.1974. In: BStBl. 1975 II, S. 173-175.

BFH [1975]: BFH I R 72/73, Urteil vom 26.02.1975. In: BStBl. 1976 II, S. 13-16.

BFH [1981]: BFH IV R 35/78, Urteil vom 09.07.1981. In: BStBl. 1981 II, S. 734-735.

BFH [1982]: BFH VIII 65/80, Urteil vom 02.02.1982. In: BStBl. 1982 II, S. 409-413.

BFH [1982a]: BFH IV R 184/79, Urteil vom 12.08.1982. In: BStBl. 1982 II, S. 696-700.

BFH [1983]: BFH IV R 143/80, Urteil vom 27.10.1983. In: BStBl. 1984 II, S. 35-37.

BFH [1984]: BFH I R 183/81, Urteil vom 25.01.1984. In: BStBl. 1984 II, S. 422-424.

BFH [1984a]: BFH I R 166/78, Urteil vom 25.04.1984. In: BStBl. 1984 II, S. 747-751.

BFH [1984b]: BFH IV R 137/82, Urteil vom 26.7.1984. In: BStBl. 1984 II, S. 829-831.

BFH [1986]: BFH V R 102/78, Urteil vom 25.11.1986. In: BStBl. 1987 II, S. 278-280.

Biener/Berneke [1986]: *Biener*, Herbert/*Berneke*, Wilhelm: Bilanzrichtlinien-Gesetz, Düsseldorf 1986.

Biergans [1989]: *Biergans*, Enno: Renten und Raten in Einkommensteuer und Steuerbilanz, 3. Aufl., München 1989.

Biergans [1992]: *Biergans*, Enno: Einkommensteuer und Steuerbilanz, 6. Aufl., München/Wien 1992.

Bitz/Schneeloch/Wittstock [2003]: *Bitz*, Michael, *Schneeloch*, Dieter, *Wittstock*, Wilfried: Der Jahresabschluß, 4. Aufl., München 2003.

BMF **[1971]:** *Bundesminister der Finanzen:* Ertragsteuerliche Behandlung von Finanzierungs-Leasing-Verträgen über bewegliche Wirtschaftsgüter. Schreiben vom 19.04.1971. In: BStBl. 1971 I, S. 264-266.

BMF **[1972]:** *Bundesminister der Finanzen:* Ertragsteuerliche Behandlung von Finanzierungs-Leasing-Verträgen über unbewegliche Wirtschaftsgüter. Schreiben vom 21.03.1972. In: BStBl. 1972 I, S. 188-189.

BMF **[1973]:** *Bundesminister der Finanzen:* Behandlung von Finanzierungsleasingverträgen - Aufteilung der Leasingrate in einen Zins- und Kostenteil sowie einen Tilgungsteil. Schreiben vom 13.12.1973. In: DB, 26. Jg. (1973), S. 2485-2486.

BMF **[1975]:** *Bundesminister der Finanzen:* Steuerliche Zurechnung des Leasing-Gegenstandes beim Leasing-Geber. Schreiben vom 22.12.1975. In: BB, 31. Jg. (1976), S. 72-73.

BMF **[1978]:** *Bundesminister der Finanzen:* Grundsätze ordnungsmäßiger Speicherbuchführung (GoS). Anlage zum Schreiben vom 5.7.1978. In: BStBl. 1978 I, S. 250-254.

BMF **[1986]:** *Bundesminister der Finanzen:* Umsatzsteuer; hier: Behandlung von Krediten, die im Zusammenhang mit anderen Umsätzen eingeräumt werden, und von anderen Zahlungszuschlägen. Schreiben vom 1.4.1986, BStBl. 1986 I, S. 149-151.

BMF **[1991]:** *Bundesminister der Finanzen:* Teilamortisations-Leasing-Verträge über unbewegliche Wirtschaftsgüter. Schreiben vom 23.12.1991. In: DB, 45. Jg. (1992), S. 112-113.

BMF **[1995]: *Bundesminister der Finanzen:* Grundsätze ordnungsmäßiger DV-gestützter Buchführungssysteme (GoBS). Schreiben vom 7.11.1995, BStBl. 1995 I, 738 -755.**

Boelke **[1970]:** *Boelke*, Wilfried: Die Bewertungsvorschriften des AktG 1965 und ihre Geltung für die Unternehmen in anderer Rechtsform, Berlin 1970.

Böse **[1973]:** *Böse*, Wulf H.: Grundsätze ordnungsmäßiger Jahreserfolgsrechnung, Wiesbaden 1973.

Bordewin **[1986]:** *Bordewin*, Arno: Bilanzierung von Zero-Bonds. In: WPg, 39. Jg. (1986), S. 263-267.

Bordewin **[1989]:** *Bordewin*, Arno: Leasing im Steuerrecht, 3. Aufl., Wiesbaden 1989.

Bordt **[2000]:** *Bordt*, Karl: Die Eventualverbindlichkeiten, 2. Aufl. In: HdJ, hrsg. v. Klaus *v. Wysocki* und Joachim *Schulze-Osterloh*, Köln 1984, Abtl. III/9 (2000).

Buchner **[1967]:** *Buchner*, Robert: Zur Kontroverse um die negative Zielvariable in der unternehmerischen Planungsrechnung. In: ZfbF, 19. Jg. (1967), S. 350-373.

Buchner **[1972]:** *Buchner*, Robert: Zur Bewertung gleichartiger Vorratsgüter mit Hilfe der Fiktion beschaffungspreisbestimmter Verbrauchsfolgen (Hifo- bzw. Lofo-Methode) im Rahmen des aktienrechtlichen Jahresabschlusses. In: ZfB, 42. Jg. (1972), S. 179-200.

Buchner **[1976]:** *Buchner*, Robert: Abschreibung. In: HWB, hrsg. von Erwin *Grochla* und Waldemar *Wittmann*, Bd. I/1, 4. Aufl., Stuttgart 1976, Sp. 105-117.

Buchner **[1981]:** *Buchner*, Robert: Grundzüge der Finanzanalyse, München 1981.

Buchner **[1986]:** *Buchner*, Robert: Allgemeine Bewertungsgrundsätze. In: Handwörterbuch unbestimmter Rechtsbegriffe im Bilanzrecht des HGB, hrsg. von Ulrich *Leffson*, Dieter *Rückle*, Bernhard *Grossfeld*, Köln 1986, S. 38-46.

Buchner **[1987]:** *Buchner*, Robert: Latente Steuern. In: WiSt, 16. Jg. (1987), S. 1-4.

Buchner **[1995a]:** *Buchner* Robert: Zur Bestimmung der Höhe des Festwerts bei Gegenständen des abnutzbaren Sachanlagevermögens. In: BB, 50. Jg. (1995), S. 816-820.

Buchner **[1995b]:** *Buchner* Robert: Die Festwertrechung in der europäischen Rechnungslegung. In: BB, 50. Jg. (1995), S. 2259-2267.

Buchner **[1996]:** *Buchner,* Robert: Rechnungslegung und Prüfung der Kapitalgesellschaft, 3. Aufl., Stuttgart 1996

Buchner **[1997]:** *Buchner* Robert: Wirtschaftliches Prüfungswesen, 2. Aufl., München 1997.

Burkhardt **[1988]:** *Burkhardt,* Dietrich: Grundsätze ordnungsmäßiger Bilanzierung von Fremdwährungsgeschäften. Düsseldorf 1988.

Busse von Colbe **[1992]:** *Busse von Colbe,* Walther: Langfristige Fertigung, Prüfung der Rechnungslegung. In: HWRev, hrsg. von Adolf G. *Coenenberg* und Klaus *v. Wysocki,* 2. Aufl., Stuttgart 1992, Sp. 1197-1207.

Busse von Colbe/Pellens **[1998]:** *Busse von Colbe,* Walther*/Pellens,* Bernhard: Lexikon des Rechnungswesens, 4. Aufl. , München - Wien 1998.

Castan **[1993]:** *Castan,* Edgar: Bilanzdelikt. In: Vahlens Großes Wirtschaftslexikon, hrsg. v. Erwin *Dichtl* und Otmar *Issing,* 2. Aufl., Bd. 1, München 1993, S. 302-303.

Claussen **[1985]:** *Claussen,* Carsten P.: Kölner Kommentar zum Aktiengesetz, hrsg. v. Wolfgang *Zöllner,* Band 2, Köln-Berlin-Bonn-München 1985.

Coenenberg/Hille **[1979]:** *Coenenberg,* Adolf G.*/Hille,* Klaus: Latente Steuern in Einzel- und Konzernabschluss. In: DBW, 39. Jg. (1979), S. 601-621.

Coenenberg/Hille **[1994]:** *Coenenberg,* Adolf G.*/Hille,* Klaus: Latente Steuern. In: HdJ, hrsg. v. Klaus *v. Wysocki* und Joachim *Schulze-Osterloh,* Köln 1984, Abtl. I/13 (1994)

Coenenberg **[1999]:** *Coenenberg,* Adolf G.: Kostenrechnung und Kostenanalyse, 4. Aufl., Landsberg a. L. 1999.

Collenberg/Wolz **[2005]:** Zertifizierung und Auditierung von IT- und IV-Sicherheit. Praxisleitfaden zur Technical Due Diligence, München 2005.

Deindl **[1977]:** *Deindl,* Josef: Zur Problematik der Stichprobeninventur. In: StBp, 17. Jg. (1977), S. 269-278.

Deppe **[1973]:** *Deppe,* Hans-Dieter: Betriebswirtschaftliche Grundlagen der Geldwirtschaft, Bd. 1: Einführung und Zahlungsverkehr, Stuttgart 1973.

Deutscher Bundestag **[1985]:** *Deutscher Bundestag:* Beschlussfassung und Bericht des Rechtsausschusses (6. Ausschuss), Bundestags-Drucksache 10/4268 vom 18.11.1985.

Dirrigl **[1981]:** *Dirrigl,* Hans: Gewinnverteilungsrechnung der Kapitalgesellschaft, In: WiSt, 10. Jg. (1981), S. 49-55.

Dreiss/Eitel-Dreiss **[1977]:** *Dreiss,* Wolfgang*/Eitel-Dreiss,* Monika: Erstes Gesetz zur Bekämpfung der Wirtschaftskriminalität, Bergisch-Gladbach 1977.

Drukarczyk **[1976]:** *Drukarczyk,* Jochen: Zur Interpretation des § 156 Abs. IV AktG. In: Bilanzfragen. Festschrift zum 65. Geburtstag von Prof. Dr. Ulrich *Leffson,* hrsg. von Jörg *Baetge,* Adolf *Moxter* und Dieter *Schneider,* Düsseldorf 1976, S. 119-135.

Eisele **[1999]:** *Eisele,* Wolfgang: Technik des betrieblichen Rechnungswesens, 6. Aufl., München 1999.

Eisele **[2002]:** *Eisele,* Wolfgang: Technik des betrieblichen Rechnungswesens, 7. Aufl., München 2002.

Engelhardt/Raffée/Wischermann **[1996]:** *Engelhardt,* Werner H.*/Raffée,* Hans*/Wischemann,* Barbara: Grundzüge der doppelten Buchhaltung, 3. Aufl., 1996.

Fähnrich **[1983]:** *Fähnrich,* Herbert: Verbuchung von Wechseln. In: Praxis des Rechnungswesens, Gruppe 4, Heft Nr. 2 vom 28.4.1983, S. 617-632.

Faller [1985]: *Faller*, Eberhard: Zur Problematik der Zulässigkeit des Abweichens vom Grundsatz der Einzelerfassung und Einzelbewertung im aktienrechtlichen Jahresabschluss, Pfaffenweiler 1985.

Falterbaum [1970]: *Falterbaum*, Hermann: Mehrwertsteuer-Buchungen, 4. Aufl., Düsseldorf 1970.

Falterbaum/Beckmann [1996]: *Falterbaum*, Hermann/*Beckmann*, Heinz: Buchführung und Bilanz, 16. Aufl., Achim bei Bremen 1996.

Federmann [1994]: *Federmann*, Rudolf: Bilanzierung nach Handelsrecht und Steuerrecht, 10. Aufl., Berlin 1994.

Federmann [2000]: *Federmann*. Rudolf: Bilanzierung nach Handelsrecht und Steuerrecht, 11. Aufl., Berlin 2000.

Fey [1990]: *Fey*, Gerd: Grundsätze ordnungsmäßiger Bilanzierung für Haftungsverhältnisse, Düsseldorf 1990.

FG Nürnberg [1961]: FG Nürnberg I 256/59, Urteil vom 17.08.1961. In: EFG, 10. Jg. 1962, S. 202-203.

Förschle [1992]: *Förschle*, Gerhart: Wertpapiere, Prüfung der. In: HWRev, hrsg. von Adolf G. *Coenenberg* und Klaus *v. Wysocki*, 2. Aufl., Stuttgart 1992, Sp. 2164-2171.

Forster [1971]: *Forster*, Karl-Heinz: Rückstellungen für Verluste aus schwebenden Geschäften. In: WPg, 24. Jg. (1971), S. 393-399.

Freericks [1976]: *Freericks*, Wolfgang: Bilanzierungsfähigkeit und Bilanzierungspflicht in Handels- und Steuerbilanz, Berlin 1976.

Freidank/Eigenstetter [1992]: *Freidank*, Carl-Christian/*Eigenstetter*, Hans: Finanzbuchhaltung und Jahresabschluss, Bd. 1: Einzelkaufmännisch geführte Handels- und Industriebetriebe, Stuttgart 1992.

Friederich [1975]: *Friederich*, Hartmut: Grundsätze ordnungsmäßiger Bilanzierung für schwebende Geschäfte, Düsseldorf 1975.

Glade [1995]: *Glade*, Anton: Praxishandbuch der Rechnungslegung und Prüfung, Herne-Berlin 1995.

Götzinger/Michael [1993]: *Götzinger*, Manfred K./*Michael*, Horst: Kosten- und Leistungsrechnung, 6. Aufl., Heidelberg 1993.

Groh [1986]: *Groh*, Manfred: Zur Bilanzierung von Fremdwährungsgeschäften. In: DB, 39. Jg. (1986), S. 869-877.

Hahn [1986]: *Hahn*, Klaus: Die Bewertung von Rückstellungen mit Hilfe moderner Prognoseverfahren unter Berücksichtigung der Vorschriften des Bilanzrichtlinien-Gesetzes. In: BB, 41. Jg. (1986), S. 1325-1332.

Hanisch [1986]: *Hanisch*, Heinz: EDV-Prüfung bei Datenbanksystemen. In: WPg, 39. Jg. (1986), S. 405-413, 437-445.

Hanisch [1987]: *Hanisch*, Heinz: Die Gestaltung des internen Kontrollsystems bei PC-gestütztem Rechnungswesen. In: DB, 40. Jg. (1987), S. 749-752.

Hanisch/Kempf [1990]: *Hanisch*, Heinz/*Kempf*, Dieter: Revision und Kontrolle von EDV-Anwendungen im Rechnungswesen, München 1990.

Hartung [1987]: *Hartung*, Werner: Verpflichtungen im Personalbereich in Handels- und Steuerbilanz sowie in der Vermögensaufstellung, Heidelberg 1987.

Heinen [1986]: *Heinen*, Edmund: Handelsbilanzen, 12. Aufl., Wiesbaden 1986.

Heizmann [1993]: *Heizmann*, Gerold: Das Problem der bilanziellen Bewertung bei unsicheren Erwartungen, Aachen 1993.

Helbling [1995]: *Helbling*, Carl: Unternehmensbewertung und Steuern, 8. Aufl., Düsseldorf 1995.

Helmschrott [1997]: *Helmschrott*, Harald: Leasinggeschäfte in der Handels- und Steuerbilanz, Wiesbaden 1997.

Herrmann/Heuer/Raupach 1992]: *Herrmann/Heuer/Raupach*: Einkommensteuer- und Körperschaftsteuergesetz (Kommentar), 20. Aufl., Köln 1992.

Hofbauer/Kupsch [1986]: *Hofbauer*, Max A./*Kupsch*, Peter (Hrsg.): Bonner Handbuch der Rechnungslegung, Aufstellung, Prüfung und Offenlegung des Jahresabschlusses, Bonn 1986.

Hummel/Männel [1986]: *Hummel*, Siegfried/*Männel*, Wolfgang: Kostenrechnung 1: Grundlagen, Aufbau und Anwendung, 4. Aufl., Wiesbaden 1986.

Husemann [1970]: *Husemann*, Karl-Heinz: Grundsätze ordnungsmäßiger Bilanzierung für Anlagegegenstände, Düsseldorf 1970.

Hüttemann [1970]: *Hüttemann*, Ulrich: Grundsätze ordnungsmäßiger Bilanzierung für Verbindlichkeiten, Düsseldorf 1970.

Hüttemann [1988]: *Hüttemann*, Ulrich: Posten der aktiven und passiven Rechnungsabgrenzung, 2. Aufl. In: HdJ, hrsg. v. Klaus *v. Wysocki* und Joachim *Schulze-Osterloh*, Köln 1984, Abtl. II/8 (1988).

Hüttemann [1988a]: *Hüttemann*, Ulrich: Die Verbindlichkeiten. In: HdJ, hrsg. v. Klaus *v. Wysocki* und Joachim *Schulze-Osterloh*, Köln 1984, Abtl. III/8 (1988).

IdW [1983]: *IdW*: Stellungnahme 2/1983 des HFA: Grundsätze zur Durchführung von Unternehmensbewertungen. In: WPg, 36. Jg. (1983), S. 468-480.

IdW [1986]: *IdW*: Stellungnahme 1/1986 des HFA: Zur Bilanzierung von Zero-Bonds. In: WPg, 39. Jg. (1986), S. 248-249.

IdW [1987]: *IdW*: Stellungnahme 1/1987 des Fachausschusses für moderne Abrechnungssysteme (FAMA): Grundsätze ordnungsmäßiger Buchführung bei computer-gestützten Verfahren und deren Prüfung. In: WPg, 41. Jg. (1988), S. 1-35.

IdW [1990]: *IdW*: Stellungnahme 1/1981 des HFA i.d.F. 1990: Stichprobenverfahren für die Vorratsinventur zum Jahresabschluss. In: Fachnachrichten 1990, S. 329-338.

IdW [1991]: *IdW*: Stellungnahme 1/1991 des HFA: Zur Bilanzierung von Anteilen an Personenhandelsgesellschaften im Jahresabschluss der Kapitalgesellschaft. In: WPg, 44. Jg. (1991), S. 334-335.

IdW [1996]: *IdW* (Hrsg.): Wirtschaftsprüfer-Handbuch 1996, Bd. I, Düsseldorf 1996.

IdW [2000]: *IdW* /Hrsg.): Wirtschaftsprüfer-Handbuch 2000, Bd. I, Düsseldorf 2000.

IdW [2002]: RS FAIT 1 – Grundsätze ordnungsmäßiger Buchführung bei Einsatz von Informationstechnologie. In: Die Wirtschaftsprüfung, 55. Jg., S. 1157-1167.

Jacobs [1971]: *Jacobs*, Otto H.: Das Bilanzierungsproblem in der Ertragsteuerbilanz, Stuttgart 1971.

Kilger [1987]: *Kilger*, Wolfgang: Einführung in die Kostenrechnung, 3. Aufl., Wiesbaden 1987.

Kirchberg-Lennartz [1991]: *Kirchberg-Lennartz*, Barbara: Prüfbarkeit von EDV-Systemen, Berlin 1991.

Koch [1957]: *Koch*, Helmut: Die Problematik des Niederstwertprinzips. In: WPg, 10. Jg. (1957), S. 1-6, S. 31-35, S. 60-63.

Koch [1958]: *Koch*, Helmut: Zur Diskussion über den Kostenbegriff. In: ZfhF, N.F., 10. Jg. (1958), S. 355-399.

Kosiol [1962]: *Kosiol*, Erich: Kontenrahmen und Kontenpläne der Unternehmungen, Essen 1962.

Kosiol [1979]: *Kosiol*, Erich: Kosten- und Leistungsrechnung, Berlin – New York 1979.

Kropff [1973]: *Kropff*, Bruno: Kommentierung zu § 154 AktG. In: Aktiengesetz, Kommentar, hrsg. von Ernst *Geßler* u.a., Bd. III (§§ 148-178 AktG), München 1973.

Kruse [1970]: *Kruse*, Heinrich Wilhelm: Grundsätze ordnungsmäßiger Buchführung, Köln 1970.

Kühn/Hofmann [1995]: *Kühn*, Rolf/*Hofmann*, Ruth: Abgabenordnung, Finanzgerichtsordnung, Nebengesetze, 17. Aufl., Stuttgart 1995.

Kühnemund [1970]: *Kühnemund*, Klaus: Zur Diskussion des Kausalitätsprinzips im Rechnungswesen. In: BFuP, 22. Jg. (1970), S. 237-243.

Kümmel [1967]: *Kümmel*, Rolf: Zweckmäßigkeit und Zulässigkeit der Stichproben-Inventur. In: DB, 20. Jg. (1967), S. 433-436.

Küting [1987]: *Küting*, Karlheinz: Auswirkungen des neuen Handelsrechts auf die Wertuntergrenze der steuerlichen Herstellungskosten. In: GmbHR, 78. Jg. (1987), S. 359-364.

Küting/Weber [1990]: *Küting*, Karlheinz/*Weber*, Claus-Peter (Hrsg.): Handbuch der Rechnungslegung, Kommentar zur Bilanzierung und Prüfung, 3. Aufl., Stuttgart 1990.

Küting/Weber [1995]: *Küting*, Karlheinz/*Weber*, Claus-Peter (Hrsg.): Handbuch der Rechnungslegung, Kommentar zur Bilanzierung und Prüfung, 4. Aufl., Bd. Ia, Stuttgart 1995.

Kupsch [1987]: *Kupsch*, Peter: Das Finanzanlagevermögen. In: HdJ, hrsg. v. Klaus *v. Wysocki* und Joachim *Schulze-Osterloh*, Köln 1984, Abtl. II/3 (1987).

Kupsch [1992]: *Kupsch*, Peter: Zum Verhältnis von Einzelbewertungsgrundsatz und Imparitätsprinzip. In: Rechnungslegung, Entwicklung bei der Bilanzierung und Prüfung von Kapitalgesellschaften. FS zum 65. Geburtstag von Karl-Heinz *Forster*, hrsg. von Adolf *Moxter* et al., Düsseldorf 1992, S. 339-357.

Kußmaul [1987]: *Kußmaul*, Heinz: Betriebswirtschaftliche Überlegungen bei der Ausgabe von Null-Kupon-Anleihen. In: WPg, 39. Jg. (1986), S. 248-249.

Kußmaul [2000]: *Kußmaul*, Heinz: Betriebswirtschaftliche Steuerlehre, 2. Aufl., München-Wien 2000.

Lamers [1981]: *Lamers*, Alfons: Aktivierungsfähigkeit und Aktivierungspflicht immaterieller Werte, München 1981.

Larenz [1991]: *Larenz*, Karl: Methodenlehre der Rechtswissenschaft, 6. Aufl., Berlin-Heidelberg-New York u.a. 1991.

Leffson [1964]: *Leffson*, Ulrich: Die Grundsätze ordnungsmäßiger Buchführung, 1. Aufl., Düsseldorf 1964.

Leffson/Schmid [1993]: *Leffson*, Ulrich/*Schmid*, Andreas: Die Erfassungs- und Bewertungsprinzipien des Handelsrechts. In: HdJ, hrsg. v. Klaus *v. Wysocki* und Joachim *Schulze-Osterloh*, Köln 1984, Abtl. I/7 (1993).

Leffson [1986]: *Leffson*, Ulrich: Wesentlich. In: Handwörterbuch unbestimmter Rechtsbegriffe im Bilanzrecht des HGB, hrsg. v. Ulrich *Leffson*, Dieter *Rückle*, Bernhard *Grossfeld*, Köln 1986, S. 434-446.

Leffson [1987]: *Leffson*, Ulrich: Die Grundsätze ordnungsmäßiger Buchführung, 7. Aufl., Düsseldorf 1987.

Leffson/Baetge [1970]: *Leffson*, Ulrich/*Baetge*, Jörg: Bilanzkorrekturen. In: HWR, hrsg. v. Erich *Kosiol*, 1. Aufl., Stuttgart 1970, Sp. 229-231.

Lefhalm [1973]: *Lefhalm*, Heinz-Wilhelm: Zur Bewertung der Leasing-Gegenstände und Leasing-Verpflichtungen in der Handelsbilanz des Leasingnehmers. In: DB, 26. Jg. (1973), S. 2149-2156.

***Leunig* [1970]:** *Leunig,* Manfred: Die Bilanzierung von Beteiligungen, Düsseldorf 1970.

***Lück* [1998]:** Pensionsrückstellung. In: Lexikon des Rechnungswesens, hrsg. v. Walther *Busse von Colbe/* Bernhard *Pellens,* 4. Aufl., München/Wien 1998.

***Ludewig* [1976]:** *Ludewig,* Rainer: Forderungsbewertung und Rückwirkungen der strengeren Rechtsprechung des BFH auf handelsrechtliche Bewertungsgrundsätze. In: Bilanzfragen, Festschrift zum 65. Geburtstag von Prof. Dr. Ulrich *Leffson;* hrsg. von Jörg *Baetge,* Adolf *Moxter* und Dieter *Schneider,* Düsseldorf 1976, S. 137-152.

***Mansch* [1979]:** *Mansch,* Helmut: Ertragswerte in der Handelsbilanz, Frankfurt a.M. 1979.

***Marker* [1970]:** *Marker,* Hanns Friedhelm: Bilanzfälschung und Bilanzverschleierung, Düsseldorf 1970.

***Mathiak* [1991]:** *Mathiak,* Walther: Kommentar zu § 5 EStG. In: *Kirchof,* Paul/*Söhn,* Hartmut: Einkommensteuergesetz, Kommentar, Heidelberg 1991, A 310.

***Matthes* [1993]:** *Matthes,* Winfried: Kontenrahmen. In: HWR, hrsg. von Klaus *Chmielewicz* und Marcell *Schweitzer,* 3. Aufl., Stuttgart 1993, Sp. 1123-1133.

***Mellwig* [1986]:** *Mellwig,* Winfried: Zur Ermittlung der Anschaffungskosten von Aktien und Bezugsrechten. In: DB, 39. Jg. (1986), S. 1417-1425.

***Menrad* [1978]:** *Menrad,* Siegfried: Rechnungswesen, Göttingen 1978.

***Minz* [1990]:** *Minz,* Günter: Buchführungssystem und Grundsätze ordnungsmäßiger Buchführung, 2. Aufl. In: HdJ, hrsg. v. Klaus *v. Wysocki* und Joachim *Schulze-Osterloh,* Köln 1984, Abtl. I/3 (1990).

***Moews* [1973]:** *Moews,* Dieter: Die Betriebsbuchhaltung im Industrie-Kontenrahmen (IKR), Berlin 1973.

***Moews* [1992]:** *Moews,* Dieter: Kosten- und Leistungsrechnung, 5. Aufl., München 1992.

***Moxter* [1962]:** *Moxter,* Adolf: Bilanzierung und unsichere Erwartungen. In: ZfhF, N.F., 14. Jg. (1962), S. 607-632.

***Moxter* [1976]:** *Moxter,* Adolf: Fundamentalgrundsätze ordnungsmäßiger Rechenschaft. In: Bilanzfragen, Festschrift zum 65. Geburtstag von Prof. Dr. Ulrich *Leffson;* hrsg. von Jörg *Baetge,* Adolf *Moxter* und Dieter *Schneider,* Düsseldorf 1976, S. 87-100.

***Moxter* [1983]:** *Moxter,* Adolf: Grundsätze ordnungsmäßiger Unternehmensbewertung, 2. Aufl., Wiesbaden 1983.

***Moxter* [1984]:** *Moxter,* Adolf: Fremdkapitalbewertung nach neuem Bilanzrecht. In: WPg, 37. Jg. (1984), S. 397-408.

***Moxter* [1986]:** *Moxter,* Adolf: Bilanzlehre. Band II: Einführung in das neue Bilanzrecht, 3. Aufl., Wiesbaden 1986.

***Moxter* [2003]:** *Moxter,* Adolf: Grundsätze ordnungsmäßiger Rechnungslegung, Düsseldorf 2003.

***Multerer* [1995]:** *Multerer,* Frank: Zur Problematik der Konkretisierung des Herstellungskostenbegriffs im Handels- und Steuerrecht, Aachen 1995.

***Naumann* [1989]:** *Naumann,* Klaus-Peter: Die Bewertung von Rückstellungen in der Einzelbilanz nach Handels- und Ertragsteuerrecht, Düsseldorf 1989.

Oestreicher [2003]: *Oestreicher,* Andreas: Dieter: Herstellungskosten. In: *Beck'*sches Handbuch der Rechnungslegung, hrsg. von Edgar *Castan* u.a., Bd. I, München 2003, B 163.

Ordelheide [1992]: *Ordelheide,* Dieter: Herstellungskosten. In: *Beck'sches* Handbuch der Rechnungslegung, hrsg. von Edgar *Castan* u.a., München 1986/92, B 163 (1992).

Pacioli [1494]: *Pacioli,* Luca: Summa de Arithmetica, Geometria, Proportioni e Proportionalita, Venedig 1494.

Pochmann [1964]: *Pochmann,* Heinz Gerhard: Grenzen zwischen Bilanzänderung und Bilanzberichtigung, Düsseldorf 1964.

Quick [1991]: *Quick,* Reiner: Grundsätze ordnungsmäßiger Inventurprüfung, Düsseldorf 1991.

Quick [1991a]: *Quick,* Reiner: Globale substanzwertorientierte Unternehmensbewertung. In: Betrieb und Wirtschaft, 45. Jg. (1991), S. 480-482.

Quick [2000] Quick, Reiner: Inventur, Düsseldorf 2000.

Quick [2004]: *Quick,* Reiner: Bilanzierung in Fällen. Grundlagen, Aufgaben und Lösungen, Stuttgart 2004.

Reblin [1973]: *Reblin,* Erhard: Elektronische Datenverarbeitung in der Finanzbuchhaltung, 2. Aufl., Stuttgart 1973.

Ritzrow [1987]: *Ritzrow,* Manfred: Erwerb betrieblicher Wirtschaftsgüter auf Rentenbasis. In: bilanz & buchhaltung, 33. Jg. (1987), S. 323-328.

Roland [1980]: *Roland,* Helmut: Der Begriff des Vermögensgegenstandes im Sinne der handels- und aktienrechtlichen Rechnungslegungsvorschriften, Diss. Göttingen 1980.

Rose/Telkamp [1977]: *Rose,* Gerd/*Telkamp,* Heinz-Jürgen: Zur Berichtigung und Fortführung fehlerhafter Wertansätze aus Dauersachverhalten in Handels- und Steuerbilanz. In: BB, 32. Jg. (1977), S. 1713-1723.

Runge/Bremser/Zöller [1978]: *Runge,* Berndt/*Bremser,* Horst/*Zöller,* Günter: Leasing, Heidelberg 1978.

Sarx [1992]: *Sarx,* Manfred: Rechnungsabgrenzungsposten, Prüfung der. In: HWRev, hrsg. von Adolf G. *Coenenberg* und Klaus *v. Wysocki,* 2. Aufl., Stuttgart 1992, Sp. 1595-1602.

Schäfer [1971]: *Schäfer,* Wolf: Grundsätze ordnungsmäßiger Bilanzierung von Forderungen, Düsseldorf 1971.

Schaich/Ungerer [1979]: *Schaich,* Eberhard/*Ungerer,* Albrecht: Stichprobeninventuren in methodisch-statistischer Betrachtung. In: WPg, 32. Jg. (1979), S. 653-664.

Scharpf [1995]: *Scharpf,* Paul: Derivative Finanzinstrumente im Jahresabschluss unter Prüfungsgesichtspunkten – Erfassung, Abwicklung und Bildung von Bewertungseinheiten. In: BFuP, 46. Jg. (1995), S. 166-208.

Scheffler [1993]: Scheffler, Eberhard: Finanzanlagen. In: *Beck'sches* Handbuch der Rechnungslegung, hrsg. von Edgar *Castan* u.a., München 1986/92, B 213 (1993)

Scheffler [1994]: *Scheffler,* Eberhard: Rückstellungen. In: *Beck'sches* Handbuch der Rechnungslegung, hrsg. von Edgar *Castan* u.a., München 1986/92, B 233 (1994).

Scherrer/Obermeier [1981]: *Scherrer,* Gerhard/*Obermeier,* Irmgard: Stichprobeninventur, München 1981.

Schildbach [1997]: *Schildbach,* Thomas: Der handelsrechtliche Jahresabschluss, 5. Aufl., Herne 1997

Schmalenbach [1927]: *Schmalenbach,* Eugen: Der Kontenrahmen, Leipzig 1927.

Schmalenbach [1933]: *Schmalenbach,* Eugen: Grundsätze ordnungsmäßiger Bilanzierung. In: ZfhF, 27. Jg. (1933), S. 225-233.

Schmick [1993]: *Schmick,* Hinrich: EDV-Buchführung. In: *Beck'*sches Handbuch der Rechnungslegung, hrsg. von Edgar *Castan* u.a., München 1986/92, A 121 (1993).

Schmorleiz [1980]: *Schmorleiz,* Werner: Bilanzierung von Leasing-Verträgen. In: WiSt, 9. Jg. (1980), S. 392-396.

Schneeloch [1986]: *Schneeloch,* Dieter: Besteuerung und betriebliche Steuerpolitik, Band 1: Besteuerung, München 1986.

Schneider [1986]: *Schneider,* Dieter: Vermögensgegenstände und Schulden. In: Handwörterbuch unbestimmter Rechtsbegriffe im Bilanzrecht des HGB, hrsg. v. Ulrich *Leffson,* Dieter *Rückle,* Bernhard *Grossfeld,* Köln 1986, S. 335-343.

Schneider [1993]: *Schneider,* Dieter: Geschichte der Buchhaltung und Bilanzierung. In: HWR, hrsg. von Klaus Chmielewicz und Marcell Schweitzer, 3. Aufl., Stuttgart 1993, Sp. 712-721.

Schöttler [1979]: *Schöttler,* Jürgen: Möglichkeiten zur Vereinfachung der Inventur mit Hilfe mathematisch-statistischer Methoden nach dem deutschen Bilanzrecht, Thun-Frankfurt am Main 1979.

Schruff [1993]: *Schruff,* Wienand: Die internationale Vereinheitlichung der Rechnungslegung nach den Vorschlägen des IASC – Gefahr oder Chance für die deutsche Bilanzierung? In: BFuP, 45. Jg. (1993), S. 400-426.

Schulze zur Wiesch [1961]: *Schulze zur Wiesch,* Dietrich Wilhelm: Grundsätze ordnungsmäßiger Inventur, Düsseldorf 1961.

Schuppenhauer [1992]: *Schuppenhauer,* Rainer: Grundsätze für eine ordnungsmäßige Datenverarbeitung (GoDV), Handbuch der EDV-Revision, 4. Aufl., Düsseldorf 1992.

Schwarz [1986]: Kostenrechnung als Instrument der Unternehmungsführung, 3. Aufl., Herne-Berlin 1986.

Schweitzer/Küpper [1995]: *Schweitzer,* Marcell/*Küpper,* Hans-Ulrich: Systeme der Kostenrechnung, 6. Aufl., Landsberg 1995.

Seeger [1972]: *Seeger,* Siegbert: Zivilrechtliche und steuerrechtliche Behandlung von Finanz-Leasing-Verträgen über bewegliche Sachen, Berlin 1972.

Seeliger [1970]: *Seeliger,* Gerhard: Zur Zurechnung von Gegenständen eines Leasing-Vertrages - Zugleich Besprechung des BFH-Urteils IV R 144/66 vom 26.01.1970. In: FR, 25. Jg. (1970), S. 254-260.

Seicht [1991]: Seicht, Gerhard: Buchhaltungs- und Bilanzierungsprobleme, 8. Aufl., Wien 1991.

Seicht [1995]: *Seicht,* Gerhard: Buchführung, Jahresabschluss und Steuern, 10. Aufl., Wien 1995.

Siegel [1986]: *Siegel,* Theodor: Wahlrecht. In: Handwörterbuch unbestimmter Rechtsbegriffe im Bilanzrecht des HGB, hrsg. v. Ulrich *Leffson,* Dieter *Rückle,* Bernhard *Grossfeld,* Köln 1986, S. 417-427.

Siegel [1991]: *Siegel,* Theodor: Grundsatzprobleme der Lifo-Methode und des Indexverfahrens. In: DB, 44. Jg. (1991), S. 1941-1948.

Siegel [2003]: Wertaufholung und Zuschreibung. In: *Beck'*sches Handbuch der Rechnungslegung, hrsg. von Edgar *Castan* et al., München 2003, B 169.

Siegel Spittler [1985]: *Spittler,* Hans-Joachim: Leasing für die Praxis, 2. Aufl., Köln 1985.

Spulak [1979]: *Spulak,* Reinhard: Neuere Abschreibungsverfahren in Handels- und Steuerbilanz. Ein Beitrag zum Problembereich der richtigen Abschreibung, Thun-Frankfurt a.M. 1979.

Steinbach [1973]: *Steinbach,* Adalbert: Die Rechnungslegungsvorschriften des Aktiengesetzes 1965, Wiesbaden 1973.

Stobbe [1991]: *Stobbe,* Thomas: Die Verknüpfung handels- und steuerrechtlicher Rechnungslegung, Berlin 1991.

Stoll [1977]: *Stoll,* Gerhard: Leasing. Steuerliche Beurteilungsgrundsätze, 2. Aufl., Wien/Köln 1977.

Sturm [1983]: *Sturm,* Lucie: Vorratsinventuren mit Stichprobenverfahren, Thun-Frankfurt am Main, 1983.

Tanski/Kurras/Weitkamp [1991]: *Tanski,* Joachim S./*Kurras,* Klaus P./*Weitkamp,* Jürgen: Der gesamte Jahresabschluss, 3. Aufl., München/Wien 1991.

Tiedchen [1997]: *Tiedchen,* Susanne: Posten der aktiven und passiven Rechnungsabgrenzung. In: HdJ, hrsg. v. Klaus *v. Wysocki* und Joachim *Schulze-Osterloh,* Köln 1984, Abtl. II/8 (1997)

Thiel [1990]: *Thiel,* Jochen: Bilanzrecht. Handelsbilanz, Steuerbilanz, 4. Aufl., Heidelberg 1990.

Uhlig/Lüchau [1971]: *Uhlig,* Bernhard/*Lüchau,* Henning: Bewertung von Beteiligungen an Kapitalgesellschaften in der Handelsbilanz. In: WPg, 24. Jg. (1971), S. 553-559.

Velten [1984]: *Velten,* Eva: Zur Ermittlung des „wahrscheinlichen" Wertes nach § 40 Abs. 3 HGB unter besonderer Berücksichtigung „anerkannter" mathematisch-statistischer Verfahren im Rahmen der pauschalierten Forderungsbewertung, Diss. Mannheim 1984.

Weber [1980]: *Weber,* Eberhard: Grundsätze ordnungsmäßiger Bilanzierung von Beteiligungen, Düsseldorf 1980.

Weber [1986]: *Weber,* Harald: Unrichtige Wiedergabe und Verschleierung. In: Handwörterbuch unbestimmter Rechtsbegriffe im Bilanzrecht des HGB, hrsg. v. Ulrich *Leffson,* Dieter *Rückle,* Bernhard *Grossfeld,* Köln 1986, S. 319-325.

Weber/Rogler [2004]: *Weber,* Helmut Kurt, *Rogler.* Silvia: Betriebswirtschaftliches Rechnungswesen, 5. Aufl., Band 1, München 2004.

Weirich [1992]: *Weirich,* Siegfried: Rückstellungen für drohende Verluste, Prüfung der. In: HWRev, hrsg. von Adolf G. *Coenenberg* und Klaus *v. Wysocki,* 2. Aufl., Stuttgart 1992, Sp. 1684-1692.

Weiße [1967]: *Weiße,* Günter: Die Inventur in Praxis, Recht und Steuer, Stuttgart 1967.

Westermann [1999]: *Westermann,* Wilhelm: Sonstige betriebliche Aufwendungen. In: Beck'sches Handbuch der Rechnungslegung, hrsg. von Edgar *Castan* u.a. München 1986/92, B 335 (1999).

Wlecke [1989]: *Wlecke,* Ulrich:. Währungsumrechnung und Gewinnbesteuerung bei international tätigen deutschen Unternehmen. Düsseldorf 1989.

Wöhe [1988]: *Wöhe,* Günter: Betriebswirtschaftliche Steuerlehre, Band I, 1. Halbband, 6. Aufl., München 1988.

Wöhe [1992]: *Wöhe,* Günter: Betriebswirtschaftliche Steuerlehre, Band I, 2. Halbband, 7. Aufl., München 1992.

Wöhe [1997]; *Wöhe,* Günter: Bilanzierung und Bilanzpolitik, 9. Aufl., München 1997.

Wöhe [2000]: *Wöhe,* Günter: Einführung in die Allgemeine Betriebswirtschaftslehre, 21. Aufl., München 2002.

Wohlgemuth [1990]: *Wohlgemuth,* Michael: Niedrigere Wertansätze in der Handelsbilanz, 2. Aufl. In: HdJ, hrsg. v. Klaus *v. Wysocki* u. Joachim *Schulze-Osterloh,* Köln 1984, Abtl. I/11 (1990).

Wohlgemuth [1991] : *Wohlgemuth,* Michael: Die Herstellungskosten in der Handels- und Steuerbilanz, 2, Aufl. In: HdJ, hrsg. v. Klaus *v. Wysocki* u. Joachim *Schulze-Osterloh,* Köln 1984, Abt. I/10 (1991).

Wohlgemuth/Radde [2002]: *Wohlgemuth,* Michael/*Radde,* Jens: Anschaffungskosten In: Beck'sches Handbuch der Rechnungslegung, Bd. I, hrsg. v. Edgar *Castan* u.a., München 2003, B 162.

Wollmert [2004]: Peter *Wollmert:* Pensionsrückstellungen. In: Lexikon der Betriebswirtschaft, 6. Aufl., München Wien 2004.

Wysocki [1981]: *Wysocki,* Klaus v.: Überlegungen zu den Grundsätzen ordnungsmäßiger Stichproben-Inventur. In: Management und Kontrolle. Festgabe für Erich *Loitlsberger,* hrsg. von Gerhard *Seicht,* Berlin 1981, S. 273-292.

Wysocki [1995]: *Wysocki,* Klaus v.: Wirtschaftliches Prüfungswesen. Bd. I: Aufstellung und Prüfung des Jahresabschlusses nach dem Handelsgesetzbuch. München 1995.

Stichwortverzeichnis

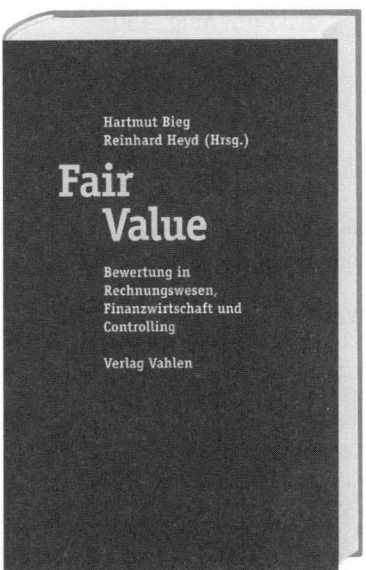

Bieg/Heyd, Fair Value

Bewertung in Rechnungswesen,
Controlling und Finanzwirtschaft

Herausgegeben von
Prof. Dr. Hartmut Bieg, Saarbrücken,
und Prof. Dr. Reinhard Heyd, Ulm

**2005. Rund 700 Seiten.
Gebunden ca. € 50,–**

ISBN 3-8006-3088-5
(In Vorbereitung für April 2005)

Die Fair-Value-Bewertung gewinnt bei Anwendung internationaler Rechnungslegungsstandards eine zunehmende Bedeutung. Marktwertorientierte Bilanzinhalte werden als geeignet angesehen, um die Entscheidungserfordernisse von Investoren abzubilden. Das Werk erarbeitet grundlegend die Basis für die Anwendung marktorientierter Wertansätze im Jahresabschluss nach IAS/IFRS und erleichtert als umfassendes Nachschlagewerk das Verständnis für angelsächsische Bilanztraditionen und Entwicklungen auf dem Gebiet der Internationalen Rechnungslegung.

Wichtig für das Rechnungswesen:

Bei der Beschreibung und Würdigung der Fair-Value-Bewertung in der Rechnungslegung wird für einzelne Bilanzposten (z.B. Finanzinstrumente, Insurance Contracts, Investment Property, Sachanlagen und immaterielle Vermögenswerte, Goodwill, Stock Options etc.) untersucht, welche Auswirkungen die Fair-Value-Bewertung auf die Qualität des Jahresabschlusses hat.

Wichtig für das Controlling:

Die Bedeutung der Fair-Value-Bewertung für das Controlling bezieht sich auf die Entscheidungsorientierung von Fair-Value-Ansätzen im internen und externen Rechnungswesen sowie auf die Harmonisierung dieser beiden Bereiche unter dem Einfluss der Fair-Value-Bewertung.

Wichtig für die Finanzwirtschaft:

In diesem Teil wird zunächst geklärt, wie Fair Values für Entscheidungskalküle bestimmt werden, bevor die Anwendung der Fair-Value-Bewertung bei Termingeschäften, in Optionspreismodellen und in der Unternehmensbewertung diskutiert wird.

Kirsch
Finanz- und erfolgswirtschaftliche
Jahresabschlussanalyse nach IFRS

Von Prof. Dr. Hanno Kirsch,
Fachhochschule Westküste, Heide/Holst
2004. XVI, 181 Seiten.
Gebunden € 30,–
ISBN 3-8006-3081-8

Revolutionär.

Die Internationalisierung der externen Rechnungslegung wird in Deutschland häufig als Revolution im Rechnungswesen bezeichnet. Der fundamentale Wandel vom Vorsichts- und Gläubigerschutzprinzip hin zu einer angelsächsisch geprägten Rechnungslegung mit einem investororientierten Fokus wird als Beleg hierfür herangezogen. Entsprechend revolutionär gestaltet sich der Wandel der Aussagekraft der Kennzahlen bei einer Jahresabschlussanalyse auf IFRS-Basis im Vergleich zu einem Jahresabschluss nach HGB. Dieses Buch zeigt daher Möglichkeiten und Grenzen einer auf IFRS-Jahresabschluss basierenden Analyse im Vergleich zu einer Analyse auf der Grundlage eines HGB-Jahresabschlusses auf.

Beispielhaft.

Mit Hilfe zahlreicher Fallbeispiele werden bewusst insbesondere die Unterschiede zu den aus einem HGB-Jahresabschluss ableitbaren Kennzahlen dargestellt. Das Buch richtet sich damit sowohl an Studierende an Hochschulen in fortgeschrittenen Semestern und Teilnehmer entsprechender Weiterbildungsveranstaltungen als auch an Führungskräfte und Praktiker wie Aktien- und Wertpapieranalysten, Firmenkundenbetreuer in Kreditinstituten, Wirtschaftsprüfer und Steuerberater sowie Fachkräfte im Finanz- und Rechnungswesen.

Bestellen Sie bei Ihrem Buchhändler oder bei:
Verlag Vahlen, 80801 München · Fax: 089/38189-402
www.vahlen.de · E-Mail: bestellung@vahlen.de

Mudra
Personalentwicklung

Integrative Gestaltung betrieblicher
Lern- und Veränderungsprozesse
Von Prof. Dr. Peter Mudra,
Ludwigshafen am Rhein
2004. XV, 525 Seiten.
Kartoniert € 35,–
ISBN 3-8006-3183-0

Das Buch stellt in einer breiten Perspektive die zentralen Themenfelder der Personalentwicklung dar und richtet sich vor allem an Studierende im Bereich der Betriebs- bzw. Personalwirtschaft und benachbarter Sozialwissenschaften sowie an interessierte Praktiker, von denen sich gerade die mit Personalentwicklungsaufgaben betrauten Personengruppen (Führungskräfte, Personalentwickler etc.) traditionell recht umfassend mit den Grundlagen und Hintergründen zu befassen haben.

- Personalentwicklung – ein Begriff »macht Karriere«
- Berufspädagogik als bedeutende Einflussgröße für die Personalentwicklung
- Grundlagen der Personalentwicklung
- Personalentwicklung als Mitarbeiterförderungsprozess
- Personalentwicklung als Bildungsprozess
- Entwicklung von Führungskräften
- Personalentwicklungskonzepte in der Praxis
- Selbst- und Teamentwicklung
- Zukunftsvision »lernendes Unternehmen« – Berührungspunkte von Personal- und Organisationsentwicklung

Bestellen Sie bei Ihrem Buchhändler oder bei:
Verlag Vahlen, 80801 München · Fax: 089/38189-402
www.vahlen.de · E-Mail: bestellung@vahlen.de

Scheffler,
Konzernmanagement

Betriebswirtschaftliche und rechtliche Grundlagen
der Konzernführungspraxis
Von Prof. Dr. Eberhard Scheffler, Hamburg
2., überarbeitete und erweiterte Auflage. 2005.
XX, 312 Seiten. Gebunden € 48,–
ISBN 3-8006-3097-4

Ein Konzern hat eigene Regeln

Diese Neuauflage bietet einen umfassenden Überblick über die betriebswirtschaftlichen und rechtlichen Fragen der Konzernleitung. Sie gibt Anleitungen, den gesamten Anforderungen an die Konzernführung und deren komplexen Verflechtungen untereinander gerecht zu werden.

Im Einzelnen wird auf die Führungsaufgaben der Konzernleitung, die Konzernorganisation und -strategie sowie auf rechtliche Restriktionen eingegangen.

Ein weiterer Baustein sind die Instrumente der Konzernführung, wie Controlling auf Konzernebene und Konzernfinanzierung. Der Rechnungslegung ist ein eigener Abschnitt gewidmet.

Die Aktualisierung des Werkes bezieht sich insbesondere auf die Neuerungen in der Rechtsprechung zum „qualifizierten faktischen Konzern" und die aktuellen Vorschriften für Aufsichtsräte und Rechnungslegung unter anderem im Lichte von IAS/IFRS.

Bestellen Sie bei Ihrem Buchhändler oder bei:
Verlag Vahlen, 80801 München · Fax: 089/38189-402
www.vahlen.de · E-Mail: bestellung@vahlen.de

Wullenkord/Kiefer/Sure
Business Process
Outsourcing

Ein Leitfaden zur Kostensenkung
und Effizienzsteigerung im Rechnungs-
und Personalwesen
Von Prof. Dr. Axel Wullenkord, Bochum;
Andreas Kiefer, Neu-Isenburg
und Matthias Sure, Köln
2005. XIII, 180 Seiten. Gebunden € 39,–
ISBN 3-8006-3140-7

Outsourcing – aber richtig!

Angesichts anhaltenden Wettbewerbs- und Kostendrucks überprüfen immer mehr Unternehmen, und zwar unabhängig von ihrer Größe und Branche, **welche Leistungen sie an externe Dienstleister abgeben können**. Wo immer möglich, wollen oder müssen Unternehmen Investitionen auf wertschöpfende Prozesse reduzieren und hohe Fixkosten senken.

Unter allen Fachleuten besteht Einigkeit, dass die Tage, in denen jedes Unternehmen unabhängig von der Größe ein eigenes **Rechnungs- und Personalwesen** hat und die Bücher „in-house" führt, gezählt sind. Denn: Rechnungswesen und Personalwesen eignen sich aufgrund ihrer prinzipiellen Standardisierbarkeit, der in den meisten Fällen geringen strategischen Relevanz sowie der Möglichkeit große Bearbeitungsmengen zu bündeln und die Web-Technologie zu nutzen, ideal für ein erfolgreiches Outsourcing.

Das Buch eignet sich hervorragend für Fach- und Führungskräfte in den Bereichen Organisation, Personal und Controlling sowie für interne und externe Berater.

„Was viele Industrieunternehmen seit zwei Jahrzehnten durch immer weitergehende Reduktion der Fertigungstiefe vormachen, erreicht jetzt auch die Verwaltung. Was nicht zum Kerngeschäft gehört, sollen andere machen – effizienter und billiger." **Wirtschaftswoche**

„Business Process Outsourcing ist eine logische Weiterentwicklung des Outsourcing-Gedankens. Nach der Herausgabe von Hard- und Software kratzt man jetzt an den Geschäftsprozessen." **Karsten Leclerque, Analyst bei Pierre Audoin Consultants**

Bestellen Sie bei Ihrem Buchhändler oder bei:
Verlag Vahlen, 80801 München · Fax: 089/38189-402
www.vahlen.de · E-Mail: bestellung@vahlen.de